山西传统民居营造技艺

薛林平 等 著

中国建筑工业出版社

图书在版编目（CIP）数据

山西传统民居营造技艺/薛林平等著．—北京：中国建筑
工业出版社，2020.6
ISBN 978-7-112-25208-4

Ⅰ．①山…　Ⅱ．①薛…　Ⅲ．①民居－建筑艺术－研究－
山西　Ⅳ．①TU241.5

中国版本图书馆CIP数据核字（2020）第092794号

责任编辑：费海玲　张幼平
责任校对：王　瑞
书籍设计：锋尚设计

山西传统民居营造技艺

薛林平　等　著

*

中国建筑工业出版社出版、发行（北京海淀三里河路9号）

各地新华书店、建筑书店经销

北京锋尚制版有限公司制版

北京建筑工业印刷厂印刷

*

开本：880毫米×1230毫米　1/16　印张：31½　字数：935千字
2020年10月第一版　　2020年10月第一次印刷
定价：180.00元
ISBN 978-7-112-25208-4
（35814）

目 录

① 鲁道夫斯基编著. 没
有建筑师的建筑: 简
明非正统建筑导论.
高军译: 天津: 天津
大学出版社, 2011.10.
② 朱启钤. 中国营造学
社缘起. 中国营造学
社汇刊, 1930, 1 (1):
1-6.
③ 建筑遗产的修缮, 强
调"不改变原状", 做
到"原形制、原材料、
原工艺、原结构"。
④ 引自平陆县张店镇侯
王村杜长锁的口述。

"给泥瓦匠砖头和灰浆, 并告诉他, 把一个空间覆盖起来而且让光线透进去, 结果肯定会令人大吃一惊。泥瓦匠在有限的条件下, 会找到无限的建筑可能性, 有变化, 有和谐; 而现代建筑师, 用他可以利用的所有建材和结构体系, 却使大量产品单调乏味且不协调——MIT伊朗建筑师Jamshid Kooros。"①

在建筑师没有正式出现之前, 民间工匠是建筑多样性真正的创造者。用"能工巧匠"来形容中国各地的工匠们一点都不为过, 大至对地形地貌、气候环境的应对策略, 小至对材料和工具的处理使用, 都体现了劳动人民朴素的建造智慧和艺术审美。早在20世纪20～30年代, 中国营造学社的创始人朱启钤先生就积极倡导"沟通儒匠""以匠为师", 学社成立之初便拟"访问大木匠师、各作名工及工部老吏、样房、算房专家"②。时至今日, 营造技艺的研究依然具有重大意义, 它作为"原工艺", 是建筑遗产得到科学保护与修缮的基本前提, 也是非物质文化遗产的重要内容③。

一、基本情况

在众多传统建筑中, 民居可以说是同我们日常生活关系最为紧密的类型, 数量浩瀚、分布广袤、丰富多样又如此和谐。山西省由于文化厚重, 资源丰富, 晋商崛起, 巧匠云集, 彰显个人实力的传统民居建筑更是大放异彩, 有窑洞、木构架楼房、石板房等多种形式, 反映了本土化的技术和艺术水平。基于此, 我们将研究对象定为山西省传统民居、传统工匠、营造技艺。

(一) 传统民居

山西省现存传统民居多为明清时期建筑, 以古村落中的民居数量最多。据统计, 山西省目前公布有中国历史文化名镇、名村111个, 中国传统村落545个, 仅这些品质较高的古村落中遗存的传统民居数量就已经非常可观了。但现状是, 除少量建筑保存较好外, 大量建筑荒弃闲置, 人为破坏、倒塌、拆除的数量逐年递增。以地坑院民居为例:

"我们小的时候, 也就是 (20世纪) 60年代、70年代初期, 这个村一间房子都没有, 你来到这个村就找不见人, 都住在地窖院里。到80年代以后, 像我们这代人都成家了, 人们就开始到上面来建瓦房了。"④——侯王村

"侯王自然村 (20世纪) 80年代一共有70～80个 (地坑院) 吧, 还没有详细统计过, 差不多。最近五六年填了40～50个, 还剩20～30个……填都是零几年填的, 土地有那个项目, 叫平田整地, 不住人的全部平了, 国家免费平。这都起码五六年

了，村民自己都掏不起钱，全是国家填的，自己填不起。"①——侯王村

"原来村里大概有200个左右窨院，现在还有将近50多个……大部分是倒塌的多，废弃的多，那个院倒垃圾倒满，这个院栽了棵杨树，一般没人管，老年人一年一年都少了，年轻人都不重视，再说年轻人不会管。"②——张店村

"我们这个自然村现在还有6个地坑院，原来有11个，另外5个十来年前就被填平了。"③——渠头村

据统计，平陆县在20世纪60年代以前，有地坑院17000多座④；60年代以后，大部分地区由集体统一规划、施工兴建砖木混合结构的移民新村；到了80年代，随着人们生活水平的提高，越来越多的人自行搬出了地坑院，在地面上盖起了砖瓦房，多数地坑院被荒废或回填造地。截至2013年，全县保存下来的地坑院仅剩1000多座，有人居住的不到600座。在过去的50年间，平陆县地坑院的数量锐减了90%以上⑤，平均每年消失320座左右。

（二）传统工匠

传统民居的衰落必然导致营建活动的减少。大量富有经验的中青年一代工匠，开始为了生计而选择转行或弃行，学习新的技艺；年轻一代则因为行业收入的性价比低，而选择收入更高、苦力更小的外出打工，无意学徒。如匠人口述：

"我做过大概几百间房子，收过两个徒弟，他们现在改做装潢或别的了。"⑥

"对我来说，就不愿意让他们学这个，这个行业收入太低了。"⑦

"因为经济原因，干这个不挣钱，有的都陆陆续续转行了。"⑧

"从（20世纪）90年代开始，一般人就不想干这个活了，出去打工干其他的，比这个要轻松。"⑨

"孩子搞这个太累，就不愿意做了，人家进了城了，现在在城里面买了房子。"⑩

"我们这里的人有点本领的都往城里走了，传统建筑快丢了，现在都做水泥的。现在的城市进程，身为农村一员的我感到越来越快了，农村修房子的越来越少！像我儿子有可能就不到村里了，要进城的。所以传统建筑不好做了，没市场了。"⑪

少量留下来继续从事营建活动的工匠们，虽然深谙地方乡土做法且技艺精湛，但因受限于无法认证的职业资格，在实际的修缮工程中并没有多少话语权，大多时候只能"按图施工"，听从外来工程队的指挥。如匠人口述：

"像我们这种乡土匠人，修庙是没有资格的，是给有资格的打工，但是我木、石、瓦、画都学过，没办法，真的爱好这一行。其实国家应该给我们这些干了一二十年的匠人一个名分。"⑫

建筑遗产的修缮，强调"不改变原状"，做到"原形制、原材料、原工艺、原结构"，其中"原工艺"指的便是传统营造技艺。《关于乡土建筑遗产的宪章》（1999年）中专门提到："与乡土性有关的传统建筑体系和工艺技术对乡土性的表现至为重要，也是修复和复原这些建筑物的关键。"《曲阜宣言》（2005年）同样指出："使用和恢复传统

① 引自平陆县张店镇侯王村于保才的口述。
② 引自平陆县张店镇张店村王守贤的口述。
③ 引自平陆县张店镇沟渠头村赵天兴的口述。
④ 文慧. 即将消失的地下村落平陆地窨院[J]. 华北国土资源, 2013,（05）: 40-41.
⑤ 同上。
⑥ 引自天镇县新荣区助马堡村周吉玉的口述。
⑦ 引自汾西县僧念镇师家沟村师玉润的口述。
⑧ 引自高平市马村镇大周村程高生的口述。
⑨ 引自汾西县城关镇店头村王小明的口述。
⑩ 引自高平市河西镇南庄村韩年生的口述。
⑪ 引自高平市河西镇牛村姬新军的口述。
⑫ 同上。

① 引自汾西县僧念镇师家沟村师记龙的口述。
② 引自汾西县团柏乡下团柏村仇云贵的口述。
③ 引自平顺县东寺头乡张家凹村申岗欠的口述。
④ 2013年内蒙古将鄂温克族欧禹柱（柳条包）营造技艺、茅草房营造技艺列为第四批自治区非物质文化遗产。

材料及其加工行业、加工技术，坚持长期培养专业的文物古建筑保护修缮队伍，坚持对传统工艺、传统技术的传承与保护，是搞好文物古建保护修缮的先决条件。"而现在从事传统建筑修缮工作的古建工程队往往跨省市作业，仅大致区分南方和北方做法，且采用高度现代化的工具和工艺，其真实性已经很难得到保证了。

（三）营造技艺

传统民居、传统工匠的衰落必然导致营造技艺面临人才断档、后继无人的传承难题，这是一个负面的连锁反应。如匠人口述：

"年轻人修窑的没有啦，都是以前教的，有三十几岁的、四十几岁的做活，现在年轻娃子都没有干这个活的了，没有学这个手艺的了。"①

"这二十年来就几乎不盖窑了，全是现浇的平顶和楼房。再过十年，就没有人会券窑了，老的老了，死的死了。"②

"（起券的时候）没有模板，工匠师傅根据经验靠眼力，一眼看过去基本上就知道形状准不准了。有些师傅打窑打得多，专门就干这个，现在就没有那个人了。"③

近年来，营造技艺开始逐渐被列入非物质文化遗产的保护范围。2009年，"中国传统木结构营造技艺"还被列入了"人类非物质文化遗产代表作名录"。但是，至今已公布的四批1217项国家级非物质文化遗产项目中，传统营造技艺共计仅27项，其中2项来自于山西省（表0-1）。可见，大量营造技艺仍处于待研究的空白状态。

有关传统建筑营造技艺的国家级非物质文化遗产代表性项目名录④　　表0-1

编号	项目名称	申报地区或单位	备注
VIII-27	香山帮传统建筑营造技艺	江苏省苏州市	国家级第一批
VIII-28	客家土楼营造技艺	福建省龙岩市	国家级第一批
VIII-29	景德镇传统瓷窑作坊营造技艺	江西省	国家级第一批
VIII-30	侗族木构建筑营造技艺	广西壮族自治区柳州市、三江侗族自治县	国家级第一批
VIII-31	苗寨吊脚楼营造技艺	贵州省雷山县	国家级第一批
VIII-174	官式古建筑营造技艺（北京故宫）	故宫博物院	国家级第二批
VIII-175	木拱桥传统营造技艺	浙江省庆元县、泰顺县 福建省寿宁县、屏南县	国家级第二批
VIII-176	石桥营造技艺	浙江省绍兴市	国家级第二批
VIII-177	婺州传统民居营造技艺（诸葛村古村落营造技艺、俞源村古建筑群营造技艺、东阳卢宅营造技艺、浦江郑义门营造技艺）	浙江省兰溪市、武义县、东阳市、浦江县	国家级第二批
VIII-178	徽派传统民居营造技艺	安徽省黄山市	国家级第二批
VIII-179	闽南传统民居营造技艺	福建省泉州市鲤城区、惠安县、南安市	国家级第二批
VIII-180	窑洞营造技艺（地坑院营造技艺、陕北窑洞营造技艺）	山西省平陆县、甘肃省庆阳市、河南省陕县、陕西省延安市宝塔区	国家级第二批

续表

编号	项目名称	申报地区或单位	备注
VIII-181	蒙古包营造技艺	内蒙古自治区文学艺术界联合会、西乌珠穆沁旗、陈巴尔虎旗	国家级第二批
VIII-182	黎族船型屋营造技艺	海南省东方市	国家级第二批
VIII-183	哈萨克族毡房营造技艺	新疆维吾尔自治区塔城地区	国家级第二批
VIII-184	俄罗斯族民居营造技艺	新疆维吾尔自治区塔城地区	国家级第二批
VIII-185	撒拉族篱笆楼营造技艺	青海省循化撒拉族自治县	国家级第二批
VIII-186	藏族碉楼营造技艺（羌族碉楼营造技艺、藏族碉楼营造技艺）	四川省丹巴县、汶川县、茂县，青海省班玛县	国家级第二批
VIII-208	北京四合院传统营造技艺	中国艺术研究院	国家级第三批
VIII-209	**雁门民居营造技艺**	**山西省忻州市**	**国家级第三批**
VIII-210	石库门里弄建筑营造技艺	上海市黄浦区	国家级第三批
VIII-211	土家族吊脚楼营造技艺	湖北省咸丰县，湖南省永顺县，重庆市石柱土家族自治县	国家级第三批
VIII-212	维吾尔族民居建筑技艺（阿依旺赛来民居营造技艺）	新疆维吾尔自治区和田地区	国家级第三批
VIII-238	传统造园技艺（扬州园林营造技艺）	江苏省扬州市	国家级第四批
VIII-239	古戏台营造技艺	江西省乐平市	国家级第四批
VIII-240	庐陵传统民居营造技艺	江西省泰和县	国家级第四批
VIII-241	古建筑修复技艺	甘肃省永靖县	国家级第四批

二、思路和方法

营造技艺的传承更多地依赖于匠人的口传身授而非图纸文字，史料记载少之又少，即便《鲁班经》的编集，是作为当时木工匠师的一种职业用书，其内容着重于业务过程中所必需具备的知识和资料。实际上，技术的传授并不依赖这种书本，而是言传身教，在实践过程中进行"①。因此，建筑的田野调查结合工匠的口述访谈，成为传统民居营造技艺研究的重要方法。

① 郭湖生. 鲁班经与鲁班营造正式. 科技史文集，第7辑，1981年6月.

（一）田野调查

要想了解老工匠如何盖房子，首先得了解房子本身。田野调查是对调研现场的科学记录，分为三个阶段：

（1）文献查阅

文献查阅使研究人员对研究对象产生基本认知，同时为田野调研作准备。查阅内容包括调研地的背景概况和民居特征两部分，并思考地形地貌、生态气候、风俗文化条件对建筑材料、结构、形式等方面的影响，避免浪费时间，熟悉现场或者收集早已研究发表过的内容（表0-2）。

文献查阅内容及资料来源	表0-2
查阅内容	**资料来源**
背景概况 （地形地貌、生态气候、风俗文化等）	地方志（古本，常见于序、图考志、疆域、山川、水利等卷）
	地方志（新版，常见于建置、自然概貌、自然资源等章节）
	地方政府门户网站
民居特征 （聚落环境、院落布局、建筑形制，其中建筑形制包括平面形式、立面构成、剖面结构、材料构造、细部装饰等）	相关著作
	相关论文

（2）制定计划

调查对象的选择应覆盖不同的地理气候环境，同时参考国家/省级历史文化名城名镇名村名录、中国传统村落名录、第三次全国文物普查不可移动文物登记表等公布文件，尽量选择优秀、典型的传统民居。调查时间以一周为宜，应保证至少2～3次，其中1次可选择冬末初春，这时候没有绿荫遮挡、杂草覆盖，适宜测绘，同时中青年工匠们大多赋闲在家，便于口述访谈；其余可选择清明节以后至立冬之前，此时施工项目较多，便于寻找施工现场，且老年工匠多已从城中子女家返回村中。调查工具包括拍摄工具（无人机、相机）与测绘工具（测距仪、卷尺、A4夹板纸、A4纸、双色笔等）。另外，出发前可提前与当地村委联系，委托其安排一位熟悉营造的人员陪同调查，以便协助沟通、现场讲解等。

（3）实地调研

主要方法有航拍、地面拍摄与测绘（图0-1）。航拍需兼顾鸟瞰及正投影两个角度。地面拍摄应全面，且能够准确标注所有元素的当地叫法；注意对年久失修、破损残缺的建筑局部，以及拆卸后的建筑构件、砌块，进行构造和尺寸方面的特别记录，因其是后期研究非常直观的素材。测绘精度很重要，应如实记录不规则乡土材料的差异性和地方做法的地域性，如材料铺设或砌筑肌理、构件组合方式等，并现场绘制大量大样图和详图。另外，田野调查中发现的问题随时记录，以便加入后续的访谈提纲中。

（二）口述访谈

在营建活动鲜能见到的今天，通过对老工匠的口述访谈来还原营造技艺、研究传承体系依旧是重要的研究方法。具体的操作流程如图0-2所示。

（1）准备事项

理论方法：阅读与当地建筑结构构造相关的论著，设计访谈提纲；阅读口述史相关文献，熟悉访谈的操作过程与方法、技巧，并做实际演练。

器材物品：访谈器材如摄像机、照相机、麦克风、三脚架、录音笔、电池（备份）、存储卡（备份）、优盘、笔记本电脑等；访谈物品如访谈提纲（表0-3、表0-4）、受访人登记表（表0-5）、访谈札记表（表0-6）、红蓝笔、文件夹、地图、卷尺等；此

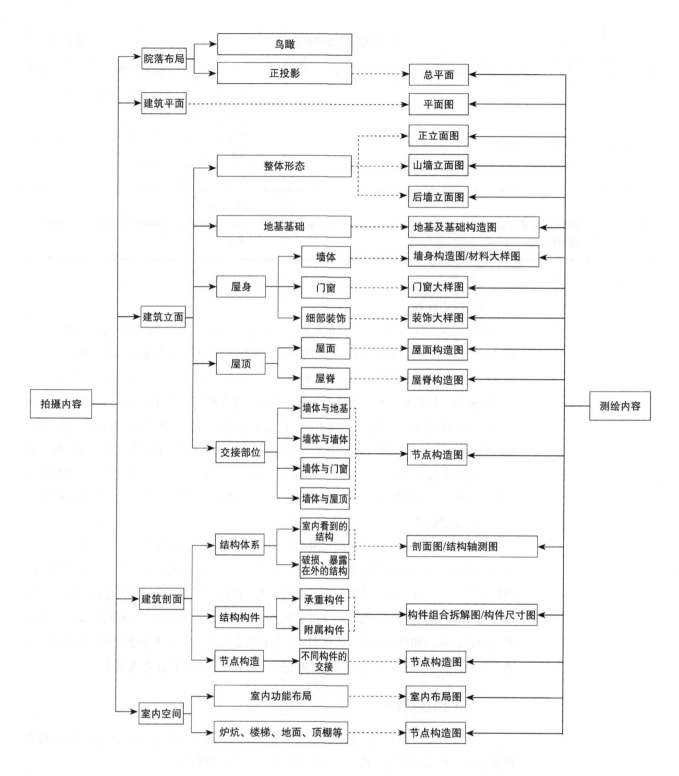

图0-1　田野调查内容列举（以木构架结构为例）

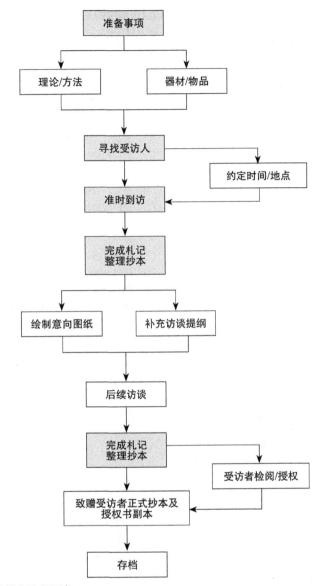

图0-2　口述访谈操作流程示意

外，还可准备一些小型建筑构件作为道具，便于访谈过程中工匠演示；生活物品如名片、水杯、雨伞、充电宝、小零食等。

其中，访谈提纲的设计应围绕"营造的流程"和"技艺的传承"两大主题展开。

"营造的流程"包括但不限于以下步骤：前期筹备、地基处理、主体结构施工、墙体施工、屋顶施工、室内外装修等，具体取决于民居建筑的结构类型。施工的过程除营造的技术外，还包括精神仪式和民俗禁忌等营造的文化，蕴含着工匠对营造活动的敬畏之心和主家对生活的美好愿望。"技艺的传承"包括传承的方式和传承的方向。前者研究师傅如何传授技艺、徒弟如何学习技艺，后者研究工匠群体生存状况、社会关系的改变，以此来探讨传承难的原因。

访谈提纲应熟记于心，以保证采访的流畅性；打印时采用语言精练的大号文字，便于迅速翻阅，每个主题之间适当留白，采访过程中可根据实际情况补充访谈问题。

访谈提纲中的关键问题列举　　　　　　　　　　表0-3

访谈主题		关键问题
营造的流程	前期筹备 工匠组织	（1）工匠与主家的雇佣关系 （2）工匠与工匠的分工协作 （3）不同时代组织关系的演变
	初步设计	（1）主家、工匠、阴阳先生如何商量 （2）方位布局的确定 （3）结构形式的确定 （4）重要尺寸的确定 （5）材料用量与预算的方式 （6）不同时代结构形式及建筑尺度的演变
	材料准备与初加工	（1）材料来源——采集的具体地点（能够准确在地图上定位），交通运输的方式 （2）材料挑选——挑选方式与好坏的评判标准 （3）加工地点 （4）加工步骤，工具、尺寸、形式 （5）演变方式——不同时代材料准备与初加工的演变
营造的技术	地基处理	详见表0-4
	结构施工	
	墙体施工	
	屋顶施工	
	室内外装修等	
技艺的传承	传承的方式 拜师	（1）为什么学艺 （2）与师傅的关系 （3）有无拜师仪式 （4）关于师傅的故事或者其所述传说
	学艺	（1）学习的顺序与过程 （2）最难学的和最易学的环节 （3）出师的时间和检验标准
	收徒	（1）收徒情况 （2）徒弟现在的从业情况
	传承的方向 生存状况	（1）不同阶段的酬劳与计算方式 （2）不同阶段的师徒关系

营造的技术每个阶段通用问题列举　　　　　　　表0-4

工具	（1）种类——使用什么工具？ （2）搭建——脚手架如何搭建？
材料	（1）种类——使用什么材料？ （2）数量——每间房需要多少数量？ （3）配比——黏结材料的配比

续表

工匠	（1）种类——哪些工种参与？同一工种是如何协作的？其他工种在做什么？ （2）数量——分别有多少人？ （3）工期——需要多长时间？
具体 过程	（1）构造原理——分为几个做法层次？每个层次的尺寸。要求能够明确画出构造图（如基础、墙身、檐口、屋面等） （2）建造步骤——根据以上构造，施工总共分为几步？ （3）技术要领——每一步具体如何操作？如何找平或对齐？工人站在什么位置？材料/构件是如何搬运上去的？ （4）尺寸范围——上限、下限和一般情况分别是什么样的？ （5）节点交接——特殊部位或变化部位的做法，如转角处、屋檐处等交接部位的尺寸确定与砌筑方式 （6）重点难点——哪一步最关键，有何注意事项？好把式与烂把式的区别 （7）评判标准——到什么程度算完成或者做好了？ （8）相关仪式——仪式的时间、地点、人物、物品，过程和目的 （9）习俗禁忌——主家的禁忌，工匠的禁忌，事情的禁忌，物品的禁忌 （10）口传身授——口诀或者俗语。能否现场演示或画示意图？
演变	（1）不同时代材料、工具、工种、过程的演变。各有哪些优劣势？

受访人登记表   表0-5

序号	姓名	地址	电话	出生年月	性别	访谈日期	访谈地点
1							
……							

访谈札记表   表0-6

序号：（同受访人登记表的序号对应）

关键词： （经常提到的关键词） ……	疑问： （为了不打断匠人思路，待其回答完毕后再追问） ……

工匠可提供资料（如作品、图纸、工具、手稿、家中行业信仰等）：

访谈札记（概括工匠自身特点，确定下次访谈需要补充或深化的内容）：

（2）寻找受访人

可提前向村民或村委领导打听匠人名单，一般而言，富有经验、交流顺畅、热爱钻研的工匠，访谈效果最佳。到了现场以后，还可通过已采访工匠的同行引荐，找到名单之外的匠人。访谈对象应尽量将建筑营造过程涉及的各个工种都覆盖，如果可能的话，同时寻找一位阴阳先生进行访谈。访谈顺序为先主导工种，再次要工种，确保营造技艺的整体逻辑性。官式建筑中工种的分工较为复杂，民间建筑则相对简单。以山西传统民

图0-3 表现优秀的受访匠人
左：汾西县泥瓦匠王小明，采访结束后亲自绘制拱券计算手稿
右：高平市泥瓦匠程高生，采访过程不间断讲述长达4小时

居为例，参加营建的工匠一般包括同时负责泥作、瓦作的泥瓦匠，同时负责大木作、小木作的木匠，负责石作的石匠，负责砖作的砖匠，负责铜铁作的铁匠，负责彩画的画匠等。除此之外，还有一些辅助工匠施工的小工，因其掌握技术较少且流动性较大，暂且忽略不计。不同的建筑形式，主导工种也不尽相同，如木构架房屋以木匠为主、石砌锢窑以石匠为主、砖砌锢窑以泥瓦匠为主。有的地方工种还可互通，如高平地区的"木匠改瓦匠，只需一后响"①，大部分地区转行则没那么容易，但由于经常合作营建，相互了解的程度较深。

（3）实施访谈

访谈时间：需要至少提前一天打电话预约。因为多数工匠年龄较大，有的跟随子女进城生活，有的会在天气好的时候出去聚会闲逛，还有的中老年工匠则外出干活，不一定留在家中。

访谈地点：一次安排在安静的地方进行（如工匠家中），既能使受访人心情比较轻松，又能专注访谈，避免打扰。有条件的话，还可在传统民居院落中安排一次现场访谈，可启发工匠回忆更多的内容，指导也更加直观，尤其是节点处的复杂做法。

访谈人物：受访者尽量为单独一人的深度访谈，避免出现多人讨论的混乱场景。采访者至少两人以上，其中一人负责发问与记录，一人负责拍摄与录音。录音笔可保持长时间开启状态，随时记录，避免遗漏。

访谈过程如图0-4所示：

① 高平市马村镇牛村姬新军访谈。

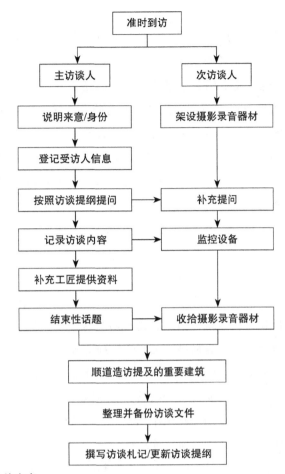

图0-4　口述访谈实施方案

说明来意、身份，引起重视： 在采访前自我介绍，向工匠说明访谈的目的，让他们能够提供更有效的信息。

架设摄影录音器材： 访谈人与受访人相对而坐，摄影器材的三脚架位于主访谈人身后稍偏的位置，以保证受访人回答问题时正对镜头；录音笔尽量靠近受访人放置；次访谈人则坐在摄影器材前监控屏幕、操作设备。

录像录音双保险： 录像录音都要有，防止录音不清楚或者录像时电池没电影响记录。另外，电子设备的内存卡提前清空、电池充满，避免录制意外中断。

提问顺序： 可以先从工匠最熟悉的营造流程发问，如"假设有一块空地准备盖房子，大概需要几大步"。建立总体概念后，尽可能按照营造顺序对每个阶段进行详细访谈。如果工匠讲述的内容完整性和连续性较强，则尽量不要打断发言，待其讲述完毕后，及时回归原来准备好的访谈思路。

现场问题设计： 尽量少用一般疑问句，如"……是不是用……弄的？"工匠往往回答"对对对"。采用代入式提问可以让工匠的回答更为负责与具体，如"如果我是您的徒弟，您觉得我应该如何开始学习？"避免场景化问题出现，如"您手里拿的……""您刚刚路过的那个房子……"这些问题最好指代明确，否则后期录音辨认困难。

问题导向：营造的技术侧重于对传统方式的还原与推测，同时关注不同时代的技术演变及其原因。如遇到技艺比较高的老工匠，可能对1949年前的传统技艺有所耳闻，多问一些，有时会有意外收获。

深度追问：工匠们讲述的内容通常是零散的、被动的，只说得出"然"，却说不出"所以然"，再加上缺乏系统框架，难免有遗漏和错误。甚至各流派、师承及个体实践的差异，不同工匠的说法、做法可能会迥异。因此，一方面，在访谈现场的时候，提问工匠"为什么"，可使其进行深入思考，另一方面，则需后期复核调查、分析研究，推导出其背后的技术理论及营造思想，分析营造技艺的范式和谱系关系。

细节确认：涉及人名、地名、年代等特定内容，以及约定俗成的构件名称、工具名称、匠作口诀等地方叫法，需现场确认其正确写法，保证营造技艺的地域性和准确性，避免后期整理文字的不确定性。

及时追问：听不懂要及时现场追问，避免似懂非懂。但是在倾听工匠讲述的过程中，尽量不要打断其发言和思路，可以采用记笔记的方式，将不懂的问题或者想要了解的更多细节记录下来，待工匠发言完毕后再继续追问。语言方面的障碍则及时向当地陪同人员求助。

明确答案：对于具体做法，应尽量确定其构造尺寸、评判标准、材料配比等细节问题，将匠人的手感和经验细化与量化，对于"这样""那样""这个""那个"的口头描述要明确其指代意义。

表述专业：随着访谈者对营造技艺认识的逐渐加深，提问时可尽量采用匠人行话与之交流，因为专业、有质量的提问有利于激发工匠口述的兴趣，有助于其讲述更多的内容细节。

现场演示：可让老工匠使用工具材料现场演示。

帮助理解的物件：如访谈在室内进行，可随身携带传统民居相关照片，方便老工匠辨认、讲解，或者帮助进行回忆。

记录与拍照：用纸笔做好记录，尤其是有疑问的地方尽量不要打断，而是待工匠口述完毕后，再继续追问；拍摄记录工匠人物像、工具像；访谈过程中工匠主动提到的相关事物等，如家中所藏建筑构件、图集、工具等，可记录下来，待访谈结束后拍摄，尽量挑选干净的背景及明亮的光照条件。工具的拍摄尽量选择正面或透视角度，同时访谈工匠关于工具的分类、用途、使用、保养、演变等问题；建筑构件的拍摄尽量选择正面及透视角度，可比照直尺拍摄以同时记录尺寸。

访谈时长：由于老人精力有限，访谈时长最好限制在1.5小时到2小时之内。如有必要延长，则应多安排几次休息时间。

　　结束性话题: 访谈结束后,不要立刻走人,应花时间与受访人交流。一是对于受访人所作贡献表示感谢;二是聊聊家常,使气氛慢慢放松;三是预约下次访谈的时间、地点和内容,以便工匠有所准备;四是请受访人推荐优秀的、可供采访的工匠。

　　绘图记录: 如工匠描述的营造技艺光凭语言讲述很难理解准确,尤其是无法看到或复原的内容,尽量现场或二次调研前绘制好剖视图,展示给工匠并修改完善。

　　区别对待: 根据匠人口述的效果,应区分普通匠人与深度访谈匠人,后者需要进行二次采访,建立信任关系,获得更多信息。如果碰到不善言辞的受访者,也可选择提前结束访谈。

　　寻找现场: 还可寻访正在进行的施工现场,拍摄构件处理加工、组装等施工场景,便于营造技艺的理解。如果恰巧没有合适的施工现场,应与村中工匠建立联系,待时机合适时前往记录。

　　及时更新访谈提纲: 每天晚上根据白天的调研与访谈状况,及时更新、调整访谈问题。对于同一个问题,不同的工匠可能回答迥异,此种问题也应当引起注意,应向不同工匠重复发问,便于后期理解分析。

（4）实施访谈

访谈结束后,需及时完成访谈的文字整理。此阶段注意事项如下:

　　优先选择视频: 一是画面有助于回想当时的场景、语境和方言含义;二是视频文件方便快进快退。工作中可用两台电脑同时控制,一个用来控制视频(必要时可将视频播放速度减缓),另一个编辑文字。

　　分稿整理: 采用一问一答形式。先梳理原版初稿,力求一字一句、原汁原味;再梳理精简版,把相关内容按照一定的逻辑顺序整合到一起,避免同一个主题来回跳跃,再精练重复啰嗦、不相关的信息。可适当调整语序,但要保留口语特色,尽量不改变原话,避免删除生动形象的小细节。与营造有关的专业方言应当保留,后面括号备注官式叫法便于理解,如剁墙(砌墙)、屹台(台阶)、棚板(楼板)等。与营造技艺无关、难以理解的方言或不太通顺的话语可以适当替换。

　　查缺补漏: 对于不确定的问题和答案,以及人名地名术语等专用词汇,在文档中标注,并标注其音视频文件的时间点,以便下次调研时进行补充访谈。

　　绘制插图: 包括结构轴测图、结构计算原理图、材料初加工流程图、营造流程图、结构构造剖视图、安装过程图、构件加工过程图、构件尺寸详图、节点构造图、构件组合拆解图、工具使用图等。复原图纸需向工匠请教其准确性。

三、研究的成果

自2014年以来，依次选取了大同市天镇县、阳泉市平定县、晋中市平遥县、临汾市汾西县、临汾市乡宁县、晋城市高平市、长治市平顺县、运城市平陆县等8个县域，研究范围力求覆盖晋北、晋东、晋西、晋中、晋东南和晋南六个亚区域，共计调查传统村落121个，采访老工匠百余人，访谈时间200余小时，口述整理稿百余万字，手绘插图400余张（图0-5）。研究成果则根据地域分为八个章节，每个章节包括传统民居、营造技艺、工匠口述三个小节。

图0-5　营造技艺研究范围图

① 平定县
② 平遥县
③ 汾西县
④ 乡宁县云丘山地区
⑤ 平陆县
⑥ 高平市
⑦ 天镇县
⑧ 平顺县东部

虽然"丰厚"成果在眼前，但"新愁旧恨多难说，半在眉间关在胸"。主要有两点：

一是记录之困，表现之难。众所周知，营造技艺最大的特点是因地制宜和因材施用，但是如何因地制宜与如何因材施用，精髓完全体现在灵活的建造过程中。如高平市"四大八小"楼院中木匠们对弯木梁的平衡，平顺县石板房中石匠们对不规则石块的驾驭，天镇县木构架房屋中木匠们对细小木料的卯接，以及各地木匠丰富多彩的雕刻彩绘，这些都集中体现了工匠创作的智慧与激情，而这些却恰恰是难以记录和表现的[①]。实践中的手工操作有利于发挥匠人们的创造力和想象力，没有实践的现场，再加上传统工具多半零落，营造技艺只能存在于匠人们的脑海中，经他们口中，进入我们笔下。尽管我们大量采用手绘的方式复原，并且得到工匠本人的认可，但是历史信息的记录一定还是会遗漏的。

二是失传之危，寻找之急。调研可知，民国时期的传统民居几乎保持了明清时期的风貌，也就是说，营造技艺至迟在民国时期还传承完好，而民国时期的工匠是最后一批真正参与过传统风貌民居营建的人，他们有能力建造出精致的传统民居。中华人民共和国成立后至20世纪80年代初期，营建活动几乎停滞。这一时期少有的民居建设被极度简化甚至堪称简陋，如木构件减少、土坯代替砖材、"三雕"废弃不用等现象广泛出现。营造的流程没有改变，但营造的技艺大为缩水。假设民国时期一位较为年轻的工匠在1920年左右有营建活动，而当时他正好是20岁左右刚出师的年龄，那么到中华人民共和国成立后，他依然有可能将其毕生技艺传承给出生于中华人民共和国成立初期的一代工匠。但是，由于这些"奢侈"的技艺在中华人民共和国成立初期乃至以后的长时间内，受限于社会经济条件并无用武之地，因此除了最基础的做法外，大部分失传。而这些出生于中华人民共和国成立初期的第一代工匠，已经是我们目前所能采访到的最老的一代工匠了，如果他们曾经听说过甚至亲眼见过民国时期传统工匠的精湛手艺，便是不幸中的万幸了。目前这一代老工匠，他们的平均年龄也已经在70岁以上了，有的精神尚且矍铄，有的因为一辈子受苦受累，身体状况极其不佳，或者记忆水平退化，交流困难，还

① 联合国教科文组织《关于建立"人类活珍宝"制度的指导性意见》中指出："尽管生产工艺品的技术乃至烹调技艺都可以写下来，但是创造行为实际上是没有物质形式的。表演与创造行为是无形的，其技巧、技艺仅仅存在于从事它们的人身上。在物质文化遗产保存中使用具有传统的无形文化遗产因素的情况也同样如此，例如，传统乐器的修理，墓葬石碑更换，用传统方法装修历史性建筑等。"

有的则变成了我们最不愿听到的一句话："前几年刚不在了（去世）"。

营造技艺的形成绝非朝夕之间，而是历经世代匠师不断调整完善，可能渐趋成熟及臻于完美，也可能随着材料技术、社会分工的发展，陡然改革颠覆；可能具有"普适"的价值，也可能存在个体的差异性和偶然性。虽然它总是变化的，但有一点我们是确定的，即传统民居、传统工匠、营造技艺是三位一体、密不可分的，一荣俱荣，一损俱损。在传统民居、传统工匠都有所衰落的今天，营造技艺的研究意义深远。我们必须与时间赛跑，寻找一位又一位高质量的老工匠，因为首先记录下来，才能有机会保护与传承。

四、研究分工

本书各章节具体完成人如下：

第一章　平定县锢窑营造技艺（薛林平、朱宗周、石玉）

第二章　平遥县锢窑及单坡厢房营造技艺（薛林平、张艳华、胡盼）

第三章　汾西县锢窑营造技艺（薛林平、石玉、田玙豪）

第四章　乡宁县云丘山锢窑营造技艺（薛林平、郑旭、石玉）

第五章　平陆县地坑窑传统民居营造技艺（薛林平、刘传勇、胡盼）

第六章　高平市砖木混合结构民居营造技艺（薛林平、李瑞琪、石玉）

第七章　天镇县木构架民居营造技艺（薛林平、武晓宇、石玉）

第八章　平顺县东部石板房营造技艺（薛林平、张嘉琦、胡盼）

另，尽管采访了老工匠百余人，口述整理稿百余万字，但由于篇幅所限，只能忍痛割爱，仅收录其中部分工匠的口述，并对每位工匠的口述尽可能作了压缩。已经完成的"临县南部传统民居锢窑营造技艺"也未能收录在本书中。

薛林平　石玉

2019年12月

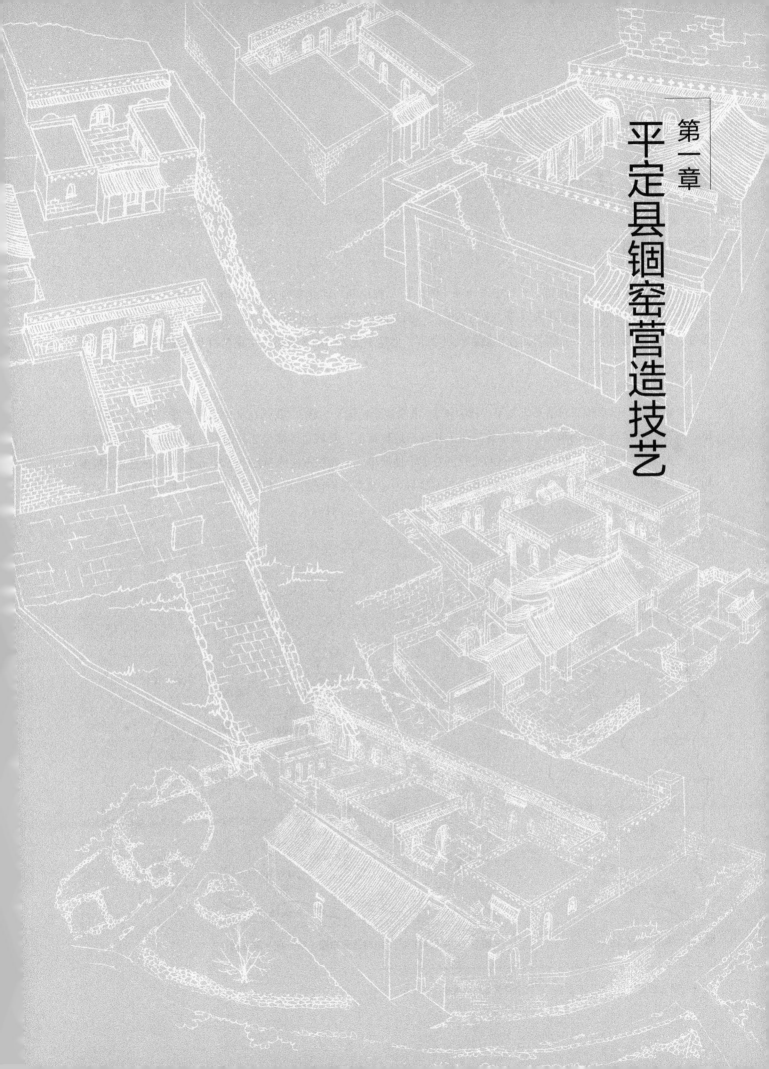

第一章

平定县锢窑营造技艺

第一节　传统民居

一、背景概况

平定县位于阳泉市东南部，太行中段西麓（图1-1），扼山西、河北东西交通之咽喉，史称"三晋要冲""晋东门户""晋冀通衢""京畿屏障"等。太行八陉之一的井陉（山西进入河北、通达北京的主要驿路和商道）穿境而过，沿线渐渐催生了一批军事商业重镇和农耕聚落，使这里成为山西全省历史文化名村及传统村落分布最为密集的区域之一（图1-2）。

1. 自然地理

平定县石门口乡桥头村清嘉庆九年（1804年）《重修铁梁桥记》中载："我州在乱山深处，东二百里，西百余里，率皆奇峰怪石，深沟险壑"，直观地描述了其自然地理特征。县域总体地势北高南低、西高东低，为阶梯状地貌，大体可分为石质山区、土石山区和土丘河谷三个地形单元，面积占比约为7.3：2.2：0.5[①]。水资源分布极不均匀，除娘子关周围地区外，大部分地区均为缺水地区，主要河流有南川河、桃河、温河。其中南川河为桃河支流，温河和桃河由西向东汇入绵河再进入河北井陉境内（图1-3、图1-4）。

图1-1　平定县区位图

图1-2　平定县中国传统村落分布图（第一批~第五批）

---

① 平定县志编纂委员会编. 平定县志. 社会科学文献出版社，1992年. 39页.

图1-3　清光绪八年（1882年）平定州境山川图　　　图1-4　南景山和温河俯瞰

　　由于石多山多，平定县村名中，反映地形的"沟""峪""掌""岭""坡""凹""岩""头""山""洼"等字以及反映材料的"石""土"等字非常多见，特别是"沟"字，成为村名中出现频率最高的一个字（表1-1）。①

平定县村名中含有"沟"的自然村

表1-1

乡镇	村名	数量	占比
城关乡	大石头沟、奶奶庙沟、土沟、南城沟、圪岭沟、杨家沟、孙家沟、王家沟、瓦窑沟、碾子沟、姬家沟、后沟、南沟、曹家沟、姜家沟	15	38.5%
南坳乡	城沟、水峪沟、贵石沟、冠山沟、庙沟、常家沟	6	30.0%
冶西乡	上沟、报玉沟、南沟、郝家沟、黑豆沟、郭家沟、大沟	7	11.1%
维社乡	西沟、窨沟	2	8.7%
锁簧乡	官道沟、小官道沟	2	8.0%
张庄乡	无	0	0.0%
南阳胜乡	大黄土沟	1	6.7%
古贝乡	牛角沟、庄沟、小牛角沟、半沟	4	6.9%
石门口乡	小沟、庙后沟、前徐峪沟、里徐峪沟	4	14.8%
柏井乡	堰沟、西风沟、井峪沟、刘家沟、东坪沟、西坪沟、九道沟、石盆沟、刘家沟掌	9	23.7%
槐树铺乡	白蹄沟、平地沟、河沟、菜地沟、老凹西沟、凡青沟、多乐沟、道沟	8	14.3%
东回乡	南沟、安居沟、程达沟	3	3.9%
马山乡	五盆沟、大荒沟、铜地沟、葱地沟、龙王庙沟、长峪沟、白地沟、老烂地沟、凤凰岩沟、南沟岩、金和沟、东西沟	12	9.2%

① 根据1988年编印的《平定县地名志》，在989个自然村村名中，统计了除东南西北等方位词外出现20次以上的词。

续表

乡镇	村名	数量	占比
潺泉乡	井沟、围沟、砌臼沟、蔡树沟、郭卷峪沟、郭家峪沟、菜树沟、后岩沟、东沟庄、可沟	10	10.4%
岩会乡	半沟、坪沟、七罗沟、石峪沟、小道沟、沟底	6	17.6%
娘子关	关沟、石槽沟、偏梁沟、家峪沟、会道沟、黑毛沟、河阳沟、河阳沟、香山沟、梁沟、陀水窑沟、井沟、里井沟、贤沟、西沟、水兰沟、海家沟、井沟口、龙泉沟、吊钩、圪料沟	21	19.3%
巨城乡	南山沟、东道沟	2	4.2%
岔口乡	铁金沟、沟底	2	4.1%
黄统岭乡	土沟、北沟、马峪沟	3	4.3%

2. 人文历史

平定地区与晋中盆地、华北平原皆有山脉阻隔，独立封闭，民性通达开悟，民风淳厚俭约。清光绪《平定州志》载："州人虽处山林涧谷之中而达于四方之政。其为士者，亦皆纯明而朴茂，疏通而谨恪。"留存下来的丰富的非物质文化遗产，如热闹纷呈的社火，栩栩如生的剪纸，色彩绚烂的面塑，场面宏大的迓鼓，还有各种各样的美食，均反映了当地人自得其乐的生活态度。

清中叶之后，这里地少人稠，粮食不能自给，素有"一州吃三县"之称（指昔阳、寿阳、盂县）。因此，当地人除发展农耕外，不得不外出经商或读书，以谋其业。如雍正元年的钦奉谕旨中就指出："山西平定州等处，山多田少，粮食恒艰，小民向赖陶冶器具、输运直省易米，以供朝夕。"[1]清光绪《平定州志》载："平定山多土瘠，民劳俗朴，国朝百余年来，休养生息，计地所出莫能给，力耕之外，多陶冶砂铁等器以自食。"砂器等手工业的发展，带动了商业的繁荣兴盛。民国22年（1933年）《山西统计年鉴》载，全省各县商号中，以平定为最多，总计1003家。[2]

商业的发达也促进了文教观念的重视。根据《明清进士题名碑录》统计，清代平定县有67位进士，位居全省第一。其中在清代嘉庆十二年（1807年）丁卯科乡试中，曾一次考中解元1名，举人9名，副榜5名，为此建造了科名坊，坊联为："科名焜耀无双地，冠盖衡繁第一州"，额题"文献名邦"。

二、院落形制

1. 单个院落

民居院落布局以三合院和四合院最为常见。三合院一般由正房和两侧厢房构成，也有的为正房、一侧厢房和倒座。四合院则由正房、两侧厢房和倒座组成，院落纵向狭长，长宽比在1.5∶1~3.5∶1之间（图1-5~图1-10）。

① 陈添翼. 清代平定商人与商业研究——以大阳泉村为个案 [D]. 保定：河北大学，2015：20.
② 平定县志编纂委员会编. 平定县志. 社会科学文献出版社，1992. 280.

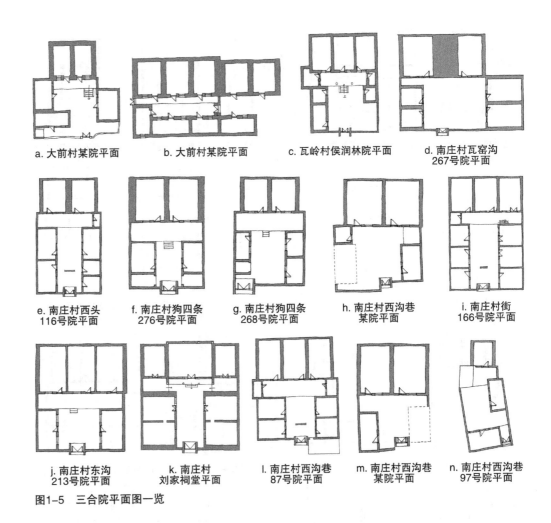

a. 大前村某院平面　　b. 大前村某院平面　　c. 瓦岭村侯润林院平面　　d. 南庄村瓦窑沟267号院平面

e. 南庄村西头116号院平面　　f. 南庄村狗四条276号院平面　　g. 南庄村狗四条268号院平面　　h. 南庄村西沟巷某院平面　　i. 南庄村街166号院平面

j. 南庄村东沟213号院平面　　k. 南庄村刘家祠堂平面　　l. 南庄村西沟巷87号院平面　　m. 南庄村西沟巷某院平面　　n. 南庄村西沟巷97号院平面

图1-5　三合院平面图一览

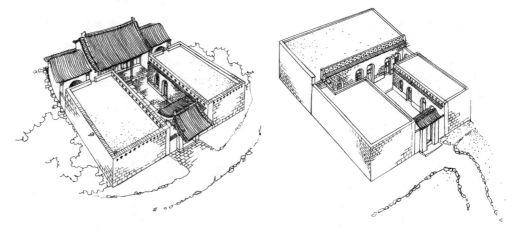

图1-6　南庄村刘家祠堂鸟瞰图　　　　图1-7　南庄村瓦窑沟272号、273号院鸟瞰图

028 山西传统民居营造技艺

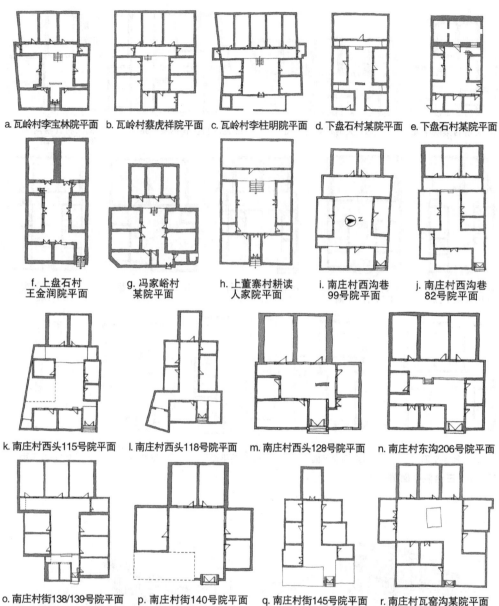

a. 瓦岭村李宝林院平面　b. 瓦岭村蔡虎祥院平面　c. 瓦岭村李柱明院平面　d. 下盘石村某院平面　e. 下盘石村某院平面

f. 上盘石村王金润院平面　g. 冯家峪村某院平面　h. 上董寨村耕读人家院平面　i. 南庄村西沟巷99号院平面　j. 南庄村西沟巷82号院平面

k. 南庄村西头115号院平面　l. 南庄村西头118号院平面　m. 南庄村西头128号院平面　n. 南庄村东沟206号院平面

o. 南庄村街138/139号院平面　p. 南庄村街140号院平面　q. 南庄村街145号院平面　r. 南庄村瓦窑沟某院平面

图1-8　南庄村四合院平面图一览

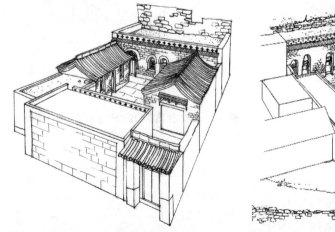

图1-9　南庄村西沟巷98号院鸟瞰图

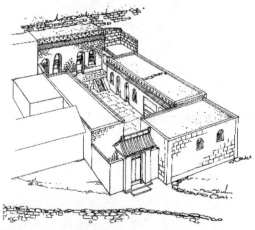

图1-10　南庄村西头123号、124号院鸟瞰图

院落内部表现了很强的伦理秩序。如正房多为长者居住，有的民居还会将正房正中的房间或者正房二层的高房作为家族祠堂以示对先人的尊重。正房的台基也是最高的，前面还会设置一块专属的室外露台，有的还围以低矮的砖砌花墙，形成局部的围合空间。两侧厢房多为晚辈居住，其中东厢房比西厢房要高一些。此外，大型宅院还会讲究内外有别，用门来界定男女、主仆、长幼之间的区域（图1-11、图1-12）。

2. 组合院落

（1）横向组合

将几座院子并列排布，通过厢房与正房或厢房与倒座之间的空间进行串联，既保证各个院落的私密性，又加强彼此之间的联系（图1-13a）。有的院落群还会在正院的一侧或者下层设置偏院，如供佣人居住生活，或作为私塾、花园、储存杂物等（图1-13b）。

（2）纵向组合

通常纵深二进的院落设屏门分隔前后院，三进或者三进以上的院落则可能既有屏门又有过厅，倒座、屏门、过厅、正房处于院落的中轴线上，两侧厢房左右对称，共同强化纵向空间序列（图1-14）。

图1-11　迥城寺村某民居院落

图1-12　南庄村街155号院正房

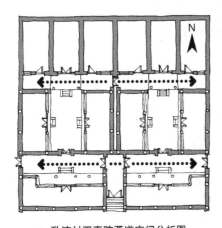

a. 乱流村双喜院甬道空间分析图

图1-13　横向组合院落平面图

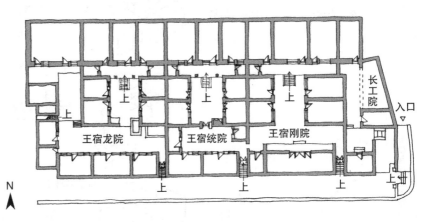

b. 上董寨村王家大院平面图

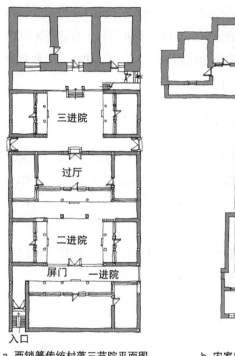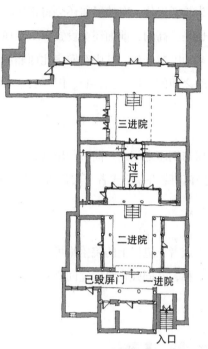

a. 西锁簧传统村落三节院平面图　　b. 宋家庄传统村落垂恕堂院落平面图

图1-14　纵向组合院落平面图

（3）竖向组合

由于平定多山，故山地地形对院落空间的组织也产生了很大影响。基地较为平整时，作简单的处理即可。当基地有一定起伏时，通过填挖将基地处理成两个不同标高的平台（高差在0.9～1.2米之间），平台之间用台阶相互连接，正房多布置于较高平台之上。当地形起伏较大时，则顺应地势将建筑分为上下两层或者多层，通过楼梯或者坡道将各层联系起来。如果基地面积较大，则上层建筑后退，下层建筑的屋顶作为上层建筑的屋前平台；如果基地面积较小，则上下两层建筑对齐，上层建筑的荷载直接传递给下层（图1-15）。

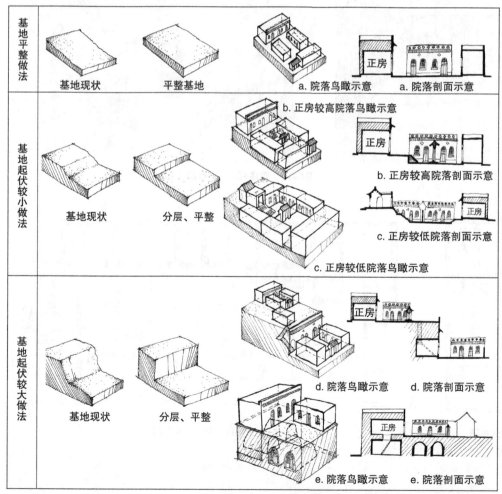

图1-15　地形与院落的关系示意图

三、建筑单体

1. 窑洞

窑洞建筑的数量是最多的，院落正房及厢房多为窑洞。按建造形式窑洞可以分为靠崖窑、锢窑、接口窑三种类型（图1-16）。靠崖窑是在自然形成的土崖上挖掘而成，大部分形成于明代或清初，由于年代久远，遗存极少。接口窑是在靠崖窑的前面再接一段锢窑，防止窑面因日晒雨淋而毁坏，延长窑洞的使用寿命，此类窑洞现存数量也比较少，中华人民共和国成立后便鲜有兴建。锢窑即独立式砖砌或石砌窑洞，上覆黄土，此类窑洞遗存最多，且中华人民共和国成立后仍有大量建造。

（1）空间尺寸

窑洞的进深不一而论，由宅基地的大小和户主的需求以及经济实力综合决定，有一丈五尺的，有两丈的，还有三丈乃至更深，一般以尺为最小单位进行增减。窑洞的面宽受限于拱券结构，数值范围相对固定，通常为一丈零五尺、一丈一尺和一丈二尺，一般都是以五寸为最小单位进行增减。窑洞的中高[1]一般比窑洞面宽大五寸，空间感觉比较挺拔。另外，窑洞前端要比后端高三至五寸，前高后低，当地俗称"虎座"。

墙体的厚度因位置而异。山墙最厚，一般为三尺及以上，如果山墙的外侧紧靠山体或者其他建筑的山墙，则其厚度可适当减小。前墙、后墙及室内纵墙的厚度较小，一般在一尺八寸至三尺之间。

（2）立面构成

窑洞的立面从下往上主要由门窗、抱厦、出檐和女儿墙四部分组成，有些还设有排气孔和神龛（图1-17）。

a. 靠崖窑　　　　　b. 接口窑　　　　　c. 锢窑

图1-16　三种类型的窑洞

图1-17　窑洞立面图

---

[1] 此处指窑洞室内最高点距离地面的垂直距离。

①门窗

门窗是窑洞立面构图的重要元素。传统窑洞的门窗均为拱形，分圆拱双心和半圆拱两种，有的窑洞后来经过改造变成了方形。门窗主要有三种（图1-18）：

一是门窗同券一体，即门和窗布置在同一个比窑洞的拱券尺度略小的拱券内。此种做法的门窗可以获得较大面积的亮子，通风采光效果更佳。亮子又是门窗雕饰集中之地，所以门窗上的装饰可以更好地展现出来。但施工技术要求相对较高。

二是门窗异券分离，即门和窗分别发券，独立砌筑。由于两个券的跨度都较小，施工技术要求不高。

三是门窗处于同一个大拱券之下，但二者又分别发券。这种做法使得窑洞的立面丰富活泼又不失统一。由于有三个拱券，所以施工难度相对较大。

②抱厦

抱厦是设置在正房中心窑洞外的构筑物，只有一些规模较大的民居才有抱厦。抱厦有两种做法：

一是在窑脸的前面加建一个木结构构筑物作为抱厦，常出现于门窗同券一体的正窑前。木构抱厦由木柱支撑承重，柱顶处架有护斗和栏额、枋，纵向梁枋伸入石墙内，构成单坡排水的木构架，屋顶铺设板瓦和筒瓦，檐口板瓦有滴水、筒瓦有猫头，屋脊上铺有脊兽。木构抱厦既可以保护窑脸，遮风避雨，又可作为外部庭院与窑洞室内的空间过渡，同时还突出了正窑的核心地位。

二是在窑脸上部用砖通过叠涩砌筑抱厦，常出现于门窗异券分离的正窑前。砖砌抱厦形似木架抱厦，只是将木构抱厦的柱子意会成两个砖雕垂花（图1-19）。砖砌抱厦功能性不如木构抱厦，主要起到装饰正窑并突出其主体地位的作用。

③出檐（檐口）和女儿墙

出檐是为了防止雨水冲刷窑面而做的防护构件，常见有两种做法：

一是将青砖用不同的方式进行摆设，层层叠涩向外出挑，一般铺砌三皮或五皮砖，砖上再铺瓦口（槽砖）和瓦。中华人民共和国成立后修建的房子普遍采用这种做法（图1-20a、b、c）。

二是用带有弧度的砖（方砖经手工打磨倒圆角而成）砌筑出曲直变化的线脚，其上铺设形似椽子和飞椽（用方砖手工打磨而成）的砖头，再铺瓦口和瓦（图1-20d、e）。檐口层层出挑，形成了丰富的光影变化，再加上瓦件的精美图案，对窑脸起到了很好的装饰作用。可惜的是，此种做法至迟在中华人民共和国成立后便消失了。此外，有的窑洞出檐仅由一层石板向外出挑，工艺简单但却别具乡土气息（图1-20f）。

| a.某窑洞门窗 | b.某窑洞门窗 | c.某窑洞门窗 | a.木构抱厦 | b.砖砌抱厦 |

图1-18 三种类型的门窗一览　　　　　　　　　　图1-19 木构抱厦和砖砌抱厦

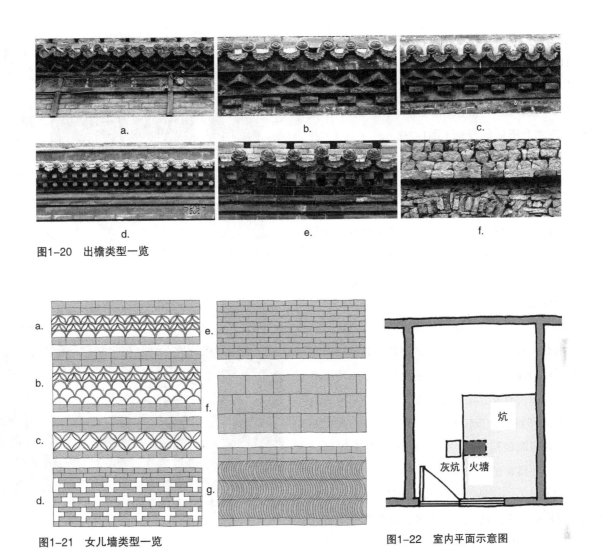

图1-20 出檐类型一览

图1-21 女儿墙类型一览

图1-22 室内平面示意图

女儿墙又叫花墙，是防止人畜跌落的围护构件，多用青砖砌筑，也有用石块或青砖瓦共同砌筑的。正立面女儿墙的高度在0.4～1.2米，变化较大，其余立面的女儿墙往往较低，高度大都在0.1～0.3米。女儿墙在满足功能要求的前提下，往往还被村民赋予审美诉求，将其砌筑成各种精美的图案，以装饰窑面（图1-21）。

（3）室内空间

"平定皆有火炕，其最著者，其他处间有之，总逊此数处。"[1]窑洞室内，炕是必不可少的，布置在紧靠门窗的位置，俗称"门前炕"，以取得较好的光照和通风条件。炕的宽度一般在五尺五左右，长度在七尺五左右，高度为七皮砖或者九皮砖。炕下面的炕基由秸秆泥浆制成，外面用砖砌筑，并在炕的一角砌筑烟道，将烟排出室外。火塘一般在炕体中间，前面设置一个一尺见方、三尺深的洞口作为灰坑（图1-22）。

2. 瓦房

瓦房建筑数量相对较少，只存在于个别院落的过厅、倒座或厢房，其中过厅和倒座多为檐廊式瓦房，既有三开间的，也有五开间的，进深约一丈二左右（约4米），开间大小多为六尺五或者七尺（约2～2.3米），檐廊的宽

---

[1] 转引自：晋商史料全览（阳泉卷）. 第329-330页。

度一般为三尺（约1米）。厢房一般不带檐廊，三开间居多（图1-23、图1-24）。

瓦房为抬梁式（图1-25a～g），如五架无廊（图1-25a）、五架前檐廊（图1-25b）和七架前后廊（图1-25e）以及在它们基础之上所做的变形（图1-25c、d、f、g）。此外，还有很多因时、因地、因材的地方做法，体现了乡土建造的灵活性和多样性（图1-25h～j）。

3. 平顶房

平顶房都是作为院落的厢房或者倒座出现的，在数量上介于窑洞和瓦房之间。平顶房建筑没有严格的开间概念，面阔和进深尺度也无固定数值，往往是随地形、宅主的需要以及木料的大小决定。

从外观上来说，平顶房有两种截然不同的形式。一种是全部由石头砌筑，主要分布于平定县西北部与河北省交界的太行山深处，其立面特征是出檐仅由一块石板悬挑而成，屋顶没有女儿墙，覆土也较薄。另一种是由砖和石头共同砌筑，分布较为广泛（图1-26），其立面同门窗异券的窑洞极其相似。具体分辨的方法有三：一是门窗之间的距离，窑洞一般为40～50厘米，而平顶房至少在80厘米以上；二是门顶部和出檐之间的距离，窑洞一般为五皮砖、七皮砖或者九皮砖，而平顶房不超过三皮砖；三是平顶房覆土较薄，女儿墙一般较低，只有一层花（图1-27）。

图1-23　南庄村刘家祠堂正房

图1-24　南庄村西沟巷98号院西厢房

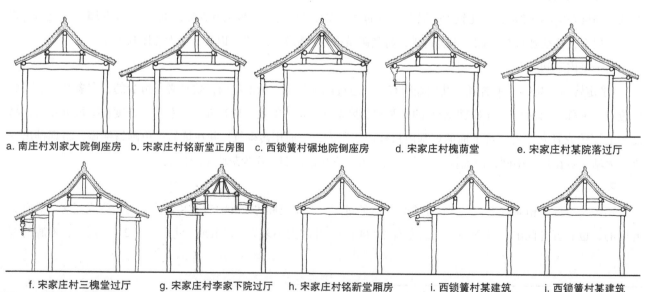

a. 南庄村刘家大院倒座房　　b. 宋家庄村铭新堂正房图　　c. 西锁簧村碾地院倒座房　　d. 宋家庄村槐荫堂　　e. 宋家庄村某院落过厅

f. 宋家庄村三槐堂过厅　　g. 宋家庄村李家下院过厅　　h. 宋家庄村铭新堂厢房　　i. 西锁簧村某建筑　　j. 西锁簧村某建筑

图1-25　瓦房剖面结构一览

平顶房的结构形式为：梁下设柱或梁直接搭置在前后墙上，梁上依次铺设檩条、椽子、苫背和屋顶覆盖材料（图1-28、图1-29）。檩条一般位于梁中部，前端可设可不设，后端不设。由于乡村建房财力有限，材料的选择则非常乡土，如有用高粱秸秆或者藤条做的笆子做苫背的，有用木板做的；屋顶覆盖材料是炉渣、白灰加水和成的泥；墙体材料也多是自己从山上开采的石头，只使用少量的砖。

图1-26　南庄传统村落砖石平顶房

a. 窑洞立面示意图　　　　b. 窑洞实例　　　　c. 平顶房立面示意图　　　　d. 平顶房实例

图1-27　外观相似的窑洞和平顶房的立面区分

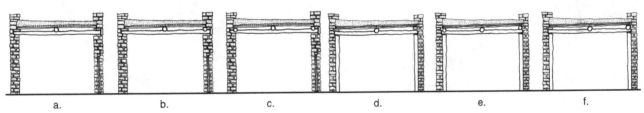

a.　　　　　b.　　　　　c.　　　　　d.　　　　　e.　　　　　f.

图1-28　平顶房剖面形式一览

图1-29　瓦岭村某平顶房结构

四、典型案例

1. 南庄村刘家大院（东沟222号）

院落位于南庄村东沟，北面和西面紧依山体，为东西两进四合院。东院破损严重，已难以看出原来的样貌。西院形制和建筑单体保存比较完好，正房三眼，东西厢房两眼，均为砖石砌筑的锢窑，倒座房为硬山坡屋顶建筑，六檩前出廊梁架结构，柱础、室内木格栅和屋檐处均饰有精美装饰（图1-30～图1-36）。

2. 南庄村王家大院（街168号）

院落位于南庄村中部南端，西沟巷东侧，为上下两进三合院落。建筑均为砖石砌筑的锢窑，下层正房四眼，东西厢房两眼；上层正房三眼，东西厢房为横窑。下层院落西北角设楼梯间可到达正房屋顶，即上层院落的院前平台，此处远眺南面的温河和景山，视野非常开阔（图1-37～图1-42）。

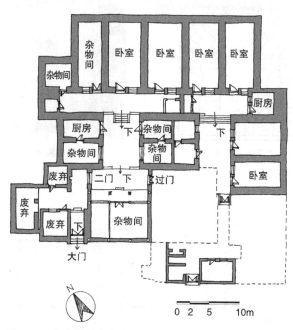

图1-30 南庄村刘家大院平面图

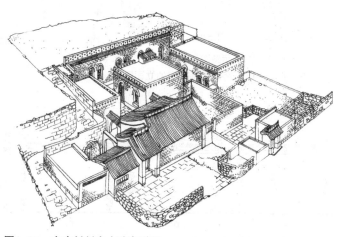

图1-31 南庄村刘家大院鸟瞰图

图1-32 南庄村刘家大院西院正立面

图1-33 南庄村刘家大院西院正房

图1-34 南庄村刘家大院西院 图1-35 南庄村刘家大院西院 图1-36 南庄村刘家大院西院入口门楼上的砖雕
倒座房鸟瞰 土地龛

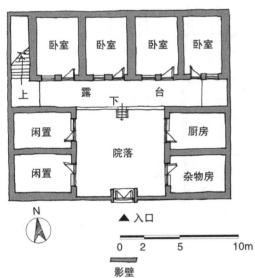
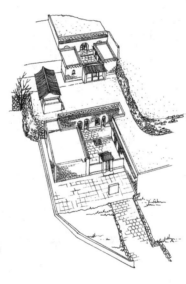

图1-37 南庄村王家大院平面图 图1-38 南庄村王家大院鸟瞰图 图1-39 南庄村王家大院一层院落门楼

图1-40 南庄村王家大院一层院落正房 图1-41 南庄村王家大院 图1-42 南庄村王家大院俯瞰
一层正房室内

3. 南庄村八眼窑院

院落位于南庄村古街西端，整个大院由一个二进四合院、一个三合院和一个单院横向组合而成，因正房为一字排列的八眼锢窑而得名。其中二进四合院为院落群的精华所在。入口门楼富丽堂皇，墀头砖雕"鼠摘葡萄"寓意吉祥如意、多子多孙，门楣木雕垂花尽善尽美，墙腿石石雕牡丹寓意富贵，门里照壁镶砌有致。一进院倒座为硬山式木构架瓦房，是本村史氏家族的祠堂，房屋窗棂饰以"万"字预示十全十美，扇形花格、套格、寿字圈等点缀其间以求百业兴旺发达、家人长命延年；二进院正房为八眼窑的一部分，东西两侧各为两眼砖石砌筑的窑洞；院落的东侧还有一个偏院，供佣人居住和堆放杂物（图1-43 ~ 图1-49）。

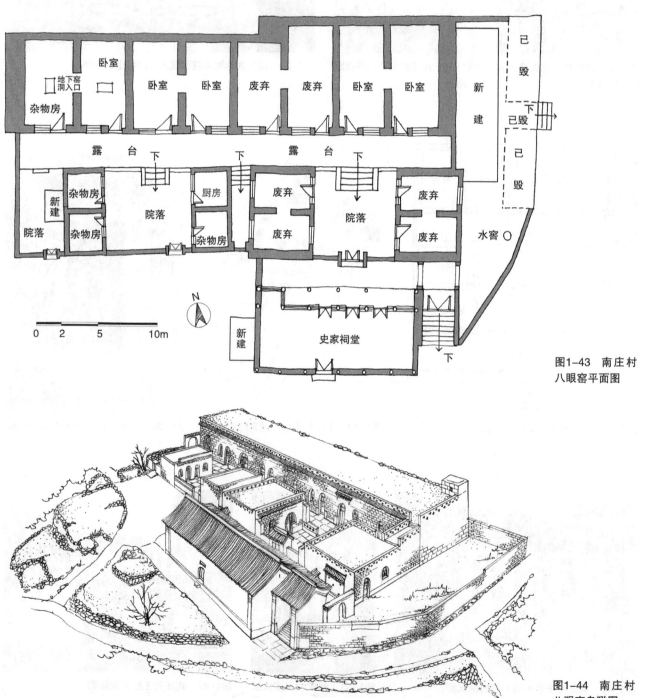

图1-43　南庄村八眼窑平面图

图1-44　南庄村八眼窑鸟瞰图

图1-45　南庄村八眼窑二进院大门门楼

图1-46　南庄村八眼窑二进院正房

图1-47　南庄村八眼窑中间三合院正房

图1-48　南庄村八眼窑排气孔一览

图1-49　南庄村八眼窑墀头砖雕

第二节　营造技艺

一、策划筹备

策划筹备过程的长短与户主的经济情况密切相关。在传统的小生产体制下，个体家庭的财富积累有限，筹备的过程往往比营造的过程更加漫长。

1. 材料准备

平定俗语言："一年修盖，三年备料"。户主自己或者和匠人一起定好房屋尺寸后，在工匠的帮助下估算用料，每当有了富余的劳动力或资金时，就断断续续地备下材料。锢窑营造的主要材料有石材、砖瓦、木材、黄土以及石灰等，多就地取材（图1-50）。

石材以青石为主，按体积衡量用量。中华人民共和国成立以前，村民用铁器手工开采；人民公社时期，变成从供销社购买炸药采石；20世纪80年代以后，政府严格控制火药的流通，村民逐渐不再自己开采，转而从采石场购买。

砖由邻近的砖窑烧制而成，需要支付薪炭的材料费与烧窑匠人的人工费，因此成本较高。20世纪80年代以前，用砖的多少也是经济实力与身份的象征，只有具备一定经济实力的人家才会大量用砖，一般院落只有局部用砖，如前墙、窑顶和瓦房的墙体等。

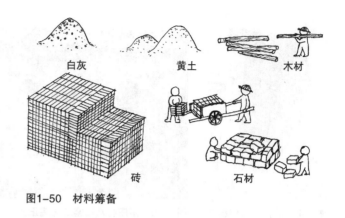

图1-50　材料筹备

木材的用量很小，主要用于门窗和瓦房屋架。一般使用松木、槐木、杨木等不易变形的木材，以秋冬采伐为佳，不宜使用水分较多、春季采伐的未成熟木材。

石灰由户主用窑烧制，后来逐渐变为从矿场购买。石灰的烧制过程为：在地上挖一个坑作为火塘，里面堆上炭块，同时将石块和碎炭粉沿坑的四周堆积起来，一层石头一层炭块交替堆积，堆积出一个山丘的形状，然后在其外表面抹上一层麦秸泥，并点燃土坑里的炭，连续烧制几天。

图1-51　石头、砂管和砖共同砌筑的墙体

除此之外，还有一些特殊的材料，如砂管。砂管原本是村子的一项制造产业，作为排水管使用，后来随着塑料管和钢管的兴起，逐渐停产。滞销的砂管和之前淘汰的残次品被本村村民巧妙地用来砌筑墙体，与石材、砖材等几种建筑材料相互搭配，不拘一格，形成了独特的乡土特色（图1-51）。

2. 工匠组织

营造的工种有泥瓦匠、石匠和木匠三种（图1-52）。其中，泥瓦匠最为重要，负责估料、协同主家筹划营建，且建筑的主体也都由他们完成；石匠负责建筑中石料的处理及石质构件的加工，如排烟口、神龛和窗

图1-52　三种匠人示意

台等，20世纪80年代以后，石材使用较少，且预制的现成品增多，石匠的活儿已经很少；木匠负责建筑门窗的制作，随着铁制和塑钢门窗的普及，木匠的活儿也变少了。

工匠常见的组织方式有三种：

（1）"友情互助"

此种方式普遍存在于中华人民共和国成立后至20世纪80年代之前：当某户人家要盖房子时，只需要去熟悉的匠人那里打声招呼，匠人便帮忙把房子盖起来了，不收取任何酬劳，主家往往只需为匠人提供简单的饭菜，但很多时候匠人都会选择回家吃饭，不劳烦主家。这种无偿帮工方式产生于特定的时期，同时也是一种淳朴乡情的反映，改革开放后，随着市场关系的介入而渐渐消失。

（2）按日计酬

这是最常见的模式。工匠由主家逐个邀请，主体工程部分（基础、墙体、屋顶施工）邀请的是泥瓦匠，一般包括1~2名大工，4~6名小工，具体数量根据工程的复杂程度和材料搬运的远近来定；到了门窗安装时则再邀请木匠。在改革开放之前，匠人由生产队统一进行调度和安排，以记工分的形式记录工作量，然后再向生产队换取相应报酬。2015年，根据我们的调查，大工每日酬劳约120元，负责工程组织与房屋建造；小工每日酬劳约80元，负责搬砖运石、搅拌砂浆、运土填壕等。

（3）包工不包料

当地俗称"清包"，即户主与工匠根据工程的规模谈好总的工价与工期。20世纪70年代，一孔窑洞需支付泥瓦匠的工钱约为200元，80年代约为400元，90年代后增长迅速，达到数千元。按日计酬时，工匠往往较为懈怠，以延长施工时间多得工钱；包工模式下，工匠的工作效率较高，以节省时间做其他事情。从实际结算看，两种雇佣模式所花费的人工费基本接近。

3. 选址布局

在新开辟的宅基地上建造院落，首先需要请风水先生来相地。选址以前低后高为佳，前方应当向阳开敞，不要朝向山尖等凶险之物或正对庙宇；后方以有靠山倚靠为佳，忌讳选在低洼处或者背后临沟、临崖等无依无靠之处。院落正房朝向的确定，会综合考虑地形走向，根据罗盘确定。正房通常坐北朝南，但不可朝向正南，因为当地人认为，正南阳气太重，只有庙宇才能朝向正南。

如在旧有宅基地上建造院落，则风水先生相地的主要内容是对现有基地提出调整建议，然后根据既有房屋的尺寸和方位来确定新建房屋的范围和朝向，以及测算何时动土、何时合龙口等，包括提出重要节点的注意事项（图1-53）。

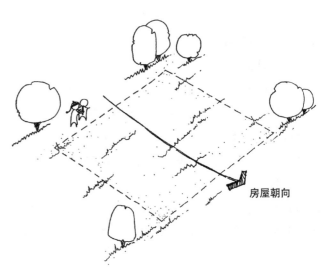

图1-53 堪舆基地、确定房屋朝向

二、营造流程

锢窑的营造流程包括：定向与放线；基础施工；山墙、室内纵墙和后墙的砌筑；拱券砌筑；前墙、出檐和花墙的砌筑；屋顶覆土；地面处理；室内装修。

1. 定向与放线

房屋朝向确定后，户主与匠人辅助风水先生进行放线。具体步骤是：第一步，确定窑洞后墙和一侧山墙的外边界，然后大致选取窑洞的中心点A点，在该位置先用罗盘放出与窑洞朝向一致的线L_1，再用直角尺放出其垂线L_2，然后在L_1上量取线段DE，L_2上量取线段FG，使其分别等于窑洞的总进深与总面宽（包含外墙厚度）；第二步，用直角尺分别通过D、E、F、G四个端点作相应线的垂线L_3、L_4、L_5、L_6，此为房屋外边线；第三步，在四条边线上打桩，桩并不在房屋的四个角点，而是向外延伸一段距离，即图1-54中的八个H点，以留出基础施工的空间，然后根据窑洞的开间、进深、墙厚放出墙体余下的线L_7，打桩I，并使用自制的水平仪定平，使线在同一

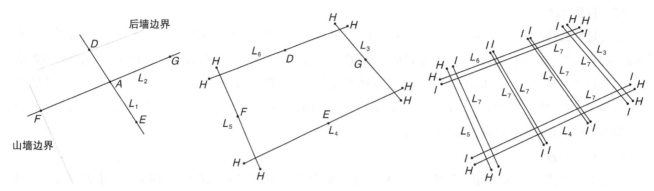

图1-54 放线流程示意图

高度且保持水平[1]。

最后，匠人手握盛着白灰的铁锹沿着准线的方向走动，同时不断用木棒敲打铁锹，撒下白灰，完成放线（图1-55～图1-57）。

2. 基础施工

基础施工的第一步是沿着放好的白线挖掘沟壕，其深度根据房屋的高宽、基地的土质和窑洞预计覆土厚度确定，一般不小于2尺；宽度比其对应的墙体每侧宽出10厘米左右，如果土质酥松的话则要宽出更多，以防壕两侧泥土下落影响施工。基础分三段，底段为夯实捣平的纯石灰粉，用来吸湿防潮。中间一段用三七灰土，即白灰和黄土加少许水搅拌而成，使其

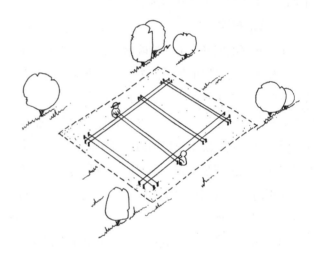

图1-55 放线示意图

图1-56 匠人展示放线过程

图1-57 匠人展示用自制水平仪定平

[1] 在此也可以不保证线水平，后期直接用水平仪校验墙体是否平直。

达到"手握成团、落地成花"的干湿程度，同时要分层夯实，一般每层的厚度大约7~8寸（约25厘米），最多不能超过一尺。夯实的标准是在灰土上凿出一个坑后灌上水，一天之后水位若无明显下降则说明达标。夯实的高度多在一尺半以上，当地有"捣一尺、承一丈"的说法。顶段为石块砌筑的基础，顶部与室内地坪同高。砌筑石块时，注意将上下层及左右石块间的缝隙错开，缝隙较大之处用碎石填充，以保证石块之间紧密结合。基础砌筑完成后，将挖沟壕时刨出来的泥土碎石回填到基础两侧留下的空隙之中并再次夯实（图1-58、图1-59）。

3. 山墙、室内纵墙和后墙的砌筑

基础之后砌筑除前墙以外的墙体。墙体宽度按照放好的线砌筑，略小于基础宽度，一般而言，山墙比较厚，一般至少三尺宽，以抵抗窑洞的侧推力，后墙与室内纵墙宽度相同，约为一尺八寸（图1-60）。20世纪80年代以前，除少量经济宽裕的人家外，砌筑墙体基本不用黏结材料，全是用石头进行干摆，只对外表面进行勾缝。

砌筑时，需放水平线和铅垂线以保证墙体的水平竖直，将两排石头平行摆放，同样遵循错缝摆放原则。除此之外，还需每隔1米左右砌筑一块长度与墙体厚度相等的条石进行拉接加固，拐角处则相互咬接以便增加强度。山墙和室内纵墙上的相应位置会留出凹槽，作为后期搭设拱券模架的架眼（图1-61、图1-62）。20世纪80年代出现砖砌墙体，砖墙在砌筑的时候也应注意错缝摆放和相互咬接（图1-63~图1-65）。墙体砌筑的高度为窑洞宽度的一半或者比窑洞宽度的一半小五尺。

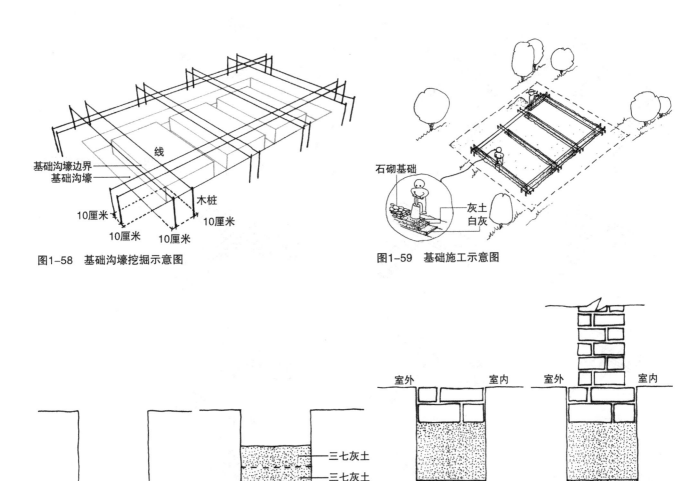

图1-58　基础沟壕挖掘示意图

图1-59　基础施工示意图

图1-60　山墙、内纵墙和后墙基础及墙体施工示意图

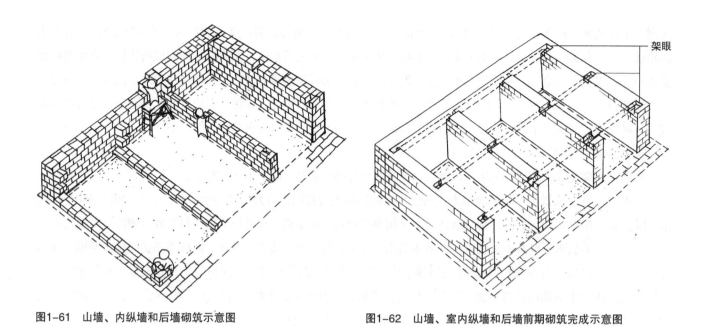

图1-61　山墙、内纵墙和后墙砌筑示意图

图1-62　山墙、室内纵墙和后墙前期砌筑完成示意图

架眼

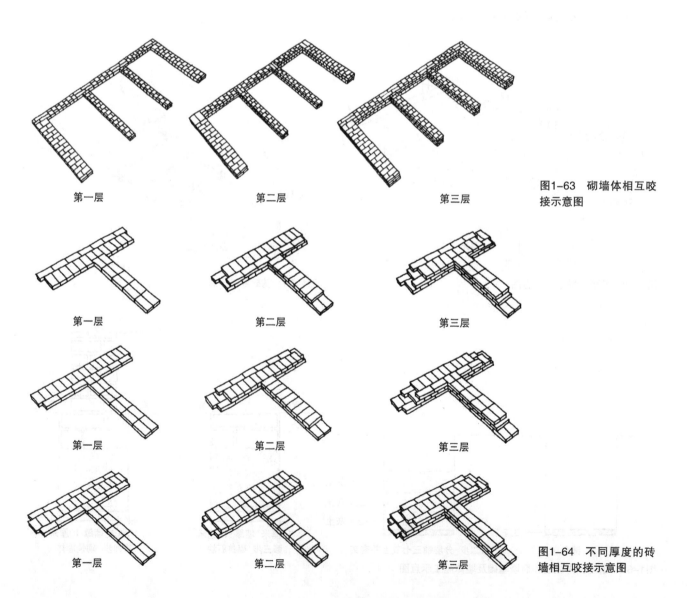

第一层　　　　　　　第二层　　　　　　　第三层

图1-63　砌墙体相互咬接示意图

第一层　　　　　　　第二层　　　　　　　第三层

第一层　　　　　　　第二层　　　　　　　第三层

第一层　　　　　　　第二层　　　　　　　第三层

图1-64　不同厚度的砖墙相互咬接示意图

4. 拱券砌筑

墙体完成后，就进入了锢窑砌筑的核心环节——拱券砌筑，具体可分以下几步：

（1）确定拱券类型

常见的有双心尖券、半圆券、四分之一圆券和"洋式券"四种（图1-66）。双心尖券，即在窑腿的顶点连线上取中点，在其两侧一定距离处定下两个圆心，以圆心到对侧窑腿的距离为半径

a. 放水平线保证墙体水平　　　　b. 放铅垂线保证墙体水平

图1-65　证墙体横平竖直的方法示意

分别作圆弧，相交即形成双心尖券，两圆心之间的距离俗称"开心"；半圆券，即在窑腿的顶点连线上取中点做圆心，以圆心到两侧窑腿的距离为半径作圆弧；四分之一圆券，即拱券矢高为窑洞面宽的四分之一；"洋式券"，即拱券矢高为窑洞面宽的八分之一。

这四种拱券的矢高是逐渐降低的，从受力的角度来看，圆弧的矢高越低，承载力越差，屋顶覆土层相应变薄，保暖性能减弱，但是在房屋总高不变的情况下，圆弧矢高低可以使窑腿较高，室内空间更加开敞。

平定县锢窑一般采用双心尖券形式。如果所建造窑洞采用常用尺寸，匠人们根据经验就可以直接确定圆心的位置和半径的大小，如面宽一丈的窑洞"开心"通常取五寸左右，面宽一丈二的窑洞"开心"通常取六寸左右。但对于新尺寸的窑洞，匠人则需要通过一种叫做"拖蓝线"的土方法计算：首先，在地面上画一条长度等于窑洞宽度的线段AB，并在其中点C处作垂直平分线L，量取线段CD等于所要建造的拱券矢高；然后，将一条线绳的一端随机固定在线段BC上的一点S_1处，用线绳连接S_1点和D点，并以S_1点为圆心、S_1D为半径画圆，不断调整S_1的位置，最终使得$S_1D=S_1A$，则S_1点为一侧圆心所在位置；最后，在AC上以C点为中心作S_1的对称点S_2，即为对侧圆心所在位置。

（2）支模

按照确定的圆心位置和半径的长度支模，当地将这一过程叫作"搭牛"。具体流程如下：

第一步，架设圆杖、搭设第一层横水。在窑洞前后两端的正中央各竖起一根木头，钉一块与之垂直的横木板，在横木板上画一条起券高度的水平线，确定圆心位置，并在圆心的位置固定两根木棍作摆针画圆，其长度等于半径。当地俗称这两个木棍为"圆杖"。圆杖架设完成以后，在窑洞两侧的纵墙上搭设第一层横木，前中后三组，横木的两端插入墙体之上预留的架眼里20～30厘米深。为了施工完成以后能够将横木抽出，需要将预留的

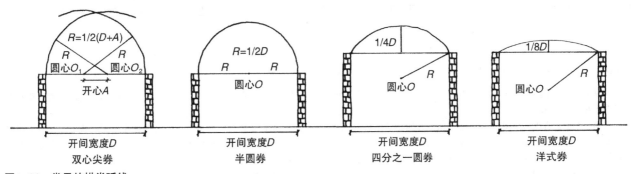

图1-66　常见的拱券弧线

孔洞深度控制在插入深度的两倍以上，拆除时只需先将横木一端完全推到孔洞的底部，另一端便可从墙体中脱离[1]。当地俗称横木为"横水"（图1-67）。

第二步，搭设第一层顺水。在横木的两端铺设纵向的条木，当地俗称"顺水"（图1-68）。

第三步，重复搭设横水和顺水。依次搭设第二层、第三层横水和顺水，每层顺水长度不变，横水的长度变短，将其控制在圆杖所画的弧线范围之内。在第三层顺水的上面铺设横向的木板（图1-69）。

第四步，干砌弧形石墙。在木板之上沿圆杖所比划出的弧线干砌一段拱形石墙（图1-70）。

第五步，石墙之上搭设顺水并用泥找平。在拱形石墙与横水上方搭设圆木，完成拱形，并涂抹铬渣泥（秸秆与土和成的泥）找平。在窑洞前后两端对应的圆杖之间拉上一根绳子，同时转动两根圆杖对找平的泥土进行检验，对不平之处进行修补，完成支模[2]（图1-71）。

（3）砌筑拱券

"搭牛"完成以后，开始砌筑拱券，具体流程如下：

第一步，"干摆"石块。"干摆"最考验窑匠的手艺，需将石块的长边沿模架纵深方向错缝摆放，形成券顶的曲面，相邻两块石块之间的楔形空隙用碎石临时卡住，当地俗称"背支"或者"背磕"。匠人在干摆时会有意识地对石材进行分类，大而厚的垒砌在下面，小而薄的垒砌在上面（图1-72）。

第二步，龙口、拱券全支和灌浆。干摆完成以后，匠人手拎碎石筐沿拱券将拱顶所有的缝隙都卡住，并用锤子敲实，这个程序俗称"全支"或者"大支"。全支以后用三七灰土浆或者白灰含量更高的灰土浆灌缝，将所有石块凝固成一个整体。正房中间的窑孔[3]拱券顶部最外侧会预留半块石头的缝隙，等到合龙口之日再进行仪式性的填补（图1-73）。有些锢窑的拱券顶部是用砖砌筑的，砌筑方式和石材类似（图1-74、图1-75）。

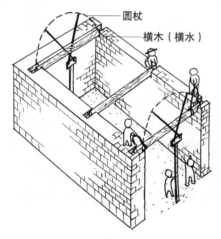

图1-67　架设圆杖、搭设第一层横水

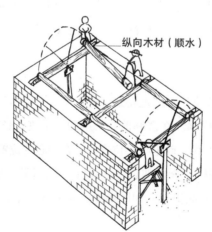

图1-68　搭设第一层顺水

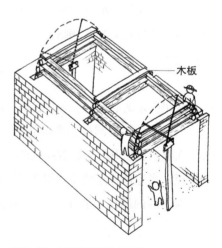

图1-69　重复搭设横水和顺水

---

[1]　室内纵墙因为两侧都要搭设横木，洞是贯通的，所以不需要考虑这点，最后一眼窑洞的横木可以从室内纵墙上抽出，所以山墙的孔洞也只需要20~30厘米深。

[2]　搭牛的时候有些细部也可以选择其他的做法，如在横木两端下方立起柱子，将横木搭在木柱之上，或者在横木下用石块堆起柱墩来支撑横木，而不是直接搭在墙体之上。还有将圆杖直接固定在第一层横木之上等。搭牛的时候还要根据木料是否充足来确定同时搭起几眼窑洞的模架，木料充足可以同时把所有的模架都搭好，不充足的话则至少搭好房屋一端的一眼窑洞及与其相邻的那眼窑洞的模架。

[3]　如果窑洞的眼数是奇数，那就是正中间一窑，如果是偶数那就是中间靠左的一眼窑。

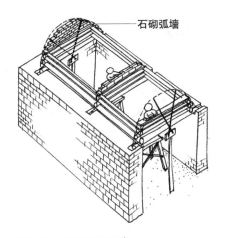

图1-70 干砌弧形石墙

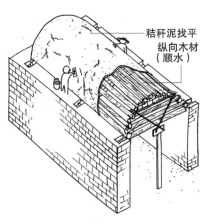

图1-71 石墙之上搭设顺水并用泥找平

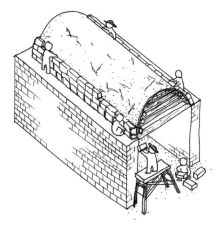

图1-72 干摆石块

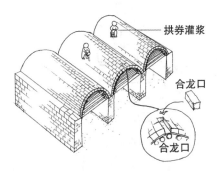

图1-73 合龙口、拱券全支和灌浆

图1-74 石砌拱券

图1-75 砖砌拱券

（4）继续砌筑山墙和后墙，填充"八字壕"①，拆除拱券模架

所有窑洞拱券都砌筑、背碹、全支和灌浆后，再继续砌筑山墙和后墙。山墙上端砌筑的厚度可以减小，但至少是底部墙体的一半，后墙墙体砌筑厚度不变。砌筑时通常会在山墙的前端预留石条，以便与后期砌筑的前墙进行拉结。墙体砌筑完成以后，用碎石填充八字壕并灌上灰土浆，八字壕上也预留石块与后期砌筑的前墙进行拉结。八字壕填充灌浆完毕后，屋顶基本成为一个平面，再进行防水处理：将白灰与土以3：7的比例混合，加水形成浓稠度适中的灰土浆，抹在屋顶上，厚度大约10～20厘米，泥浆上再撒一层白灰，用夯具夯成防水层，当地俗称"过海泥"（图1-76～图1-78）。

如果搭设模架的木料不充足，则先搭两眼窑的模架，完成八字壕填充灌浆后，再将第一眼窑洞的模架拆掉搭设第三眼窑洞的模架，重复上述步骤，最终将三眼窑洞的屋顶基本变成一个平面，最后铺设"过海泥"。

这一阶段，施工的重点和难点都是八字壕填充，因为八字壕处于拱券根部受力比较大的部分，所以要用较硬的碎石填充，同时由于其紧靠拱券的上表面，也需要用灰土浆灌缝，进一步对拱券进行防水。但灌浆会给八字壕带来一定的湿气，而其处于窑洞的最中间，上有覆土、下有拱券，与外界完全隔绝，如果内部湿气不除会导致窑洞顶部经常处于潮湿状态，影响室内居住环境。解决这个问题常用的做法是灌浆之后晾上一段时间再对屋顶进行

① 相邻两眼窑洞拱券之间形似倒八字的沟壕以及拱券与山墙之间的沟壕。

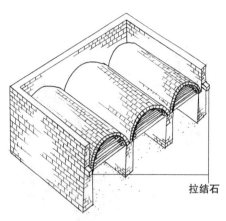

图1-76　继续砌筑山墙和后墙

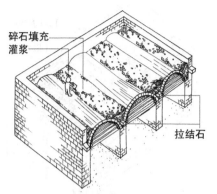

图1-77　填充八字壕并灌浆

图1-78　铺设"过海泥"

覆土。如果工期比较紧张没时间晾干的话，那就不能对八字壕采取填充灌浆的做法，而是选择用碎石、白灰、土与少量水分和成的比较黏稠的泥[1]层层填充，力争使其快速风干。

5. 前墙、出檐和花墙的砌筑

拱券模架拆除后，开始砌筑前墙、出檐和花墙。

前墙由于不承重，厚度通常为一尺八寸（约60厘米），前墙底部的一层石块，凸出墙体表面10厘米左右，高出地面5～10厘米，以防雨水从门渗入室内，这一做法叫作"卧阳"（图1-79）。

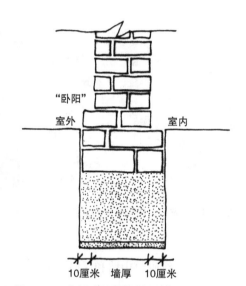

图1-79　"卧阳"剖面示意图

前墙砌筑方法与山墙、后墙相同，大多用石头砌筑，有些人家为了使窑脸整齐美观，会在石墙的外侧再砌筑一层砖（图1-80）。砌筑过程中要在炕角留出烟道，烟道必须使用石材以耐腐蚀，出烟口距离地面1.3米左右，直径约10～12厘米。此外在墙体相应位置留出门窗洞口。门窗洞口的券顶砌筑方法有两种：一种是与窑洞拱券类似，采取现场搭牛的方式砌筑；另一种是采用预制的模架砌筑（图1-81）。墙体与券顶交接处，要选用合适的石材使墙体与门窗拱券的圆弧紧密结合在一起，如果墙体外侧包砖，则要用瓦刀将砖块砍出吻合的弧度再进行砌筑。在前墙与山墙和内纵墙交接的位置，砌筑时要将之前预留的石条砌筑到前墙之内，增加交接处的连接强度（图1-82）。门框安装时要在上面用五色彩线悬挂铜钱或者系块红布，并在拱券上也塞上一块红布。门框上贴对联，常写的内容为"今日立框百事通，正遇先生姜太公"，横批是"立框大吉"或者"大吉大利"等吉祥语，"文化大革命"时期对联内容改为"今日立框百事通，正遇先生毛泽东"。

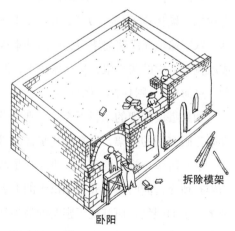

图1-80　砌筑前墙

---

[1] 当地俗称"破灰泥"。

a.搭牛砌筑门拱券　　b.搭牛支起的模架细部　　c.砌筑门窗拱券的预制模架　　d.砌筑门窗拱券预制模架

图1-81　门窗拱券砌筑方式一览

前墙砌筑到高出门窗顶部五皮砖、七皮砖或九皮砖时开始砌筑出檐，檐口形式较为丰富，以中华人民共和国成立后最为常见的三七墙上五层出檐的砌筑方法为例：

第一层叫四整。即将普通二四砖摆成顺砖，凸出墙面2厘米左右，四整的后端砌筑一排丁砖，丁砖的后端与下部的三七墙齐平，四整与丁砖间的缝隙用灰泥填充。

第二层叫方砖。即将二四砖砌筑成丁砖，丁砖一块凸出下层四整2~5厘米砌筑，一块与下层四整齐平砌筑，二者交替砌筑，砌筑需保证出檐两端的方砖是凸出墙面的方砖，方砖的后端砌筑一排顺砖，顺砖的后端与下部的三七墙齐平。

图1-82　山墙和前墙的拉结

第三层叫盖砖。即将二四砖摆成顺砖排放，一般是凸出下层方砖1~2厘米，盖砖的后端砌筑一层丁砖，丁砖的后端与下部的三七墙齐平。

第四层为狗牙。即将二四砖斜放，砖的尖角比下层盖砖向外凸出3~5厘米，两端以方砖砌法收尾，方砖的外端与狗牙尖部持平，狗牙的后端再砌筑一排与其倾斜度一致的砖，后面再砌筑一排完整的顺砖，顺砖的前端与狗牙的尾端尖角一致，后端凸出三七墙砌筑。

第五层叫盖砖。这层盖砖与第三层的盖砖砌筑方式一样，只是这层盖砖的后面紧接着砌筑两排丁砖，砖块之间没有形成较大缝隙。

砌完五层砖后便可以开始推坡挂瓦。先在盖砖上砌一层带槽口的槽砖，槽砖外端与下层盖砖齐平，槽砖的后端砌筑一排丁砖和一排顺砖，二者间的缝隙用炉渣填充。然后沿下层墙体的后端往上砌筑两层墙体，并用炉渣自这两层砖前端到槽砖边沿堆砌出需要的坡度。之所以选择用炉渣铺砌是因为其质量较轻，可以减少对出檐的压力。然后顺着堆砌的坡度铺瓦，板瓦用白灰和土合成的破灰泥铺设，筒瓦用白灰（或者白灰膏[①]）和麦糠和成的"霸王泥"铺设。铺完瓦以后再沿下层墙体的后端往上砌筑两层墙体，使其前端凸出下层墙体3厘米左右，并用破灰泥对其下部空间进行填充、封檐。最后沿下层墙体的后端往上砌筑两层24厘米宽的墙体，并根据情况在上面砌筑花墙。现在都是用水泥砂浆铺瓦，但要用水泥含量比较低的砂浆，防止其凝固后体积收缩严重，把瓦拉裂（图1-83）。

[①] 用石灰石烧制生石灰，加水烧成汤水后倒在土坑中放置一段时间凝固形成的膏体。

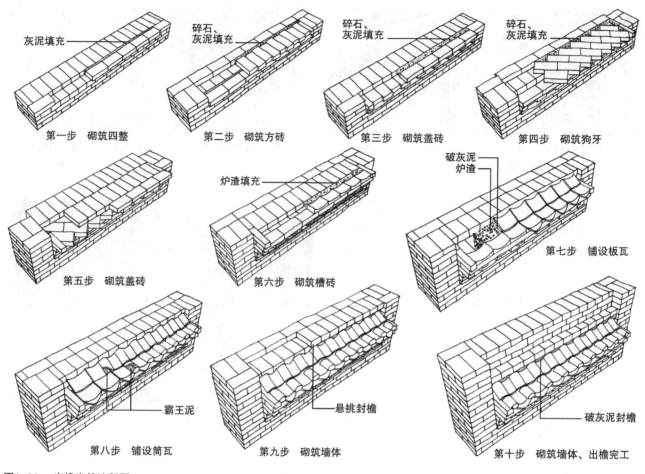

灰泥填充   第一步 砌筑四整

碎石、灰泥填充   第二步 砌筑方砖

碎石、灰泥填充   第三步 砌筑盖砖

碎石、灰泥填充   第四步 砌筑狗牙

第五步 砌筑盖砖

炉渣填充   第六步 砌筑槽砖

破灰泥 炉渣   第七步 铺设板瓦

霸王泥   第八步 铺设筒瓦

悬挑封檐   第九步 砌筑墙体

破灰泥封檐   第十步 砌筑墙体、出檐完工

图1-83 出檐砌筑流程图

中华人民共和国成立前的出檐做法虽然笔者所采访到的在世匠人都未做过，但其原理是一样的，都是层层向外出挑砌筑，每层也各有自己的叫法，如图1-84所示，从下往上分别叫四整、拱砖、瓦条、椽头、瓦口（槽砖）、滴水（板瓦）和猫头（筒瓦）。不同的是以前要对砖进行砍磨，工作量相对较大，且对匠人技术要求较高。

出檐之上砌筑的是花墙。正立面的花墙一般高出覆土后的窑顶0.4～1.2米，样式各不相同，最常见的是十字花墙。花墙一般在距离出檐顶部一皮砖、三皮砖、五皮砖或

猫头
滴水
瓦口
椽头
瓦条
拱砖
四整

图1-84 1949年前常见出檐示意图

者很多皮砖（一般是单数）后开始砌筑，主要取决于窑洞覆土的厚度。花墙基本都是用砖砌筑，少数窑洞用石头或瓦当砌筑。花墙厚度多为一块砖的长度，中华人民共和国成立前以及中华人民共和国成立后一段时间，砖的生产没有标准化，尺寸不一，厚度也不统一，虽然砌筑的方法一样但砌筑出的效果还是略有差异。下面选取现在的标准砖（240毫米×115毫米×53毫米）十字花墙为例说明其砌筑方法：

第一步，砌筑第一层砖，顺砌两排砖，前侧一排砖相互之间间隔6厘米；

第二步，砌筑第二层砖，后侧一排依然顺砌，但需与其下面一层顺砖错缝布置，前侧一排用半块丁砖砌筑在

下层顺砖的正中间，即丁砖之间间隔18厘米；

第三步，砌筑第三层砖，砌法与第一层相同，且与第一层砖上下对齐；

第四步，一至三层为一层花，并以其为一个母体重复砌筑，每一个母体之间左右相错15厘米，根据覆土的厚度确定要砌筑几层花；

第五步，在最上面一层花的上面砌筑一层顺砖和一层丁砖，十字花墙的砌筑就完成了（图1-85）。

6. 屋顶覆土

砌完花墙后，可以在窑顶"过海泥"防水层上继续覆土。覆土的厚度根据宅主的需要和墙体厚度确定，一般在1米左右（图1-86）。覆土的材料为去除杂物的黄土，每铺30厘米左右分层夯实，然后再继续覆土。最后，从花墙向屋顶后面两个角落找排水坡，坡度一般在3%左右，将雨水排向院落旁边的道路或空地。当地常见的是将正房的水排向屋后或者一侧，厢房和倒座的水排向院内，且排水口一般设置在八字壕的正中间位置。居民多用当地盛产的砂管做排水管，有时也会用石槽等物件做排水管，做法比较乡土（图1-87、图1-88）。

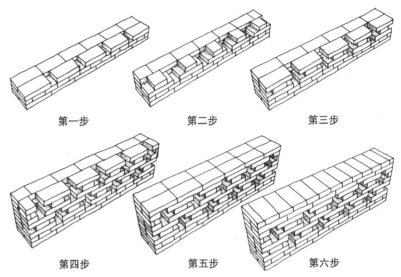

第一步　　　　第二步　　　　第三步

第四步　　　　第五步　　　　第六步

图1-85　十字花墙砌筑流程示意图

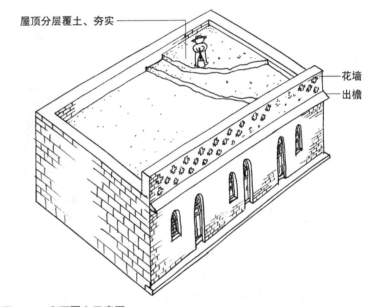

屋顶分层覆土、夯实

花墙

出檐

图1-86　窑顶覆土示意图

图1-87　砂管砌筑的排水槽

图1-88　石槽砌筑的排水管

覆土的屋顶需要多加维护，如定期清除屋顶杂草，填补屋顶缝隙。下过雨之后，还要对屋顶进行修整，夯实碾压，使屋顶光滑、平整、瓷实，防止屋顶产生裂缝、生长杂草。

7. 室内装修

（1）地面

素土地面做法比较简单，将地面洒水打湿，然后夯实打平即可。这种地面在20世纪60年代到70年代就已经很少见了。

墁砖地面的做法是：第一步，清理地面，将地面土层夯实打平；第二步，将三七灰土或者炉渣铺在地面上夯实打平，当做防潮层，条件不允许的人家有时会跳过此步；第三步，筛选出又净又细的白土，混入白灰，加水搅拌和制成破灰泥，作为墁砖的粘结材料；第四步，给青砖洒水，使其表面湿润，然后铺设到地面上，铺好后用橡皮锤敲打砖石四边，使其铺设平整，避免下方形成气泡。

因为墁青砖地面容易被老鼠打洞，导致粮食流失，在20世纪70年代就逐渐不再采用，取而代之的是炉渣地面。炉渣地面的做法是先将生石灰加水烧成汤水，和炉渣搅拌成泥，然后铺到地面之上夯实打平。现在室外使用墁砖地面较多（图1-89）。

（2）墙面

室内墙面处理主要是粉刷。粉刷分为三层，底层为粗找平层，中间层为精找平层，外层为罩面层。粗找平层为"铬渣泥"[1]，即用黄土、秸秆和白灰和制而成，秸秆要比较长且充分浸透软化后再使用，这样才能保证泥与凸凹不平的石头墙面更好地黏结在一起。中间找平层也是用"铬渣泥"，只是选择比较短的秸秆作材料。罩面层则是使用"霸王泥"。

粉刷时，为了使墙面快速干燥，往往会在室内生火烘烤。做法是：在第一眼窑洞进行第一道粉刷工序的时候在窑洞的前后各生一盆火；接着在第二眼窑洞进行第一道粉刷工序，在此期间第一眼窑洞的火继续烧着；接着在第三眼窑洞进行第一道粉刷工序，在此期间第一眼和第二眼窑洞的火继续烧着。然后依次开始第二道工序，如此循环，直至全部工序完成。有的窑洞只对室内的券顶和墙体上半部分进行粉刷，墙体的下半部分砌筑一层薄薄的青砖作为墙裙，使室内看起来整洁美观（图1-90）。20世纪80年代以后基本都是

a. 制作破灰泥　　　　　b. 耐火砖墁地

图1-89　墁砖地面

a. 三层抹面的石墙　　　b. 墙体下端砖砌墙裙

图1-90　室内墙面处理

---

[1] 从前收割的庄稼在场地上（俗称"场"，每家每户都有一块"场"用于加工粮食等）摊开，通过敲打和碾压将谷粒剥离，这种被碾压碎的秸秆，当地俗称"铬渣"。

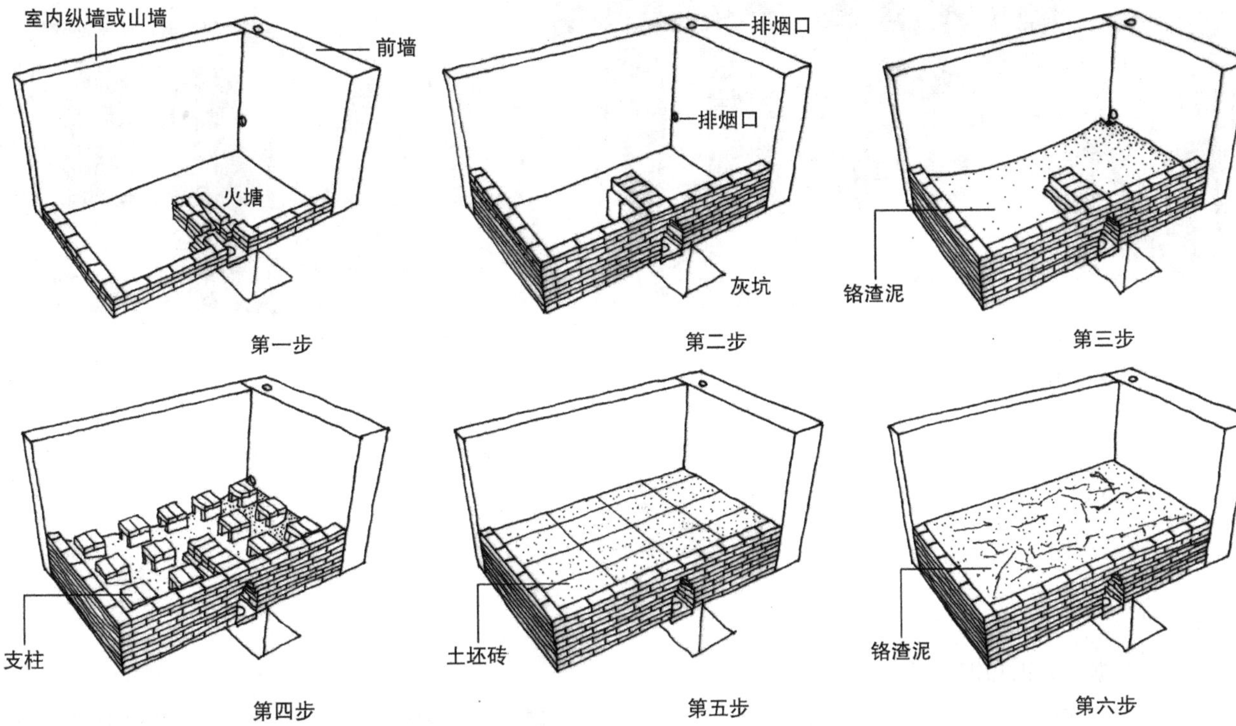

图1-91 盘炕流程示意图

用水泥砂浆打底填缝和找平，表面再用玻璃丝、麻刀等和白灰和成的灰膏粉刷。

（3）盘炕

炕通常布置在室内的窗前位置，这里采光、通风条件良好。常见尺寸有"五七炕""五八炕"，即宽五尺五，长七尺五或八尺五，高0.5 ~ 0.6米，主要由炕沿、炕口、炕面、排烟道以及内部支柱构成。炕沿常用砖砌筑，炕面与内部支柱主要用土坯砖砌筑。盘炕的具体步骤如下：

第一步，放线定位，确定炕沿和炕口的位置；

第二步，砌筑炕沿及支柱，炕沿为一砖宽，即24厘米（以现在的标准砖为例），顺砖砌筑，在靠近房屋入口一侧留出炕口，在靠近墙角处留出烟道，与墙体预留的烟道相连，支柱砌筑没有固定的规矩，能起到支撑作用即可；

第三步，砌完五到六皮砖后，倒入麦糠泥，并根据经验将其涂抹成以两端高、中间低的凹曲面（相差约10 ~ 20厘米），以使炕口的热量能扩散到两端；

第四步，继续砌筑炕沿和支柱，支柱砌筑八皮砖，炕沿砌筑九皮砖，火塘周围的支柱要比其他支柱矮一两皮砖，以便其上方能多铺砌几层土坯砖，防止火塘高温烫人；

第五步，沿支柱和炕沿铺砌土坯砖，用秸秆泥浆黏结；

第六步，在完成的土坯砖表面上涂抹一层泥浆，抹平、压实（图1-91）。

（4）门窗

锢窑营造的最后一步是安装门窗。门一般是向内开启的，因此在安装门框时可以让门框上部稍微向外倾斜，这样门关上后其重量压在门框上，不容易被风吹开，关闭较紧。有的房屋中设有两道门，内侧的实木门在关闭时起到防护作用，外侧的隔扇门单开时起到通风采光作用，这种情况下门框就应该垂直安装，防止倾斜一侧的门受自重影响而打开。同时注意亮子的顶端稍微向内倾斜，以利于通风采光。门窗安装完成以后，向上糊纸或安装玻璃（图1-92）。

a. 双层木门　　　　　　　　　　　　　　　b. 单层木门样式一览

图1-92　门窗样式一览

三、匠人工具

1. 木匠工具

（1）锯

锯包括大锯、刀锯和钢丝锯。

大锯又可分为"单人锯"和"双人锯"。"双人锯"尺寸较大，需要两个人协同才能操作（图1-93、图1-94）。

刀锯是将钢锯固定在一个木制的把手上，形如刀剑。刀锯也有各种不同的型号，大型的刀锯锯条跟大锯的锯条尺寸相似，威力相当，常用于需要仰身操作的地方[①]；小型刀锯小巧便于操作，常用于一些小木料和细微加工处（图1-95～图1-97）。

钢丝锯是由竹片和剁出齿刺的细钢丝锯条组合而成，可锯出优美弧线或花纹，是雕刻常用工具（图1-98、图1-99）。另外，钢丝锯锯条可以从竹片上轻松取下和装上，能够完成一些特殊的木料加工。

图1-93　各种大锯子一览

（2）斧子

斧子有单刃（面）斧和双刃（面）斧。单刃斧的刀刃居一侧，比较小巧，适合做细加工（图1-100）。双刃斧的刀刃居两侧，又叫锛子，比较沉重，适合做粗加工，用于给树剥皮和对木材进行初步找平。

（3）凿子

凿子是木匠使用比较频繁的工具之一，用于凿眼、挖空、剔槽、铲削等，一般与锤子配合使用。根据刀刃宽

图1-94　匠人示范单人锯使用方法

---

① 如需要仰头锯一棵树的树枝，那么大锯是不方便使用的，这时就需要使用大刀锯。

图1-95　匠人示范大型刀锯使用方法

图1-96　小型刀锯

图1-97　匠人示范小型刀锯用法

图1-98　钢丝锯

图1-99　匠人示范钢丝锯用法

图1-100　单刃斧

图1-101　凿子

图1-102　牵钻

图1-103　匠人示范牵钻用法

度，可分为二分凿、三分凿、四分凿、五分凿和六分凿几种（一分约为3.3厘米）（图1-101）。

（4）牵钻

牵钻是匠人钻孔的工具，用皮绳来回牵拉带动钻头，从而在较硬的木头上钻磨出孔洞，方便钉子进入。钻头有多个尺寸，可以根据需要对其进行更换（图1-102、图1-103）。

（5）刨子

刨子是用来刨平、刨光、刨直、削薄木材的工具，处理大尺寸的木料选择大刨子，细节处理选择小刨子。鸟刨一般用处理弧形表面的木料，如对铁锹的圆木把手进行打磨刨光（图1-104～图1-107）。

（6）角尺

角尺有直角尺、三角尺和可调整角度的斜尺三种。直角尺可以画90°角，三角尺可以画90°和45°角，斜尺可以根据需要调整到任意需要的角度（图1-108～图1-111）。

图1-104　不同型号的刨子

图1-105　刨刃和磨刀石

图1-106　鸟刨

图1-107　匠人示范鸟
刨用法

图1-108　直角尺

图1-109　三角尺

图1-110　斜尺

（7）墨斗

墨斗由存储墨汁的墨盒和一根细线组成，当需要划线时，将线从墨盒中拉出紧绷在木材表面，轻轻一弹，就能弹出一条墨线，然后根据这条线对木材进行加工（图1-112）。

（8）木制划线器

木制划线器是一个自制的画线工具，用木料做成一圆弧状器形，上面沿弧形轮廓钻三个孔洞，每个孔内插入长铁钉，可以根据需要调整铁钉的深度，画出需要的尺寸（图1-113）。

2. 泥瓦匠工具

（1）夯土工具

夯土工具包括石碌、夯锤和木桩。石碌用来夯实窑洞顶部覆土和院内地坪，使用时套上木架和绳子，人力拉着滚动；夯锤和木桩用于夯实基础、室内地面，匠人可以通过将其反复提落来夯实地面（图1-114～图1-116）。

（2）拌灰及运输工具

拌灰及运输工具包括手推车、铁锹、灰兜、灰铲，它们是小工用来搅拌灰泥并将其运送给大工的工具（图1-117～图1-119）。

砌筑工具包括瓦刀、锤子和拱券模架。瓦刀有刀形和心形两种。锤子有圆锤和方锤两种，用来敲打砌体使其与灰浆结合紧密，同时对砌体进行找平。拱券模架用来支模砌筑窑洞拱券（图1-120～图1-123）。

抹灰工具包括铁抹子、塑料抹子、铁铲和接灰板。铁抹子用来粉刷墙面以及对墙面进行精细找平。塑料抹子用来对墙面进行粗略找平。铁铲用来铲灰以及局部地方抹灰。接灰板供匠人砌筑时临时盛放灰浆（图1-124～图1-127）。

图1-111　斜尺用法

图1-112　墨斗

图1-113　匠人示范木制划线器用法

图1-114　石磙

图1-115　夯锤

图1-116　木夯锤

图1-117　灰兜

图1-118　手推车

图1-119　灰铲

图1-120　匠人用方锤和刀形瓦刀墁砖

图1-121　匠人用方锤和心形瓦刀砌筑墙体

图1-122　圆锤

图1-123　砌筑小拱券的模架

3. 石匠工具

石匠的工具相对较少，分锤子和錾子两类：锤子用来击打凿子采石或处理石材，錾子则用来撬开石材和雕刻花纹（图1-128、图1-129）。

图1-124　铁抹子

图1-125　塑料抹子

图1-126　铁铲

图1-127　接灰板

图1-128　石匠工具一览

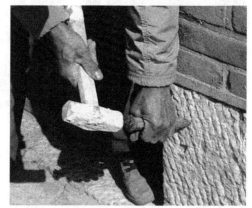
图1-129　匠人示范处理石材

第三节　工匠口述

1. 平定县巨城镇南庄村刘智保访谈（图1-130）

工匠基本信息

年龄：69岁

工种：泥瓦匠

学艺时间：1962年

从业时长：54年

访谈时间：2016年1月25日

图1-130　南庄村匠人刘智保

问：您是什么时间跟随谁学习泥瓦匠手艺的？学了多久出师？

答：我是1962～1963年跟随我大伯学习的，我们家族几代都是泥瓦匠，从我的曾祖父开始做这个，我的爷爷、大伯和叔叔都是泥瓦匠。

问：您在生产队做项目有工钱吗？都做些什么工程？

答：那个时候干活不挣钱。当时是生产队长给匠人分配活儿，项目的工钱是由大队或小队来结算的，钱进不了自己的腰包。做的工程都是帮人家修一些窑洞的前墙，或者帮人家修一些瓦房的屋顶和墙体，新建的不多。

问：你们的工作量怎么计算？

答：那个时候都是记工分，我十六七岁刚开始学习时，一个成年劳力每天是十个工分，我年龄小、技术不精，每天只能挣到七个或八个工分。直到19岁出去干活才开始算一个成人的劳动，给十个工分。1983年土地承包到户，开始自己独立承揽一些工程来做。

问：您刚开始学工时都做些什么活？

答：做些搬砖、和泥等杂活。当时工地上分为技术工和劳力工。有技术的叫技术工，也就是大工；没技术的叫劳力工，也就是小工，负责给技术工打杂。

问：跟随生产队外出做工时生活是怎么安排的？

答：生产队揽下工程，做好安排，匠人们便过去施工，做完工程再回来。主家（甲方）负责安排住宿，吃饭是生产队带去的伙夫负责，当时每人一天是几毛钱的伙食标准，要比村里普通村民的生活好很多。

问：以前盖房子都是石头砌筑吗？

答：前墙有的用砖砌筑，其余部分都是用石头砌筑。

问：都选择什么样的石材？在20世纪六七十年代石材都是怎么获得的？

答：用青石，因为青石比较容易开采和处理。石头都是自己去山上开采，用铁棍、锤子、凿子和炸药开采。

问：石材开采之后如何运输？

答：以前都是人力用小平车运输，后来都是用拖拉机等机械拉。

问：石灰是如何获得的？

答：自己用青石和炭在窑里烧制。在地上挖一个坑作为火塘，里面堆上炭块，同时将石块和碎炭粉沿坑的四周堆积起来，一层石头一层炭块交替堆积，堆积出一个山丘的形状。然后在山丘的外面抹上一层黄土和小麦秸秆和成泥，我们这称这种泥为"铬渣泥"（图1-131）。点燃土坑里的炭，烧上三四天就可以。

烧完后将窑扒开，这时石块就碎成小的生石灰块了，要用的话，先将其浇上水烧成熟石灰。直到现在村里还有人自己烧制石灰。

问：您从事泥瓦匠工作这么多年盖过瓦房吗？

答：没有。做的工程以修建窑洞为主，我开始从事泥瓦匠时瓦房已经不再建设了，因为瓦房需要的木料比较多，而且需要瓦，一般人家盖不起。新建的房大多是平顶的房子，但不像现在的楼板房或现浇顶平房，那时的平顶房也是木头的顶，在墙上搭上木头，上面再铺设炉灰渣夯平。还有就是修建一些窑洞。

问：平顶房的面阔和进深尺寸是多少？

答：面阔和进深一般根据宅基地的条件和主家的需要确定，没有固定尺寸，但尺寸的数字单位一般都是奇数，比如是七尺（2.31米）或九尺（2.97米）。

问：平顶房屋顶的木构架由哪几部分组成？相互之间怎么搭接？

答：分为枋、檩和椽子三层。枋沿进深方向搭在建筑相邻两个开间之间的前后墙体之上，两端山墙之上不搭设枋。然后在枋上面搭设檩子，檩子与山墙交接处也是直接搭在墙体之上。相邻的两根檩还会在枋上面交接，这时会事先在枋上相应位置砍削出一个凹槽，这样就可以让檩子不会左右移动。同时，这两根檩上还会预留榫卯，以使其之间连接为一个整体。紧接着在檩上铺设椽子，椽子用四方钉固定在檩上，再在椽子之上铺设苫背，在苫背之上铺设炉渣泥，夯实整平（图1-132）。

问：炉渣泥怎么制作的？

答：以前都是用炭烧火，烧完后废弃的炉渣和白灰和在一起就可以了。和的时候将生石灰块加水烧成熟石灰汤水，将这个汤水倒入炉渣里和成炉渣泥。炉渣泥和完后要放上半个月左右的时间使其水分浸透均匀后才能铺到屋顶上面，铺完炉渣泥后用木棒夯实。

图1-131 铬渣泥

图1-132 平顶房屋顶

问：窑洞的营造流程包括哪些步骤？

答：先定向，后放线。定向用罗盘，住宅不朝向正南正北。只有庙和舞台能选取这个朝向，住宅会往东或往西偏移一些角度。

问：定向需要请风水先生吗？

答：需要请风水先生。他负责决定房屋的朝向、选取动工和合龙口的黄道吉日。

问：会给风水先生报酬吗？

答：有报酬的，现在都是给一些钱。以前一段时间有些人家没钱，只是给风水先生一些小米作为报酬，以表心意。

问：风水先生堪舆过后紧接着做些什么？

答：然后便是放线，打木桩，放完线之后匠人们便开始挖土打根基。

问：窑洞的宽度和进深常用的尺寸是多少？

答：没固定的尺寸。不过一般宽度至少九尺，比较常见的宽度是一丈（3.33米）、一丈零一寸（3.36米）和一丈零五寸（3.49米）。窑洞的进深有一丈（3.33米）深的，有两丈（6.66米）的，具体尺寸根据宅基地的条件和主家的需要确定。

问：动土有什么仪式？

答：动土要摆上馒头做贡品，烧一些黄纸，燃放鞭炮，还会在宅基地上洒上五谷：麻、麦、谷、黍和豆五种吃的谷物，麻是榨油的小麻，麦是小麦，谷是小米，黍就是黄米，豆是黄豆。

问：根基的壕要挖多深多宽？

答：这由匠人根据宅基地土质的软硬来确定，如果地基比较硬就可以少挖点，如果比较软就得多挖一些，原则是必须挖掘到硬土的位置，有的要挖到六七尺深才到硬土。壕的宽度根据墙体的厚度决定，山墙的壕要宽点，室内纵墙壕的宽度较窄。壕的宽度要比其对应的墙厚宽出至少20厘米，以使后期施工有缓冲空间。如果土质酥松的话则需要宽出更多，以防止壕两侧泥土下落影响施工。

问：基础怎么做？

答：往挖好的沟壕里倒入石灰和土的比例是3：7的灰土，俗称"三七灰土"，然后用木夯将其夯实。灰土要分层夯实，一般每层的厚度大约7~8寸，实际施工中也不会那么精确控制厚度，但最多也不能超过一尺。

问：灰土要夯到什么程度才行？

答：夯到夯不下去就行。先是劳力工用夯夯实，然后技术工根据经验判断是不是达到要求，都是凭借经验，不像现在有压力计等仪器。以前也通过观察夯实的灰土是否渗水来判断是否达标，这种方法在我开始从事泥瓦匠的时候就没有了。

问：基础完成后开始砌筑墙体，是吗？砌筑墙体的黏结材料是什么？

答：是的，基础完成后便开始砌筑墙体。以前黏结材料都是灰泥，将土和石灰混合在一起和成泥，灰土的比例和做基础的灰土比例差不多，这要看主家的经济情况，经济宽裕就多加些石灰少放些土，经济拮据的就少放些石灰多放些土，也有家庭经济实在困难的只用土砌筑。砌筑墙体时需要注意砌筑材料之间相互错缝（图1-133）。

图1-133 错缝砌筑的石头墙体

问：窑洞拱券的弧度如何确定？

答：大部分窑洞的拱券不是半圆形的，是由两根"圆杖"画出来的尖券。尖券的承压能力更强，上面可以覆盖较厚的土层，保温效果比较好。

问：村里有些窑洞的拱券比较低平，它们是怎么做的？

答：村里的供销社你们去过吧，那个建筑是我在一九八几年做的，那种低平的拱券是按比例做的一段圆弧，不是尖券。

问：低平的拱券尺度是怎么决定的？

答：这种拱券是圆弧，其矢高一般是建筑宽度的三分之一或四分之一，这个尺寸在建造之初就已经确定了。像我只上了四年学，小学文化，不会通过数学计算来确定拱券圆心的位置所在，就只能通过我们这一种土办法"拖蓝线"来解决①：首先，在地面上画一条长度等于窑洞宽度的线段AB，直线的两个端点A、B代表拱券底部两端的墙体，在线段AB的中点C处作垂直平分线L，并在L上量取一段长度等于所要建造的拱券矢高的线段CD，D点便代表拱券内侧最高点的位置；其次，将一条线绳的一端随机固定在直线L上的一点S处（S点要在DC的延长线上）；然后，用线绳连接S点和D点，这样就量取出了一段长度等于SD的线绳，我们姑且把此时线绳的另一端称为E点，再以S点为圆心旋转线绳SE，看E点是否与A点和B点相交。如不相交，则不断移动S点的位置并按照上述方法不断尝试，直到E点与A点和B点正好相交，此时S点便是圆杖一端固定的位置所在，线绳SE的长度就是"圆杖"的长度。最后以S点为圆心，用圆杖从一侧墙体的顶端向另一侧墙体的顶端画圆弧，这段圆弧便是拱券的形状。

问：确定好券的形状后如何进行砌筑？

答：以前是用木材按照拱券的尺度搭出一个拱券雏形的木架，然后在其表面抹上一层泥进行找平，接下来就可以用石头砌筑拱券了。砌筑比较小的拱券不需要搭架子，而是找一个木匠根据拱券的尺度做一个小模型，砌筑的时候直接将模子支起来就可以碹了。

问：砌筑拱券的石块尺寸有什么要求吗？

答：没有什么要求，不过砌筑拱券的石块要比砌筑墙体的石块薄一些宽一点，这样更利于砌筑出弧形，石块之间刚开始干摆，相互之间用小石块或石片卡住。全部干摆完以后用灰土灌一层浆，一般用"三七灰土"或"四六灰土"（石灰和土的比例是4∶6）。

问：拱顶的厚度是多少？

答：一般来说一尺左右。因为石块的大小不像砖那样规整、大小一样，所以拱券上下表面不是那么平整，但平均下来也就是一尺左右。

问：灌浆之后需要晾一段时间后再进行填土吗？

答：可以晾也可以不晾。

问：然后是给"八字壕"填土吗？

答：是的。八字壕下端比较窄的部分受力比较大，一般填上一些碎石，碎石上面填土，填完以后用夯夯实。"八字壕"填完以后屋面就是一个平整的平面

了，然后在上面覆上一层灰土泥，也是用"三七灰土"或"四六灰土"。

问：这层泥的作用是什么？

答：这层灰土叫"过海泥"，是用来防水的。其厚度不一定，薄的有四寸厚的，大概12厘米，厚的有七八寸，也就是25厘米左右。

问：过海泥也要夯实吗？

答：在那层灰土泥上面撒上一层纯石灰粉，人上去用脚将其踩实就可以了。

问：过海泥上面还会覆多厚的土？

答：这个没有固定厚度，有一尺半的，有二尺的，但至少也要有一尺半厚，有些窑洞的覆土能达到三尺厚。

问：如果短时间内做完，那么覆土需要分层做吗？

答：需要分层做。一般是填半尺或者六寸厚的土夯实一次，然后继续填土、夯实，直至填到需要的厚度。

问：屋顶的排水坡度是多少？

答：这个没有什么标准。一般来说坡度至少也要做到1%或者2%，但排水坡度不能太大，否则会造成水土流失，损坏屋顶。

问：前墙的出檐一般要做几层？每层都有相应的叫法吗？

答：一般做五层。具体每层叫什么我也说不上来，第一层一般就是用砖平出，第二层把砖的一头出挑出来，第三层还是用砖平出，第四层叫狗牙，第五层是在狗牙上盖一层砖。在第五层砖上砌上一层瓦口，瓦口都是匠人用砖手工砍磨出来的，然后在瓦口上面铺设瓦、猫头和滴水。檐口上面砌筑花墙，花墙一般是用砖砌筑出小十字花和大十字花的样式（图1-134）。

图1-134 前墙出檐

---

① 为了表述方便，下面一段文字是根据匠人口述转化而来，不是匠人的直接表述。

问：墙面抹灰的方式有哪些？

答：以前没有水泥，也不用黄砂，我见过的最早的做法是先用黄土和小麦的秸秆和成的铬渣泥填补墙体上的空洞，进行初步找平，然后继续用这种泥进行二次找平，最后用黄土或者白灰和小麦的麦壳和成的泥进行表层粉刷。后来出现了依然用铬渣泥进行初步和二次找平，但表层开始用棉花絮和白灰和成的泥或者碎麻绳絮和白灰和成的麻刀泥进行粉刷的做法。现在则是直接用水泥和黄砂和成的砂浆进行找平，表面直接用涂料粉刷。

问：炕的室外排烟口一般距离地面多高？

答：最少也得一米。

问：排烟口直径多大？

答：那个很小，也就10厘米左右。

2. 平定县巨城镇南庄村刘保财访谈

工匠基本信息（图1-135）

年龄：58岁

工种：泥瓦匠

学艺时间：1983年

从业时长：33年

访谈时间：2016年1月25日

图1-135　南庄村匠人刘保财

问：您的泥瓦匠技艺是什么时间学习的？

答：就是在1983年以后开始学习的。1983年土地下放到户，农民生活不再受生产队约束，比较自由。那时闲暇时间没事干，我就去平定县城跟河南的一帮工人做了一段时间的泥瓦匠。1984年，村里的刘海全揽下了一些活，我就跟着他去干了一段时间小工。

问：你们当时做的什么类型的项目比较多？

答：耐火窑项目比较多，用砖碹穿顶，那个比较难。

问：窑洞做得多吗？

答：多。咱们村的桃堰以及刘家条那块的窑洞都是1970年以后修的，桃堰那块大概是20世纪70年代末到80年代初修建的，刘家条那块是20世纪80年代以后修建的，刘家条那块的窑洞拱券都是比较低平的"洋式券"，与传统的窑洞不一样。

问：当时为什么会盖那种窑洞？

答：那种做法当时是一种潮流，比较时尚、洋气。因为那种窑洞直墙比较高，可以开比较大的方形窗，采光也较好，所以比较受欢迎。但是那种窑洞没传统的窑洞结实，上面不能覆太厚的土，所以保温效果不如传统的窑洞。

问：新建房子的朝向如何确定？

答：根据宅基地的条件来确定，朝向随着地形走，一般优先选择施工土方量比较小的朝向，这样可以省钱。我们村的宅基地没有统一规划，对房子朝向也没有要求，所以房子盖得也比较乱。

问：要请风水先生吗？

答：请。风水先生要拿罗盘确定房屋的精准朝向、动土和合龙的日期。

问：风水先生在确定这些时要考虑户主的生辰八字吗？

答：不考虑。我们这不是那么讲究，一般的习俗是每年只可以盖某两个朝向的房子，比如今年只有东、西方向的房子可以动土施工，那么明年便是南、北方向的房子可以动土施工，一年一年地交替。如果有的主家出于种种原因要违背这个规律，那么就得让风水先生选择合适的日子进行施工，可能会出现每个月只可以施工几天的情况。在不违背这个规律的情况下，则只需要在风水先生确定的日子进行开工仪式，接下来何时进行具体的施工可以由主家和匠人自由决定。

问：动土的时辰有讲究吗？有什么仪式吗？

答：时辰没什么讲究。仪式就是烧香、放炮和撒五谷。

问：会在基地上插红旗吗？

答：会。户主会买上一些红布固定在木棍上，然后把木棍插在基地上，相当于简易的红旗。

问：根据经验，合龙口一般在一天中的什么时间进行？

答：一般在中午进行。这也根据主家的情况决定，有些主家担心合龙口的时辰卡得太死会来不及准备或者准备不到位，他就会要求风水先生只确定合龙口的日期而不确定时辰，以便有更宽裕的时间准备。同时，这样做也避免错过合龙吉时而给自己和邻居带来心结，因为在我们这儿的风水理念里，合龙口时辰不对会对宅主和周围邻居不利。

问：合龙口有什么仪式吗？

答：要摆贡品、烧香、放炮和挂红。

问：挂红是什么？

答：合龙口都是在中间的一眼窑洞的拱券前端留上半块砖的缺口，在所有窑洞的拱券碹完以后再用块合龙砖来填补这个缺口。挂红就是在这个缺口的地方挂上一块红布。讲究的人家还会在合龙砖上拴上五色彩线，并在砖上绑上两枚铜钱。我见过最讲究的做法是主家还给主持合龙口仪式的匠人身上披上红布、挂上绿布。

问：五色线是什么？

答：就是绣花的线，红色的、蓝色的和绿色的等。

问：有没有忌讳使用的颜色？

答：不用白色的和黑色的。

问：合龙口贡品摆什么？

答：贡品大多是馒头和花糕，一般会在龙口旁边及下方的地面上摆上。房屋的四角也要摆上，有些人家还会在堆放建筑材料的地方和和制灰泥的地方摆上贡品。讲究的人家会将上面的那份贡品送给带头的匠人，其余的贡品自家留下或者分给大家吃。有的人家还会从屋顶向下撒一些贡品供邻居们分食。

问：安置门窗有什么讲究吗？

答：一般是在门框上面挂上五色线和铜钱，讲究的人家可能还会在门框上贴上横批。

问：咱们这承包工程的一般是什么方式？

答：20世纪80年代以前是没有包工一说的，都是乡亲邻里间相互帮衬着就把房子盖起来了，都是免费的帮工，主人家只要提供些茶水就可以了。

问：盖窑洞一般需要哪些工种？

答：只需要泥瓦匠就可以了，泥瓦匠分大工和小工两类。

问：需要木匠吗？

答：需要木匠提前做好门窗（图1-136）。以前修建一处新的窑洞需要断断续续好几年才能完全建成，主人家一般是集中财力把建筑的主体做好，然后再逐步进行室内的装修和家具的购置等，这个过程一般会持续好几年。

问：修盖新房时主人家都住在哪里呢？

答：住在邻居家的空房或者自己的老房子里。

图1-136　预留门窗位置

问：都在什么季节动工？

答：一般是春天和秋天。夏天是雨季，一般很少开工，怕雨水把基础给冲了，如果想要夏天施工，则要在春天趁着雨水少先把基础做好，夏天再接着进行墙体和拱券的施工。

问：窑洞的规模如何决定？

答：要是在原有宅基地上盖的话，那就根据宅基地的情况和主家的需要决定。要是没有宅基地可以使用，则需要向村里申请新的宅基地，一户可以申请到三分（约200平方米）宅基地，这么大的地一般只能盖三眼窑洞。

问：按户分的话如果某户人家儿子比较多、宅基地不够用怎么办呢？

答：可以向村里多申请一些，比如家里有三个儿子，如果打算给每人盖两眼窑洞的话那就得向村里申请两份也就是六分地的宅基地才够用。

问：比较常用的窑洞尺寸是多少呢？

答：一般进深两丈也就是6米多，宽一丈到一丈零五也就是3.3～3.5米。

问：确定好窑洞尺寸后您要给主家估料吗？

答：要估。以前是估算要备多少石头，现在就估算要备多少砖、水泥和黄砂等。

问：以前只需要石头不需要石灰吗？

答：主要是石头，石灰用得很少，即便是要用，也是主家根据需要自己烧制。

问：石头怎么获得呢？

答：自己选择个石材比较好的山体用炸药开采。

问：炸药怎么获得的？

答：可以购买，20世纪70年代的时候炸药购买没有限制。我们自己也能制造炸药，用硝铵、硫磺和锯末或者麦糠搅拌在一起就可以制成黄色炸药，但开采石头不用黄色炸药。

问：为什么不用黄色炸药开采石头？

答：因为它的威力太大，会把石头炸得太碎且损坏其内部结构，导致比较酥脆，后期不好处理。黑色炸药的威力比较小，在山体上打个炮眼把火药放进去点燃后炸出的石块比较大，后期比较容易根据需要处理。像以前门洞上用的那种大石块都是纯手工开采，不敢用火药，怕火药炸出来的石头太小没法使用。

问：黑色炸药的成分是什么？

答：这个不是太清楚，应该是木炭、硝铵和硫磺，这个我们自己制造不出来。

问：村周边的山体可以随便开采吗？需要向村里申请吗？

答：不需要申请，自己选择好山体可以直接去开采。

问：窑洞用砖量大吗？

答：以前存留下来的窑洞大多是纵墙、后墙和拱券用石头砌筑，前墙用石头和砖一起砌筑。20世纪六七十年代经济形势比较糟糕，砖用得很少，修建窑洞大多就只用石头。20世纪七八十年代经济开始发展，开始出现纵墙和后墙用石头砌筑、拱券和前墙用砖砌筑的做法，后来又出现了全部用砖砌筑窑洞的做法。总的来说用砖多少由主家的经济实力决定，经济好就多用砖，经济不好就少用砖，像我家这房子是清代一户大户人家房子的一部分，前墙、拱券都是用砖砌筑的，地面也是用砖铺砌的。

问：建造的第一步是放线吗？如何放线？

答：是的。第一步，在基地的中间用罗盘确定房子的朝向，并沿这个朝向拉线L_1。第二步，用直角尺在那条线的垂直方向再拉上一根线L_2，那么这两根线L_1和L_2的方向就分别与房屋的纵向和横向平行。第三步，在L_1上量取一段长度与所盖建筑纵向长度一致（窑洞进深加上前后墙厚度）的线段AB，并在L_2上量取一段与所盖建筑横向长度一致（各眼窑洞宽度加上所有室内纵向墙和两侧山墙厚度）的线段CD，A点、B点、C点和D点的位置根据宅基地的边界决定，一般是A点和B点有一点位于宅基地的横向边界之上，C点和D点有一点位于宅基地的纵向边界之上。第四步，分别过

A点、B点、C点和D点做直线L_1和L_2的平行线绳A_1A_2、B_1B_2、C_1C_2和D_1D_2，那么A_1A_2和B_1B_2就是前后墙的外沿位置，C_1C_2和D_1D_2就是两侧山墙的外沿位置。并且假设线绳A_1A_2分别与C_1C_2、D_1D_2相交于E点、F点，线绳B_1B_2分别与C_1C_2、D_1D_2相交于G点和H点，那么E点、F点、G点和H点便是建筑外部四个角点的位置。同时，要求A_1点、A_2点、B_1点、B_2点、C_1点、C_2点、D_1点和D_2点与四个角点中离它最近的点的距离控制在50～100厘米之间，以便留出施工空间。第五步，在A_1点、A_2点、B_1点、B_2点、C_1点、C_2点、D_1点 和D_2点分别订上木桩。第六步，根据窑洞的尺寸和墙体的厚度测量出前后墙和两侧山墙的内沿位置所在以及所有室内纵向墙两侧的边沿位置所在。第七步，匠人手握盛着白灰的铁锹沿着准线的方向走动，同时不断用木棒敲打铁锹，撒下白灰，放线工作就完成了[①]。

问：接下来就是挖沟壕打基础吗？

答：是的。放完线后就要沿白灰线往下挖壕，用灰土打地基。因为砌筑墙体还需要线绳来定位，所以直到基础打完并且砌筑了一段墙体之后才可以把放的线和木桩去掉。

问：沟壕一般要挖多宽多深？

答：沟壕要在放的线往外扩展10厘米以上开挖，也就是沟壕的宽度要比墙体宽20厘米以上，以便基础能更好地承受上部的重量。沟壕深度根据地基的土质决定，如果土质酥软则需要往下多挖一些，直到挖到硬土位置。如果土质较好，则可能不需要挖多少就可以挖到硬土位置。

问：基础一般用什么比例的灰土做？

答：比较好的灰土是三七灰土，也有人用二八灰土，二八灰土不如三七灰土结实。

问：基础灰土需要加水搅拌吗？

答：需要。和灰土泥的标准是"握手成团，落地成花"。

问：灰土基础要做多高？

答：基础的高度要根据情况来定。如果基地四周没有其他建筑和山体等作为依靠，或者地基土质比较酥软的话，那么基础至少也要做到40～50厘米高。基地四周有依靠或者地基土质结实的话做到20厘米高也可以。

---

① 为了表述方便，这段文字是根据匠人口述转化而来，不是匠人的直接表述。

问：基础是一次性做还是要分层做？

答：要分层砌筑，一层夯实之后再紧接着夯下一层。人工夯实基础的话一般每层夯15厘米左右厚，用机器夯的话每层可以夯25厘米厚。基础上表面一般距离地平面约10厘米左右或者与地平面齐平，这样避免影响以后室内地面的处理。夯实完成后开始在基础上面砌筑墙体。

问：墙体一般多厚？

答：石头砌筑的墙都比较厚，两侧的山墙一般要砌1米厚，室内的纵向墙要垒砌两排石头，一般至少要60厘米，也就是约一尺八寸厚。

问：砌墙需要注意错缝吗？

答：需要注意上下错缝。比较讲究的做法是沿墙每隔1米左右放一块与墙厚相同的长条石拉结（图1-137）。

图1-137　窑洞后墙起拉结作用的长条石

问：墙体砌筑多高后开始砌筑拱券？

答：这要根据窑洞的高度和宽度来确定。我们这里窑洞的高度一般要比窑洞的宽度大上五寸至一尺，比如一眼窑洞的宽是一丈，那么它的高往往是一丈零五。这样是为了使窑洞在视觉上看起来比较饱满好看，如果宽度和高度一样的话会使窑洞看起来比较低平。

问：那比如窑洞的宽度是一丈，那墙体砌筑到多高开始砌筑拱券？

答：一般是五尺，大概是宽度的一半。

问：砌筑拱券的架子怎么搭？

答：第一步，在房间前后两端的正中央各竖起一根比墙体略高的木头，并在其与墙体高度一样的位置钉上一块长度比窑洞尖券的两个圆心距离大的横木板，在横木板上画一条与墙体高度一致的水平线，并在相应

位置固定两根"圆杖"。第二步，在窑洞两侧的纵墙体上搭设第一层横木，横木的数量根据房间的进深和横木的粗细来确定，一般情况下只需在窑洞的前后两端和中间插上三组横木即可。横木的两端插在墙体预留的孔洞里，一般每侧插入20厘米左右。为了施工完成以后能将横木抽出，需要在第一眼窑洞的山墙上预留深度为40厘米左右的孔洞，这样在后期拆除横木时只需将横木一端完全推到这个孔洞的底部，横木的另一端便可从墙体中脱离，轻松地将横木撤掉（室内纵墙因为两侧都要搭设横木，洞是贯通的，所以不需要考虑这个；最后一眼窑洞的横木可以从室内纵墙上抽出，所以山墙的孔洞也只需要20厘米深）。第三步，在横木的两端铺设纵向的条木，并在条木上面（第一层横木的正上方）搭设第二层横木，这层横木要比第一层横木短，横木的两端要在"圆杖"所画的弧线之上。第四步，重复第三步，搭设第二层条木、三层横木。第五步，在第三层横木的两端铺设纵向的条木，然后在条木的上面（横木的正上方）铺设一块横向的木板。第六步，在木板之上沿"圆杖"所比画出的弧线铺设一段拱形的石墙。第七步，在各层横木和条木以及石墙共同组成的窑洞拱券雏形的外侧搭设木头，木头铺完之后，架子的主体也就完成了。第八步，在木架表面抹上秸秆与黄土和成的泥，对架子的外表面进行找平。第九步，在窑洞的前后两端的"圆杖"之间拉上一根绳子，同时转动两根"圆杖"对找平的泥土进行检验，并对不平之处进行修补，修补之后拱券的架子也就搭好了。

问：砌筑拱券的石头从下往上有什么变化吗？

答：下面要用大一些的石头，越往上用越小越薄的石头。摆上去的相邻两块石头内侧是紧紧靠在一起的，往外逐渐分开形成三角形的缝隙，用薄的石片将这个缝隙卡住。

问：在砌筑石头之前要在上述找平的泥土之上放线吗？

答：砌筑石头是不需要放线的，因为石头的尺寸大小不一。现在用水泥砂浆砌筑也不放线，因为水泥砂浆厚度可以根据需要调整，可以是0.8厘米厚，也可以是1厘米或者1.5厘米厚。匠人先是从两侧墙体往上砌筑拱券，砌筑到大概还剩一米宽快要合龙的时候，根据经验估算下砖缝控制在多大，大概还要砌筑多少层完整的砖能使拱券正好合龙。以前用砖

做材料、破灰泥做黏结材料砌筑拱券的时候是需要放线的，因为灰土太厚或者太薄则黏结力都不够，只能在0.3~0.5厘米之间，很难进行调整。砌筑的时候就要先在拱券顶部弹一条线，然后向两侧放线，一般是以两层或三层砖的厚度为一个单元进行放线，即先计算两层砖或者三层砖加上灰浆的厚度D，以顶部的那条线为起点，每隔D宽放一条线，这样做可以比每层砖都放线减少不少工作量。如果放到与直墙交接的那个单元时宽度不是完整的D，则根据具体尺寸计算可以砌筑几层完整的砖，余数部分的空隙用薄石片填补上；然后从两侧往上砌筑，因为每个单元的砖数已知，那么砌筑起来就不会相互矛盾，砌筑的拱券缝隙看起来也会比较均匀美观。

问：拱券干摆完成后需要灌浆吗？

答：要灌上三七灰土浆，灰土的特性是硬了之后非常结实，但是怕暴晒和冷冻，所以用它来灌浆埋在窑顶里非常好，扬长避短。

问：接下来是要填"八字壕"吗？

答：是的。在八字壕的底部要填上硬质的碎石或者碎砖，以抵抗拱券的侧推力。碎石或碎砖的高度一般不超过"八字壕"高度（也就是拱券的矢高）的二分之一，避免对拱券产生太大的压力，但有时候也可以完全用碎石或者碎砖填满八字壕。

问：这些碎石或者碎砖需要灌浆吗？

答：不需要灌浆。我们当地把所有的"八字壕"填满，也就是屋顶成了一个平面之后，会在上面铺上一层"过海泥"，也就是防水层。"过海泥"也是三七灰土，但是搅拌和制的时候要少加水，将其和得硬一点，硬的标准是它在地上能够保持自己原有形状，不会泻开。"过海泥"的厚度一般是三寸或者半尺，在屋面之上全部铺上"过海泥"后，再在上面撒一层白灰粉，工人穿雨鞋上去踩实踩平，然后再往上覆素土。

问：素土一般覆多厚？

答：厚度没有固定的数，一般在一米左右，素土覆得越厚保温隔热效果越好。一般人家屋顶的覆土不会一次性填满，可能分几个月或者几年填完，也有人家会一次性填满，但是这样的话就要保证所有窑洞同步填土，不能出现先填完一眼窑后再填下一眼的情况，因为这样窑洞受力不均容易出现危险。

问：素土要分层填吗？

答：要分层填。一般填一尺左右厚夯实一下，然后继续填土、夯实。

问：对填的素土有什么要求吗？

答：没有什么要求，当然杂质越少的土越好，最好是"白土"①。

问：覆土顶部的排水坡一般是多大？

答：这个要根据屋顶的面积大小决定，面积大的话排水坡就得做大点，以便雨水快速排离屋面，防止渗入室内。屋顶面积小的话排水坡就可以做小点，做大的话容易导致屋顶水土流失。也就是说坡度大，排水快，可以有效防止渗水，但容易导致水土流失；坡度小，排水慢，容易导致渗水，但水土流失少。一般排水坡的范围在1%~3%，各家根据自家情况灵活选择（图1-138）。

图1-138　南庄村刘家大院覆土屋顶

问：屋顶要经常进行维护吗？

答：每年都要根据情况进行不定期维护。比如前段时间下了一场雪，化雪以后屋顶就湿了，加上气温又低，土就会结冰膨胀，然后气温一回升，冻土又解冻了，如此一来，屋顶表面的土就变得酥软了。这样的话，等到明年开春下雨之后就要赶紧用石碾或者夯对屋顶进行加固，使屋顶结实平整，便于夏季雨水多的时候排水。夏天还要除草，防止破坏屋面。

问：前墙上面花墙的高度一般是多少？

答：要根据屋顶覆土的高度来决定，土高的话花墙就

---

① 从地下深处挖掘出的杂质比较少的土，或者土崖陡坎的底部往崖内深处挖掘的杂质较少的土。

高，土低的话花墙就低。一般人家花墙都会至少砌筑三层"十字花"，一层花三层砖，三层花的砖数和基础砖以及顶部的盖砖加在一起大概十多层砖，也就一米左右高。

问：都是三层花吗？

答：我们这居民讲究做单不做双，一般是做一层或者三层，有的覆土比较厚可能会做五层、七层、九层。

问：出檐一般也是做成单层吗？

答：是的，出檐有出三层的，出五层的，出七层的。

问：出檐的每层都有什么称呼吗？

答：我们这出檐一般做得比较简单，都是直接用砖砌筑，不像以前那样还要对砖进行加工砍磨。以最常见的五层出檐为例：第一层叫四整，也就是砌筑一层顺砖，砖的外表面突出下部墙面3厘米左右；第二层叫抽头，也就是出头的意思，是砌筑一层丁砖，砖块的外表面要一块突出下层四整2厘米，一块与四整齐平，如此交替砌筑；第三层叫盖砖，也是砌筑一层顺砖，砖的外表面突出下层外出的丁砖2厘米；第四层叫狗牙，将砖旋转45°摆放，砖的一角突出下层盖砖，与这个角在砖的同一个短边上的另一个砖角与下层盖砖的外表面齐平；第五层也叫盖砖，做法与第三层一样。然后继续在第五层盖砖的上面砌筑上一层瓦口，瓦口也叫槽砖，用完整的砖手工打磨而成。瓦口上面铺设板瓦和筒瓦，铺瓦之前先根据房屋的面阔计算出要铺设多少完整的板瓦和筒瓦以及相邻板瓦和筒瓦之间的距离。以上就是五层出檐的做法。

问：出檐上的板瓦和筒瓦怎么做？

答：出檐的排水坡有一定的坡度，导致瓦和平整的出檐之间有一块比较大的楔形空间，这块空间要用轻质的炉渣填满，这样可以有效减轻其对下部出檐的压力，因为出檐本身就是叠涩悬挑的，承压能力较弱。在炉渣之上要用三七灰土和成的破灰泥作为黏结材料铺设板瓦，后来改用水泥砂浆（图1-139）。

问：排水坡上铺设几层瓦的倾斜角度一样吗？

答：不一样。整个这一部分大概需要砌筑三层板瓦和两层筒瓦。板瓦最外侧一层因为有向下倾斜的下折，所以叫滴水，滴水是水平砌筑没有倾斜的。里面的第二层和第三层板瓦开始倾斜，第三层的倾斜角度要比第二层的角度大些。一般整个排水坡大概是五皮砖高，所以角度的倾斜是有约束的，由匠人根据经验来做。砌筑的时候要注意里侧一层瓦的下端要压在外侧

图1-139 南庄村街155号院远眺

一层瓦的上端，相互搭接，防止渗水。筒瓦覆盖在板瓦的上方，外侧一排筒瓦基本水平，里侧一排筒瓦根据下面板瓦的角度进行铺设，筒瓦不需要相互搭接，相互连接起来就可以了。

问：室内抹灰以前都是怎么做？

答：以前都是用"白土"和小麦的秸秆和成泥进行底层粉刷，有条件的人家还会加点白灰，一般要粉刷上几层，直到抹平，后来变成了用水泥砂浆打底找平。表层最早是用白灰和麦糠（小麦粒的壳）和成泥进行粉刷，后来是用麻刀和白灰和在一起粉刷，再后来是用棉絮和白灰和在一起粉刷，最近出现的就是用玻璃丝和白灰和在一起粉刷。以前也有用一种叫白垧的类似涂料的矿物质粉刷墙面的，有的窑洞表层起初是白灰抹面，但过了几年变得不是那么白了，就会用白垧涂刷上一层。

问：白垧怎么来的？具体怎么用？

答：从山上开采回来的，那东西比较软，用嘴嚼都不硌牙。具体使用方法是开采回来后放进水里搅拌，然后拿起刷子往墙上刷就可以了。

问：地面做法都有哪些变化呢？

答：以前比较常见的就是我们家地面这样的砖砌地面，后来就是水泥砂浆地面和地板砖地面。以前的砖都是手工砖，由木匠师傅制作个木制模子，谁家需要用砖就自己手工往里面填土，拍实成型后烧制。

问：制作这些砖所使用的土有什么讲究吗？

答：都是"白土"，制造手工砖最费功夫的是和泥，泥要经过反复多次的搅拌，不是当日和当日就能用。一般是初次和完之后放上几天，等水分充分散入土里以后再次加水进行搅拌，然后再放上几天，如此反复多次，完全和匀之后再放入模子成型和入窑烧制。

问：咱们这炕的尺寸是多大？

答：炕一般是九皮砖高，常见的炕叫"五七炕"。

五七是指炕内铺的席子的尺寸，炕的尺寸要在这基础上再加上炕沿一层砖的宽度，以前的砖大概宽五寸，所以炕的的宽度大概是五尺五，长度大概是七尺五。

问：炕具体怎么做呢？

答：先是砌筑炕沿，在长边的中间留出火塘，然后在炕内填上泥土，将泥土沿长边方向抹成凹曲面，曲面最低处在长边的中线位置上，这样做可以使热气从火塘向两侧扩散开来。同时在相应的位置砌筑上支柱，最后在炕沿和支柱上铺上土坯砖，火塘的上方要多铺两层，以防止上部温度过高烫伤人体。

3. 平定县巨城镇南庄村刘长孩访谈

工匠基本信息（图1-140）

年龄：71岁

工种：泥瓦匠

学艺时间：1966年

从业时长：50年

访谈时间：2016年1月25日

图1-140　南庄村匠人刘长孩

问：您是哪年出生的？家里有几口人？

答：1945年出生。我没有娶亲，家里只有我一个。

问：您是因为什么原因没有娶亲呢？

答：我有六个兄弟，家庭负担较大，经济不好，没有碰到合适的姑娘。那个年代整个社会形势不安定，我们村跟我同龄的男人有将近一半是光棍。

问：您上过学吗？

答：我是1958年上的小学，1960年发生自然灾害家庭经济苦难，就辍学了。那时候村里实行食堂化，一个人一天只有四两粗粮的口粮，每天只能喝两顿稀饭，很多人都饿得身体浮肿。

问：这种情况什么时候开始好转的？

答：1962年的秋天得到了好转，当时平定县的县长是我们村的人，听说家乡饿死了许多人，就回乡视察了一下，了解情况后决定从平定县岔口乡的国库里抽调

一些小米到村里缓解灾情，这才救了我们村。

问：您大概什么年纪开始学习泥瓦匠手艺的？跟谁学的？为什么选择学习这门手艺呢？

答：我辍学后先是跟着家人去生产队种地，当时由于年纪小，一天只给6个工分，成年男性劳动力一天10个工分，成年女性劳动力一天8个工分，我在16～17岁的时候才拿到10个工分。1966年的时候，村里还是以生产队的名义在外承接项目，并组织村内匠人前去施工，我就是在那时跟随我的哥哥刘亥长学习的泥瓦匠。施工的工钱归生产队所有，匠人工作一天仍计10个工分。选择这门手艺主要是为了营生，当时也没有什么别的出路，村内从事营造行业的人较多，便跟着去学习了。

问：随生产队外出干活，吃饭怎么解决？

答：村里会派会计和司务长一起，会计负责记工，司务长负责伙食。1970～1975年这段时间我们的伙食标准是每天给每人发一两八的饭票，外加每天二两白面一两肉的伙食补助，这样每隔五六天我们就能吃上一顿白面饭和肉。为避免工人为了把饭票用完，明明吃不了却还是打很多饭造成食物浪费，生产队允许工人将用不完的饭票拿到生产队换取现金。

问：什么时候不再以生产队名义承包工程？

答：严格来说是在1983年土地承包到户的时候，但是大概1982年的时候村里就逐渐不再承包工程了。

问：土地承包到户后，您是怎么生活的呢？

答：农忙时节下地种田，闲暇时间外出承包一些砌筑耐火厂烟囱的工程。当时耐火厂到处兴起，生意很多，偶尔也做一些碹窑洞的工程。

问：包工的方式是什么？

答：包工不包料，包工后要帮户主做材料预算，由户主筹备材料。

问：1983年至今匠人的工钱发生了怎样的转变？

答：1983～1985年匠人一天大概3块钱左右，1985～1995年增长到10块钱左右，1995～2000年增长到25块钱左右，2000～2005年增长到80块钱左右，2005～2008年增长到100块左右，2008～2015年增长到130～150块钱。

问：修建窑洞的石头都是怎么弄来的？

答：手工或者炸药开采来的。手工开采就是先用锤子将若干凿子排成一排打进石头内（只打进去一部分，将凿子固定住就可以），然后再用大椰锤将凿子逐个

往石头内深击，达到一定程度石头就会从山体上剥落下来。炸药开采是用三尺左右长的六棱钢钎在山体上打出一尺半到二尺深的炮眼，把火药放进去，引出导火线，然后再把炮眼口塞住，人躲远点把导火线点着，石头就被炸开了。

问：炸药哪里来的？

答：有火药厂，需要的话可以去买。早年对火药管制不严，后来政府才逐渐对火药进行管制。

问：营建窑洞的流程是怎样的？

答：跟户主谈好合同后就帮其做预算，让其备料。户主会先请风水先生选择一个破土吉日，待到那日便动土施工，有的户主可能会要求在规定的时间内完工，以图吉利。

问：建造窑洞需要哪些工种？需要多少个工人？

答：就大工和小工。工人的数量没有确切的数，我一个大工加两个小工就可以修起一座窑洞。

问：风水先生都做些什么？

答：风水先生要确定房屋的朝向，动土的日期和时辰以及合龙口的日期。

问：动土有什么仪式？

答：要烧香、放炮和摆放祭品，还要在基地的东北角上插上一个树棍，上面系上一条红布，以图吉利。

问：要撒五谷吗？

答：要撒，五谷包括小麦、黍、绿豆、小麻和玉米。

问：沟壕要挖多宽多深？

答：沟壕的两侧都要比墙体宽出5~10厘米，沟壕的深度要根据基地的土质来确定，如果基础都是酥土的话则需要挖很深，直至挖到硬土层。我曾经帮别人修建一个门楼，沟壕挖到九尺多深才到硬土层，如果用灰土打基础的话工程量太大，最后选择在下面修建一个小窑洞，在小窑洞的上面再盖门楼，这样既解决了基础的问题，又多出一个地下窑洞空间，可以将这个空间当做地窖储藏蔬菜和水果。

问：挖完沟壕后如何打基础？

答：将白灰和土按照1∶4的比例搅拌在一起倒入沟壕里，然后夯实。沟壕深的话基础打得就比较高，沟壕浅基础就比较浅，但一般的经验是一尺厚的灰土基础上可以承受一丈高墙的重量。

问：基础的灰土夯实到什么程度才算达标？

答：这个根据经验夯到砰砰砰响就可以了。以前的大户人家施工要求比较高，像我们村的八眼窑据说在修建时是通过测试基础是否渗水来判断其是否足够结实。具体的测试方法是：用铁棍在夯实的灰土上凿一个小洞，往里面倒上水，第二天来查看水位有没有下降，如果没下降，就说明基础足够结实了；如果下降了，则说明基础不够结实，需要继续夯实。

问：墙体多厚？

答：室内石砌纵墙至少要一尺八厚，方便砌筑两排石头；山墙至少要三尺厚才能抵抗住侧推力。

问：墙体砌筑到多高开始砌筑拱券？

答：一般是差不多砌筑到窑洞总高的一半。如一丈高的窑洞，墙体砌筑到四尺五高时开始砌筑拱券。

问：拱券的架子是怎么搭的？

答：第一步，要用圆杖确定拱券的弧度。第二步，在窑洞的前、中和后搭置三个横向的架子。第三步，在横向的架子上搭设纵向的架板，然后继续搭设，重复第二步和第三步，直至搭设出拱券的形状为止。第四步，在搭设的架板上抹上一层泥进行找平。

问：现在砌筑的话还搭架子吗？会直接用预制的模架吗？

答：也是要搭架子硝。预制的模架只能砌筑比较小的拱券，不能砌筑居住的窑洞，它的承载力不够，容易压塌。

问：架子搭好之后做什么？

答：用砖砌筑拱券的话，要先在搭好的架子上放出拱券的中线，然后向两边放线，确定每层砖的位置。然后再摆放砖块，因为有放好的线来定位，所以砖摆出来就比较整齐美观。摆砖的时候要注意相邻两行砖的横缝要错开，并将相邻两行砖之间的缝隙用碎石或者碎砖卡住，这样拱券才能更加坚固。

问：用石头砌筑拱券的话有什么不同吗？

答：石头砌筑的话不需要放线，因为石头的尺寸是不统一的。砌筑的时候要注意从两侧向上的石块厚度逐步变薄，最上面的石块可能就是很薄的一个石片。摆石头的时候同样也要注意相邻两行石块的横缝要错开，并将相邻两行石块之间的缝隙用碎石卡住，以使拱券更加坚固。

问：砌筑拱券的顺序有讲究吗？比如窑洞是东西走向，那是从东边一眼窑开始硝还是从西边一眼窑开始硝？

答：这个没有讲究，哪边顺手就从哪边开始硝。如果木材足够，就把所有窑洞的架子同时搭好，木材不够的话也至少要把相邻两眼窑洞的架子同时搭起来，为了表述方便，假设我们在盖一座东西走向的三眼窑洞，三眼窑洞从东向西依次命名为A、B、C，现在我们搭起了A和B的架子。然后把A和B两眼窑拱券的石块或砖摆好，缝隙卡住，灌上灰泥，同时将东侧的山墙垒砌起来。紧接着就可以把A的架子拆掉去搭设C的架子，然后再将C拱券的石块或砖摆好，缝隙卡住，灌上灰泥，同时将西侧的山墙垒砌起来。最后抽掉B和C的架子，拱券就砌筑完成了①。

问：用什么材料填充八字壕？

答：用石块填充。石块比较硬，承受力更好，填充完成以后还要用白灰和土和成的破灰泥灌缝。

问：八字壕里的石块要填充多高？填充完后做什么呢？

答：填到跟拱券的顶部差不多齐平就行了。填充完后在屋顶铺上八寸到一尺厚的破灰泥，然后用脚踩实在，这层灰土叫作"过海泥"，有了这层泥屋顶就不会漏水了。

问："过海泥"上面直接填土吗？

答：是的。要分层填覆土，先填上20～30厘米的土，夯实后再填上20～30厘米的土，再次夯实，如此反复，直到填土的总高度达到户主的要求。

问：屋顶的排水坡度是多少？

答：一米就是一寸左右的坡（也就是3%左右），坡度不能太大，太大的话容易造成屋顶的水土流失。

问：排水管怎么做？

答：没有排水管，以前都是用石头垒砌成沟槽或者将我们自己烧制的陶管连接在一起排水。

问：花墙砌筑多高？

答：花墙一般就垒砌三朵花，一朵花是三皮砖，也就是高30厘米左右，所以花墙一般就是高1米左右。花墙的花一般都是"十字花"，根据具体做法的不同又分为"大十字花"和"小十字花"。

问：以前的墙面如何粉刷？

答：基本的粉刷材料是土。先是用土和小米或者黍子的秸秆和成的"铬渣泥"填补墙体的孔洞，然后再粉刷一层找平。秸秆尽量选长些的，这样和成的铬渣泥黏结力更好。这里的秸秆不是完整的秸秆，而是打完粮食后碾压碎的秸秆，因为以前是将庄稼从地里收割回来在一块场地上摊开，然后通过敲打和碾压将谷粒剥离，谷粒剥离后，秸秆也都被碾碎了，这样的秸秆俗称"铬渣"。最后用白灰和谷粒的麦壳（当地俗称"麦糠"）和成的泥（当地俗称"霸王泥"）对表层进行粉刷，霸王泥只粉刷薄薄的一层。

问：炕的常用尺寸是多少？

答：一般都是五六炕（宽五尺五、长六尺五）、五七炕（宽五尺五、长七尺五），家里人口多的话可能会做成五八炕（宽五尺五、长八尺五）。以前炕比现在常见的炕要高一些，高度大概80厘米左右，人坐在上面脚离地还有一段距离，这样是为了防止睡觉时从门下缝隙里灌进来的风吹到人的脑袋。后来的炕有高有低，一般是五皮砖、七皮砖或者九皮砖高（图1-141）。

图1-141　旗杆院正房室内

---

① 为了表述方便，这段文字是根据匠人口述转化而来，不是匠人的直接表述。

4. 平定县巨城镇南庄村刘玉所访谈

工匠基本信息（图1-142）

年龄：58岁

工种：泥瓦匠

学艺时间：1981年

从业时长：35年

访谈时间：2015年7月12

日/2016年1月26日

图1-142　南庄村匠人
刘玉所

问：听村里人说您以前也是个泥瓦匠人，什么时候转行摆摊做生意的？

答：我以前是做过泥瓦匠人，2001年生了一场大病，导致身体很虚弱，不适宜干重力活，便转行做点小生意，卖点爆米花、脆饼和"健身锤"①，维持生计。

问：您在转行之前一直是在做泥瓦匠吗？

答：是的。19岁时县里有个从娘子关向平定县的提水工程，这个工程从各个大队抽调劳力，我的父亲正好在那里当师傅，我就在1981年跟着我父亲在那干活了。刚开始时我主要学习石活，那时候石头都是用炸药开采，先在山体上凿出炮眼装上炸药将石头炸成块，然后用铁杵将大石块凿成一块块的料石，然后再对料石进行精打，将其打成相应的尺寸。我刚开始三天处理不出来一块，学了半年之后一天能处理好一块长53.5厘米长、40厘米高的石材。

问：您在那里做了多久？

答：做了大概三年时间，1981年就离开了。我们只负责做提水渠道的基础，上面部分由山西省桥梁队负责。离开那里之后我们又去做了另外一个提水工程。毛主席说过"水利是农业的命脉"，那时候以农为主，所以我们做的工程基本都是水利工程。在那个工地的几年时间里我学会了许多知识，包括石材和砖的砌筑工艺、绑扎钢筋、梁柱的浇灌和不同几何形体的面积和体积的计算方法，为我后来的营造生涯奠定了

良好的基础。

问：您上过学吗？

答：算是上过初中吧，但其实没上几天学，因为我在1968年左右入学时正赶上"文化大革命"，上学也没学到知识，没在学校待几天就辍学回家放羊和牛了。1973年左右村里开展扫盲活动，把我们招到学校又上了三年学，1976年给我们补发了个初中文凭。

问：您什么时间参与修建房屋工程？

答：1982年我被村里叫回来做了一年的生产队长，1983年土地承包到户，老百姓变得比较自由。我就在农忙的时候下地去干活，农闲的时候组织几个人去做碹窑洞的工程，挣点养家钱。但那时工程比较多的是砌筑耐火厂里的烟囱，当时村里大多数泥瓦匠都是做这些。

问：什么时间的建设工程量比较多？

答：1990年后的几年耐火产业兴起，耐火窑建设的项目比较多，工程量也比较大。在那之前都是农家维修老窑洞以及新建窑洞的工程。

问：什么时间窑洞的建设量比较大？

答：1980年前后修建的窑洞比较多。那个时候乡邻之间帮工的比较多，我帮你、你帮我，我不要你的钱、你也不要我的钱。有的时候帮工的工人可能会在主人家吃点饭，有时候连饭也不吃。帮工的时候大家各取所长，匠人擅长什么就去帮忙做什么，而且这种不计酬的帮工也是不计量的，比如今年你家碹新窑洞我帮你家砌筑了五天的墙，明年我家碹新窑洞你可能会去帮我家和上十几天的灰泥。这种帮工的形式是比较简单纯朴的，不像现在做什么都得要钱。

问：那时候盖窑洞的材料都怎么获得的？

答：石头都是自己用炸药开采，那时候炸药很容易买到。我们开采石头用的都是黑色炸药，用铁钳在石头上凿出炮眼，把炸药放进去，牵出导火线，然后用红土将炮眼堵上，点燃导火线后就能将石头炸成成块的石材，然后再根据需要对这些石材进行加工。砖用得不多，我小时候的砖都是手工制作的，将土和上好几遍后放入木制的模子里踩实，然后用钢丝将多出的泥从模子里割掉，再把成型的土砖从模子里抠出、晾干，最后烧制。

问：窑洞建造的流程有哪些，您能分别叙述一下吗？

答：首先是确定房屋的朝向。假如说新建窑洞位置旁

---

① 木头做的用来捶背的按摩锤。

边有老窑洞的话，那新建窑洞直接和其朝向保持一致即可，反之则需要请风水先生来看看。

问：窑洞的尺寸是多少？

答：一般是一丈零五高，一丈宽。也有一丈一高的，也有一丈一、一丈二宽的，这个根据户主的需要和经济水平来确定。

问：墙体一般是多厚？

答：室内纵墙一般是一尺八厚，偶尔也会有一尺五厚的，山墙一般是一米厚。

问：沟壕挖多深？

答：这个要根据地基的情况确定。如果地基酥土层比较厚，则需要一直向下挖，直至挖到硬土。如果地基较硬，承载力满足要求，则可以少挖一些，但最低也要挖到地平面以下半尺。

问：挖完沟壕后如何打基础？

答：基础用灰土夯打。如果基底坚实的话打半尺或者四寸高就可以了，如果不是很硬的话则需要将基础打得更高。有的人家地基是那种比较瓷实的硬红土，也可能就不打基础了，只是在沟壕内撒上一层白灰后便直接砌筑墙体。

问：打基础用什么样的灰土？

答：一般使用一四灰土（白灰和土的比例是1：4）。但是灰土的比例并不是很精确，匠人一边将白灰和土进行搅拌一边根据情况酌情添加白灰或者土，凭经验感觉灰土的比例差不多了就停止搅拌，不像现在机械严格按照比例进行搅拌那么讲究。

问：墙体的砌筑有什么讲究吗？

答：要注意错缝。墙体是铺砌两排石头，两排石头要一长一短，不能是一样的，要一长一短交替砌筑，这样横缝就相互错开了。上下层之间的竖缝也要错开，这样一层层往上砌筑的墙体就比较牢固结实。砌筑的时候要保证墙体两侧的表面是竖直平整的，因为石块的尺寸不是标准的，所以墙体的内部往往会形成比较大的缝隙，这时就用碎石块将缝隙填满。

问：墙体的黏结材料是什么？

答：就用白灰泥，也叫破灰泥，就是将白灰和土和成泥，白灰和土的比例一般是1：4或者1：5（图1-143）。

图1-143　破灰泥

问：墙体砌筑到多高开始砌筑拱券？

答：一般一丈零五高的窑，墙体砌筑到五尺左右开始砌筑拱券，也就是不到窑洞高度的一半。

问：拱券的弧度如何确定？

答：以前窑洞的拱券都是尖券，是用"圆杖"通过"开心"（尖券的圆杖的圆心会离开窑洞两侧墙体顶端连线的中心一段距离，被形象地称为开心）进行确定，先是在窑洞的前部和后部的中央分别竖起一根木桩，在木桩上与墙体高度一样的位置上钉上一块木板，然后用"拖蓝线"办法确定拱券圆心在木板上的位置所在①。

问：两根圆杖的原点一般情况下相距多远？

答：一般是八寸左右，这个得根据窑洞宽度、墙体和拱券的高度来决定，具体多少就根据拖蓝线确定。

问：确定拱券的形状后如何做模架？

答：如果窑洞是借助基地原有的土堆修建，基础和墙体是在土堆里挖掘出沟壕砌筑的话，那它的架子就直接用土制作，俗称"土牛"，也就是用圆杖在窑洞上方的土堆前后端描画出拱券的形状，然后用铁锹等工具对土体进行切削，处理成拱券的形状。最后将前后两根圆杖的末端连上一根绳子，同时旋转前后两根圆杖，用绳子对土体进行找平，将土体凸出的部分削掉，凹陷的部分补平。如果不是借助土堆而是在平地之上垒砌窑洞，那就需要用木头搭架子……②

问：砌筑拱券的石材有什么讲究吗？

答：要用薄片状的石块，不像砌筑墙体那样用比较厚实的石块。

① 刘玉所师傅所讲述的"拖蓝线"办法与刘智保师傅基本一致，在此省略。

② 刘玉所师傅所讲述的放线流程和刘保财师傅所述一样，详细的木架搭制过程参照刘保财师傅的访谈整理，在此不再赘述。

问：石块之间的缝隙怎么处理？

答：刚开始摆砌石块的时候是随机找个石块支住，能够使石块稳固住就可以。等所用石块摆完之后，再用竹筐盛着碎石片对所有的缝隙进行填补，并用锤子夯实，我们把这一步称为"全支"（意为全部用石片支住）。"全支"过程中如果遇到之前卡上的不合适的石片，则用撬棍将其撬掉替换上一块合适的。"全支"完成以后在表面抹上一层1∶4的白灰泥。

问：接下来如何往屋顶填土？

答：先用碎的硬石块填八字壕，一般填到与屋顶齐平或者比屋顶低1~2寸的位置。

问：要往这些碎石块里灌白灰泥吗？

答：有的人家灌，有的不灌，不是太讲究。八字壕填平以后需要在屋顶铺上一层"过海泥"，就是将白灰和土和成泥铺上，再在白灰泥上撒上一层纯白灰粉，人穿上水鞋上去踩实，然后就开始填土。

问：往屋顶填的土有什么讲究吗？

答：一般是就地取材，有什么废土就用什么。比如窑洞是依靠土体修建的，在窑洞砌筑完以后就可以把室内的土直接掏出来填到屋顶上去，挖沟壕掏出来的土也可以填上去。如果不能就地取材，到远处取土填屋顶的话，则会讲究一些，会选择杂质比较少的土。

问：屋顶的水一般往哪个方向排？

答：正房一般往后排，少数的往两侧排，这个也得根据基地周边的条件具体确定。但是厢房的雨水基本都是往院内排，寓意聚财。

问："棉花泥""麻刀泥"和"玻璃丝"怎么制作？

答：把棉花打成絮状在地上摊开，用铁锹将白灰和成泥，和制的时候要每隔一会就将铁锹的背面贴到摊开的棉絮之上，粘上一些棉絮和入白灰泥中，搅拌一会后继续重复上述步骤，最终和成的泥就是"棉花泥"。"麻刀泥"就是将破麻袋打成麻絮和到灰泥之中，和制流程和"棉花泥"一样。"玻璃丝"是买来的，将其和到白灰之中就可以粉刷墙面了。

问：以前地面都是怎么做？

答：从我记事开始，见到的大多都是用炉渣泥做地面。将炉渣和白灰浆和制在一起做成泥铺在地面之上，然后用平锤夯实，再用小棒槌一遍一遍地拍平拍实，一般拍三到四遍就比较平了，大块的炉渣沉淀到下面，细腻的粉面跑到上面来。最后在平铁锹上放个石块或者锤子压着，手拉着铁锹在地面上来回摩擦，

把地面打磨光滑。这种做法和平房屋顶的做法类似，只是平顶房只能用棒槌夯实，不能用平锤，因为平锤冲击力太大，容易破坏屋顶。后来又出现了炉渣地面上撒一层水泥粉再进行夯打的做法，再后来就是水泥砂浆地面和现在的地板砖地面。

问：村里的木匠多吗？

答：我刚记事的时候大队还开着木匠铺呢，那时里面有三个木匠。小学毕业的时候，木匠铺又新来了两个小孩去跟老木匠学习。后来外面的木匠来村里做活的很多，村里的小伙子跟着他们学习的也不少，但后来真正做木匠的也没几个，现在村里也就三四个能做活的木匠。

问：是自己准备木料吗？

答：是的。那时候包工都是清包，主人家准备好木料再请木匠去做。有时候是木匠带着工具到主人家去做，有的时候是主人家把木料拉到木匠家里，木匠在自己家制作。那时候没有电锯，门窗都是手工制作。

5. 平定县东回镇瓦岭村穆富成访谈

工匠基本信息（图1-144）

工种：泥瓦匠

访谈时间：2016年1月27日

图1-144　南庄村匠人穆富成

问：您的石匠手艺是跟谁学习的？

答：石匠没有明确的师傅，年轻的时候帮人家搬石头打杂，耳濡目染一两年后，自己摸索着也就会做石活了。

问：以前石头都是怎么弄来的？

答：都是从远处的后山开采用独轮车运送回来的，离村子近的前山不能开采。用独轮车运送石头很辛苦，上坡推不动，下坡控制不住速度，我的爷爷当年就是运石头时没控制好车子，被车子撞到，导致内脏出血而死的，才四十多岁。

问：石头怎么开采呢？

答：用黑色火药开采，不能用黄色火药。先用铁钳在山体上打出一个洞，然后把炸药放进去，引出"捻子"（导火线）点燃，石头就被炸成一块块石材，然后再用锤子和凿子将石块处理成需要的尺寸。

问：黑色火药怎么弄来的？

答：在"文化大革命"之前都可以买到。

问：采取用火药开采石头的办法准备三眼窑洞的石材要多久？

答：五六个人准备一个冬天就行了，如果是以前手工采石的话那得准备上几年。

问：常见的窑洞的尺寸是多少？

答：常见的窑洞宽度是一丈零五，进深一丈八或者两丈。

问：窑洞的高度呢？

答：窑洞的高度一般要比宽度大上几寸，这样砌筑出来的拱券更加美观。

问：墙的厚度是多少？

答：室内隔墙和前后墙的厚度是一尺八，也就是60厘米左右。山墙要根据两侧是不是有靠山来决定，如果两侧有坚实的靠山，那么山墙就可以砌筑得窄一些，如果没有，那山墙一般做到二尺四或者三尺厚（图1-145）。

图1-145　山墙厚度

问：砌筑基础的灰土比例是多少？

答：三七灰土，有个经验就是一尺厚的灰土可以承受一丈高的墙体，也就是说要盖一丈高的窑洞，只要砌筑一尺高的基础就好了。

问：墙体的砌筑有什么技术要领吗？

答：墙体砌筑要注意上下排石头之间错缝，也就是砌筑出来的墙缝从外观上看是丁字形的。前墙的外立面是有收分的，从上往下逐渐变窄，我们这前墙一般是4米多高，一般收分5～6厘米，收分多少则墙体下方与基础相接的那层石头就要比墙体外凸多少。

问：砌筑墙体的黏结材料是什么？

答：不用黏结材料，都是干摆。

问：开心的尺寸是多少？

答：一丈零五宽的窑开心就是一尺，如果窑洞宽一丈那开心就是9寸，这样砌筑出来的拱券比较美观。

问：砌筑拱券的架子怎么做？

答：搭架子俗称"搭牛"，20世纪六七十年代都是用木头搭牛，后来又出现了"铁牛"（铁箍），此后便是两种搭牛方式共存。

问：八字壕填完后，夯实灰土有啥技术要求吗？

答：要用小夯夯，小夯更容易将灰土夯实，而且对屋顶冲击力比较小。我们这用的小夯叫"lao zai"，它是用石块和木棍手工制作而成，先是在一个平整的小石块中间凿个洞，然后在洞中固定上一个木棍当把手。

问：咱们这里出檐都是怎么做？

答：用一块石板悬挑出墙面，1949年前出挑20厘米左右，1949年后出挑30厘米左右。

问：咱们这窑洞室内的前端高度是不是要比后端的高度大一些？

答：要高出10厘米左右，这种做法叫作"虎坐"。以前室内烧炕容易产生烟气，这样做可以促进通风排烟。有些窑洞还会在前端顶部做一个排烟口，加强排烟的效果。

问：炕的尺寸是多少？

答：基本都是"五七炕"。说是"五七炕"，实际尺寸是宽五尺五、长七尺五，高度是50厘米左右。1980年以前的炕都比较高，高度都是60厘米或者65厘米，炕高点里面的火更容易扩散开，保暖效果更好。但是炕太高坐起来不舒服，所以1980年以后做的炕都变低了（图1-146）。

图1-146　炕

第二章

平遥县锢窑及单坡厢房营造技艺

第一节　传统民居

一、背景概况

平遥县位于晋中市西部的晋中盆地（图2-1），境内地势平坦、土地肥沃、交通便利。随着清代晋商的崛起和当地票号的兴起，平遥县经济实力迅速增长，大量建造精美的商贾大宅不断涌现，从而带动了平遥传统民居建筑整体水平的普遍提高。[①]除具有我国其他地区四合院的一般共性外，如明确的中轴线、左右对称等，当地四合院的特色为混合采用锢窑及单坡砖木结构两种建筑形式。

二、院落形制

平遥合院一般由正房、东西厢房和倒座房组成（图2-2、图2-3）。正房多为锢窑（少数为双坡砖木结构瓦房形式），三开间或五开间，有的会在窑顶加建风水楼或风水影壁，以求得神灵保佑，当然这也是由于内院坡顶的厢房与锢窑正房的高度相差无几，正房威严不足，风水楼与风水影壁增加了正房的高度，弥补了内院空间在视觉上的缺憾[②]（图2-4）。厢房多为单坡砖木结构瓦房（少数为锢窑形式），以三开间为主（图2-5）。倒座房多为单坡砖木

图2-1　平遥县区位图

结构瓦房，常见为五开间，也有三开间。无论是锢窑还是单坡砖木结构瓦房，依据主家经济实力的不同，又可分为带前檐和不带前檐两种形式（图2-6~图2-8）。内院平面的长宽比多为2∶1，既节约土地，又避免黄沙吹拂。[③]

有的家族为了增大居住规模，结合地形修建多进院落群，主要采用纵向串联、横向并联或其组合形式（图2-9）。其中，纵向串联的院落由中门或过厅将前后院串联起来，并通过不同的形式及高度区分出建筑的等级（图2-10、图2-11）。

三、建筑单体

1. 锢窑

（1）建筑特征

锢窑广泛分布在甘肃、陕西、山西、河南等省，其中山西省平遥县的窑洞是中国最好的独立式窑洞。与其他

---

① 宋坤主编，平遥古城与民居，天津：天津大学出版社，2000. 32.
② 同上书，40.
③ 同上书，37.

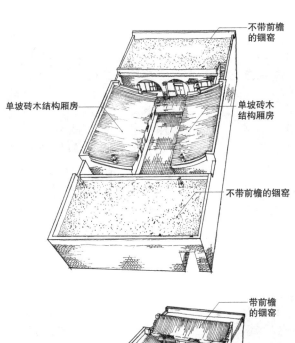

图2-3　合院鸟瞰

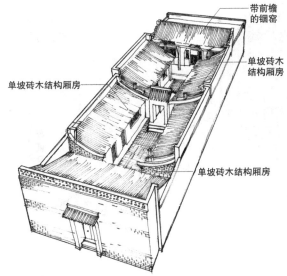

图2-4　朱坑乡喜村风水影壁

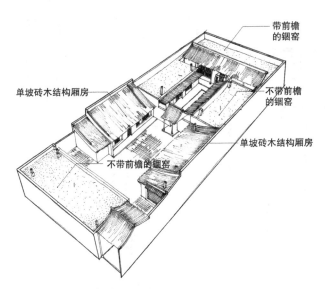

图2-2　合院的类型

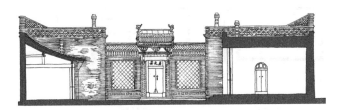

图2-5　厢房为单坡瓦房与锢窑（改绘自《平遥古城与民居》）

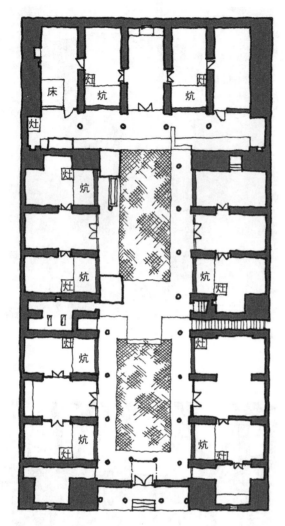

图2-6　正房与厢房均带檐廊（改绘自《山西古村镇历史建筑测绘图集》）

图2-7　横坡村不带檐廊的正房及厢房

图2-8　喜村带檐廊的正房及厢房

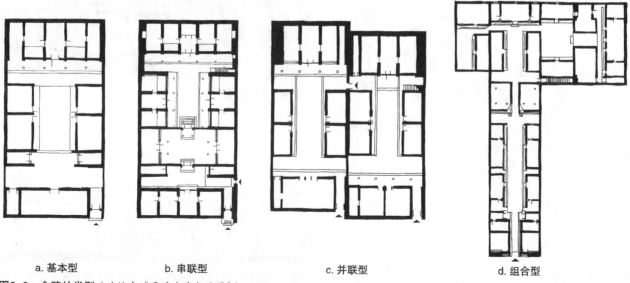

a. 基本型　　　　　　b. 串联型　　　　　　c. 并联型　　　　　　d. 组合型

图2-9　合院的类型（改绘自《平遥古城与民居》）

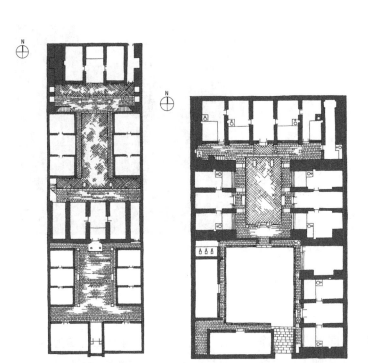

a. 通过过厅连接前后院落　　b. 通过中门连接前后院落

图2-10　纵向多进院落的连接形式（改绘自《平遥古城与民居》）

窑洞相比，锢窑不仅具备传统窑洞冬暖夏凉的优点，还克服了土窑洞通风、采光、院内排水等方面的缺陷。窑眼数量多为单数，如3眼、5眼等，也有多达11眼的（图2-12、图2-13）。

（2）结构及券形

平遥县境内共有四种拱券类型，分别为尖头四段式拱券、平头四段式拱券、两段式拱券和半圆形拱券。前两种拱券相对复杂，使用频率较高，应用于正房锢窑；后两种券形相对简单，使用频率稍低，应用于厢房等锢窑（图2-14、图2-15）。

1）四段式拱券

四段式拱券由四段弧线组成，分为平头四段式拱券和尖头四段式拱券。确定此类券形的难点在于找准各段弧线的圆心和半径。虽然匠人所用的方法不同，但原理相似，主要区别在于圆心位置的确定。

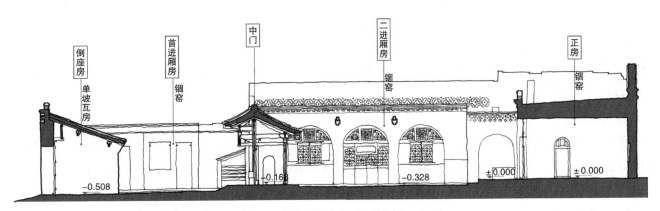

图2-11　多进院落的建筑形式及标高（改绘自《山西古村镇历史建筑测绘图集》）

图2-12　多进院落的建筑形式及标高（改绘自《山西古村镇历史建筑测绘图集》）

图2-13　普洞村11眼窑洞

图2-14 喜村四段式拱券

图2-15 横坡村半圆式拱券

①方法一

西源祠村匠人刘大忠先生的起券做法：当地锢窑开间多为3米（净尺寸），以窑腿内边的两顶点A、B为圆心，以一个窑眼的净开间尺寸AB为半径画弧，并依着弧线在窑腿上继续砌砖，砌至第15层垂直高度约1.05米时，确定上半部分两段弧线的圆心。设AA_1与BB_1两条线的交点为O，从O点往左右水平量取2.5寸（约8.3厘米）确定两点E与F，然后以E点与F点为准，垂直往上拉线并与AA_1与BB_1相交于点E_1与F_1，E_1与F_1即为画新弧的圆心。E_1F_1在当地又被叫作开心，开心的距离以及高度都是工匠长期施工经验得出。设E_2、F_2为下半部分圆弧与上半部分圆弧的连接点，若为平头四段式拱券，所需半径较小，则E_2位于AF_1的延长线上，F_2位于BE_1的延长线上，然后分别以E_1为圆心、E_1F_2为半径，F_1为圆心、F_1E_2为半径画弧相交于点O_1；若为尖头四段式拱券，所需半径较长，则E_2位于AE_1的延长线上，F_2位于BF_1的延长线上，然后分别以E_1为圆心、E_1E_2为半径，F_1为圆心、F_1F_2为半径画弧，相交于点O_1即可（图2-16）。

②方法二

梁村前村主任冀根贵先生的起券做法：当地锢窑开间多为3.3米（净尺寸），将窑腿顶端连线的中点定为点O，在点O正上方60厘米处确定第二点A；从点A往左右等距离各找一个点D与E，DE之间的距离是20厘米，点D、E即为拱券上半部两段弧线的圆心，点B、C即为下半部两段弧线的圆心。其余画法同上。冀根贵先生在梁村做过的锢窑拱券券形以四段式居多，年代较早的锢窑为尖头式，年代稍晚一点的为平头式，后来为了美观，又将较缓的拱券顶端拉成直线（图2-17）。

将以上两位匠人的经验做法对比可知：第一位匠人通过限定下半部分弧线的垂直高度来确定上半部分弧形圆心的位置；第二位匠人则首先找到上半部分弧形的圆心，进而确定下半部分弧形的画法。

无论哪种做法，拱券的券形都与窑眼开间尺寸直接相关。当窑眼开间发生变化时，两位匠人都会通过大致的比例关系对开心的高度及距离进行调试。有意思的是，若按照冀根贵先生常用的比例换算方法计算，即 $\dfrac{BC}{OA}=\dfrac{3300}{60}$ 与 $\dfrac{BC}{DE}=\dfrac{3300}{20}$，当开间$BC=3000$时，$OA=54.5$厘米，开心$DE=18$厘米，在这组新的数据下按照同样的原理勾画券形，与开间同是3米的西源祠村的券形几乎重合（图2-18）。

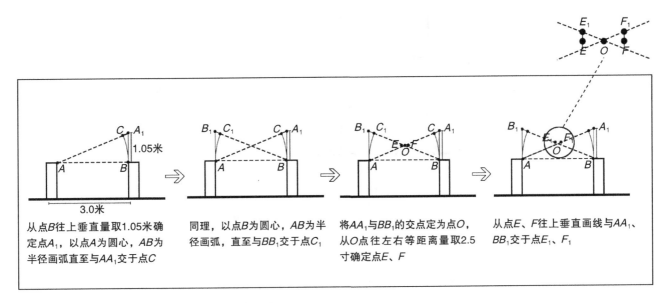

从点B往上垂直量取1.05米确定点A₁，以点A为圆心，AB为半径画弧直至与AA₁交于点C | 同理，以点B为圆心，AB为半径画弧，直至与BB₁交于点C₁ | 将AA₁与BB₁的交点定为点O，从O点往左右等距离量取2.5寸确定点E、F | 从点E、F往上垂直画线与AA₁、BB₁交于点E₁、F₁

形成较缓券形   形成较尖券形

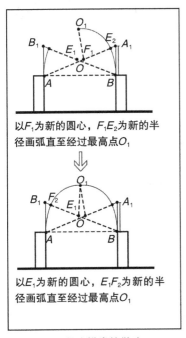

以F₁为新的圆心，F₁E₂为新的半径画弧直至经过最高点O₁

以E₁为新的圆心，E₁F₂为新的半径画弧直至经过最高点O₁

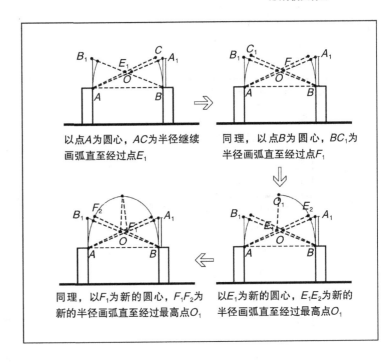

以点A为圆心，AC为半径继续画弧直至经过点E₁ | 同理，以点B为圆心，BC₁为半径画弧直至经过点F₁

同理，以点F₁为新的圆心，F₁F₂为新的半径画弧直至经过最高点O₁ | 以E₁为新的圆心，E₁E₂为新的半径画弧直至经过最高点O₁

图2-16 四段式拱券的做法

③方法三

采访王国和[1]老先生得知，锢窑券形是可以按照公式计算的。当地匠人间流传着"死头活腿子"的谚语，拱矢高度可通过窑眼开间净尺寸乘以0.7计算得到，$OO_1=BC \times 0.7$（图2-19）。若设开心DE的距离为x，开心距起券起始高度的距离为y，根据勾股定理可得出以下两个公式：

---

[1] 王国和老先生是平遥县当地朝杰古建筑公司的技术顾问。

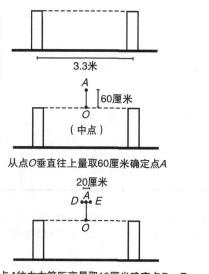

从点O垂直往上量取60厘米确定点A

尖头式　　　　　　　　　　　　　　　　　　　平头式

从点A往左右等距离量取10厘米确定点D、E

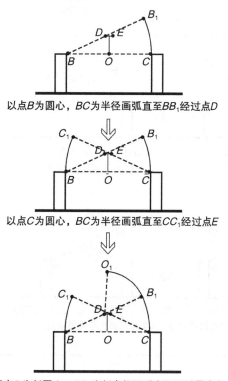

以点B为圆心，BC为半径画弧直至BB₁经过点D

以点C为圆心，BC为半径画弧直至CC₁经过点E

以点D为新圆心，DB₁为新半径画弧直至经过最高点OO₁

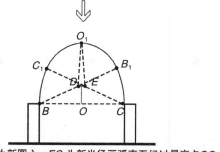

以点E为新圆心，EC₁为新半径画弧直至经过最高点OO₁

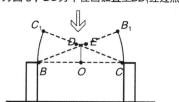

以点B为圆心，BC为半径画弧直至BB₁经过点E

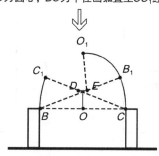

以点C为圆心，BC为半径画弧直至CC₁经过点D

以点E为新圆心，EB₁为新半径画弧直至经过最高点OO₁

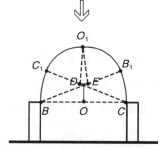

以点D为新圆心，DC₁为新半径画弧直至经过最高点OO₁

图2-17　梁村四段式拱券券形形成原理分析

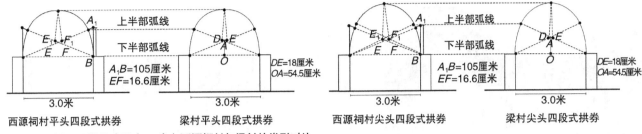

西源祠村平头四段式拱券　　梁村平头四段式拱券　　西源祠村尖头四段式拱券　　梁村尖头四段式拱券

A,B=105厘米　EF=16.6厘米　　DE=18厘米　OA=54.5厘米　　A,B=105厘米　EF=16.6厘米　　DE=18厘米　OA=54.5厘米

图2-18　同一开间尺寸下（3.0米）西源祠村与梁村的券形对比

尖头四段式拱券：

$$\sqrt{(\tfrac{1}{2}x)^2+(OO_1-y)^2}+\sqrt{(OO_1-y)^2+(\tfrac{1}{2}BC-\tfrac{1}{2}x)^2}=BC$$

平头四段式拱券：

$$\sqrt{(\tfrac{1}{2}x)^2+(OO_1-y)^2}+\sqrt{y^2+(\tfrac{1}{2}BC+\tfrac{1}{2}x)^2}=BC$$

当确定x值或y值时，就可以通过以上公式求得另一值。经验证，西源祠村与梁村两位匠人常用的经验值也是符合上述计算公式的。通过调试开心距离及开心高度就可得到不同形状的拱券。

2）两段式拱券及半圆式拱券

两段式拱券是一种比尖头四段式拱券更为尖耸的拱券，具体做法为：分别以点A、B为圆心，AB为半径画弧线，相交于点C，即形成两段式拱券（图2-20）。

半圆式拱券是应用在附属用房上的主要拱券类型，具体做法为：以开间的中心点O为圆心，OA为半径画弧，即形成半圆式拱券（图2-21）。

综上，四段式拱券在确定券形时最为烦琐，此过程需找准各段弧线的控制点，而控制点的位置又与窑眼的开间息息相关；两段式拱券和半圆形拱券相对简单，定好圆心半径即可。

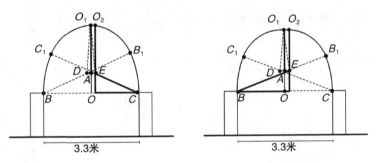

图2-19　侯郭村尖头四段式拱券（左）与平头四段式拱券（右）

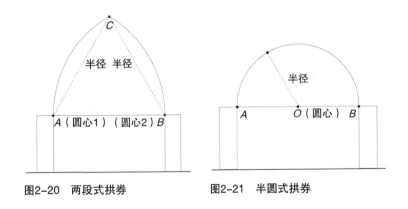

图2-20　两段式拱券　　　　图2-21　半圆式拱券

2. 单坡厢房

（1）建筑特征

单坡厢房采用抬梁式木构架承重，砖墙作为围护结构一般不承重，故抗震性能较锢窑好，即所谓的"墙倒屋不塌"。有些单坡厢房前面还会有檐廊，形成院落与室内空间之间过渡的灰空间（图2-22、图2-23）。厢房前墙分明装修和暗装修两种。明装修即柱子外露，柱子间为通高木门窗，因花费较大，故普通民居中并不常见，多出现于庙宇中（图2-24、图2-25）。

图2-22　喜村典型单坡厢房

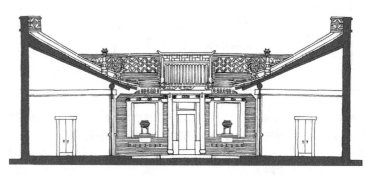

图2-23　单坡厢房（改绘自《平遥古城与民居》）

图2-24　喜村明装修的厢房

图2-25　梁村暗装修的厢房

　　厢房的开间没有严格的尺寸要求，多在3~3.5米之间。厢房的进深一般与正房的开间紧密相关。当正房为7开间时，厢房进深最大可达正房2开间深；当正房为5间时，厢房进深可达正房1.5个开间深；当正房为3间时，厢房的进深最大可达正房1开间深，约3~3.4米之间（图2-26）①。另外，当地盖房讲究"左青龙右白虎"，西厢房对应白虎，东厢房对应青龙，老虎常是卧姿，故西厢房进深需略大于东厢房。

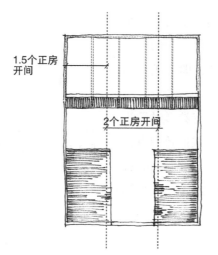
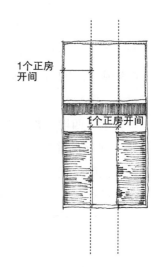

图2-26　厢房进深与正房开间之间的关系

① 引自郭长林工匠的口述。

（2）结构及举架

以不带檐廊的厢房为例。《中国古建筑修缮技术》曾对官式建筑中柱高与开间的比例关系有详细说明，即小式建筑（没有斗栱的建筑）的柱高是开间的8/10，柱径则为柱高的1/10。平遥县木构厢房正好相反，即开间是柱高的8/10，所以建筑显得高大有气势。根据工匠多年的施工经验，厢房的柱高多用八尺八、九尺、九尺二、九尺四、九尺六、九尺八、一丈、一丈零二、一丈零四、一丈零六等数值，柱径多为20~30厘米。

大梁直径多在36~40厘米之间，进深越大梁越粗。檩条直径多为15~20厘米，尺寸与房屋的进深、开间均呈正比例关系，进深、开间越大，檩条越粗。除此之外，承受拉力的附属构件主要有柱间的扯牵、额枋、随檩枋等，均为长方体木料，长度与柱间距相同，宽度与高度没有严格规定（图2-27）。

关于屋顶的举架，当地流传匠谚："一举是平顶，二举是棚子，三举泥顶不瓦瓦，四举不侧飞（也称插飞），五举尖儿，六举兽儿，七举楼楼，八举厅厅（也称亭亭），对举门楼还嫌平。"[1] 即起坡高度与房屋进深的比例为4/10时，檐口不加飞椽，比例为5/10时，屋顶整体形态会比较尖锐。单坡厢房的举架又分为两种情况：有出檐时，出檐部分的举架不低于4.5举，主体举架一般取6~6.5举；无出檐时，房屋举架在4~6.5举之间。

屋顶举架确定后，就可以计算其他构件的尺寸了。后柱高度的计算方法为：$H_{后柱}$=房屋进深×举架+$H_{金柱}$。瓜柱的数量与位置，取决于檩条上铺椽子的用料，当椽子为完整的木料时，若椽子直径大于等于8厘米，每隔1.2米就需要加一根瓜柱，若椽子直径小于8厘米时，每隔1米左右就需要加一根瓜柱；椽子为短木料拼接而成，则椽子的拼接处会对应放置瓜柱，瓜柱的直径与房屋其他部位的柱子相同，但高度就需要精确计算了。一般情况下，瓜柱的高度（H）=举架×步架（L），步架即为瓜柱到屋顶前檐的距离；如果屋顶有举折，则需确定每一段的举架后再计算相应瓜柱的高度（图2-28）。

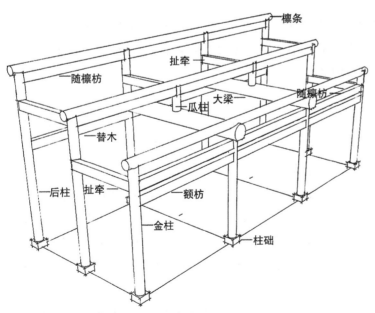

图2-27 平遥县典型单坡厢房结构示意图

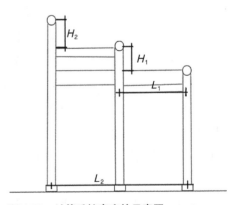

图2-28 计算瓜柱高度的示意图

---

[1] 文中一举指的是起坡高度与房屋进深的比例为1/10，二举指的是起坡高度与房屋进深的比例为2/10，余同此理。

第二节　锢窑及单坡厢房营造技艺

通过实地调研可知，平遥县20世纪60～70年代建造的窑院基本保存完好，且其建造过程依旧沿用了传统的营造技艺，80年代之后窑院建设的数量急剧减少，且由于新型材料混凝土的出现，导致营造技艺发生了较大的变化。故选取平遥县20世纪60～70年代建造的窑院为研究对象，通过深度访谈参与营造的工匠，重点记录窑院内的锢窑正房与单坡木构厢房的营造技艺。

一、策划筹备

1. 材料准备

（1）砖

建造锢窑和木构厢房都会使用大量的砖，所用的砖又可分为两种：青砖和土坯砖。青砖的制作工艺相对复杂，具体流程如下：首先，挖掘大量黏土，并用镢子把土镢松，然后运到空地上堆成一排土堆；在土堆上挖坑，向坑里倒水，水量由工人根据经验决定，用一块塑料布将土堆蒙上，静置一晚，待水渗透到土里；用铁锹把土拌匀，然后用铁棍反复砸泥巴，增加土的韧性；将拌匀摔打好的泥盛到模具里，然后用钢丝刮平，将泥块倒出来，晾晒1～2天后放入砖窑中煅烧5～8个小时，然后从窑顶浇水静置一个星期左右，待窑与砖凉透，青砖就烧好了。20世纪60～70年代，模具一般用楸木制作，不用的时候需浸泡在水里，否则木料会变形，每块模具可以刻2～3块砖。

土坯砖的制作流程相对简单。先挖黄土，当地多会选用地面以下2米左右的黄土，因为没有石子等杂质。匠人们还会往黄土里面加水及其他材料，如麦秸秆、麦壳儿、稻草或者动物及人的毛发，以增加土坯砖的韧性，延长使用年限。之后将黄土放到模具里夯实晒干就可以用了。

（2）木料

单坡厢房使用木料量较大，主家通常会提前一年开始准备，以留出足够的时间来风干木料，不能将其在太阳下暴晒，还需让木料中的水分（当地匠人称为母水）自然蒸发，避免母水影响木料的力学性能。

由于不同材料的抗压、抗弯系数各异，因此选木料的时候主家都会请经验丰富的木匠师傅帮忙。南桑松和白桑松因为又高又直，抗压性能好，常用来做柱子，经济条件较差的主家会选择柳木、杨木；墙里面的暗柱，一般会选用稍微弯一点的木料，而这恰好可以让其和墙体更好地拉结在一起。大梁多选取有一定弧度的木料，在众多树种中柳树很难长直，较为适合。檩条多用质地较硬的松木。椽子较细，一般用生长年限较短的南桑松和白桑松即可。除此之外，匠人对备料的时间也十分重视，他们多根据植物生长的习性，即春生、夏长、秋收、冬藏来处理。

木料的用量以当地最普通的3开间单坡木构厢房为例，需前排4根金柱，后排4根后柱，山墙里面埋2根暗柱、9根檩条、2根大梁，共计21根整料，再加上替木、瓜柱、随檩枋、额枋、角柏等碎料，合计需25根整料。

一般来说，准备好的木料无需特殊处理，但墙里面的暗柱因其不见光、所处环境潮湿，故稍讲究的主家会适当作一些防腐处理。方法有二：一是用较长的干草将柱子裹起来，然后在草绳外拴挂一圈青瓦，在柱子与墙体之间作一个简易的防潮层；二是直接在暗柱外刷一层沥青。

（3）瓦

单坡厢房的屋顶会覆青瓦，用瓦的数量通常按照屋顶面积来估算，以最常用的青瓦（13厘米宽，18厘米长）和筒瓦（10厘米宽，20厘米长）为例，1平方米屋顶需要青瓦60块，筒瓦30块。[①]

除了上述主要的建筑材料外，还需准备若干黏结材料，如白灰膏等。

2. 工匠组织

建造锢窑和单坡厢房需要各个工种通力协作，其中最主要的工种为泥瓦匠和木匠。木匠的工作包括大木作和小木作（装修、打家具）。在20世纪60～70年代，木匠一年四季都有活计，他们拥有普通百姓羡慕的收入，故当时学木匠的年轻人非常多。相比而言，泥瓦匠的工作"又脏又累"，还会受季节限制，有"歇冬"的传统。但泥瓦匠多主持大局，控制院落的布局、房屋的尺寸等。

据访谈可知，无论木匠还是泥瓦匠都需要跟随师傅学艺至少三年，师傅通常为本村老匠人，有多年施工经验；学艺过程中徒弟不需缴纳学费，师傅也无需负责徒弟的吃住问题，徒弟都是跟着师傅边干边学，在实践中领悟、成长。待学艺成功后，徒弟可以选择继续跟随师傅干，也可以选择自己单干。

村民通常会选择找本村或者邻村的匠人来盖房子，大家彼此熟识，互帮互助，也正是由于这一点，匠人非常重视主家对自己技艺的评价，在兼顾效率同时更追求施工质量，做下的活计十分精细，因为一旦创下好声望，日后工作便会十分顺利。

二、营造流程

1. 锢窑

（1）选址

在建造顺序上，当地都是先建造正房锢窑后建造单坡厢房。

虽然住宅选址十分重要，但20世纪60～70年代新建的锢窑，不再像过去一样可以自由挑选基址，大部分是由村里统一划拨，少量锢窑在原有基址上重建。

（2）处理地基

1）土质不好的基地：土质不好一般表现为：①非原生土而是回填土；②土质松软；③土里含沙。[②] 如果为第①种和第②种情况，工匠多用木杵分层反复夯实，必要时还会换土。夯实的工具主要为木杵（图2-29），一般需要四个人同时操作，夯抬起时高度要超过膝盖，以保证力度足够且着力均匀。夯实的要领是"一点三打，头窝打钉"（图2-30），即每一个点要重复打三下，每打完一个点就会形成一个下陷的窝；打完四个相邻的点，中间就会出现一个"土钉"，再把它夯实打平。实际操作中经验不丰富的匠人为了保证头窝与土钉能对齐且平行，会提前拉线辅助。第③种情况通常不多见，只有在沿河地区才会出现，改造的方法只能是换土了。换土是十分耗时耗力的工程，一般会采取分层夯实的方法，即每回填20厘米厚的黄土就需要夯实，若底层夯实不够容易导致后期地基沉降。

---

① 引自平遥县匠人侯有福的口述。
② 在平遥县，那些能分辨基地土质类型的人被称为大师傅，他们只要看一眼基地的土就能知道是不是回填土，至于判断方法，每位师傅都不一样，但都不外传。

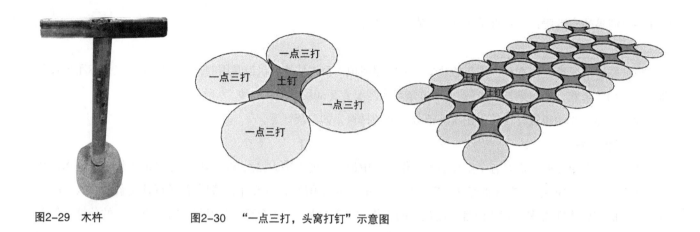

图2-29 木杵　　　　　　　图2-30 "一点三打，头窝打钉"示意图

2）不平整的基地：如基地坑洼不平，有缓坡，则需要基地找平。找平的工具都是生活中常见的物品：一个盛满水的盆、一根长方形木条、几根短木桩、一支铅笔、若干没有弹性的线。用这种方法找平虽然存在些许误差，但处理后的基地完全可以满足建造要求。具体的找平过程为：在基地的中心位置放置一盆水①，水上漂浮一块长方形木条作浮子，浮子表面须平整；在基地四个角各立一根木桩，其中一个匠人或蹲或趴在水盆旁，通过水中的浮子望向一角的木桩；由于浮子表面是水平的，两点可以确定一条直线，该直线延伸可与木桩交于一点，利用该原理，木桩旁的匠人听从水盆旁工匠的指挥分别在四个木桩上作标记；在每两个木桩的标记处拉线，形成位于基地上方的线框面；将线框细分，拉多条直线作为基地找平的参考面（图2-31）。最后，匠人参考线框面用铁锹将基地内高的地方铲平，洼的地方垫起，完成粗略找平。

（3）定向与放线

所谓"人向阳、鬼向阴"，在平遥县，当地人的共识为西南方向属阴，东南方向属阳，所以锢窑的朝向一般不会正南正北，而是南偏东5°~8°。定向本是风水先生的工作，不过寻常百姓家盖房很少去请风水先生，这项工作便多由大师傅完成。定向用到的工具是罗盘，定好朝向后，匠人会贴着基地一边或是基地中部在该方向上埋下两根短木桩，然后拉起一条直线，匠人沿着直线边走边用棍子敲打盛满白灰的铁锹，振落的白灰形成一条白灰线，定向工作就完成了。

定好方向后，可结合基地的尺寸确定预建锢窑的规模。每眼锢窑开间（a）多为3~3.6米，进深（b）多为6~7.2米。窑眼的数量则根据主家的需求，有的家庭人口数量过多，为了保证窑眼的数量，甚至不惜把每眼窑洞的开间做小。窑洞中腿的厚度（c）多在0.37~0.5米之间。山墙的厚度（d）与窑眼的数量相关，3眼窑洞厚1.3米、5眼窑洞厚1.7米，10眼以上窑洞厚均为2米，有的窑洞山墙可借助相邻窑洞的山墙分担一部分侧推力而适度削减厚度。后墙厚度多为1.2~1.5米，高度多为3.9~4.2米。如果预建的锢窑周边有其他房屋，后墙线要和左邻右舍保持在同一条直线上，山墙边线则视两边是否有过道而最终确定。

放线是有一定顺序的，一般是先放后墙线，这根线与定向线保持垂直，长度$L=a \times n+2 \times d+b \times (n-1)$。然后根据锢窑的进深和开间依次放出山墙线、隔墙线和前墙线。此过程中放出的隔墙线为墙体的中心线，而后墙和山墙线则为墙体的内边线。最后用前面所述同样的方法画下白灰，放线过程结束（图2-32）。

_____

① 如果水没有盛满，那么容器必须是透明的，必须保证人的视线可以从外面透过容器壁看到浮子。

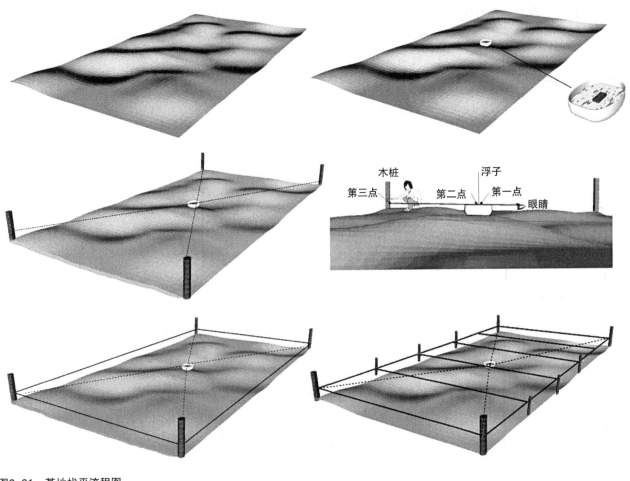

图2-31 基地找平流程图

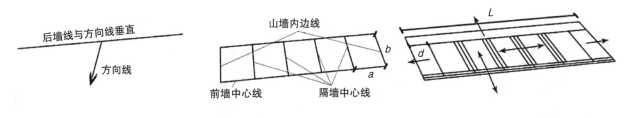

图2-32 放线示意图（以5眼锢窑为例）

（4）挖壕沟

壕沟的宽度和深度与基地土质的好坏、地下水位的高低、砌墙的厚度、锢窑屋顶覆土的厚度相关。墙越厚、屋顶覆土越厚，壕沟越宽，反之越窄；土质越松软、地下水位越高，壕沟越深，反之越浅。据调研得知，县境内壕沟的深度在0.3～1米之间不等，而壕沟的宽度均比其上对应的墙体每边各宽25～30厘米。壕沟的形状并非上下等宽的矩形，这是因为土质松软时，深达1米多的壕沟直上直下很容易塌方，考虑到施工匠人的安全，两面需要放坡，一般每挖1米，壕沟每边向外扩15～20厘米（图2-33）。

　　把壕沟挖得既垂直又对称，很考验匠人的施工水平，这需要借助至少3根参考线（经验不丰富的匠人需要拉更多的参考线），即壕沟的中轴线、两边放坡之后的边线。首先沿着拉好的线画出3根白灰线，然后撤掉两边的线，只留中间的线，沿着两边的白灰线向下挖，每挖10～20厘米，要与中线作比照，确保没有挖斜（图2-34）。全部挖完之后会有专门的匠人来"验槽"[①]，这是必不可少的步骤，因为壕沟的质量直接决定了锢窑结构的稳定性，只有检验合格后方可进行下一步（图2-35）。

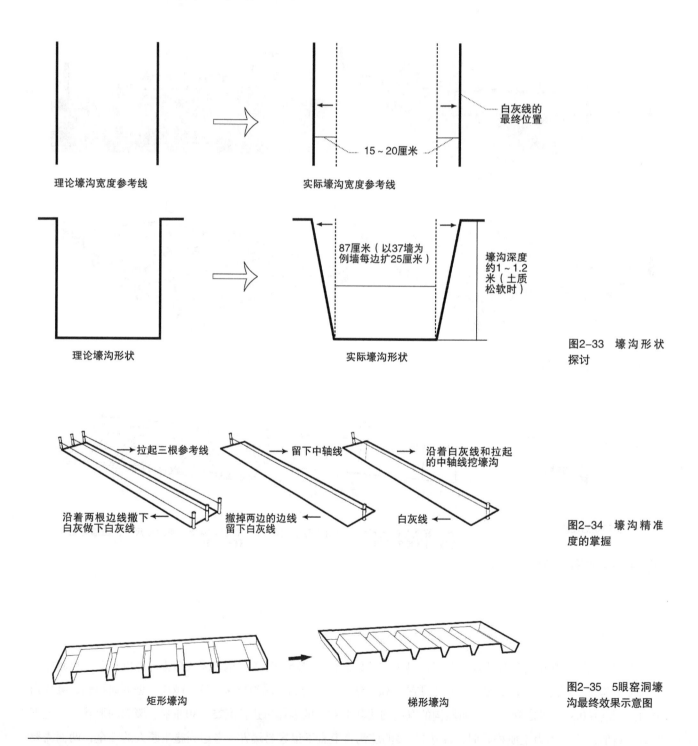

理论壕沟宽度参考线　　实际壕沟宽度参考线

白灰线的最终位置

15～20厘米

理论壕沟形状　　实际壕沟形状

87厘米（以37墙为例墙每边扩25厘米）

壕沟深度约1～1.2米（土质松软时）

图2-33　壕沟形状探讨

拉起三根参考线　　留下中轴线　　沿着白灰线和拉起的中轴线挖壕沟

沿着两根边线撒下白灰做下白灰线　　撤掉两边的边线留下白灰线　　白灰线

图2-34　壕沟精准度的掌握

矩形壕沟　　梯形壕沟

图2-35　5眼窑洞壕沟最终效果示意图

---

①　"验槽"就是看中线两边哪边挖得不够宽，不够宽的补上，如果挖宽了可以不用理会，最后回填土的时候补上即可。

（5）砌筑基础

基础由两部分组成，即夯实的灰土和砌筑的砖台。

最常用的灰土是二八灰土和三七灰土，即白灰和土的比例是2：8或者3：7。配比完成后，还需向灰土里加一定比例的水，经验丰富的老匠人的检验标准是，用手抓一把灰土攥成团，往上抛，若落到手上灰土会散开表明加水量合适，若落到手上散不开则表示水加多了，当地俗称"橡皮土"，这种土不耐压，不能填垫到壕沟里。填垫灰土的厚度约40~60厘米，主要取决于壕沟的深度和土质，壕沟深且土质不好的时候灰土就要厚一些。铺灰土需要用到铁锹、木杵、尺等几种工具。铺一层夯实一层，最多铺3层，最少铺1层，每层虚铺不能超过20厘米。

铺完灰土就可以砌筑砖台了，砖台的尺寸不固定，墙越厚砖台越宽，反之越窄。但形状都做成阶梯状，总结起来共有五种砌法，如图2-36所示。

砖台砌筑完成后回填壕沟，填充的材料可以是灰土，也可以是黄土和碎砖块，回填时每15~20厘米就要夯实一下，并由主持工程的匠人检查是否合格（图2-37）。

（6）砌墙

锢窑的墙体按照位置可分为山墙、后墙、隔墙、前墙；按照砌筑材料可分为夯土墙、土坯墙、砖墙、砖（石）包夯土墙、砖（石）包土坯墙。砌墙的先后顺序为先砌后墙，然后砌山墙、隔墙，最后砌前墙。

夯土后墙砌筑的工艺最复杂，为了保持结构的稳定性，外侧需单面放坡。后墙一般高4米，墙根厚达1.3米，有些较高的后墙，墙厚甚至会到1.5米，墙体顶部多为60~70厘米宽（图2-38、图2-39）。

具体夯筑的过程，必须搭设模架。先用木桩立起一个直角梯形的架子，拼接处用铁丝或麻绳固定，还可加入木楔使其更加结实。架子下端埋在土中固定，侧边用木板挡起来，并用木桩抵住木板；然后在斜边将3~5根木桩摞起来并固定在架子之上，将黄土分层放在模架内夯实，每连续夯3~5根木杆厚的黄土，需抽杆换杆，继续向上填充夯实（图2-40、图2-41）。后墙可以砌到最终高度，也可以先砌筑到起券高度如1.2米左右。夯土墙都是一段一段完成的，每砌筑好一段，就需要移动模架，然后重复施工。因此模架的长度越长，施工越方便，模架越短，需要移动的次数越多，施工越烦琐。除了夯土墙以外，后墙还可以用土坯砖砌筑，墙体同样作适当的收分。

在20世纪60~70年代，为了保护墙体免受雨水冲刷，经济条件较好的主家会在后墙的内外两侧包上一皮砖；普通人家在后墙的室外一侧和室内炕以上的部分包砖（剩下的部分刷黑漆）；经济条件较差的人家只会在后墙的室外一侧包砖或石头（图2-42）。

山墙，在当地也称作大臂，砌筑材料及方法与后墙相同，只是不做收分。隔墙，当地称之为窑腿子，全部用砖砌筑。隔墙高度一般为18层砖，即1米，当地流传"死头活腿子"的俗语，"头"指的是拱券，"腿子"指的就是隔墙，当窑洞面宽一定时，拱券矢高是固定不变的，因此窑腿高度往往依据窑洞中高的需求而定。

（7）起券

起券是锢窑营造过程中的难点，尽管每一位匠人砌筑的方法及习惯略有不同，但流程及工艺大致相同，大致可分为以下五个步骤：①支模；②砌砖；③拆模具；④合龙口；⑤填充八字壕与屋顶覆土。严格意义上来讲，⑤不属于砌筑拱券的流程，但只有把⑤完成才能起到加固拱券的目的，故将其一并纳入。以五眼窑洞为例：

1）支模

搭设拱券模架是砌筑拱券的第一步，也是最重要的一步，可分为四个环节，分别是搭建临时模架、拉线、搭木桩以及抹泥。临时支架包括支架腿与人字架两部分，搭设完成后需置于山墙与窑腿之间，具体操作流程如下：

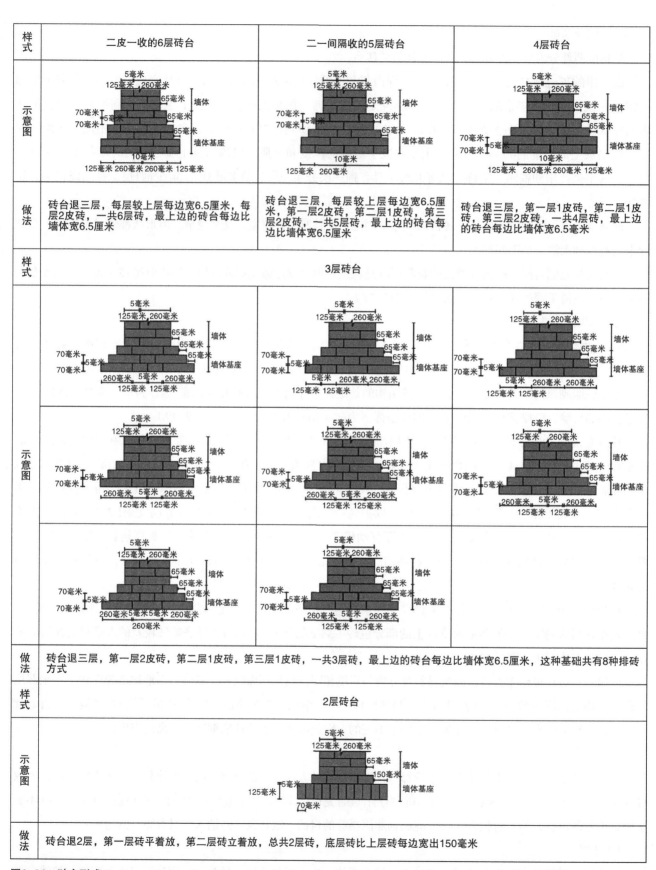

样式	二皮一收的6层砖台	二一间隔收的5层砖台	4层砖台
示意图			
做法	砖台退三层，每层较上层每边宽6.5厘米，每层2皮砖，一共6层砖，最上边的砖台每边比墙体宽6.5厘米	砖台退三层，每层较上层每边宽6.5厘米，第一层2皮砖，第二层1皮砖，第三层2皮砖，一共5层砖，最上边的砖台每边比墙体宽6.5厘米	砖台退三层，第一层1皮砖，第二层1皮砖，第三层2皮砖，一共4层砖，最上边的砖台每边比墙体宽6.5毫米
样式	3层砖台		
示意图			
做法	砖台退三层，第一层2皮砖，第二层1皮砖，第三层1皮砖，一共3层砖，最上边的砖台每边比墙体宽6.5厘米，这种基础共有8种排砖方式		
样式	2层砖台		
示意图			
做法	砖台退2层，第一层砖平着放，第二层砖立着放，总共2层砖，底层砖比上层砖每边宽出150毫米		

图2-36 砖台形式

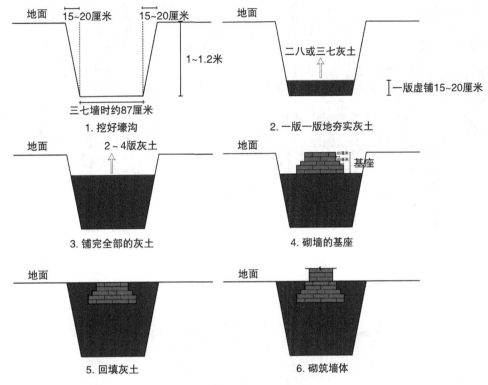

图2-37 壕沟砌基础流程图

图2-38 夯土后墙实例

图2-39 夯土墙收分分析

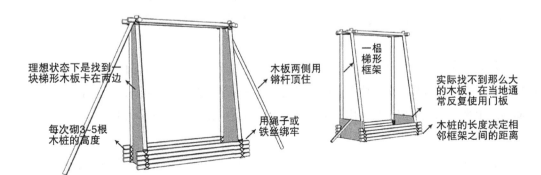

图2-40 夯土后墙模架分析

图2-41 夯土后墙砌筑

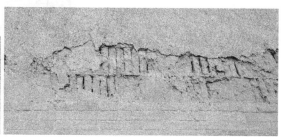

a. 砖包夯土后墙实例　　　　　b. 石包夯土后墙实例　　　　　c. 土坯后墙实例

图2-42 后墙实例

　　首先，绘制拱券形状（图2-43、图2-44）。匠人们一般会选用尖锐的器物在土制后墙上勾画出主家想要的拱券形状。

　　然后，铺排临时支架。选取工地上废弃的木头、砖等材料，紧贴后墙砌筑一个与窑眼开间（净尺寸）等宽、与窑腿等高的支架腿，参照画在后墙上的券形，在其上方用细、短木桩绑扎搭设人字架（图2-45、图2-46）。将支架腿与人字架组成的临时支架沿着窑洞进深方向间隔铺排，数量越多，拱券形式越精准。临时支架铺排完成后，再根据后墙的券形，每隔2～4层砖的距离拉一条线，紧紧系在人字架上作为参照线，将木桩绑扎固定在临时支架上，其间距与各直线的间距相符。如财力有限，只能制作前墙、后墙两处临时支架，则需每隔一层砖拉一条参照线，且拱券砌筑的精准与否全凭匠人手艺（图2-47、图2-48）。另外，一般主家很难负担众多通长木桩的费用，多用长短不一的木料拼接而成，处理起来相当复杂，且搭好之后很难返工，因此这一步最好一次成功。

　　最后为抹泥。抹泥分底泥和面泥两层：底泥为麦秆泥，较为粗糙；面泥为麦壳泥，较为细腻，所用泥土多从院中挖取。抹泥的过程至少需两个工匠同时进行，一个工匠蹲在搭设的木桩上抹泥，另一个工匠将调配好的泥土不断运送上来。抹完两层泥后，用腻子刀沿着木桩搭好的拱券形状将其抹平抹匀（图2-49）。

　　2）砌砖

　　待表面的泥干透后即可砌砖，砌砖时匠人们直接踩在泥面上施工，每个拱券至多可承受2～4人。匠人先用墨盒在泥面上拉线，经验丰富的匠人每隔2～4层砖拉一条线，经验不丰富的匠人每隔一层砖拉一条线。干摆砖时需

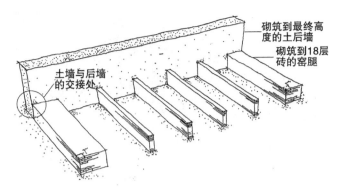

图2-43　各部分墙体高度

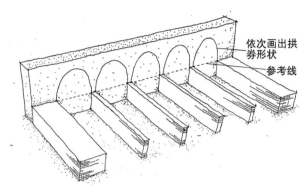

图2-44　勾画拱券形状

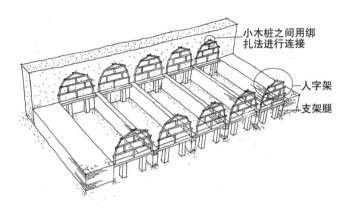

图2-45　搭设临时支架

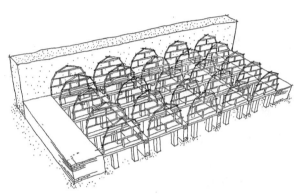

图2-46　铺排临时支架

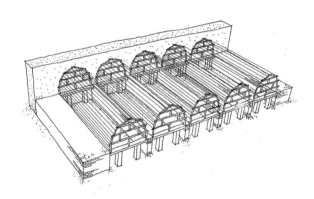

图2-47　拉线

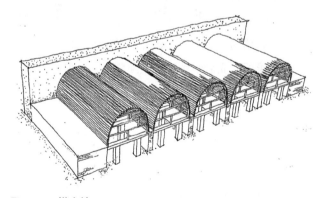

图2-48　搭木桩

参照拉好的墨线，为保证拱券的对称性，每一圈砖的总数均为奇数。干摆砖完成后，将配制合格的灰水①灌入砖缝内，待灰水干透，用腻子刀抹平（图2-50）。值得注意的是，窑脸正中顶点处的砖称"合龙砖"，暂时空置，待举行"合龙口"仪式时再将其郑重填上。

---

① 20世纪60~70年代检验灰水是否合格的方法为拿一根细木棍搅拌灰水，搅拌均匀后将细棍提起来，如果灰水能顺着木棍成串流下来即为合格。

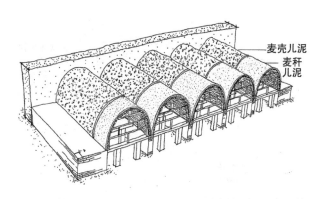

图2-49 抹泥

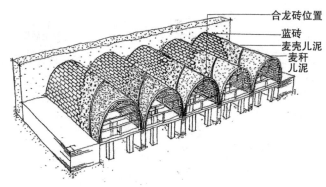

图2-50 砌砖

3）拆除模具

砌砖完成后约七天，灰水完全干透，就可以拆模架了。该过程最容易引发安全事故，故需严格按照正确的流程进行。首先，将临时支架层从外到里逐一撤掉，尽量采用平和的方式，不破坏材料本身，方便以后再利用；然后，将拉起的直线逐一剪断，缠好收起来；最后，由外到里抽木桩，且每抽完一节就要用铁锹把窑顶的泥铲掉。铲泥的时候需注意两点：一是人不能站在窑洞正下方，要站在两边，否则很容易被掉下来的土块砸伤；二是注意不要在砌筑的蓝砖上留下坑疤（图2-51）。

4）填充八字壕与屋顶覆土

填充八字壕可以加固拱券，填充之前需将山墙砌至最终窑顶的高度，将前墙砌至比拱顶高1.5尺（0.5米）的位置（图2-52）。八字壕填充材料为黄土，土里面不能夹杂过多的草根、树叶等杂质，还要适当加水保证其湿润性。黄土每虚铺20厘米夯实一下，具体铺设的层数根据八字壕的高度决定。填充时，沿着窑洞进深方向每隔1~1.5米砌筑一排砖垛[1]，高1米，宽0.26米，以抵抗拱脚处最大的推力，增强锢窑的整体稳定性（图2-53）。所有的八字壕必须同时填充，否则容易受重不均匀导致拱券坍塌。

八字壕填充完后继续进行屋顶覆土，以保证屋顶雨水不渗透到屋内且具有良好的保温性能。覆土所用土质与

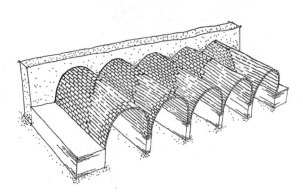

图2-51 拆除模架

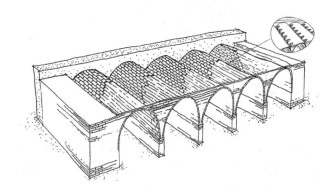

图2-52 砌筑墙体与砖垛

---

[1] 20世纪60年代两个同处一排的砖垛不相连，现在做法是连成一排。

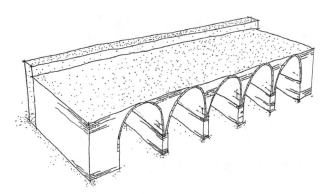

图2-53　填充八字壕

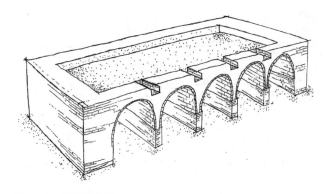

图2-54　预留排水口

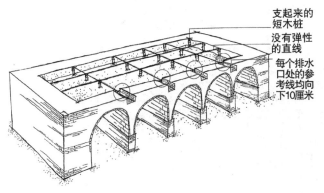

图2-55　拉参考线

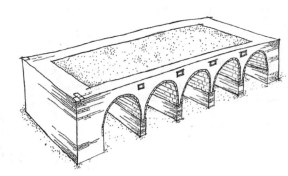

图2-56　屋顶分层覆土

八字壕相同，厚度则与主家经济条件相关，经济条件越好，屋顶构造层次越多，厚度也越大。匠人们一般将覆土厚度控制在40~60厘米，前后高差控制在20厘米左右，便于排水。具体操作流程如下：

先将山墙、前檐墙砌筑至最终高度，然后沿着后墙内边垂直向上量出60厘米并画线，沿着前墙内边垂直向上量出40厘米并画线，在这两个高度的线之间拉一条直线，作为覆土时的参考线。前墙还需预留排水口，各八字壕中心线处立一个木桩，拉线时将此处的参考线往下压10厘米，使其形成一个缓

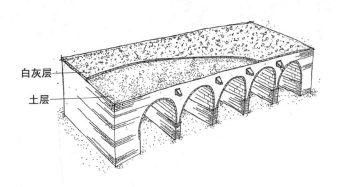

图2-57　屋顶表面撒白灰

坡，便于雨水迅速汇聚至前墙预留的排水口（图2-54~图2-56）。铺土时分层夯实，沿着坡度线每虚铺20厘米夯实一次。铺土完成后，在其表面均匀撒上一层三七灰土（至少20厘米厚）并用木桩夯实，灰土要稍微干一些，不能太湿，检验标准为用手攥时稍用力即可成团（图2-57）。屋顶覆土至此就完成了，条件稍好的人家还可以在屋顶表面继续铺砖。铺砌时先将砖的长边顺着排水坡摆好，然后用灰水灌缝，待灰水干透后用抹子抹平、勾缝、压缝。

屋顶做好以后，就可以砌筑花墙了。花墙也是主家经济实力的象征，越有钱的人家花墙砌筑得越讲究，其种类繁复，砌法千变万化，高度一般是80厘米左右（图2-58）。

图2-58　平遥县锢窑花墙

（8）砌筑窑脸、安装门窗

主体结构完成以后，就可以安装门窗了。在当地，门窗尺寸由门尺来确定（图2-59）。根据匠人多年的经验，门宽多为2尺7寸8分，高度为5尺7寸（含5寸的门槛）。

图2-59　喜村木匠的门尺

门窗的安装多伴随着窑脸的砌筑，安装的顺序为由下至上，先横向构件，再竖向支撑，最后安装门窗扇，经济条件好的人家还会在门窗扇上作木雕装饰（图2-60）。横向构件依次为门槛、窗下梁、窗过梁，其中窗过梁需插进两侧墙体进行拉结，墙上的洞口可预留，也可临时打孔。竖向窗框通常在距离窑腿边沿40厘米处

图2-60　平遥县锢窑门窗安装流程示意图

（图2-61）。横向构件与竖向支撑通过榫卯进行连接。

门窗安装完成后，木匠会在其外表皮刷一层油漆，起防雨防腐、装饰美化的作用。如果经济条件有限，主家买不起油漆，则会在其外表皮刮一层"腻子"，将木料表面坑坑洼洼的地方填平，再用砂纸打磨一下。腻子是用土法制作，即胶、猪血、白灰调成的糊状物体。中华人民共和国成立初期，人们在窗户上糊一层麻纸，普通人家

图2-61　20世纪60~70年代平遥县各门窗样式

会安装一块很小的玻璃，保证采光。相比玻璃而言，窗户纸保温效果更佳，但寿命较短，一般一年一换。

2. 单坡厢房

单坡厢房前期处理流程与锢窑相似，此处不再赘述。这里主要介绍木构件加工流程。

（1）打截

经过风干晾晒的木料在当地称为毛料，打截是把毛料固定在锥形木架上，再用大锯将其初加工至比构件所需长度略长的状态（图2-62）。具体做法是：先在木料上沿其长度方向弹一根墨线，用直尺量取截断距离，做好标记；然后将"T"形拐尺的竖边紧贴墨线，横向直角边与标记点对齐，滚动"T"形拐尺的横边绕木料一周，用铅笔画线；最后，用大锯沿着参考线将多余的木料锯掉，保证截面与轴线垂直，避免出现马蹄形截面（图2-63）。

图2-62　固定木料的架子

1. 选定一根墨线　　　　　　2. 量取截断距离　　　　　　3. 固定拐尺一条直角边

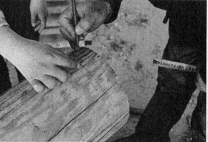

4. 滚动拐尺另一条直角边画弧线　　　5. 获得完整线圈　　　　6. 用锯子垂直锯掉木料

图2-63　打截过程示意

（2）去皮

打截完成后，将木料放倒，用小木料、砖石等固定好，顺着木料生长的方向用锛去树皮，并用刮刨细加工（图2-64）。

（3）砍棱

砍棱的目的是将木料继续加工至构件所需的粗细。具体做法是：

首先，在木料侧面弹一条参考线，再依此墨线在截面上画十字线，并标记所需半径，以十字交点为圆心，根据所需半径，用土圆规[①]在截面上画圆（图2-65、图2-66）。

图2-64　用锛子初步去皮（左），用刮刨再次去皮（右）

1. 将墨斗一头勾在木料截面上，固定墨斗一头　　　　　2. 按住墨斗另一头

3. 垂直拉起墨线　　　　　4. 拉起一定高度放下　　　　　5. 弹出墨线

图2-65　弹参考线

---

① 在一根废木条上面绑上铅笔，将木条一头按在圆心处，再根据所需要的半径将铅笔调整至相应的位置即可。

1. 将墨斗线头抽出置于参考线顶点

2. 按住线头，使墨斗自然垂直

3. 用手将线按在木料截面上

4. 墨斗留在木料截面上形成第一条十字线

5. 用直尺量取直线中心

6. 用拐尺画出过中心的另一条十字线
图2-66　在毛料上画出十字线

7. 用直尺量取需要的半径

8. 做下标记

　　然后，在标记点处用拐尺画四条外切线，画好后，再用墨斗在木料表面弹线，用锛子将每两根相邻墨线间的木料去掉，使其近乎四棱柱（图2-67）；继续利用拐尺①画切线、用锛子砍木料，使其变成八棱柱、十六棱柱，几乎接近圆柱（图2-68）；有些匠人会跳过画切线、弹线的过程，用肉眼确定砍棱的线，技艺甚是高超（图2-69）。

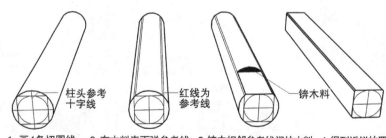
1. 画4条切圆线　2. 在木料表面弹参考线　3. 锛去相邻参考线间的木料　4. 得到近似的四棱柱
图2-67　砍四棱

　　最后，为了让木料更加光滑，需要用刨子进一步刨光，一般需要刨两遍，第一遍用二虎头粗刨，第二遍用精刨细刨。

---

① 拐尺形为T字状，两条边的夹角为90°，在找八棱时，使拐尺的一边穿过圆心，与此同时移动另一条直角边直至过圆弧顶点，即可找出切线位置。

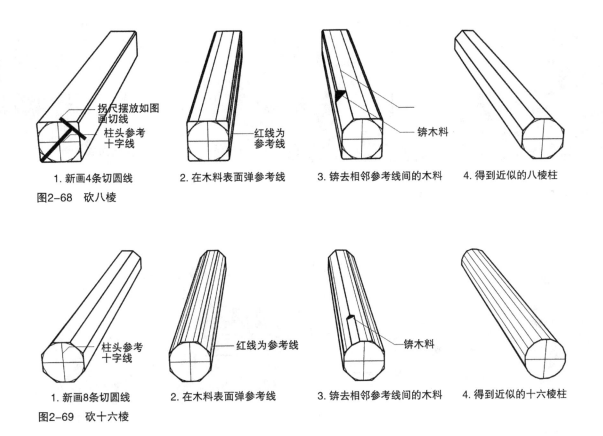

1. 新画4条切圆线　　　2. 在木料表面弹参考线　　3. 锛去相邻参考线间的木料　4. 得到近似的八棱柱

图2-68　砍八棱

1. 新画8条切圆线　　　2. 在木料表面弹参考线　　3. 锛去相邻参考线间的木料　4. 得到近似的十六棱柱

图2-69　砍十六棱

（4）开榫卯

刨光以后就可以在木料上做"窝"（为当地俗称，官方称椀）和开榫卯了。承托檩条的构件通常做檩窝，如瓜柱、大梁；其余构件做榫卯，如馒头榫、燕尾榫、双直榫等（图2-70、图2-71）。榫在当地被称为"公卯子"，是用锯锯出来的；卯在当地被称为"母卯子"，是用锤子配合凿子凿出来的。开榫卯之前，需在各构件及其截面上用墨线弹十字线作为对接时的基准线，然后在相应位置画出榫或卯的形状参考线。

馒头榫用于柱与梁之间。榫开在柱头，2寸（6.6厘米）见方，深1.5寸（5厘米）。具体做法是：首先在柱身选定一根十字线，在其上量5厘米长做标记，用拐尺沿木料一周画线；然后以柱身的十字线为准，左右等距量取一拐尺宽（木匠用的拐尺宽多为一寸），标记画线，与截面交于$abcd$、$a'b'c'd'$；在截面上连接aa'、bb'、cc'、dd'，四条线在截面的中间形成一个方形，即为馒头榫的形状参考线，沿着参考线用锯加工即可（图2-72、图2-73）。

卯眼开在梁上。为保证整个屋架在梁柱交接处的标高一样，梁头与柱子交接的部分要削平；在距梁头一定距离处画十字线的垂线AB，以十字线和垂线AB的交点为中心，用拐尺画出边长为6.6厘米的正方形。线画好后，就可以凿卯眼了。凿卯眼的时候必须顺着木头的纹理，且凿一下摇三下。为了操作方便，木匠将凿子头设计成5.3厘米深，较榫的尺寸稍长，以弥补操作过程中出现的误差，如榫头截面不平或者榫眼较浅，这样可以让榫与卯完美结合（图2-74）。

燕尾榫是受拉构件之间常用的连接方式。具体做法是：距截面5厘米处用拐尺画一周线；以其中一条十字线为中位线，分别在截面与圆周线上左右等距量取1.67厘米、2.3厘米，在柱身画等腰梯形$ABDC$，其上底边为1.67厘米×2厘米，下底边为2.3厘米×2厘米；同理，以柱身对侧的十字线为中位线重复上一步骤，形成等腰梯形$A_1B_1D_1C_1$；连接AA_1、BB_1（图2-75）；用锯子沿着AA_1、BB_1顺着AC、BD方向拉通，用凿子将底部凿通，可得

馒头榫卯

燕尾榫卯

双直榫卯

图2-70　20世纪60~70年代厢房常用的榫卯类型

瓜柱上的窝

瓜柱上的窝

大梁上的窝

图2-71　20世纪60~70年代厢房常用的檩窝

1. 在其中一根十字线上定下距离截面5厘米的点

2. 用找垂直截面的方法画出过此点与木料中线垂直的线圈

3. 利用拐尺在十字线两边分别画出距离其3.3厘米的线

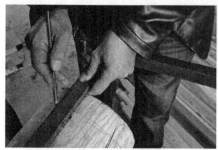
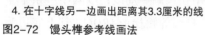
4. 在十字线另一边画出距离其3.3厘米的线

5. 用铅笔将参考线延伸至木料截面

6. 连接对头的参考线

图2-72　馒头榫参考线画法

1. 沿着四条红线下锯　　　　　2. 每条边锯到线圈处　　　　　3. 顺着线圈朝木料中线锯

图2-73　开馒头榫过程示意图

1. 在与柱头馒头榫对应的位置画好馒头卯的参　　2. 顺着木头的纹理开凿　　　　3. 凿一下摇三下
考线

图2-74　开馒头卯过程示意图

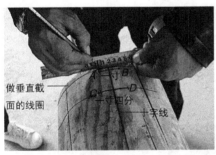

1. 以十字线为准，量取燕尾榫的上下两边，其　　2. 用拐尺连接BD和AC，勾勒出燕尾榫的轮廓
中长边一寸四分，短边一寸

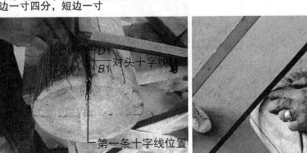

3. 滚动木料，在与第一条十字线正对位置处的　　4. 锯掉马蹄形截面　　　　　5. 在垂直截面连接对应的参考点AA₁与BB₁
十字线上进行同样操作

图2-75　画燕尾卯参考线

卵眼（图2-76）。如果做燕尾榫的话，只要在画线的时候，将等腰梯形形状颠倒，锯掉等腰梯形以外的木料即可（图2-77）。

　　瓜柱与大梁是通过双直榫卯结合的，榫在瓜柱底部，卯眼开在大梁上。双直卯的参考线画法如下：首先确定瓜柱栽在大梁上的位置，在梁身十字线上标出瓜柱圆心的位置，左右等距离量取瓜柱半径的长度，标记参考点A与B；利用拐尺分别过点A与B画十字线的垂线；在两条垂线上以A、B为中点，左右等距量取5分（约1.65厘米）确定点C、D与点E、F；连接点C与E、点D与F（图2-78）；双直卯的获得需讲究技巧，用凿子与锤子沿着CE与FD的外侧开眼儿，由于凿子头宽正好5分，故凿出来的眼儿正好为5分宽，5厘米深（图2-79）。双直榫位于瓜柱底面，用锯沿着榫子的参考线拉即可获得，过程同燕尾榫相似。

　　梁与檩条之间是通过檩窝连接的，画参考线时要借助模具，模具与檩条的断面相同，上有十字线，底部削平。具体做法是：以梁截面上一条十字线AB为准；从A点往下取2寸确定一点C，用拐尺过此点画水平线与截面交于D、E两点；用同样的办法在另一侧截面画线并得到交点F、G；紧接着过D、E、F、G在梁身上弹线，平行于十字线；在距离梁头20～30厘米的地方放模具[①]，然后用铅笔抵着模具在梁上画下弧线（图2-80）。工匠沿着画好的参考线，用锯配合凿子便可以挖得檩窝。

 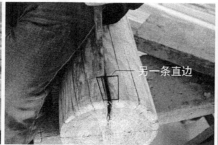

1. 沿着梯形的两条斜边下锯，一直锯到参考线圈处　　2. 拿凿子与锤子沿着梯形截面的另一直边开凿，凿的长度与木料直径相同即获得燕尾卯

图2-76　开燕尾卯过程示意图

1. 在木料上画出燕尾榫的参考线　　2. 沿着画在木料上的参考直线下锯，一直锯到参考线圈处，再沿着参考线圈下锯，一直锯到参考直线处，锯掉参考线外部分即得到燕尾榫

图2-77　开燕尾榫过程示意图

---

① 模板中线距离梁头20～30厘米。

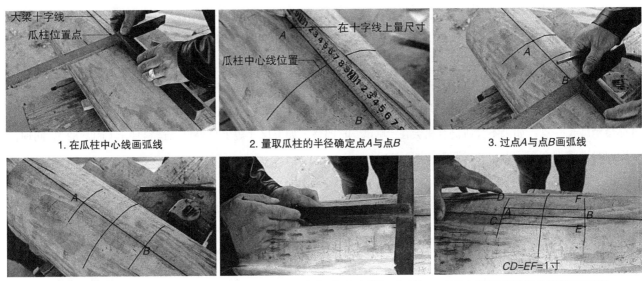

1. 在瓜柱中心线画弧线　　　2. 量取瓜柱的半径确定点A与点B　　　3. 过点A与点B画弧线

4. 画出直榫所有参考弧线　　　5. 从A、B点分别往左右量取5分（约1.65厘米）确定直榫卯的参考线CE与DF

图2-78　画双直卯的参考线

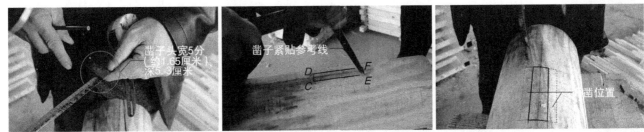

拿凿子与锤子贴着CE与EF开凿，开成两个宽5分（约1.65厘米）、深5.3厘米的卯眼儿

图2-79　开双直卯的过程示意图

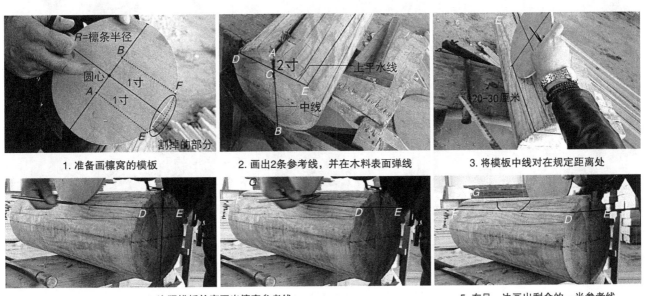

1. 准备画檩窝的模板　　　2. 画出2条参考线，并在木料表面弹线　　　3. 将模板中线对在规定距离处

4. 比照模板轮廓画出檩窝参考线　　　5. 在另一边画出剩余的一半参考线

图2-80　在大梁上开檩窝示意图

脊瓜柱上开檩窝的原理基本相同，先将模具的中线与柱身上的一条十字线对齐；比照模板将轮廓线画在柱身上，然后用同样的方法在柱身对侧画下弧线，沿着参考线锯掉木料（图2-81）。

（5）编号、草试

各木构件按照要求加工好以后，根据其所处位置进行分类编号，如东1柱、南3檩等。正式组装前，必须对构件进行草试。草试主要是丈量构件的尺寸和检查榫卯的契合度。当地俗语"长木匠，短铁匠"，意思是木匠备的料都会稍微长一点，如果不合适仍有机会在"草试"时调整，如果尺寸短了只得重新选料加工（图2-82）。同理，开榫卯时榫眼都会深一点，便于调整（图2-83）。

3. 房屋抬架

正式施工前，工匠首先需要在现场搭设脚手架。脚手架的材料多为现场废弃的木材，用麻绳或者铁丝进行绑扎（图2-84）。

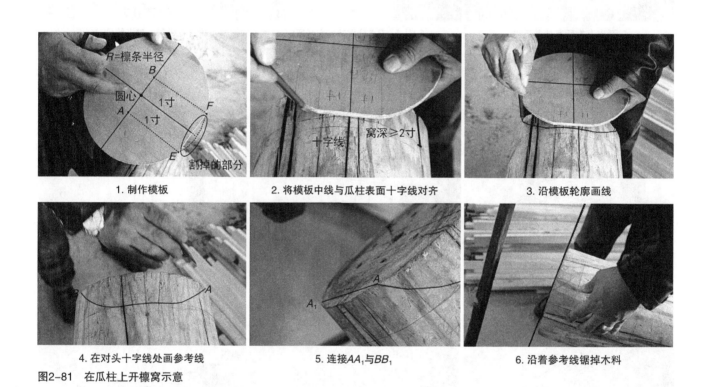

| 1. 制作模板 | 2. 将模板中线与瓜柱表面十字线对齐 | 3. 沿模板轮廓画线 |
| 4. 在对头十字线处画参考线 | 5. 连接AA_1与BB_1 | 6. 沿着参考线锯掉木料 |

图2-81 在瓜柱上开檩窝示意

现场再次丈量构件以确保构件之间的匹配度

图2-82 现场丈量示意图（图片来源：工匠侯有福提供）

1. 现场调试构件　　　　　　　　　　2. 检查构件之间的榫卯结构是否合适

图2-83　草试示意图（图片来源：工匠侯有福提供）

以不带檐廊的暗装修厢房为例，房屋抬架的主要步骤如下：

（1）立柱上梁

首先处理柱础。暗装修的厢房，金柱和后柱包在墙内，柱础一般用简单的方石，尺寸略大于柱径，材料取自当地的砂石。如果有露明的柱子，则依据主家经济条件及柱子所在位置，判断用什么类型的柱础及是否雕饰。普通人家会在柱子与柱础之间放一张草纸以增大摩擦力，或者把柱

1. 搭设脚手架　　　　　　　2. 绑扎锹杆

图2-84　搭设辅助架子示意图（图片来源：工匠侯有福提供）

础表面处理成类似檩窝的形状，使柱子可以"坐"到里面；经济条件较好的主家会在柱子和柱础之间做管脚[1]，即柱底做榫头，柱础表面挖卯眼，结合更紧密。柱础处理好后，将其放于基地相应位置（图2-85）。

其次立柱。立柱的顺序是先前墙再后墙，先墙角再墙中心。20世纪60～70年代，当地厢房山墙一般只有暗柱没有暗梁，檩条直接落在山墙里的柱子上，所以山墙内的金柱要比同排其他金柱高约一个梁头的高度。立柱时，工匠合力将柱子抬起，放于柱础上并由两个人临时抱住，然后用两根木杆锹住，保持基本稳定（图2-86）。相邻两根柱子立好后，柱间要随时安装拉结构件，如前墙金柱间的檩枋、额枋，后墙金柱间的通替[2]等，通过燕尾榫与柱子结合以加固结构（图2-87～图2-89）。

前后墙柱子立起来以后，进深方向上同样需要进行拉结。山墙内一榀前后两根金柱间再立一根暗柱，暗柱与金柱之间安装扯牵构件（图2-90）。山墙外一榀前后金柱间上梁，这样两榀独立的构架就形成了一个稳定的整体（图2-91）。需要注意的是，当厢房端头的房间内有火炕、山墙内有烟道时，其前后金柱之间不安装扯牵，只用绳子或钉子临时固定柱子，待结构整体成形后再撤掉。

---

[1] 管脚与馒头榫类似，只是尺寸略小。

[2] 通替和随檩枋作用相同，叫法上有差异。

图2-85　现场定柱础示意图（图片来源：工匠侯有福提供）

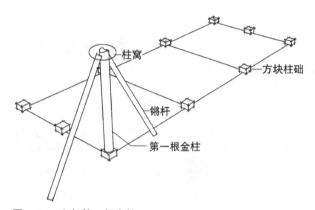

图2-86　立起第一根金柱

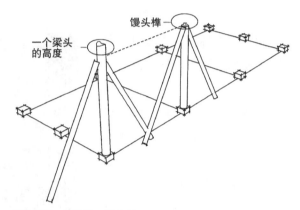

图2-87　立起第二根金柱

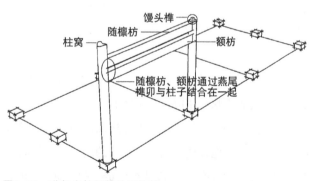

图2-88　升起金柱间的拉结构件

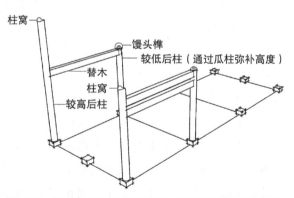

图2-89　立起第三根、第四根金柱并升起金柱间的拉结构件

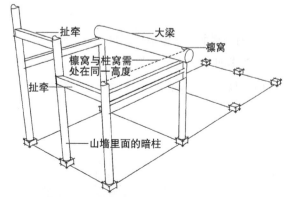

图2-90　支起第一个单元框架

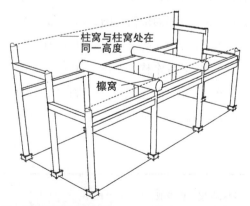

图2-91　支起剩余框架单元

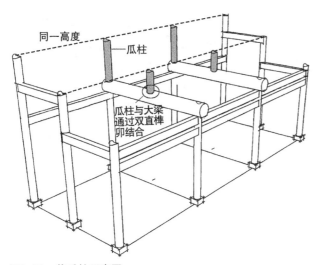

图2-92 栽瓜柱示意图

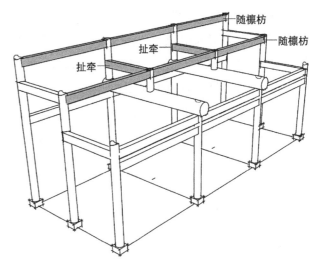

图2-93 升起瓜柱间的拉结构件

（2）栽瓜柱、上檩条

梁柱结构搭建好后，大梁上栽瓜柱，瓜柱与山墙之间拉上随檩枋，瓜柱与瓜柱之间拉上扯牵，以增强结构稳定性。瓜柱与大梁通过双直榫卯互相咬合，与随檩枋、扯牵通过燕尾榫卯结合（图2-92、图2-93）。瓜柱固定好后开始上檩条，一架檩通过檩条椀与大梁结合在一起，二架檩、三架檩通过柱窝与瓜柱结合在一起（图2-94、图2-95）。檩条全部升起后，单坡厢房的抬架工程就结束了。

4. 砌筑墙体

后墙与山墙的厚度均是420毫米，20世纪60~70年代主要采用"里生外熟"的砌筑方法，即墙体的内部是未烧熟的土坯砖，外皮是一层烧熟的青砖。土坯砖

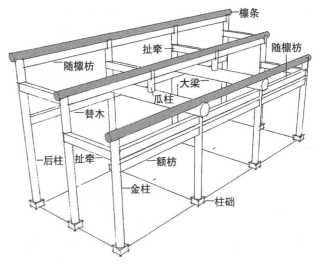

图2-94 房屋最终举架示意图

图2-95 举架现场施工示意图（图片来源：工匠侯有福提供）

的尺寸根据模具决定，模具则是由木匠在现场临时调整决定的，砌筑时采用"竖一溜横一溜"的方式，即第一层全部竖着放，第二层全部横着放，黏结材料为麦壳泥。青砖的尺寸为260厘米×120厘米×70厘米，黏结材料为白灰膏，砌筑时采用"七跑一掉"的方式，即土坯墙外从下往上前七层青砖顺砌，第八层砖丁砌与土坯砖拉结。在遇到暗柱时，砖顺着柱子的形态摆放，柱子与砖之间留有空隙，用麦壳泥进行填充并粘接。

前墙采用"上生下熟"与"里生外熟"相结合的砌筑方法，即窗台以下的部位用青砖砌筑，窗台高度以上的部位外砌一层青砖，内部仍用土坯砖。门窗的做法与锢窑相同，此处不再赘述（图2-96）。

5. 砌筑屋顶

屋顶的构造层从下往上分别是椽子、望板、泥、瓦（图2-97）。椽子直接钉在檩条上，其间距符合"一椽一档"，即椽子直径大小，一般是8厘米。钉椽前可用铅笔在檩条上做记号，以保证分布均匀。由于这种做法非常费木料，故匠人施工时通常为1间房覆17根椽子。椽子铺完后，经济条件好的主家会在上面铺一层杨木或柳木板，板厚通常为0.7厘米，宽度不限，钉在椽子上。普通人家则用芦苇秆（葽子）编成的笆子代替木板钉在椽子上。

望板层（或葽子片）上面要铺防潮层及粘接层。第一层为白灰层，它可以有效防止望板腐朽糟烂；第二层为麦秸泥，即将黄土和麦秸搅拌均匀放置一晚后使用；麦秸泥彻底干透后才可以抹第三层，即质地更加细腻的麦壳泥。麦壳泥一般抹两遍，第二遍直接抹在瓦底面用于铺瓦。铺瓦的方式主要有两种：经济较好人家会铺两溜青瓦扣一溜筒瓦[①]，经济较差的人家便全部仰铺青瓦（图2-98）。

如果屋顶举架超过四举，望板之上则会上飞椽（当地称侧飞）。飞椽通过铁钉钉在望板上，宽和椽子相同，高度较椽子直径稍小，约六七厘米高，位置与椽子对应（图2-99）。飞椽悬挑的部分在当地被称为

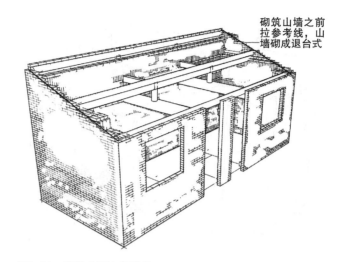

砌筑山墙之前拉参考线，山墙砌成退台式

图2-96　砌筑完所有的墙体

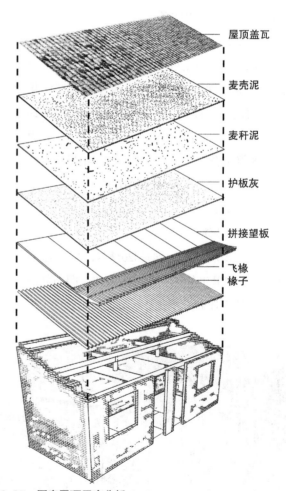

屋顶盖瓦
麦壳泥
麦秸泥
护板灰
拼接望板
飞椽
椽子

图2-97　厢房屋顶层次分析

---

① 普通民房最常用的是宽18厘米，长在20～30厘米的青瓦和宽12厘米的筒瓦。

两溜筒瓦扣一溜板瓦　　　　　　　　　　　　一溜板瓦

图2-98　厢房屋顶铺瓦方式

图2-99　飞椽尺寸

飞头，一般会做收分，宽比椽子直径小1.5～2厘米，悬挑长度小于全长的1/3。为了防止飞椽之间的空隙有麻雀、虫子筑巢破坏屋顶结构，匠人一般会在飞椽两侧开一个槽口，宽约1.5～2厘米，插入一块挡板将檐口封住。

6. 装饰装修

室内装修在房屋主体结构完工以后进行，主要包括地面装修、墙面装修两部分。在施工顺序上一般是先刷墙面再铺地面，这样在处理墙面时就不会损坏地面。

（1）墙面

20世纪60～70年代，平遥当地的室内墙面基本都是抹灰。抹灰之前要先向墙面洒水，趁湿抹灰，一层底灰找平，厚约1～2毫米，一层面灰装饰，厚约2毫米，两层加起来一般不超过3毫米。有些经济条件较差的人家只抹一层底灰，厚约2～3毫米。不同地方底灰配料不太相同，一种是把纸、棉花和麻刀放在白灰膏里面不断搅拌至均匀，这种灰抹到墙上不会开裂；另一种做法比较简单，直接在白灰膏里加麦壳。面灰的配料也不一样，一种是在白灰膏里加草籽，均匀搅拌，经过暴晒检验合格，检验方法是在太阳能晒到的地方，把掺了草籽的白灰抹到墙上，如果晒后开裂，则说明配比不均匀，继续往里面加草籽直至太阳晒完不裂缝为止；另一种是向白灰膏里加入经过特殊处理的麦秸秆：在瓮里铺一层麦秸秆，撒一层生石灰，重复摆放充满容器，然后加水储藏发酵，7～8天后将水倒出来一些，用石碾把麦秸秆碾碎，掺到白灰膏里面搅拌均匀即可。

墙面抹灰完成后需彻底干透才能住人，这个过程大约需要2～3个月，冬天的时候最好生炉子烤一下，可以干得更快一些。讲究的主家还会在炕墙高度以下和炕上40～50厘米处刷一圈黑漆或者桐油。20世纪60～70年代商品经济还不发达，黑漆多是自己制作，即用煤油或者汽油稀释沥青，一周左右就能得到黑漆。刷桐油的人家一般会在油里面加上颜料，待其完全干透便可绘画。

7. 地面

室内地面的做法大多是铺砖，普通人家铺青砖，大户人家铺方砖，方砖的尺寸为270毫米×260毫米×60毫米。找平后用石杵将地面夯实，就可以铺砖了。铺砖有两种做法，一种和锢窑屋顶做法相同，先干摆砖再用灰水灌缝；另一种是在每块砖下面抹泥浆①，铺完以后再用灰水灌缝。

三、营造仪式

1. 动土仪式

盖房子对每家每户来说都是十分重要的事情，因此在定向放线之后，挖壕沟之前都会举行一个隆重的仪式，当地称之为"祭拜土家"。用老工匠的话来说，盖房子势必惊动土神，必须先将土神安抚好，房子才能顺利建成。

首先，主家请当地的风水先生择选良辰吉日，每个季度的最后十八天在当地被称为"土五"②，这几天忌随便动土，除非有特殊情况如房子塌了必须要修等。祭拜前需准备好祭物，在祭拜当天什么时辰做哪一项事情，也要严格按照风水先生的指示。具体过程为：在动土的位置摆放一个牌位，上贴红纸，书写"姜太公在此，诸神退位"；把所有的贡品摆放好，主要包括5个莲花瓣的馒头、5盅酒、5碗菜，当地称之为"5贡5财"，点起5炷香、5根蜡，上香的时候开始放炮，炮放5响。做完这些后，负责把控整个工程的匠人在需要动土的四个方位洒上酒，然后在基地的四个角各挖一铲土，仪式结束。

2. 合龙口仪式

锢窑拆除模具，填充八字壕之前，会举行合龙口仪式。合龙口当天，工头先把合龙砖用红纸或者红布包裹好，再另准备5种颜色的布条，即红色、黄色、蓝色、绿色、粉色，用红线将5色布条的一头绑起来塞到缺口里，再把包着红纸的砖放进去，将布条一端压实，长出来的部分自然下垂。做完这些后，主家摆宴席宴请所有的工人与乡邻，合龙口的仪式就完成了。

四、匠人工具

木匠的工具都是自己亲自制作。如用来切割木料的锯子，包括大锯、抹角锯、开料锯、刀锯四类；用来开榫卯的凿子、锤子；丈量用的拐尺、直尺；处理木料表面的刨子，包括刮皮刨、线刨、净刨；放线用的墨斗等（图2-100）。

泥瓦匠常用的工具有皮锤、拖泥板、方头铲、阴阳角等。皮锤是地面铺砖找平时用的工具，皮质材料可以保护砖不被敲碎；拖泥板是抹灰时盛灰的工具；平头铲、抹子是抹灰用的工具；方头铲是填补墙面洞口时用的工具；阴阳角常用来做墙面转角抹灰；尖头铲常用来处理墙面犄角旮旯地方的抹灰（图2-101）。

---

① 泥浆是河砂、土、水的混合物。
② 当地匠人传说，土神夫妻一共生下5个儿子，土神在分家的时候恰巧小儿子不在，于是四个儿子把家瓜分殆尽。一年有四季，一个儿子管一季度，但是分完家以后小儿子归来，他对哥哥们说："你们该管哪个季节就管哪个季节，但是每个季节的最后18天由我来管。"这十八天便称"土五"。

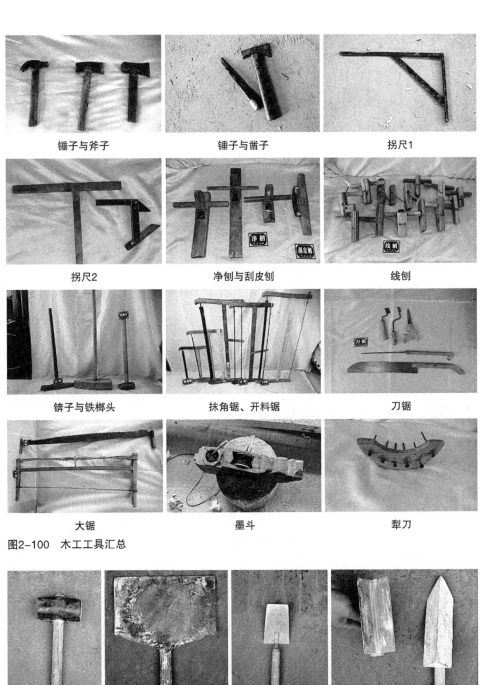

图2-100　木工工具汇总

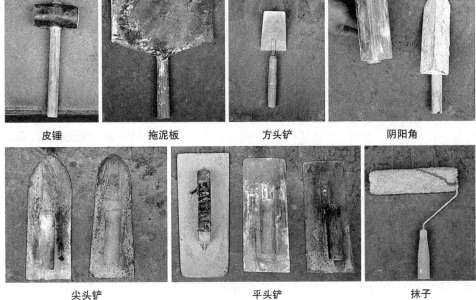

图2-101　泥瓦匠常用工具

第三节　工匠口述

1. 平遥县南政乡侯郭村侯新国访谈

工匠基本信息（图2-102）

年龄：74岁

工种：木匠

学艺时间：1965年

从业时长：53年

访问时间：2017年10月22日、10月24日

图2-102　侯郭村侯新国

问：您好，请您介绍一下您的基本情况。

答：我叫侯新国，今年74岁，祖籍山西省平遥县。我念过两天书，从21岁开始学习木匠手艺，学了3年多一点就出师了，之后一直从事这个职业。

问：请问您跟哪位师傅学习的手艺？

答：我的老师叫王祈福，他是一位木匠，也是侯郭人。我们那个年代学艺不给师傅交学费，当然师傅也不管饭，和师傅边盖房子边学习。

问：20世纪60~70年代时，干一天木匠活您能挣多少钱？

答：那年代是2元钱，现在一天能挣一百多到两百的样子。

问：20世纪60~70年代，平遥县当地的普通民居建造院落最多可以建到几进？

答：农村的房子大都是一进院落，最多修到三进，院落里面包括正房、厢房，倒座的位置就做街门。

问：正房与厢房的高度差多少？东西厢房的台阶一样高吗？

答：正房比东厢房高一个台阶，东厢房要比西厢房稍微高一点但不到一个台阶，大约10厘米以里，正房的柱子要比东西厢房的柱子高。东西厢房的台阶一样高，东厢房是通过抬高屋顶达到比西厢房高的。

问：正房有几个台阶？一个台阶的高度是多少？

答：正房两个台阶，比厢房高一个台阶，每个台阶的高度是20厘米。

问：如果有倒座的话，倒座在这些房屋之间的高度关系是怎么样的？

答：倒座和东西厢房的地坪是一样高的，屋顶要略高于东厢房，低于正房，具体高多少、低多少要由修房子的匠人自己掌握，保证大的原则不错即可。

问：若是三进院落，相邻的两个院落之间有高差吗？各个房屋在建造顺序上有要求吗？

答：有高差，差一阶半至两阶，建造顺序基本不讲究，不过正常的话都是先建正房，很少先建造厢房，除非建造正房对邻居造成影响。

问：20世纪60~70年底院落的正房是什么形式？

答：古城以南正房是窑洞（锢窑），古城以北正房就是木构梁架，有单坡的也有双坡的，其中以双坡的居多。

问：明堂在尺寸上有什么规定？

答：这背后有风水学问，厢房和正房之间的明堂最低得到2米，倒座和厢房之间的明堂要比正房与厢房之间的距离稍微大一些，数值灵活掌握。

问：20世纪60~70年代厢房的屋顶有几种形式？

答：有两种，一种叫漏斗房，一种就是普通的单坡厢房，这个漏斗房就是后面（1米多不到2米）是平的（也有一点小坡度需要排水），前面是坡的。

问：为什么会有漏斗房这种形式？人是如何登上屋顶呢？

答：因为它有一段是平的，可以利用这块空间晒东西。人通过在室外扎的木梯子上去。

问：20世纪60~70年代院落的宅门开在哪个位置？

答：有开中门的，就是在倒座中间开门，这种情况在平遥古城里面很多；也有在东南角开偏门的。宅门的尺寸根据门尺来测量，明间的门是宽90厘米，高1.8米；次间的门是宽2尺1寸8分，高4尺9寸5分；宅门的尺寸是宽1.8米，高比宽多1门尺半（门尺一共八个格子，每个格子是5.7厘米）。

问：宅门是单扇门还是双扇门？

答：宅门多是两扇门，材料以松木居多，门板间用一

种买来的叫骨胶的东西粘，这种胶买回来是硬的皮儿，用的时候需要把它捣碎加水放到锅里熬制好。

问：大门内外需要放照壁吗？

答：大门外面如果有遮挡就不需要照壁，没有的话就需要做一个，大门内一般都不做，稍微讲究的会在东厢房的山墙上做一块。

问：20世纪60~70年代民居的院墙多高、多厚？用什么材料？

答：1.7~2米，有砖砌的，也有夯土的，砖墙就是26墙。

问：厢房的坡度是如何形成的？

答：厢房有飞椽（当地称之为侧飞）的时候，坡度是5举（比如步架是2米，高度就是1米），没有飞椽的时候到不了5举，也就3.5~4举，农村的房子基本不加侧飞，关于屋顶的坡度还有一个顺口溜：3举不瓦瓦，4举不侧飞，5举尖儿，6举兽儿，7举楼楼，8举亭亭，对举门楼还嫌平。

问：柱子与柱子之间有扯牵吗？

答：在庙里面柱子与柱子之间有扯牵，因为庙里面没有炕，不走火，不会对扯牵造成损坏，但是如果有火就会有烟囱，烟道里面的烟通过大臂到达烟囱，这个过程就会损坏墙里面的扯牵，所以民居里面柱子间就不做扯牵了。（这里说的扯牵是指最边上的檐柱和后柱之间的扯牵，是藏在墙里面的那种，当地的厢房是减柱造，除了前面一排檐柱和后面一排后柱外，两边的山墙里面会藏有暗柱，但中间的柱子就都没有了）

问：如果民居里面没有扯牵，那如何保证柱子间的稳定性？

答：在施工工程中是有扯牵的，修好以后要将其撤掉，总之有烟囱的都不能有扯牵。

问：那施工过程中这个临时的扯牵是如何搭接上去的？

答：在抬梁架的时候，临时用铁钉子钉上去的。

问：20世纪60~70年代的厢房都有炕吗？没有炕时柱子与扯牵之间是如何结合的？

答：我们这都有炕，都是要住人的，要是没有炕，构件之间通过榫卯结构结合。

问：厢房下的第一步台阶（出檐）一般多宽？

答：柱高一丈，出檐的距离在3~3.3尺，所谓"柱高一丈，出檐3尺3，下雨不溜窗户不溜墙"。

问：厢房大木构架抬架的过程是怎样的？

答：先把各种木构件都准备齐、加工好，将加工好的构件在院子里面进行"草试"，"草试"的时候要把各种构件放到对应的位置，重点检查一下构件尺寸是否合适，尤其是榫卯结构的尺寸。当地有一句谚语，所谓"长木匠，短铁匠"，意思是说木匠备的料都要稍微长一点，不能短，这样一旦不合适就可以在"草试"时有调整的空间。"草试"是非常重要的环节，如果不进行"草试"，等到抬架时才发现构件短了不能用那就丢人了。"草试"合格以后就可以进行抬架了，抬架全靠人工，没有机器，抬架前先要用木头搭设辅助架子，并将这个临时架子的垂直构件埋到土里面，与此同时，各种构件放到相应的位置，各构件通过脚手架一一抬上去，期间要先把柱子立起来，再把横向构件一层一层挪上去，切记不能在地面上先把额枋插到柱里面然后再把组合构件抬起来，这样如果两边抬起来的角度不一样容易把榫卯扯坏。

问：如何让立起来的第一根柱子稳固？

答：先人为地把第一根柱子"把住"（扶好的意思），第二根柱子也用人"把住"，然后把两根柱子间的水平构件抬上去，此时两根柱子就基本稳固了，然后再拿锹杆顶住柱子。

问：盖一座普通的3间厢房需要准备多少材料？

答：需要25根木头，其中包括前面4根金柱，后面4根后柱，山墙里面2根暗柱，总共10根柱子。还有9根檩条、2根大梁，再加上替木、瓜柱、随檩枋、额枋、角柏等总共25根。除了这些木料还要准备砖、瓦、白灰等材料。

问：20世纪60~70年代，盖一座3间普通的厢房需要准备多少砖？

答：一万块砖。不过我们这的房子并不是纯砖房，我们讲究"活人不住纯砖房"，这些砖都是贴在外面的，称之为"里生外熟（里面是生土外面是熟砖的意思）"，其实这里面最主要的原因还是因为没有钱。

问：请问外面包的这层砖是怎么砌筑的呢，砌筑多厚？

答：单层转，先顺着摆6层，再丁着摆1层（6顺1丁），这样丁着摆的砖就和土拉结住了。砖墙就一皮，13厘米厚。

问：那里面的土墙夯多厚呢？

答：明装修的时候山墙较厚，山墙就需要到60厘米（土墙加砖墙，所以计算一下土墙至少45厘米以上）。

问：咱们这边的土墙是版筑夯土墙还是土坯砖墙？

答：土坯砖墙（里生外熟也可以理解成外面是烧熟的砖里面是没烧的砖），熟砖的尺寸是260毫米、130毫米、60毫米，土坯砖的尺寸和熟砖差不多。

问：木材在加工之前有没有晾干防腐之类的预处理？

答：木材里面的水分会产生一些不好的影响，我们这都是今年备下料明年才可以用，一定要让木料经过三伏天。三伏天太阳光大，雨水也大，要让雨水把木料淋一遍，因为木料本身就有水分，当地称之为母水，要把母水淋出去，然后再让阳光晒，这样过了三伏天就可以用了。

问：什么时候准备材料有要求吗？

答：什么时候准备都可以，不过一般都是在冬天准备，因为春天砍树正赶上树木发芽，夏天砍树又赶上树木正在生长，到了秋天又赶上树木结果儿，所以冬天砍树，冬天的木材也最好。

问：构件从它被砍下来算起要经过哪些加工才能成为合格的构件？

答：首先在选料上，如果是明柱，料不能太弯，如果是墙里面的暗柱，可以弯一点。我认为这时候柱子弯一点还是好事，它的好处在于即便柱子根部烂了柱子也不会下沉，由于弯曲，它很好地和墙体拉结在一起了（选择木料）。在材料加工上，先把木料打截成自己需要的长度（木料打截），然后用刮刨把树皮刮掉（木料去皮），再用墨斗在柱头放十字线（画柱头十字线），画上十字线以后画以十字线的中点为圆心的十字线外接圆（画十字线外接圆），然后画切圆线，总共画8条圆的切线（画8条切圆线），之后把切线以外的木料用锛子砍掉（砍八棱），砍完以后用同样的方法继续画切线（画16条切圆线），加上之前的8条总共16条切线，继续把切线以外的木料砍掉（找16方），之后拿刨子将木料的棱角刨光，此过程需要刨1～2遍，先用当地称为二虎头的中号刨子刨一遍，再用精刨刨一遍（刨光），刨光以后木料就完成了毛料的初加工，之后需要重新别线（重新画十字线），因为之前画在木料上的参考线已经被刨子刨没了。重别好十字线以后就可以画榫卯的参考线了（画榫卯的参考线），继而可以开榫卯（开榫卯），榫卯开完以后将木料编号（木料编号），等着抬架就可以了。

问：木料如何编号？

答：根据构件所在的位置按顺序编号，比如给柱子编号就可以编成东1、东2……

问：3间普通的厢房需要多少瓦？

答：这个不是木匠的活。如果板瓦的尺寸是13厘米宽、18厘米长，一平方米需要板瓦60块，如果筒瓦的尺寸是10厘米宽、20厘米长，一平方米需要筒瓦30块。

问：柱子有侧角吗？倾斜多少呢？

答：暗柱没有侧角，明柱有，而且当地不叫侧角叫插角，需要把柱子放成"八"字形的，也就是倾斜的，这样稳定性好。柱子倾斜度为柱高的千分之七，我们当地用升线来找这个斜度，在柱子上要画好升线并用线锤保证升线是垂直的。

问：那咱们这边说的老中线是指？

答：不动的中线就是老中线，就是柱子本来那根实际的中线（画完柱子的老中线后，在老中线下顶点往需要倾斜的一侧量取柱高的千分之七确定一点，将此点与老中线的上顶点连接即为升线）。

问：柱子上什么时候有透眼儿？

答：柱子一面有扯牵的时候就需要在柱子上面打一个透眼儿，如果两面都有扯牵则需要在柱子两侧打两个半眼儿。

问：20世纪60～70年代柱子有卷杀吗？有收分吗？

答：没有卷杀，明代以前才有。有收分，上小下大，收分千分之七。

问：20世纪60～70年代用来丈量尺寸的工具是？

答：丈杆（有总丈杆丈量大尺寸，有分丈杆丈量小尺寸）、直尺、弯尺还有米尺，丈杆都是匠人自己做的。

问：20世纪60～70年代的柱子有柱础吗？柱子与柱础是如何结合的？

答：有，是石头的。要是明柱是通过榫卯结构结合的，我们叫管脚。

问：您能具体说一下管脚是怎样的一种结构吗？

答：和馒头榫差不多，柱子上有一个榫，柱础上有一个眼儿，插进去就可以了。这是特别规矩的一种做法。一般情况下柱子都是直接放上去，没有榫卯结构。

问：木构件会做防腐处理吗？

答：没有什么特别的保护，就是在柱子外边刷一层沥青。

问：20世纪60～70年代平遥县当地的单坡厢房里，柱子的尺寸由哪些因素决定？

答：柱子要考虑厢房的面宽（厢房明间的面宽），在清代以前，面宽是一丈，柱高就是八尺到八尺五（不带侧飞的那种厢房俗称小式厢房，带侧飞的那种厢房面宽是一丈，柱高就到九尺），到了20世纪60～70年代就是清代的标准了，面宽和柱高的比例就大一些，也就是要先确定厢房的面宽，进而确定柱高，柱高和柱径之间也有比例关系，柱高一丈（3.3米），柱径就是一尺，是十比一的关系。

问：20世纪60～70年代最常用的厢房面宽是多少？

答：面宽最起码在一丈开外，3.5～4米之间。

问：柱子和梁之间是通过什么榫卯结构结合的？尺寸有何种规定？

答：馒头榫，它是以2寸为边长的立方体。

问：榫卯的尺寸会跟随构件的尺寸发生变化吗？它们之间有怎样的比例关系？

答：榫卯的宽度要保证和其两边的构件肩儿差不多（构件肩儿就是榫的边线到构件边线的距离）。

问：20世纪60～70年代厢房的大梁是直的还是弯的？弯的程度有要求吗？

答：大部分是弯梁，所以大多选择柳树，因为柳树很难长直，把弯的部分朝上，没有要求，不过越弯越好。

问：那弯的构件在处理上会有麻烦吗？如何在上面削平呢？在弯梁上如何弹线呢？

答：保证弯梁和柱子相交的地方是平的即可。弯梁上弹的线要多一些。如果木料是直的，两个人就能把线弹了；如果木料是弯的，就需要三个人，木料两边一边需要一个人按住，然后第三个人弹线。还有一种方法。如果木料特别弯，那干脆就不在上面弹线了，直接拉一条水平参考线（当地称之为老线），不过要沿着这根水平线搭设临时支架（用碎砖头就行），然后将丈杆摆在这条参考线的位置，这样参考线就没有用了，直接用丈杆就可以了，因为线是软的，我们没有办法直接在线上量取尺寸，它没有着力点，必须把它换成实在的东西，有了这个参考才能更好地量取瓜柱的尺寸。

问：柱子的尺寸由面宽决定，那大梁的尺寸由什么决定？

答：大梁的尺寸是随着房屋进深变化的，进深大梁就得粗，咱们这边做大梁的都是柳树，20世纪60～70年代厢房的进深最常做成4米（此时正房5间），此时大梁的柱径最少需要36厘米，粗一点也可以做到40厘米。

问：梁几面找平？

答：梁与柱子相交的那块要打成平面，梁与檩条之间通过檩窝结合，那里保证弹在梁上的水平线是平的就可以，不用把梁削平。

问：檩条的尺寸如何决定呢？材料和柱子的材料相同吗？

答：檩子的直径随着柱子走，基本上檩子的直径和柱子的直径差不多，而椽子的直径则是柱子直径的三分之一。在材料上，檩子的料更好，它需要有承载力，檩条用松木、柳木，而柱子的材料多种多样，最次的柱子用柳木，很少用杨木做柱子。

问：梁和檩条之间、随檩枋和檩条分别用什么榫卯结构结合呢？

答：前者通过檩窝儿结合，后者用暗销结合，暗销长3厘米（一寸），宽5分（1.64厘米），深3～4厘米，之所以要把这个小眼儿的宽度定为5分呢，因为捣这个眼儿的工具铲子就5分宽。

问：瓜柱的数量与椽子长度之间有着怎样的关系？

答：根据椽子的长度确定瓜柱的数量，这个很灵活。如果主家备下的椽子足够长，一根就够长了，不用拼接，那瓜柱稍微靠近后墙放就行，没有具体严格的位置，因为椽子细头放后面，粗头放前面，所以偏向后墙即可；如果主家准备的椽子都很短，需要拼接，那在每两根椽子的交接处都需要放瓜柱，需要两根椽子拼接就放一根瓜柱，需要3根椽子拼接就放2根瓜柱。

问：瓜柱的高度怎么计算？

答：方法一，根据步架和举折推算。根据房屋的进深和屋顶的坡度系数计算出后柱的高度，根据椽子的数量、长度确定瓜柱的位置。举一个例子，如果主家需要2根椽子拼接，一根椽子3米，一根椽子2米，那就将房屋进深五等分，将瓜柱置于偏后五分之三处，连接后柱的顶点与檐柱的顶点，延长瓜柱线使之与此连线相交，再从交点往下量取10厘米即为瓜柱的高度，以上这些全部在草图上操作，就是一个简易版的举折算法。

方法二，事实上，20世纪60～70年代，百姓盖厢房的时候通常无法获取足够长的椽子，都需要将椽子拼接起来用，所以屋顶都是一折一折的，木匠提前估算好需要的椽子数量，比如需要3根椽子，那木匠就会定下3个坡度系数（根据上面的顺口溜），越往后坡度越陡，再利用前面所说的等分法确定瓜柱的位置，利用布架的长度与坡度系数从前往后推算瓜柱的高度（此处需要结合图纸）。

问：厢房的山墙里面有瓜柱吗？

答：没有，此处架檩条不需要柱子，檩条通过"活抬"的方法架上去，把空隙用砖或木块填补满，但是大梁上的还得通过瓜柱来解决。

问：瓜柱和大梁之间是用什么榫卯结构结合的呢？

答：两个直榫。在瓜柱上开双直榫直接栽到梁上。

问：什么树比较适合做椽子？椽子的尺寸有何种规定？

答：南桑松和北桑松，一棵松树长6~7年就可以作为椽子的料了。

问：屋顶的飞椽如何与檩条连接？

答：也是用铁钉子钉进去的，我们不叫飞椽，叫侧飞，是一种前大后小的构件，飞椽的上表面是水平的。

问：飞椽之间的距离和椽子之间的距离相同吗？如何保证椽子均匀钉在檩条上面？

答：飞椽之间的距离随着椽子走，要保证椽子均匀钉在檩条上，规矩的做法是在檩条上画好记号点，不过匠人们一般都凭肉眼看。

问：20世纪60~70年代厢房的前面有窗台等墙体吗？会是纯木头的吗？

答：咱们老百姓的房子都是有墙的，特别有钱的才做纯木的，那个叫明装修，此外庙宇类的也是纯木的。

问：窗台有多高？18行长腰指的是什么？

答：窗台1米来高，我们称之为18行长腰。以前的人娶老婆到家，要让老婆坐在炕上看不到院里，因为怕她逃婚跑掉。我之前不是说过"活人不住纯砖房"嘛，就是说这个房子下面是砖，外面是砖，这个砖上不能抹灰，要让砖外露。18行长腰就是厢房外面那一圈砖包的墙，对应着房子里面也要有18层砖。

问：这一圈砖要突出墙体一部分吗？

答：对，墙体里外两边都要突出2厘米，一方面墙体上面抹灰、下面不抹灰，工匠不好掌握，另一方面就是因为我们这里讲究没有棱角的房子不能住人，所谓"活人不住纯砖房，活人不住无棱房"。

问：20世纪60~70年代厢房室内有吊顶吗？这个吊顶是怎么做的呢？

答：大部分有，我们叫海漫天花。先用莨子（一种长在水塘里面的芦苇）相互垂直搭接做一个架子，莨子与莨子之间用绳子捆住，然后再把这个吊顶架子的四边用铁钉子钉到墙上，再拿一根麻绳把吊顶架的中部吊到椽子上，否则这个架子会下弯，具体吊几根绳子很随意，匠人自己决定，直到这个吊顶架稳定为止。

2. 平遥县平遥古建筑公司孙继太访谈

工匠基本信息（图2-103）

年龄：65岁

工种：木匠

学艺时间：1966年

从业时长：49年

访谈时间：2017年10月24日

图2-103 平遥古建筑公司孙继太

问：请您介绍一下您的基本情况。

答：我叫孙继太，今年65岁，是一名木匠。1966年我正好小学毕业，虽然考上初中，但是那时候已经没有招生了，于是开始学习木匠活，那时候学艺不交学费，我就跟着师傅白干了3年，然后就出师了。

问：请问您有徒弟吗？

答：有5个徒弟，学艺学的就是基本功，像拉锯、推刨、维修工具等，不过这些徒弟大部分转行了，都去搞装潢了。

问：20世纪60~70年代屋顶的瓦尺寸有何规定？

答：民间的东西不同于庙里面的，材料尺寸都比较小，样式比较单一，板瓦（我们称之为小青瓦）一般宽18厘米，长20~30厘米不等，而筒瓦一般都用2号的，宽12厘米，3号瓦就是宽10厘米。

问：20世纪60~70年代普通的民宅最多能做到几进？相邻的两进院落之间的高差是多少？

答：院落最多做到3进，相邻的两进院落之间的高差是10厘米左右，并且地面也是东面比西面高点。

问：院落的排水是如何组织的？

答：坐北朝南的院落，正房往南面排水，东房往西面排水，污水汇聚到院落西南角，我们这边厕所一般也放在这个位置，污水口就在厕所旁边。

问：院墙一般砌筑多高多厚？

答：高度在2.4~2.5米之间，厚度有24墙、37墙，其中24墙有加垛子的情况（为了防止24墙倒塌，会在上面砌筑37的垛子，起到增加稳定性的作用）。

问：院墙上面有何种装饰？院墙需要砌筑地基吗？

答：有装饰，类似于花墙，院墙也需要砌筑地基，不过没有房屋的基础那么深。

问：房屋的山墙上需要留通风口吗？

答：不做，你说的叫封火墙，山东、湖南、河南那边才做，我们这边的建筑都是直接瓦瓦。

问：单坡厢房屋顶的坡度如何确定？

答：老师傅传下来一个口诀，即"3举不瓦瓦，4举不侧飞，5举尖儿，6举兽儿，7举楼房，8举亭，对举门楼还嫌平"，房屋的高度除以进深就叫"举"。

问：毛料的初步加工是怎样的？

答：（去皮之后）先根据所需要的木料尺寸（直径）在毛料两头的圆面上分别画四条相互垂直的线（木料两头的圆心是对位的，要保证两头圆面上的四条直线距离各自圆心的距离是一样的），然后拿墨斗在各自位置对应的两条线之间弹线，毛料上面就有4根墨线了，匠人们拿锛子将每两根相邻的墨线之间多余的木料锛去。（图2-104）

图2-104　现场演示木料加工

将处在同一圆面上的两条相邻的直线连接（原来一个圆面上有4条线，现在有8条线，初步勾画出了八边形），用同样的方法拿墨斗在各自位置对应的两条线之间弹线，然后拿锛子锛去多余的木料。

木料此时就是一个八棱柱，我们需要将每个棱（尖角）再去掉，这样木料就有16个角了，在去掉八棱柱的每个尖角时我们仍需要在每个圆面上画参考线，方法是：以每个尖角的顶点为中心，往左右量取相同的距离（距离的大小以保证木料的尺寸为准）画出参考线，之后以同样的办法锛去多余的木料；经过以上的步骤，毛料的初步加工就完成了。

问：20世纪60～70年代的厢房，檩条最常用的尺寸是多少？

答：最少是20～30厘米，这个尺度和房子的跨度有关系，跨度越大，檩条越粗，一般3～4米的跨度配20～25厘米的檩条，超过4米的跨度配25～30厘米的檩条。

问：开榫卯之前需要将木料的两头打截找平吗？

答：需要。木料的两头大部分情况下是斜的（木料两头的圆形截面与柱子中线不垂直），必须先将两头的斜面切掉，切成与柱子中线垂直的面，所以毛料都要稍微长一点，要留出找平的余地。

问：燕尾榫的深度是多少？长边与短边的尺寸分别如何规定？

答：深6厘米，短边长4厘米，长边长6厘米。画燕尾榫前我们自己会做一个梯形的小样，这个小样与标准燕尾榫的尺寸相同，是一个薄薄的小木片儿，画燕尾榫的轮廓时就用这个小样儿比着画。

问：檩条与随檩枋接触的地方需要做一个平面吗？它们之间通过什么连接？

答：需要做平面。檩条下面需要削平，削平的这个面多宽，随檩枋就多宽。它们之间通过暗销，用木塞子塞住。

问：瓜柱与大梁交接处的曲线如何勾画？

答：把瓜柱放在大梁相应的位置上，比照着瓜柱的轮廓将曲线画在大梁上，然后拿锯子锯出一个窝槽，在槽里面再开两个5～6厘米深眼儿，瓜柱就可以牢固地栽到大梁上面了。

问：瓜柱顶端与檩交接出的圆形窝是如何做的？

答：首先要做一个和檩条直径相同的圆形木片儿，以此圆形木片儿为模具比照着画，画完以后拿锯子把瓜柱上的这截弧形料锯掉。

问：如果所取的大梁是弯的，如何操作呢？

答：需要在大梁上找水平线（主要勾画两根）。所说的弯梁都是弧度朝上，首先我们要把梁下表面与柱子相交的地方削平，勾画第一条水平线，水平线的位置匠人自定，保证大梁够粗即可。大梁是弯曲的，给量取瓜柱的高度带来了困难，我们不能拿弧形的曲面当参考面，因此才要定下水平线。第二条水平线一般是梁上头的连线，画好后，以此线为参考往上垂直量取瓜柱的高度（匠人习惯用第二条水平线当参考线），要注意量出的高度是瓜柱的理论木料高度，实际准备的瓜柱并不需要这么长，要减去第二条水平线到弯梁上平之间的距离（如果用第一条水平线当参考，就加上第一条水平线到弯梁下水平线之间的距离）。

问：厢房上几根瓜柱由什么因素决定？

答：由椽子的长度（两段椽子交接的地方肯定需要一

根瓜柱）来决定，也和椽子的粗细有关系，椽子很细的情况下即便是通长的也需要加瓜柱，否则椽子会下弯，像百姓常用的8厘米粗的椽子，1.2米处就要上一根瓜柱。

问：如何计算所需瓜柱的高度？

答：步架乘以举架就是瓜柱的高度，如果大梁是弯曲的，用此公式计算出的数值是瓜柱顶端到大梁上面那条（不是下面那条）水平线之间的距离。

问：20世纪60～70年代的厢房里面，瓜柱下面有角柏这个构件吗，它们是如何结合在一起的？

答：有。角柏是起稳定瓜柱的作用，先把角柏插进大梁，再把瓜柱放进去，结构就稳定了。

问：飞椽这种构件的尺寸有何规定？

答：这种构件可以分成两部分理解。一部分搭在屋面望板上（斜的那部分），一部分悬在外面（直的那部分），要保证屋面上的那部分构件的长度至少是悬在外面的那部分的两倍。飞椽的上表面是一个水平面，下表面是一个钝角，由一条水平线和与望板倾斜角度相同的直线组成。

问：飞椽与飞椽之间的空隙如何处理？

答：要在每个飞椽的两侧开口，用木板连接相邻的飞椽，挡板上好后，麻雀、虫子之类的就不会通过此处的空隙飞进去了。注意，这种口和檩条下面的暗销不一样，檩条下面那个是卯眼，飞椽上面是一个通的眼儿、槽儿，1.5～2厘米宽。

问：20世纪60～70年代飞椽悬在外面的那部分的截面尺寸如何确定呢？

答：你说的这部分我们称之为"飞头"。飞头的尺寸和椽子的大小有关系，是正比例的关系，20世纪六七十年代的时候百姓架的椽子一般8厘米粗，所以飞头的截面尺寸一般都是6厘米（宽）×7厘米（高度）。

问：飞椽悬出的部分是有一个收分的，飞头部分的截面尺寸明显小于飞椽转角部分的截面尺寸，那转角部分的截面尺寸如何确定呢？

答：飞椽转角部分的截面尺寸的确比飞头的截面尺寸大，不过两者的高度是相同的，差的是宽度，此处的宽度和椽子的直径相同。

问：钉飞椽的时候，位置如何把握？

答：要保证飞椽的位置和椽子的位置中对中。

问：椽子之间的距离如何规定？

答：百姓家的椽子都很细，最多不过8厘米，有钱的人就"一椽一档"稍微密一些，没钱的人家距离就拉大一些，省着点椽子。

问：20世纪60～70年代的厢房最常用的进深和开间是多少？

答：在平遥这个地方，厢房的进深都是4米多，开间3米多超不过4米。

问：大梁的尺寸是由什么因素决定的呢？

答：大梁的粗细和房屋的进深有关系，进深越大，大梁越粗，进深超过4米时，大梁需要做到50厘米，没有具体的比例尺寸，大梁多用桦木、柳木、松木。

问：20世纪60～70年代厢房的柱子有收分吗？有侧角吗？

答：有。收分在加工毛料的时候就处理好了，柱子高度超过4米，柱子都收分3厘米，不到4米就都收分2厘米。关于侧角，墙里面的暗柱子没有，有前檐时的明柱有，立起这种柱子需要在柱子上面画两条参考线，一条中线，一条升线。

问：您能具体解释一下如何利用这两条线将柱立起来吗？

答：柱子的中线好理解，就是柱子正中间那条参考线，一旦柱子有收分做侧角，就需要把升线画出来，按理说收分的距离和柱高之间有比例关系，但我们一般以柱高4米为分界线，超过4米收分3厘米，不到4米收分2厘米。以收分2厘米为例，我们需要在中线底端往左边或者右边水平量取1厘米确定一点，将此点与中线顶点连接即为升线，柱子立起来的时候要以升线为垂直参考线，将柱子倾斜的一面朝外，垂直的一面朝里，因此柱子是朝里面倾斜的，这就是柱子侧角和收分的做法。

问：是不是做收分侧角度的柱子的底面要垂直于升线？

答：对，一定要注意这个问题，做收分侧角的柱子在材料加工环节要把底面加工成垂直于升线而不是中线，这样柱子才能垂直于地面立起来。一旦做成与中线垂直，柱子就变成马蹄形了。

3. 平遥县南政乡侯郭村朝杰古建筑公司王国和访谈

工匠基本信息（图2-105）

年龄：68岁

工种：木匠

学艺时间：1980年

从业时长：35年

访问时间：2017年4月10日

图2-105 侯郭村朝杰古建筑公司王国和

问：请您介绍一下您的基本情况。

答：我叫王国和，今年68岁，祖籍山西省平遥县侯郭村，是一名木匠。我读书读到初中2年级，"文化大革命"开始那年就辍学了，以后我就回到农村当农民了。

问：您是怎么想着学这门手艺的呢？

答：不是刻意要去学这门东西，自然而然就走到这个路子上来了。我们这1977年发了一次洪水，又下大雨，平遥淹了好多村庄，我们村也受灾了。平遥建设局组织了一次新农村规划新略，我代表我们村里头去参加这个新略，有一个胡局长认为我干得不错，就让我在1978年春节过后到城里帮忙搞城市与农村规划。当时建设局里面也正好缺少技术人员，我就这样接触这个行业了。在建设局当了2年临时工，胡局长下乡考察咱们平遥古城的城墙。洪水以后，平遥城墙损坏特别严重，他就带着我去修城墙了，这样就投入古建筑这个行业里头了，没有刻意去学习去找。去了城墙上以后，我什么也不懂，一窍不通，都是现学的，一边干一边学习。书就是我的老师，遇到不懂的问题就找老匠人问，找城建局的人问。

问：您是哪一年开始干这行的？

答：1980年开始的，一直到现在都在干，其实是1978~1979这段时间在建设局，1979年年底到1988年在文管所，到了文管所以后一直修城墙，这段时间也修过庙宇，1988年以后自己单干，开古建筑公司了。平遥古城基本上是我一手修复的，不过后来什么都要资质，人家就不用我了，可是2007年他们重新修复城墙的时候，图纸都是从我这里拿走的。

问：您觉得您是什么工种？

答：只要是文物古迹方面的我都干，所以说这个分不太开。

问：您修过的锢窑最早的是什么年代的？

答：修建的锢窑最早的是20世纪70年代左右，修复的大多都是明清时期的，明代以前的也有一些，但比较少，年代越久的窑洞高度越低。我也新建过，平遥古城往东南方向是丘陵地区，这块的窑洞建得比较多，城的北面也建窑洞，但是就非常少了，土窑居多，因为人们都没有钱，盖不起砖窑。

问：建造窑洞的基地在选择的时候有什么讲究？

答：这个涉及的东西太深奥了，都是因地制宜，我们不研究这个。图纸其实是有的，比较糙，图纸都在大师傅的脑子里面。

问：建造锢窑的第一步是什么？

答：打基础。但是明清时代的建筑都没有基础，现在基础要打到冻土层以下，大概是70到80厘米，古代都不考虑这个，我想着应该是古代的房子都比较轻。

问：明清时代的窑洞也没有基础吗？

答：对。窑洞一般也都没有，那时候基本上都是土窑洞，即便里面是砖，其实也是砖包着土，我想应该也是人们没有钱。

问：房屋的轮框线要不要退基地一定的距离？

答：不要。过去人的观念讲究是"寸土不让"，其实到了现在也是这样，都是充分利用每一寸土地的，浪费土地就是对祖宗的不敬，等于说是祖宗留下的东西没有保存好。

问：窑洞的朝向有什么讲究？

答：这些也都是根据实际情况确定。在我们平遥要向东南方向偏离5°左右，要向阳不能向阴，我们这边西南方向就是阴。其实讲深一点是这样的：指南针指出来的南不是真正的南，偏完角度以后才是正对着太阳，不过一般人不知道这个道理，我们平遥偏离5°，到别的地方就不是这个度数了，因为各个地方子午线不同，子午线才是正南方向。俗语说"人向阳、鬼向阴"，所以民宅和祠堂的朝向就是反的，祠堂是向西南偏的，至于庙就是哪边都不偏以示公平。

问：壕沟的深度与宽度怎么定呢？

答：这要看墙的厚度了，墙的厚度加上大房角（基础的砖台）再往两边扩15厘米（以砖台最下边为基础）。

问：退几层台呢？每一层几皮砖？最下面一层是几层砖？砖台每层退多少？

答：退几层都不是固定的，要根据上面的荷载决定，它起到扩大受力面积的作用，老百姓最多退4层24厘米，差一点退3层。一层两层交替着。最下面一层是2皮砖，也有一皮的，穷得没钱买那么多，这个不一定。砖台每层退6厘米。

问：刚才说壕沟的深度是70～80厘米，对吗？

答：其实下面还有30厘米的灰土垫层呢，加起来差不多有1米了。

问：壕沟挖的时候是直上直下还是倾斜的？

答：根据国家的规定必须放坡，多深的壕沟放多大角度的坡都是有规定的，但是实际操作和概念上又有不同，老百姓在做这步的时候一般都达不到标准。

问：挖壕沟的时候如何保证两边挖得很对称呢？

答：这就要看施工的水平了。搞建筑的时候都要拉参考线的，挖的时候要把壕沟的中轴线拉起来当参考，然后考虑好放多大的坡，把放坡之后的边线也拉起来，沿着拉起来的这两根边线溜白灰，拿白灰线当参考，沿着白灰线挖，就可以把这两条边上拉的线撤掉，往下挖一定深度后就拿中线比一比。挖完之后有"验槽"的过程，这个过程就是检验壕沟挖得合不合格，合格才能进行下一步。即便是老百姓，大工也会来检查检查的，否则后续砖没法砌，在检查壕沟合不合格的时候主要看哪边（中线两边）挖得不够，不够宽补上，挖宽了不用管，最后回填土就补上了。

问：检查完壕沟之后下一步是什么？

答：检查合格就可以进行下一步工序了，看主家人有什么要求，根据人家的要求做。我给你举个例子。比如说该往壕沟里面填灰土了，我就得问问人家要填什么样的灰土，把几种配比的灰土给人家列出来，告诉人家每种灰土的利弊和价格，让主家选，然后我们才能施工，就是"做匠人，瞧主家"。其实我在给人家盖房之前都会提前了解这家的经济状况，根据经济状况推荐，特别穷的还有不挖壕沟不做基础平地修的呢，这些都是活的，不是确定的，没有定式。

问：您盖过的最有钱人家壕沟是拿什么填的？

答：37灰土，白灰和土的比例是3：7，往里面加水，不过要是赶上没钱19灰土也有用的。

问：水加到什么程度？

答：和现在的要求一样，水不够夯不住，水多了就成橡皮土了，看匠人的经验。这个没有定式，还是要看主家。

问：灰土铺几层？

答：一般就是虚铺20厘米一层一夯实。因为当时是人工夯实，灰土铺太厚了就夯实不到下面了，底下就不结实，至于铺几版要看地形（当地人说的地形大概就是我们说的地质——采访者注），看你壕沟挖多深。过去的老师傅把土一铲开就能看出是原土还是回填土，根据地质定壕沟挖多深，然后再看铺几层灰土。

问：夯实是怎样的一个过程？

答：一点三打，头窝打钉，打的时候窝必须对齐，一排一排地打，打完以后就会出现土钉，然后再把土钉打下去，这就是夯实的方法。按照这种方法，木夯四个人操作得抬起来超过膝盖才行。

问：墙砌多高多厚？

答：大壁的厚度要做到1.2米以上，最多能做到2米，这个厚度主要看砌几口窑洞，还有就是看基地的大小，有的时候一块地最多只能修3口窑洞，那就把剩下的尺寸分到大壁里，比如基地修4口窑洞还挺有富余，修5口窑洞不够，那大臂就可能小点，总之就是浮动的尺寸分到大壁里面，这是灵活的。

问：后墙的尺寸是怎么样的？

答：如果是土墙（纯土，也有用土坯砌筑的）就得厚点，下面的尺寸在1.2～1.5米，上面的尺寸在60～70厘米，因为土墙都是有收分的，土墙外面是梯形的，里面是矩形的；有的时候用土夯实完里面（有时候外面也会）要包上一层砖，其实后墙和山墙基本没有纯砖的，有钱人也就是在土外面包一层砖，这时候墙的尺寸最少得60厘米，一般是60～80厘米。

问：那个年代墙是什么材料的？

答：都有，看家庭的经济条件，有纯砖的（隔墙），有纯土的（比如后墙、山墙），有砖包土的（有钱人家的后墙、山墙）。

问：如果墙是纯土的，是怎么夯上去的，借助什么工具？

答：得用到模板。用木头桩立起一个梯形的架子，架子下面埋在土里固定住，上面用木棍固定，架子两边（体现墙厚度的两边）拿木板挡起来，木板外再拿棍子锵起来（防止夯土的时候把木板顶开），在梯形架子间一版一版（一版大概十几厘米高，就是一根木桩的直径）的夯土，有的是连续夯3根木杆的厚度抽杆换杆，有的是连续夯5根木杆的高度抽杆换杆（3～5根的高度一抽，否则土太厚夯实不到下面），一块一块地夯土（因为木杆没那么多）。

问：杆之间如何固定？最结实的固定方法是哪样的？

答：拿楔子楔住（也可以用麻绳、铁丝绑住，能想到什么用什么，固定得越结实越好）。最结实的固定方法是拿钉子钉牢以后再用铁丝或者麻绳加固，这就会很结实了，弄结实以后就方便用了，直接搬起来走就行。（因为木杆不够用，一下子做不了那么多架子，都是做完一个架子单元重复利用的，固定不结实还得返工）

问：之前说后墙里面是直的，外面是梯形的，可为什么架子要搭成两边都有坡度的呢？

答：这个都是灵活的，一般来说里面的坡都会比外面的坡度小，小很多。不过最终的墙要通过回填土或者铲齐做成直的。一般来说水平特别高、特有经验的匠人一开始就会把里面设计成直的，但是好多匠人没有那么深厚的经验，就会像我刚才讲的两边都设计成坡的，最后再把里面铲成平的，这种方法实际上浪费了土，有的人家特别穷用不起砖的话，会在墙里面把炕高以下部分砌上砖，炕高以上部分抹上泥或者灰，这样从里面看就不知道用的是砖还是泥了。

问：山墙砌筑到多高的时候可以起券？

答：我们平遥有一个模数，老匠人砌筑窑洞有一个口头禅"死头活腿"，用窑洞的总高度减去拱券的高度就是下面腿子的高度。至于窑洞总高度（指到拱券顶点的高度），那就得问主家，看人家怎么要求了，没钱的修9尺高，好一点的修一丈零五的高度，窑洞的高度和宽度也有一定的比例，高度都要大于宽度。

问：咱们的起券原理是怎样的？

答：拱券的高度是由窑眼的开间（净宽）决定的，我们做得多了总结出一个公式：开间宽度乘以0.7就是拱券高度。首先要看主家需要的拱券是尖一些还是缓一些，想要尖一些的话，二次半径的圆心开心就要大一些，想要缓一些，圆心开心就要小一些，所有这些都不是固定的。我们会试一些常用的数值，不同的数字对应不同的形状，很丰富，如果想要尖一点的，开心的距离一般先试试6寸，稍微缓一些，开心距离就试成4~5寸，至于为什么试这些尺寸，那就是经验了，上一辈老匠人告诉的。我们有了开心的距离之后，再根据经验给一个二次圆心到窑腿顶端连线的垂直距离 D，根据这两个给定的距离利用勾股定理计算二次半径，看看二次半径与 D 的和是不是窑眼开间的0.7倍，如果不是就换 D，我们是不换开心的距离的，换到合适为止。而且，我们在实际操作中用哪个二次圆心都可以，不

过大多数是用最近的那个圆心，这样出来的券比较尖，年代越早的锢窑券越尖，年代越新越现代的锢窑越平缓，到了现在有的人直接做成半圆形（省事），不过尖一点的券好放家具，明代的券全都是尖尖的。

问：拱券的模型怎么搭？

答：放在现在是一截一截地起券（每截一米多长），起一段往前挪一段，过去的话是一下子把模子都搭起来。具体的过程是先在后墙上把券搭起来，按照后面的模型一直搭到前面。搭模型要用到木桩，木桩搭完以后上面抹上泥，第一层泥里面要加麦秸秆，第二层泥里面加麦壳。抹完两层泥后要给它抹光了，看主家的要求，问问人家里面要不要装饰，如果不需要装饰，抹完泥干透了以后要拉线，会用到墨盒这种工具。根据匠人的手艺来决定每隔几皮砖拉一条线，有2皮的、3皮的，也看主家要求得严不严，多少会有一些误差，还要看瓦工的技术水平。拉完线以后摆砖，最后把模板拆了就可以了。在砌筑拱券的时候两边也开始填土（填八字壕），因为两边有了土给的压力，后券就不容易塌了。

问：拆模具的时候有什么讲究？

答：对于那些不需要装饰抹灰的人家来说，拆模具必须非常小心，不能这留下一个坑那留下一个疤，那做下的产品交不了就白干了。

问：做完这些之后该进行哪一步？

答：填八字壕嘛。不过填八字壕的时候要做砖垛确保安全，不能直接夯土，每隔1~1.5米（此处也没有定式）就要有一排砖垛（过去两个砖垛不连着，现在就直接连起来了），砖券砌上一米多高就行了，因为拱券推力最大的部分是在根部，根部有了力量就不会担心垮掉了。砖垛宽一个砖，当时砖的尺寸是260毫米×130毫米×60毫米。

问：屋顶的排水怎么找？

答：排水口一般在前面，也有在后面的，朝哪个方向都有，水往排水口的方向走，往哪个方向坡就是了。

问：屋顶覆土完成以后呢？

答：一般的老百姓人家上面就是土，找好坡度就完了。

问：屋顶找多大的坡？

答：这得看具体情况。如果屋顶表面要铺装防水，一举（1%的坡）的坡度就够了，如果上面不铺砖，土直接外露，坡度得有1米高。秋天下细雨，雨水不能排泄掉会向下渗透，得保证屋顶覆土的厚度不会让雨

水渗透到屋里，必须考虑当地的降雨量和气候，窑洞的热工效果很大程度取决于屋顶上的土覆多厚。

问：木质的挑檐是怎么弄的？

答：前面有柱子，后面搭在前墙上面，墙里面有暗梁暗柱，结构就是两排柱子两个梁，一般都没有斗栱，其实前檐的状况是和这家的经济水平相关联的，没钱的啥都不弄。

问：前檐具体的构造层次是什么？

答：（全部是从下到上的顺序）先是立柱子，柱子上面有牵板、荷叶、通替，上面就是檩条了，稍微再有点钱的情况是这样的，先立柱子，上面是雀替、牵板（栏额）、平板枋（普拍枋），一般有了普拍枋就要有斗栱了，斗栱就在平板枋这层开始做。做斗栱的时候先是做下大斗，大斗上面出一个龙头，然后做一个一行栱（从一斗二升演化来的），这块要做雕花。再往上是通替、檩条，有钱人多了雀替、斗栱等，还有相关的雕刻装饰。

问：梁（扯牵）和柱子怎么搭接法？

答：要穿到柱子里面，一般头要出来20~25厘米。

问：柱子有卷杀吗？

答：唐宋的时候有卷杀（早些时候），到了明清的时候就全是直的了。

问：平板枋和柱子一样宽吗？

答：每边比柱子多出1厘米。

问：檐口檩要嵌到通替里多少？

答：4~5厘米（就是要做一个4~5厘米的窝儿），并且通替要伸出檩条40厘米（指的是到檩条中心的距离），并且通替里外不是一样厚的，外边厚，里面就收进去（省木料），厚的地方30厘米，里面薄点做到16~20厘米就行了。

问：柱子多粗？柱子和梁之间的尺寸是怎么对应的？

答：柱子的尺寸非常灵活，和经济水平有关系，有的不到20厘米粗，有的30厘米还要多。按照古建的要求，檩的粗度和柱子的粗度差不多，上下可以浮动但是不能太大，民间遵循大的规律，再结合有没有钱来做，挺随意的。

问：挑檐的坡度是怎么定的？檐口一般出来多深？

答：5举，就是5%的坡，比如柱子中线到前墙的距离是1米，坡就高50厘米。按照实际地形来决定（基地长短），有不足1米的，也有1.2米、1.5米、1.8米的，这都要看实际情况，不是死的，要因地制宜。

问：前檐在整套砌筑工程中的顺序是怎样的？

答：有的随着砌墙就把柱子搭起来了，有的就是在砌八字壕的时候提前留好口，最后再搭。

问：暗梁也是同样的情况吗？

答：这个暗梁也就不暗了，把所有的构件都搭起来把它挡上了才叫暗梁呢，做的时候就明着来了。

问：门窗是在什么时候安装的？

答：窑洞盖好了，里面还没有抹灰的时候先把门窗的框（大架）搭上。窗洞最下面的那根棍叫地线（下槛），中间的那根叫腰线，这两个是横向的支撑架子要插在墙里面固定好。竖向有四个撑，就是边框和中间的支柱（支柱基本上把门窗四等分）。把架子搭好后再把门窗剩下的部分嵌到架子里面。

问：门窗上的雕刻需要图纸吗？

答：不一定。过去的老师傅只要在木头上简单画几根线条就可以做，现在粗心的人掌握不到这个水平，就得把所有的线条老老实实地画出来，画好了再雕。

问：门窗在尺寸上有什么规定？

答：门窗尺寸由门尺来规定。门的高度宽度在过去都有一个规定，这些尺寸都得在"口"里面，在里面就吉利、办事就妥当，在不合适的尺寸里面就不好、就得调，具体做多大的尺寸都有，只要保证它在好的字头里面就行了。

问：那您的意思是（20世纪）70~80年代门的尺寸都不固定？

答：我先纠正一下你的说法，你不能老强调（20世纪）七八十年代，你知道那是个什么年代吗，尤其是70年代，那时候大家都在破除迷信，这门尺谁敢提啊？你得用"传统做法"代替，哈哈哈哈！还有不光门窗，其他的构件也用到门尺。为什么窑眼的开间是3米，这个3米就是在好的"口"里面的，既得符合主家的要求，又得符合门尺的要求。

问：那个年代门一般做成几门尺高、几门尺宽？

答：高度一般在1.9米以内，其他的都不是死的，要看实际情况，只要把门尺上坏的口错过去就行了。

问：传统做法里门窗有什么保护措施吗？

答：刷油漆。这不光是保护也是一种修饰，把当时做得不好的地方遮住，没钱的时候往裸窗上抹"腻子"。"腻子"就是拿胶、猪血灰（猪血加白灰）调成糊糊抹在窗子上，窗户上那些坑坑洼洼的地方就用这些给填平了，最后再用砂纸去打磨一下。

问：会糊窗户纸吗？

答：过去都糊窗户纸，没有钱的只会安很小的一块玻璃，能看得到外边就行了，不需要看外边的地方都用麻纸拿糨糊糊起来。

问：窗户纸多久换一次？窗户纸和玻璃哪个更舒服？

答：一般一年换一次，除非遇到大风大雨或者小孩给捅一个窟窿。总的来说其实是窗户纸更舒服，更暖乎。

问：窑洞的墙面怎么处理？

答：抹灰。有的人家在炕墙高度的位置刷一圈漆，这个漆是黑漆，老百姓只能用黑漆。有钱人家用的是桐油，在桐油里面加上颜料，而且在炕墙上面40~50厘米也会刷漆，在上面画画（其实就是炕围画），至于画什么内容，要看主家喜欢什么。

问：室内抹几层灰？用什么抹？

答：2层，打底灰和找面灰。白灰里面加上麦壳子打底灰，面层是往白灰里面加棉花、麻刀、纸巾、麦秸秆，麦秸秆是用得最多的，其他的都贵。

问：麦秸秆是怎么处理的？

答：拿一个容器（老百姓一般就是用大瓮），里面放一层麦秸秆撒一点白灰（生石灰，就是做成面的氧化钙），放一层麦秸秆再撒一层白灰（交替着放），千万不能用氢氧化钙，最后往里面加水进行发酵。

问：麦秸秆要绞碎放进去吗？麦秸秆多久才能发酵好？

答：不绞碎，压扁就行了。麦秸秆7~8天才能发酵好。把水控出来一部分，不要全控出来，还不能让它全干了，拿石碾把麦秸秆碾碎，然后掺到白灰膏里面就可以上墙了，这个效果是最好的。

问：漆能直接刷在砖上吗？刷黑漆的部分要突出墙面一点吗？

答：能，可以跳过抹灰，有钱的人家抹灰再刷漆，没钱的直接刷漆。漆要突出来，老百姓讲究"天下不是一统天下"，所以这块得突出点，现在做那个踢脚线也是这个道理。

问：炕一般砌在什么位置？角窑洞是满炕吗？

答：靠窗户的位置。角窑洞不一定是，这要看门怎么开，从中间往两个次间走的时候角窑的炕是满炕，如果角窑单独有门，就不是满炕，这时候炕要挨着大臂，门要远离大臂，因为大臂里面不是还要做烟囱吗，这就能结合起来了。

问：炕必须挨着窗户修，除了采光还有别的原因吗？

答：炕如果修在里面就叫"神像炕"了。北面只有神可以占，人没有资格，没人敢修在那里，这都和《易经》有关系，搞建筑多少得懂点，除此之外还得讲究"阴阳平衡"。

问：您说的"阴阳平衡"有什么例子吗？

答：修房子都是左右对称的。有的人家尺寸不够修4间房，中间还要修一个很小很小的窑洞代替，以解决这个对称问题，这都是阴阳平衡。

问：动土的时候有什么讲究？

答：只要是有土的地方，动土的时候就得赶着土家（土神）不在。村里有懂这个的人，人家算完告诉你土家什么时候不在，他不在的那天你就可以动土（月历上有这个）。

问：这个仪式是怎样的？

答：在动土的地方上供，立一个牌子供奉姜太公，主家磕头点蜡，烧香，贡品有五贡五菜，上香的时候就开始放炮。在这一天中什么时候磕头上供都是有吉时的，都要找人算，凡是动土的方位都要洒酒，因为土家爱喝酒，洒完酒以后盖房的师傅在基地的四个角各挖一铲土就算动土了。

4. 平遥县岳壁乡梁村冀根贵访谈

工匠基本信息（图2-106）

年龄：75岁

工种：瓦匠、泥浆、木匠

学艺时间：1963年

访问时间：2017年4月8日

图2-106　平遥县岳壁乡梁村冀根贵

问：请您介绍一下您的基本情况。

答：我叫冀根贵，今年75岁，1943年出生，祖籍山西平遥，从出生就一直住在梁村。我在东泉镇念到初中，没毕业，因为家里面穷，供不起。

问：您是什么工种？师从何人？

答：瓦匠、泥匠、木匠都会。我有两个师傅，木匠师傅叫阴双全，瓦匠师傅叫周保薰，这个师傅也会点木匠。我先学的木匠，从1963年开始学的。1963~1964年这一年的时间都在学木匠，师傅一直带着我干。瓦匠是从1966年开始学，一直到1973年，学瓦匠的时候木工活也一直在干着。总的来说瓦匠、木匠我都爱好，但是木匠我更加擅长。

问：学习手艺是怎样的一个过程呢？

答：这个学习就是师傅带着徒弟一起盖房子，师傅不在身边自己单干的时候就叫出师了。学艺的时候不需要交学费，师傅也不管饭，都是按公分算的，没有工钱。到了1982年才给工钱，大概一天2.5元（大工的价钱）。学徒的时候一天能挣10公分，咱们村10公分能给5角钱，但这个不是确定的，和村子的贫富程度有关，有钱的村子就能多兑换些钱，能兑换到6.5角，钱到年终才能给。

问：现在咱们村还有年轻人学这个手艺吗？

答：很多呢。不过我没有徒弟，村里面有很多老手艺人，这些年轻人就和这些老人学。

问：在建造锢窑之前有没有选择基地的过程？

答：地都是批下来的。大队批的，每家交点钱大概20多块钱，这个钱不多。批多大地，由这家有几口人决定，一般人多的就批5口窑洞的地，大概是5分地吧，人少的就批3口窑洞的地，大概是3分地，基本上一口窑一分，总的来说最起码2个人一口窑洞。

问：在（20世纪）70年代这个基地有没有其他要求？

答：这个要根据集体的规划，不能想在哪里修就在哪里修，村里都是一排一排地修。不过分到的地大部分都是长方形的，尺寸大概是15米宽、18米长，这种尺寸可以修两套院，里院外院。其实在很早以前，明末清初的时候，有钱的大财主都修三个院，最起码也得修两个院，也就是"日"字院，后来就变成"口"字院了，不过"口"字院也不是方的，它也是长的。（20世纪）70年代是"日"字院，但是中间的隔墙没有了，就变成一个大院了。实际上还是"日"字院的尺寸，不过修成"口"字院，叫法上还是叫成"日"字院。

问：基地有没有什么其他的讲究？

答：这个集体规划的时候就选择好了，所有能批的地方都在规划内，规划这一大片地的时候就定好了，等到个人的时候就不用管这事了。主要就是房屋需要向阳，在地势上东边高西边低，南高北低，所谓东边是青龙，西边是白虎，青龙得比白虎高。

问：基地有好有坏，当基地的条件不是特别好的时候怎么办？

答：土软的时候，基础打深点，土质好的时候基础就可以打浅点。基本上不会换土，夯实就是在基础里面夯实了，咱们这个村里基本上没有特别坏的土。如果真遇到特别坏的土了，你比如说砂土，那就只能整体挖走，换成好土了，且至少得换走1.5米厚的砂土。

问：基地不平整的时候怎么找平？

答：拿一盆水（盆没有什么特别要求），把盆放在基地差不多中点的位置，里面盛满水，水里放一根木头，木头是长条形的，两边各点一个点。然后在基地内选取几个点，一般是在四个角定四个点（大概位置），四个点立四个木桩。这项工作至少需要两个人合作，一个人在基地中点的位置看木头上的两点，另外一个人在木桩旁边拿着笔听第一个人的指挥做标记，根据第一个人的指挥调整上下高度，在木桩上标记下与水中木头上的两点在同一水平面的位置，依次类推，四个点均做上标记，四个点拉上线，那么这四条线组成的矩形一定是水平的，这个矩形的平面就是参考水平面了。基地根据这个参考平面把凹的地方垫上，凸出来的地方铲平，这个过程全凭肉眼，误差是存在的，最大的时候误差可以达到6～7厘米。

问：线圈的高度是基地最终的高度吗？

答：不是的，线圈就是起一个参考平面的作用。基地垫多高与这个村子的整体规划有关，村中集体规划是东高西低，每相邻的两家东面比西面高2层也就是12厘米。根据这个来决定垫多少或者是铲掉多少土。

问：放线的过程是怎样的？

答：放线的过程除了考虑窑洞的尺寸外还要兼顾周边房屋的位置，因为房子都是一排一排的，都得对齐。放线时拿一把铁锹，铁锹里面放白灰，一边走一边拿棍子敲。放的这些线是各墙的轴线，不是边线。

问：房屋的朝向是怎样的？

答：咱们这边会往东南方向（太阳升起的方向）偏3°～8°，当房屋上北下南的时候是顺时针转的。因为在我们这有一个讲究，正南正北的只能是庙宇、宫殿，平常人的住宅一定不能这样，这是风水上的一个讲究。房屋的朝向一般都是集体定好的，集体规划的，一排一排的。普通人家不理会，只有有钱的人家才会请风水先生，一般的人家都不请，风水先生就是用罗盘来定方向的。

问：壕沟挖多深多宽？

答：这个看土质。如果土质比较硬，就挖30厘米，土质比较软的时候就一直挖，直到挖到硬土为止，必须挖到土质好的地方、土硬的地方。壕沟的宽度要保证每边比上面的墙体宽出25～30厘米。

问：咱们往沟里面填什么材料呢？如何填？

答：填37灰土。所用灰土握团成型不散即可，填灰土时每层虚铺不能超过20厘米，每铺完一层就夯实，土质好的时候一层就够了。夯实完的灰土平面要比地平面低3～5层砖，要留空间砌筑砖座，砌筑的时候要退台。

问：砖台如何砌筑？尺寸要比上面的墙宽出多少？有何要求？

答：49墙的宽度是从中间加出来的，一般加115（毫米）。24墙的宽度是从旁边加出来的，也是115（毫米）。根据当地土质的软硬，砖台一般都是2～5层。

问：后墙的尺寸有何规定？

答：后墙宽1.3米，这是由墙的高度决定的。我们这边后墙的高度一般就是3.5～4米，一般墙高4米的时候宽度是1.3米，墙高3.5米的时候宽度是1.2米。

问：山墙的尺寸有何规定？

答：山墙的厚度一般得做到1.7米。它的厚度和窑眼的数量相关，窑眼越多，山墙越厚，比如3口窑洞的时候就不用这么厚，总的来说山墙的浮动范围是1.3～2米。三眼窑洞的时候山墙至少1.3米，五眼窑洞的时候山墙至少1.7米。不过村里面批下来的宅基地最多修到5眼。有关系的或者儿子太多的最多能到10眼窑洞。山墙的高度一般是2.67米，这个窑洞的牢固与否主要取决于山墙的厚度与高度。

问：山墙的厚度与窑眼的个数有没有什么比例关系？

答：有。但我们常用的都是老一辈留下来的经验，3眼的时候1.3米，5眼的时候1.7米，10眼的时候2米多，窑洞的眼数多到一定程度的时候，山墙的厚度也不会发生太大的变化了，因为中间的力传不到两边大臂里面去了，太远了。

问：总结一下这个山墙的厚度总共受到哪些因素的影响？

答：窑洞的眼数；左右有没有邻居，有邻居并且两家房子是紧挨的时候相互之间就会多一种支撑的力量；还有就是基地本身的特点，比如说分到的基地修4口窑洞会富余，修5口窑洞又不够，这时候就会选择修4口窑洞，把剩下的尺寸分摊到大臂里面。

问：拱券的形状是怎么确定的？

答：我们要找到一个点O，就是窑腿顶端连线的中点，在这个中点正上方某个距离处（这个距离和窑洞开间有关系，当地是这样规定的，开间是33厘米时，这个高度是6厘米，是这样的比例关系）确定第二点A，这个点往左往右再各找一个点C与D，点C、D之间的距离和开间有关（开间是33厘米时，这个距离是2厘米）。这些全部是老祖宗传下来的数据，我们也不知道为什么会是这些数字，找到点A、C、D后可以画弧了。

问：确定完拱券形状以后呢？

答：先在后墙按照刚才说的方法画出拱券，然后在前墙同样的位置画出券，两个券之间搭接起来。这个过程里面有几个关键点。首先要砌筑临时窑腿，用工地上废的木头、砖啥的就行，反正到最后这些还是要拆除的。其次要拉线，根据后墙上画出的弧线每隔2层砖拉出一条线，等于说先用线找出了拱券的形状，在拉线的时候前墙要有一个临时的架子让这些线附着。具体是这样，我们先在临时窑腿上搭人字架（窑腿上边水平两点和拱券最高点，通过这三点把人字架搭出来，搭出来后这三个点位置就可以拉线了，由人字架延伸出来的其他架子可以作为其他线的附着点），也有的是在前墙对应的位置放置一个弧形（比照后墙弧形做的）的杆儿作为线的附着点，做完这这步工作后，我们要沿着窑洞进深方向每隔一定距离搭设临时窑腿，然后重复刚才的操作，拿拉的线作为弧形的参考，最后在临时架子上搁置木桩，架子的距离就是根据木桩的长度定的。木桩排好后在上面抹泥，抹好泥后再在上面每隔2层砖拉线作为砌砖的参考。（注意：是先把前后的架子支好后再支中间的）

问：模具在位置上是沿着临时腿子的内边放还是外边放？

答：模具的内边要沿着腿子的内边，这样才能保证拱券砌筑完以后与腿子的内边对齐。模具搭好以后就有了一定的强度了，人可以直接踩在上面施工。

问：在模型上面砌砖具体是怎样的一个过程？

答：先在模具上抹好泥，然后再砌砖。泥有两层，第一层泥里面要加上麦秆，干了以后再抹第二层，第二层泥加的是麦壳。这样模型表面的弧线就用泥土找出来了，等它彻底干掉，大概需要2～3天。

问：干了以后进行哪一步工作？

答：用墨盒拉线，每隔两层拉一条线就行了。拉完线以后干摆砖，然后用糊糊状（拿一个棍子放在糊糊里面再提起来，成串的，能连接起来）的灰水灌缝，最后等灰水干透。这需要一个礼拜的时间。

问：干透之后可以剔掉临时搭建的模具了吗？

答：对，该拆模具了。在下面拆模，这个有一定的危险性。一定先抽外面的木桩，再抽里面的木桩，一定要从外到里一节一节地抽，每抽完一节就要用铁锹把上面的泥铲掉，是抽一段铲一段，顺序不能乱。

问：铲泥的时候有什么技巧吗？

答：这个只要先铲出一个口来，整个弧形的泥就都能下来了，人不能站在正下面铲，要站在边上铲土，要不然土掉下来会砸到人，这就是之前说的安全隐患。

问：拆完模具之后进行哪一步工作？

答：该上土了，用石杵夯实。上土是填充八字壕和屋顶覆土的统称，上土时一定要分层，每层顶多虚铺20厘米，层数根据铺的高度来定。八字壕要铺到和窑顶一样高，这个时候窑洞就牢固了，肯定不会塌了。

问：填充八字壕的时候有什么需要注意的吗？

答：要注意所有的八字壕一定要统一铺，不能一个全部铺完再铺另一个，所有的八字壕是齐头并进的，一般以20厘米为单位，就是先统一把所有的八字壕虚铺20厘米夯实，再统一铺下一层，不然窑洞会歪掉。

问：需要几个人同时铺吗？

答：不需要，因为就20厘米嘛，可以先填完一个八字壕再填另一个，20厘米的土推力还没有那么大。但是绝不能把一个八字壕填完了再填另一个，那就肯定塌了。

问：烟囱在哪个位置？数量有何规定？如何砌筑？

答：中间的烟囱在八字壕里面，两边的烟囱在大臂里面。烟囱的个数和炕的个数是一样的，有几个炕就有几个烟囱。烟囱从离地50厘米高的时候就开始砌筑，砌筑的时候要留一个"狗窝"，因为烧炕的时候烟道里面会有灰，灰不能直接落到窑腿里面，这样会把烟囱堵死，所以在这个位置留一个洞，灰满了的时候还要掏一下。"狗窝"就是储存烟灰的地方，没有"狗窝"，烟道堵住了家里面就会CO_2中毒。"狗窝"是咱们当地的俗名。

问：您刚才说的"野风口"是做什么的？

答："野风口"就是防止刮风的时候，灰倒回来呛人，所以当地把筒瓦伸出3～5厘米，这样风倒循环的时候就到了下面的"狗窝"里面，进不到炕里面。

问：前墙拱形的洞口上面通常不止一道拱形砖，这是怎么砌筑的？

答：对，我们通常会再砌筑两道，也有砌一道的，砌得越多，拱券的洞口压得越瓷实。在做八字壕的时候砌筑，砌筑的时候第一层砖立着，第二层砖平着，然后再立着一层再平着一层，我们当地称之为"两立两平"。

问：屋顶的排水坡度怎么找？

答：前墙要比窑顶高40厘米，后墙要比窑顶高60厘米，这样前后就有20厘米的散水坡度了，那个时候一般5眼窑洞留2个排水口，所谓留双不留单，不过现在都是有几眼窑洞就留几个排水口。排水口的位置都要低5～10厘米。

问：在屋顶覆土时是怎么具体操作的，坡度是怎么找的？

答：这个就需要拉线当参考了。经验丰富的匠人3根线就够了，前面一条，后面一条，中间一条。过程如下：在后墙量出60厘米的线，在前墙量出40厘米的线，在这两个高度的线之间再拉一条，经验不丰富的多拉几条，看匠人的经验了。就是注意在前面拉线的时候要在排水口的位置立一个木桩，把此处的线往下压10厘米。

问：在屋顶覆土完成以后对表面有什么处理吗？

答：要撒一层白灰。在下面把灰土配好以后（一握成团不散开）拿上去，均匀铺开，虚铺8厘米，然后夯实，等干透了就可以铺砖了。

问：铺砖的具体操作是什么？

答：先铺砖，最后用灰水灌缝，灌缝和之前用砖砌筑拱券后灌缝是一个道理。灌缝的时候灌得满满的，灌完以后拿一个叫"郭子"的工具来回刺刺，就平了，然后就可以勾缝、压缝了。

问：那个年代有女儿墙、花墙吗？有何讲究？

答：有。屋顶弄好以后就开始砌筑女儿墙，有钱人家还会砌风水楼、风水壁啥的。咱们这边一般都砌筑"核桃花"，女儿墙一般砌筑13层砖，大概是800毫米。

问：之前说到那个时代后墙和砖墙都是土墙，对于土墙有没有什么保护措施呢？

答：有的会拿砖包起来。

问：前墙上的门窗何时安装呢？

答：门窗是另外一码事，和砌筑窑洞没有关系，这个属于装修啦。我们这边把窗台这部分墙体都不算前墙，算成装修，只把八字壕往上的墙体算作前墙。

问：那门窗怎么安装上去的？具体的过程是怎样的？

答：这就是木匠的活了。安装的时候，下面的窗台先不砌筑，先在门窗上下的位置各搁置两条通长的木头（这相当于固定门窗的框架）。木头是埋在两边的墙体里面，通过这些木头把门窗立起来，然后再把下面的窗台砌筑起来。

问：（20世纪）70年代建造窑洞的土是从哪里来的？

答：有的是就地取土，如果条件允许也可以在自己院子里面挖。动土还是很有讲究的。

问：咱们这边合龙口有什么仪式？

答：盖窑洞的时候要把正中间窑顶上的最后一块砖留着，等券全立起来以后，把这块砖放上成为合龙口。这个时候只是刚把拱券立起来，八字壕、屋顶、门窗都没弄呢，把这块砖用红纸或者红布包上，再准备5种颜色的布，分别是红色、黄色、蓝色、绿色、粉色，拿红线把这5色布的一头绑起来，再把5色布放到要放砖的缺口里，然后再把包着红纸的砖放进去，这些布被砖压在下面，长出来的部分垂在外面。

问：那个年代室内地面有几种处理方式？

答：一般都是用砖铺砌。那个砖和砌筑墙体的砖一样，有钱人家也会用方砖，其中小砖是270毫米×60毫米×130毫米，方砖是270毫米×260毫米×60毫米。

问：室内外高差是怎么找的？室内在铺砖的时候要不要先垫高？

答：在开始选址做基础的时候就要考虑这个，室内要垫高的。室内外高差2厘米左右，垫高以后别忘记夯实找平，然后再用泥当黏结材料把砖铺砌上，砖铺完以后用灰水灌缝。

问：后墙是夯土的，土上也能抹灰吗？

答：能，土上先抹一层细泥然后再抹灰。细泥就是麦壳加泥加水，混合好了抹上，土墙的时候需要这么做，砖墙直接抹灰。这个灰里面加草籽球，草籽球是一种植物。

问：配比怎么掌握呢？

答：在太阳能晒到的地方把掺了草籽球的白灰抹到墙上，太阳晒一会如果裂开缝了，这说明配比不均匀，还得往里面加草籽球，直到太阳晒完不出现裂缝为止。

问：在抹这种灰之前要对墙作一些处理吗？

答：喷水，把墙弄湿，趁着墙湿的时候抹灰，抹一层

就可以了，这层的厚度顶多不超过3毫米。

问：墙面处理完多久才能住进去人呢？

答：得干透了，起码得2~3个月。冬天的时候得生炉子烤，即便用炉子也得1~2个月。

问：前檐是怎么处理的呢？

答：有前檐，前墙前面都会立一排柱子，柱子上面有梁。里面有一根小梁的，我们称之为后梁，这根小梁在做前墙的时候，前墙砌筑到该埋梁的高度就把梁放进去了。这个位置都是提前设计好的。后梁正下面有一根瓜柱，瓜柱上有一根扯牵与前梁搭接，这个扯牵起拉力作用，它拉住前檐，这样，前檐就不会翻过去了，扯牵与瓜柱、出檐组成一个三角形，我们知道三角形是最稳定的。

问：（20世纪）70、80年代的时候前檐最下一层是什么？

答：是木桩。粗的一头放外面，细的一头放里面，当地称为"晒头不晒尾"，木桩的大头直径在12~15厘米，小头之间直径在10~13厘米）木桩铺设在前梁与后梁上，铺一排，用木钉固定住。每两根木桩之间的距离是17厘米（说的是两根木桩之间的轴线距离）。

问：木桩上面铺的是什么？两者如何结合？

答：是"插飞"（飞椽），飞椽和下面的木桩也是通过"木钉"钉上的。飞椽的尺寸厚度不低于7厘米，宽度不低于9厘米。

问：飞椽上面是什么？尺寸有何规定？

答：木板，就是望板，1厘米厚，多宽都行，挨着放。

问：板上面呢？

答：抹泥，泥上面就是片瓦，瓦是通过泥粘在望板上面，片瓦上面就是筒瓦了。

问：滴水是怎么处理的？

答：筒瓦的最边上是"猫头"，片瓦的最边上是滴水，铺设瓦片的时候就自然形成了。

问：前檐的构造知道了，前梁和后梁之间的高差怎么找呢？

答：比如前檐的宽度为1尺，瓜柱就得高1.5寸。前面柱子的高度要根据窑顶的高度来定，前檐的最低点（后来证实就是柱子顶点）不能低于窑顶的最高点。

问：这个最低点要比窑顶高多少？

答：牵板的上边要和窑模对齐。注意是要和窑模的下边对齐，窑模的下边是平的，上边是拱形的。这个牵板就是连接两根柱子的横向构件，它既是装饰又是固

定柱子的东西，不起承重作用。牵板的位置确定后，往上一层层铺设其他构件，柱子的高度就有了。

问：咱们这边出檐出多深？前檐出多深是由什么决定的？

答：民居大概是1.3米左右，这说的都是轴线尺寸。前檐出多深由采光决定，太深了就会挡到前面的阳光。所以既要不影响采光，又得防雨，保证下雨溅不进去。这是个经验活，一般出檐的深度在1.2～1.3米。

问：前檐的柱子一般多粗？前梁多粗，后梁、瓜柱多粗？

答：前檐的柱子要26厘米的直径，上下浮动2厘米，前梁也得26厘米粗，后梁随意，差不多15厘米，瓜柱15厘米粗。

问：柱子有柱础吗？柱子和柱础是如何结合的？

答：有。我们叫鼓石和"盘石"，它们之间没有黏结材料，全靠压力怼上，只不过柱子的底面是凹进去的，两边高中间低。

问：是每个窑眼里都有炕吗？

答：不一定，门道（客厅）不放炕。炕挨着窗户修，一般不往后面修，修在前面做针线活有光线，很方便。

问：炕的尺寸是怎样的？

答：炕一般深5尺4寸到5尺7寸。其中通过门道进入的窑眼，里面的炕都是满铺的，单独进入的窑眼（角窑）炕挨着大臂和窗户，灶台也是挨着大臂，一般还会挨着灶台在大臂里砌筑一个小窑窑，这个用来放做饭的东西。炕高度是10层砖，灶台是9层（现在砖小了，就是炕高11层，灶台10层），角窑的炕长度在8尺到8尺5寸之间。

问：砌炕的具体步骤是？

答：炕外面是砖，里面垫土，土垫5层砖的高度，占炕高度的一半，上面做烟道。

问：烟道怎么排？尺寸有何规定？

答：灶台与炕连接处有2个眼，一个眼直接连着烟囱，另一个眼连着烟道，做法是沿着炕长边方向排3道砖墙，形成4个烟道。烟道有4层砖的高度，大概20厘米。

问：砌完烟道之后呢？

答：用土、麦秸、水和成泥，用模子刻成土坯砖，太阳晒干以后把它们盖到烟道上做成炕面，最后在炕面上抹两道泥，比外面的砖檐稍微低一点，上面放完垫

子被子之后就找平了。

问：木窗是预制的吗？门窗与窑洞口是如何完美匹配的？

答：对，木匠把门窗提前拼好了。门窗的尺寸都是提前量好的，先把门的尺寸定死，最后考虑窗户，门的尺寸要求很严格。

问：门的尺寸是怎么规定的？

答：门的尺寸是用一种叫做"门尺"的东西确定的。一般里间（内门）的门的宽度是2尺2寸，高度是（加上4寸高的门槛）4尺9寸5分。外门的尺寸宽度是2尺7寸8分，高度是（加上5寸的门槛）5尺7寸。咱们这边的门上面都是圆弧形的，现在说的这些尺寸不包括上面的圆弧，圆弧的尺寸不固定，说的都是下面矩形的尺寸。

问：门窗是怎么卡到窑腿里面的，具体如何操作？

答：在墙里面要打洞，这个洞是装修的时候才打的，不是提前预留的，然后把门窗上的2根木条穿进去，这2根木条的位置是窗台上面有1根，拱形下面有1根，这相当于门窗上的过梁，当地称为牵板。

问：门窗在嵌的时候是沿着窑腿的中线还是边线，怎么对齐？

答：窗的外边距离窑腿外边40厘米。

问：盖厢房时要提前设计好图纸吗？具体的过程如何？

答：木匠会画好草图，把所有的尺寸都计划好才开始木工。图纸起码得2～3天完成。

问：材料准备的过程具体是怎么样的？

答：如果哪家要修木构的厢房，会提前和木匠打好招呼，多大的厢房需要多粗的柱子、多粗的梁、各种材料需要多少，木匠心中都有数，他会去木材厂买好。

问：那柱的尺寸和梁等其他构件的尺寸是怎么确定下来的呢？

答：这都是根据木匠多年修建的经验总结的，和厢房的宽度、长度有关系。如果房子的开间是一丈宽，上面用的梁就得有一尺粗，一丈对一尺。立木顶千斤，柱子的粗细没有那么重要，只要能顶住梁就行，不过不修隔墙的时候柱子最起码得有20厘米粗，有隔墙的时候（柱子修在墙里面）有15厘米就行了。那个年代每间房的开间不会超过1丈，超过1丈梁就承受不了了，梁的承受点不能超过1丈，梁一般1丈1尺长。

问：木匠是怎么搭设框架的？

答：量好尺寸，定好中梁、前梁、后梁下面6根柱子的点，先把柱子立起来，立柱子的时候每根柱子都会有2根辅助的斜撑，待把柱子稳定好以后可以撤掉。立完柱以后放梁、放椽，最后砌墙，砌好墙以后屋顶上抹上泥放上瓦，大体的建造顺序就是这样。

问：厢房的后墙里面有暗柱吗？

答：有的，一般就2排柱子。

5. 平遥县岳壁乡西源祠村刘大忠访谈

工匠基本信息（图2-107）

年龄：56岁

工种：瓦匠

学艺时间：1985年

从业时长：33年

访问时间：2017年4月9日

图2-107 平遥县岳壁乡西源祠村刘大忠

问：请您介绍一下您的基本情况。

答：我叫刘大忠，56岁，1962年出生，是一名瓦匠，我祖籍就是这个村，从出生就在这里了。

问：您学艺的过程是怎么样的？

答：我23岁和我父亲开始学习。我父亲是一名瓦匠，学习的过程就是跟着父亲一起干，一起盖房子。在实践中学习，我不交学费，也没工钱。

问：请问您修过的最早的锢窑是什么年代的？如何看待各个村子的建造技艺之间的差别？

答：（20世纪）80年代的，村子里面有太多房子的建设我都参与了。建造技艺其实都是看着有差异，最终结果差不多，这个涉及因地制宜，方法都不固定。

问：现在村里还有年轻人学这个手艺吗？这个行业挣的钱多吗，和以前比有什么变化？

答：都出去了。我没有徒弟。我现在还干这行呢，就是不建造锢窑了，现代人不流行住这个了。挣钱多少要看个人技术，以前挣工分，工分换钱，现在直接给现钱，反正能养家糊口。

问：建造锢窑的基地是如何获得的，怎么批下来？

答：那时候批地的情况特别少，都是在老院子的基础上修，院子破到不能住人了，拆了重建，我们村新批地的情况就没有。

问：如何找壕沟的参考线？参考线定几条（放线）？

答：如果是新批的地，看后墙后面有没有路，如果没有，房屋的后墙退基地1米多，就是要留一条走道；如果是翻新老房子，直接在原墙体下面挖就行了，不需要参考线。山墙不退基地，那块地有多宽就用多宽，充分利用。前墙、后墙、山墙、窑腿都得画线。

问：房屋的朝向是怎么定的呢？

答：咱们这边的房屋都不是正南正北的，用指南针找准正南，然后朝东南方向偏15°以内。

问：哪些位置需要挖壕沟？

答：所有墙的下面都要挖沟，往沟里面放灰土（一般是37灰土），填灰土的时候要分几层去填，每一层虚铺30厘米，铺几层要看壕沟多深了。壕沟的深度要看基地土质的软硬，软的时候能挖到1米多深，这时候灰土得铺到60厘米，硬时就浅一些，挖60厘米就差不多了，这个是活的。这时候灰土填一层就行了，不过不管壕沟多深，上面都要留出砌砖台的空间。每铺完一层灰土都要夯实。

问：墙的基座一般砌几层？如何砌筑？

答：这和上面的墙有关系，看上面的墙有多厚了。37墙的时候，下面的砖台是三退（一共6层砖，每两层砖退一下），50墙的时候下面就是两退，也和壕沟的深度、宽度有关系，根据实际情况会随时调整，比如说37墙的时候一般就退三下，但如果此时土质不好，壕沟比较深，多退一层也没关系。这个过程中每层砖台退2寸。砖台在砌筑的时候要平着砌筑，基本上1米能放8块砖。

问：壕沟的宽度是如何决定的？挖的壕沟是矩形的还是梯形的？

答：这要根据上面墙的宽度来定。上面承重越重，下面挖得越宽越深，壕沟一般是上面墙体的2倍宽，当地壕沟一般是1～1.2米。壕沟的形状是矩形，因为当地土质比较硬，所以不用放坡，不用担心土会塌。

问：不同的墙在砌筑时有顺序的差别吗？

答：人不够用的时候，先砌后墙，砌到一丈零五，再砌筑山墙、窑腿，山墙砌筑到18层砖。人要是够用，所有墙一起砌就行了。

问：原来的砖是什么尺寸？那时候的灰缝宽多少？

答：砖是260毫米×125毫米×70毫米，以前是15层砖加上灰缝1米高，换算到每个灰缝的宽度就不知道了，反正很小。

问：山墙一般多厚？山墙的厚度会不会随着窑眼的数量发生变化呢？

答：1米宽。以前山墙、后墙都是土墙，不过一般后墙是纯土，山墙还会在外面包一层砖，当然了有钱的全包上砖。在我们村，它的厚度不会随着窑眼的数量发生变化，一般都砌成1米（这1米宽包括外面包着的砖的厚度）。

问：窑腿多宽多高？

答：50墙、37墙都行，50墙用得多。高度一般就是18层砖，这个根据窑洞的总高度会调整，不过当地的高度都是个定值，所有窗台的高度一般都是18层砖。

问：砌筑墙的材料除了砖有石头吗？

答：穷的人家在墙的下面会用石头，这些石头在我们村的河里就能捡到。黏结材料还是白灰膏。

问：土质的后墙是怎么砌筑起来的？

答：土墙不是直上直下的，它是上面小下面大，梯形的。砌墙的时候要先在墙两边搭设两个梯形的架子，梯形的架子之间每隔一定距离竖起相同的架子，最后架子的形状是一榀一榀的框架。注意在框架最上面是没有横梁联系的，然后拿两块门板放在梯形的架子里面卡着控制墙的宽度和墙的梯度，所以两边的木板也是梯形的。木板中间用椽子（就是木桩）挡土，每砌筑一段（6～7根的样子）撤出下面的木桩往上挪，当然了，要是材料够用一下子砌筑完也行，一版一版地砌土。

问：有那么大的门板吗？

答：一般没有。不够就用别的东西接，而且下面垫上土以后可以把下面的木板挪到上面重复使用，保证它是梯形就行了。

问：木桩之间的距离是怎么样的？如何彼此固定？这是怎样的一个梯形？

答：这要根据椽子的长度来定。要保证椽子相搭，立桩和横桩之间用麻绳拴起来。梯形下面1米宽，上面1尺，墙高3米多到4米。

问：拱券的形式如何确定？

答：在两个窑腿的内边各钉一个钉子，钉子上面拴一根没有弹性、长度等于窑眼开间的绳子，以其中一个钉子为圆心，拉住绳子的尽端往上走15层砖；然后再以另一枚钉子为圆心，拉住另一条绳子的尽端往上走15层砖，拱券下半部分的弧形就确定了。两根绳子的交点为O，O点水平往左右量取2.5寸定下点A与点B，从A点与B点往上垂直拉线与之前的两条绳子相交于点C与点D，点C与D即为新的圆心。在新的圆心处钉上钉子，注意左边的绳子是被左边的新圆心绊住，右边的绳子是被右边的新圆心绊住，不能混着来①。绳子被新的圆心绊住后继续画弧，整个弧形就出来了。

问：这个2.5寸是怎么得到的？开间变化之后怎么办呢？

答：3米开间的时候点A与点B的距离是5寸。开间变化之后怎么办我记不清了，当地窑眼的开间一般都是3米。

问：比如说分给我们的地做3米的开间不合怎么办？

答：这个也不一定是3米开间，可以上下浮动一些，但是开间变化以后CD的距离是多少就忘了，但肯定是在5寸上下。

问：起券是怎样的一个过程？

答：（20世纪）70年代的时候，通过"大支券"来砌筑拱券。过程是先在后墙上画出拱券的形状，再以此为依据把模具支撑起来，模具上面抹泥，然后每2～4层拉一条线当砌砖的参考，砖干摆上去，砌砖以后灌灰水。这个灰水有点讲究，材料是白灰配一些砂、土和水，白灰与砂的比例是1∶3，把这些材料混合在一起调制成糊糊状，拿木棍搅一下再提起来，糊糊状的灰水可以成线地从木棍上流下来就说明配得合适。

图2-108　平遥县岳壁乡西源祠民居（左）　工匠现场演示如何起券（右）

80年代的时候就省事了，直接用1米宽的模具一段一段往前挪。

问：模具具体是怎么支起来的？

答：首先在后墙上画出拱券的形状，把这个券水平对到前墙同样的位置。窑腿已经砌筑完了，在前墙的两个窑腿上面搭设一个临时的木板，木板必须水平。这块木板有一定的宽度，木板底下往往需要搭建一个临时的支撑，木板上面干放砖，砖摆一层就行。窑腿顶端的内边要各钉一枚钉子，每颗钉子上绑一根没有弹性、长度等于窑眼开间的绳子。基本工具准备妥当之后，操作的时候是先在木板上平铺一层砖，砖铺砌的长度等于窑眼开间最两边的砖的最外边，上面各放一根木桩，木桩的外边要和绳子的尽端对齐。手拿着绳子沿着同一平面往上走一个木桩的距离，此时平铺2层砖，第二层砖比第一层往里退一个木桩的直径，再把第2根木桩放在砖上面。其实这个砖就是用来卡木桩的，以此类推排完所有木桩，前墙处的弧形木桩就出来了，最外面的一层模具就有了。然后根据前面已经排好的木桩和后墙上的拱券拉线，前后券的顶点一定要拉一条线，保证最高点对齐，然后每隔2~4皮砖拉一条线就行了，其他的木桩根据这些线排出来。有的时候木桩不够用就只能先排出一段弧形，那就先把这段弧砌筑完再排下一段，木桩重复利用。当然了，如果木桩够用可一下子就排完。

值得指出的是，前墙当时并没有砌筑，前墙处的弧形是依靠临时的架子和临时的砖、木桩、绳子、钉子在空中找出来的，很考验匠人的手艺。

问：模具上抹的泥是怎么做的，抹几层？

答：抹2层。第一层是泥里面加上麦秸秆，第二层是往泥里面加麦壳，麦壳比较细，配出来的泥抹上就光滑多了。

问：（20世纪）70年代的时候砌筑完拱券，模具是怎么撤下来的？

答：先把临时的腿子拆了，上面临时的砖（单排砖）就自动掉下来了，再从外到里把木桩抽出来，然后再把泥皮敲下来。

问：您说的临时的砖是怎么放的？作用是什么？

答：这个砖就是顶着上面的木桩的，平着放，一排就够了，依据木桩的长度决定多大距离摆放一个这样的临时架子。

问：砌筑完拱券以后做什么？

答：把山墙砌起来，和最终的顶子一样高，山墙砌起来挡一下八字壕。

问：如何填充八字壕？

答：八字壕外面的墙用白灰砌筑。填充八字壕之前得把前面的挡土墙砌起来，这个墙最终要比窑券顶点高1尺5寸，这个数字是最常用的，但不是固定的。墙里面填充湿土，这个湿土能握团成形就能用了。填充时虚铺20~30厘米就要用木杵夯实一下，一版一版地往上铺土，一直铺到屋顶上面。我们这边填充八字壕和屋顶覆土是一起的。

问：屋顶的坡度怎么找？

答：前墙处的屋顶要比拱券顶点高出30~40厘米，后面一般要高出60厘米，这就形成纵向的排水坡度了，保证前后高差的范围在15~20厘米。

问：除了这个坡度，横向有坡吗？

答：有。八字壕处要下凹5~6厘米，水就汇聚到这里了。

问：屋顶覆土之后有什么处理？

答：有钱的撒一层白灰，三七灰土和成泥，稍微干一些，不能太湿，能握成团，灰土撒完之后要夯实。没有钱的就什么都不撒，直接铺砖了。

问：夯实之后做什么？

答：砌砖，砌砖的时候先镶边，把边镶完以后就把参考线压在这条边上，每三块砖拉一条线，通过量尺寸保证线的水平，其他的砖通过这些参考线铺上。

问：女儿墙是在这之后砌筑还是之前砌筑？

答：之前。先把女儿墙砌起来，才在屋顶铺砖，用白灰灌缝。屋顶铺砖是最后一步。

问：前墙是先把墙砌好还是先安门窗？

答：（20世纪）70年代的时候先把窗台做起来，再把门窗立上去。

问：窗台砌筑到多高就可以立门窗了？

答：窗台不能一下子砌到最终高度。比如窗台最终高度是18层砖，那砌的时候要先留下1~2层砖的高度，因为门窗的梁要放在这个位置，门窗的梁要嵌在两边的窑腿里，或者一边嵌到窗台里。梁的位置不同，嵌入的位置也有所不同，窑腿里面是有洞的，把门窗固定好以后再把剩下的砖补齐。门固定的时候是把门槛两边多伸出来一截，把这部分嵌进窑腿和窗台里面。

问：这些洞是预留的还是后来打的？

答：预留的。某一块砖少砌一点洞口就出来了。门窗需要2根梁固定，上下各一根，窗台位置有一根，这根不是通长的（被窗台挡住了），上面的那根梁是通长的。

问：咱们这边合龙口是怎样的过程？

答：把最后一块窑尖上的砖放上，把五色布用钉子钉到这块砖外面，准备好一枚铜钱，把铜钱塞到墙缝里面，完成之后放炮，上五贡五菜，请乡亲们和施工的所有人员吃饭庆祝窑洞的主体结构完成。当然有钱人家才会有这种仪式，大部分都不办，像我们家就什么都没有。

问：（20世纪）70年代的时候墙面有几种处理方式？

答：一种，就是抹一层白灰膏，白灰膏里面加上麻刀。

问：后墙是土墙怎么抹灰？抹灰之前墙面有什么处理？

答：里面要砌上砖墙，外面是土。抹灰前要把墙洒水湿润，趁着湿抹灰，墙面抹两层，第一层白灰里面加麻刀或者是草纸（用得较多），用纸箱子弄碎了也行（我们当地有个纸箱厂），草纸是防止前面裂缝的。

问：这个比例怎么掌握？配的具体过程是什么？

答：拿个棍搅一搅，把糊糊挑起来，能看到草纸的毛刺就行了。配的时候很简单，就是把纸放在白灰膏里面不断搅拌。

问：第一层、第二层分别抹多厚？

答：这和窑洞做的平整度有关系，一般总共就2~3毫米。其实就是一层，它不是说把墙统一抹完一遍之后再抹第二层，它是随抹随找，刚才说的2~3毫米是最终的总厚度。

问：墙面全部统一处理成这样吗？

答：不是。讲究的炕以上50厘米全部刷上黑油漆，基本和窗台一齐。

问：地面如何处理？地面需要垫高吗？室内外高差是怎么形成的？

答：地面和处理屋顶一样。先把找好高度的室内地面夯实，砖可以干放再灌缝，也可以砖下面抹泥之后再灌缝。在刚开始平整土地的时候匠人就把这个高差大致做出来了，做成前面（南）低后面（北）高，挖完壕沟之后有一个回填土的过程（砌筑基础的过程），这个时候就可以很精细地找室内外高差了。一般来说窗台18层以下是地面，室内地坪就是在回填土的时候定下，有时候室内垫土和室外挖土是结合的，定下室内高度以后，再根据想要的高差定室外高度，根据实际情况该挖的挖、该垫的垫，垫土的时候要夯实。

问：室内外高差一般是多少？

答：看地形，一般是室内比室外高12厘米（一个台阶），当然也有高差大的。

问：（20世纪）70年代的窑洞有小前檐吗？

答：有，我们叫"狗牙"，第一层出墙面的距离不到2寸，以此类推，"狗牙"一般在女儿墙下面，共3层砖。

问：黏结材料白灰膏是怎么调制的？

答：修房子以前先拉一部分生石灰块，找个平地堆上生石灰块，四周拿砖挡一下。拿大量水冲生石灰块直到它变成粉状并加以搅拌，在这堆生石灰块前面挖一个坑，坑周围抹上泥作防水处理，坑和生石灰块之间挖一道沟，被水冲完之后的生石灰就能顺着沟流到坑里面了。坑中间有滤网，滤网把杂物截住，剩下的流到坑下面放几天就可以用了。

6. 平遥县南政乡侯郭村侯有福访谈

工匠基本信息（图2-109）

年龄：47岁

工种：木匠

学艺时间：1987年

从业时长：30年

访问时间：2017年10月22日下午

图2-109 平遥县南政乡侯郭村侯有福

问：请您介绍一下您的基本情况。

答：我叫侯有福，今年47岁，祖籍山西平遥，念书念到初中，从我十七八岁开始学习木匠手艺，学了3年多，干这个行业已经30年了。

问：如何在初加工后的圆形木料上别十字线？

答：要利用墨斗。首先将木料固定好，然后在圆形木料上的任意位置弹一条墨线，再将墨斗一头的线抽出，将线头分别置于直线的两头。由于墨斗有一定重量，故线自然垂直（类似于线锤），此时用手将线按在木料上，线上的墨汁即粘在木料两头的截面上分别形成第一条直线。

分别在木料两头的截面上画好第一条直线后，再利用拐尺（形似丁字尺，且每个直角边正好宽一寸）、直尺等工具画出与第一条直线垂直的第二条直线。具体过程如下：先用直尺在木料一头的截面上量出第一条直线的中心，然后用拐尺画出与第一条直线垂直的线，这样，木料一头截面上的十字线就画好了。木料另一头截面上的十字线也能用此方法画，但是会有误差，因此我们用另外一种更为精细的方法：先用直尺量出另一头截面上已画出直线的中点，再抽出墨斗一头的线，利用墨斗自身的重量绷直直线，挪动墨斗线的位置，直至其经过第一条直线的中点，用手将墨线按在木料上，即形成十字线。

木料两头的截面上都已画好十字线，匠人再利用墨斗在木料表面上弹线。过程如下：将墨斗的一头固定在十字线的一点（一共4个点，还有3个点没有在木料表面弹线），另一头固定在对面十字线中对应的一点（保证墨斗两头固定的构件与木料垂直），然后用手拉起木料表面的直线，抬起一定高度后放下，墨汁即弹在木料表面，此时木料表面被四条直线四等分。至此，十字线就别好了（图2-110）。

图2-110　工匠现场演示如何在木料上画参考线

问：如何保证木料两头的截面与柱子中线垂直？
答：利用拐尺和柱子表面的十字线来实现。首先将拐尺的一边比在木料表面任意一条直线上，按住此边不动，滚动拐尺的另一直角边，与此同时用铅笔沿着此直角边的轮廓在木料表面画出弧线，用同样的方法分别将拐尺放在木料表面另外3条直线上画弧线，四段弧线即拼凑出一个与木料中线垂直的圆。如果此木料是作为柱子的构件，则要与柱子的升线垂直，所以要先在木料表面画出升线。

问：别好十字线以后呢？
答：以十字线为参考画出榫卯的参考线。

问：画榫卯的参考线时要保证木料两头的截面与木料中线（或者升线）垂直吗？
答：对。如果两头的截面不垂直，斜得特别厉害那就是马蹄形截面，要把它截断变成垂直的。

问：馒头榫的尺寸有何规定？
答：以前的榫卯都是以"尺"为单位，馒头榫深5厘米（1寸5分），把木料两边的截面基本做垂直以后用上边说的找垂直截面的方法，在距离截面5厘米的地方画出一个圆圈，此圆圈必定与木料中线垂直。然后再拿出拐尺，将拐尺其中一直角边的一边与木料表面的一条直线对齐，再沿着这个直角边另一边画线，这条线与木料表面原有直线的距离即为1寸（因为这个直角边正好宽1寸，拐尺都是木匠自己做的，在做的时候就做成了这种常用的尺寸，方便使用）。用同样的方法，在直线的另一边画出距离其1寸（3.3厘米）的直线，以此类推，在剩余3条直线的两边分别画出距离其1寸的参考线，最后在截面上分别连接对头的两根参考线，参考线彼此相交会在截面的中间形成一个方形，然后匠人拿大锯把方形以外的木料锯掉，则形成一个深5厘米、边长为6.6厘米的馒头榫。

问：用大锯锯馒头榫的时候有什么技巧吗？
答：有。大锯要沿着画在截面上的四条参考直线锯，一直锯到画在木料表面的参考圆圈处（5厘米的地方），然后再沿着参考圆圈往下锯，馒头榫卯就完成了。

问：锯的时候需要几个人？
答：两个人，一个人拉上锯，一个人拉下锯。

问：馒头榫一般用在哪里？
答：柱子和大梁的接口处就用馒头榫。

问：馒头榫的尺寸会随着构件的粗细而发生变化吗？
答：不会。构件粗一点细一点都是做这么大。

问：馒头榫的榫是锯出来的，那卯是怎么抠出来的，有何技巧？
答：馒头榫的眼儿都是开在大梁上的，大梁与柱子交接的部位要处理成平的，我们利用拐尺和梁上的十字线画出馒头卯的参考线，然后拿凿子与锤子一点点把这个眼儿凿出来。

问：如何保证凿的深度？
答：凿子的头儿正好就是5.3厘米深，理论上我们要把眼儿凿5厘米深，但实际都要凿得深一点，所以凿子头的深度略大于5厘米。之所以要凿深一点，是要保证榫子完全插到眼儿里面，有点缝隙没关系，就怕插不进去（按道理说在做榫卯之前都要保证木料的截面垂直于木料中线，但实际上做榫时只要截面斜得不大，通常不会做垂直面，这就导致做出的榫子表面常常会有一点倾斜，所以再做卯时要凿深一点）。

问：凿的方向有要求吗？

答：有，全部要顺着木头的纹理，不能逆着。

问：凿的时候有什么技巧吗？

答：有。凿一下摇三下，这样才能把木头抠下来。等习惯以后动作就十分连贯了，凿得也就快了。不过对于刚开始学习凿的人一定不能追求快，否则很容易把锤子砸到虎口上。

问：燕尾榫的尺寸有什么规定呢？

答：燕尾榫的截面是一个下大上小的梯形，长边1寸4分，短边1寸，深5厘米。

问：画燕尾榫参考线制作燕尾榫的流程是怎样的？

答：基本原理和画馒头榫的参考线一样，也是要借助拐尺和直尺，具体流程如下：首先在距离木料截面5厘米距离处用拐尺画一圈与木料中线垂直的圆圈，再在木料表面选定一根十字线，以此线为中线分别往左右等距离量取7厘米和5厘米（贴近木料截面的一侧量取7厘米），然后在与此条十字线对头位置的十字线处用同样的办法画出燕尾榫的参考线，最后于木料截面上用直尺连接处在对头位置的4个参考点，匠人拿大锯锯掉两条参考线以外的木料，燕尾榫就完成了。

问：做燕尾卯时有什么技巧及注意事项？

答：首先画卯子的参考线前一定要将木料的截面做成垂直，然后就是要注意卯子的深度要大于5厘米，最后燕尾卯子并不是纯靠凿出来的，卯子的侧立面是一个梯形，我们先要用锯子将梯形的两个斜边锯通，再用凿子将剩余的直边凿通，这个过程对匠人的技巧要求较高。

问：如何在梁上开檩窝儿？

答：这需要借助一个模具，即"檩条的断面模具"。模具制作过程如下：工匠首先要拿一个木片做一个圆形木板，这个圆形的木板和檩条的断面是一样大小的，然后在圆形木片上画过圆心的十字线当参考线，以其中一条直线作为参考往左右等距离量取1寸确定两点，然后画过此两点与此十字线平行的参考线，两条新的参考线与圆交于两点，连接此两点形成一条直线，拿锯子沿着这条直线锯下木料，剩余部分即为做檩窝的模具，模具上的水平部位与檩条下平宽度是相同的，都是2寸。

在梁上开檩窝之前需要在在梁头画上参考线，厢房的梁可以是三面削平，即梁下与柱子交接的部位、梁的前面与后面（为了美观）都是平的，也可以一面找平，即只有梁下与柱子交接的部位是平的，前者需要5条参考线，即梁的下平线、上平线、前后平线和中线，后者需要在梁头画3条参考线，即梁的下平线、上平线和中线。

当梁是一面找平时，先要在梁头画好中线（过圆心垂直于檩窝方向的直线），然后根据檩窝的深度（≥2寸）画好上平线（沿着中线的顶点往下量取2寸，再用拐尺过此点画出上平线）。用同样的办法在梁的另一头画出上平线，用墨斗在两边的上平线之间弹出水平参考线，之后在距离一边梁头20～30厘米的地方放模板，保证模板的水平截面与弹在梁上的线重合，然后拿铅笔比照着模板在梁上画下弧线，檩窝的参考线就画好了。再拿锛子将参考线内的木料锛掉，檩窝就做好了。此时梁的下平线与做檩窝没有关系，而与梁下柱子的直径有关系，下平线的长度要保证与柱子的直径基本相同。当梁是三面找平时，再用同样的方法确定完下平线以后，利用拐尺画过下平线两点的垂线，然后用锯子沿着这两条垂线将木料锯掉，梁的前后就都是平面了。然后再用墨斗在梁两边的上平线之间弹出水平参考线，用同样的方法在水平面上比照着模板在梁上画下弧线做下檩窝（这种情况较少，20世纪60～70年代梁大多一面找平）。

问：替木和大梁之间通过什么榫卯结构结合？

答：也是燕尾榫，在大梁檩窝的两边开两个燕尾榫。

问：在檩窝上开燕尾榫的原理与在柱子上一样吗？

答：一样的。

问：（20世纪）60～70年代，瓜柱与大梁交接处的榫卯如何制作？

答：我们首先得确定好瓜柱在大梁上的位置，这样我们才能知道在大梁上的哪个位置画榫卯的参考线。过程如下：①匠人先用拐尺在大梁表面的中线上画出瓜柱的中线位置；②以瓜柱中线为基准左右（顺着大梁中线的方向）等距离量取瓜柱的半径，于大梁中线上标记参考点A与B；③利用拐尺画出分别过此点A与B的圆弧线（拐尺使用时一条直角边与大梁表面的中线对齐，与此同时挪动另一条直角边使之过参考点，用手按住第一条直角边同时滚动第二条直角边，拿铅笔随着第二条直角边的滚动在大梁表面画下弧线）；④分别以大梁中线上的点A与B为基准左右（垂直于大梁中线的方向）等距离量取5分确定点C、D与点E、F；⑤用拐尺连接同在一侧的点C与E、点D与

F，要注意CEFD组成的线框并不是开眼儿的参考线；⑥利用凿子与锤子在CE与FD的外侧开眼儿，凿的时候要紧贴着CE与FD，由于凿子的头正好宽5分（工具都是匠人按照常用的尺寸自己制作的），故凿出来的眼儿正好5分宽，（20世纪）60～70年代的卯一般深5厘米，这样大梁表面的两个宽5分、深5厘米的眼儿（卯）就制作出来了。然后再在瓜柱底面用同样的原理和方法做出双榫。

问：瓜柱什么时候用驼峰（当地称驼墩）？瓜柱上有叉手这些构件吗？

答：瓜柱的高度不超过40厘米时就不用驼峰，超过这个高度后才用。当只有一根瓜柱的时候用叉手，如果是2根以上的瓜柱，我们一般用扯牵。

问：扯牵要出头多少？它通过什么结构与瓜柱结合？

答：我们这边一般都是6寸。它通过燕尾榫与瓜柱结合在一起。

问：瓜柱与檩条之间通过什么榫卯结构结合？

答：没有榫卯结构，在瓜柱的顶面开一个窝（檩窝），因为瓜柱直接和檩条交接，中间没有梁过渡，所以，窝就开在柱子上面了。瓜柱上面开窝的流程如下：将檩窝模具的中线与柱子表面上的一条中线对齐，再拿铅笔比照着模板的轮廓将檩窝的轮廓线画在柱子上，然后用同样的方法在对头中线的位置画下弧线，最后用细锯将弧线内的木料锯掉，柱子上的窝儿就做好了。

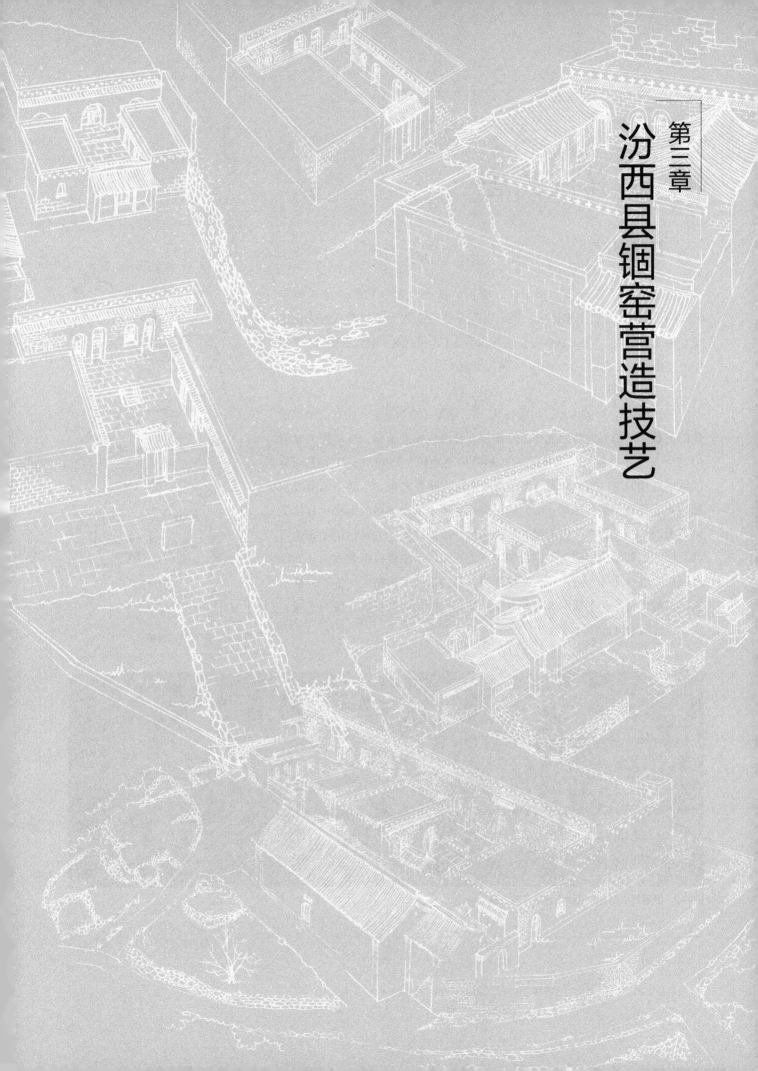

第三章 汾西县铟窑营造技艺

第一节 传统民居

一、背景概况

汾西县位于临汾市北部山区，临汾、吕梁、晋中三市的交界地带（图3-1）。该地历史由来已久，境内现存多处距今数千年的新石器文化遗址。南北朝时期，"北齐划永安县地置临汾县（今汾西县）兼置汾西郡"①，始有"汾西"之称谓，意为汾河（黄河支流）之西。

1. 自然地理

"沃野膴原，高陵大阜，坦险各殊"②，这是《汾西县志》中对其地形地貌的记载。汾西县地势西北高，东南低，且海拔相差悬殊，最高处为姑射山老爷顶（1890.8米），最低处为团柏河出境地段（550米），其余大部分区域多在1000～1300米之间。由于地处晋陕大峡谷之东、吕梁山脉南段东麓的黄土残垣沟壑区，梁、峁、坡、沟成为当地最为典型的地貌。具体又可分为四个单元：西南部为褶皱断裂山地，最为险峻，主要包括勍香镇西部、佃坪镇等地；中部为梁峁状中山黄土丘陵区，主要包括勍香镇、佃坪镇以东大部分地区（图3-2）；东南部为盆地边沿残垣沟壑区，主要包括永安镇、僧念镇及和平镇的部分地区；北部和东南部为河谷区，最为平缓，主要包括团柏河、对竹河沿岸。③

图3-1 汾西县区位图

图3-2 汾西县中部梁峁状中山黄土丘陵区地貌

---

① 汾西县地方志编纂委员会：汾西县志［M］. 北京：方志出版社，1997.7.
② 参见《光绪汾西县志·卷一·疆域》
③ 汾西县地方志编纂委员会：汾西县志［M］. 北京：方志出版社，1997.7.

"僻楼巉巇，地高土燥"[①]，这是《汾西县志》中对其水利的描写。境内除靠近汾河谷地的团柏滩有较丰富的地下水外，其余多为季节性河流，大部分地区水资源奇缺，为山西省第二大缺水县份（图3-3）。气候特征为典型的温带大陆性季风气候，四季分明，春季多风干旱，夏季炎热多雨，秋季阴雨连绵，冬季严寒少雪。

2．人文历史

"汾虽小邑乎，姑射峙于西，汾流环于东，山川之秀，甲于天下，厥赋上上，厥田中中，民多富庶而好奢侈，一席之设炊金馔玉，一室之营，俊宇雕梁。"[②]这是清代蒋鸣龙、傅南宫修

图3-3　汾西县地高土燥的黄土残垣

纂《康熙八年汾西县志》时所作序言。彼时的汾西县规模虽然不大，但经济实力却不容小觑。其所在的汾河流域因富产煤铁等矿产资源，社会经济繁荣昌盛，处处家给人足，甲第连天，尤其是富商巨贾们斥巨资修建的民居大院，十分精美，堪称晋西北黄土高原地区民居的典范（图3-4）。

图3-4　僧念镇师家沟村民居航拍图

---

① 参见《光绪汾西县志·卷三·水利》
② 蒋鸣龙、傅南宫修纂《康熙八年汾西县志》中所作清顺治汾西县志李色蔚序

二、院落形制

基于以上背景，当地传统民居的基本形式延续了吕梁等黄土丘陵地区盛行的窑洞，而边缘地带经济文化的交流，使其又受到临汾盆地、晋中平谷地带富丽堂皇的晋商大院的深刻影响，产生了拱券与木构架结构相互组合的窑房形式，以及"窑上有窑，院中有院"的窑院形制，形成了层次丰富的建筑景观（图3-5）。

1. 基本形制

院落形制多为三合院、四合院布局，只有极少数受限于地形为敞院，或者受限于经济条件仅有正窑与院墙。院落朝向以坐北向南为主，也有的根据地势与道路走向选择了其他朝向。

三合院由正房、厢房组成（图3-6）。正房又称主窑，厢房又称辅窑，院门位于正房对面、院墙的中间或一侧。古人认为院门正对窑口不吉利，犯冲，称之为"吃口"。因此，正对院门的位置通常会修建影壁或照壁，以"断鬼路"。

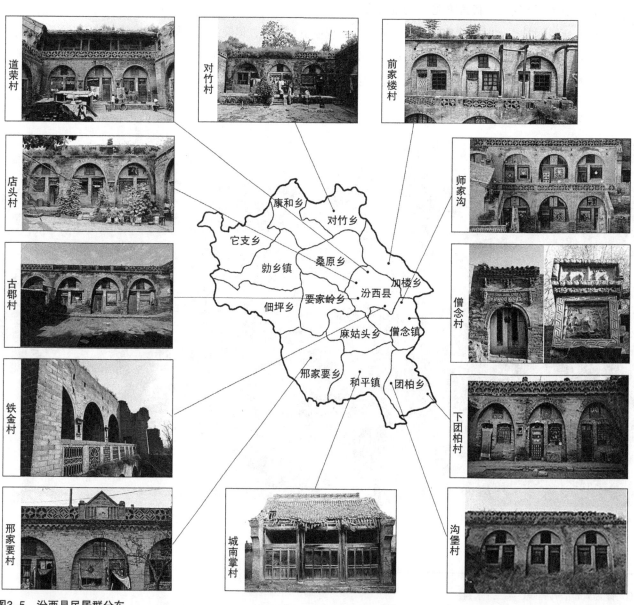

图3-5　汾西县民居群分布

　　四合院由正房、厢房、倒座组成（图3-7）。正房供主人生活居住，两厢一般作生活用房和子女住所，倒座为宴请宾客等对外交流之所。院落四角的灰空间常用作辅助功能（表3-1）。如厢房与倒座之间设主入口，正对大门的厢房或倒座山墙上镶嵌有坐山照壁，以辟风邪，正房与厢房之间则设置次入口或储藏空间（图3-8）。

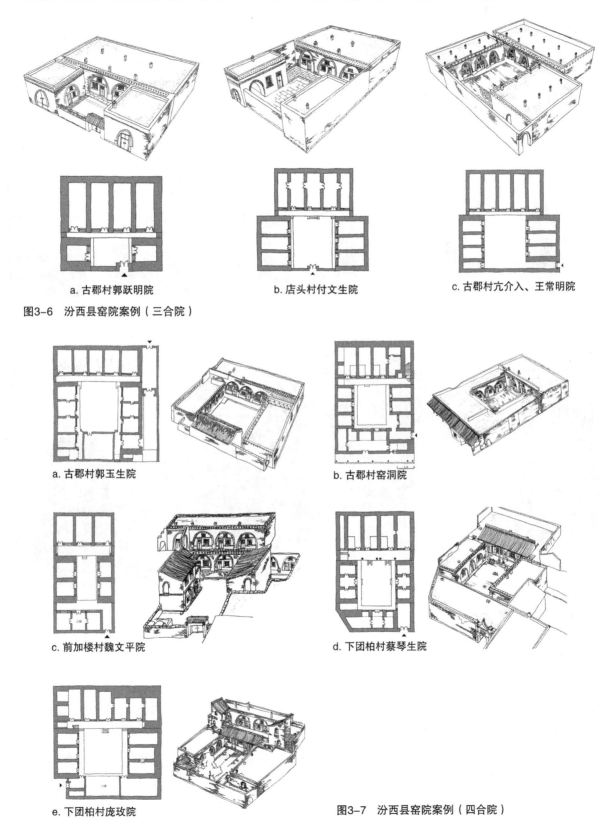

a. 古郡村郭跃明院　　　　　　b. 店头村付文生院　　　　　　c. 古郡村亢介入、王常明院

图3-6　汾西县窑院案例（三合院）

a. 古郡村郭玉生院　　　　　　　　　b. 古郡村窑洞院

c. 前加楼村魏文平院　　　　　　　　d. 下团柏村蔡琴生院

e. 下团柏村庞玫院　　　　　　　图3-7　汾西县窑院案例（四合院）

汾西县窑院角落空间利用方式　　　　表3-1

	入口空间		储藏空间		交通空间	
	主入口	次入口	室内	半室内	简易	正式
平面图						
照片						

a. 木构形式

b. 仿木构形式

c. 拱洞形式

图3-8　汾西县窑院大门形式

2. 组合形式

为了扩大建筑规模，同一家族内部在基本形制基础上还会纵向串联或横向并联，形成组合院落。由于窑洞单体通常只能单向开门，无法像灵活的木构架建筑那样实现前后贯穿，因此院落组合多为横向并联，即各自设院门做主入口，彼此之间通过次入口或偏门联通（图3-9）。

山地丘陵地区的院落，除了水平方向的组合，还需要考虑竖向高差的处理，以达到对地形最有效的利用。如果高差较小，可采用台阶相连；如果高差较大，则利用窑洞屋顶，巧妙地将山地整合为台地，台地之间再通过正房与厢房之间的角落设置交通空间，经边腿之上的拱洞进入二层台地（图3-10）。

图3-9　平地上的院落组合

图3-10　山地上的组合院落

三、建筑单体

1. 基本形制

汾西县民居建筑以锢窑为主，其次为靠崖窑和接口窑，几乎没有下沉式窑洞（表3-2）。锢窑的建造不依靠任何山体，平地而起。靠崖窑较为简陋，在山体中直接挖穴而成，仅在土崖壁外砌筑一层砖贴面。接口窑介于二者之间，后半部分为靠崖窑，前半部分用锢窑的形式与之相接。一般而言，窑洞类型的分布特征与地形密切相关。靠崖窑在整个县境内均有分布。锢窑主要分布于地势较为平坦的河谷区，如道荣村、对竹村、古郡村、下团柏村等。接口窑则多分布于地形起伏较大的沟壑区或河谷区靠近山体的区域，如师家沟村、前家楼村等，但厢房、倒座亦多采用锢窑形式。

汾西县窑洞类型表

表3-2

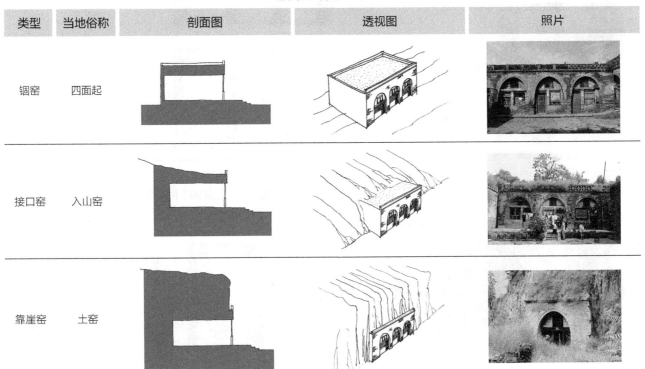

类型	当地俗称	剖面图	透视图	照片
锢窑	四面起			
接口窑	入山窑			
靠崖窑	土窑			

以最常见的锢窑为例：

（1）平面形式

建筑平面方正，通常为多孔竖窑水平联排，孔数以奇数居多，常见的有三孔、五孔等，也有单孔、两孔、四孔等特例（常见于厢房，图3-11）。单孔竖窑的平面为矩形，前后等宽。窑内靠窗的位置设有火炕，为主要的起居空间，炕尾连接灶台，二者与窑腿中暗设的烟道相通，冬季既可以做饭，又可以取暖，整体感觉明亮温暖。远离窗户的位置由于采光通风稍差，多为储物空间。相邻窑孔之间通常平行且独立，少数窑孔通过设于窑腿之上的拱形门洞内部联通，还有的则采用横窑与竖窑组合排布的形式，既满足临街商业功能，又方便与内院联系（表3-3）。

由于结构的限制，面阔较为固定，在3~3.6米，平均3.3米；进深相对自由，但考虑到采光通风等因素，通常在6~10米，平均8米；中腿宽度在0.7~0.9米，平均0.8米；边腿承受侧推力较大，宽度介于0.8~2.4米，平均1.5米。有的边腿上方及外侧还设有小型拱洞或者拐窑，以增加室外交通空间或储物空间，同时节约砖材（表3-4、图3-12）。

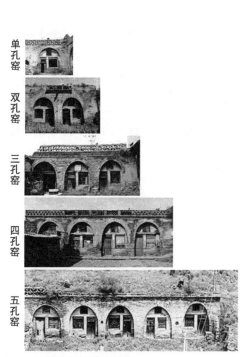

图3-11　汾西县窑洞常见孔数

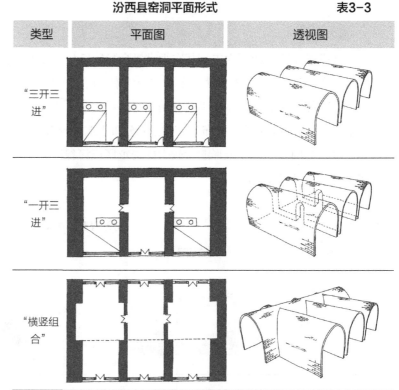

汾西县窑洞平面形式		表3-3
类型	平面图	透视图
"三开三进"		
"一开三进"		
"横竖组合"		

图3-12　汾西县窑洞边腿的空间利用

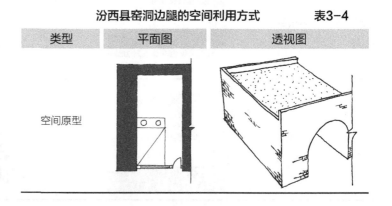

汾西县窑洞边腿的空间利用方式		表3-4
类型	平面图	透视图
空间原型		

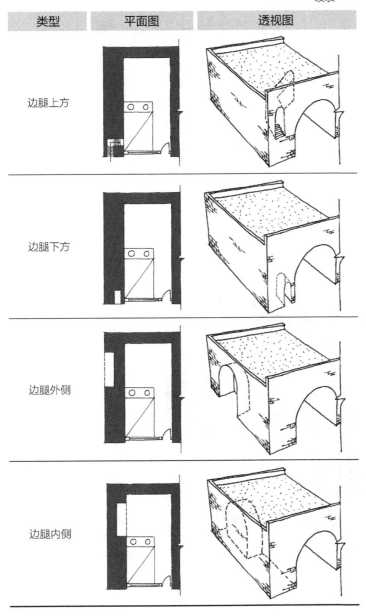

类型	平面图	透视图
边腿上方		
边腿下方		
边腿外侧		
边腿内侧		

续表

（2）材料结构

建筑材料主要为青砖、石材、黄土及石灰等，大多就地取材或简要加工，便利经济。青砖的煅烧源于当地丰富的黄土和煤炭资源；石材以青石和砂石为主，其中青石还可用于煅烧石灰；黄土以山地褐土和褐土性土为主（当地俗称黄土）。砌筑时，不同材料用于不同部位，以最大限度地发挥各自性能：窑腿、前后墙外部用青砖抹白灰砌筑，坚固美观，内部则根据从下往上、从外向内强度逐渐降低的原则，填充黄土、三七灰土、碎砖石或土坯砖等稍次材料；屋顶用黄土夯实垫平，成为不可多得的一块平地，具有重要的生产生活功能，如晾晒积谷、聚会交往、乘风纳凉等（图3-13～图3-15）。

建筑结构采用清代流行的双心圆拱券形式，而这也是清代皇家建筑中采用的基本形式。由于介于半圆券与抛物线券之间，双心圆拱券具有诸多优势：在结构方面，其跨中弯矩值小于半圆券；施工方面，计算支模发券比抛物线券形大为简化；视觉效果方面，矫正了仰视半圆券形时产生的透视变形和正视抛物线券形时产生的不饱满感（图3-16）。

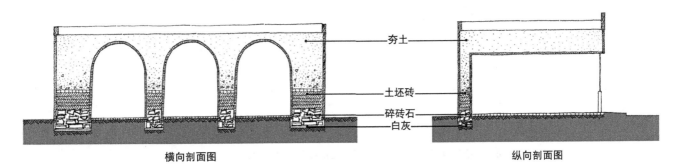

横向剖面图　　　　　　　　　　　纵向剖面图

图3-13　汾西县锢窑剖面示意图

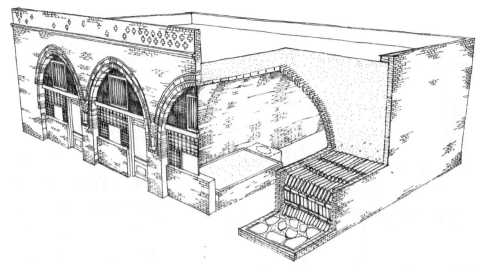

图3-14 汾西县窑洞砌筑剖透视

a. 窑洞边腿   b. 窑洞中腿   c. 窑洞屋顶

图3-15 汾西县窑洞内部填充材料

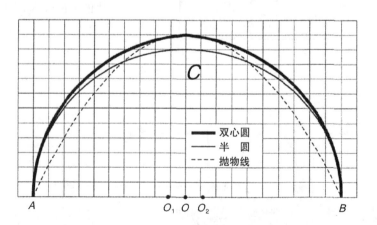

图3-16 双心圆券形曲线同半圆券形、抛物线券形曲线的比较[①]

　　然而，不同于官式做法中的"平水墙上系发券分位"[①]，汾西县传统锢窑做法为"平处+帮坡+拱券"，即在"平水墙"与"发券"之间增加了"帮坡"环节（图3-17）。

　　帮坡，顾名思义，可以理解为"帮助起拱的坡"，即通过微叠涩的方式将平水墙以上的砌块缓慢出挑，从而为正式发券作准备。"帮坡"对于工匠的个人技艺水平有着极高的要求，但在美学、结构方面也更胜一筹：利用斜线精妙地过渡了平水墙的直线与依据口诀而成的双圆心拱券的弧线，使得券式更加平滑，同时又减小了拱脚处的应力，在整体形态上更趋向于抛物线型（当地俗称"鸡蛋型"）。用工匠们的话来讲，"既好看又结实"。

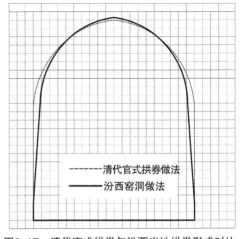

图3-17　清代官式拱券与汾西当地拱券形式对比

　　（3）立面构成

　　建筑立面以正立面为主，构成要素有窑脸、券口、檐口、女儿墙等，真实地反映了拱券结构。窑脸上窄下宽呈半椭圆状，分门窗相连与门窗分离两种形式，由于后者保温性能更好，运用也更广泛（图3-19）。券口分为拱券与复券两层，拱券是窑洞结构在立面上的真实反映，复券则通过形式上的重复，既强化了弧形拱券的美感，又通过增加前墙用砖量，来抵抗窑洞内部填充物的外推力。如果是正房，券口之间的窑腿上还设有天地爷神龛，多为仿木构的砖雕或石雕形式。券口之上为檐口，主要作用是防止屋面的雨水破坏建筑立面和拱券结构，同时具有装饰意义。檐口之上为女儿墙，整体图案以砖砌或瓦片摆放的花墙居多，通透丰富的样式与敦厚朴实的立面形成对比。前墙的女儿墙较其余边墙要高，个别窑洞考虑到风水方面的讲究，还会在其正上方竖立吉星楼（图3-18～图3-24）。

烟囱
吉星高照塔
女儿墙
檐口
复券
拱券
窑脸
神龛
中腿
边腿

图3-18　汾西县窑洞立面示意图

---

① 参见《营造算例》，第五章，第十一节，发券

a.门窗相连式

b.门窗分离式

图3-19　汾西县窑洞窑脸
门窗示意图

图3-20　汾西县窑洞立面

图3-21　汾西县窑洞天地爷
神龛

图3-22　汾西县窑洞檐口

图3-23　汾西县窑洞女儿墙

图3-24　汾西县窑洞屋顶烟囱和吉星楼

2. 组合形式

由于木材匮乏，汾西地区纯粹的木构或砖木结构建筑较少，常出现在附属院落或次要建筑中，如偏院或主院的厢房、倒座、耳房等。这些建筑正立面以木隔扇门窗为主，较为通透，与两侧敦厚的山墙及墀头挑檐形成鲜明对比，屋顶则以单坡或不对称双坡形式居多（图3-25～图3-28）。虽细节考究、不吝雕饰，但整体形式比例不甚完美。

图3-25　师家沟村民居院落厢房

图3-26　师家沟村民居院落倒座

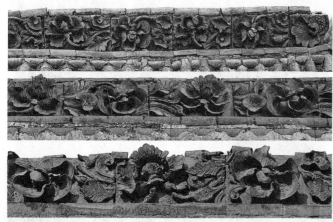

图3-27　汾西县木构建筑屋脊装饰

图3-28　汾西县木构建筑墀头装饰

相比而言，将拱券结构同木构架结构巧妙结合的组合形式却大放异彩。归纳起来，主要表现为两种类型：一是拱券结构同拱券结构结合，产生窑楼建筑；二是拱券结构同木构架结构结合，产生窑房同构建筑。由于大多数窑楼建筑同样会采用木构架结构，形成更为美观的立面形式，因此，我们根据木构架结构在其中所占比重，将其分为檐廊式和楼房式两种（图3-29）。

（1）檐廊式

檐廊式，即在窑洞正立面外侧加建木构架檐廊，当地俗称"明柱、厦檐、高垅台"。檐廊式窑房或窑楼建筑中，木构架在整体结构中所占比重较低，只是

图3-29　既是窑楼建筑，又是窑房同构建筑

作为建筑主体的附属构筑物而存在，起到遮风避雨、过渡空间的作用。

其基本做法是：在窑洞正前方的台基之上立一排檐柱，距离窑面约1.5米。檐柱间距等于窑腿间距（有的为双柱），柱间枋板雕刻精美。穿插梁一头搭于檐柱之上，另一头插入窑洞前墙内400～500毫米处，与埋藏于此处的短木柱以榫卯构造搭接。这种做法可以避免檐廊向外倾倒。椽子一端钉于檐檩之上，一端斜向插入窑洞女儿墙之内，其上再砌砖封口（图3-30）。檐廊多为单坡顶，个别为长短双坡顶。

以5孔联排窑洞为例。当正房窑洞仅有一层时，为中间3孔设"一字型"檐廊。当正房窑洞为二层"窑楼"（窑上建窑）时，则二层窑洞后退形成平台并加建檐廊，檐廊的形式取决于平台的大小。如果平台较小，则为中间3孔加建"一字型"檐廊，檐柱可直接立于一层窑洞的女儿墙之上，檐廊两侧砌山墙并出挑，立于厢房屋顶之上，巧妙地将上下两层走道的门洞整合在一起。如果平台较大，则加建"凹字型"檐廊，两侧形成耳房（表3-5、表3-6）。以3孔联排窑洞为例，则常见"凹字型"檐廊。由此可见，檐廊的主要作用是将窑洞或窑楼正立面划分为"1-3-1"三段式，通过比例和谐、雕刻精美的构筑物，打破联排式的单调，点缀突出正房窑洞在视觉轴线上的统率性（图3-31）。

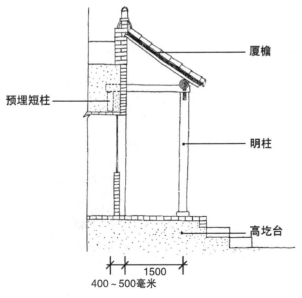

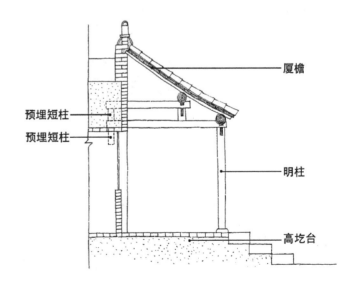

图3-30　檐廊构造示意图

汾西县檐廊式窑洞示意图（以5孔正房为例）　　　　　　表3-5

檐廊形式		透视图	剖面图	照片

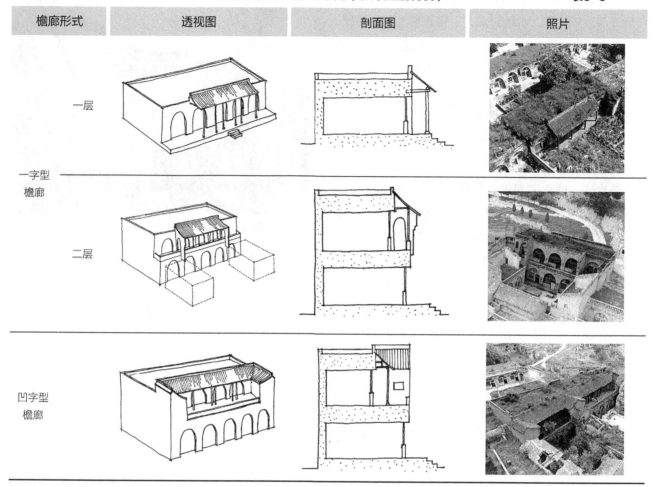

汾西县檐廊式窑洞示意图（以3孔正房为例）　　　　　表3-6

檐廊形式		透视图	剖面图	照片

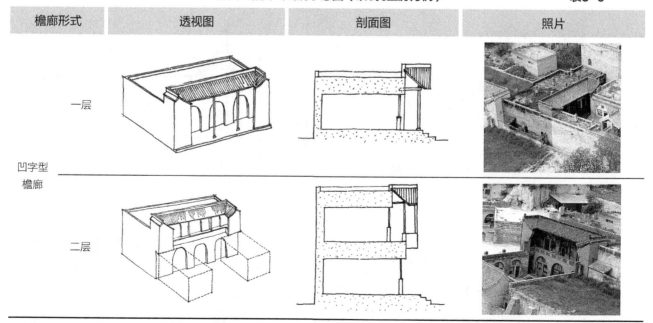

（2）楼房式

楼房式，即在窑洞屋顶上方直接加建木构架或砖木结构房屋（图3-32）。楼房式窑洞木构架在整体建筑结构中所占比重提升，作为建筑主体的一部分而存在，满足正常生活起居要求。相对纯粹的窑楼而言，二层采用自重较轻的木构架或砖木结构，既有效减轻底层窑洞拱券结构的负重，又利用坡屋顶形式丰富立面效果。

其基本做法是：砌筑一层窑洞的拱券结构时多砌筑一皮以加固结构，夯实屋顶后，将与二层窑腿、后墙对应之处作为基础进行特殊处理，并在其上建立木构架或砖木结构房屋，尽量使得建筑面宽同窑孔面阔，否则容易出现裂缝。二层房屋的前墙可与一层窑洞齐平，也可后退形成室外走道。有的正房窑洞二层用地紧张，也会采用楼房式，在二层加建"凹字型"砖木结构建筑，空间效果类似于封闭的"凹字型"檐廊（表3-7）。

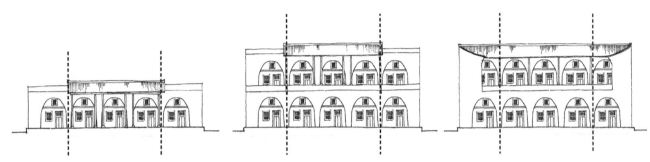

图3-31 汾西县檐廊式窑洞立面划分（以五孔正房为例）

图3-32 汾西县楼房式窑洞

汾西县楼房式窑洞示意图　　　　　　　　　　　　表3-7

窑房形式		透视图	剖面图	照片
正房	凹字型			

续表

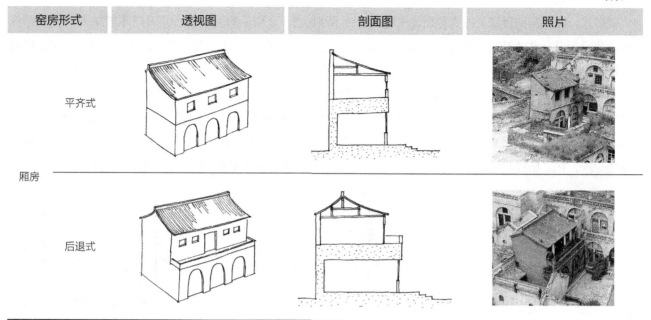

窑房形式	透视图	剖面图	照片
厢房 平齐式			
后退式			

四、典型案例

1. 师家沟古建筑群

师家沟古建筑群，位于汾西县僧念镇师家沟村，2006年被国务院公布为第五批全国重点文物保护单位。古建筑群始建于清乾隆三十四年（1769年），经嘉庆、道光、咸丰、同治四朝，逐步加盖扩建而成，主要院落分布于五个台地，形成三个组团："成均伟望"院与"瑞气凝"院组团，"北海风"与"东山气"院、"理达"院与"务本"院组团，"竹苞"院、"流芳"院、"巩固"院与"大夫第"院组团（图3-33、图3-34）。院落之间通过暗门、巷道、台阶等连通，院落之中设有正房、厢房、客厅、过厅、绣楼等建筑（图3-35、图3-36）。整座建筑群与山势自然衔接，窑上有窑，院中有院，层楼叠院，错落有致，气势宏伟，尽显晋商古老深厚的文化（图3-37~图3-40）。

2. 道荣村闫家宅院

道荣闫家宅院，位于汾西县永安镇道荣村西南，建于清同治四年（1865年）。宅院为两进四合院布局，坐北面南，东西并列。其中东院大门位于东南角，为砖雕仿木脊檐，檐下五踩斗栱三朵，雀替通间雕花卉，门额题"矩护高曾"。正房为二层窑楼，上下均5孔，上层设凹字型檐廊；倒座为砖木结构硬山顶，面阔三间，进深四椽，立面为通透隔扇；东西厢房原为二层楼房式，现只存下层4孔窑洞（图3-41~图3-47）。

3. 对竹村郭家宅院

对竹郭家宅院，位于汾西县对竹镇对竹村北，为一进四合院。院落坐北面南，大门位于东南角，外部为砖木结构，单坡单开间，雀替通间雕人物、花卉图案，正对为"福"字照壁，内部砖券枕头窑。正房为砖窑5孔。倒座面阔三间，进深四椽，硬山顶，立面通透，木制格栅。东西厢房各4孔窑洞，其中东厢房一孔设为院落入口（图3-48~图3-54）。

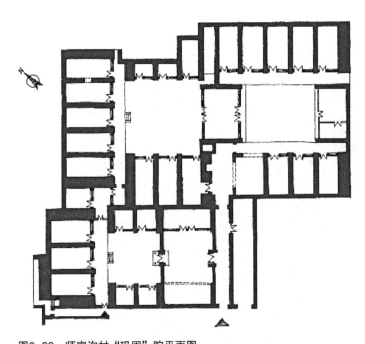
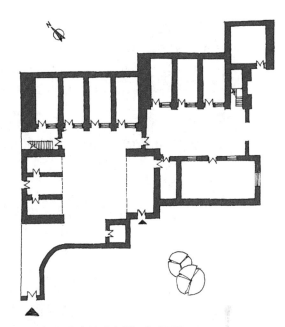

图3-33　师家沟村"巩固"院平面图　　　　　　　　　图3-34　师家沟村"流芳"院平面图

图3-35　师家沟村"竹苞"-"巩固"-"大夫第"院落组群横剖面图

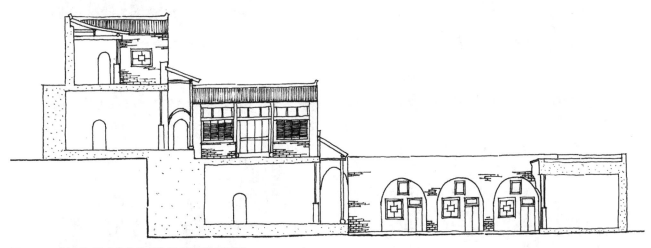

图3-36　师家沟村"成均伟望"院落群纵剖面图

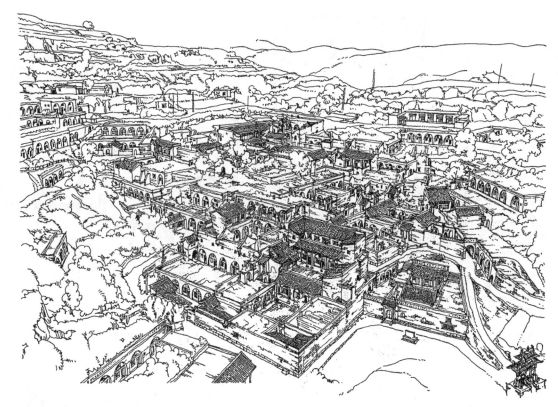

图3-37 师家沟村民居群鸟瞰图

图3-38 "窑上有窑，院中有院"

图3-39 师家沟村"成均伟望"院全貌

图3-40 师家沟村"诒榖處"院

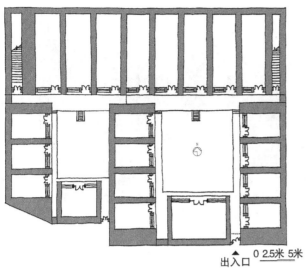

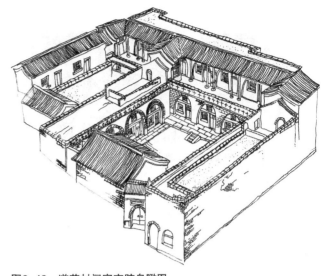

出入口　0 2.5米 5米

图3-41　道荣村闫家宅院平面图

图3-42　道荣村闫家宅院鸟瞰图

图3-43　道荣村闫家宅院东院正房立面

0　　　　5米

图3-44　道荣村闫家宅院鸟瞰图

图3-45　道荣村闫家宅院大门

图3-46　道荣村闫家宅院正房

图3-47　道荣村闫家宅院鸟瞰

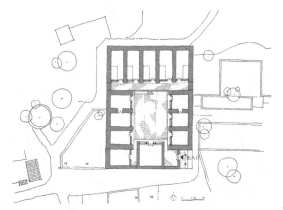

图3-48　对竹村郭家宅院平面图

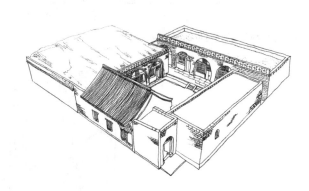

图3-49　对竹村郭家宅院鸟瞰图

图3-50　对竹村郭家宅院航拍图

图3-51　对竹村郭家宅院正房

图3-52　对竹村郭家宅院西厢房

图3-53　对竹村郭家宅院倒座门帘架

图3-54　对竹村郭家宅院土地爷神祠

第二节　营造技艺

一、策划筹备

由于山地建筑土方工程量较大，多数家族的营建活动长达数年甚至数十年，因此，传统民居的营造向来都是从长计议。其前期准备工作包括材料筹备、匠人组织及初步设计。

1. 材料准备

（1）青砖

青砖是窑洞建筑的基本块材，所需数量最多，由当地黏土烧制而成：第一步，将黏土和水以适当的比例混合在一起，避免掺入小石子，经人力反复和炼数次成稠泥，稠泥的黏稠度和平滑度对于砖的质量起到至关重要的作用；第二步，把稠泥放入模具中压实塑形为砖坯，然后将砖坯置于细砂层上阴干，防止砖坯黏结和出现裂纹；第三步，砖坯完全干燥后将其放入砖窑，用煤炭高温烧制（图3-55）。传统手工青砖尺寸多为70毫米×140毫米×280毫米，20世纪80年代末、90年代初改用机器生产的新砖，尺寸减小为53毫米×115毫米×210毫米（图3-56）。

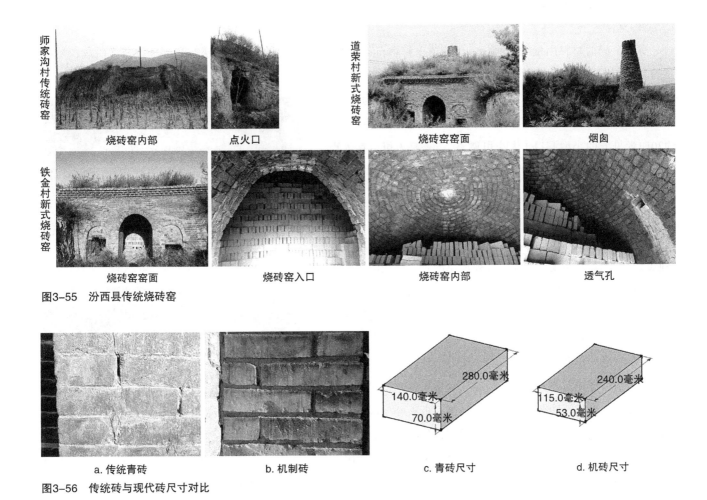

图3-55　汾西县传统烧砖窑

图3-56　传统砖与现代砖尺寸对比

图3-57 青石

图3-58 木料尺和錾子的使用

（2）石材

村落周边的石山盛产青石与砂石（图3-57）。青石因断面呈青色而名，其硬度高、脆性大，在施工过程中容易擦出火花使开石工具受损，常用来制作石雕构件，如柱础、门墩石等。砂石具有良好的硬度和稳定的化学性质，由石匠开拆为较规则的条石，砌筑在建筑物的各个部位，如墙体中的压条石、台阶中的踏步与斜梁条石、房屋基座中的压边条石（圪台）等。条石的处理过程为：在砂石表面用木料尺和錾子画出长方形平面；沿着其边线，每隔6~7厘米用手锤和錾子砸出坑眼；把楔子插入坑眼中，用大锤轮流打砸，数遍之后形成一条直线裂缝；最后把撬棍插入裂缝中将石头撬开一分为二。石头断面若有不平整之处，经方尺测画后，用手锤和錾子把多余的石料逐步敲掉即可（图3-58）。

（3）石灰

一孔窑洞的材料用量约为2吨水、4吨黄土和熟石灰（其中至少1吨熟石灰）。熟石灰，当地俗称白灰，是重要的黏结材料和填充材料，可用来砌筑墙体，还可制作三七灰土，回填地基。熟石灰由青石加工而成，具体过程为：

第一步，煅烧。石灰窑上大下小，呈倒锥形，底部有一个约20厘米见方的小型洞口（大小可调整），一是人可以钻入点火，二是向外通风，保证煅烧时有充足的氧气。窑内底层用沙石铺好，放上柴火，柴火之上铺设约15厘米厚的煤层，煤层之上铺设几十厘米厚的青石层。石灰窑的规模不一，小至三四十吨，大至二百多吨，所需煤炭数量也不同，如烧20吨石灰需要5吨煤，200吨石灰需要80吨煤。需要注意的是，煤炭的量必须一次性加够，中途不可再添，点火后须每天有人看守，保证煤炭燃烧均匀，如果有不均匀的情况，则用土将提前烧熟的一侧火埋住。一般情况下，大型石灰窑需要2个月才能将青石烧熟、煤炭烧尽，小型石灰窑则只需十天半个月。

第二步，提纯。烧熟的青石为块状生石灰，体积变小，底部同柴火灰、炭灰等掺杂在一起。柴火灰、炭灰可与黄土、水混合成泥后填充窑腿或后墙，生石灰需在石灰池中用水泡开并搅拌均匀，经两次过滤、沉淀为熟石灰（图3-59）。过滤出的渣子可用来回填地基或填充窑腿、后墙。

图3-59 汾西县石灰池两次过滤

（4）木材

窑洞营造中所需木料数量较少，主要用作檐廊、门窗及室内家具等。汾西县常见的林木资源有椿木、槐木、柳木、杨木、楸木、桦木等。按照当地传统的说法，椿木为木料之王，使用最为普遍，柳木和杨木次之，经济条件稍好的则外购松木。木料的来源多为主家自己栽种、砍伐，再交由木匠进行加工制作。有的村民甚至在很早的时候便种上树苗，待子女谈婚论嫁之时便将成材的木料砍伐用作原木料。

2. 工匠组织

按照所处理材料的不同，汾西县工匠可分为泥瓦匠、木匠和石匠，除此之外，还有砖匠负责青砖的制坯与烧制，以及墀头、吻兽、照壁、屋脊、砖质匾额等特殊部件的雕饰；油漆匠负责给木构架、家具油漆、修缮着色等。汾西县传统工匠遍布全县，其中以店头村泥瓦匠最为著名。

（1）泥瓦匠

泥瓦匠负责处理所有与泥土、砖瓦材料相关的营建工序，是窑洞营建中最重要的工种。他们的工作贯穿始终，常常涉及与其他工种配合作业，如砌筑窑脸时需要同木匠与石匠合作，留出相应的门窗洞口；铺设瓦屋顶时需要同砖匠配合使用烧制好的瓦片，安装吻兽、脊等。

泥瓦匠可分为四个级别：级别最高的是大师傅，在营建团队中是唯一的，既掌握着拱券砌筑的核心技术，也负责协调各工种之间的分工合作，确保整个营建活动顺利开展；大工，3～5名，熟悉营建流程中的所有工序，从业时间较长，经验丰富，砌筑技术较高；大工之下是二把刀，或称二把手，同大工一起，构成营建团队的主力成员，但经验与工作年限稍逊于大工，对整体营建缺乏掌控力；二把刀之下是小工，数量不固定，人员流动性大，主要参加砌筑以外的工作和辅助大工做活，如搬砖、和泥等，故招揽门槛也较低。

泥瓦匠的工具主要有铁镐、铁锹、夯墩等，用于平整场地、处理地基；水平仪，用于测量水平基准；抹灰刀，在砌筑时用来舀灰、填敷泥灰、抹平；灰兜，用来暂存泥灰；铁锅，用来搅拌泥灰；铁车，用来运砖、推灰、调泥等（图3-60、图3-61）。另外，砌筑拱券所需的模具及工作平台（脚手架、抹灰凳等），可以使用现成的工具，也可以根据实际情况现场制作和搭建。

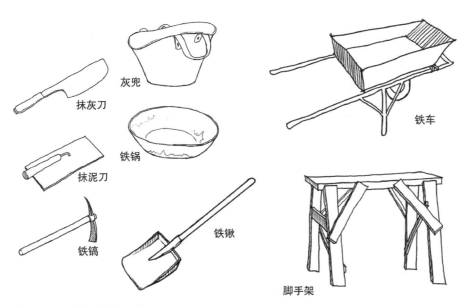

图3-60　汾西县泥瓦匠工具

图3-61　泥瓦匠夯实地基用的简易夯墩

（2）木匠

木匠分为大木匠和小木匠。大木匠负责大木作，如梁柱的制作及安装、檐廊木雕的制作等。随着窑洞营建活动的减少及形式的简化，大木匠雕刻手艺濒临失传。小木匠负责小木作，如门窗、生产工具、生活家具等的制作及安装。大小木匠的工具主要有：斧类，如将木料不平整处砍掉的锛斧，将多余木料砍断的斧头；锯类，如将木材纵向锯开或者横向截断以使其尺寸符合所需的各种大小锯子；刨类，如给木料粗刨、细刨、净料、净光等的刨子，以及在木料边界搓出不同形状花纹的搓花子；凿类，如用于凿眼、挖空、剔槽、铲削、开榫卯的凿子，以及钻孔用的钻子；测绘类，如用来画线的墨斗[①]，以及用来固定角度、长度的尺子（图3-62～图3-66）。

（3）石匠

石匠负责制作条石、石雕等建筑构件，以及牲口槽、石臼、石磨等生产生活物件。传统石匠的工具主要为测量用的木料尺，以及开石用的手锤、錾子、铁楔子、撬棍等（图3-67）。

3. 初步设计

窑洞的营建不依靠任何设计图纸，而是由主家、风水爷及大师傅三方共同谋划，在具体的施工过程中"边设计边施工"。其中主家提出需求与设计意向，风水爷调整规划与确定时机，大师傅细化方案与组织施工。风水爷和大师傅之间并无直接交流，只有主家周旋其间，沟通协调。

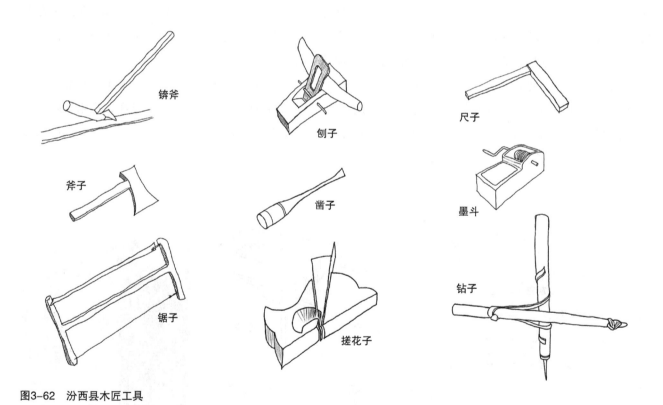

图3-62　汾西县木匠工具

[①] 墨斗由墨仓、线轮、墨线（包括线锥）、墨签四部分构成，将濡墨后的墨线一端固定，另一端拉出紧绷于所需画线的位置，再提起墨线中段弹下即可。

图3-63　锛斧的使用

图3-64　凿子的使用

图3-65　钻子的使用

图3-66　墨斗的使用

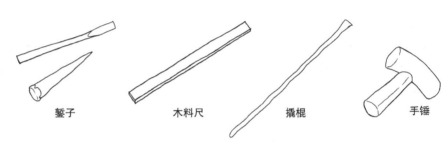

图3-67　汾西县石匠工具

（1）主家与风水爷

首先，主家初步设想院落的规模大小和功能布局，如所需窑洞的位置、数量等。这些取决于主家的地基大小和经济实力，以及个人需求和认知水平。随后，主家邀请风水爷进行现场踏勘，进一步确定院落布局。踏勘的内容有三项："选址""立向""理气"，遵循后天八卦理论。

"选址"旨在通过考察地势地貌、山脉走向及水源地等，选择房屋基址。汾西县传统民居选址大多地势较高、背山面水，以求"藏风聚气"。如师家沟古建筑群，西北东三面环山，负阴抱阳，形成风水极佳的"太师椅"布局。从科学实践角度来看，靠崖窑需紧靠厚重的山体、土体，锢窑则选择一处土层较为厚实、地势较高的空地，以此保证居住安全。1949年后，由于宅基地为村集体统一批复，新建房屋基本不再选址。

"立向"旨在通过八卦罗盘，在所选基址上确定正窑及院落的坐向。罗盘上360°可分为二十四山向，山向与山向之间相差15°。确定坐向的时候，"正针搁来龙，缝针搁坐向"，即在"偏2.5°的地方定向"。坐向应当避开正南正北"子午线"，因为"天地爷都不敢坐正了，皇帝也不敢坐正了，都在缝针里下线"。[1]坐向定好之后，风水爷会在正房窑洞后墙的中间位置，沿着坐向插两根木橛子并拉上线，为工匠放线作准备。

---

① 根据下团柏村风水爷付明珠口述整理。

图3-68 砂石

"理气"旨在调整院落各构成要素之间的布局关系。当地民间广泛流行的风水学理论为"理气派",根据坐向推算对应的方位吉凶后,对院落布局中的某些要素进行调整,如大门、厨灶要安置在"生气"的方位,厕所要安置在"煞气"的凶向方位。理气完成后,院落的平面布局基本确定(图3-68)。

以下团柏村某传统民居为例作"理气"分析:该院正房坐西北向东南,可知其为西四命的乾宅。院落的"伏位""生气""延年""天医"四个方位分别安置了正房、厨房和两个厢房,符合吉向;"绝命"方位则安置厕所,压制煞气。由于毗邻院落,无法在吉向设出入口,只好选择代表凶向的"五鬼"方位设置院门。因此,入口处特意设置了曲字门和坐山照壁,用以转换方位、逢凶化吉(图3-69)。

除踏勘外,风水爷还会根据老皇历"择日"。"择日"在民间也叫"挑日子",重要的营造时间节点都需要"择日",如破土、合龙口等。风水爷主要选定破土之日,合龙口则根据实际工期再做定夺。"择日"既要选择良辰吉日,也要避开农忙时节与冬歇时刻。农忙的时候,工匠们需要在家务农;冬歇的时候,当地平均温度较低且不稳定,建筑材料容易脆裂,给施工带来许多困难。一般而言,泥瓦匠与油漆匠每年清明节以后开工。木匠的工作时间相对较长,除入伏空气比较潮湿的时候(7月中旬左右),其他时间都可以开工。

(2)主家与大师傅

院落布局确定以后,主家与大师傅进一步商量具体尺寸。如主家提出窑洞孔数,单孔窑面宽、进深、净高的大致要求,大师傅则给出合理建议。1949年以前,窑洞正房单孔窑面宽通常在3.3~3.5米,进深通常为8.5米左右,净高通常为4米左右,窑洞中腿宽通常在0.7~0.9米,边腿宽度相差较大,通常在1.2~1.5米。厢房单孔窑尺度均小于正房(表3-8)。1949年以后,

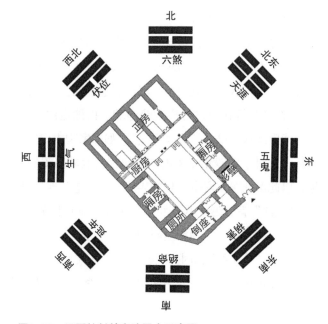

图3-69 下团柏村某窑院风水示意图

随着公制的普及，窑洞尺寸趋向于模式化。工匠们普遍认为盖窑洞"基本上都一个尺寸，差不多"。常用的窑孔面宽尺寸为一丈零五尺（约3.5米），进深为9米，净高为一丈一尺五（约3.83米），窑腿宽度为五零墙（0.5米）或三七墙（0.37米）。究其原因，许多工匠受限于文化水平，难以理解拱券的数理关系和尺寸换算，常常将公制换算为传统的市制，通过口诀计算后再换算回公制，异常烦琐，而模式化的数据既可以使工匠们的计算过程大大简化，又有利于拱券模具的重复利用，加快修建速度（表3-9）。

传统单孔窑洞基本尺寸（单位：米）　　　　表3-8

院落名称	正房					厢房				
	面宽	进深	中腿宽度	边腿宽度	净高	面宽	进深	中腿宽度	边腿宽度	净高
道荣村闫家宅院	3.5	10	0.75	0.8	4	3.38	4.9	0.75	0.8	4
古郡村郭玉生宅院	3.5	5.2	0.69	1.1	4.11	3.38	5.28	0.6	1.1	4
前加楼村魏文平宅院	3.44	6.6	0.8	1.3	3.85	3	3.5	0.65	1.28	3.85
对竹村郭家宅院	3	6.4	0.8	1.2	3.68	2.8	4.4	0.8	1.2	3.62
城南掌村郭家宅院	3.5	8.5	0.75	1.44	—	3	5.3	0.66	1.47	—
店头村付文生宅院	3.4	8.6	0.76	3.2	—	3.3	7.4	—	—	—
古郡村郭跃明	3.17	7.79	0.81	1.4	—	2.7	5.3	1.3	2.7	—
古郡村亢介入/王常明	3.3	9.3	0.9	1.2	—	2.8	8.2	0.7	1.47	—
古郡村亢祥生/梁之福	3.3	8.5	0.77	1.9	—	3.1	5.85	0.7	1.24	—
古郡村王家宅院	3.44	8.4	0.84	0.84	—	—	—	—	—	—
古郡村王银福	3.14	7.5	0.9	1.5	—	3	3.9	0.8	1.5	—
僧念村赵福管宅院	3.36	9.5	0.9	0.9	—	—	—	—	—	—
下团柏村庞玫宅院	3.63	8.2	0.88	3.2	—	3.18	7.8	0.7	1.3	—
邢家要村邢芳生家宅	3.45	8.65	0.75	2.35	—	—	—	—	—	—
邢家要村邢士贞故居	3.27	8.1	0.78	0.8	—	—	—	—	—	—
平均值	3.36	8.08	0.81	1.54	3.91	3.1	5.62	0.77	1.41	3.87

注："—"表示缺数据或不存在

现代单孔窑洞基本尺寸（单位：米）　　　　　　　　　　　　　　表3-9

工匠	面宽	窑高	进深	窑腿宽度
师记龙	3.5	3.7	9	0.37
师孟虎	3.5	3.75	8~9	0.37
师润生	3.5	3.83	9	0.37
师玉龙	3.5	3.9	9	0.37
王小明	3.5	3.83	9	0.37
平均值	3.5	3.8	9	0.37

二、营造流程

　　受山地交通条件的限制，当地工匠的活动范围基本都在周边地区，因此营造技艺较为稳定统一。另外，工匠们还要兼顾家庭农业生产活动，营建团队多为需要时临时组织，这又促进了不同工匠之间技艺的交流学习和传承演变。以锢窑为例，其营造流程一般分为地基处理、平处砌筑、帮坡砌筑、拱券砌筑、边墙砌筑、屋顶夯实、后期工程等七个步骤（图3-70）。

　　1. 地基处理

　　（1）放线

　　放线的尺寸是：根据窑洞孔数、单孔窑面宽与进深、窑腿宽度，计算出窑洞总尺寸：$W_{总面宽}=W_{单孔窑面宽}\times N_{孔数}+W_{中腿宽度}\times（N_{孔数}-1）+W_{边腿宽度}\times2$；$L_{总进深}=L_{单孔窑进深}+L_{后墙}$。以三孔联排窑为例，每孔窑洞的面宽取3500毫米，中腿宽度取800毫米，边腿宽度取2000毫米，窑洞进深取9000毫米，后墙宽度同中腿宽度，则$W_{总面宽}$ =3500×3+800×2+2000×2=16100毫米，$L_{总进深}$=9000+800=9800毫米。

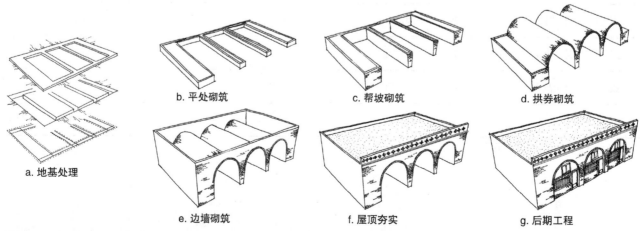

a. 地基处理　　b. 平处砌筑　　c. 帮坡砌筑　　d. 拱券砌筑
e. 边墙砌筑　　f. 屋顶夯实　　g. 后期工程

图3-70　汾西县窑洞营造流程图

　　放线的顺序是：主线→边线→窑腿墙线→前后墙线→基坑线。第一步，选取窑洞后墙外边线[①]大致的中心点 O，经过 O 点且平行于风水爷所确定坐向的直线，即为主线 a；第二步，经过 O 点画一条垂直于主线 a 的直线 b，然后以 O 点为中心，分别选取 A、B 两点，使得 $AO=OB=\frac{1}{2} W_{总面宽}$，线段 AB 即为后墙边线；第三步，分别经过 A 点和 B 点画两条平行于主线 a 的直线，并使 $AC=BD=L_{总进深}$；第四步，在后墙边线 AB 上根据边腿、中腿的宽度，分别标注出窑腿的位置点，经过相应位置点并平行于主线 a 的数条线段即为窑腿墙线；第五步，分别画出平行于后墙边线 AB 的 A′B′ 和平行于前墙边线 CD 的 C′D′，使得 $AA′=BB′=CC′=DD′=L_{后墙}$；第六步，墙线保持不动，同时将每一条墙线向外扩放 100 毫米左右，作为基坑线（图 3-71）。

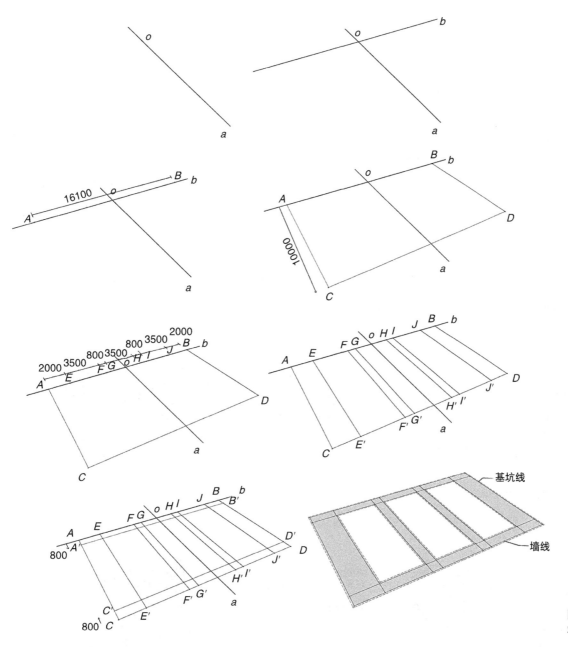

图3-71　汾西县
窑洞放线过程图

_____

① 靠崖窑应以后墙的内边线为基准。

放线的做法是：用木楔作为固定点并在其间拉线，泥瓦匠手握盛白灰的铁锹，沿着放好的线行走，不断用木料敲打铁锹，使白灰准确地撒在边界线上，完成窑洞平面图。放线需要定平，传统方法是用水槽保持水平。新式方法是使用水平管，即将塑料管装满水，两头分别放在待测点上，上下移动直至水面静止，代表两点水平。

（2）地基

依据场地白灰所划界限，开始处理地基。

第一步是开挖。泥瓦匠中的大工带着小工沿着白灰线，由虚土层挖至实土层。开挖的深度视基址的土质而定，最浅的仅10厘米左右，最深的则不确定，甚至同一座窑洞，若局部土质改变则开挖深度也随之改变。开挖的工具主要为铁锹，有时候也用到铁镐、斧头、镢头等。

第二步是夯土。组织四五位青壮年劳力用石墩（现已替换为打夯机）将地基夯实，然后再在坑底撒一层白灰，起到防潮的作用。

第三步是回填。回填的材料主要为石头或砖头，宜大不宜小，避免碎块过多，地基不稳。缝隙中填充三七灰土或黄土，经济条件稍差的甚至全部使用三七灰土或者黄土填充。回填的过程是一层一层进行的，每回填一层，需及时夯实，且洒水保持土质湿润、材料黏结，若回填不实，地基承受力不足，容易导致窑腿下沉，继而引起上部的拱券裂缝，风险较大。回填的高度应稍高于或者等于原有地面高度，以此来抬高室内地坪，否则后期工程中还需大面积向下开挖室外地坪以避免雨水倒灌。

第四步是垫平。材料回填完毕以后，在其上方用砖竖砌一层作为根基，两侧分别宽出窑腿边线5~10厘米，当地俗称"虎头砖"。虎头砖作用有二：一是将地基找平，其上平面即为室内地坪；二是作为墙体与地基之间的过渡，增大墙体底部的受力面积，防止下陷（图3-72）。

2. 平处砌筑

"平处"的传统做法为"填心墙"，即外围砌一皮全顺式砖，内部用石头、砖块填充后，再灌入泥糊或石灰浆。砌筑平处时同步砌筑窑洞后墙，砌筑方式相同（图3-73）。

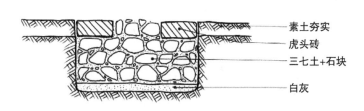

图3-72 汾西县窑洞地基的传统砌筑方式

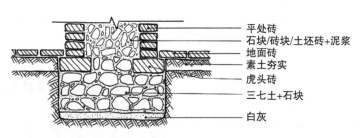
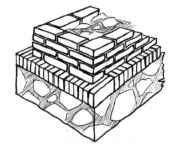

图3-73 汾西县窑洞平处的传统砌筑方式

为保证墙体的横平竖直，首先应由把式好的大工（又称大把式）砌筑底部第一层，确定好整段墙体的砖缝尺寸和砖块数量，然后再以笔直的高粱秆作为竖向参照（现改为吊铅垂线），砌筑墙体的四个角垛。所谓"把式好"，就是要保证砖块摆放齐整、灰料均匀，能够把控整体。中段墙体由普通大工及二把刀负责，用细绳连接两端同一高度的角垛砖作为墙身水平线，逐层或两层同时砌筑。为保证砖块粘接牢固，直线处为错缝顺砖，缝隙越小越好；拐角处避免出现通缝，上下层相互咬合（图3-74）。

砌筑过程中，影响速度和精度的重点是要"掂量好一刀灰、选择好粘接面"。比如，富有经验的工匠一刀抄起来的灰浆，均匀摊开后，再将选择好的砖面朝下按下去，同时用灰刀敲打微调上下左右的间距，便可保证砖的上平面与事先放好的水平线齐平，下平面中心线与下层砖缝对齐，整个过程一气呵成，不需要再次调整灰量或砖块位置。

另外，砌筑平处时，通常在窑腿靠近窑脸的位置预留烟口及烟道。烟口距地面约20～30厘米高，为20-30厘米见方的方形（图3-75）。烟道砌筑的时候上下贯通，直穿屋顶，呈下大上小的锥形空间，既能形成拔力，又能防止雨水进入（图3-76）。

3. 帮坡砌筑

帮坡的顺序是先砌筑前后立面，再拉线逐层砌筑内墙面，最后放入砖块或土坯砖填心，灌入泥糊。以窑洞中腿为例，起初，通过灰缝调节，使上一层砖块的灰缝比下一层稍宽，实现两侧砖块微小距离的出挑。砖缝宽到一定程度之后，再插入砍过的小型砖块进行填补（图3-77）。

帮坡的层数取决于起拱的高度，幅度则非常细微且不完全固定，一般出挑的水平距离总计6～7分（市制），即内倒2～3厘米最佳，最多不超过5厘米，也有每1米向内倒2厘米（约2%）的说法，总之斜率是非常小的。由于每个砖块出挑的尺寸通常在毫米级，因此泥瓦匠每砌几层砖便吊线检验，或者在出挑的终点处立杆为界，防止帮坡幅度过大。

这一阶段施工速度较为缓慢，全凭经验感觉和肉眼判断。需要帮坡的层数越少，工人手艺越高，误差越小，反之则越大。当误差过大时，则券口面阔缩小，双圆心半径变小，拱券矢高降低，窑洞中高也随之变低，窑脸变小。

图3-74　窑腿转角处的咬合

图3-75　汾西县窑洞预留烟口

图3-76　汾西县窑洞烟道

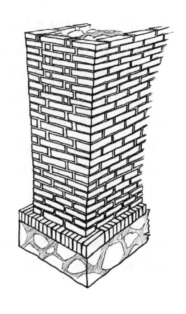

帮坡

帮坡砖

土坯砖

平处

平处砖
石块/砖块/土坯砖+泥浆
地面砖
素土夯实
虎头砖
三七土+石块
白灰

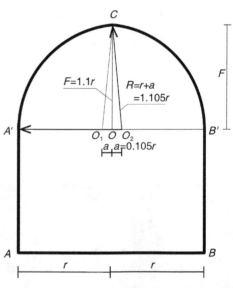

图3-77　汾西县窑洞帮坡的传统砌筑方式

4. 拱券砌筑

（1）券式计算

①官式算法

雍正十二年（1734年）清工部颁布的《工程做法则例》卷四十四"发券做法"，以及清代建筑工匠中广为传布的《营造算例》第五章第十一节"发券"，明确规定了拱券的标准做法：

【平水墙】凡平水墙（按上下文，应是"凡平水墙上发券"），以券口面阔并中高定高。如面阔一丈五尺，中高二丈，将面阔尺寸折半，得七尺五寸；又加十分之一，得七寸五分；并之，得八尺二寸五分。将中高二丈内除八尺二寸五分，得平水墙高一丈一尺七寸五分。平水墙上系发券分位。

《工程做法则例》中双心圆拱券的计算思路为：已知券口面阔（等于窑洞面宽），窑洞中高，计算拱券矢高，平水墙高度。但双心圆位置和半径的计算没有明确说明，根据数理关系可知：设r=1/2券口面阔=1/2窑洞面宽，拱券矢高$F=r+1/10r=1.1r$，双圆心半径$R=r+a$，勾股定理$a^2+F^2=R^2$，整理可得偏心距$a=0.105r$，此即双心圆位置（图3-78）。[①]

②当地算法

汾西县传统锢窑的计算思路为：已知窑洞面宽（因为帮坡的缘故，略大于券口面阔），窑洞中高，计算双心圆位置和半径。双心圆位置和半径的确定方式有两种：一是窑洞面宽每增加一尺，圆心分别向两侧偏移七分五，

图3-78　清代官式双心圆拱券基本形式及数理关系

[①] 具体论述参见王其亨. 双心圆：清代拱券券形的基本形式［J］. 古建园林技术，2013，（01）：3-12.

口诀为"一尺倒七分五"（后简称口诀法）。二是根据主家所提要求，"圆一些、低一些"或者"尖一些、高一些"现场试验，偏心距a分别取6寸、7寸、8寸，则双心圆拱顶比普通半圆拱顶依次高出6寸（20厘米）、7寸（23.33厘米）、8寸（26.67厘米），拱券也相应地变尖变高。由于后者极端简化，具有随机性和风险性，如拱券与帮坡弧线衔接不佳，故此处主要讨论口诀法。

根据数理关系可知：设$r=1/2$券口面阔，即拱券跨度之半，偏心距$a=0.075 \times 2r=0.15r$，则双圆心半径$R=r+a=1.15r$。勾股定理$a^2+F^2=R^2$，整理可得拱券矢高$F=\sqrt{(R^2-a^2)}\approx1.14r$（图3-79）。相比而言，在券口面阔（$r$值）相等的情况下，汾西县窑洞的拱券矢高$F$值比官式做法偏大，即更加"尖一些、高一些"。

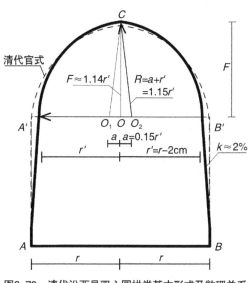

图3-79　清代汾西县双心圆拱券基本形式及数理关系

由于拱券矢高的计算没有明确说明，实际操作中，工匠们取双圆心半径R值作为拱券矢高的估算值[1]，然后根据中高（净高）减掉拱券矢高，即为平处+帮坡高度，其中平处高度一般为地坪以上三层砌砖。由于帮坡内倒后，$r=1/2$券口面阔$<1/2$窑洞面宽，即双心圆半径R值减小，拱券矢高F值随之降低，再加上用双心圆半径R值作为拱券矢高F值预估偏大（$R>F$），总的窑洞中高实际上会偏小。所以，为了避免施工完成后无法满足主家所提要求，工匠们又会在帮坡阶段多砌$1\sim3$层以弥补高度损失。

基于以上计算和估算过程，以及不同工匠技术层面的差异，施工完成以后，除窑洞面宽没有改变外，拱券矢高、平处高度、帮坡高度以及窑洞中高都会与设想有所出入，灵活性极大，这与官式做法中各个阶段明确的尺寸形成鲜明对比。

（2）砌筑要领

第一步，竖立圆杖（当地俗称圆杆）。圆杖实际上是用来画双心圆的圆规，立于前后券口的中心位置，直到拱券砌筑完毕才方撤掉。圆杖固定在"T"字形木架的横向短板上，根据确定好的起拱高度、偏心距、双心圆半径，在短板的中点两侧分别划定圆心，并用两根相应长度的细直杆或者玉米高粱秆作为半径，固定于圆心之上，即可旋转画圆。这样的做法民间俗称"一圆一次方成"[2]。帮坡内倒，使得券口面阔减小，预估的圆杖长度偏大，而这恰好可以弥补固定圆杖损耗的长度，非常巧妙。

第二步，制作模具。传统拱券的砌筑完全依赖模具，因此又称"模券"。模券的制作方法是：先用砖垒成砖柱作为支撑架，再将平行于窑腿的若干木板搭于砖柱之上，依次垫高，呈大致的圆券形状后，再用麦秸泥按照前后圆杖所画弧线，精确地将其外轮廓涂抹圆滑，拱券模具的弧度必须前后一致，否则容易造成窑体塌陷。待麦秸泥晾干后模具便制作完成。

第三步，砌筑拱券。首先，按照砖的宽度精确计算，用墨斗在模具表面弹线将模具分为若干等份，然后从拱券的两侧拱脚向中心拱顶方向逐层摆砖。每一层砖错缝摆放，并用锤子将楔子楔入砖缝以便固定。每两块砖之间需要2个楔子，一般为木楔子，也有用碎石块、碎瓦片，甚至碎碗片的。窑洞前墙收口处为全砖、半砖交替摆

---

① 根据数理关系可知，工匠的做法是合理可行并且简单易操作的。

② 根据工匠口述，与之对应的还有"二圆二次方成"，即四段弧拱券，汾西县本地几乎已失传。

放，以保持立面齐平。拱顶中间最后一块砖预留位置，待日后举行合龙口仪式时再进行填补。如果窑洞上方建房或者加盖窑洞，则还需加砌一层拱券。最后，用石灰糊糊将摆放好的券顶整体灌浇确保结为一体，再将缝隙内的石灰浆擦拭平整。"模券"对木料需求较大，花费时间也较多，砌筑一孔窑洞要用十天半个月（图3-80）。

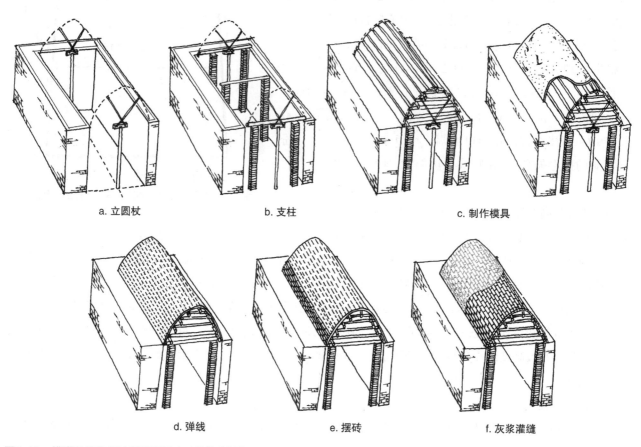

a. 立圆杖　　　　　　b. 支柱　　　　　　c. 制作模具

d. 弹线　　　　　　e. 摆砖　　　　　　f. 灰浆灌缝

图3-80　模券及其砌筑过程示意图（以边窑为例）

（3）传承演变

20世纪70年代末期，农村窑洞的建设量激增。为了优化室内空间及加快施工速度（帮坡施工较慢），窑洞的券式和营造技艺均发生了变化。

券式变化如下：

平处高度由传统的"三皮砖"增加至1.5米左右（约23皮砖）。帮坡高度随之减小，由原来的"慢帮坡"转化为"快帮坡"，即出挑距离依旧为2厘米，但帮坡高度压缩至40厘米。双圆心券式的口诀则变为"一尺倒六分"，即窑洞面宽每增加一尺，圆心分别向两侧偏移六分。这样一来，在券口面阔（r值）相等的情况下，偏心距a值减小，拱券矢高F值降低，券顶更加圆滑，窑孔整体形状变得"宽大、丰满"（图3-81）。

到了20世纪90年代，平处、帮坡及双圆心券式逐渐趋于模

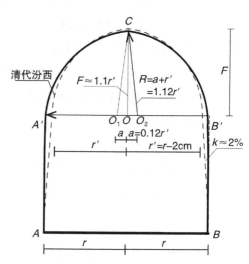

图3-81　20世纪70年代后期汾西县双心圆拱券基本形式及数理关系

化，工匠们普遍认为盖窑洞"基本上都一个尺寸，差不多"。如常用的窑孔面宽尺寸为一丈零五尺（约3.5米），进深为9米，净高为一丈一尺五（约3.83米），偏心距通常取0.2～0.25米，值越大拱顶越尖（表3-10）。究其原因，一是单位体系的改革，使得工匠们常常将公制换算为传统的市制，通过口诀计算后再换算回公制，异常烦琐，而模式化的数据可以免除这一计算过程（工匠文化水平有限，难以通过数理关系直接计算）；二是拱券模具的重复利用，使得券式必然趋于雷同。

模式化的单孔窑洞尺寸（单位：米）				表3-10
口述工匠	面宽	窑高	进深	窑腿宽度
师记龙	3.5	3.7	9	0.37
师孟虎	3.5	3.75	8-9	0.37
师润生	3.5	3.83	9	0.37
师玉龙	3.5	3.9	9	0.37
王小明	3.5	3.83	9	0.37
平均值	3.5	3.8	9	0.37

营造技艺变化如下：

平处高度升高。为了加强墙皮与墙心之间的拉结，每砌6～7层顺砖需砌一层丁砖（图3-82）。帮坡每层砖出挑距离加大至2～3毫米，砌筑时可用尺子测量，施工难度降低、速度加快（图3-83）。后来，随着手工砖逐渐为新机砖所替代，用砖量增多，平处又由填心墙变为实体墙，窑腿宽度也因此变窄为37墙或50墙，但结构性能提高，避免了窑腿的开鼓（图3-84）。新机砖尺寸变小后，砌筑用的黏结材料也由纯石灰变为石灰砂浆，砖缝变大为上下左右各1厘米，标准为每1米高砌16层砖。

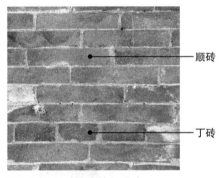

图3-82 平处的顺砖与丁砖

拱券砌筑的模具和方式也发生了较大的改变。总的趋势是模具越来越简化甚至消失，对泥瓦匠技艺和黏结材料的要求提升（表3-11）。

砌筑模具及砌筑方式演变表				表3-11
年代	砌筑模具	砌筑方向（以面向窑洞为参照）	工匠位置	砌筑方式
20世纪70年代及以前	模券	从下往上	拱顶上方	错缝摆放，楔子固定
20世纪80年代初期	拖券	从后往前	拱顶上方	错缝摆放，楔子固定，灰沙黏结
20世纪80年代末期	板券	从后往前	拱顶下方	错缝摆放，灰沙黏结
20世纪90年代以后	无	从后往前	拱顶下方	错缝摆放，灰沙黏结

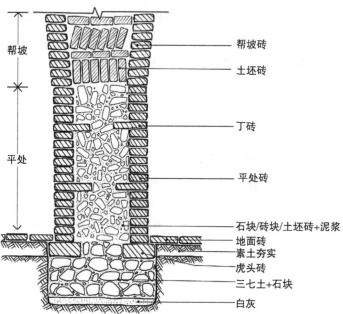

帮坡砖

土坯砖

丁砖

平处砖

石块/砖块/土坯砖+泥浆
地面砖
素土夯实
虎头砖
三七土+石块
白灰

图3-83 20世纪70年代末期的平处、帮坡砌筑方式

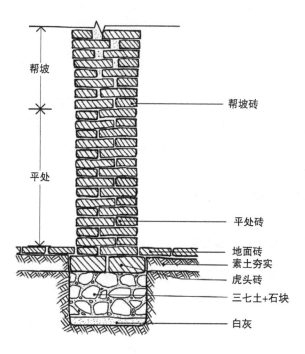
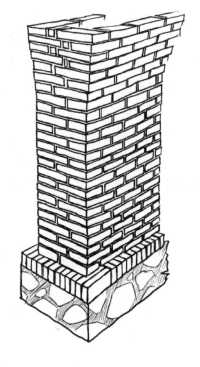

帮坡砖

平处砖

地面砖
素土夯实
虎头砖
三七土+石块
白灰

图3-84 20世纪90年代初期的平处、帮坡砌筑方式

20世纪70年代末期及80年代初期，"模券"改为"拖券"，模具从此由固定变为可移动，这是一次巨大的改进。拖券的制作方法是：先用木架搭建一个方便模具移动的平台，然后按照窑洞拱券的形状，用厚木板组装成一米宽的圆券形状。砌筑过程为：按照从后墙向前墙的顺序，在模具上方逐圈摆砖，砖与砖之间同样通过楔子进行固定；用比例约为1∶4①的灰砂进行灌缝，砖缝不能太宽，否则夹在其中的灰与木楔无法起到很好的锚固连接作用；待券形固定之后，拖动模具沿窑孔的纵深方向移动一米继续砌筑。经过一段时间的尝试之后，砖块之间开始不用楔子，直接用灰砂灌缝进行粘接，施工速度进一步提高（图3-85）。

20世纪80年代末期又开始流行"板券"。板券的体量小于拖券，制作更加简单：在一处平地上依次绘制窑洞中心点及双圆心，将制作好的两根圆杆分别放于圆心画圆，两段弧线相交获得双心圆曲线；将画好的双心圆曲线，作为模具的上边缘线，由泥瓦匠本人或者请木匠用木板制作模具（图3-86）。由于不同主家对窑孔的面宽要求不尽相同，所以泥瓦匠的家里通常摆放了大大小小的券模工具（图3-87）。板券通常只制作拱顶附近的弧线部分，拱脚附近由于圆心角较小，泥瓦匠通过灰缝调节每一层砖向圆心翘起来的角度直接砌筑，即靠近圆心的位

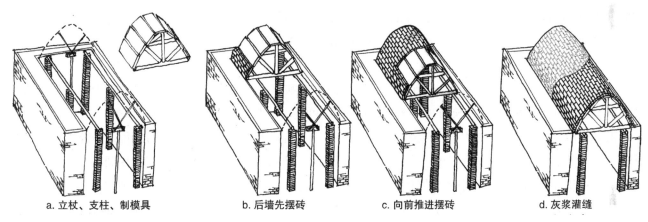

a. 立杖、支柱、制模具　　　b. 后墙先摆砖　　　c. 向前推进摆砖　　　d. 灰浆灌缝

图3-85　拖券及其砌筑过程示意图（以边窑为例）

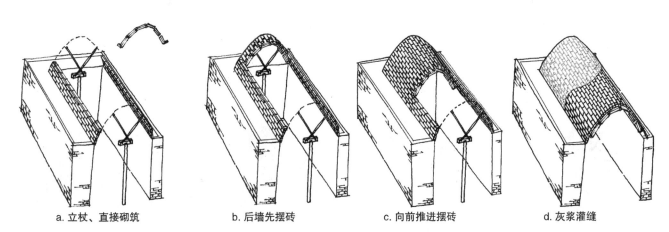

a. 立杖、直接砌筑　　　b. 后墙先摆砖　　　c. 向前推进摆砖　　　d. 灰浆灌缝

图3-86　板券及其砌筑过程示意图（以边窑为例）

---

① 参见下团柏村泥瓦匠仇云贵口述。

置灰缝较薄，远离圆心的位置灰缝较厚。前墙与后墙弧度砌筑完成以后再拉线，由下至上逐层砌筑中间部位。拱顶附近由于圆心角较大，砖块趋向竖直，靠灰缝不好调节，因此砌筑的时候将模具架于两侧已经砌筑完成的拱脚部位，再在其上摆砖并用灰砂灌缝，由内向外沿窑孔的纵深方向逐圈砌筑。使用模具和未使用模具的部位交接要平滑，否则拱券的整体弧度容易出现交角，因此对泥瓦匠的技艺要求也较高（图3-88）。

图3-87　板券模具

图3-88　板券砌筑的反面案例（弧度衔接不佳）

20世纪90年代以后，几乎彻底放弃了模具，开始改为"空插"。即在窑洞后墙最内一圈，利用伞型木架砌筑完成拱券基本形状后，由内向外沿窑孔的纵深方向逐圈砌筑。具体做法是：下一圈砖利用上一圈砖错缝摆成的凹凸形，从拱脚向拱顶方向依次插入，然后用灰砂粘接固定（图3-89）。

5. 边墙砌筑

拱券砌筑完成后开始砌筑边墙。两侧边墙、后墙与平处的砌筑方式相同，均为一皮全顺式砖墙，个别建筑转角处采用条石加固，条石的尺寸长约700~800毫米，宽约300毫米，厚约200毫米（图3-90）。

正立面前墙的砌筑比较独特。将顺砖立放，紧靠拱券结构边缘继续砌筑一圈进行加固，砖缝用白灰填充（图3-91）。然后继续在外环重复砌筑一圈复券并加固。相邻两孔窑洞的拱券相交于窑洞中腿部位，故其处理非常讲究：拱脚处的竖砖与水平砖分别作斜切45°角处理进行衔接，使得相邻两侧的拱脚在视觉上连为一体（图3-92）；拱券拱脚与复券拱脚之间可以水平砌砖或预留天地爷神龛（图3-93）；复券外边缘的水平砖则根据弧度需要精确砍磨。

复券拱顶之上再水平砌筑1~2层之后，开始砌筑檐口，也有的直接从拱顶开始。檐口砌筑主要通过砖块的错角度摆放和叠涩方式出挑，形成图案，也有的用烧制好的花砖直接砌筑（图3-94）。

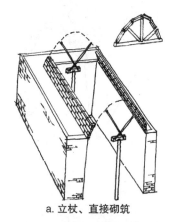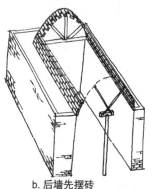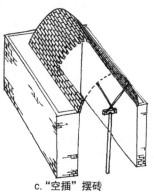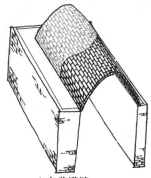

a. 立杖、直接砌筑　　b. 后墙先摆砖　　c. "空插"摆砖　　d. 灰浆灌缝

图3-89　空插示意图（以边窑为例）

图3-90 窑洞转角处采用条石咬合加固   图3-91 顺砖立放加固拱券

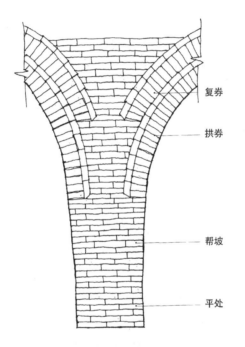

复券

拱券

帮坡

平处

图3-92 汾西县窑洞中腿正立面

图3-93 拱券之间的中腿处理

图3-94　汾西县窑洞檐口砌筑示意图

边墙每砌筑5~6层，应对其内部进行填充。以窑腿为例，平处与帮坡以填充石块或砖（用泥糊灌缝）为主，复券拱脚以下的位置以填充土坯砖（用泥糊灌缝）为主，复券拱脚以上的位置以填充黄土为主，但是靠近前墙的位置通常会全部填充土坯砖加固正立面（图3-95）。

6. 屋顶夯实

拱顶高度之上的部分即为窑洞垫顶，具体过程是：每填充30厘米左右的黄土，用石墩夯实，如果夯实程度不均匀容易导致窑洞塌方。垫顶的厚度至少为2尺多（1米以内）厚，这主要取决于檐口的高度及主家的需求等。垫顶完成以后，还需要找坡排水，前高后低，高差约为300毫米，引导雨水流到院外，出水口可根据地形自然排放，也可由石匠做U形排水渠，直接伸出女儿墙外。女儿墙的砌筑可以与垫顶同步进行，防止坍塌、雨水渗漏、行人摔落等（图3-96）。

有的窑洞上方建房或建窑，则需要对垫顶特殊处理。首先，垫顶厚度至少要达到一米以上，否则容易造成变形及坍塌事故；其次，二层的柱子或窑腿应与首层窑腿的位置上下对应；最后，二层房屋或窑洞的地基部分采用体积较大、用料规整的毛石砌筑，其他部位用碎砖石填充，以塞满紧实为原则，并进行灌浆处理。

7. 后期工程

窑洞主体结构完成以后，一般会敞口晾晒一段时间以防潮去湿，直到主家真正入住前，才会开始砌筑窑脸与内外装修。

（1）窑脸门窗

砌筑窑脸时，立面回退，墙体厚度小于窑腿，仅2~3皮砖。泥瓦匠砌筑窑脸前，木匠根据窑脸的面阔与净高，估算门、窗、天窗的尺寸，砌筑的同时安装木制门窗并用麻纸裱糊。以门窗分离式为例：窗台高度通常距室内地坪约13皮砖；窗台高度的窑腿-门-窗-窑腿之间的间距均为1皮横砖；窗户上沿与门同高，约36皮砖；门窗与天窗之间的间距为2皮砖；天窗上沿则直抵拱顶。

图3-95　加固后的窑洞正立面

图3-96　夯实后的窑洞屋顶

（2）内外装修

室内装修主要有室内地坪、室内墙体、土炕等；室外装修主要为台阶与庭院铺装。

室内地坪与窑脸同时砌筑，即铺砖找平，灰土拌泥填缝。室内墙体的粉刷分两层，底层用麦秸泥找平，表层用棉花、水、熟石灰搅拌均匀进行粉刷（图3-97）。火炕的尺寸一般为五尺五宽（1.83米），六尺至一丈长（2～3.33米），按需建造，高为八皮砖，比火炉略高一皮砖。

图3-97 汾西县窑洞室内抹面

图3-98 汾西县窑院室外铺地

室外地坪分为圪台与庭院。圪台与窑洞室内地坪相连，表面铺砖，下面为三七灰土夯实。为了防止雨水进入室内，还需要给圪台找坡，靠近室内的一侧比靠近院子的一侧高约10～20毫米。圪台铺设完毕再铺设庭院，经济条件有限的院落则放弃铺设，全部为土院（图3-98）。

三、营造仪式

1. 破土仪式

破土仪式在窑洞动工之日举行，须祭拜土地爷、祖先。祭拜土地爷的意义是：一则由于施工打扰神仙安宁，求得谅解；二则希望神仙保佑施工期间避免出现重大事故或不吉利事件。祭拜祖先，意为重大事件昭告祖上，以寻求祖先福佑。破土仪式听从风水爷的安排，由主家单独完成或同工匠共同完成。风水爷提前定好的内容有破土日期、时辰，祭拜方向，贡品，仪式等。

应备贡品如"香三炷，馍15个（5个/盘），肉一刀（只切一刀的大块肉），黄裱3张，酒两瓶"。

其他物品：1个供桌、1个香炉、3个盘子、4根筷子、若干水果、若干红纸。红纸上写着"大吉大利"四个字，贴于工地中因施工将被拆除的墙体或被砍伐的树木等物体上，以求吉利（图3-99）。

仪式流程：破土当日，由主家及少数亲属携带相关物品，在规定的时辰之前到达工地。在指定的方位摆好供桌及贡品，将香炉放于地上，点三炷香并插好，由男主人代表全家，跪于供桌前，将折好的黄裱纸点燃，同时向土地爷禀报：今天是什么日子，希望土地爷保佑动工期间平平安安等。黄裱纸燃烧殆尽后，主家磕三个头以示敬重。其他男丁则按顺时针或逆时针顺序，边用铁锹铲土边倒酒，沿着基地行进一圈，划定动工范围。祭拜及破土完毕后，在工地当中燃放鞭炮，仪式结束。供桌待三炷香燃尽方可撤离，贡品可以食用。破土完成后便可施工，因此大师傅和少数工匠也会携带工具早早到场（图3-100）。

2. 谢土仪式

谢土仪式在窑洞主体结构完工后举行，是主家对土地爷的酬谢。谢土仪式同破土仪式准备的物品相似，主要分为合龙口、洒酒、烧香和烧黄裱三步。首先将拱顶最后一块砖砌上，然后将酒倒在工地的四个角落里，把香点燃插到砖缝里，最后由主家磕头跪拜，烧香和烧黄裱。也可以割点猪肉，点放炮仗等来感谢神灵的庇佑（图3-101）。

图3-99　破土前一天贴红纸

图3-100　主家点燃黄裱纸进行跪拜

图3-101　谢土摆放的供桌及香炉

第三节　工匠口述

1. 汾西县城关镇店头村王小明访谈

工匠基本信息（图3-102）

年龄：67岁

工种：泥瓦匠

学艺时间：1966年

从业时长：50年

访谈时间：2017年8月5日/
2017年8月7日

图3-102　店头村匠
人王小明

问：您是跟师傅学习盖窑洞的吗？

答：我没有正式跟过师傅，我小时候就热爱这个东西。当时我们村里面有个老师傅，日本人在的时候人家就干这个泥活，碉堡一类的都是人家盖的。一直到1949年以后，集体公社时他也在当匠人，我们县里公安局盖监狱，都是人家指点呢。

问：那个老师傅叫什么？

答：老师傅叫李洪发，比我大多了。他现在要是活着的话，有一百多岁啦。他是个大木工，做木活比较多，干得最多的就是瓦房这一类。碹窑洞比盖瓦房少点。但是瓦房在我们这儿很少，还是窑洞比较多。老

师傅的父亲也是个大工，他就是跟着他父亲学的。他父亲原来不是我们村的，是晋城那边的，后来在我们这儿落了户。人家刚来我们这儿的时候，泥活、木活都会，盖四合院、盖房子、碹我们这的砖窑，都是好把式。我们村大街上有个小鼓楼，就是他们父子两个干的，连设计带做。这几年才在外边修了个大楼，把那个小楼包住了，叫奉贤楼，我们也叫财神楼。那种鼓楼他会盖，咱们住的这四合院人家也都会盖。1949年后他在农业社修过一处窑，周华成家住的院子，也就是六几年。那个时候是生产队长包下来，让他修的，现在那个院子已经拆迁了。

问：当时您是怎么学习的？

答：就像做木活吧，人家忙的时候，就叫我去帮忙，我不挣钱，后来木活就会干了。人家做泥活，我也帮助人家干，也不挣钱，一边看一边干，慢慢地也有经验了，十六七岁就会了。像老百姓的窑毁坏了，想补修补修，我就给人家去补修，后来补修的手艺比较熟练了，我就跟上工程队去干，在县里边给公家和各单位干了一段时间，回来以后就开始带着人干。在本县也干，在临汾、洪洞、西安那儿也都干过。主要在本县比较多，就是方圆这些村子里边给人家盖窑洞。

问：木活您都学了些什么？

答：老师傅做啥我就做啥，我只是给人家打个下手。

人家说，你给我开个卯子，我就开个卯子。人家让我拉锯，我就拉锯，叫干啥我就干啥，主要的，麻烦的就是人家干呢，不麻烦的就是我干。

问：哪些是麻烦的活，哪些是简单的活？

答：做门窗就简单，修家具麻烦。最简单的是修寿木，因为寿木在地下，没有太大的讲究，有个样法就行。人家修家具、修门窗、修寿木，什么都会，什么也通。人家做木活可是好把式，这方圆、县里边基本木活没有人能比过人家的，但是也没有传下来。

问：为什么？

答：儿子没有学下。

问：他没有收徒弟吗？

答：可能没有带过徒弟，就是带他儿子，但是他儿子没有学下，他儿子还不如我呢，因为我那时候就热爱这个东西，他儿子不热爱这个东西。

问：一般师傅带儿子的多还是带徒弟的多？

答：教儿子的多，起码有百分之八九十都是教儿子。也有的是儿子也带，徒弟也带，两个都带。还有的是到儿子那里就断了，只好带上其他人干了。

问：师傅带儿子和带其他人有区别吗？

答：肯定有点区别。要是带儿子，两年就可以学会，要是带上外人，三年都学不会。因为把儿子教会了，挣下钱都是他们一家的。其他人能出师了，就不跟师傅了，也不给师傅挣钱了。如果师傅不实心实意地教你，五年时间都学不会，还得跟着师傅。你挣上十块，师傅起码弄走七块，你才留下三块，你多跟几年，就是给师傅多挣钱呢。

问：一般师傅会强迫儿子学习这个吗？

答：有的就强迫了呀！以前不会还要打呢，和现在可不一样。现在你想学就学，不想学就不要学。以前只要你跟了师傅，不想学都不行，儿子也一样。我刚开始学的时候，在工程队上跟着其他人，看见师傅带徒弟时，不会就打。跟前有什么东西能打，就用什么东西打。比如他在那儿坐着，看见你弄得不对，要是跟前有砖头，捞起砖头来就打，你要是做木活，捞起木块就打。只要不听话，或者活做错了，就要打呢！我没有挨过打，因为我没有正式跟过师傅。

问：师傅打徒弟这是什么时候的事儿？

答：（20世纪）七几年都有打的，等八几年以后一般就没有打的了。因为现在这徒弟不如以前，以前那徒弟心里边对师傅忠诚，现在这徒弟，一个是对师傅不忠，再一个师傅也觉得，你想学就学，不想学那是你的事，我也不打你。因为现在一般人不想干这个木活、泥活，当徒弟的人少。可是我是大工，我带队盖这个窑洞，一个人怎么能干成？还得叫上几个学会的，所以师傅还要将就地叫人家跟他呢。要是你打人家，人家就不跟你了，没有人干了，一个人就干不成。

问：为什么不想干的人多了？

答：毕竟是个苦累活嘛。改革开放刚开始的时候，出去打工没有活能干，不像现在出去打工，干什么的都有。以前干这活挣钱多，即使觉得累，起码有个能干的。从20世纪90年代开始，一般人就不想干这个活了，出去打工干其他的，比这个要轻松。再说国家现在也不允许随便修建了。

问：过去当徒弟的，一般先学什么、后学什么？

答：先是按砖（砌砖），拿瓦刀抄灰、砌墙，挣个小工的钱，在墙上慢慢干。不把你当一把刀对待，就是自己拿砖，自己抄灰，自己垒墙。如果给你安排个小工，你干不出活来，那个小工还要挣钱，那就赔钱了。等自己学成了，当上二把刀了，再给你安排小工。

问：学徒不用当小工吗？

答：有那种的，去了直接说，我不想当小工，想学习垒墙这个手艺。师傅看见你比较利索、能干就会让你学，要是你笨得干不成个样子，师傅就不要你，因为学出来也是个笨蛋。徒弟都要灵巧的呢，灵巧的人学出来就是个好把式。

问：那徒弟一般砌哪段墙呢？

答：比如说碹窑洞，就叫你砌直线这一截，或者是弄后墙，后墙不也是直墙么，一直往上砌就行。到了有弧度的地方他就干不了，也不敢叫他干。等他越干越有经验，看起来很利索了，就一点一点往上升呢。

问：砌直墙的时候师傅怎么教？

答：比如说按砖（砌砖）吧，主要是这"一刀灰"。这个砖用多少灰，一刀就要抄出来。要是少了还得再抄一下，养成这个习惯就不好干了。抄上来以后，上面怎么摊开，这个刀怎么做，砖是挑哪一个面，基本功都要教一教。一般都是个亲戚，或者相好朋友的孩子，处得比较好，这才不让干其他的，一上来直接教你按砖。没有个亲戚、相好朋友的情面，来了就是当小工，调灰、搬砖，先干一段时间，才可以和师傅说，我想干这个垒墙，师傅才叫你学垒墙。没那个关系的话，小工都没法直接上去垒墙。

问：砌墙有什么技术要点呢？

答：干得多了，基本上这"一刀灰"就会了。人家拉好线，这一刀灰抄起来，一摊开，把砖给按上，多少敲一敲，就和这个线平了。要是抄不到这一刀灰，放上砖就比线低；要抄得多了，放上就比线高了，就不好干了。

问：砌墙的线是怎么定出来的？

答：第一层就是人家大工、好把式砌的，哪个墙是多少块砖，从根上到顶上，一直上去都是多少砖，一点也不能错。要是把式不好的，他第一层砌好了，到第二层，砖缝变粗了，砖就砌不上了。第一层砖排好以后，好把式再把前边的角和后边的角扎起来，然后拉上线。扎一个角砌一米长，中间是三个人，一个人一个刀做两米，比他多一米。等扎角的砌完这一米，他得赶紧扎下一个一米。等他把下一个角扎完，中间这两米按砖（砌砖）的就按完了。好把式扎角，连拉线带砌砖，一截一截地做。要是会干的，拉一次线可以砌两层砖，要是不会干的，只能拉上一层的线，慢慢地干。像我们修这窑洞，一根线起码能起五到六层，还有起七层的，都能掌握住。现在工程队盖楼房，在两个角上有两个好把式，扎上三层，中间的二把刀再一层一层地砌。正式的工程队是一层一层地砌，农村里边干就是两层两层地砌。不过这一个墙，就是有十个人同时砌，中间肯定也不是好把式。

问：好把式和烂把式的区别在哪里？

答：那个区别大了。好把式按砖又快又好，一点都差不了。烂把式按砖又慢又差，这个砖十有八九对不上，又得拿这个刀从头整顿，敲一敲，那就慢得不行了。比如国家规定一米十六层，就必须掌握住这个。把式不好了，不是高一厘米就是低一厘米，十几层就都会有误差；好把式就不用，做个五六层才量一下，做完就不会有误差。盖楼的时候墙还要直，一点都不能差。以前有数杆，需要多高，尺子吊好，拿一个板子靠上去固定住，就往上砌。砌完一米就好干了，在一米里边吊准的。好把式人家就是眼睛这么瞅一瞅，砌出来的，一吊就没有误差。要是新把式，弄一层就要吊一下。像窑洞吧，面子上一定要直，帮坡的地方是有一定的弧度，砌一段，往回倒一点，你总要计算得这个弧度对了（图3-103）。

问：灰缝大小是怎么掌握的？

答：现在的机砖有尺寸，大小一样，厚薄一样，按

图3-103　王小明和他的砌筑手艺（16层/米）

国家规定，一米高是十六层，一米宽是八个砖，砂灰缝上下左右都是一厘米宽。在大城市里边早就有了机砖，有砂的地方就弄成灰砂了。在咱们农村，这个机砖就实行得迟点，（20世纪）七几到八零年才有的。只要用机砖就有规定了，要是手工砖的话就不讲究，因为以前都是用白灰，弄成跟面一样的稠糊糊，用瓦刀抄上，在砖上边摊开，把砖按上一敲，灰缝越小越好，不能大了。白灰不富足的时候，里边还是调的泥，只在前边滚一点白灰。以前窑洞的墙都是一砖宽，中间用烂砖填上，用泥糊糊灌呢。一直到20世纪70年代还是放上烂砖头灌泥糊糊，80年代也有，90年代就没了。现在都是一砖宽的二四墙，或者一砖半宽的三七墙，用砂灰墁起来。

问：您是什么时候开始盖窑洞的呢？

答：我刚开始跟这个老师傅学盖窑洞的时候，大概是（20世纪）六八年、接近七零年的时候。他碹窑洞比较麻烦，用的是慢帮坡。后来我正式碹窑洞，还是七几年跟一个河南人学的快帮坡。那个人的父亲，在河南修红旗渠，是个大工，也是个好把式。他在我们这儿承包了检察院工程，等检察院完工以后，我就跟上人家学习碹窑洞。那时候我什么也会干，就是这个弧度掌握不住。后来他跟我合伙干，我才学会砌这个弧度。等我学会盖出这种窑了，方圆的人都说我的样法好，就不让别人干，每年找我干的人都要排队呢！七八年以后，我就开始红了，因为国家政策让老百姓盖窑了，以前在队里边干活的时候，就不让你盖。因为政策就不允许修建，除非窑房坏了，主家叫你修一修。要是你想破坏土地，修建窑房，就不让你干。到

了七八年、八零年这个阶段，政策允许批下土地，可以修建窑房，这才正式大干起来（碹窑洞）了。像我们家住的这窑房，就是正式让干的时候，八零年我们才修的。

问：什么是慢帮坡？

答：慢帮坡就是和以前的老房子一样，从第三层砖开始就慢慢地、一点一点往回倒帮坡，第四层就得定每层倒多少。下面倒得慢，上面倒得快，1.5米高的墙，倒上大概两三厘米宽，全凭肉眼。这个就没有把握了，有的倒多了就不好弄了，有的倒少了还好弄一点。这很难做，有时候计划往回倒两厘米，因为太高了，做上去的时候倒成3厘米了。有时候计划倒3厘米，做上去的时候倒成2厘米了，这个全跟着感觉做。帮坡倒完以后，再随上圆杖画弧度。下面倒的弧度和圆杖画的弧度，必须得随上，要不然一个窑洞做下来，就好几段弧度，好几个样子。我们村就有这样的烂把式盖的窑洞，没倒好，很难看。

问：什么是快帮坡？

答：快帮坡就是新式窑洞的倒法，从1.5米以上才开始倒，才开始有弧度，怎么倒还有个尺寸呢，没有这个尺寸你就倒不对。一般是一尺二倒六分，就是40厘米高往回倒2厘米。40厘米倒2厘米就不能再倒了，再倒就不对了。倒完以后，再扎两个杆子，根据窑洞宽度折算，一尺折六分，一丈折六寸，算出来就是两个圆杆到中心的距离，圆杆位置定了以后，转下来弧度就对了。过去的时候，圆心折算不是按一尺倒六分，是按一尺倒七分五，两个圆心离得更远了。

问：40厘米倒2厘米是怎么确定的？

答：我也不知道谁发明的。我在工程队干的时候，问那工程师和技术员说，这个窑洞，根据什么方式算出来这个尺寸的？他们也说不出来这个原因。

问：为什么要做帮坡呢？

答：因为下边是直的墙，上边是拱券，如果不预先在这个地方往外倒一点点，弧度就随不上了。要是预先倒一点点，圆杖一转，弧度就随上了。

问：慢帮坡和快帮坡这两种倒法的区别是什么？

答：倒法是一样的。但是从第三层倒，不如从1.5米高开始倒的样式好看。从三层以上倒，上边就窄了，拱就小了，样子不敞快，看着不气派。从1.5米以上倒，窑洞就敞快，宽敞一点，住得比较舒服。以前我也是从三层以上开始倒，后来看见人家河南人这个

样法好，就学会了人家那种。我修这种新式窑洞，红（有名）得多呢！为什么这么说呢？当年红的时候，有人找我修窑，我活太多，轮不上他，我说，你找别人去修吧。人家说，不行，今年轮不上，那你明年再给我干，我不让别人干。就是因为我碹的窑住上比较舒服，我的倒法跟别人不一样。全县只有我和荞麦庄的一个人是这种样法。开始我也不知道，有一次一起干活，看见他那个窑也像我这个窑，坐在一起闲聊，结果他也是我这个倒法。

问：哪一种倒法比较难呢？

答：按道理还是老的倒法比较麻烦。新式的修到1.5米高都不用计算倒多少。老式的倒法从三层以上就要开始算了，总得倒对呢，要是倒得多了就不好干了，弧度随不上，这窑洞就碹不成。

问：窑腿正面的帮坡是怎么砌筑的？

答：比如新式窑洞的倒法，40厘米高，就是七层，两边各往外倒2厘米，每层倒一点点。从这个窑腿的正面看，下边是50厘米，上边各倒了2厘米，就是54厘米，从下到上越来越宽。下边的砖需要短点，就砍断一点。上边的砖灰缝就稍微大一点点。要是灰缝太大了，还可以加个小砖块。

问：窑腿里头填充的是什么？

答：以前盖的烂窑，填充的都是土没有砖，有的老房子填的是乱砖，好砖烂砖都填，盖个五六层，开始用泥糊糊灌一次，一直灌到开始起券。复券以上就是土了。现在盖的窑洞里面填的都是砖。

问：窑洞的拱券是怎么盖的？

答：现在盖这窑吧，就是搭起架子，弄一个厚板板，一圈一圈往外插。像以前吧，券一个窑可麻烦了，还要用好多木料。下边要用砖垒成柱墩，再用七八厘米厚的木板造起架子，垫好，按照画的弧度样法，用麦秸泥把木板上面抹得圆圆的，根据砖厚，用墨斗在上边一溜一溜地把线打好。人在上边根据这线摆砖。摆好砖以后，再拿锤子往砖缝里头插楔子，一块砖头两个楔子，钉得紧紧的。像（20世纪）六几年以前，修一排窑洞要几个月呢。我以前跟上村里的那个老师傅，在农业社只做过一回，这一孔窑得弄一个月。

问：从什么时候开始，拱券变得简单了？

答：也就是（20世纪）七几年，才开始变得简单了，人们也是尝试，慢慢地改进。刚开始是弄上一米来宽的弧度，人往上摆砖，再把板子往外挪。后来又

弄个架子，在上边摆砖，一块一块地往外插，插好了把架子往外一弄，再插一圈，就这么慢慢地改进了。刚开始碹窑要用石头片片、木楔子往里头钉，把砖弄紧，后来又改进得不用楔子这些了，直接插，一插一灌窑顶就行。七几年、八几年的时候，我们在洪洞县盖了一个窑洞，好多人来看。那些人就和看戏一样，说这两个把式盖窑顶不用楔子！因为我们改进了，好多人奇怪得厉害了，怎么就不用楔子了？实际上我们就是用砂灰往砖上一擦，把灰砂插进去了。以前要弄这一个窑顶，三天弄不出来，改进以后，不用楔子，一天两个窑顶就出来了。以前的做法就麻烦得不行。

问：您能不能具体讲一讲，窑洞的拱券弧度是怎么定出来的？

答：像我这个新式窑洞，下面1.5米是直的，再往上40厘米稍微倒2厘米，再往上面，就要扎圆杖弄圆弧度。扎圆杖的时候要考虑这个圆杖有多长。我住的这个窑是3.5米宽，中间画一个中线，两边在22.04厘米的地方各点一个圆心，左边的圆心控制右边的拱，右边的圆心控制左边的拱，两边用圆杖转下来就是这个窑的弧。多宽的窑洞做下来就是多高，宽度和高度都定死了，如果需要再高，上边不能动了，就在直的部分加，不管是加二尺，还是加一米，都要在下边加，

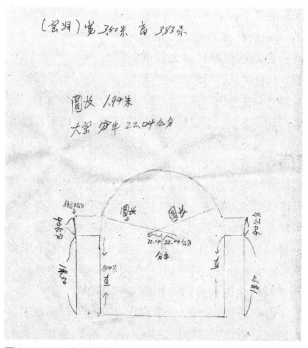

图3-104　王小明手稿

不能在拱券上加，加了以后圆心就不对了。

问：圆心的位置是怎么定出来的？

答：就是根据窑的宽度，按照"一尺六分"来算，算出来就是圆心的位置。不管你的窑是宽是窄，都是根据这个算的。六分就是尺子上边的2厘米。比如窑洞的宽度是3.5米，就是一丈零五。根据"一尺六分"，一丈就是六寸，在米尺上边，3.3厘米是一寸，一寸一寸地数，六寸就是这么多（在尺子上比划），零五丈就是半尺，根据"一尺六分"，半尺就是3分，就是1厘米。最后再加上这一点，估算下来就是22.04厘米（此处工匠计算有误差）。因为我学问也不高，在数学方面不是很通，虽然我都用了一辈子了。要是让我用米尺拉3.5米，我一拉就是。要是用丈换算，马上还算不出来，只能说用的时间长了，用尺子一点点换算。总的来说，就是记住1厘米是3分，3.3厘米就是1寸。

问：帮坡以后，券口的宽度不足3.5米了，计算的时候是按照哪个宽度算呢？

答：还是根据下边的3.5米算。

问：圆杖的长度是怎么算的呢？

答：这个也是根据窑洞的宽度。窑洞的宽度是3.5米，分一半就是1.75米，再加上圆心的距离，22.04厘米，加起来就是1.97米。因为帮坡的时候倒了2厘米，画弧的时候一转开，又短了一点，就算成1.94米，问题就不大了。

问：拱券的高度是怎么算的呢？

答：高度就是圆杖的长度，大小有点误差，但误差不太大，就是1.94米。不过两边的圆杖转上去，做到窑顶的时候，两边的弧度相交有点尖，就把这个尖往下压一下，抹圆了。这么算下来，高度就变成了1.93米，加上下边的40厘米的帮坡，1.5米的直墙，总共加起来就是3.83米。实际上只要窑洞的宽度定了，按这个一算，高度就出来了。

问：盖完以后，主家会检验这个窑洞高度么？

答：一般盖的时候就问一下主家，看需要盖多高，一般都是3.83米。有的人不计较的话，一点点误差也就算了，有的计较的，人家说，我要一丈一五就必须是一丈一五，要不够高就会扣工钱。遇上这种比较苛刻一点的主家就得多操点心，盖的时候，宁愿盖高一点也不敢低了，要想盖得高一点在哪里高呢？就在直墙的地方多加一层，这个高度就增加了。我自己家的这个窑就不够尺寸，因为当时家里的砖有限，再高一

层，砖就不够了。

问：从窑洞的正面看，拱券外面又修了一层拱券，为什么？

答：这个就和人的眉毛一样，图好看。再说这些直砖挨着这些券，不好砌也不好看。

问：修到什么高度开始做檐口呢？

答：也不一定。一般是复券上头高一层就开始了。

问：咱们这儿的窑洞尺寸一般是多少？

答：宽不到3.6米，高不到4米。

问：现在修的房子和以前的窑洞相比，哪个更好点？

答：现在的墙更结实，都是实砖。以前那老窑，看着这么宽的墙，其实里边弄的泥糊糊，时间长了，两个墙就分离了。有的中间扔的都是烂石头，墙就容易鼓出来，鼓出来就需要修理，不修理的话就塌了。修的时候还得把窑腿拆了，怎么拆呢？先用三四十厘米粗的木头柱子和木板撑住了，小工拆完了，从根上重新做。现在这条件好了，用千斤顶就行。

问：现在修的房子，和以前的窑洞相比，哪个住起来更舒服？

答：要是说住得舒服，还是咱们这老窑住得舒服。这个窑上边垫的是土，一般要垫一尺五到二尺厚的土，1949年以前的老窑都要垫一米厚的土。这窑是冬暖夏凉，冬天冻不下来，下边生点火是暖的，夏天窑顶晒不热，里边是凉的，住得就舒服。但是按照现在的标准来说，这窑就是危窑，要地震就有问题，不抗震，不像现浇顶里边有钢筋，抗震。可是我们村几百年，也没有地震塌了的房子。

问：您从20世纪60年代起开始接触盖窑洞，当时一个大工能挣多少钱？工作强度怎么样？

答：20世纪60年代就干得很少，一般就是缝缝补补的活，没有正式干，正式干的就是县城里边单位才能干，私人不让干。那时候大工一天三块钱，小工一天六毛钱，二把刀基本上也是六毛。干个二把刀，挣着小工的钱，他是想学点手艺。工作时间说不来，有的时间长，有的时间短，反正是天亮以后，除掉吃三顿饭的时间，都在干。比如说夏天，六点钟就开始了，干到八点吃上一个钟头饭，一直干到十二点多。然后歇上两个钟头，连三点都到不了，两点半就又开始干了。像最热的三伏天，一直要干到晚上看不见，七点半、八点才收工。有时候活紧张了，吃了晚饭还要点上电灯泡，再干一两个钟头。

问：那20世纪70年代和80年代工匠的行情呢？

答：20世纪70年代就涨价了，大工一般就是一天二十块钱左右，二把刀还是小工的价钱，也就是七八块钱，一天也是干这么长时间。80年代的时候，大工也就是个三四十块钱，小工就到了十五六块钱了。二把刀，要是跟的时间长了，什么活都能干，就跟大工相差不了多少钱，基本上算是和大工合伙干。如果是包工，两个人分钱，如果是打日工，干一天算一天，和大工一个价。也有刚学手艺的二把刀，那就是和小工一个价。

问：20世纪80年代以前有包工吗？

答：有，20世纪70年代以后到80年代，干一个窑洞才八十块钱，干完了以后大工小工分。不过那个时候包工很少，大部分是按天算钱的。80年代以后，包工的就多了，干一个窑洞一百三左右。

问：20世纪90年代大工的收入怎么样？

答：20世纪90年代大工收入就多了，一般就是一百六七，二百左右；二把刀也在一百块钱以上呢，一百块钱可能都雇不下；小工一般就是七八十块钱。那时候我就不修窑洞了，别人还有干的，干一个窑就是一千左右。大部分都是包工，基本上没有打日工的了。以前是天明就干，八点钟吃饭。现在是七点钟以前吃饭，七点钟上班。除了这三顿饭，吃了就是干，一直要到天黑。因为以前是主家管饭，钱少点。现在是挣的钱多，主家不管饭了。

问：主家为什么不管饭了呢？

答：因为都是大包，包出去就不管了。如果天明了干活，八点钟吃饭，大工雇的小工和二把刀不是一个地方的，回去吃饭的话，你迟了，他早了，不能按时动工，所以就规定七点以前吃饭，七点上班，一直要劳动到十二点。十二点吃了中午饭休息到两点多，不到三点，去了一直要工作到快八点，这一天就完事了。

问：现在工匠的行情怎么样？

答：现在，一个小工一天一百二，一个大工一天二百多，最少也得二百。包工头二百多都不够，得三百多了。现在要是想找一个大工干一天活，人家不讨价不吭气，一天最少也得二百块钱。现在工程都是说一平方米多少钱，因为都是平房了，用混凝土打的现浇顶，所以都按平方米算了。

问：一平方米多少钱呢？

答：一平方米一百三。比如说一孔窑，连雨篷下来，大概就是个四十来平方米。

2．汾西县团柏乡下团柏村仇云贵访谈

工匠基本信息（图3-105）

年龄：62岁

工种：泥瓦匠

学艺时间：1978年

从业时长：39年

访谈时间：2017年8月6日

图3-105　下团柏村匠人仇云贵

问：您是跟谁学的盖窑洞呢？学习碹窑难吗？

答：我是跟我父亲学的。我觉得不难，这个得看自己喜爱不喜爱，喜爱就不难，不喜爱就难。我干这个也没跟过师傅，就自己干，不到二十岁就学会了。我父亲也是自学的。

问：您以前带过徒弟吗？

答：我没有带过徒弟，没有人学。现在盖窑洞的很少了，要想找一个会券窑洞的人，都很难。

问：您父亲盖过整座的古院子吗？

答：整个一座的院子，我就没记得有人盖过。1949年以后，那时候很困难，有住的就行了，也就不盖窑洞。后来慢慢富裕起来，盖个三孔、五孔、七孔也就不错了，根本没人能盖得起整座的院子。就算盖了窑洞，也是简单的窑洞，没有檐廊、柱子这些东西。再到后来，不兴古老的，兴起新式的，现在有钱人都钢筋混凝土，打现浇顶呢。

问：盖一院古房需要哪些工种呢？需要多久？

答：像这古房子，都是有钱人家盖的，盖成什么样子，这都不是随便的。人家先请风水先生看一下，找个好地方，然后再根据主家的家庭、住的方位，规划一个样子。原来都比较烦琐，讲究多一点。不像现在那么简单，请个风水先生，在基地上定个向就能盖。向定好以后，得木工、瓦工、石匠，互相配合才行。盖窑洞的手法基本一样，可是古房对木工要求高，雕刻得多。那时候要连木工带瓦工一起做，才能做成，木工做这梁柱、雕花，泥瓦工盖窑，还得有石匠雕刻柱础。民国时还有盖一院古房的，有钱就能盖起。比我大四十岁的一个工匠，人家是民国时候生的，就盖过古房子。这一座院要盖起来至少需要十年，甚至二十年，而且大部分都不是一次性盖起来的，有钱了就盖一点。这怎么能看出来呢？因为一座院里的窑洞大部分都不一样，起券位置低的就盖得早，起券位置高的就盖得迟。

问：盖窑洞的料是什么时候定的？

答：在盖窑洞以前定的。大工懂得怎么算的，你想盖多大的窑，提前给人家说。看风水和算料都在盖窑洞之前，先看风水也行，先算料也行，不分前后。

问：盖窑洞的顺序是怎样的？

答：过去窑腿和后墙，一圈一圈过，一下两三层、四五层地砌过去。平处砌完以后，接下来做帮坡，再券拱券。拱券券完以后再券一道复券，一个是为了好看，再一个是立面上用砖也比较多。拱券砌完以后，需要多高，再砌后墙，然后垫土，最后砌前墙。现在不是了，现在先砌起后墙，再一孔窑一孔窑地盖。这个不如过去结构好。

问：帮坡是怎么修的呢？

答：像这个帮坡，全凭肉眼看，就是一米高度，一般往回倒个两三厘米左右，这个很难掌握。盖的时候，第一层砖做好了，第二层往回倒一点，另一边也是，窑腿中间的砖缝越来越大，太大了就用小砖块补一下。倒到一米高的时候吊线量一下，看窑腿两边是不是各倒了两厘米。如果哪一边倒得少了，得重新弄，如果哪一边倒得多了，再用灰刀往回敲。反正盖几层就要量一下，如果不量，就一边多了一边少了，不对称了。最后帮坡完了以后，再量一下，看倒的尺寸对不对。比如最下头是3米，倒完了以后是不是2.96米。

问：拱券的圆心是怎么定的？

答：我们这儿的窑洞，盖得早的都是鸡蛋形状，盖得晚的就不像鸡蛋了。要定圆心，就得用土办法算。像这种鸡蛋形的古窑洞，主要看半圆的当中要起多尖，也就是它比正常半圆高多少。不管窑洞是几米宽，都是根据正圆的半径加上一定的高度算。比如说3米宽的窑洞，半径是1.5米，我想要尖一点的窑洞，那高度就在半径上再加个8寸，一寸是3厘米，8寸就是24厘米，定出来的拱券半径就算是1.75米。一般窑就是一丈宽，一般情况下高度加个六到八寸，最多九寸，加六寸的情况比较多，也比较圆，九寸就比较尖了，加的情况少。窑宽一

点，加六寸就偏圆一点，窑窄一点，加六寸就偏尖一点。

问：拱券是怎么修的呢？

答：以前的时候，前边定一个圆杆，后边定一个圆杆，前后圆杆一样，然后拉一根线，用木料按照这个圆弧全部摆起来，弄成一个模型，和窑一样大，有几个窑弄几个模具，弄成以后，上边用泥抹圆了以后，再从两边一起往上砌，这就是最开始的模券，跟模型一样。

后来在（20世纪）七八十年代，土地下户以前就有了拖券。拖券是用木头板一块块钉成一米宽的架子，根据圆杆的形状箍成圆形，搭在架子上边。这个模板做好后，一次性盖三个窑，共用一个就行。券窑的时候，把模板搭好，再在上面插砖，把砖前一块后一块地摆好，用破碗片、破纸，插到缝里顶住、顶直，木塞子、敲碎了的石片也行，一块砖用两个楔子就憋紧了。以前砖外面有缝，必须都得插满了，需要用白灰和砂灌缝，灰砂的比例是1：4左右，一钎灰，三四钎砂。后来灰的比例大了，一钎灰配两钎砂，砖和砖能黏住了，就不用木塞子了，券完顶了还灌水泥。插好一米固定好后，再把拖券往前拖一米，继续插砖就好。

（20世纪）80年代以后就是板券，更省事。先用圆杖画好，用木头做个小模具，最后一圈用楔子先插好了，有个手抓的模型，比较简便，插一圈，手拿样板比对一下，如果行就继续插，不行再改改。再以后就什么都不用，空插就完全没有模型，随着后边往前插，全靠眼力和功夫，反正越来越省事了。这二十年来就几乎不盖窑了，全是现浇的平顶和楼房。再过十年，就没有人会券窑了，老的老了，死的死了……

问：檐廊是怎么做的呢？

答：窑脸里头还有个小木头柱子，在砖墙里头靠着，和外边廊里的梁连着，有个榫卯和插进去的梁头勾住。要是不连在一起，就压不住外边的梁，一放梁和檩条、椽子，梁架就往外翻倒了。椽子就插到墙里，外边用钉子钉到檩条上。

问：为什么以前的窑洞，前墙是凹进去的，现在的窑脸是齐平的呢？

答：凹进去叫"小支口"，现在一体的叫"大支口"。现在这样排场啊，贴瓷砖好贴。过去凹凸不平，不好贴瓷砖，贴的时候比较麻烦。

问：炉台和烟道是什么尺寸呢？

答：我们这儿的炉台就是60厘米左右，所以烟道一般就是离地二三十厘米，大小就是20厘米左右。这个烟道就在窑腿上，位置一般来说都没有规定。除了风水先生放的线是死的，其他都是活的，不是定死的。

3. 汾西县僧念镇师家沟村师孟虎访谈

工匠基本信息（图3-106）

年龄：44岁

工种：泥瓦匠

访谈时间：2017年1月24日

图3-106　师家沟村匠人师孟虎

问：您能介绍一下自己的背景吗？

答：我一直就生活在师家沟，也没有上过什么学堂，最高学历是初中，初中毕业后就学的这个，当时是跟着师傅干呢！我的师傅就在这个村，叫师记龙。

问：拜师的时候有什么讲究吗？

答：没有，啥也不用。最开始是给人家做小工，慢慢地干。小工做好了以后，就是二把刀，然后就是大工。我学了三年出师的。出师以后一般在汾西、霍州这一带的农村干活，还在太原干了一年。人家修楼房，我在楼房里边抹灰。

问：您当学徒的时候师傅发工资吗？

答：给，但是少。当时条件不好，一天就是3块钱。

问：您现在带徒弟吗？

答：有一个徒弟，也是我们这儿的，现在也属于大师傅了，修房子多了都变成大师傅了。

问：您选学徒有什么要求吗？

答：也没什么要求，现在能有什么要求呢？只要人家愿意干就行，因为学徒不好找，谁也嫌这个活累。我们村现在的年轻人就没有学的，我那个徒弟30多岁，就算是最年轻的了，再年轻点的就没有干了的了。他现在和我一块儿干呢。

问：您有没有想过让自己的孩子从事这个工作？

答：我有两个孩子，大的22岁，小的19岁，一个在饭店打工，一个在当兵。我让他们干（盖窑洞），他们不干，嫌那个活累。

问：您觉得泥瓦匠的收入如何？

答：近几年还是可以的，比木匠工资稍微高一点，无论大木匠，还是小木匠，泥瓦匠工资都比他们高一点。以前也一样。

问：泥瓦匠的级别是怎么分的？

答：级别最高的叫大工，也叫师傅，往下是小工，也有二把手。二把手就是大工和小工之间的，说他会垒墙，但是不如师傅，说他不会垒墙，但是又比小工强，所以叫二把手。

问：泥瓦匠开工之前需要准备哪些材料和工具呢？

答：砖、灰、砂子、水，主要原材料就是这些。工具方面有铁锹、铁镐、抹灰刀、抹墙的抹子。

问：如果要盖一个窑洞，是谁来组织工匠呢？

答：房主说了算，主人找一个工头，然后工头招人，需要什么人就叫什么人。当工头的一般是泥瓦匠，也有木匠，木匠少。像审批手续和文件是人家房主办的，包工不管这个。

问：每年大概什么时候开工呢？

答：一般是过了清明吧。过了清明，等天气稳定了，冷了就没法干。

问：工期持续多久？

答：那得看盖几个窑洞，一间得10天左右，一般不下5个人。

问：中间会停顿吗？

答：如果料供不上了，比如水啊、砖啊来不了，就得休息几天。一般干开了就停不下。

问：盖窑洞之前有什么仪式和禁忌吗？

答：需要祭拜祖师爷，就是鲁班。泥瓦匠和木匠信的都是鲁班，土地爷也敬一下。仪式由主家定，提前叫风水先生看一下日子，什么时间开工好，定了日子以后，烧香、放炮，就算是开工了，也没什么禁忌。风水先生主要是用风水罗盘看地方，比如方向应该朝哪一面。主要说的是主窑，侧窑不说。侧窑就是两侧的窑，也叫辅窑。

问：盖窑洞有设计图纸吗？

答：没有，主家说要多少尺寸大小的，咱就得按照人家那个尺寸。一开始窑洞进深都是两丈七，9米的，

再后来都是两丈四，8米的，变短了。窑洞宽窄大部分都是3.5米。窑高是一丈一尺五，大概是3.5米。后来有的新房子嫌窄，就会修得稍微大一点，宽度增加10厘米，高度增加20厘米。

问：窑洞的孔数是谁确定的？

答：修几孔窑，这个是主人家决定的。窑的孔数也没有什么说法，单数孔多，双数孔少，再就是以经济条件而论了。假如那家条件只能盖起三个，人家盖三个就行了，如果盖四个，那就费劲了。

问：咱们这儿的窑洞有几种类型？

答：一种是依靠周围的山体建了一个砖窑，叫入山窑。入山窑盖的时候不用挖洞。比如盖三孔窑洞吧，把这三孔窑洞的面积挖好，用砖垒墙往上盖，盖好以后再在上面盖土。这个房子冬暖夏凉，和挖的土窑洞一样。还有一种是平地起来的窑洞，什么也不靠，就是用砖垒起来的，叫四面起。我们这儿也有土窑，土窑就是在大土坡上面打一个窑的形式，然后做一个有门有窗的山墙。土窑和入山窑不一样，土窑的窑和窑之间距离要宽一点，因为上边比较重，土壁子就得很宽，不宽一点怕窑腿撑不住，一般得一丈宽。入山窑的窑腿就不需要这么宽，50厘米就够了。

问：入山窑对土质有什么要求吗？

答：土质没有要求，基本上是土都能做。

问：有用石头砌窑洞的吗？

答：没有石头砌的，汾西县基本都是砖砌的，石头砌的也是个别的。

问：用地紧张的话，窑洞上面会建房子吗？

答：会，古院里的老古窑上就有房子。现在没有这种做法了，都是搭平房。

问：盖窑洞主要分几个步骤呢？

答：夯地基、垒墙、弯坡（帮坡）、券窑。

问：地基是如何夯的呢？

答：地基是用打夯机打的，以前是人工夯。主要看它下边是不是实在的土，哪儿不实在，就得挖下去，几个人抬着一个大石墩夯实了。所以这个地基深度说不准，有的地方深，有的地方浅。如果一开始就是实在的，就不用夯了。打地基之前还需要放线，要按照线挖。原来都是用铁锹挖，现在条件好的用挖掘机挖一挖。挖好地基，夯完土，还要回填一些材料，回填就是石块和三七灰土，三分灰（白灰）、七分土。如果土质是湿的，就不用加水，如果干的话，就洒点水，

让它更黏结。回填的时候要一层一层夯，不是一次性夯实，边填三七灰土边夯。把窑洞的地基都回填完了，夯平了，再用砖和泥（灰土）弄起来找平，和地面一样平了，就可以垒墙砖了。

问：三七灰土是哪里来的？

答：石灰就是在周边买的，以前是用山里边的青石烧成灰，土就是当地的土。

问：地基夯实以后呢，下一步做什么？

答：先是修墙，就是窑腿，因为它和承重有直接的关系，越宽承重力越大。比如50的墙吧，先一边做12厘米宽，中间用石头、烂砖，再加上烂泥把它填满了。后来条件好的，就直接用砖做50的墙，中间也是真正的砖。这个墙砌到2米左右高，就开始弯坡，也就是帮坡。

问：帮坡是怎样砌筑的？

答：帮坡摆法是"骑马墙"，上面两个砖的缝隙对应着下砖的中间。砖和砖之间抹的是石灰和砂子，古法就是只有石灰没有砂子。石灰兑水也没有啥具体比例，咱老百姓做的时候，和起来就行，有时候稀点，有时候稠点，凑合用呢。

问：做完帮坡以后呢？

答：帮坡之后就是起拱。窑洞的内径和拱宽有关系。假如内径是3.5米，做拱券的时候圆杆就长了。假如内径是2.5米，圆杆就短了。同样的做法，如果宽窄一样大，高度就是一样高。如果一个宽，一个窄，窄的窑洞就矮了。

问：拱券的弧度是怎么确定的？

答：这个弧度，主要是由拱券的高度确定的。做的时候，心里先有个高度的概念，定下最高的地方。然后拿一个杆比划，假如窑高是4米，就在2米高的地方开始起拱，从弯坡结束的地方，两个圆杆，圆杆就是木棍，两棍之间重叠40厘米，用两个杆画圆，从墙头转到上边相交，弧度就定了。

问：为什么要用两个圆杆呢？

答：太圆了不行，太圆了不容易做，坡就弯不回来，做上几层，再往上做就要塌呢。两个圆心中间隔开，各自岔开20厘米，这个弧度就可以调整了。

问：拱券是怎么砌筑的？

答：底下弧度小的地方，一边填灰，一边放砖，每垒一层砖，下边都要放灰。而且每层砖之间，后边的灰多，前边的灰少，后边厚，前边薄，自然地就弯回来了。这个弧度就是按照那两个圆杆。开始砌拱券的时候，两根圆杆就一直定在那儿。后边两个，前边还得两个，后边弯得多了，前边弯得少了，就不对称，所以每垒一层砖，就放一下线。

上头弧度大的地方，也是根据圆杆画的弧度，用木头做一个架子，放一圈砖，往前拉一下这个架子，再做下一圈砖，这样一圈一圈做出来的。我大门外面还有几个架子呢。那个架子就是样板，没有架子就放不住砖。放砖的时候用碎砖、灰把砖头塞住了，老早的时候还会用木头塞子往里面插一插，撑住了就不会掉，后来也没人用这个了。最后等房顶砌完，用石灰糊糊，往上边一灌，就结实了。

问：泥瓦匠怎么上去呢？

答：现在是踩着脚手架上去的，人站在架子上边，一个手抓砖，一个手拿灰，总要让手顺当呢，手不顺当了不好干。原来的时候，就是在下边多砌几个砖垒的圆墩，上边搭上木棍，人就在木棍上走呢，最高的有2米。砌这个圆墩很容易，也不用放灰，就用砖往上垒就是了，不过没有现在的脚手架安全。

问：窑顶是怎么做的？

答：房顶就不垫灰了，都是土，从拱顶到屋面，大部分都有2尺左右厚，也有1米多厚的。

问：窑顶怎么排水呢？

答：窑顶上垫的是夯实的土，有坡度，主要看地势，有的朝前，有的朝后，有的还朝左右，这个水流到哪边方便，就把坡度朝向哪边。在靠屋顶的边上挖一个排水渠，就把水放走了，不敢让水留在屋顶。

问：门窗什么时候安装呢？

答：门窗主家已经做好了，需要啥时间安装，泥瓦匠给人家安好。

问：屋里的炕是怎么布置的？

答：一般放在靠窗户这儿，土炕里边是空的，能连着烟道，烟道靠窗户和窑腿。

问：烟道的尺寸是怎么定的呢？

答：烟道就在窑腿中间，烟道口在山墙的墙角处，是一个往上通的洞口，没有啥尺寸，一般就是一尺左右见方吧，三十几厘米。

问：窑洞的地面是什么时候处理的？

答：盖房子的时候先不搞这个地面，等窑洞都盖好了，看什么时候要住再搞地面。老房子是用砖铺平了，现在条件好了，有了水泥，就用水泥抹地板砖。

问：窑洞后期如果有了裂缝，怎么处理？

答：用石灰糊一下。

问：院子的大门是何时修建的？

答：先建房子，再弄院子，最后弄大门。大门和院墙是一起的，有条件的，盖了房子，院墙也能盖起来，没有条件的只能盖起房子，盖不起院墙了。

4. 汾西县僧念镇师家沟村师记龙访谈

工匠基本信息（图3-107）

年龄：52岁

工种：泥瓦匠

访谈时间：2017年1月22日

图3-107　师家沟村匠人师记龙

问：您是如何学习泥瓦匠这门手艺的？

答：我学习泥瓦匠这个活只有实践没有理论，都是口传身教呢。我除了泥匠没干过其他什么工种。我学了四年出师的，没有出师礼，不跟师傅干就出师了。

问：您修这个窑一般在哪些地方修呢？

答：咱在汾西境内的各个村。我修建筑就是窑洞、平房，没有其他的了。我修窑洞比平房干的日子长，以前人都是干窑洞咧，这后边了才盖的平房。

问：您除了修窑还务农么？

答：捎带着种种地，我主要生活来源还是修窑。

问：您有几个子女？

答：三个孩子。他们工作和修窑没有关系。他们之前没有表达过想要学习这个手艺的想法，都是念书呢。我在家里除了种田就是修窑，他们就不学这个，我也不想让他们受这个苦，太累。

问：您收过徒弟么？

答：有，3个徒弟都出师了。他们刚开始去的话就是搬砖，调泥（和泥），跟着我干了五六年就出师了。不用给我学费，我还得给他们工资，等于说他们是帮忙干活的，挣钱呢嘛。像以前修窑洞家里都没有钱，第

一年给不了，都是过年给，现在就不存在那个问题了。

问：这个村儿工匠大概有多少呢？

答：村里一共有五六百人，有4个泥瓦匠，4个木匠。

问：您觉得工匠的收入怎么样？

答：以前盖这个窑洞，一天就3块钱，（20世纪）80年代。包工的话，一天挣个四五块钱。包工就是把这个工程包下，带领上人干去，把工人的工资开了，自己能挣四五块钱。我们这个团队干起活来随时组织，流水的，没有固定的。

问：您觉得其他工种哪个工种待遇好一点？

答：（其他工种）肯定没有木匠好啊。以前最好的，能吃个白面窝窝头。在修窑的过程中，主人家管吃管住。年轻人修窑的没有啦，都是以前教的，有三十几岁的、四十几岁的做活，现在年轻娃子都没有干这个活了，没有学这个手艺的了。

问：准备建这个房子之前是谁组织的呢？

答：谁干就是谁组织嘛，一般是大工。带工的人他自己也出劳力，不出力不行。其他是二把刀，小工。二把刀就是比大工低一点，比小工大，他会砌墙、垒墙。小工就是搬砖、调泥。

问：修窑一般什么时候开始？

答：从清明干到十月，咱干活只能干七八个月，干到三冬前就不能干了。

问：建窑之前的那些材料，您是怎么准备的？

答：给人家干活，我准备的东西就是券窑的那个架子和棒子，拿着去咱就是准备施工。

问：在建造窑洞之前咱要祭拜什么吗？

答：要祭拜的。主人祭拜祖先、土地爷，动工结束了还要谢土、感谢土地爷。

问：这儿请风水师吗？

答：请哩，要请风水师，人家要看这个地方几日几时能动工。他相地是用风水罗盘，人家看地方的时候，说今年"空"，就可以盖；若说不"空"，就过了年才能盖呢。不"空"就是地方不好，今年不能修窑洞。

问：选址这些您参与么？

答：也能懂一点，但是不顶人家，主要还是风水师。咱这里朝向基本上是东南、西南及南向。

问：开工当天有什么具体的时辰么？

答：没有，拜了土地爷就能动工。开工的时候没有禁忌，直接盖就行了。

问：一间房子，从头开始建好需要多久呢？

答：这一孔窑洞三五天就盖起来了，从下面到上面一个房子就完工了。这五孔窑，五个人干，得一个月，十个人干，半个月就起来了，一孔基本上就是三天左右。

问：几孔的有什么讲究吗？

答：没有什么讲究，奇数窑多。中间一个大孔是主窑，两边都是辅窑，厢房也叫辅窑。箍窑是正窑，就是辅窑旁边盖的小窑洞。靠山窑是正窑，箍窑就是辅窑。咱这的窑洞基本上靠山，正窑坐北向南，后边靠山，两边是偏房，就是辅窑。靠山窑和箍窑我都做。

问：盖房子之前要做地基，具体怎么做呢？

答：打地基时，如果到了实土就不用打，如果虚土就要往下挖，挖到实土，再用打夯机打。用打夯机之前是用石头，人抬起来打。挖地基之前需要定向和放线，不放线不行。风水师放一个中线，按照这个线放开地基的线。然后开始用铁锹、斧头、镬头（锄头）挖地基。砌筑地基的材料有的是石头，有的是砖。石头有青石，有砂石，人能搬动，差不多几十斤。小碎的也不能当地基，主要是为了稳固，太小了不稳。回填是以把里边塞满为原则。

问：建造窑洞分几步呢？

答：比如这个墙吧，就是窑腿，下面就是"平处"，中间有个"帮坡"，帮坡就是这个弯儿，这个弯的就是准备券窑洞，上面要用"圆券"撑着往前砌窑洞。再上面用模型就把窑洞砌起来了。

问：窑腿是什么样的尺寸？

答：窑洞，宽是3.5米，长是9米，高是3.7米，窑腿宽，老砖是两砖，二八的砖，差一点不到60厘米。

问：砌筑墙体的时候，如何保证水平或者垂直呢？有什么措施么？

答：有水平仪，靠在墙上保证它水平，摆砖就对着那个摆。

问：窑脸厚度是多少呢？

答：三七，也有二四，咱做的是三七，它结实点。

问：券的圆心和半径是您确定的么？

答：对，自己决定，如果主家说要圆的，咱就给他券圆的。把一个圆板，放在后面往前垒。

问：它上面这个弧度跟承受能力有关么？

答：高一点承受能力就大，弧度越往下承受能力越差，现在也有平顶窑，半圆形的，不如咱这个结实，那个就是危房。

问：墙中间回填的东西和屋顶回填的东西都是一样的？

答：一样的。院墙不需要回填。

问：这里的神龛一般是放在哪呢？

答：前面一个窑腿上面券一个小窑洞，盖前面的时候就把小窑洞垒起来了，放土地爷。

问：窑洞主要依靠什么样的土质粘接呢？

答：黄土就行。以前是白石灰，山上的青石烧出来就成石灰了，加水放开后成了石灰水，水蒸发完就是用的白石灰。水和石灰没什么比例，水多了，调出来的灰就稀，水少一点就稠点，稠一点好用，用铲子可以铲起来，稀了的话铲子铲不起来。还是靠经验，如果没有经验，刚去的小工就不懂，干得多了经验就多了。

问：入山窑刚开始建要先挖洞，是吗？

答：用铁锹挖渠，现在就是挖掘机。

问：有没有里面就是一个土窑，外面直接接砖窑的呢？

答：有。里边是一个土窑，前面砌一个面，用麦秸和土和成的泥抹上一层，然后再用白石灰抹第二层。前面也是券一个圆形，砖对着土上面，不用抹什么东西，里边一装修，就看不出来接口了。挑檐是木匠来做，下边的木活要木匠来做，木匠弄好以后，上面也要泥瓦工。

问：有接口窑这个说法么？

答：有。接口就是土窑，直接把土整齐以后，在里边用镬头和铁锹就把窑洞挖成圆形，挖好以后，再把砖券起来。

问：挖这个土窑还用支架么？

答：不用支架。要券现在这个窑洞，要支架的，券土窑不需要。挖出来的土垫到沟里，哪里需要土往哪里垫。以前都是人工干，现在有挖掘机、装载机，就方便多了。咱们山村还是人工干得多，机器少。窑面也是人工用铁锹、锄头弄平整。接口窑接砖的多，接石头的很少。用石头接的话，室内太冷，不如砖。土窑窑洞低，3米左右高，进深也是9米。

问：土窑洞打完需要晾干么？

答：把这个窑洞打好以后，晾上半年，它这个土就没有水分了，再砌砖。直接砌砖也可以，但那样就不防潮了，晾一晾肯定潮湿少一点。

问：窑如何防止土体塌陷呢？

答：弄不好就要塌呢。窑洞塌了那就是大工的问题，前边后边宽要一样，尺寸一样。再者上边砌这个砖吧，口不能太松了，太松了容易往下掉。窑洞上面是垫土，垫的时候垫不好就往下塌。

问：窑如何防水呢？

答：窑洞顶上好处理，窑洞里边不好处理。窑顶弄一个斜坡，下雨那个水就顺着流下去了。一般还会有一个水渠，流到院外。坡度大概是前边和后边能错开30厘米，前边比外面高。顶上有的还铺砖，不铺砖的话上面有那么厚的土呢，所以咱这个窑就防雨水。上边的土湿了以后，用墩子墩实，这个土就实在了。不过咱这里防潮不好做，由于窑洞靠山、靠土，土里边有水就容易潮。

问：室内还需要抹面吗？抹面用什么材料呢？

答：总共抹两层，砂浆抹一层，白灰抹一层。砂浆主要是把这个墙整平，整平后刮一个面。

问：土窑的屋顶有啥特殊的处理方法吗？

答：土窑券砖的上面还有缝隙，需要用泥糊起来，用砖头把里边的空间填起来，青石、砂石也可以，填满为原则，边砌砖边填。砌多了，里边就填不上了。

问：炕一般在房间的什么位置？

答：窗户跟前，随窗户，因为阳光就在窗户那里。土炕搭法是前边弄一层砖，里面也有砖，砌成一个渠，火与烟就从这个渠里边走，跟着烟筒上去了。炕和炉子是连着的，炕只有表面是砖，中间是空的，如果里边是实的热气就上不去。排烟道的位置在窑腿靠近窑脸的地方，筒子通上去，上边用棒子一盖，并抹上泥。它的连接，盖的时候就已经留好了，再把砖摆上去。

问：每孔窑都有这个烟筒？

答：对。

问：是先装门窗还是先铺地？

答：先装门窗，门窗上起来，再收拾这里边。

问：瓦工只是负责瓦是吗，还干其他的吗？

答：瓦工不干木匠活，各干各的。把洞券好以后，再叫木匠把门窗一修。门窗这个尺寸都一样，木匠来了就把窑洞高宽一计算，再修门窗。木匠修好门窗，泥匠再垒起来，自己把门窗砌好。通风主要靠这个门窗。

问：院落大门的朝向是谁定的呢？

答：也是风水师。风水师定好在哪里盖这个大门，泥瓦匠就在哪里盖大门。

问：这个影壁、照壁有啥讲究？

答：这也有说法，也是由风水先生看的，一看说院子里需要一个照壁，泥瓦匠再盖一个照壁。现在的说法就是大门不能对了窑口子，"口不对口，门不对门"，就是不能冲着，大门要避开窑脸的门，口对口了就是"吃口"。

问：如果窑洞有裂缝了怎么办？

答：裂缝，就是地基不实，地基没有处理好。有时候地基承受力不行了，窑腿下沉，一下沉上边就要裂缝，窑腿不动，上边就没有缝。有裂缝就没有办法了，塌不了还能住。塌了就得把窑洞铲了重券。裂缝大了，人就不敢住在里边了，就成了危房了。

问：积雪对咱的房子影响大吗？

答：这个房子不怕下雪。

5. 汾西县僧念镇师家沟村师文贵访谈

工匠基本信息（图3-108）

年龄：53岁

工种：石匠

学艺时间：1995年左右

从业时长：20年

访谈时间：2017年1月25日／2017年8月4日

图3-108 师家沟村匠人师文贵

问：您是什么工种？

答：石匠。我从小一直生活在师家沟，上学上到初中，毕业后一开始在煤窑上干过，后来就干石匠了。

问：您能讲一下学艺经历吗？

答：我有一个师傅，就在村里边，现在60多岁了。我师傅一直就是石匠。那会儿我当学徒的时候，一开始不发钱，后边干的时间长了，就发一部分，按活儿发。我是到了30多岁出师的。我是一边种地，一边干这活儿，去过洪洞县，也去过临汾市，还去过太原、柳林、蒲县、解县，山西省很多地方我都去过。

问：您有几个孩子呢？

答：3个。他们都不从事这个工作。我之前也有过徒弟，后来半途而废，不干这活了，这活太苦重。现在的年轻人也没有愿意学这个的。

问：石匠待遇怎么样？

答：不高，像雕刻那种还差不多，做个石条也还比较凑合，像垒这些石墙工资就不高，不如泥工高，比修家具的木匠高一点。

问：您主要是做什么？

答：条石。像老院子里台阶上面边沿上弄的这一溜，叫条石。这个石条有30厘米宽，15厘米厚，1米多长。以前打那些喂牲口的槽，也是这个形状，最长的将近3米，我们这里石头也有限，再长了也不行，没有那么大的料。边上还用錾子雕刻的花儿，以前人工雕的，后来不弄了，只是简单做个形式，上面宽一点，下面窄一点，修得整整齐齐地喂牲口。木柱子下面那个圆鼓石，也是人工弄，现在都是机器弄呢，机器运输，从外地往回调。

问：条石是产自哪里呢？

答：就是村里边的，周围山上弄的。前年我们在村里边还弄了一部分。做条石必须得是完整的砂石，一点点做成想要的条石。也有青石做的，但青石的料不行，容易碎，脆性大。而且我们这里的青石里头有火石，用錾子一弄，它就起火，容易破坏錾子。砂石的话就容易得到理想的形状。老院子的条石都是砂石。

问：条石是怎么加工的？

答：和木匠下线一样，用木尺和錾子，先画一条直线，然后在直线上打小坑，再用夹子夹着錾子，用大锤一下一下把它砸开。掏这个小坑，就得用錾子和锤一点一点掏下去。间隔六七厘米一个坑，沿着一溜掏开，再把楔子插进去。楔子就是下面窄，上面宽的一个方顶子，用大锤一个一个砸坑，最后石头就裂成一条直线了。像刚才说的30厘米宽，15厘米厚，都是要一点一点弄开呢。现在从外地调回来的条石，那都是机器切割的。

问：除了做条石，还做什么？

答：还有压条石。新房子没有，老房子都有，每个窑腿上面一个，就压在窑腿中间，它的底边和门窗梁的底边平齐。压条石大概有个70~80厘米长，20厘米厚，30厘米宽，也有1米多长的。它不是横着放的，是竖着往里放的。压石条的作用是让窑洞更结实，因为窑洞里面填的都是土，如果把这个压上，土不容易往外挤。这个压条石要用方尺修齐。方尺就是一个三角板，一是画线，二是把它弄齐。除了条石和压条石，还有窑顶上的出水口，也是我们做。需要多长弄多长，用錾子一下一下把它掏开，掏成渠的形式。以前有门墩石，一边一个，也是条石做的，20厘米宽，30厘米长，掏一个小坑让门能转动。它的摆放是靠着墙，外边一半，里边一半，中间连着的。再弄个壕，门槛放在上面。还有碾子，我们也做过这个东西。以前的大磨，都是石匠做的。

问：您能不能讲一下修窑的步骤呢？

答：在我们这儿，第一步，要先找个风水先生看看地形，就是可不可以盖。像农村盖窑就要看这个方向、地形，如果说行，再让风水先生看一下能不能动土，如果能动，定了日期就开工、挖地基，硬度够了以后再用三七灰土夯实。

问：咱们这儿的窑洞是不是都要选一个靠坡的地方？

答：对，有了靠坡就比较结实，冬暖夏凉。除了靠坡之外还得找一个阴阳先生看看这地方风水好不好。如果你家的地基盖窑洞不好，你可以找个好地方跟人家换。因为人家要这个地方也没用，他不需要券窑洞。给人家多点，咱们少点，人家就跟你换了，他可以用来种地。

问：风水先生是怎么看的呢？

答：人家有个指南针，还书，可以定方位、定地形，看完之后他说好不好，有的地方能盖，有的地方就不能盖。

问：我们一般会选哪一种土当靠背？

答：我们这有三种土，黄土、红土和缸石（可以烧制水缸的石头）。一般选黄土和红土，因为到了三伏天，这两种土会吸收水分，所以不起潮，像石头靠背的话，它不吸收水分，就会泛水起潮。

问：这个场地的范围是怎么定的？

答：比如我要五个窑洞，一个窑是3.5米宽，5个就是17.5米宽。以前的窑腿宽度不一定，至少60厘米，1949年后是50厘米，现在都是三七墙。假如一个窑腿是50厘米宽，6个就是3米宽，加起来就是20.5米。有的窑洞两边的腿子比较宽，不宽点就要往下塌，所以还要再加宽一点，基本都得1.5米。前后进深一般在9米，再加上后墙的宽度有三四十厘米，算上10米左右。如果窑两边都有靠的，那就省点事儿，不用挖那么多，边腿能砌上就行，不需要挖那么多土，挖多了就费工。

问：那场地怎么挖呢？

答：从根基开始挖，一般从前往后挖，把后面的坡从顶上开始一直竖着挖下来。

问：**一般会挖进去多少？**

答：有的多，有的少，这不一定。这个就看院子的大小，挖得深点，院子大一点，挖得浅点，院子就小一点。有的窑洞纯粹是在石头上挖出来的，还有一种是挖进去一半，接出来一半，还有一种就把后墙斩一半，弄直就行了，两边的坡就像窑腿一样。也有的平地就能起。具体选哪一种，就是根据地形。

问：**您能不能详细讲解一下挖地基？**

答：这个不一定。挖地基要挖到实处，我们老百姓就是用杵子捣，捣不下去就可以了。像咱们盖楼房一样，够盖窑的承载能力了才行。然后用三七灰土拌匀，用打夯机夯实打平。以前就都是人工挖、人工夯。

问：**挖根基的顺序是什么？**

答：先下后墙的地基，这个要根据风水先生看的方向，偏南多少度，15°、25°还是30°。然后是窑腿，比如五个窑洞就得六个腿子，量好以后开始挖腿子。挖到实处，能承受压力的话就不挖了。挖的槽定型了，就开始用三七灰土填平夯实。假如外面地形高，三七灰土就要填得高点，不高的话院子里的土还得挖。以前的老窑洞回填，比外面至少高20厘米。不过这个高低也不一定，都是根据地形。最后一步是虎头砖，就是在三七灰土上边用砖再扎个根基，宽度比窑腿两边各宽五六厘米。因为垫土的时候不找平，砌虎头砖的时候就要找平，个别位置如果高度差太多，还需要再加一层砖来找平。这个虎头砖是立起来做的，错开砌，最后跟屋里的地面是平的。窑洞的前墙、后墙和窑腿下面，都有虎头砖。虎头墙放线的时候不用拉线，直接用白灰撒一道线。墙线是用木楔子钉到墙角上，再用线一拉。后墙靠着土，拉一根通线就行，因为窑腿的砖最后都要插到后墙上，咬合住，拉一根通线墙才能直。前墙是最后才做，开始的时候不用拉线，也不用和窑腿咬合。

问：**虎头砖的主要作用是什么？**

答：它的面积宽一点，承载能力就大一点，就像人在泥里面走，脚容易陷下去，踩一块木板就不容易沉下去，道理是一样的。

问：**怎么给虎头砖找平呢？**

答：以前有一种土办法，就是挖一个槽，放上水，然后用尺子量高度，也不是很准，我们都没用过，现在都是用水平仪。

问：**虎头砖砌完以后做什么？**

答：只要条件达到，马上就可以砌墙了。一般把两头的角先砌起来，然后拉根线，墙就定形了。像一个腿子就要放四个点，然后从外边往里边砌，最后要是还差一点，就补在后墙上，不碍事。腿子的角上一层一层都要相互咬合住。

问：**比如说挖五个窑洞需要几个人呢？**

答：这就不一定，有时候需要挖好几个月。因为我们这儿地形不像平川一样，都是平地起窑，我们这儿窑洞的后墙都要有靠山，所以不同地形需要的时间不一样。第一步就要把整个地形挖出来，主要目的是把地形挖成四方形。地基挖好，后墙弄好，土方量很多。处理完窑的地基，等窑洞盖好以后，然后再处理院子的地基，拉土垫院子，情况太多。

第四章

乡宁县云丘山锢窑营造技艺

第一节　传统民居

一、背景概况

　　云丘山位于临汾市乡宁县南部的关王庙乡（图4-1）。这里自然景观独特奇异，人文景观丰富多彩。乾隆版《乡宁县志》曾这样描述云丘山："春树葱茏、夏林苍翠、秋风丹染、冬松傲雪，四时山花吐香，常年流水潺潺。"（图4-2）区内沿峪河有一条古道名曰"马壁峪"，"峪长六十里，南通绛州和稷山，北通吉州和甘肃"[①]（图4-3、图4-4），自古以来便是承载峪南峪北物资交流的运输要道，因此也带动了这一区域以农耕文化和商贸文化为主的传统村落发展。

图4-1　云丘山区位图

图4-2　乾隆版《乡宁县志》中的云丘山

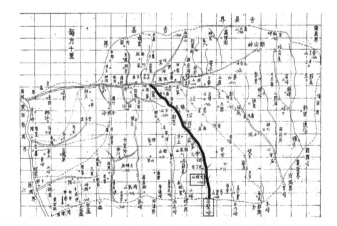

图4-3　民国版《乡宁县志》县境全图（马壁峪古道）

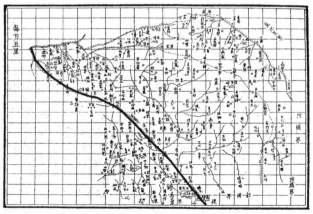

图4-4　民国版《乡宁县志》县境东南区图（马壁峪古道）

① 民国版《乡宁县志》第223页

二、院落形制

云丘山地区目前保存较为完整的传统民居多为明清时期至20世纪50～70年代末的石砌窑洞。这些建筑就地取材，因地制宜，空间组合方式丰富多彩，体现了鲜明的地域特色。受地形的影响，其院落形式可分为联排式、合院式和窑上院式。

1. 联排式

联排式是云丘山地区最简单的院落布局，且通常与村落道路或小广场相结合，常见于塔尔坡村、鼎石村和下川村的窑洞群（图4-5、图4-6）。窑洞的孔数以3孔至7孔（靠崖窑或接口窑）为主，平面形态可伴随地形变化而产生直线型和折线型。直线型联排式窑洞轴线明确，轴线将其分成左右对称的两个部分，而折线型联排式窑洞轴线较为模糊，甚至没有严格意义上的轴线。

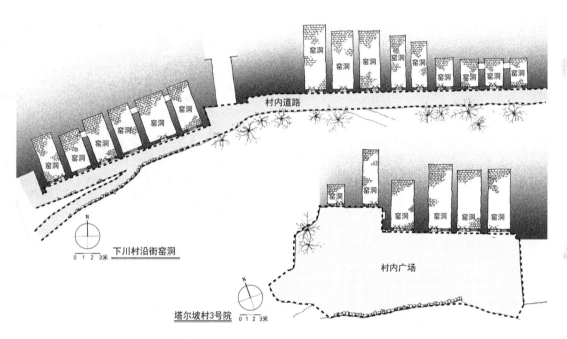

图4-5　联排式窑洞沿道路和广场布置

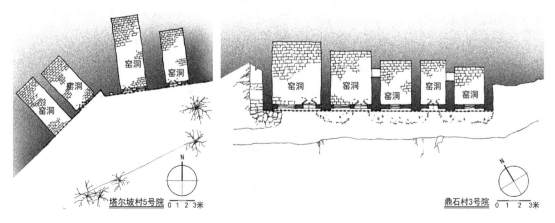

图4-6　联排式窑洞平面形态

2. 合院式

合院式是云丘山地区最为常见的院落布局，根据院落的围合情况可分为二合院、三合院、四合院三种。二合院由正房与一侧厢房组成"L"形平面，或者正房与倒座围合成"＝"形平面，后者较为少见，仅安汾村有少量院落（图4-7、图4-8）。三合院由正房、两侧厢房或者正房、一侧厢房及倒座组成。四合院由正房、两侧厢房及倒座组成，最为规整：正房通常为靠崖窑或石砌锢窑，是整个院落的主体，等级最高；厢房和倒座通常为石砌锢窑或抬梁式瓦房，厢房位于正房的两侧，其台基和建筑高度都低于正房，倒座与正房相对而立，等级最低。

三合院和四合院中，正房与厢房的关系可分为两种形式：一是厢房部分遮挡正房（图4-9），厢房的后墙和正房的山墙同在一条线上，院落的外部边界呈方形，内部庭院呈"工"字形（四合院）或"T"字形（三合院）；二是厢房没有遮挡正房（图4-10），厢房的山墙紧靠正房，院落的外部边界呈不规则形态，内部庭院呈方形。前者多用于地势较为平坦的地区，规整的院落形态有利于组合成群，做到更合理地利用土地（图4-11）；后者面宽

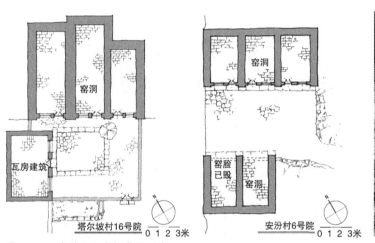

图4-7　二合院平面空间布局形式

图4-8　鹿凹峪村26号院民居

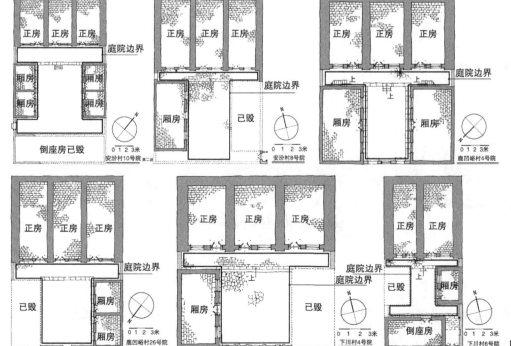

图4-9　遮挡的院落空间布局

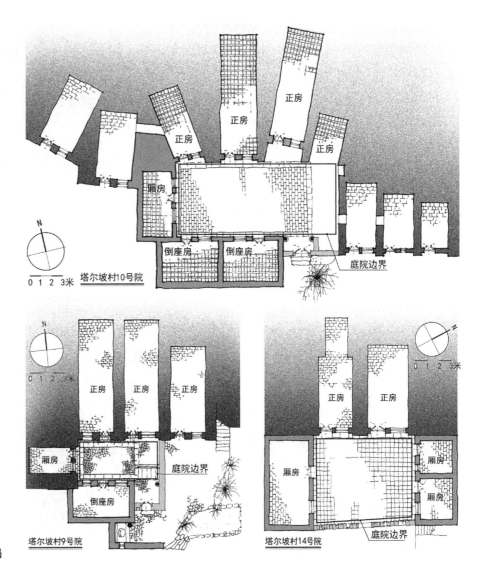

图4-10 无遮挡的院落空间布局

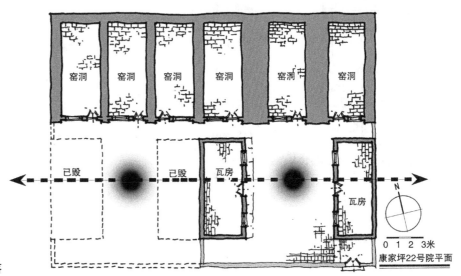

图4-11 横向衍生的二进院落

较大，多用于地势较为陡峭的地区，在保证正房获取足够的采光和通风时，尽可能减小院落进深和工程土方量（图4-12）。

3. 窑上院式

窑上院是指上层窑洞利用下层窑洞的屋顶作为内院空间的一种竖向空间布局形式（图4-13）。窑上窑式的下层窑洞通常为联排式，上层窑洞通常为合院式，部分院落的上层窑洞也为联排式，并没有明确的规定，主要还是受地形的影响较大。窑上院式主要出现在鼎石村和鹿凹峪村（图4-14）。

图4-12　塔尔坡村15号院民居

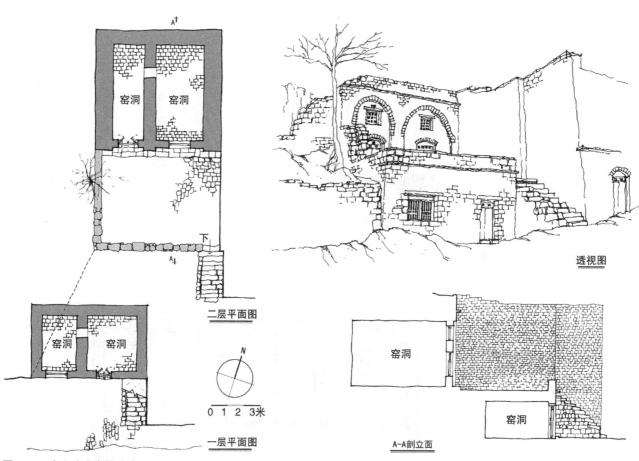

图4-13　窑上院式布置（鹿凹峪10号院）

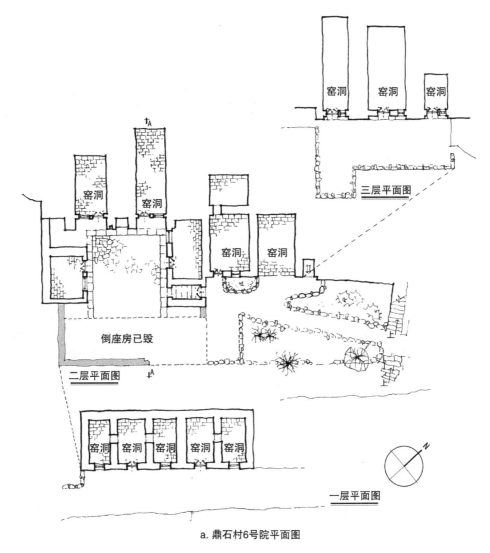

a. 鼎石村6号院平面图

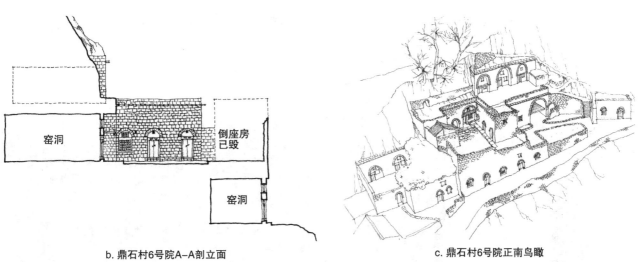

b. 鼎石村6号院A–A剖立面

c. 鼎石村6号院正南鸟瞰

图4-14 窑上院式布置

三、建筑单体

1. 砌筑方式

云丘山地区的窑洞可分为锢窑、靠崖窑和接口窑（图4-15）。锢窑是用石材平地起窑，一般建在地形较为平坦的区域，主要分布在安汾村、鹿凹峪村、下川村等村落。靠崖窑是利用山体开挖为窑，多建在地形较为陡峭的区域，如塔尔坡、鼎石等村落。接口窑是靠崖窑和锢窑的结合体，不仅靠山挖窑，还在外部用建锢窑的形式在平地上起一段窑与其相接，该类窑洞可以合理地利用山体内部和外部空间，主要分布在塔尔坡村。靠崖窑和接口窑虽然不需要较大面积的平坦区域，但是对土质和崖面的高度有一定的要求，崖面要求超过6米，窑洞挖成后，其上至少有3米以上的土层，以保证窑洞的稳定性。

除地形条件外，主家的经济条件也决定了窑洞砌筑方式的选择。靠崖窑和接口窑的建造只需要把土挖出来，而锢窑的建造需要大量的石材，费用更高（图4-15~图4-17）。

2. 空间形式

（1）竖窑

竖窑指窑孔竖向并排布置，孔数多为奇数，一般常见的有三孔窑、五孔窑，且当地讲究"中间为大"，即中间窑孔的高与宽必须比两边窑孔大至少2厘米。所谓奇为阳，偶为阴，只有受地形条件或基地大小限制才会有

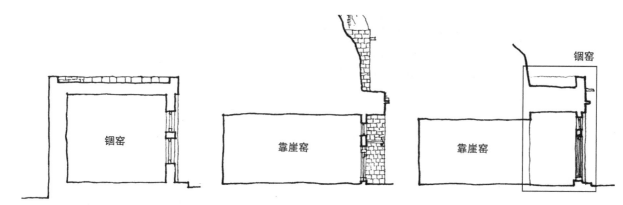

图4-15 窑洞类型图示

图4-16 塔尔坡村8号院民居（靠崖窑）

图4-17 康家坪村15号院民居（锢窑）

偶数。相邻窑孔之间可相互独立，也可内部连通（图4-18）。孔数较多的联排式窑洞，常采取独立和连通的组合形式（图4-19）。窑孔的进深同窑洞的砌筑方式有关，锢窑进深相对恒定，而靠崖窑和接口窑进深相差较大（图4-20～图4-22），主要受地质条件和主家经济条件的限制。

窑孔内部的竖向空间可分为双层和单层（图4-23），其中双层空间通过木隔层（当地称为"屏"）进行分隔，下层用作生活起居，上层用作储物，在战乱时也可以藏身躲避侵害。

（2）枕头窑

枕头窑又称为横窑，是指将窑孔横向布置，并在窑腿上开门和窗，这种窑洞主要分布在鼎石村和康家坪村（图4-24）。枕头窑的优劣势明显，优势是基地进深有限时，采用横向的枕头窑可以减少中间窑腿的布置，增大

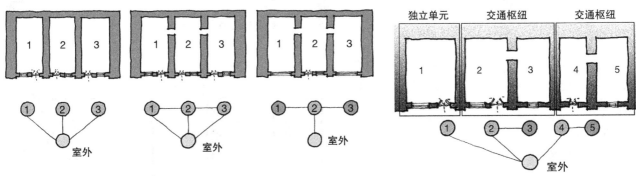

图4-18　窑洞平面空间组合示意图　　　　　　　　　图4-19　多种形式相结合的平面空间组合

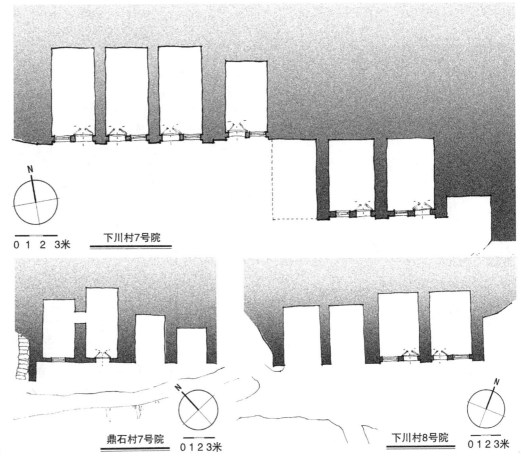

图4-20　窑洞深度变化

图4-21 塔尔坡村进深较大的窑洞

图4-22 塔尔坡村进深较小的窑洞

室内可用面积，同时有利于采光和通风。劣势是在
承重的窑腿上设置门窗，破坏窑洞结构受力的整
体性。

（3）窑楼式

窑楼式由窑洞和瓦房建筑上下组合而成，即一
层为窑洞，二层则是以一层窑洞屋顶为基础的抬梁
式瓦房建筑。窑楼式有两种形式：一是独栋布置，
街道位于建筑的前后，上下两层都临街，且上下层

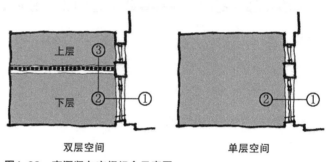

图4-23 窑洞竖向空间组合示意图

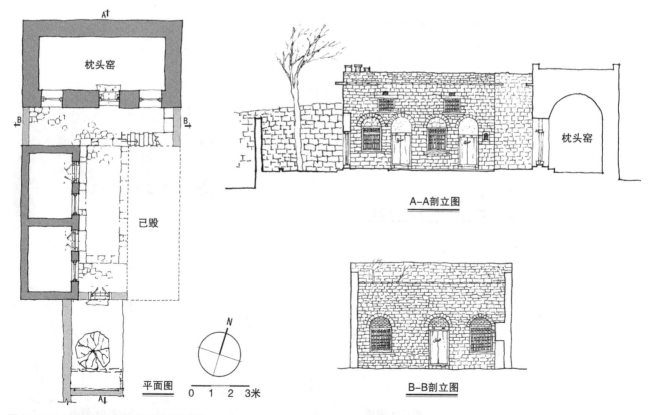

图4-24 石砌枕头窑（康家坪村18号院）

出入口方向相反，水平标高相差约2.5米（图4-25）；二是作为合院式院落中的倒座房，下层临街，上层面向庭院（图4-26）。这种类型的建筑在云丘山地区虽然比较少，但也是伴随着特定的山地地形而产生，主要分布在下川村和鼎石村，其中又以下川村最多（图4-27、图4-28）。

3. 立面材质

窑洞的立面风格较为粗犷，体现在两个方面：一是当地窑洞多由石块砌成，除部分室内墙面经过粉刷外，其外立面都不加任何粉刷处理，完全表现出石材的纹理和粗糙感；二是除局部门窗、院门、神龛等部位外，很少有装饰，各构成要素之间几乎不作任何过渡性处理，如窑脸与拱券，窑脸与窑腿，木质门窗与石材墙面，以及屋面排水口与女儿墙等都是直接相连（图4-29）。

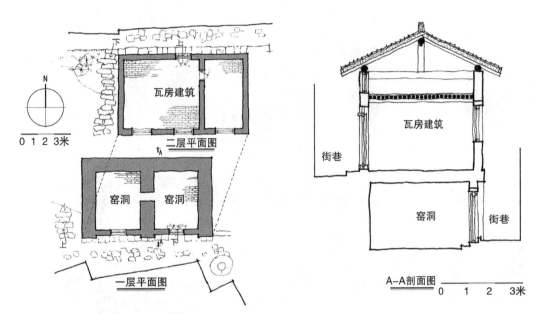

图4-25 独栋布置（下川村25号院）

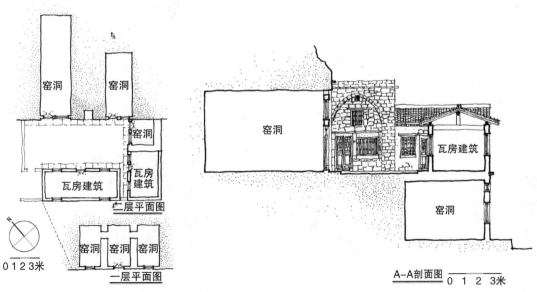

图4-26 与院落结合布置（鼎石村10号院）

图4-27   上川村王家祠堂背面

图4-28   下川村28号院民居

图4-29   民居窑脸

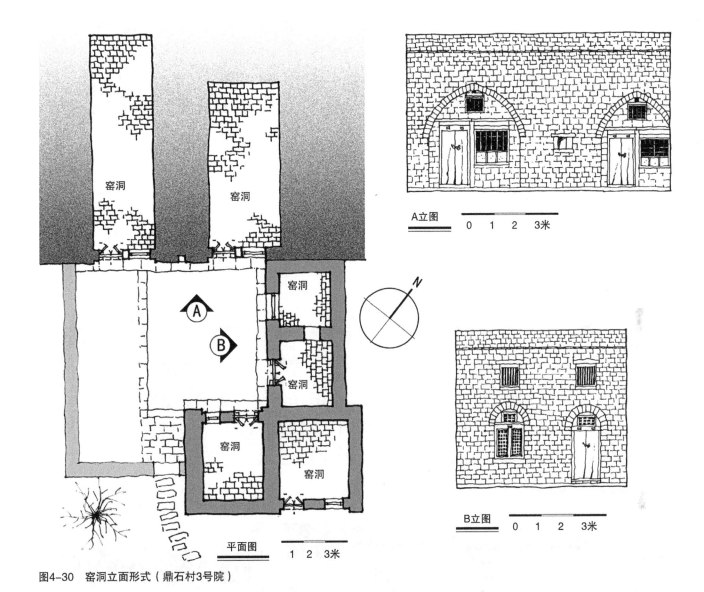

图4-30　窑洞立面形式（鼎石村3号院）

　　窑洞的立面形式大致可分为两类（图4-30）：一是有窑脸，如图4-30的A立面，即窑腿和拱券建造完成后，再用石材或砖单独砌出窑脸；二是无窑脸，如图4-30的B立面，即窑腿和拱券建造完成以后，再用石材整体砌出外立面。后者的砌筑方式使施工更加复杂并浪费材料，较为少见。

四、典型案例

1. 塔尔坡村4号院

　　院落坐北朝南，三合院。内院空间长约14米，宽约9.2米。正房为3孔接口窑，进深和面宽都不相同，窑眼最大进深可达7.8米。窑脸为"一门两窗式"，石砌而成，且相邻窑孔之间有一个神龛，供奉土地爷。檐口为石板砌筑，高度为3.8米，可起到一定的防水作用。东西厢房都为两开间的双坡顶，其中西厢房为五架抬梁式，东厢房为三架抬梁式，且有隔层，可储备粮食或物品（图4-31～图4-35）。

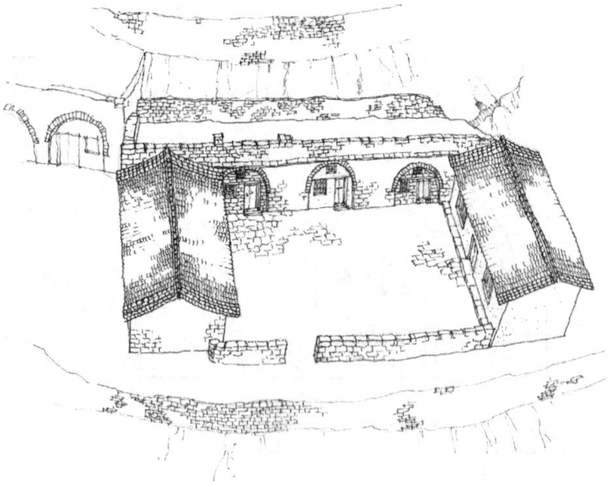

图4-31　塔尔坡村4号院正南鸟瞰

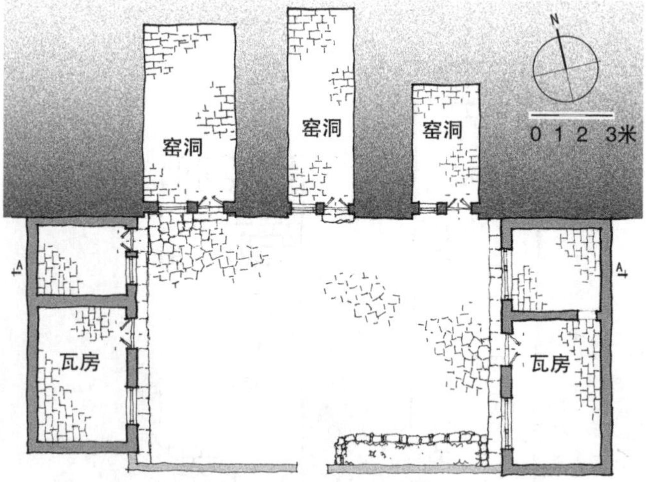

图4-32　塔尔坡村4号院平面

图4-33　塔尔坡村4号院A-A剖立面

图4-34　塔尔坡村4号院正房

图4-35　塔尔坡村4号院厢房

2. 安汾村3号院

院落坐北朝南，为石砌锢窑组合而成的四合院。内院形状狭长，长10.5米，宽4.5米。正房为石砌3孔窑洞，每孔窑洞进深8.6米，面宽4米，高4.5米，外部窑脸均为砖砌，内部空间被木梁板等构件分隔为上下两层。东西厢房均为两孔石砌窑洞，高3.47米，其中东厢房进深4.2米，西厢房进深5.5米，窑脸下部为石砌，上部为砖砌。倒座房为两层，一层为石砌窑洞，二层现只剩下部分残墙，据推测可能为抬梁式瓦房。倒座房一层共四间，东南角为院落的入口通道。正房、厢房和倒座房均采用女儿墙和水槽排水，将屋顶的雨水引入院内，因为在当地往往视屋顶留下来的水为"财"，必须流在自家院内（图4-36～图4-40）。

图4-36　安汾村3号院正南鸟瞰

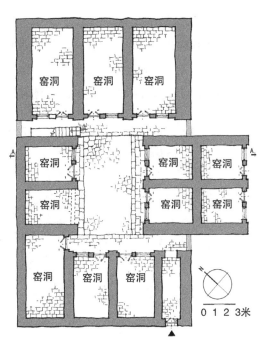

图4-37　安汾村3号院平面

图4-38　安汾村3号院A-A剖立面

图4-39　安汾村3号院正房

图4-40　安汾村3号院屋顶排水口

3. 鹿凹峪17号院

院落为横向衍生的二进四合院，坐北朝南，主入口位于东南角。东院正房为石砌锢窑，西厢房为单坡瓦房建筑，东厢房和倒座房为两层的石砌平房。西院的正房为石砌窑洞，东西厢房为单坡的瓦房建筑，倒座房为双坡的瓦房建筑。由于内外地形有高差，合院倒座坐落于7孔联排窑洞之上（图4-41~图4-44）。

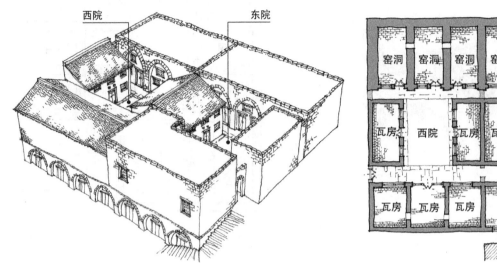

图4-41　鹿凹峪17号院东南鸟瞰

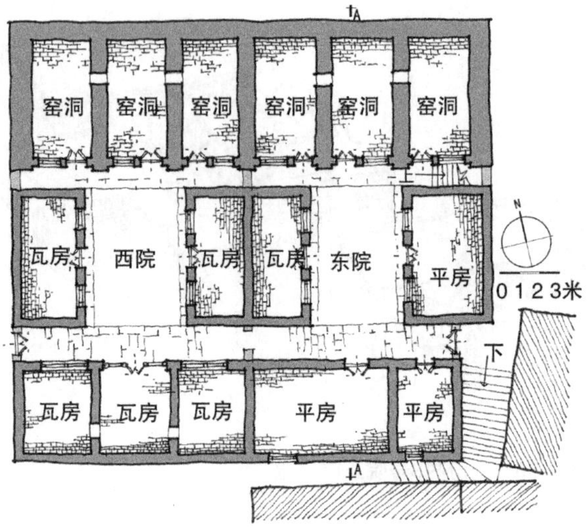

图4-42　鹿凹峪17号院平面

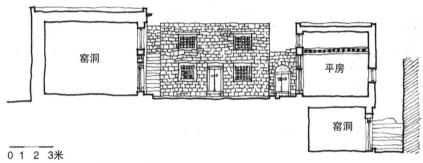

图4-43　鹿凹峪17号院A-A剖立面

图4-44　鹿凹峪17号院东院正房

第二节　营造技艺

一、策划筹备

1. 材料准备

俗语："一年修盖，三年备料"，备料的时间通常要长于修窑的时间。石砌锢窑需要准备的材料主要有砌筑用的青石，粘接用的石灰和黄土，抹墙用的灰膏，砌窑脸和盘炕用的土坯与砖。

（1）青石

这种石头比较硬和脆，易加工，吸水性较大，而且时间久了，颜色会成蓝色，较为美观。青石主要用于窑洞的基础、窑腿、拱券、窑脸等部位，应用范围非常广。青石都是就地取材，由于石头大小不一，无法精确到块，所以统一按方估算，总用量为地基用量、窑腿用量、拱券用量、窑脸和窑面用量之和，再加上20%或30%的余量。

石头通常由石匠开采，通常要用到锤子、錾子、钎子和铁楔子等工具，砌筑时还要用到锤子、瓦刀、尺子、镐和铲子等工具（图4-45）。锤子有大八宝锤和小八宝锤，以及鸭嘴锤。錾子用圆钢或者六棱钢制成，长约20厘米，其中一头是尖的。钢钎子长约1米，直径在3到4厘米之间。铁楔子宽5厘米，长度不等，其长边方向一边薄一边厚。采石方法为：先用錾子在开采的石头上凿一个槽，然后把铁楔子薄的一边放入槽里，用大八宝锤使劲敲打铁楔子，最后将钎子插入打开的缝内，掰开石头，把打好的石头加工成人能背动的大小（图4-46）。

（2）石灰和黄土

石灰为当地烧制，黄土亦就地取材。烧制石灰时，先把石灰窑的底部用石头垒成像篦子似的形状，其上为一层石头一层煤间隔垒放，最上面用石灰抹一层，将其密封。从底下把里面的煤引燃，燃烧约半个月的时间。烧完以后，等修窑的时候将其拉到院内，往上面浇水，就变成了白灰，将其与黄土按1∶1的比例配好，再加入适当的水，成为青石的黏结材料，当地俗称"破灰土"或者"破灰泥"。

（3）灰膏

灰膏由白灰制作而成，整个过程叫做"凝灰"（图4-47）。先在黄土上挖一个池子，在其上方架一个用藤条编的筐。然后在黄土池子旁边用砖再砌一个池子，两个池子之间用一根管子连接。把烧好的石灰放入用砖砌的池子里，用水浇和搅拌，水和石灰通过管子流到筐里，将大的渣子过滤后，细的白灰随着水流到黄土池子里。一个月以后，等池子里的水完全渗透，灰就变成了白灰膏。窑洞内部的抹面即为白灰膏加棉花。

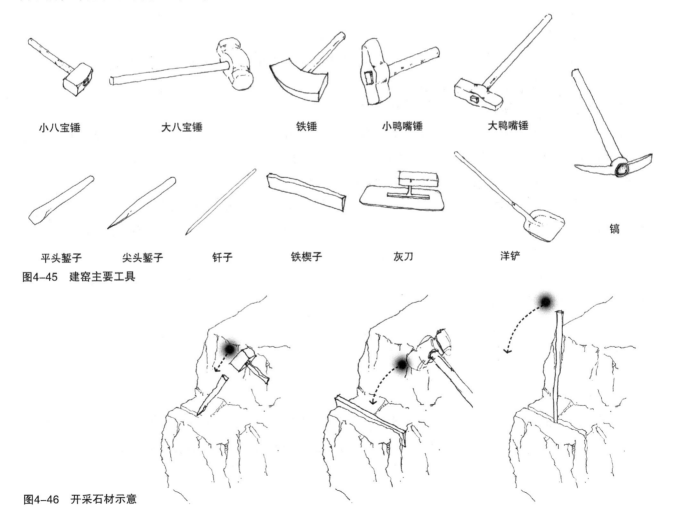

小八宝锤　　　大八宝锤　　　铁锤　　　小鸭嘴锤　　　大鸭嘴锤

平头錾子　　尖头錾子　　钎子　　铁楔子　　灰刀　　洋铲　　镐

图4-45　建窑主要工具

图4-46　开采石材示意

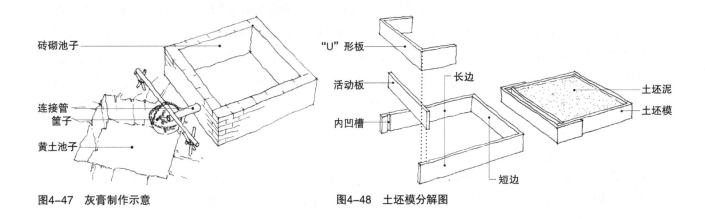

图4-47　灰膏制作示意　　　　　　　　图4-48　土坯模分解图

（4）土坯和砖

砖的用量极少，多取自于瓦窑沟的砖瓦窑。土坯则是当地自制。制作土坯前，先要做一个土坯模（图4-48），尺寸主要根据所用土坯砖的大小而定，通常是一个宽0.3米、长0.35米、高0.05米的木框。模具有4个边，先固定好两个长边和一个短边，在两个长边没有固定的一端内部各开一个凹槽，槽的宽度要比木板的厚度宽2毫米左右，这样活动板才能抽出来。在木板的外面做一个"U"形板箍住活动木板，使土坯模更加牢固。模具做好以后，放入泥，用土坯压夯实。土坯压是将木制把手敲入方石板的孔中。方石板大约0.25米见方，比土坯模小，这样才能完全夯实土坯。把外面的"U"形板和活动木板抽掉，取出土坯后，将其放置在太阳下晒干即可。

2. 工匠组织

石砌锢窑的工匠配备中至少需要1至2名大工，通常为技术精湛的石匠，负责砌石头、规整石头和起券。小工人数没有严格要求，人越多施工的进度就越快。

工匠与房主之间的关系经历了以下三个阶段：

第一个阶段是20世纪80年代以前。这段时期建窑基本上是"相互帮忙"，工匠多为自家亲戚或者本村人，他们之间的基本原则就是"你修窑洞我帮你，我修窑洞你帮我"。有了这个原则才能使这种关系维持下去，只有相互帮助才能更好地生活，这也促进了村落环境的和平发展。

第二个阶段是20世纪80年代至2004年。这段时期主要是"以日计薪"。根据调查和走访工匠得知，20世纪80年代工匠工资每天3块钱，到2004年的时候大工每天的工资为80至90元，小工50至60元。这种方式是随着改革开放和经济发展而产生的，人们在新的社会经济关系下，社会观念也发生了变化。

第三个阶段是2004年至今。这段时期主要是"包工包料"或"包工不包料"，即把建窑的任务交给包工头，然后订立合同，规定项目工期、价格等。

二、营造流程

石砌锢窑的构成要素包括地基、窑腿、后墙、拱券、屋顶、窑脸、室内隔层、火炕、烟囱等（图4-49）。相应地，其营造流程可分为选址布局——地基处理——窑腿和后墙砌筑——拱券砌筑——屋顶砌筑与垫顶——窑脸砌筑——室内装修（隔层、盘炕）等（图4-50）。建造窑洞通常选择在春天，一是温度适宜，二是建好的窑洞经过夏天的暴晒，内部变得干燥，居住时不会感到太潮湿。

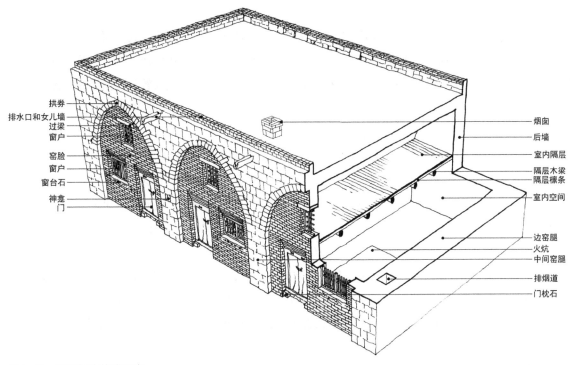

拱券
排水口和女儿墙
过梁
窗户
窑脸
窗户
窗台石
神龛
门

烟囱
后墙
室内隔层
隔层木梁
隔层檩条
室内空间
边窑腿
火炕
中间窑腿
排烟道
门枕石

图4-49　石砌锢窑构成要素

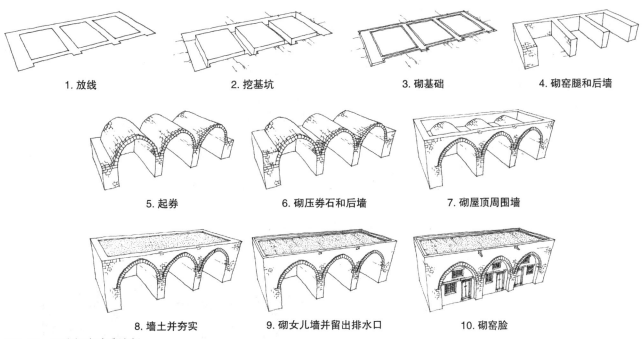

1. 放线
2. 挖基坑
3. 砌基础
4. 砌窑腿和后墙
5. 起券
6. 砌压券石和后墙
7. 砌屋顶周围墙
8. 墙土并夯实
9. 砌女儿墙并留出排水口
10. 砌窑脸

图4-50　石砌锢窑建造流程

1. 选址布局

宅基地面积通常在3~4分（约200.1~266.8平方米）之间，而且需要请风水先生相地，即用罗盘和风水原理确定房屋的布局，主要注意以下两个方面：

地势，讲究"后不能空，前不能挡"。当地窑洞以靠山为主，且前面向阳开阔，如果背靠的是山凹或者山沟则为大忌。

方位，讲究"有钱不住东南窑"，即东边和南边的窑洞不住人，要住北边和西边的窑洞。因为从朝向来说，北窑最好，全天日照时间最长，而且冬天阳光可以照进窑洞的深处，而夏天阳光又比较浅，不会太热。其次是西窑，早上太阳从东边升起，正好照在西窑，可以较早获得阳光。东窑的西晒厉害，夏天较热。南窑全天无阳光，是朝向最差的窑洞。

2. 地基处理

放线是为了确定窑洞基坑的位置和尺寸，这取决于窑洞的面宽、进深及窑腿宽度。当地窑洞平均面宽在3米左右，测绘所得最宽的窑洞位于安汾村，面宽4.3米。进深没有特定要求，通常取决于地形及主家需求，测绘所得最深的窑洞位于后庄村，进深30米。窑腿可分为中间窑腿和边窑腿。中间窑腿由于两侧拱券可相互抵消一部分侧推力，宽度通常介于0.7~0.8米，边窑腿承担了更大的拱券侧推力，宽度介于1~1.5米。

一般而言，地基的宽度比窑腿宽0.4米，即每边各宽0.2米，基坑宽度比地基再宽0.4米，这样有助于施工（图4-51）。线放好后，用白灰做好标记，然后用铁锹和洋镐开始挖基坑，通常挖的深度都在1米左右，挖到石层或比较结实的土层是比较理想的状态。基坑挖好以后，将底部夯实，然后用石头砌筑至与地面齐平，并将周边的缝隙用土回填夯实（图4-52）。砌筑地基时需要拉线找平，石头应错缝砌筑，且转角处和相交处应相互咬合。

3. 窑腿和后墙砌筑

窑腿和后墙都用石头砌筑，内部不能填土，仅预留火炕排烟孔，以保证墙的整体性。砌筑时应灰浆饱满，错缝砌筑，窑腿和后墙相交处相互咬合，外立面的石头可以用錾子凿平整，以保证墙面整齐。砌筑高度一般为2米

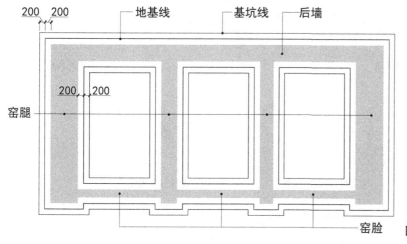

图4-51　放线示意图

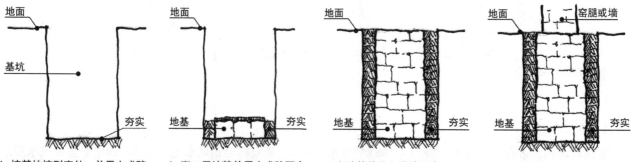

1. 挖基坑挖到实处，并用土或碎石夯实平整

2. 砌一层地基并用土或碎石夯实两侧

3. 砌地基并用土或碎石夯实两侧

4. 在地基上砌窑腿或墙面

图4-52　地基砌筑

左右（图4-53）。

4. 拱券砌筑

云丘山地区窑洞的拱券形式多样，基本可分为三种类型，即尖拱、半圆拱和弧形拱，其中尖拱最为常见（图4-54）。尖拱，即双圆心拱券，由两段弧线相交而成，两个圆心分别位于拱脚连接线中点的两侧。半圆拱由一段弧线组成，圆心位于两拱脚连线的中点处。弧形拱是指截取圆的一段弧形作为拱券，圆心位于两拱脚连线中点的下方。从承载力方面考虑，尖拱最好，其次半圆拱，最后是弧形拱。通过对云丘山地区39个拱券的分析，可知拱券的跨度W介于1.77米至4.3米之间，拱券矢高H_2（券脚到拱顶的垂直距离）介于1.16米至3米之间，高宽比H_2/W介于0.44至0.76之间（表4-1）。其中高宽比等于0.5左右时，拱券为半圆拱，大于0.5时为尖拱，小于0.5时为弧形拱。

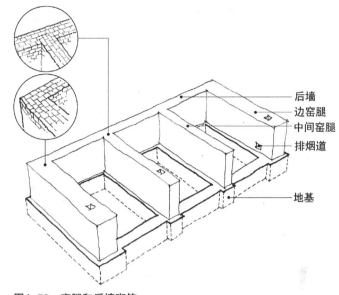

图4-53 窑腿和后墙砌筑

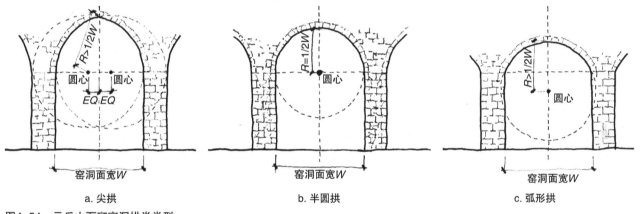

a. 尖拱　　　　　　　b. 半圆拱　　　　　　　c. 弧形拱

图4-54 云丘山石砌窑洞拱券类型

云丘山地区窑洞拱券数据统计　　　　　　　　　　　　表4-1

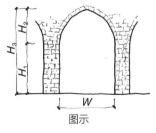

图示

院落	院落平面示意图	编号	拱券跨度 W（毫米）	平水墙高 H_1（毫米）	拱券矢高 H_2（毫米）	窑洞净高 H_3（毫米）	拱券高宽比 H_2/W
塔尔坡 1号院		Y1	2850	1350	1630	2980	0.57
		Y2	2950	1584	1410	2994	0.48
		Y3	2850	1480	1480	2960	0.52

续表

院落	院落平面示意图	编号	拱券跨度 W（毫米）	平水墙高 H_1（毫米）	拱券矢高 H_2（毫米）	窑洞净高 H_3（毫米）	拱券高宽比 H_2/W
塔尔坡 4号院		Y1	3500	1320	2060	3380	0.59
		Y2	2500	1913	1495	3408	0.6
		Y3	2600	1640	1360	3000	0.52
塔尔坡 5号院		Y1	3200	1150	1790	2940	0.56
		Y2	2850	1415	1470	2885	0.52
塔尔坡 8号院		Y1	3000	2782	1638	4420	0.55
		Y2	2300	1562	1168	2730	0.5
		Y3	3300	2363	1980	4343	0.6
塔尔坡 12号院		Y1	2700	2709	1534	4243	0.57
		Y2	3200	2189	1887	4076	0.59
鼎石 2号院		Y1	3200	2060	2243	4303	0.7
		Y2	3520	2200	2100	4300	0.6
鼎石 3号院		Y1	2750	1139	1661	2800	0.6
		Y2	2800	2300	1900	4200	0.68
鼎石 4号院		Y1	2500	2170	1430	3600	0.57
		Y2	3300	1580	2420	4000	0.73
鼎石 19号院		Y1	2900	1300	1900	3200	0.66
安汾 1号院		Y1	3500	2100	1650	3750	0.47
		Y2	3800	2000	2500	4500	0.65

院落	院落平面示意图	编号	拱券跨度 W（毫米）	平水墙高 H_1（毫米）	拱券矢高 H_2（毫米）	窑洞净高 H_3（毫米）	拱券高宽比 H_2/W
安汾 3号院		Y1 Y2	4300 2800	2300 2000	3000 1700	5300 3700	0.7 0.61
安汾 4号院		Y1	4200	2100	2460	4560	0.59
安汾 5号院		Y1 Y2 Y3	3300 3450 3480	1190 1420 1700	2100 1910 1543	3290 3330 3243	0.64 0.55 0.44
安汾 17号院		Y1	2880	1800	2200	4000	0.76
鹿凹峪 15号院		Y1 Y2	1770 2700	2722 2192	1116 1796	3838 3988	0.63 0.67
下川 4号院		Y1	3880	2970	2090	5060	0.54
下川 8号院		Y1 Y2 Y3	2750 2700 3050	2238 2172 1680	2059 1853 1689	4297 4025 3369	0.74 0.69 0.55
康家坪 2号院		Y1 Y2	3660 3850	2117 2068	2099 2265	4216 4333	0.57 0.58
康家坪 3号院		Y1 Y2	3670 3500	2126 2110	2294 2250	4420 4360	0.63 0.64

拱券的施工是石砌锢窑的关键技术，关系到整个窑洞的稳定性，其砌筑过程包括支模架、砌券和砌压券石等步骤（图4-55）。

（1）支模架

起券之前会专门支个模架，一般用柏木、楸木、齐格木和褶子木制作而成。尖拱模架的搭建过程如下：

1）搭木柱和横梁。如图4-56a所示，靠着窑腿的最前端一边立一根直径约为0.2米的木柱，柱头上方横搭一根直径约为0.3米的木梁并用钯钉固定，其长度与窑洞的面宽相等，其上皮高度与窑腿的高度齐平。

2）确定控制弧度。如图4-56b所示，已知券脚a点、d点和券顶b点的位置与高度，假设圆心为c点，由于ac=bc=半径，可知△abc为等腰三角形，则经过ab中点作其垂线，垂线与ad的交点即为圆心c点，线段ac即为半径。以c为固定点，木棒长度为半径减去模架上方所铺椽子及泥的厚度（约0.1~0.13米）。同理取得另一圆弧的固定点及木棒长度。将两根木棒固定在横梁上旋转，即可控制模架的弧度。

3）安装木构架。如图4-56c，木棒固定好以后，在木梁上依次立短柱、架横梁形成木构架，其长度、高度均位于木棒的控制弧度之内。其中梁是承重的主要构件，一般最下面的梁直径约为0.3米，越往上越细，但不得小于0.2米。上下相邻的木梁首尾端分别用斜撑连接形成一榀梁架。用同样的方式，在其后继续搭建梁架，间隔在2.5米左右，前后榀的短柱之间可用木头连接，形成整体，增加稳定性。

4）铺设木椽子。如图4-56d，在主体完成以后，在上面铺一层直径约为0.1米的木椽子，长度等于窑洞的进深，椽子与椽子之间不留间隙。铺的时候需要根据之前固定的木棒来调整弧度，当椽子达不到弧度要求时，可以在椽子和斜撑之间垫一些石头块，使其变得更加顺滑。

半圆拱和弧形拱支模架方法相似，区别在于固定点和木棒长度的确定。如图4-57a，半圆拱是连接券脚，得到eh线，再过券顶f点做一条垂直于eh的直线，其相交点g点则为固定点的位置。如图4-57b，弧形拱是连接券脚，得到il直线，过券顶j点，做一条垂直于il的直线，固定点则在线段jm的延长线上。然后连接ij，过ij的中点做一条垂直线与jm的延长线相交，该相交点则为固定点的位置。木棒长度同样为半径减去模架上方所铺椽子及泥的

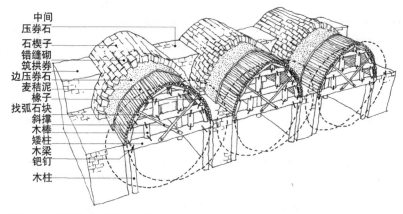

图4-55　拱券构造和模架构件

中间
压券石
石楔子
错缝砌
筑拱券
边压券石
麦秸泥
椽子
找弧 石块
斜撑
木棒
矮柱
木梁
钯钉
木柱

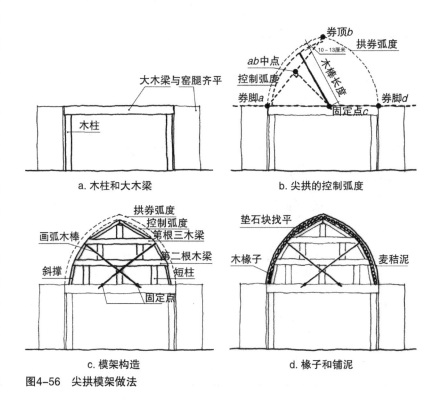

a. 木柱和大木梁

大木梁与窑腿齐平
木柱

b. 尖拱的控制弧度

券顶b
拱券弧度
ab中点
控制弧度　10~13厘米
木棒长度
券脚a
券脚d
固定点c

c. 模架构造

拱券弧度
控制弧度
画弧木棒
第一根三木梁
第二根木梁
斜撑
短柱
固定点

d. 椽子和铺泥

垫石块块找平
木椽子
麦秸泥

图4-56　尖拱模架做法

厚度（约0.1~0.13米）。

（2）起拱

首先，在模架铺好的椽子上抹一层麦秸泥，即将麦秸秆用人工铡刀铡成0.1米长左右，然后和黄土混合加水和制均匀。其次，泥干以后，从两边同时往中间砌石头，砌筑要点为：保持平衡，拱券左边砌一层，右边砌一层，依次重复（图4-58）；错缝砌

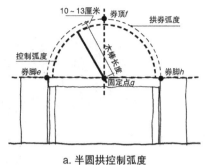
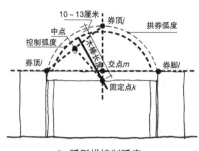

a. 半圆拱控制弧度　　　b. 弧形拱控制弧度

图4-57　半圆拱和弧形拱的控制弧度

筑，上下层石头应至少错0.1米的缝；层数取单数，便于拱券顶部收口（图4-59）；保证弧度，上下两层石头之间插入石楔子来调整角度（图4-60）。最后，拆到模架，麦秸泥成为平整的内墙面，便于日后抹灰。

（3）砌压券石

压券石分为相邻拱券之间的中间压券石和拱券最外侧的边压券石，其主要作用是压住券脚，使拱券更加结实牢固，如果没有处理好，窑洞很容易坍塌（图4-61）。压券石全部用石头砌筑，砌筑高度为拱券矢高的三分之二。在砌压券石时同步砌筑后墙，这样可以使后墙和压券石相互咬合，更加结实牢固（图4-62）。

5. 窑顶砌筑

拱券以上的部位称为窑顶，其修建的关键在于防水，这关系到窑洞的使用年限。

（1）砌边墙和后墙

在窑洞的正面和边压券石上砌厚约0.7米、高约1米的墙，且正面预留出排水口的位置。这三面墙和后墙同时砌筑，保证墙体转角处相互咬合。砌筑时注意需拉线保证墙面的平直（图4-63）。

图4-58　两边同时往中间砌

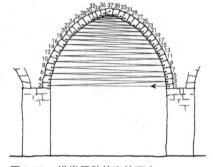

图4-59　拱券层数的砌筑顺序

图4-60　石楔子调整

图4-61　边压券石的砌筑

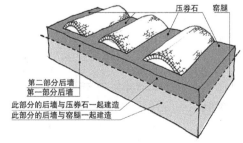

图4-62　压券石和后墙的关系

（2）回填土

屋顶填土的种类取决于经济条件。条件较差的直接填土，条件较好的可采用三七灰土。填土的厚度应和周边的石墙平齐。回填完成以后，先用石碾初步压实，然后用自制打夯工具夯实，以便更好地防水。打夯工具为下面一块石板，上面一根圆的木头，圆木头上有四个把手，由四个人抬着夯实。夯实的屋面从后向前应有一定的坡度，约1:10左右。

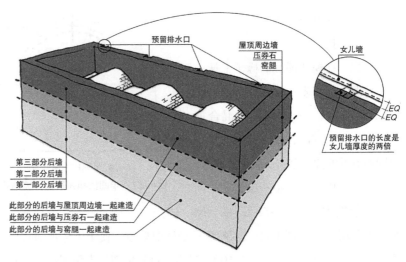

图4-63　另外三面墙和后墙的关系

（3）排水系统

窑洞屋顶的排水有三种形式（图4-64）。一是女儿墙和排水口组合，如图4-64a，女儿墙组织雨水通过排水口排出；二是女儿墙、排水口和檐口组合，如图4-64b，檐口起到保护墙面不受雨水侵蚀的作用；三是檐口直接排水，如图4-64c，属于无组织排水。石砌锢窑通常采用第一种或第二种形式，靠崖窑采用第三种形式。

以前两种形式为例：石匠会先做一个长0.7～0.8米的排水石槽，安置在预留好的排水口里（图4-65）。然后在四周砌女儿墙，厚度通常为0.2米，高度约0.1～0.6米（通常取0.2米）。檐口是伸出墙面的排水设施，用石板铺设，主要作用是防止雨水冲刷窑洞墙面。为了避免连续下雨天漏水，经济条件较好的家庭，还会用三七灰土加入适当的水，铺设窑洞屋顶防水层，厚度为0.15～0.2米。铺防水层应注意屋顶与女儿墙之间的缝隙处理，以及排水口的处理（图4-66）。

a. 女儿墙与排水口的组合（安汾5号院）　　b. 女儿墙、檐口和排水口的组合（康家坪3号院）　　　c. 檐口形式（塔尔坡1号院）

图4-64　窑洞排水形式

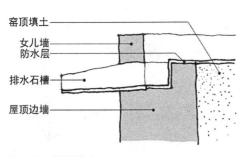
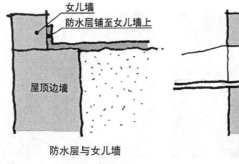
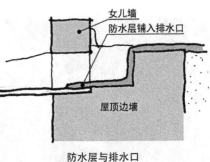

防水层与女儿墙　　　　　　防水层与排水口

图4-65　锢窑排水口　　　图4-66　排水口细节处理

6. 窑脸砌筑

窑脸是窑洞立面最重要的部分，由墙面、"一门两窗"、过梁及窗台石等构成。

墙面一般向内回退0.05~0.1米，可分为石砌、砖砌、砖石结合砌筑三种，其中砖石砌筑的窑脸，窗台石高度（约0.9米）以下的位置用石材，上部用砖砌，这样有利于拱券的砌筑（图4-67）。门窗有两种常见形式：一种是方形门窗+木质过梁，另一种是拱形门窗，即用砖或石材起拱作为支撑。这两种形式在云丘山都较为常见。窗户多为棂格式上裱糊麻纸，形式简单。窗台石为整块条石，高约0.15米，雕刻较少。

无论什么材质的窑脸，其基本的砌筑方法和流程都一致（图4-68）。首先砌好门窗过梁以下的墙面，并同时砌筑好窗台石和门枕石。门枕石有三种砌法，即嵌入墙体内、埋入地下和独立在外。其次，将门框和窗框嵌入墙体内，安装门窗过梁。最后，继续砌筑上方的墙面和安装窗框。

石砌窑脸　　　　　　　砖砌窑脸　　　　　　　砖石结合

a. 安汾村13号院　　b. 鹿凹峪村26号院　　c. 安汾村1号院　　d. 安汾村4号院　　e. 康家坪村2号院　　f. 鹿凹峪村3号院

图4-67　窑脸分类

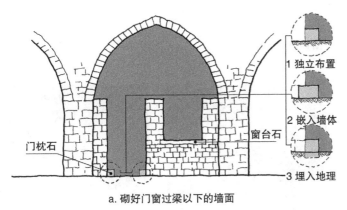

a. 砌好门窗过梁以下的墙面

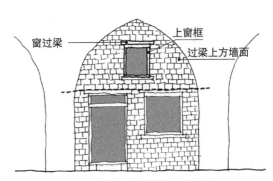

c. 砌过梁上方的墙面和安装窗框

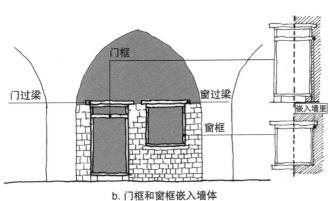

b. 门框和窗框嵌入墙体

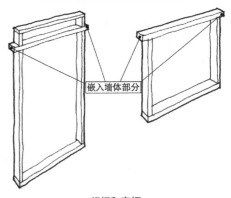

门框和窗框

图4-68　砌筑窑脸

7. 室内装修

（1）搭建木隔层

有些窑洞内部设木隔层，其具体做法如下：

第一步，把大梁固定在起券时窑腿预留的孔洞中，前后间距2.5～3米，大梁选用较硬的木材，直径通常0.2～0.3米；

第二步，在大梁上方垂直固定檩条，其铺设间距在0.6米左右，檩条选用直径在0.1米左右的木材；

第三步，在檩条上方铺设垂直椽子，铺设间距0.15～0.2米，椽子选用直径在0.05米左右的木材；

第四步，在椽子上方平铺木板，方向与檩条相同，木板厚度通常在0.02～0.03米（图4-69～图4-71）。

（2）盘炕

火炕是窑洞起居生活的必备设施，通常临窗布置，常见尺寸为宽五尺（1.8米），长七尺五（2.5米），高一尺五（0.5米）。火炕可分为土炕和砖炕，做法不尽相同。土炕是在炕的内部垒几条弧形的排烟沟，最终通向窑腿内的烟道（图4-72、图4-73）。砖坑由于保温效果好，是当地比较盛行的形式，其主要砌筑流程为（图4-74）：

第一步，砖砌炕沿，高度为八皮砖（约0.5米），厚度为0.12米，砌炕沿时应留出炕与灶之间的通道，同时紧贴炕沿的内壁侧砌砖块，为铺土坯做基础。

第二步，砌筑内部支撑矮墙，具体尺寸与所铺土坯有密切关系。从灶过来的热气在矮墙之间的缝隙流动，然后通过排烟道排出。

第三步，在砌好的支撑矮墙上面铺土坯，铺满为止。

第四步，在铺好的土坯砖上面抹一层麦秸泥，必须严实密封。

第五步，烧火将炕一次性烤干，否则会严重影响以后的使用，检验方法是在火快烧干之前，在炕上铺设麦子杆并用油布遮盖密封，麦子杆没有水分时即证明炕已彻底烧干。

图4-69　木隔层　　　　　　　　　　图4-70　残留的部分隔层

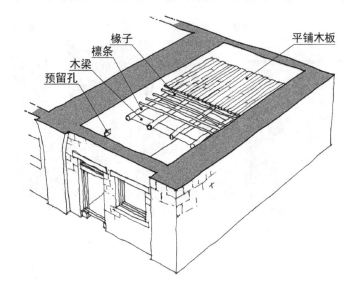

图4-71　木隔层构造

图4-72　土炕的排烟沟与烟道　　　图4-73　土炕的排烟沟与灶

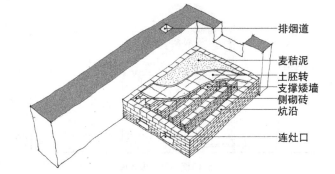

图4-74　盘炕

图4-75　新的支模方式

图4-76　铺油布

8. 材料技术演变

随着新材料、新工具、新技术的出现，云丘山地区的营造技艺在传承中也出现了大量改进。材料方面，最重要的是水泥取代了以往的石灰，如屋顶的三七灰土、砌石头的石灰、窑洞内部粉刷的灰膏，全部变为水泥砂浆。技术方面，如木质模架被钢筋和钢管组成的模架所代替。后者的优势主要体现在：首先，直径0.05米的钢管比木椽子更加坚硬和平直，经过焊接后整体性和稳定性更好；其次，无须拆装，多次使用，施工更加便捷（图4-75）。钢管外侧也不再抹泥，而是直接在上面铺一层油布开始砌筑拱券（图4-76、图4-77）。当拱券完成以后，撤掉模架，然后从窑洞内部撕掉油布即可（图4-78）。其他如砌筑时搭的脚手架（图4-79）、搬运石材和水泥砂浆的推土机（图4-80）、滚筒搅拌机（图4-81）等的使用，同样提高了效率，加快了施工进度。

图4-77　在油布上砌拱券

三、营造仪式

图4-78　撤掉油布后的窑洞内部

窑洞营造中有各种仪式，如动土仪式、合龙仪式和谢土仪式。这些仪式表达了人们对神灵的敬畏，也表达了人们希望求得安稳生活的精神诉求。另外，通过祭拜，人们再次加强了彼此之间的信任，改善了邻里之间的关系。

建造当中的各种仪式活动都发生在人们感到没有安全保障的时候。反过来，在生活中不重要的事、结果可知的事、自己能办到的事、简单且安全的事就很少有繁杂的仪式和禁忌。因此，这些仪式拥有一些共同的特点：

（1）它们都对日期有严格的要求，需由阴阳先生确定；

（2）它们都是建造中某个程序的关键点；

（3）它们都与房主有密切的关系；

图4-79 搭脚手架

图4-80 推土机

图4-81 滚筒搅拌机

（4）它们对于人们的信仰都具有很大的意义。

1. 动土仪式

动土仪式是祭拜土地神的仪式，其意图是保证后期施工建造的安全和顺利，非常重要。该仪式通常由属相为龙、虎和马的人完成，且属鼠、鸡和兔的人应适当回避。

动土的日期由阴阳先生根据业主的生辰八字、方位和季节等因素确定。

动土当日，面朝正窑摆好香案祭拜土地，需要准备的祭拜物品有香两炷或者一把，蜡烛一对，黄纸三五张或者一把，花馍五个，白酒三杯或者一瓶。花馍为当地专门祭拜土地而手工制作，即圆形的馍上面有四叶花瓣，花瓣的中心有一颗枣，代表粮仓。点香烧纸后，把酒洒在地上，表示孝敬土地爷，然后跪拜、放鞭炮。当地讲究"要单不要双"，所以祭拜用的馍和白酒，以及烧的黄纸张数多为单数。祭拜完成以后，用锄头在需要建窑的地方挖一挖，就代表今天已经动工，以后什么时候建窑都可以。

2. 合龙仪式

合龙仪式是指在主窑拱券正中部位预留一块石头的位置，在合龙仪式当天完成砌筑，相当于上大梁，预示着窑洞主体结构的施工完成。如果窑洞为奇数，则中间为主窑；如果窑洞为偶数，则取决于窑洞坐向。坐北向南的窑洞东为上，即由东向西第二孔为主窑，坐东向西或坐西向东的窑洞则北为上，即由北向南第二孔为主窑。

合龙日期由阴阳先生根据业主的生辰八字确定。

合龙当日，将仪式所用的物品吊挂在窑洞正面的拱券上，如用核桃、枣和黄纸组合，或者农历本、筷子、核桃和红枣组合，并按此顺序从上到下吊好。将合龙用的石头包上红布，具有驱邪和吉利的寓意，由大工完成，因此主家要给该工匠一定数额的红包作为回报。最后，燃放鞭炮和摆酒席宴请工匠和亲朋好友。

3. 谢土仪式

谢土仪式是建完窑洞以后，为感谢土地神而举办的仪式，必须由风水先生主持完成。对于居住者而言，希望得到土地神的保护，也是居民在精神层面的一种诉求。其具体流程包括三个步骤：

第一，摆好香案，祭拜时人背对正窑，面朝天地。

第二，准备物品，主要包括香蜡、馍馍、黄纸、白酒和鞭炮，其中香两炷、蜡一对。馍馍15个，平均分为三个碟子装，馍馍和动土仪式用的馍馍一样，专为祭拜土地爷而做，黄纸烧三五张或一把，白酒三杯或者一瓶，其中白酒的用法和动土仪式有所区别，不洒在地上，而是洒在窑洞上面。

第三，跪拜土地神，燃放鞭炮，通常是将鞭炮在院子里围成一圈，可挂一些在正窑上。

第三节 工匠口述

1. 乡宁县关王庙乡塔尔坡村秦代文访谈

工匠基本信息

年龄：58岁

工种：石匠

学艺时间：1995年

从业时长：23年

访谈时间：2016年3月14日

问：您是从什么时候开始从事石匠工作？为什么会选择石匠？

答：大概35岁左右，1995年开始从事石匠工作。选择石匠主要还是家庭的原因，家里困难，景区在做旅游开发，也想挣点钱。

问：您有师傅和徒弟吗？

答：没有，我的手艺主要还是来自于实践，通过在景区里修窑洞或者房子，大概几年时间差不多就学会了，不需要拜师。

问：您知道有谁收过徒弟吗？

答：据我所知，很少，基本上没有人收过徒弟，只要能干活就行。

问：没有师傅，您是怎样掌握石匠这门技术的？

答：技术主要通过慢慢锻炼和磨炼。动力来自家庭的需要，家里没有钱，需要挣钱，小时候出门打工的时候，需要石匠，就做石匠的活。掌握这门技术以后，就不会忘记，只要有活就可以做。在旅游区开发后，有专门的技术人员讲这个窑洞需要怎么做，一般只要

适当地讲解一下，我们就都会。因为其实很多人都会修窑洞，在当地很多人自家的窑洞都是自己修的。

问：您现在和景区是怎样的工作关系？

答：现在就是景区把项目承包给我，然后我再找工匠做。我有自己的施工团队，包括大工小工在内共10个人左右。

问：景区没有开发之前，工匠收入情况怎么样？

答：那时候基本上就没有什么活干，10天里可能有8天没有活干。你即使想干活也没有活，收入很少，主要的经济来源就是种地和出门打工。我们这里主要是种小麦，以前就是每斤7至8毛钱，现在每斤一块多钱。出门打工也是什么都干，当然也有做技术工种的，比如石匠，就是打石头、砌石头，每天也就是30至40元钱。

问：景区刚成立的时候和现在，工匠每天多少钱？

答：刚成立时大工每天70至80元，小工每天50至60元。现在大工每天120至130元，小工每天90至100元。

问：景区对改善生活起了很大的作用吗？

答：对，可以说起到了翻天覆地的作用，现在95%的工匠都过得很好，不管是石匠、木匠还是铁匠，只要你肯干活，不是太懒，都能过得很好。自从旅游开发以后，我们这里就可以说是生活条件好了很多，现在家里不会断电，手机不管走到哪里都有信号，也有了自来水，家里都不用挑水。现在的收入，一般都够给小孩结婚，不用借钱，不用贷款。现在也不用住窑洞，家家都住排房，条件改善了很多。

问：您喜欢现在的排房还是以前的窑洞？为什么？

答：肯定是现在的排房，因为这种排房不潮，窑洞比较潮，而且还漏雨。以前家里穷，没有办法，也没有

钱做防水，要是下大雨，家里就用碗和盆接。

问：以前建窑洞多数是相互帮忙吗？这种形式从什么时候变了？

答：以前我们这里建窑洞基本上都是相互帮忙，一般就是本村的人。比如这个村里有20户，你修窑洞我帮忙，我修窑洞你帮忙，帮忙的时候就只负责工人的饭和烟，一般不会说要多少钱。当然，如果业主不懂建房，还要找一个大工来帮助他，这个大工一般就是石匠，知道怎么建窑洞，怎么起拱，怎么砌石头，什么都会做。如果村里的人都顾不上的时候，没有时间，那就只有雇上几个小工和1至2个大工，把窑洞修好。自从景区开发以后，就不存在帮不帮忙，干活就是为了挣钱。

问：以前建窑洞需要请风水先生择地吗？

答：需要。我们这里一般讲究左青龙，右白虎，前朱雀，后玄武，房屋要靠山，即背靠玄武为主，如果房屋后边靠洼地，则不吉利。

问：风水先生主要使用什么工具？

答：使用罗盘，但是具体怎么使用就不太清楚。

问：以前自己家建造窑洞时，基址需要审批吗？

答：是的，需要审批。当风水先生看完地以后，先交给村里面，然后向大队公社土地办申请，最后公社上报到县土地办。

问：必须先请风水先生择地，然后才申报吗？

答：对。如果先通过审批，请风水先生一看，他说不行，相当于白弄了。

问：选择建窑的时间，一般在一年中的什么时候？

答：现在景区没有什么限制，什么时候都可以。在景区成立前，只要天不冷就行，天气如果太冷就不能干活，灰和泥都会被冻住，所以冬天就不适合建窑。一般建窑都会选择在开春以后。

问：具体的动工日期有要求吗？

答：有要求，一般就是在可建造的日期里，用皇历选一个好日子，根据六十花甲，从甲子日开始，甲子、乙丑、丙寅、丁卯、戊辰、己巳、庚午、辛未、壬申、癸酉，根据这个来推理看哪一天能用，具体情况不是很清楚，主要是风水先生推算。

问：动工有什么仪式吗？

答：有仪式，先是烧上两炷香或者是一把香，再弄五个馍馍（馒头）和三张或五张黄纸，更多也行，但是一般为三张或五张，记住馍馍和黄纸一定要单数，我们这里讲究"要单不要双"，但是馍馍不能为七个，不

然就会不吉利，这就是本地的习俗。然后，放鞭炮或者礼花炮。最后，用一瓶酒或者倒三杯酒，洒在地上。

问：做完仪式后直接动工，还是可以等一段时间再动工？

答：日子看好了以后，比如今天，把动土仪式弄了以后，用锄头在建窑的地方扒一扒，就等于已经开工。意思就是今天用锄头动一动，以后什么时候都可以建造。

问：在建造的过程中有什么习俗吗？

答：有合龙仪式，就是在中间窑洞拱券的前端留出一块石头，请大工把这块石头放上。放上以后，把核桃、枣和黄纸吊在中间一孔窑洞的前边，吊上以后放鞭炮、倒酒。

问：核桃、枣和黄纸一般有什么要求？

答：核桃和枣一般要三个或者五个。黄纸需要折一下，把黄纸在长边方向折两次，最后在短边方向对折一次，然后和核桃、枣一起吊起来。它们吊的顺序一般都是黄纸在最上面，核桃和枣在黄纸的下面。

问：在合龙仪式完成以后还有什么仪式吗？

答：有，还有谢土仪式。在窑洞建成以后，摆个桌子，在上面摆上三碟子，每个碟子里面五个馍，总共是十五个，这种馍是用油炸的花馍。然后烧三张或五张黄纸，磕个头，洒三杯或者一瓶酒在建筑物上，就是敬土神的意思。最后放鞭炮，把鞭炮在院子里围一圈，也在窑洞上挂一些，鞭炮放的时间越长越好。当然也没有时间长度的限制，长点短点都可以。这个仪式主要是祭拜土地神。窑洞建成以后，要谢土神，求土神保佑居住在里面的人平平安安。

问：这里建窑用的是什么石头？

答：一般都是用青石，这种石头比较硬和脆。以前建窑洞的时候哪里都可以开采，没有规定说不能开采。景区开发后，规定在景区内不得随便开采和取石，现在在景区修窑洞的石头一般在河道里面取，或者在固定的采石场运。比如在塔尔坡老河沟里就有一处采石场，顺着塔尔坡沟往后一直走。因为这个地方坍塌下来的石头多，而且地方偏僻，在那里采石不影响游客。

问：建窑的石材需要提前多久准备？

答：这个没有确切的时间，但是只有什么时候准备好了石材，什么时候才能开始建窑，没有准备好就没有办法开始。

问：石头的用量怎么计算？

答：一般先确定窑洞的深度、宽度和高度，然后确定地基需要多少块，窑腿需要多少块，拱券需要多少块等。最后在备料的时候比之前算好的数量多20%至30%。

问：上山开采的石头大小有要求吗？

答：有。主要考虑两点：一是尽量和建窑所需石材大小相近；二是，以前都是人从山上背石头下来，所以还要考虑能背动多大的。

问：以前上山采石头一般需要什么工具？

答：一般用四种工具，即锤子、錾子、钎子和楔子。锤子一般有大八宝锤和小八宝锤，还有鸭嘴锤。錾子一般用圆钢或者六棱钢制成，长20厘米，其中一头为尖形。钢钎子一般长1米多，直径3～4厘米。开采石头的时候，用錾子在石头上凿一个槽，然后使用铁楔子。铁楔子是一边薄一边厚，将薄的一边放入打好的槽里面，然后用大锤一打，就把石头打开了一条缝，然后用钎子沿缝把石头掰开。

问：以前修石窑都用哪几种工具？

答：修窑洞时，主要的工具有锤子、瓦刀、尺子和铲子。石头要是不太工整的话，可以用锤子修平整。

问：以前砌石头都用什么粘接？

答：土加白灰。

问：当地建窑除了用青石还用别的材料吗？

答：除了用青石外，还用土坯。先做一个方形的木模架，把泥弄里面用石头夯实，夯实以后土就成了方方的一块，等晒干后，就可以用来盖房，窑洞的窑脸就可以用这个砌（图4-82）。

图4-82　土坯砖窑脸

问：这个土坯的模架具体怎么做？

答：这个模具叫做土坯模（当地称hūjiémó），是一个宽30厘米，长40厘米，高4至5厘米的木框。模架有4个边，两个长边和一个短边固定在一起，在两个长边的另一端各开一个"U"形的槽，这个槽的宽度要比木板的厚度宽2毫米左右。将另一个短边的木板插入这个槽里，简称这块短板为活动木板。在木板的外面做一个"U"形的木板箍住这个活动木板，这个活动木板和外面的"U"形木板相互作用，使土坯模更加牢固。取土坯的时候，把外面的"U"形的木板取掉，活动的木板就可以抽出。

问：夯实的工具怎么做？

答：下面是一块方的石板，上面是手把。石板为宽长25厘米的正方形。这个石板一般要比土坯模小，这样有利于夯实土坯。手把是木制的，与石板的连接是在石板上面开一个孔，然后将手把敲在孔里面。

问：修窑洞有用砖的吗？

答：如果家里经济条件较好，修窑脸和砌炕可以用砖。

问：砖也是自己烧吗？

答：现在都不是自己烧，从范家庄运来。以前，我记得神仙峪前面的那条沟就有一个烧砖的地方，叫砖瓦窑，所以当时那个沟的名字也叫瓦窑沟。这个地方就是专门烧砖和烧瓦的，以前这里附近的村子都是这里供应的砖和瓦。不过，那都是好久以前的事情，现在这个砖瓦窑已经消失了。

问：当地有锢窑、靠崖窑和接口窑，是怎么选择这些类型？

答：找风水先生看看，然后根据地势确定，看山势需要什么样类型的窑洞。

问：窑洞的朝向怎么确定？

答：风水先生说了算，他说在这里可以修，修什么样的房子，东北房，西北房，一般都是十二个字，"子丑寅卯辰巳午未申酉戌亥"，罗盘一放，指到什么字，然后根据山势确定。这一般都是用风水确定，风水先生必看不可。

问：建窑洞需要画什么图纸吗？

答：不用画图纸，就简单地说说窑洞的尺寸，确定窑洞的高度、宽度和深度，然后告诉我们需要多少孔窑。

问：一般用什么单位？

答：以前一般都说几丈几尺，现在都用公分，也就是厘米或者米。

问：窑洞尺寸大小有什么讲究吗？

答：中间的窑孔必须比两边的窑孔宽至少两厘米，高至少两厘米，因为本地讲究"中间为大"。

问：窑洞的进深、面宽和高度怎么确定？

答：窑洞的进深一般无所谓，没有什么要求，由房主来决定，可深可浅。宽度一般在2.5～3米。窑孔高度从券顶到地面一般为一丈一尺六（约合3.87米）。

问：窑洞的高度和宽度有什么关系吗？

答：没有特别精确的比例，一般是1比1.5左右，高度和宽度需要匹配，这样拱券才能砌成。

问：窑洞有地基吗？宽度和深度有要求吗？

答：有地基。窑洞的地基也是用石头砌成，要求砌平整，砂浆要饱满。且地基要比窑腿最少宽20厘米，总共40厘米。深度没有什么具体的要求，挖基坑要挖到实处，一般在1米左右。

问：窑腿的高度和厚度有要求吗？

答：有要求。窑腿的高度一般不低于2米，厚度一般不能小于2.6尺（约合86.67厘米），如果太窄，就承受不了上面的压力。窑腿必须全部用石材砌筑，里面不能填充土或别的，不然顶不住。

问：砌筑窑腿的时候怎样保持平整？

答：需要拉一根线，窑洞前后的尺寸确定后，把两头的石头砌好。然后拉一根线，根据线来放石头，这样能保持墙面的平整。

问：现在修窑洞，修尖券的多，还是修圆券，或者弧形券的多？

答：现在还是修尖券的比较多，尖顶结实，不容易坍塌，其他的不太结实。

问：拱券的弧度怎么确定？

答：拱券的弧度主要根据券顶到券脚之间的垂直距离确定，然后根据这个垂直距离会支个砌拱券的模架，这个模架就确定了拱券的弧度。

问：具体怎么支模？用什么材料？

答：修窑在起券的时候会专门支个模，这个模架一般都是柏木、楸木、齐格木和褶子木制成，一般是山上的原木，只要硬度达标就行。支模首先是靠着窑腿最前端做两根木柱子，柱子的高度比窑腿矮一点（高差约等于上面木梁的直径），在上面放一根长的木梁，长度与窑洞的宽度一样，木梁的上皮高度与窑腿的高度齐平，木梁与柱子用耙钉固定。然后在这根木梁中部左右两端固定两根木棒，木棒只有一端固定在木梁上面，可以旋转确定窑的弧线。木棒长度等于固定点到券顶点的距离。木棒固定好以后，在木梁上左右放一根短柱，然后根据木棒的旋转确定短柱上面木梁的长度，按这种顺序一直放上去，放到最上面的木梁与拱顶之间的距离为20厘米为止。最后用木材把上下相邻木梁首尾连起来，这里我们简称为斜撑。像这样的一组梁架前后间隔一般在2.5米左右，保证能承受上

面的重力即可。前后排的柱子用一根木头连接，用铁丝绑起来，这样可以加强稳定性。主体做好以后，在上面铺一层木椽子，长度等于窑洞的进深，椽子之间间隔一厘米即可。椽子与斜撑之间可以用铁丝或别的绳子绑起来，铺的时候需要根据之前固定的木棒来把握弧度，当铺的椽子达不到弧度要求时，可以在椽子的下面垫一些石头块，使弧线更为顺滑。然后把黄土和麦秸混在一起弄成泥，往模架的椽子上摸，等泥干后，把石头铺上去，这样窑洞的内部也会比较平整。现在建窑洞就不会用这种方法，椽子换成了6厘米直径的钢管，以前的梁架也换成了用钢铁焊的架子，架子上面铺一层油布，在油布的上面抹灰砌拱券能使窑洞内面更加平滑，以后方便装修。

问：麦秸具体怎么获得？

答：其实就是麦子杆，用铡刀将其铡成短节，每节在10厘米左右，把麦秸与泥和在一起，就增加了强度。

问：模架多久时间可以去掉？

答：石头窑洞一般3至5天就可以撤掉。其实石头都已经相互咬住了，当天就可以去掉，但是一般都要等3至5天。

问：有些窑洞里面有木隔层，有什么用途？用什么木制成的？

答：以前就是放放家具，当储物空间，遇到土匪还可以躲避。这些隔层也是用的山上的原木，硬度够就可以，比如褶子木和齐格木，或者柏木和松木。

问：木隔层的具体做法是怎样的？

答：对于有隔层的窑洞，在砌窑腿时就把大梁的位置预留出来，把大梁放在窑腿的石头上，注意梁的高度要保证窑洞内部能过人。然后在梁上面放直径约为12厘米的木椽子，椽子上面铺木板或者木条。

问：窑洞屋顶有排水坡度吗？需要做防水吗？

答：有坡度，一般是1比10。从窑洞的后面到前面，一直到排水口。至于防水，以前家里条件不好，只有土，然后用石头碾子碾实就行。后来，经济条件好的家庭就用白灰，3比7的灰土，将它们加一点水搅拌匀，然后在屋顶做15厘米到20厘米，这样防水效果也不错。现在，家里的经济条件也好了，就用水泥砂浆做防水，在窑洞屋顶做10至15厘米的防水层。这种防水效果好，就算连续下20天也不会漏雨。

问：排水口一般间距是多少？每个排水口多大？

答：排水口都布置在窑洞的正面，每一个窑腿中间有一个排水口，这些排水构件一般都是石匠做的，做

一个大概需要两天时间。排水口的长宽深均约为15厘米，排水石构件一般不到1米长，大概为70至80厘米。

问：**窑洞的烟囱在什么部位？**

答：烟囱都在窑腿里面。砌窑腿的时候就把烟囱孔留出来，然后用麦秸泥抹一层，最后通到屋面。它就是把烧炕产生的烟排到室外去。

问：**窑洞屋面有排气口吗？**

答：以前没有，就窑脸有个上窗，可以当排气口用。现在新建的窑洞基本上都有，因为家里布置了洗手间，需要有个排气口，做法和烟囱差不多，就是在拱券上面留一个孔。

问：**窑脸是在什么时候砌？用什么材料？**

答：窑洞的主体施工完成以后砌窑脸，通常窑脸用砖、石和土坯。但在用土坯时，窑脸的下部需用石头或者砖，为了防雨水。

问：**土坯是不能沾水吗？**

答：不能，窑脸一般都向内收进10厘米，窑洞的上面还有窑檐石挡雨，其实沾水没事，就是不能浸泡。没钱的时候用土坯，有钱了就用石头和砖。

问：**砌窑脸的时候就需要安门窗吗？还是把门洞预留出来？**

答：砌窑洞时不需要安门窗，把门窗洞留出来，但是门框和窗框在砌窑脸的时候要安装好，建完以后再装门窗。

问：**门窗都是买的，还是自己做的？**

答：以前门窗都是当地的木工用楸木、松木或者核桃木做，具体怎么做我也不太清楚。

问：**以前窑洞内部的墙面需要抹什么吗？**

答：以前的老百姓就是用麦秸泥抹一层，这层主要是起找平作用，然后用白灰混合棉花抹一层，以前我们管这叫白灰墙。现在一般都不这么做，都用砂灰抹。

问：**这种白灰怎么获得？**

答：先在地上挖一个坑，然后准备一个簸箕，把干白灰放到簸箕里，在上面泼水，灰就从簸箕里流到下面的土坑里。大块的流不下去，就留在了簸箕里，把大块的丢掉。细的白灰流到了土坑里，土坑满后，等待10天，让它渗透，这样就成了泥泥的白灰，像咱们现在用的腻子膏一样的东西。然后弄到一个桶里，搅匀以后，就把棉花搅拌在里面，就像麦秸泥一样，然后抹在墙面上。

问：**以前抹的墙面和水泥砂浆哪种好？**

答：以前抹的麦秸泥，如果窑洞里面比较潮湿，过上3至5年，时间久了，就开始掉。现在的水泥砂浆不会掉，所以还是水泥砂浆好。

问：**窑洞屋里面有铺地吗？**

答：具体要看业主需要什么，一般窑洞里面都是铺砖，现在都是水泥砂浆然后铺砖，以前都是用白灰当粘接剂。

问：**咱们现在的工作时间都是几点至几点？**

答：一般都是早上7点钟到中午12点吃饭，下午2点开始干活，一直到下午6点。

问：**建一组窑洞一般需要多少人？**

答：就塔尔坡下面的那组窑洞有10个人左右，他们分成了好几组，有的负责和砂浆，有的负责砌石头，有的负责在下面整理石头。

问：**这里面哪些人要求技术最高？**

答：当然是大工，石匠和砌石头的技术要求最高，石匠就是在下面砸石头，把石头弄得规规整整的，这两种技术人员属于大工，其他的都是小工。

问：**这些工匠都是哪里人？**

答：一般都是本地人，附近几个村里的。

问：**施工的进度有安排吗？**

答：现在都有个进度计划，比如这个项目必须在几月几日完成。一般做地基需要3至4天，窑腿也需要10天以上。起券一般一孔窑需要至少3天时间，3孔窑就需要至少9天时间。后墙也需要3至4天。填土如果有铲车，就很快，以前是用人挑土，就看人多少了，如果三孔窑洞只有2至4个人，最少也得10天。屋顶防水现在做就很快，以前用白灰的话，3至4个人也需要4天左右。窑脸如果2至3个人做，一天就可以完成一个。

问：**3孔窑，10个人干活需要干多少天？**

答：大概在25至30天。

问：**建造一个三孔窑一般需要多少钱？**

答：具体还是要看工程的大小，在这个地方，包工包料，一般单个窑孔每做1米是1000多元。三孔窑洞的深度相加就是总的价钱。

问：**建完窑以后多久能住？**

答：等屋里不潮了就可以住，一般我们这里过一个夏天里面就干了，不潮了。

问：**您认为修窑洞的工艺能传承下去吗？**

答：我觉得能传承，只要这个地方有人修窑洞就可以，工匠就能一直干下去，只要一直干活就能传承，这门技术就能保存下去。

2. 乡宁县关王庙乡塔尔坡村秦国文访谈

工匠基本信息

年龄：60岁

工种：石匠、包工头

学艺时间：1985年左右

从业时长：30年以上

访谈时间：2016年3月14日

问：你拜过师或收过徒弟吗？

答：没有拜过师，只是跟着老师傅干过活，现在上了年纪的老师傅都已去世。我也没有收过徒，其实像我们住在石山里，百分之七十的人都会建窑。

问：您主要从事什么工种？

答：我现在也不属于石匠，我自己有一些工人，主要在景区承包修窑或建窑的项目。

问：建窑有大工小工的区别吗？

答：有。大工就等于是老师傅，砌石头比较整齐，也会起券，基本上关于建窑的技术都会。小工就是干一些没有太多技术要求的活，比如和灰、搬运石头等。

问：石头的用量怎么计算？

答：根据窑的大小推算，按多少立方计算。根据窑腿的厚度，窑的长宽高计算，算出实际能用多少石头的方量，然后按一块石头20厘米×30厘米×20厘米计算出需要多少块石头。

问：需要在这个基础上多准备一些吗？

答：一般是一方毛石，多0.2方。比如计算出70方的毛石，则需要84方石头（70+70×0.2=84）。

问：石窑必须有地基吗？具体怎么砌？

答：对。窑腿、后墙和窑脸都需要地基，为防止时间过久窑洞下沉或坍塌。首先挖基坑，根据窑洞的尺寸把基坑的线放好，主要用到方尺、线和白灰。如果线没有放好，就会导致宽窄不一样。线放好后用石灰做记号，开始挖基坑。挖的基坑要比地基宽，大概一边宽10厘米左右，总共要宽20厘米左右，这样有利于操作。其次，开始砌地基，地基要比窑腿、窑脸和后墙宽，需要提前计算，比如窑腿是70厘米宽，地基至少要90厘米宽，一边至少要宽10厘米。因为基坑比地基

宽，所以还需要把地基两侧宽出的部分用土填上，回填的时候还必须夯实。基坑的深度主要根据土质确定，如果土质比较实，就可以浅一点，土质比较松，就要挖深一点，还必须将底部夯实。一般本地建窑的地基深度都在1米以上，好一点的土层也要80厘米。

问：地基用什么材料？

答：用较为工整的石头，现在砌筑都用水泥砂浆，原来都是用自家烧的白灰，然后加入土搅匀，比例控制在1比4。和灰的时候把灰和土放到池子里，加入适当的水，不断碾压。灰必须要弄好，搅拌均匀。这就像咱们蒸馍一样，面一定要揉好。

问：放线的时候有什么特别的标记吗？

答：先用尺子量好尺寸，在两端各插一根木条，把线绑在木条上，再沿着线撒石灰。如果发现线放错了，就在线上画一个叉，表示作废。然后，另外再放一根线，这根对的线不需要做任何标记。

问：窑腿的宽度和高度有要求吗？

答：有。如果修一孔窑，宽度都一样大。如果修5孔窑，边上的窑腿要比中间的宽，因为边上的腿承重更大。一般边窑腿的宽度不低于1米，中间窑腿宽度为50～70厘米，具体宽度还是要根据窑洞的大小确定。如果窑洞较大，中间的窑腿宽度为70厘米，如果窑洞较小，中间窑腿的厚度可为50厘米。窑腿的高度需要根据窑洞的总高度确定，比如4米高、3米宽的窑洞，上面拱券的高度至少为1.5米，先确定上面拱券的高度，然后剩下的尺寸即为窑腿的高度。

问：窑腿中间能填别的材料吗？

答：不能。窑腿都用石头砌筑，石窑和砖窑还不一样，砖窑可以在窑腿内部填土，石窑不能。

问：起券之前要先做个模架吗？怎么做？

答：现在一般用钢筋焊一个架子，然后用木柱支起来，上面铺钢管。以前一般用山里的柏木等木材制作。先用两根直径约为15厘米的木柱在两侧支起来，然后在上面放木梁，这根木梁要粗一点，因为承重较大，直径最少要30厘米。木梁上面放两根短柱，短柱上面再放木梁，具体木架的层数根据券顶到券脚的垂直距离确定。梁和柱之间用铁匠打的钯钉固定，一般一个连接处抓一个钯钉。最后，把上下木梁的首尾相连，像这样的一组木架间距在2米多。在木架上铺直径约为10厘米的木椽子，椽子一根一根排好，不需要固定。铺完椽子后，铺一层麦秆泥。当把模架去掉以

后，券的内部由于铺了麦秆泥，显得比较平整，为以后室内抹灰做准备。另外，有些木椽子不是很直，用泥抹平以后，砌拱券就比较方便。

问：铺椽子的时候怎么保证弧度不出现误差？

答：在半圆拱当中，先找到两券脚之间的中心点，在中心点固定一根木条，木条可以围绕该固定点旋转，且木条的活动端到固定点的距离等于这孔窑洞宽度的二分之一。支模架和铺椽子时根据这根木条进行调节，当铺的椽子不够平滑时，可以在椽子的下面垫一些石头片，以保证弧的平滑。

问：拱券从什么地方开始砌？

答：两边同时往中间砌，保证两边的负荷平衡，这样才不会塌。

问：拱券砌好以后做什么？

答：拱券砌好后，把拱券之间的压券石砌好，两边压券石的高度差不多要和券顶齐平，中间压券石的高度是券顶到券脚垂直距离的三分之二，比如券高1.5米，中间的压券石要砌1米高，然后上面填土夯实。

问：窑洞填完土以后要做防水吗？

答：现在一般用水泥砂浆做10厘米厚的防水层。以前多数就是填土并夯实，所以屋里容易漏水。当然也有石灰防水层，用石灰和土搅在一起，加点水，铺3~5厘米，然后夯实。以前也有用做陶瓷的高岭土做防水的，土撒在屋顶上，夯实2~3厘米厚。高岭土一般需要一年换一次，因为冬天下雪，这个土的防水效果就不是很好，明年就必须重新铺，铺的时候不需要铲掉原来的土。

问：锢窑屋面需要砌女儿墙吗？

答：需要，女儿墙一般40厘米厚，高度没有严格的要求，有的做20厘米，有的做50厘米。在做女儿墙的时候必须把水槽的位置留出来，或者在砌女儿墙前就安好水槽，这些水槽通常是石匠自己做。

问：窑脸什么时候砌筑？

答：当主体都完成后。我们本地把做窑脸称作"挂面"，用砖、土坯和石头砌筑。相对而言，砖和石头比较好。砌要向内收进10~15厘米，厚度一般在40厘米左右。由于窑脸向内收进，相应的地基也要向内收进10~15厘米，且要比窑脸厚，一边至少10厘米，这样不容易沉降和坍塌。

问：修窑脸时，门窗也是一起做吗？

答：对，一起做。一般都用松木，比如白松和黑松，也有杨木，咱们本地还有用椿木的。门窗以前老百姓都是自己找木匠做，现在大多买成品的门窗。

问：屋里的地面一般都是铺什么？

答：过去的人一般都是用白灰和泥抹地，现在用水泥地面和砖地面，石头地面也有，但是很少。

问：屋里的墙面都抹什么？

答：也是抹石灰。先用土加麦秸抹一层，相当于找平，然后在白灰里面加棉花，搅拌均匀，抹在墙面上。

问：抹墙的石灰与砌石头用到的石灰是一样的吗？

答：不一样。抹墙石灰必须是凝下来的，用水冲剩下的石灰，这种灰叫凝灰。

问：屋里的火炕怎么做？用什么材质做？

答：火炕的炕沿用砖砌，炕腿可用砖或土坯。土坯一般都是30厘米宽，50厘米长，厚度6厘米左右，把土在方形木模架里面夯实，再去掉模架晒干。炕腿在炕的内部起支撑作用，布置要使从灶过来的热气在炕内尽可能均匀分布，所以炕腿顺着炕的长边方向布置。然后，在炕腿的上面铺10厘米的麦秸泥（图4-83）。

图4-83　火炕砌筑

问：炕是不是有烟道？

答：有。烟道位于窑腿内，在砌窑腿时需预留好，大概是20厘米的正方形。

问：当地有些窑洞内有隔层，有什么作用？

答：我们当地把这叫做"屏"，意思是窑洞比较高，在内部做了个木隔层，家里有不用的东西可以放在上面。木隔层由大梁、横梁和木板组成。大梁直接放在两边窑腿上，一般在砌窑腿时就安装好，或者预留好安装孔。大梁一般较粗，直径在30厘米以上，前后间隔2米左右。在大梁的上面铺横梁，横梁直径10厘米以上，间隔大概为30厘米左右。横梁架好后，在上面铺木板（图4-84）。

图4-84 窑洞里的隔层

问：梁一般都是用什么木头？

答：一般用柏木、椿木、杨木等，主要根据自己的情况选择，有什么木用什么木。

3. 乡宁县关王庙乡芦院沟村郭学荣访谈

工匠基本信息

年龄：58岁

工种：木匠、石匠

学艺时间：1987年左右

从业时长：30年

访谈时间：2016年12月5日

问：在景区干活和景区开发前有什么差别吗？

答：我觉得有一定的差别，从景区成立到现在，经济收入提高了。景区成立之前，都是干点工，刚开始的时候每天2块钱，后来慢慢涨到3块、4块、5块、10块、20块、30块、50块、60块、80块等。景区成立以后，每天的基本工资是80到90块钱。

问：每天2块钱大概是什么时候？

答：大概是土地下户的时候，应该是（20世纪）80年代。其实生活也不是很难，当然那个时候经济条件、交通条件都不好，和现在比差得太远，连拖拉机都没有。

问：像您初中毕业也算是有文化，为什么会学工匠活？

答：在那个年代高中毕业就算很不错了，初中毕业也还可以。我其实也不是为了挣钱，就是爱好这个行业。我记得在我16岁的时候，就开始在家里干木活。我们村里有个木匠师傅要收学徒，我就去了，每天回家的时候把工具带回家，一个人在家里慢慢学。

问：您的师傅叫什么名字？

答：我基本没有固定的师傅，基本就是这个师傅跟一段时间，那个师傅跟一段时间。对我影响最大的师傅叫乔殿普，他教得最好，是河南洛阳人，主要干木匠活，盖瓦房和砖窑，现在应该快80岁了。这个师傅对我挺好，可惜我没有跟他太长时间，大概1年多的时间，在这1年里，也不是一直跟着他，而是有活了才去。

问：有什么拜师仪式吗？

答：没有什么仪式，从我开始干活的时候就没有什么仪式。在以前可能有仪式，具体什么仪式我也搞不清楚。

问：学技术一般要学几年？

答：跟师傅学技术至少学三年，然后才能自己出去干活。我也收了两个徒弟，都是我的亲戚，跟我学了三年，现在这两个徒弟都40多岁了，一个叫郑子龙，另一个叫郭云中，在景区做修复工作。

问：没有学满3年是不是不允许在外面接活？

答：不是不允许，学徒这三年主要学的是基本功，没有这三年基本功的练习，你就干不好这个活，实际上也没有什么技巧可言，主要就是不断实践。其实也不是非要学三年，我就跟我的师傅学了一年，因为爱好这个，所以我会一个人在家里思索很长的时间，再加上师傅的指导慢慢就知道怎么做。一般的人没有三年的时间，都学不好这门技术，出去也接不到活。

问：您最擅长哪种工种？

答：我还是愿意干木匠，但是木工活很少，现在的家具都是在外面直接买，都是用机械生产，找工匠做家具太贵，一般人承受不了。景区成立以后，开始慢慢做一些小项目，承包一些窑洞修建等。

问：建房一般都选什么时候？

答：一般都在春天，清明节后，温度回升，这段时间不冷也不热，到夏天温度升高，窑洞都被太阳烘干，冬天就不潮湿。咱们这个地方冬天特别冷，不能干活，灰全都冻成块。夏天又太热，而且灰不宜暴晒。一般春天修的窑洞比冬天修的窑结实。

问：平时农活忙吗？

答：一般都是冬天种小麦，夏天收小麦。春天，清明过后开始种玉米、豆子等。

问：石材备料需要多长时间？

答：需要的时间挺长，有的提前2年就开始准备石头，你不能动完土才开始备料，那就太晚了。这个和砖窑还不一样，砖的备料很快，石头很慢。

问：上山采石要用到什么工具？

答：以前开采石头主要用到铁锤和錾子。先用錾子在石头上面开个槽。然后要用到铁楔子，规格有很多，主要根据石头的大小来选择铁楔子的规格，有5厘米、10厘米、20厘米等，也有1厘米、2厘米、3厘米的铁楔子。铁楔子是一边薄一边厚，把铁楔子的薄边放在凿好的槽里，然后用大锤敲打。

问：开采的石头大小有要求吗？

答：有。以前都是人工搬运，主要看能不能搬得动。

问：搬运下来的石头还要重新加工吗？

答：立面、窑内表面和拱券的需要加工。特别是拱券，大小要差不多，比如20厘米，就都是20厘米，30厘米，就都是30厘米。当然，也不是要一模一样，接近就行（图4-85）。

图4-85　工匠和准备加工的石材

问：砌石头的粘接剂用什么？

答：以前砌石头都用白灰，灰土比为3比7。把白灰和土干拌搅匀，周围用土围起来，加入适当的水，然后至少用水泡半个月，不能让太阳暴晒，不然上面一层就不能用。泡好以后，变得比较硬，然后用洋镐砸，砸好以后如果还是有点硬，就放点水继续砸，这个时候石灰的作用就发挥出来了。

问：以前建房的时候需要找风水先生相地吗？

答：农村人盖房建窑，必须找风水先生看看这个地方能不能住人、好不好、吉利不吉利。另一个就是看看什么时候能动土，什么时候不能动土。老百姓讲究东西南北哪年吉利，哪年不吉利，如今年是南北吉利，明年就是东西。

问：这是根据什么来判断方位的吉利？

答：风水先生根据六十花甲子推算，比如你是房子的第一主人，看你的属相、年龄、今年的运气，根据这个八卦推算今年运气好不好，能不能修房。

问：修房用的基地在村里任何地方都可以选吗？

答：不可以，只能在老宅的附近选。村里每家每户都有自己的地，你家老宅在这里就不能去别的地方选基地，因为那是别人家的基地。

问：选好的地还需要通过审批吗？

答：很早以前不是很清楚。从中华人民共和国成立以后，虽然我们这里是山区，但是每一家修房的时候也要办理手续，不办理手续的话，国家就不会保护你的房子，房子就是违法的。一直到现在，咱们修房也是要通过办理国家的合法手续，才能开始修。一般先到大队申请，再通过公社，然后到县里，具体县政府哪个部门记不清楚了。我记得30年前修我家的房子时，都通过了县、公社和大队的签字，那个时候每户国家批3分地，现在差不多是4分多地。修好房以后，会有人来检查尺寸，如果超过了批的建房面积，多修的部分要交罚款。

问：先请风水先生看地还是先审批基地？

答：先请风水先生看这个地能不能住人，然后再审批。如果先审批，风水先生说这个地方不能住人，不就白忙活了。

问：修房之前有什么仪式吗？

答：有仪式，我们这里叫动土仪式。先请风水先生算个好日子，不能随便动土，主要是根据六十花甲子推算，咱不懂。然后准备好香、黄纸等物品。我们这里一般都是烧5根香，现代经济发达了，烧一把香也可以。当地讲究祭祖的时候烧两根香，祭神的时候烧5根或者3根香，当然一根香也可以。把香、黄纸烧了以后，放个鞭炮，然后往需要动土的地方洒酒，就表示谢土神，以及对土神的敬意。最后用铁锹在地上挖挖，就表示今天已动土，以后什么时候修都可以。如果房屋修了一半，中间停的时间太长，下次接着修的时候还要找风水先生看哪天可以动土，哪天不能动土，要重新动土。中间只停了一个月，或者半个月，就不要紧。如果今天是破土的日子，一般是十二生肖中属龙、马和虎的人来动土，要大属相才行。属鸡、兔和鼠的一般都不能动土，还应尽量回避。这个动土的人可以是自家人，也可以是本村人。其实你可以说这是封建迷信，但也不是封建迷信，反正老百姓经过这种仪式心里就踏实了许多。

问：修建的过程中还有什么仪式吗？

答：有，当地叫做合龙仪式，砖窑洞、石窑洞都有，这就类似于瓦房的上大梁。一般是在拱券上剩最后一块石头，如果窑孔是单数，就留中间这孔窑。如果是双数，西窑和东窑以北为上，即从北向南第二孔窑，朝南的窑东为上，从东向西数第二孔窑。如果这个院子，四个方向都有窑洞，以北窑为主。合龙的时间需要风水先生算一个吉利的日子，由大工用红布把石头包住放进去，有的时候也不包，红布意思是吉利、辟邪。就像当地有人去世以后，每个人都挂一块红布在身上，主要是辟邪。合龙仪式还需要准备贡品，比如买点鞭炮、酒等。还要给修窑的大工钱、烟和酒，表示对大工的感谢。一般都只给大工，都是一个大工带两个徒弟，其他的人都是亲戚或本村来帮忙的，大部分村里的人都能砌石头，但是很多都掌握不了技术。合龙的时候还要在窑洞上挂物品，是核桃、枣、历头和筷子，历头就是农历本。吊这个东西主要为了吉利和辟邪，仪式过后一般都不用取下。

问：修完窑以后还有什么仪式吗？

答：还有谢土仪式。第一是谢土神，第二是为了求个平安。谢土仪式也是要请风水先生选择日子，而且这个仪式需要风水先生来完成，一般老百姓做不了。谢土的时候还要准备馍，摆一些贡品，风水先生还要念咒语。

问：谢完土以后什么时候可以进去住？

答：谢完土以后马上就可以住，没有谢土之前也可以住。有的人家住进去一两年也不谢土。谢土就是吉利，假如不谢土的话，老百姓认为土神就会给你弄点不吉利的事情。

问：怎么选择建锢窑还是土窑？

答：主要还是根据地形情况来确定。要是满足挖土窑的基本条件就可以挖土窑，如果基地是平地就修锢窑或瓦房。挖土窑的地方对土质要求较高，而且崖面要超过6米。土窑挖成以后，上面至少要有3米以上的土层，达不到3米下雨就很容易坍塌。现在挖土窑的人少，原来经济贫困，挖土窑洞费用不高，只是把土取出来，里面用泥抹抹就能住人。从（20世纪）80年代以后，我们这里慢慢地建起了现浇楼房。

问：哪个朝向的房子较好？

答：从风水上讲北房最好，北房到了夏天太阳晒不到深处，到了冬天又能晒到深处。东房从中午12点，一直要晒到下午，西晒严重。西房从早上晒到中午，相比东房较好。南房就晒不到太阳。根据自家地的情况，如果北房没有地方修就修东房，一般我们这里修房讲究北和东住人，西和南不住人。

问：建窑的宽、高和深度有要求吗？

答：有要求。一般宽不能超过高度（券顶的高度），这个有一定的比例，但是这个比例不是一定的。窑洞宽度不能太宽，不超过3.8米，4米以上的窑洞就不太安全，但是也不能太窄，因为还要考虑到门和窗的尺寸。窑洞深度没有什么要求，主要根据基地的具体情况确定，当地窑洞的深度多为7～8米。太深里面就晒不到太阳，潮气太大，所以一般不修太深。当地讲究"中间为大"，所以中间窑洞的高度要比两边的高个几厘米。

问：修窑之前会根据基地设计窑洞的尺寸和布局吗？

答：会。比如这块基地只有10米长，你就不能布置5孔窑，只能修3个窑。如果有20米，就可以修5孔窑。以前还有修1个窑的，因为基地就只有这么小。村子里都是一家挨着一家，这边是别人家的，另一边又是另一家的，中间就只有这么宽，能放几个窑，就修几个窑。

问：锢窑需要挖地基吗？

答：需要。地基也是用石头砌成，地基的深度主要根据实际情况而定，要是土层硬就浅点，如果土层软就要挖深点。根据以往的经验，最少也要80厘米深，不能比这个浅。地基的宽度要比窑腿、窑脸和后墙宽，每边宽10到20厘米。如果地基1米宽，上面也是1米宽，就不稳固。窑腿要是80厘米宽，地基可以是1.2米，这样稳定性更好。

问：土层很好可以不做地基吗？

答：也不行，必须做地基。以前房屋都没有散水，排水都不好，下雨就渗透，时间久了房屋就容易塌。所以地基要是深点的话，水就渗透不到，基础就比较坚固。如果基础只有50厘米，水能渗透到1米，自然而然房屋就容易塌。

问：窑腿的宽度和高度有要求吗？

答：有要求。中间的窑腿可以窄点，边上的腿就不能太窄，不然会支不住。一般边窑腿不能低于1米宽，要是负荷太大也有1.5米宽的边窑腿。窑腿的高度要根据窑洞的高度确定，比如窑洞计划修3.5米高，把拱券的高度计算好以后，就算窑腿的高度。不能先确定窑腿的高度，要先满足拱券的高度。

问：拱券怎么做？

答：先做个模架。现在都是用钢架做，以前是用木头一根一根地搭，在最上面铺上椽子。然后在椽子上面用麦秆泥抹一层，干了以后砌拱券。起券的时候两边要同时向上砌，不能先砌一边后砌另一边，这样很容易塌。拱券砌好以后，在两个拱券之间用石头砌压券石，砌的高度是券脚到券顶的垂直距离的三分之二，不能低于三分之二。最后再往窑顶里面填土并夯实。

第五章

平陆县地坑窑营造技艺

第一节 传统民居

一、背景概况

平陆县位于运城市东南部，黄土高原东南末端（图5-1）。境内整体地势北高南低，海拔相差500米，构成了一个东西狭长的向阳坡面。东部多山区，墚、峁、沟、壑遍布。西部多塬沟，塬面由北向南倾斜，因冲沟的发育，整个台塬被分割成众多黄土塬或墚或坪，顶部平，四周陡，从塬顶到沟底高差可达100～300米（图5-2）。据统计，全县共计24条塬面，主要分布在三门乡以西的12个乡镇，最大的塬面是张店塬，常乐塬次之[①]；500米以上冲沟3195条，其中主沟75条，支沟1281条，毛沟1839条，平均每平方公里有沟2.7条，因而有"平陆不平沟三千"之称[②]。塬高沟深的地貌特征，虽然有利于地表水排泄，但不利于地下水储存，因此当地地下水资源贫乏，分布不均衡。

基于黄土高原的地理环境特征，窑洞成为平顺县传统民居的主要形式。其中，东部山区的窑洞主要沿山坡、土塬边缘或沿冲沟两岸建造挖

图5-1 平陆县区位图

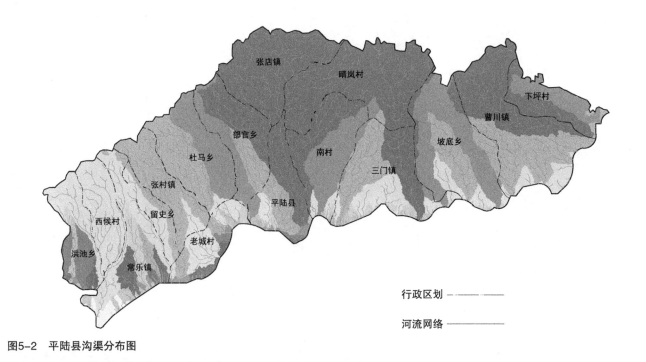

图5-2 平陆县沟渠分布图

行政区划 ————

河流网络 ————

---

① 平陆县志编纂委员会. 平陆县志[M]. 北京：中国地图出版社，1992：25.
② 平陆县志编纂委员会. 平陆县志[M]. 北京：中国地图出版社，1992：26.

掘。而西部塬沟地区，人们很难找到合适的沟崖
建造靠崖式窑洞。但是，由于其黄土层垂直结
构良好，"里面有一种料脚石，它夹在里面，
干了以后比较坚硬……就跟钢筋水泥混凝土似
的"[1]，再加上日照条件充足、地下水位较低等有
利因素，向下挖掘的地坑窑成为这里独特的居住
形式（图5-3）。

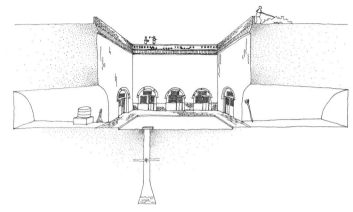

图5-3　地坑窑

　　现存地坑窑主要分布在县境中西部的张店
镇、部官乡、杜马乡、张村镇、常乐镇、洪池乡
六个乡镇，这其中分布密集且保存完好的要属位
于张店塬的张店镇了。以侯王村为例，村内现存
地坑窑19处，沿道路分布，考虑到结构稳定性，
院与院之间的距离多为15～25米（图5-4）。

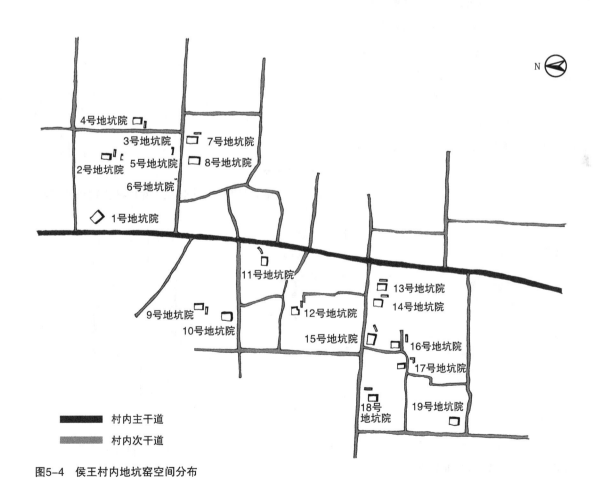

图5-4　侯王村内地坑窑空间分布

① 引自侯王村匠人杜长锁口述。

二、院落形制

（1）平面布局

窑院内各窑洞按功能可分为主窑、下主窑、客窑、门洞窑、牲口窑、粮仓窑、厕所窑等。院落平面大多以主窑所在的轴线对称布置：下主窑与主窑相对；客窑位于两侧；门洞窑位于与主窑相对的窑面角落处；牲口窑、厕所窑均远离主窑布置；粮仓窑和主窑在同一个窑面上，位居两侧，这样可以保证充足的采光，避免粮食发霉。另外，窑主人通常将祖宗牌位置于主窑东侧的窑洞内，单独供奉起来。

地坑窑地处地平面以下，因此阳光资源显得尤为珍贵。总体来看，北窑可接受日照时间最长，南窑接受日照时间最短，西窑接受太阳照射的时间是早晨至中午，东窑接受太阳照射的时间是傍晚。因此，一般人家会将北窑和西窑作为主要居住的窑洞。"以北面的窑作为主窑这是东四宅，以西面的窑作为主窑那叫西四宅"[1]（图5-5）。

窑洞孔数并无具体讲究，全由窑主人家庭人数决定，人多窑洞就打得多，人少就打得少。以东四宅为例，常见的有：7孔窑，窑院平面为南北长、东西窄的矩形，北面一孔主窑，东、西、南三面各两孔窑，其中东南侧有一孔窑为入口；9孔窑，窑院平面为南北长、东西窄的矩形，北面一孔主窑，东、西两面各三孔窑，南面两孔窑，其中东侧一孔为入口窑洞；10孔窑，窑院平面也为南北长、东西窄的矩形，南、北两面各两孔窑，东、西两面各三孔窑，主窑位于北侧，入口窑洞位于东南角；12孔窑，窑院平面为南北、东西等长的正方形，四面各三孔窑洞，主窑位于北侧正中，入口窑洞位于东南角（图5-6）。

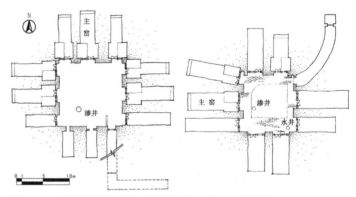

图5-5 东古城村丁守规的东四宅和张店村王守贤的西四宅

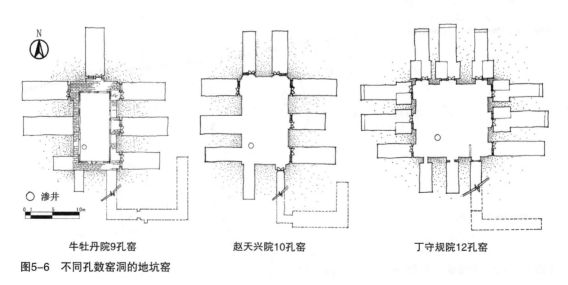

牛牡丹院9孔窑　　　赵天兴院10孔窑　　　丁守规院12孔窑

图5-6 不同孔数窑洞的地坑窑

---

① 引自张店镇侯王村匠人杜长锁口述。

（2）空间分析

地坑窑主要由地上空间、门洞空间、窑院空间和窑洞空间四部分构成，经狭窄的入口坡道、窑门进入窑院，穿过窑院进入窑洞，窑后便是人们日常起居的主要活动场所——火炕。这种由上到下、由外到内的行动流线，充满了虚与实、明与暗的对比变化，也包含了由公共性向私密性的转换，形成了一个收放有序的空间序列（图5-7）。

地上空间主要由树木、道路和空地三部分组成。一般地坑窑窑顶周边会种植若干树木，多为榆树、枣树，可以起到防风固沙的作用；地面上的道路没有明显的边界线，大多围绕地坑窑布置；窑顶的空地在当地叫作场，秋收的时候可以在这里晒粮食、打场（图5-8）。另外，1949年前挖的地坑窑，窑顶上基本没有房子，后来随着经济条件的好转，窑主人会在地面上靠近地坑窑的位置加建一些附属用房作为储藏空间。

门洞空间指的是从地面进入窑院所经过的通道，可分为明洞、外窑门、暗洞三个部分（图5-9）。明洞是地面上可看到的露天坡道；暗洞是隐藏在地下的一段坡道；外窑门设于明洞、暗洞交界处。明洞、暗洞两侧的窑壁均为上宽下窄，这样可以防止廊道上方的黄土滑落，确保结构稳定。一般人家会在暗洞中设置水井来排泄从明洞坡道流下来的雨水，避免其流入院内，有的还会将农具放在暗洞中，或挖掘拐窑圈养牲畜。"明洞和暗洞可以全部都做成坡道，也可以都做成台阶，大部分人家都是中央砌台阶两侧做坡道，这样有利于手推车上下。"[1]少数人家还会在暗洞进入窑院处增设一个入户大门，又称梢门。

门洞空间的形式大致可分为直入型、L型、回转型三种（图5-10）。直入型门洞直进直出，不需上下坡，适合地势陡峭的坡地，也就是入口与窑顶有足够的高差；L型门洞的明洞和暗洞呈90°，暗洞直通窑院，明洞连接窑顶；回转型门洞较为常见，暗洞直通窑院，坡道较长，坡度较缓（图5-11）。除此之外，"过去地坑

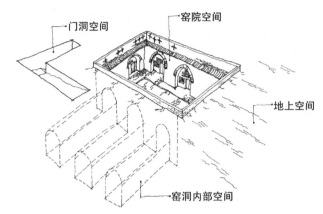

图5-7　地坑窑空间构成

图5-8　窑顶空地

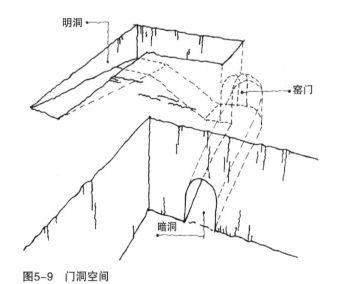

图5-9　门洞空间

_____

[1]　整理自侯王村匠人杜长锁、于保才口述。

窑入口采取什么样的形式，还要请风水先生来看，他一般会考虑窑主人的生辰八字，看什么生辰配什么方向，来决定出入口的形式，当窑主人的命相和大门方向一致时，就采用直入式入口，像之字式入口就有利于'藏气'。"①

窑院空间是室外活动的主要场所，一般会种植低矮树木美化空间。关于种植的讲究有："前梨树，后榆树，当院栽棵石榴树"，因为"梨"与"利"谐音，榆树也被叫做金钱树，象征着财源滚滚。而石榴多籽，寓意子孙兴旺、人丁发达②；"前不栽桑，后不栽柳，院中不栽鬼拍手"，因为"桑"与"丧"同音，"柳"是丧葬用木，"鬼拍手"则指的是杨树，因其枝叶繁茂，风吹而过枝叶沙沙作响，像是鬼在拍手，不仅很吵，而且也很不吉利③；院落较大时不应只种一棵树，因为"木"在"院"中有"困"之意。其他适宜种植的如苹果树，一来树上结果可以食用，二来苹果树需要经常修剪，不会影响窑洞室内采光（图5-12）。其他不适宜种植的有：带刺的树木，避免伤人；大树木，避免树冠遮挡阳光。

窑洞空间功能相对单一，通过相互组合满足窑院内的基本生活需求。其中主窑是人们日常生活起居的主要场所，为了扩大室内空间，通常在两侧窑腿靠窗的部位对称挖掘炕箱和柜箱。炕箱位于火炕一侧，火炕对面摆放桌椅、柜子、水缸等家具、用品，置于柜箱内；窑底还会挖个小龛放置财神爷的神位（图5-13~图5-15）。

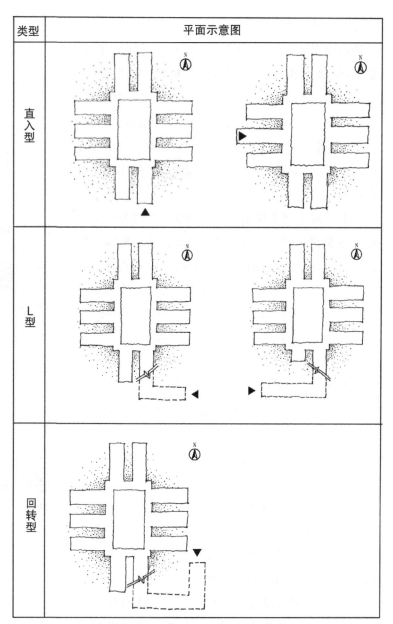

类型	平面示意图
直入型	
L型	
回转型	

图5-10　门洞入口类型

图5-11　L型门洞的明洞与暗洞

---

① 整理自张店村非物质文化遗产传承人王守贤口述。
② 整理自张店村非物质文化遗产传承人王守贤口述。
③ 整理自侯王村匠人杜长锁口述。

东古城村丁守规院苹果树与银杏树　　　　　　　　　东古城村刘天管院苹果树

图5-12　地坑窑院内树木

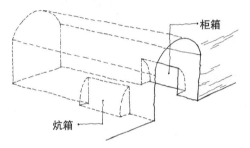

图5-13　炕箱、柜箱空间示意

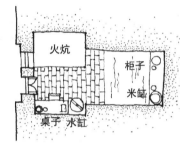

图5-14　窑洞室内平面图

图5-15　东古城村丁守规院窑洞室内空间

三、建筑单体

1. 平面形制

由于每个窑面长度有限，一般仅挖掘2~3孔窑洞，每孔窑洞的平面均为内小外大的梯形。如需更大的内部空间，可以横向并联窑孔形成"套窑"，当地称为"一明一暗"（图5-16a、图5-16b）；也可以在大窑的尽头拐个弯向内挖掘同向小窑洞，形成"拐窑"，或者在大窑的侧面向内挖掘垂直向小窑洞，形成"母子窑"（图5-16c、图5-16d）[1]。

2. 立面构成

当地人把窑洞的立面称为"窑面""崖面"或"马面"，主要由窑脸、窑隔、窑腿、勒脚、门窗、拦马墙、滴水等部分组成（图5-17）。窑脸指窑洞口上部的拱券，通常用草泥抹面或精美砖石砌筑，是窑洞立面装饰及造型上非常重要的一部分，凹进窑面6~10厘米，防止雨水冲刷门窗（图5-18）；窑隔指分隔室内与窑院的墙体；窑腿指两孔窑洞之间的墙体，是主要的承重部分；窑腿下部通常会砌筑勒脚，防止雨水冲刷墙体；门窗安装在窑隔上，一般为一门两窗形式，门在右侧，窗在左侧，上方留一小高窗；拦马墙指围绕窑顶砌筑一周的墙体，主要功能是防止人畜失足跌落，兼具排水、防水功能，同时也是整个窑院中重要的装饰部分；滴水指拦马墙下与窑面相交的部分，是防水的挑檐，当地人形象地将其称为"眼睫毛"。

3. 结构券形

一般来说，地坑窑的拱券形式主要有三种：尖券、圆券和扇面券（图5-19）。尖券是双圆心券，两段圆弧交

---

[1] 整理自张店村非物质文化遗产传承人王守贤口述。

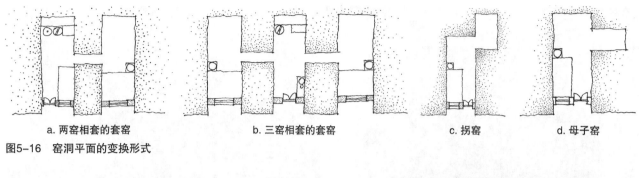

a. 两窑相套的套窑　　b. 三窑相套的套窑　　c. 拐窑　　d. 母子窑

图5-16　窑洞平面的变换形式

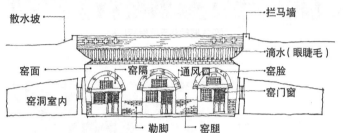

图5-17　地坑窑立面组成

图5-18　砖砌筑的窑脸和草泥抹面的窑脸

	尖券	圆券	扇面券
示意图			
实景图			

图5-19　拱券形式分类

于窑顶，稳定性较强；圆券和扇面券都是单圆心券，只不过圆券的圆心为窑洞两腰线连线的中点，拱券矢高较高，外形美观，但对施工精度要求较高；扇形券的圆心位于腰线连线的中点垂直向下一定距离处，拱券矢高较低，挖土量相对前两种少，但稳定性较差。

4. 空间尺寸

通常情况下，地坑窑窑院为边长12～15米的正方形或者长方形，面积在140～230平方米之间，加上窑孔面积，总占地面积大约在一亩左右。

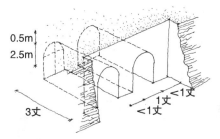

图5-20　地坑窑尺寸示意

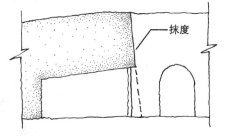

图5-21　抹度

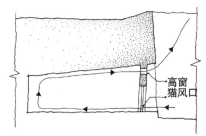

图5-22　窑洞内空气流动示意图

单孔窑洞的尺寸因功能而异，具体可分为一丈零五窑、九五窑、八五窑和七五窑四种类型。一般主窑是九五窑，即高九尺五寸（约3.2米），宽九尺（约3米）；其他窑洞都是八五窑，即高八尺五寸（约2.8米），宽八尺（约2.65米）[1]。窑洞的进深多为3丈，也有3丈5和2丈5的，"一般住人的窑洞进深至少都要2丈5，因为窑洞太浅就放不下东西了。像厕所窑也就是将近2丈"[2]。窑腿宽度一般在1.8～2.5米之间，高度一般为1.6～2米，拱矢高度为1.5～2米，高度较高，确保窑洞的稳定性（图5-20）。

另外，为了防止窑面上方的土壤滑落，确保结构的稳定，窑院底部的尺寸会较窑院地面的尺寸小一圈，每边缩进20～30厘米，当地的匠人把这种下小上大的做法叫做"抹度"（图5-21）。窑洞内部的前中高大于后中高，"大概差个5寸"[3]，剖面形状呈内小外大的喇叭状，再加上窑隔上的高窗、门槛下的猫风孔等风口设计，有利于室内烟气和水蒸气的排出，"冬天室内生炉子有烟，猫风孔能进来风，下面进上面出，这样就不会煤气中毒"[4]（图5-22）。

四、典型案例

1. 张店村王守贤院

王守贤老人是地坑窑营造技艺的传承人，有着三十多年打地坑窑的经验，他家的地坑窑建于清代早期，保存完好。该院占地约1.5亩，窑院长边约10.5米，短边约9.5米，近似方形，深7.6米。院落入口朝北，位于东北角，为直入型。院内共有10孔窑洞，东西两侧各3孔，南北两侧各2孔，西面的主窑、上角窑和北面的东角窑可住人，为典型的西四宅。窑洞起券主要有尖券和圆券两类，窑洞内用白灰抹面，火炕及家具等一应俱全，地面均铺砖，干净整洁。窑面上有滴水和拦马墙，拦马墙高出地面约30厘米，是王守贤匠人于1981年左右新建。院内地面铺不规则砖石，部分为建院时期保存下来的，大部分是院主人后来新铺的。院中心原有梨树一棵，于1985年左右砍掉，现在院心垒有石台种植佛手瓜。窑场上有房屋一间，内部存放农耕工具、杂物等（图5-23～图5-27）。

2. 东古城村丁守规院

丁守规院建于1961年，窑院长边约13米，短边约12米，近似方形，深约7米。入口位于东南角，为常见的L型门洞。院内共计12孔窑洞，东、西、南、北四面各3孔，属典型的东四宅。窑洞起券形状不一，有尖券也有圆券。室内白灰抹面，室内地面前半截铺砖，后半截夯土，火炕、家具一应俱全。目前窑院内仍居住着丁守规兄弟三家，共9口人，最多时窑院内住过18口人（图5-28～图5-31）。

---

① 整理自侯王村匠人杜长锁口述。
② 引自张店村非物质文化遗产传承人王守贤口述。
③ 同上。
④ 引自后滩村匠人朱丙文口述。

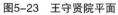

图5-23 王守贤院平面

图5-24 王守贤院全景

图5-25 王守贤院入口空间

图5-26 王守贤院窑洞起券形式

图5-27 王守贤院窑洞空间

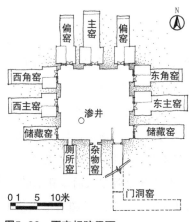

图5-28 丁守规院平面

图5-29 丁守规院全景

图5-30 丁守规院窑洞起券形式

图5-31 丁守规院窑洞室内空间

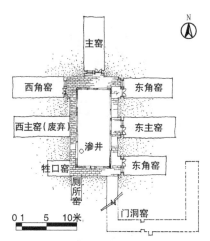

图5-32 牛牡丹院平面

图5-33 牛牡丹院全景

图5-34 牛牡丹院窑院空间

图5-35 牛牡丹院窑洞起券形式

图5-36 朱丙文院平面

3. 沟渠头村牛牡丹院

牛牡丹院建于1979年，耗时4年完成，窑院长边约16米，短边约8米，深约8米（图5-33）。院落入口位于东南角，为回转型坡道。院内共计9孔窑洞，北侧1孔，东西两侧各3孔，南侧2孔，属典型的东四宅。窑洞起券多为圆券，窑面上砌筑有整齐的拦马墙和滴水，南侧窑面由于常年雨水冲刷且年久失修，拦马墙和滴水已经塌落。窑院内没有种植树木，四周铺有整齐的砖看台，窑顶建有一砖瓦房（图5-32～图5-35）。

4. 后滩村朱丙文院

朱丙文院建于1976年，耗时3年完成。窑院长边约14.4米，短边约8.7米，深约6.4米。院落入口位于东南角，为L型门洞，拐弯处挖有一渗水窑。院内有10孔窑，南北两侧各3孔，东西两侧各2孔，属典型的东四宅。窑洞起券有尖券也有圆券，窑面上没有砌筑拦马墙和滴水，但立面整体保存尚好（图5-36～图5-39）。

5. 沟渠头村赵天兴院

赵天兴院建于1972年，耗时6年完成。窑院长边约15.5米，短边约8.6米，深约7.2米。院落入口位于东南角，为回转型坡道，明洞

图5-37 朱丙文院全景

图5-38 朱丙文院窑院空间

图5-39　朱丙文院窑洞起券形式

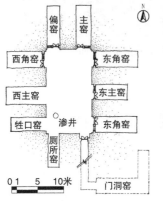

图5-40　赵天兴院平面

图5-41　赵天兴院全景

图5-42　赵天兴院入口明洞

图5-43　赵天兴院糊坯垒砌的窑隔

宽、暗洞窄。院内有10孔窑洞，南北各2孔，东西各3孔，为典型的东四宅。整个地坑窑没有使用砖石，窑隔使用自制的糊坯和泥基。窑洞起券形式有尖券也有圆券，立面没有做拦马墙和滴水，但整体保存完好，这主要得益于崖面中间出现的一圈石头层，它加固了窑洞结构，但也无疑增加了施工的难度，据工匠讲，"当时就用钎子、锤子挖，把中间的石头层捣破，相当费工"[①]（图5-40~图5-43）。

第二节　营造技艺

　　"地坑窑营造技艺"于2006年被山西省人民政府公布为"山西省省级非物质文化遗产"，并于2008年被国务院列入第二批国家级非物质文化遗产名录。平陆县境内很多早期地坑窑，由于年代久远大都塌陷，或被填平代之以砖瓦房，现存窑院大多建于20世纪50~80年代。这里通过现场调研及对参与过地坑窑营造的老工匠进行口述访谈，重点记录并研究该时间段内的地坑窑营造技艺。

一、策划筹备

　　建造地坑窑对于一个家庭来说是非常重要的大事，所以在建造之前主家一般都需要进行精心策划与筹备，主要包括人力、物力、财力三方面的事务。

---

① 引自沟渠头村匠人赵天兴口述。

图5-44　人员组织　　　　　　　　　图5-45　糊坯　　　　　　　　图5-46　制作糊坯

一般情况下，主家需请风水先生帮助选定宅基地，然后邀请一名泥瓦匠或木匠，帮助做拦马墙、眼睫毛等（图5-44）。大多数经济条件一般的家庭甚至不会雇佣工匠，仅依靠乡邻和亲戚的帮助便可完成窑院的营建。

与其他类型的窑洞相比，地坑窑营造的最大特点在于：它无需购买很多建材，只需准备少量木材、砖瓦、白灰即可。木材多用于制作门窗、家具，砖瓦用于垒砌窑隔、墙体、拦马墙、眼睫毛等，白灰则用于窑内墙面的粉刷，经济条件一般的还可用糊坯[1]代替砖块。糊坯形状宽大扁平，长约40厘米，宽约25厘米，厚约7厘米[2]，其制作方法比较简单：用木板做个模子，将麦秸泥[3]放到模子里用石杵夯实，取出晾干即可（图5-45、图5-46）。

营建的主要过程是挖掘，所需工具包括三类：下线桩工具，如木桩、长绳、锤子、镐头、尺子、白灰、木棒等；挖土、运土、压土工具，如尖锹、平锹、锄头、镐头、镢头、耙子、箩筐、扁担、辘轳、长绳、木板、板车、石碡等；砌筑装修工具，如抹子、泥板、瓦刀、泥盆、线坠等（图5-47）。

二、营造流程

地坑窑经过数千年的发展与传承，其营造过程已经演化出一套系统的、复杂的技艺，具体包括如下步骤：选址定坐向；挖坑院、渗井；挖入口坡道、水井；打窑、剔窑、泥窑；修窑脸、窑腿；扎窑隔、安装门窗框；挖炕箱、烟道；砌炕、安装门窗；砌筑滴水、拦马墙；加固窑顶、找排水坡；地面处理、院内绿化。

1. 选址、定坐向、下线桩

首先，由风水先生依据阴阳八卦与风水理论，结合地形和窑主人命相，用罗盘确定窑院的位置与朝向，其中朝向讲究"没有一个是正南正北的，都是偏左偏右3°～5°"[4]。位置确定后，窑主人会对地面上多余的砖瓦、柴草、石头等进行清理，并将其晾晒一段时间，防止挖掘时土壤太潮造成土体坍塌。

然后，由工匠依据宅基地位置、朝向、大小，以及窑主人家庭人口数量，确定窑院边界，其中边界讲究主窑一侧比下主窑一侧长出一尺左右，寓意聚气、敛财、富贵。[5]边界确定后，在其四个角点钉入木桩，用白绳贴着地面依次连接四个木桩，沿着白绳边走边用木棒敲打盛着石灰粉的铁锹，撒下石灰作为标记（图5-48、图5-49）。[6]

---

① 坯（jì），坚硬的土或土质坚硬。
② 整理自张店村非物质文化遗产传承人王守贤口述。
③ 麦秸泥由绞碎的麦秸秆和黄土拌在一起，再加适量的水搅拌均匀而成。
④ 引自侯王村匠人杜长锁口述。
⑤ 张晓娟. 豫西地坑窑居营造技术研究[D]. 郑州大学，2011：37.
⑥ 整理自侯王村匠人杜长锁口述。

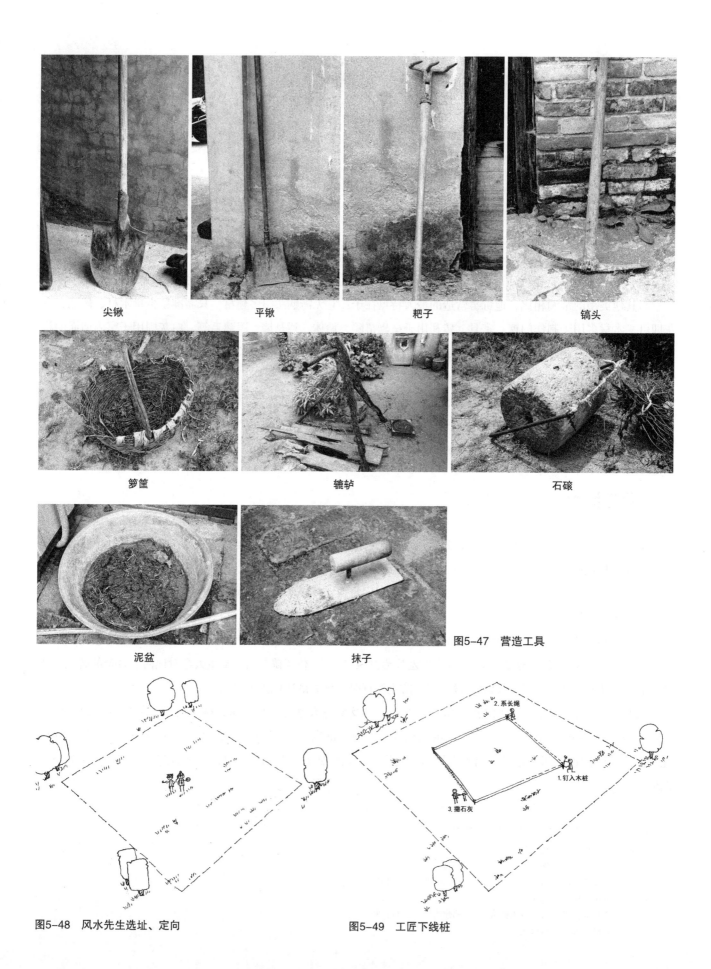

尖锹　　　　　　平锹　　　　　　耙子　　　　　　镐头

箩筐　　　　　　辘轳　　　　　　石磙

图5-47　营造工具

泥盆　　　　　　抹子

图5-48　风水先生选址、定向　　　　　图5-49　工匠下线桩

以东四宅12孔窑为例，其窑院边界的确定过程为：连接方形宅基地的对角线，确定中心点O及x轴、y轴坐标系；假设坐向偏移角度为a（一般取3°~5°），则中心点不变，新的坐标系为x'轴和y'轴；根据窑主人家的人口数量，在宅基地内确定窑院每边的大致长度d（多为12~15米）；由中线点O沿x'轴、y'轴各偏移d/2距离，确定四个点A、B、C、D，并通过A、B、C、D四点分别做x'轴、y'轴的平行线，交于E、F、G、H四点；将G、H两点分别向内移动15厘米左右，得到点G'、H'，EFG'H'即为窑院边界（图5-50）。

2.挖坑院、渗井

挖坑院之前，需由风水先生确定吉日并举行祈祷仪式和动工仪式。吉日"一般选头宿那一天，头宿就是甲子日，十天干和十二地支，两个碰到一起称为甲子日，一年里面有六个头宿，每两个月才能碰上一个。"[①]祈祷仪式为：窑主人在宅基地中央摆放一条长凳，上置贡品，窑主人上三炷香，双膝跪地口中念祈祷词，祈求土地神保佑（图5-51）。祈祷完毕，窑主人选择吉时，象征性地在宅基地中央挖一锹土，代表破土，然后在四角和中央各挖三锹土，代表正式动工。四角的挖土点通常选择石灰线交点向内偏移30厘米，留出足够距离以修正后期挖掘时产生的误差（图5-52）。

仪式完成后，窑主人就可以邀请亲戚和邻居一起来帮忙挖坑院了。挖坑院是整个营造过程中工程量最大的一个环节。"挖坑院一个人上上下下来回要跑100多次，院子大小不一样，出土量也不一样，12孔比7孔差不多要多一倍了，一般36担72筐

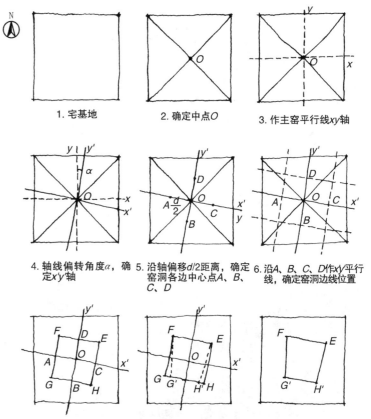

1.宅基地　　2.确定中点O　　3.作主窑平行线xy轴

4.轴线偏转角度α，确定x'y'轴　　5.沿轴偏移d/2距离，确定窑洞各边中心点A、B、C、D　　6.沿A、B、C、D作xy平行线，确定窑洞边线位置

7.确定窑洞边四角E、F、G、H　　8.调整四边形，主窑对面边长缩短，得G'、H'两点　　9.确定地坑院位置EFG'H'

图5-50　窑院边界的确定方法

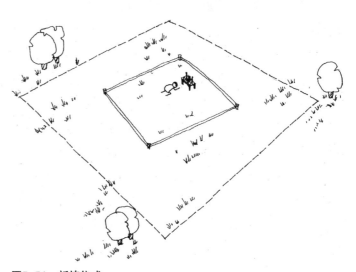

图5-51　祈祷仪式

---

① 引自侯王村匠人杜长锁口述。

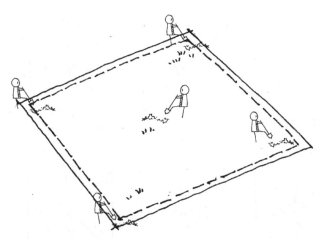

图5-52　动工仪式

图5-53　马腿

图5-54　辘轳

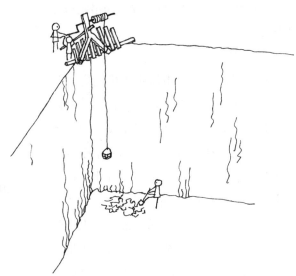

图5-55　深土层挖掘示意

就差不多有一方土，这样大体就能计算挖了多少土。"①参与挖掘的人数不固定，"十个人可以，八个人可以，三个人、五个人也可以"②，一般"七八个人四五天就可以把坑院挖完"③。挖的过程可以分为两个阶段：

一是浅挖。地下2.5米以内为浅土层，土壤比较疏松，可以使用铁锹、镐头、镢头来挖掘。挖出的土可直接扬到地面上。为了方便人员上下及运送挖出来的土壤，一般会在坑中留一条坡道，在当地称其为"马腿"（图5-53）。

二是深挖。地下2.5米以下的部分为深土层，土质更为密实坚硬，挖起来较费力，因此要利用更加锋利的工具来挖掘，如镢头、尖镐、铁锹等。由于与地面高差过大，挖出来的土很难再直接扬到地面上，所以不管是施工人员还是挖出来的泥土都需要借助辘轳、箩筐、扁担等工具出入坑院（图5-54、图5-55）。

---

① 引自侯王村匠人杜长锁口述。
② 引自侯王村匠人杜长锁口述。
③ 整理自沟渠头村匠人赵天兴口述。

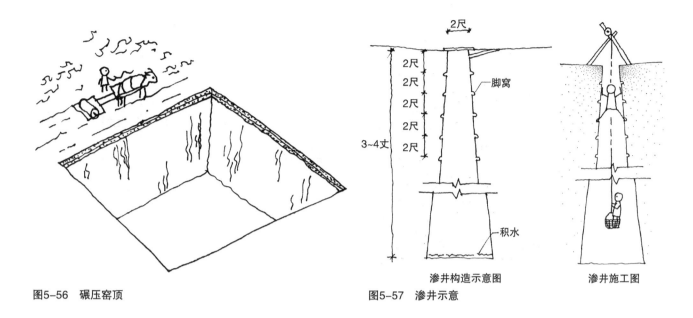

图5-56　碾压窑顶　　　　　　　　　　　　　　图5-57　渗井示意

不论是浅土层还是深土层，挖掘的过程都需要时刻注意控制窑面的坡度以保持土层的稳定性，做出"抹度"。运到地面上的土，要随时用石磙压平（图5-56）。"一般情况下每铺30厘米厚，就要架上牲口用石磙碾一遍，再填30厘米再压一遍，一直到把这个院打好……差不多要填起来一米多。"[1]这在一定程度上减少了向下挖的深度，降低了工程量。

坑院挖完后，需要晾晒才能继续施工。为防止晾晒和施工期间雨水在窑院内积存，需提前在院内挖渗井及水道组织排水。只要有渗井在，就无需担心窑院内有积水。据匠人讲述："渗井不满暴雨就停了，几十年了都没满过。"[2]以东四宅为例，渗井一般位于窑院的西南角，整体呈倒扣的喇叭形，上面口径约2尺左右，下面口径约6尺左右，深度为3～4丈。渗井口附近留有一条水道，将院内的雨水引入井内，井口用盖子盖住，以免小孩、牲畜掉入井中。挖掘渗井时，井内靠上的部分（一丈以内）比较狭窄，匠人基本依靠脚窝[3]上下；一丈深之后，由于井口变宽，人腿无法横跨在脚窝上，只能依靠辘轳上下[4]，挖出来的土则全部由辘轳运上来（图5-57）。

3. 挖入口坡道、水井

为了方便人们进出窑院进一步施工，一般会在开始挖窑洞之前，先将入口挖好。主窑一般都在西面和北面，所以入口窑洞大多位于东南角和东北角两处采光较差的位置。

以最常见的L型和回转型门洞为例，具体挖掘方法为：首先在地面上用白灰放线，大致标记坡道的位置；然后由坡道的两端同时挖，一组人在地面上向下挖明洞，一组人在窑院内向上挖暗洞，最后在转角处汇合（图5-58）。挖的时候要随时根据匠人的经验和目测放线的位置调整挖掘的方向，实现明洞和暗洞的准确对接。因此整个施工过程中，一般会预留出调整空间，即明洞的尺寸会比画线的尺寸小半尺左右[5]。

为了方便施工用水和日后家庭饮水，经济条件较好的人家会在挖好入口坡道后，在窑院内挖一口水井。水井

① 引自侯王村匠人杜长锁口述。
② 引自沟渠头村赵天兴口述。
③ 在渗井井壁两侧向内挖人脚能够踩牢的小窝，竖直方向上每个脚窝距离大约二尺。
④ 整理自张店村非物质文化遗产传承人王守贤口述。
⑤ 王徽、杜启明著. 窑洞地坑窑营造技艺. 安徽科学技术出版社，2013：57.

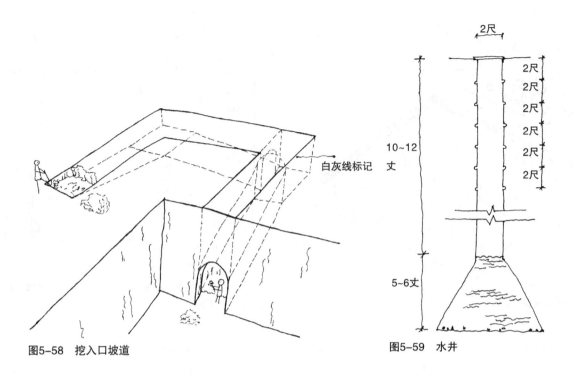

图5-58　挖入口坡道　　　　　　　　　　图5-59　水井

挖掘深度较深，一般从窑院地面到井底约为15~18丈，其中水深大约5或6丈[①]。挖水井的具体操作方法与渗井相似，差别之处在于：水井是从见水处才开始扩大空间，挖成倒喇叭状，未见水的部分都是垂直的（图5-59）。水井一般位于东四宅的东南角。过去院内有水井的人家并不是很多，以平陆县张店村为例，20世纪六七十年代时，村内有200左右个地坑窑，有水井的地坑窑仅有40~50个，那时村内没有公共的水井供水，大部分人家都是到有水井的邻居家挑水喝[②]。

4. 打窑、剔窑和泥窑

入口门洞挖好后就可以打窑了，即在窑面向内挖。打窑之前，要根据窑主人的意愿来确定每个窑面挖几孔窑，再根据窑洞和窑腿的尺寸来确定每孔窑洞的具体位置，用镢头在窑面上画好形状。打窑时，要预留出一定的尺寸，一般每边预留一尺左右，以便于后期券形的调整。打窑的顺序也十分关键，最重要的一条原则是，不能同时在一个窑面上挖几孔窑洞。这是由于土壤湿度大，稳定性不足，如果同时在一个窑面上挖多孔窑，窑腿不能同时承载两边窑洞的压力，最终会导致窑洞坍塌。以东四宅为例，一般的挖掘顺序为：上主窑（北）——下主窑（南）——东角窑——西角窑——上偏窑——下偏窑——牲口窑——厕所窑（图5-60）。

窑洞挖完之后，内壁难免会有凹凸不平，这个时候就需要剔窑和泥窑。剔窑通常请有经验的匠人，由内壁窑顶开始，用耙子从上到下对窑洞的券形进行调整，剔出完美的窑形并将其内表面修理整齐、平实。

窑剔好后一般要晾1~2年，待完全干燥才能开始泥窑。泥窑时泥土里面掺杂麦秸等物，主要起拉结作用，防止干燥后裂缝。泥窑的工序为：第一层为麦秸泥找平层，填补内壁的坑坑洼洼，厚约一指（约1~2厘米）；第二层为麦秆泥黏结层，较第一层要薄且更加平整，厚约半指（1厘米左右）；第三层为麦壳泥面层，平整光滑（图5-61）。需要注意的是，一层泥晾干后才可抹下一层泥。由于第一层泥较厚，晾晒的时间较长，一般2~3个

---

① 整理自张店村非物质文化遗产传承人王守贤口述。

② 整理自张店村非物质文化遗产传承人王守贤口述。

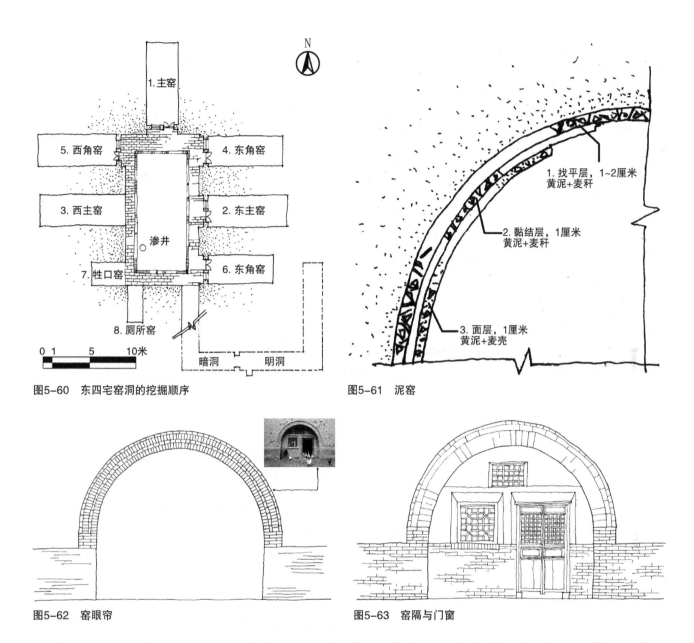

图5-60　东四宅窑洞的挖掘顺序

图5-61　泥窑

图5-62　窑眼帘

图5-63　窑隔与门窗

月；第二、三层较薄，晾半个月左右就可以了。经济条件一般的人家，泥窑的时候只泥两层。20世纪80年代之后，部分人家还会在第三层外涂上涂料来保护墙面①。

5. 砌筑窑脸和窑隔、安装门窗框

打完窑晾干后，便可进一步修整立面，分隔室内外空间。普通人家多是将窑腿、窑脸用草泥抹平，经济条件富足的人家多用砖来贴面，当地俗称"窑眼帘"（图5-62）。"窑眼帘"砌筑完成后，便可砌筑窑隔与安装门窗框（图5-63）。窑隔一般用砖或糊墼砌筑，较窑脸向室内收进约30～50厘米，以防飘雨溅湿门窗②。不同材质的窑隔砌筑流程大致相同，只是用糊墼垒砌的窑隔表面还需用泥找平，以达到保温和美观的目的。但无论哪种材质的窑隔，砌筑时均需同步安装门窗框。

① 整理自后滩村匠人朱丙文口述。
② 整理自沟渠头村匠人赵天兴口述。

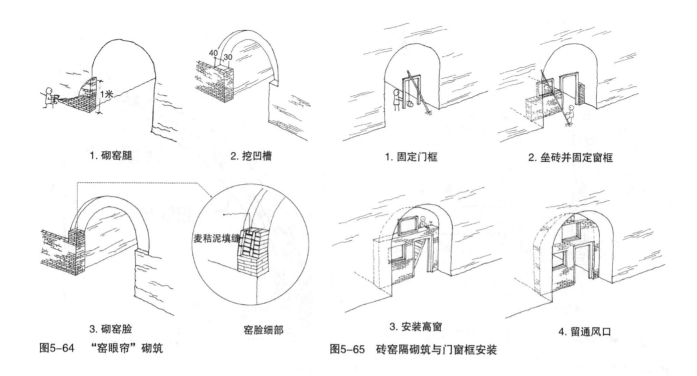

1. 砌窑腿　　　2. 挖凹槽　　　1. 固定门框　　　2. 垒砖并固定窗框

3. 砌窑脸　　　窑脸细部　　　3. 安装高窗　　　4. 留通风口

图5-64　"窑眼帘"砌筑　　　　　图5-65　砖窑隔砌筑与门窗框安装

"窑眼帘"的砌筑方法为①：

第一步，砌筑窑腿。在窑腿正面及侧面30厘米宽的部位，用顺砖错缝的方式砌筑一层砖，高约1米，然后在窑腿两端40厘米宽的拐角处，用一顺一丁的方式继续向上砌筑砖垛，高至拱券起券部位。

第二步，挖凹槽。在窑洞腰线部位以上，沿着窑脸形状向内挖30厘米深、40厘米宽的凹槽。

第三步，砌筑窑脸。待凹槽晾干后，将砖的长边与窑面垂直，通过麦秸泥找坡起券，最终在窑顶封口。起券砖总共四圈，由内向外横竖交替摆放，其中靠内的三圈砖抵至槽底，较最外圈砖与窑腿砖面内凹4~6厘米（图5-64）。

砖窑隔的砌筑方法为②：

第一步，固定门框。将门框放到指定位置，用一木杆抵住门框，木杆顶端系绳挂重物垂至门框另一侧。

第二步，用砖将门框两侧垒满，垒至1米高左右，在门框左侧中间位置放置窗框，同样原理将窗框固定，窗框两侧用砖垒满。

第三步，待砖垒至门框和窗框上沿时，撤掉支承的木杆，继续向上垒2皮砖，在中间位置架上小高窗框，小高窗框两侧用砖垒满。

第四步，在小高窗正上方留出10厘米见方的洞，用作通风，其余处用砖继续填砌完毕（图5-65）。

6. 挖炕箱、砌炕、安装门窗

窗框安装完以后，可以开始砌炕了。也有的人家选择先砌炕再立窑隔等，这主要是考虑到砌炕的时候会产生很多灰尘，留有洞口便于通风。

---

① 整理自张店村非物质文化遗产传承人王守贤口述。
② 整理自侯王村匠人杜长锁口述。

砌炕之前，先要挖炕箱与烟道（图5-66）。炕箱为下大上小的弧形空间，上部收于窑洞内壁腰线处，下部最宽约1～2尺（过深会影响窑洞的结构稳定性），长度跟炕一样，"炕大了就长一点，一般得有个7尺"[1]。

烟道一般位于火炕靠门窗一侧，距窑面1尺左右，孔径10～15厘米，上下垂直，下端连接火炕，上端连接地面，地面以上再用黄土或砖砌筑烟囱保护烟道，也可将其抹平，雨天用碗盆盖住防水。挖烟道的主要工具为锉铲、厚木板和圆木：锉铲即为洛阳铲，铲身呈半圆形状，中空；厚木板宽约半尺，长约3尺。挖的时候，用圆木垫木板，锉铲固定在木板上，铲头朝上，工匠站在炕箱内，用脚踩压木板一端，利用杠杆原理使另一端的锉铲向上捣挖，反复踩压直至打通到地面为止（图5-67）[2]。捣挖过程中，工匠一般需要佩戴草帽或者护目镜，防止黄土溅到脸上及眼中。

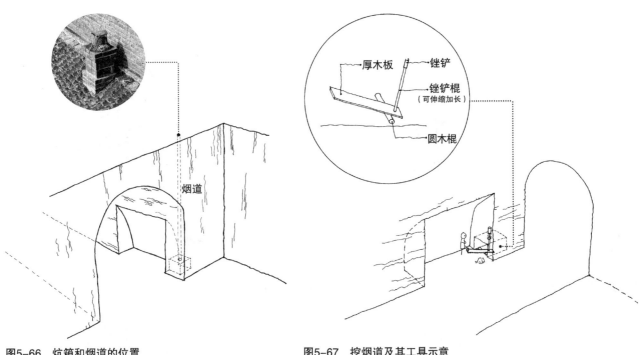

图5-66　炕箱和烟道的位置　　　　　　　　图5-67　挖烟道及其工具示意

火炕多是盘在炕箱里，一般为四六炕，即4尺宽、6尺长，其尺寸可根据家庭人口数进行调整。按照泥基的数量，火炕可分为八四泥基和六二泥基，八四泥基指的是长边8个泥基，短边4个泥基，六二泥基即长边6个泥基，短边2个泥基[3]。泥基是一种尺寸较大的土坯砖，类似于糊坯，它是通过特定的模具（当地人叫做"木石夹夹"）捣实压平晾干后制作而成。泥基的尺寸不定，多为1.2米长，0.8米宽，8厘米厚，也有的为边长1米的正方形。以六二泥基的火炕为例，其具体砌筑过程为：

第一步，确定火炕的边界及每块泥基的位置和大小（图5-68）；

第二步，在泥基交接处，用糊坯垒成高约2尺的炕腿（近10块糊坯高），黄泥黏结（图5-69）；

第三步，将泥基摆放到炕腿上，用泥将泥基表面抹平（图5-70）；

---

① 引自张店村非物质文化遗产传承人王守贤口述。

② 整理自张店村非物质文化遗产传承人王守贤口述。

③ 整理自侯王村匠人于保才口述。

第四步，用糊坩将火炕四周垒满，留出灶台口，生火将黏结的泥烘干（图5-71）[1]。

火炕垒完后，整个地坑窑营造过程中的动土活动基本完成，接下来就可以安装门窗了。门窗大都是窑主人自己加工，少数有钱人家会买制作好的。窑洞的屋门通常有内外门之分（图5-72），内门内开，外门外开。内门也叫老门，多为实木门；外门也叫风门，上部有隔心，下部为实木板，主要用于通风采光[2]。现存的窑洞中同时保留老门与风门的较为少见，住人的窑洞多保留向内开的老门，牲口窑、厕所窑等多保留向外开的风门。

风门样式较为复杂，门宽约3尺（不含门框宽度），高多为6尺，双开扇形式，从上到下依次为门脑、门边、门篆、挡头、窗棂、撑子、装板、门槛、门墩等（图5-73）。其中门脑宽7寸或8寸，门边宽4寸到6寸，当地俗称为"穷边富脑"；门篆是门轴最上面与门框连接的地方；上下挡头之间通过门轴连接；窗棂内侧一般会糊上纸，让光透进来以增加屋里的亮度；有的装板中间用撑子分开，数量左右对称[3]。风门夏天一般不用，冬天才安装上，目的是挡住外面的冷风。

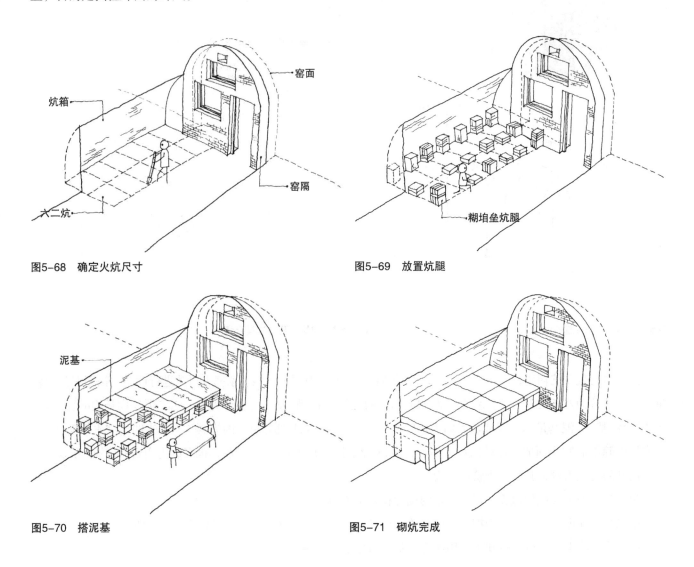

图5-68 确定火炕尺寸

图5-69 放置炕腿

图5-70 搭泥基

图5-71 砌炕完成

---

① 整理自匠人杜长锁、王守贤、于保才、赵天兴、朱丙文口述。
② 整理自后滩村匠人朱丙文口述。
③ 整理自侯王村匠人杜长锁口述。

7. 砌筑滴水、拦马墙

砌不砌筑滴水和拦马墙，完全由窑主人的经济情况决定。20世纪50年代，经济条件普遍十分落后，当地的地坑窑基本都没有拦马墙；到了七八十年代，考虑到安全因素，普通人家开始用糊坯垒砌拦马墙，经济条件富足的人家开始用砖砌拦马墙，并在檐口处做滴水（图5-74）。

一般而言，先砌滴水，再砌拦马墙。滴水出挑窑面至少1尺，这样才能起到疏导雨水、防止飘雨溅湿窑面的作用。"出挑的砖一般都是5层，最少是3层，做单数的比较多。"[1]以5层砖的做法为例，具体的砌筑步骤为[2]：

第一步，挖凹槽。人站在窑顶，沿着窑院四周挖出宽2尺、深3~4尺的凹槽。挖完后，平整凹槽面，用重物夯实，然后在窑院内搭脚手架或梯子，进行下一步操作。

第二步，铺拔砖。匠人站在架子

图5-72　内外门

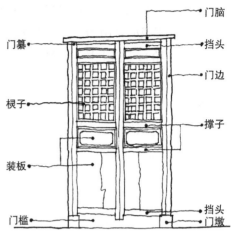

图5-73　风门各部分名称

图5-74　砖瓦砌筑的滴水及拦马墙

上，在凹槽底部铺满砖，砖与砖之间用白灰黏结，并保证最外侧砖出挑窑面4~6厘米，上方用大块糊坯压住出挑砖的后半部，糊坯与砖之间用1~2厘米的麦秸泥黏结。

第三步，铺狗牙砖。将砖斜放，出挑下层拔砖6~8厘米，出挑砖的后半部上压糊坯，砖与砖之间用白灰粘结，砖与糊坯之间用麦秸泥粘结。

第四步，铺跑砖。操作同第二步，出挑狗牙砖6~8厘米，出挑端对齐，上压糊坯。

第五步，铺花砖。与下层跑砖齐平，并每间隔一块砖出挑4~6厘米，出挑砖后半部上压糊坯，砖与砖用白灰黏结，砖与糊坯依然用麦秸泥黏结。

第六步，再铺跑砖。出挑端对齐，出挑下层砖4~6厘米，后半部上压糊坯。

第七步，垒糊坯。铺完砖后，在最上层糊坯上继续垒糊坯，每块后退6寸左右，一般垒3~5层，一直垒砌到离凹槽内壁2块糊坯宽度为止，留作砌筑拦马墙。

① 引自侯王村匠人杜长锁口述。
② 整理自匠人杜长锁、王守贤、于保才、杜福茂口述。

第八步，找坡挂瓦。将糊垍之间的缝隙用黄土填满并夯实，形成6°～10°的缓坡，坡长约2～3尺。基本找平后，开始自下而上挂瓦，第一片瓦出挑2～3寸，之后逐层叠放，层数宜单不宜双，五、七、九层均可，多为九层。

第九步，盖轱辘瓦。挂完瓦后，在瓦顶结束处垒两层糊垍，将轱辘瓦斜搭在最上层糊垍和瓦顶上，遮盖糊垍与挂瓦之间的缝隙，滴水制作完成。

第十步，垒拦马墙。拦马墙位于最顶层糊垍之上，可用糊垍或砖垒砌，也可用夯土墙。砖砌拦马墙多为二四墙，高出地面2～4尺，砖与砖之间用白灰黏结，砖与凹槽内立面、糊垍之间用麦秸泥黏结；地面以上的部分继续用砖砌筑，主窑图案多为象征吉祥康瑞的文字或图案，如"寿"字、"一"字，以显示窑主人的地位，其他窑面拦马墙摆砌的方式有一顺一丁、多顺一丁、全顺式以及十字花式（图5-75）。

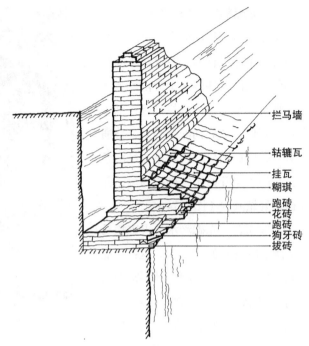

图5-75　滴水及拦马墙构造示意

8. 碾压窑顶

由于黄土较为松散，且渗水性强，久而久之窑洞结构的稳定性会受到影响，所以窑顶的日常维护和排水防水工作十分重要。一般维护工作主要是通过碾压实现的，每年会压很多次，"一般来说，正月、二月开春以后，下一次雨就要碾压一回。秋收收了麦子以后要在窑顶打场，这时候窑顶会被扫得光光的"[1]。将扬出麦子后剩的麦皮、麦末和麦秆平铺在窑顶上，用石碌碾压，这样既可以晒麦子，又能压窑顶，一举两得。窑顶忌种植物，尤其是大树，因为树根会扎到黄土深处，严重降低黄土的承重能力，继而引起塌窑等。

9. 地面处理

室内地面有夯土和铺砖两种形式。铺砖要先找平，然后铺1～2厘米厚度细土，细土上再铺二四砖，由内向外铺砌，经济条件一般的人家并不满铺，只铺室内靠近门口的前半截[2]。

窑院地面应低于室内地面，这是为了防止院内雨水倒灌，高差"一般不低于8厘米，不高于20厘米，就是8到15厘米左右"[3]。也有少数特例，主要是出于保暖保温的考虑（图5-76）[4]。窑院地面中心多为夯土，即直接将黄土地面找平并夯实，上撒灰土防潮，并做1%～2%的坡度坡向渗井。沿着窑院四周可铺砖硬化，当地俗称"砖看台"（图5-77、图5-78）。砖看台宽1.5米至2米不等，且高出院心，自墙边到院落中心形成3%～5%的缓坡，便于排水。室外地面处理完成后可在院内种植植物。

---

① 引自前滩村匠人刘随玉口述。
② 整理自张店村非物质文化遗产传承人王守贤口述。
③ 引自张店村非物质文化遗产传承人王守贤口述。
④ 整理自匠人杜长锁、朱丙文口述。

图中标注：拦马墙　轱辘瓦　挂瓦　糊琪　跑砖　花砖　跑砖　狗牙砖　拔砖

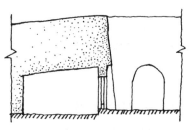

窑洞内低于窑洞外

图5-76　窑内外地面高差

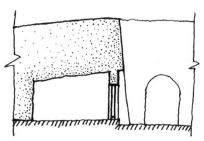

窑洞内高于窑洞外

图5-77　窑院内砖看台

总而言之，地坑窑的整个营造过程中，不论是哪个环节，都必须遵循一条准则，那就是不能操之过急。任何流程都需要根据土壤的干湿情况来判断是否继续施工。如果黄土过于潮湿，必须经过长时间的晾晒才能继续下一个流程，否则会由于强度过低而坍塌。另一方面，土壤过干又会增加开挖的难度。因此，在整个挖窑院的过程中，挖掘和晾晒是需要经常反复的两个重要步骤。

图5-78　窑院夯土地面与砖看台

第三节　工匠口述

1. 平陆县张店镇侯王村杜长锁访谈

工匠基本信息（图5-79）

年龄：64

访谈时间：2016年8月5日

图5-79　侯王村匠人杜长锁

基本情况

问：您是什么时候开始挖窑洞的？

答：（20世纪）六几年就开始挖了，西面的这个四合院就是他们（长辈们）在六几年挖的，那个时候我十多岁，他们（长辈们）挖我就看，后来大一点儿了自己还参与这种工作。

问：您跟谁学过吗？

答：没跟人学过，大人挖小孩就跟上干。这不需要拜师傅，是出力的土工活，用镐头刨，把下面那个土往上挑，就是那样的。不过这个地方挖窑洞也不是随便挖就行。农村受传统文化影响，人们基本上要找风水先生看一看，确定窑洞的方向。像中国的传统住宅都不是正南正北的，只有庙宇、县府、衙门才是正南正北的。

问：为什么不能正南正北？

答：这些都是古人传下来的。咱们这儿的地窨院，没有一个是正南正北的，都是偏左或者偏右3°~5°。地窨院的朝向主要分两种：一种叫东四宅，一种叫西四宅。东四宅是以北为主，也就是北面做主窑，两边就叫偏窑，以西为主叫西四宅。朝向不同，走的洞（门）也不一样，以北为主的话就走巽字，也就是门洞位于东南角。八卦里一般讲东方为震，震为木，巽也为木；北方为水，一水浇二木，二木成林，所以走这个洞。以西为主，西为兑金，走的洞就在艮方，也就是东北方向。

根据《阳宅三要》上面讲的，八八六十四种，八八六十四卦，八八六十四门，八八六十四兆，哪一个方向都可以作为主窑，但是咱们这个地方普遍都是以北和以西为主。因为咱们国家位于北回归线以北，考虑到采光，所以就以北为主，再者受大陆性气候的影响，夏季爱刮东南风，冬季爱刮西北风，所以选择以北方为主。如果在赤道以南那就不一样了。古人是很聪明的，根据多年的经验，总结出这一套。

挖地窨院比较省工、省料，不花什么钱。（20世纪）60年代都比较困难，所以都打这个地窨院。但是挖地窨院比较费工，一般建一处院子没有三年是挖不成的。首先把这个大坑挖好，等一年（晾干），土层都比较干燥了；第二年才开始打窑洞，先挖主窑，最后再打四面角上的窑；第三年把里面再泥一泥，修整一下，才能住进去。

问：在村里建窑，对地形还有土质有什么要求呢？
答：咱们这儿的土里面有一种料脚石，它夹在里面，土干了以后比较坚硬。用咱们老百姓俗话说那就是有骨头有肉，跟混凝土似的。建窑的时候首先要解决排水问题，最起码外来的水不能进到这个地窨院里面去。

问：现在村里没有打地坑院的了吗？
答：没有了，地窨院只能越来越少。

问：村里地上的建筑是什么时候开始建的？
答：我们小的时候，也就是（20世纪）60年代、70年代初期，这个村一间房子都没有，你来到这个村就找不见人，都住在地窨院里。到80年代以后，像我们这代人都成家了，人们就开始到上面来建瓦房了。也就是从我们这一代开始村子大变样了，在我们以前这个村就没有房子。

问：过去挖新的地窨院，一般是在什么季节？
答：一般都在冬季农活闲了以后就开始挖，因为夏季的话忙于农活，冬春两季，有时间了就挖。

问：窑洞里面跟外面的温差能有多大？
答：窑洞里面冬暖夏凉。我们小的时候在里面住，冬天都没有生过炉子，很暖和。有些家庭条件比较好一点的里面生个炉子，家庭差一点的就不生炉子，在里面就过冬了。夏天外面很热，里面是凉的，温差差不少。你在里面睡觉，中午还得盖被子，不然就感冒了。

问：村里的窑洞大多在什么时候建的？
答：最早的窑洞我也不知道是什么时候建的，听老年人讲是明朝建的，离现在有四五百年了。现在还有一处，就是刚过209国道那边那个，里面还住一个老头。像咱们所在的这个窑洞，就是（20世纪）五六十年代建的，这些都算新的，已经几十年了。现在剩下的没几个了，一共还剩七八个，原来几十个呢，去年还填了一个。大前年（2013年）把好多都毁了。

问：相对靠崖窑和锢窑，地坑窑有什么特点？
答：那种窑洞（靠崖窑、锢窑）围墙低，不安全。这个地窨院的话，把大门一关生人就进不来；再一个，这院子里有水井、厕所这一整套，一两个月在里面不出来都没事，里面完全可以生活。

问：村里的地窨院有半地上或者平地的吗？
答：全是地下的，没有半地上的。我参与挖的地窨院，全部都是由平地往下挖。

问：挖地窨院的整个过程都有哪些人参与？
答：挖地窨院那是个出力的活，不需要请工匠，用搞头把土刨出来就行。过去没有机械工具，就靠肩往上挑。沿着马腿一拐一拐往上挑。（20世纪）60年代生活比较困难，大部分人家都是请村里人帮忙。都是你帮帮我，我帮帮你，你给我干五天，我给你干五天。到最后就找一些打工的，挖一方土给多少钱。

问：如果找工人的话，会和他们签合同吗？还是口头上说？
答：都是口头上说，你给我干一天我给你付多少钱，那时候没有合同，或者找一个中间人在中间说一下，一方土多少钱，挖完以后多少钱。

问：地窨院多久修一次？
答：这个没有固定的时间，有的时候十年八年修理一次。

问：您觉得地窨院里最常出现的问题是什么？
答：我打小就住在地窨院里面，生活上我觉得没有啥问题，住得挺好的。尤其是冬天，咱们这个地方太冷了，在地窨院里面没感觉到冷。我在地窨院里面住了二十多年，在地窨院里面住从来没有冻过脚，也没有冻过耳朵、手啦，但是住到瓦房里面以后，每年都冻脚。不过要说窑洞缺点是什么呢，就是潮。除了那以外，再没有缺点，尤其里面没有噪声，外面再热闹，住到里面都比较安静，外面那风刮得呜呜，树枝吱吱吱响，但是里面没有声音。

问：您觉得出入方便吗？

答：出入当然不方便，每天你至少得上下十多次，早晨起来1次，上工1次，吃完饭回去又是1次，一天最起码要跑七八个来回，不过我觉得就当是锻炼了。

问：一个窑院里一般住几家人？

答：一般一个院里面就住一家人，也就是四五口人。不过（20世纪）五几年的时候，人比较多，生活比较困难，像大一点的院子，里面有住两家人的，还有住三家人的，那时候叫社会主义大院。最多的时候一个院里能住20多人，那个大院子有多少窑呢？就是12孔窑，一边有三孔窑，4边是12孔窑，20多个人能住四五个窑洞，剩下那几个窑洞放生产工具，或者喂牲口，因为牲口还要吃草，所以里面还有一孔窑专门放草料叫草窑。

问：厕所窑怎么处理？

答：厕所窑一般处理很简单，里面挖个厕所，硬化一下，然后弄个粪坑，间隔一两个月把里面的大粪挑到地面上去就行。

问：下大雪窑院里的积雪怎么办？

答：窑院里的雪给它堆到中间它就化了，下雪的话住窑洞里面最好了，空气清新。

问：挖窑洞的时候，一个人一天能挑多少筐土？怎么计算工钱？

答：院子大小不一样，出土多少也不一样，7孔窑洞的窑院土就出的很少，12孔窑出的土就多。一个人一天来回上下要跑100多次，36担72筐算一方土，那时候1方土大概就是八九块钱，不过那时候人民币比现在值钱，猪肉才七八毛钱一斤，麦子是1毛3分5一斤，玉米是9分9一斤，机器烧的那个柴油，一斤是8分钱。

问：打地窨院的工具您家还有吗？

答：没有啦！四十多年都不打地窨院了。现在没人住那个了，那个地坑院打起来很费力，几年才能打完住到里面，不过打地坑窑主要是由当时的经济情况决定的，挖窑当时不花钱，自己就能干，现在的瓦房你要说不花钱自己干那就不行。

营造流程
• 挖窑院

问：新建的地窨院对选址和布局有什么讲究？

答：一般都是到外村请风水先生来看一下。首先要看一下山势，像我们村大部分都是东四宅，北面有个四州山，因为上面能看到四州八向，所以给它叫四州山，地窨院主要靠这个山势。

问：建院的时候宅基地大小怎么确定？

答：村里面给批。宅基地一般根据窑洞的孔数来确定，如果打7孔窑，面积就可以小一点，有的是10孔，还有9孔、12孔的，这些院子就要适当大一些。一般算上窑院和窑洞，一共面积差不多一亩半到两亩，像老的院子里头，有占地三亩到四亩的。

问：窑洞的数量有没有奇数和偶数的讲究？

答：我记得一般都是单数，但是像10孔和12孔的也很多。这个10孔窑一般是两边对称挖3孔窑，剩下两边对称地一面挖两孔，一共是10孔；如果是12孔的话，那就每一边都挖3孔窑。

问：这个地是花钱买还是用自己的耕地去换？

答：写个申请，说明你家需要地了，通过县里面的土地局来批，生产队里面给你盘一个基地就行了。原来（20世纪）60年代收的钱很少，花不了多少钱，现在收的钱就多了。

问：动工会有动工仪式吗？

答：就跟咱们现在搞大型建筑奠基一样，也有一个小仪式。要放鞭炮还要向土地爷献酒，要端个盘子上面放点献贡。主家敬酒的时候要说些吉利的话，大意就是我要在这个地方建造了，你高抬贵手，不要和我一样（不要跟我一般见识）。鞭炮放完，第一锨挖下去就算破土开工了。

问：挖地坑院的日子会选哪一天？

答：一般选头宿，头宿就是甲子日。甲子日就是要十天干和十二地支排列组合碰出来，甲乙丙丁午己庚辛壬癸这十个字，还有子鼠丑牛寅虎卯兔前面12个字，它们进行排列组合，每隔60天就会出现甲子。

问：日子也是由风水先生来算？

答：一般都是这样，因为其他人不知道今天是什么日子，究竟今天是黑道日、黄道日，是不是头宿。风水先生拿着老皇历一看，哪天是头宿，是黄道吉日就可以动工了。动完工以后，就不管什么时间都可以干了，有闲工夫就干一阵，没闲工夫就算了。

问：挖之前会把图画到纸上吗？

答：不画，说一下南北多少米、东西多少米，就开始挖了，都是工匠口头说的，这是个粗糙的活，不是很精密。

问：村里地窨院正方形的多还是长方形的多？

答：这个不一定，有长方形的也有正方形的。院门大部分就两种，东四宅就在东南角，西四宅在东北角。

问：建整个院子的时候都用哪些工具？

答：挖土用镐、筐子、扁担就行了。打深了以后人跳不上来，就用辘轳绞。把辘轳放到角上，挖得深了，人和挖的土就靠辘轳上下，土放到筐里面，用钩子挂住，用辘轳给它绞上来。拉上来以后就垫在院子四周，每加高30厘米，就架上牲口用石碌碡压夯实，一共要填一米多。另外还要注意找个坡度，这个窑顶上不能种树，庄稼什么都不能种，必须要保证窑洞顶的排水良好。除此之外，没有什么大型工具了。

问：需要准备什么材料或者工具？比如说砌拦马墙需要砖头之类的。

答：不需要。拦马墙都是用泥做的，经济条件好一点人家会用砖砌一砌。做拦马墙主要是为了解决安全问题，过去经常有外来人到这就出事故，晚上出来走从窑顶掉下去，不是胳膊摔断了就是腿摔断了。但是我们本地人，一般晚上都不出门。

问：定坐向的详细步骤是怎样的？

答：把风水先生请来以后，把罗盘一放，定一个方向，用两个木橛子一楔，然后放线。线一般都是红线，讲究吉利。先定一边，再定另一边。定对以后先方一下，就是每两条边夹角必须是90°，基本上用量角器就可以。木头量角器一般有1米长，用它基本上就限制住了；不能让两边岔开（分开）了。

问：挖地窨院的时候一般要挖多深？

答：这个不一定，有五六米的，还有七八米的，有的很深。这个院子（村民王俊巷家）最浅，院越深，窑越坚固。

问：窑院的大小是跟宅基地一样吗？还是小一圈？

答：肯定小啊，宅基地是一亩半或者二亩，这包括了窑洞和窑院两部分，这中间的院子肯定要小一点。

问：下完线桩之后要撒石灰线吗？

答：要撒石灰线。不撒的话，就没有参考了。用手拿着铁锹，上面放上石灰，边走边撒，不用那么精确，大致方向对就行了。基本上就是靠白线挖，不用很精确。

问：挖窑院的时候一般多少人一起挖？

答：这个不一定，10个人也可以，8个人也可以，三五个人也可以，但是用辘轳绞的时候，两个人就没法干，一个人在上面绞，两个人在下面装土，上面就没人运土了。上面有一个人绞，还有一个人在旁边，土绞上来以后挑上就运走，下面那个挖完以后还得运到辘轳这个地方。

问：挖坑院挖到多深才用辘轳？

答：一般都是挖3米深左右。挖得浅的时候，主要走马腿，就是中间有个土坡，一般是一折，拐下去，那个腿有这么宽（五六十厘米左右）。挖到后面，两边越来越深，担土在马腿上走容易掉下来，这时候就需要用辘轳绞，在角上搭一个横杠，铺上板子，安装辘轳，这边这个角也搭一个横杠，安上辘轳，用两个辘轳开始往上绞。两边的土运完了，把辘轳从这两个角挪到另两个角上，土就全搬上来了，挪动辘轳很方便。最后把马腿挖断，土全部都绞上来就行了。

问：窑洞券顶到地面的土层有多厚？

答：一般有3米厚，很结实。

问：正常施工每天能挖多少立方米？

答：这个不一定，人多了就挖得多，人少了就挖得少，今天比如10个人，就快点，15个人，就更快，今天5个人也能干，干得慢点。有时候有的人家不找别人帮忙，就自己两个人挖，今天有空了我干，没空了我就不干，明天有空了我就再干，就是愚公移山，挖一点少一点，慢慢就挖成了。

问：窑院里面的四个窑面需要怎么处理？

答：窑面一般都用黄泥泥一下，跟窑洞里面是一样的，条件好的再用白灰粉刷一下。一般来说面积较大，用黄泥泥一下就行。窑洞上有前檐，我们这个地方把那个部位叫眼睫毛，这样一般雨水飘不到窑面上。咱们这个地方土质还不如张店南面，那面是白土，比较坚硬一点，不怕雨水冲刷。所以张店南面的地坑窑窑面不用泥，人家就是挖了以后直接晒。咱们这个地方就要做这个眼睫毛来防水。

问：窑洞下面的地面需要处理吗？

答：过去的话，就用烧的那个方砖（糊坯）把地面硬化一下就行了。条件好的是全铺，条件不好的就是铺前半截，就是差不多三分之二深、人经常活动的地方，后半截就不铺了。院子里面一般都是沿四周铺

1.5米宽的看台，中间定个院心，下雨了水就流到中间去，然后就流到水窖里去了。

问：看台的坡度一般是多少？

答：一般都是3°～5°，稍微有个坡度就行。坡度大了的话院就不平了，院内有的是铺地砖，有的是铺石头，和地面高差一般都是15厘米左右，就是一拳高，我们这个地方叫看台。

• 挖窑洞

问：一般每个窑面修几孔窑洞？

答：一般都是9孔和10孔，12孔的也有，村里原来只有一个7孔的，现在已经给填上了。7孔窑洞的话，北边是一孔，西边两孔，东面两孔，南面再打一孔，再走一个门洞。主窑是单独一个窑，其他的都是对称的；9孔的话，西面三孔，东面三孔，北面主窑1孔，南面2孔；12孔是对称的，四面都挖三孔。

问：挖窑洞的时候有挖掘的先后顺序吗？

答：挖窑洞的话要先打主窑，窑洞里面它总要有个"领导"，就像生产队有队长，公社有社长，县里有县长，大同小异；住宅也是一样，里面要有一个特殊的窑洞，比它们都要大，比它们要高，比它们要宽。先把主窑挖开，再挖两边。

问：以东四宅为例，12孔窑每个窑面的位置有什么特定的叫法吗？

答：没有什么叫法。主窑挖好以后，再挖偏窑。除了主窑，其他的都叫偏窑，没有其他的叫法了。不过一般来说有个讲究，比如这个院子里面住一家人，有两个孩子，大孩子必须住东面，二孩子要住西面，因为左边为上，右边为下，老头子也就是一家之主就住这个主窑，客人来了就住两边偏房。

问：主窑正对面的窑和它在等级上一样吗？

答：这个窑就打小一点，要比主窑矮一点，哪怕矮一拃（差不多20厘米），它也要矮一点。

问：窑洞的高度、宽度和进深一般是多少？

答：一般来说地面到拱顶都是3米高，起券点到地面一般是2.5米，上面的圆形券高一般没有准确的数字，一般是根据窑面的大小来确定的。

问：窑洞里面会不会再挖一个小窑洞？

答：会！比如说窑洞挖进去以后，靠近门窗的位置会稍微挖进去一块，一边放桌子，另一边挖深一点放

炕，那个叫炕箱和桌箱。由于挖进去了，所以它不会影响出入。有时候窑洞里会根据需要再打一孔窑洞，这在当地被叫做拐窑，

问：两个窑洞之间会连起来吗？

答：会。这个根据情况，有的是穿过来的，有的不穿过来，穿过来的这边安一个大窗，采光好，但是不安门，走的时候都从这另外一个窑洞的门进。一般来说，这个地方有门有窗，都不穿透。这个拐窑放东西方便，进了家以后看不见东西放在这里面，有时候窑洞都打两个拐窑，一边一个。

问：窑洞的尺寸有讲究吗？

答：尺寸没有讲究，但是一般来说，上面这个拱券都是半圆的，也有尖的，但据说尖的好像不结实，都是稍微鼓一点，这样比较坚固。

问：平面上来看里外两个边长一样吗？高度上呢？

答：一般来说基本上是一样长的，但是挖成以后外边要稍微比里面宽一点，因为靠近门口的地方有炕箱和桌箱。高度是一样的，上面都是平平的，3米高都是3米高，3.5米都是3.5米。

问：做窑洞券的时候会不会用模板支一下？

答：没有模板。工匠师傅根据经验靠眼力，一眼看过去基本上就知道形状准不准。这个一般都是由泥瓦匠来确定，有些师傅打窑打得多，专门就干这个，现在就没有那个人了。

问：一般打一孔窑洞需要多长时间？

答：这也不一定。人多的话打得就快，没有具体的规定，但是不管人多人少，一天打不成两天也打不成，至少得10天，因为里面工作空间有限，人再多也施展不开，顶多也就是一个人的工作空间，它不像挖窑院，人多了就挖得快。

问：窑洞之间的窑腿一般多宽？需要做什么防水措施？

答：这腿一般都是3米到4米，它外面用砖砌一下就行，里面就不管了，主要是怕下雨把墙角淋湿了。

问：挖完窑洞后需要剔窑吗？

答：里面要粉刷，就是用黄泥和麦秸搅拌在一起，泥上三层。先泥第一层，干了以后再泥一层，干了再泥第三层就好了。那个泥就是当地的黄泥，里面掺杂有麦秸，有长的也有短的，咱们这个地方把那个叫莛，起一个黏结拉结的作用，要是不放莛的话，泥了以后上面就裂口子了。到第三层，就泥得特别光，前两层

就随便泥一泥。泥完三层以后，窑面能厚六七厘米左右。经济条件好的人家还会在表面抹一层白灰，经济条件一般的人家拿泥泥一下就行了。

问：窑洞里面的地面和窑院里的地面处理方式是一样的吗？

答：有的窑洞和院是一样平的，但是没有高出院子的，这样的院子很少，但是有低于院子的。低于院子方便室内外空气对流，院子里面的空气从下面猫风眼进室内，在窑洞里面循环一圈，上面有个高窗，从那就流出去了。如果室内地面要高出室外地面的话，好像就不利于排气，低于地面的话，窑洞冬天住着暖和，高出地面的话冬天室内就冷。像这个猫风眼，每个窑洞靠门边上都会有，就是方便猫抓老鼠的时候来回走，实际上是为了让室内外空气对流，这个洞一般直径有15到20厘米，窑洞内的地面处理就是方砖。

问：挖完窑洞，门窗怎么砌？

答：门窗最后安上去就行。靠近炕这边是窗台，靠近桌子这边是门（左边是窗台，右边是门）。窑面上一般有两个窗户，一个高窗一个低窗，没有三个窗的。有的是上面整面是一个大圆窗，主要是为了解决空气对流的问题，像猫风眼空气进来以后转一圈从那上面就出去了。高窗是活的，下面有个绳子，一拽它就起来了，空气就出去了，冬天冷了把窗户关住就行了。

问：门窗和窑隔怎么安置？

答：门窗（框）往这一放，线一拉，立住以后，边上就用砖给它填砌起来，肯定得先立门窗，然后再砌才能稳固。经济条件好的人家用砖砌窑隔，经济条件不好的人家就用土坯，表面再用黄泥一抹。

问：门窗怎么固定？

答：门框放稳，两边用砖或者土坯砌起来，土坯砖砌起一定高度后，放窗框，砖砌起来之后，再放高窗，最后用砖填砌。砌筑砖块的时候，砖上面放点灰，上一层砖就压上面，最后外面的砖缝一勾，就非常结实。最后用黄泥或者白灰在表面一抹，这样就没有缝了。

问：砖表面抹东西吗？

答：要抹东西粉刷一下，一般用黄泥抹一下就行，条件比较好的人家就用砂灰水泥，原来是用白灰，加点砂子给它抹平了。窑隔要比窑面往里退一点，一般就退1.5尺（0.5米左右），要是和窑面平齐的话，一下雨，雨就飘上去了。所以一般要往里面退一点，这样雨水就溅不到上面去了。

问：主窑的门窗和其他角窑的门窗一样吗？

答：尺寸稍微大一点。这也没有固定的模式，相对比较大一点就行。院子里面基本上都是一门两窗，凡是要住人的都是一门两窗，像那个喂牲口的或者其他放草、放工具的地方就不一定了。

问：门窗是村民们自己做的还是买的？具体由哪些部分组成？

答：原来一般都是自己做。老式门由门边和门扇组成。首先做门边，也叫门老，咱们这边有句俗语"穷边富老"，说的就是做门的时候门老要比门边宽。门的下面有门边，再下面叫门槛。把门边做好以后，再做两门扇，安的时候，大门上面凿个眼，把门往上面安，下面一个门堆顶一下就行了。

做门的讲究就是这边是几块木板另一边也要一样，比如这边是2块木板拼的，另一边也要是2块，这边是3块，另一边也必须是3块，不能说这边弄2块，另一边弄1块，没有这样的门，两边要是对称的。

问：门窗和家具要刷新漆吗？

答：门安的时候就要刷一次，过上三年五年看上旧了，再刷一次。过去的这个门一般都是黑色的，黑色比较严肃。现在大门都用红色了，红色看起来好像有点俗道。

问：窑洞里面会摆神位吗？

答：窑洞里面放的神位一般都是财神爷，进大门这个地方有土地爷，院子里面有个天地爷。

问：天地爷是在什么位置？

答：在主窑的左边，专门修个小阁楼，里面供奉着天地爷。一般阁楼两边还写有对子："天高挂日月，地厚载山川"，上面横幅是"天地不老"。家里面进大门一般供奉土地爷，土地爷是看大门的，院子里面有个天地爷，家里面有个财神爷，还要供奉一个老祖先，就咱们的老先人。

问：窑洞里面的神位是在进门对面的壁上还是在侧面？

答：财神爷一般都在主窑窑底，老祖先一般都是专门找一个窑洞供奉起来，有的是家谱那些东西，弄一个地方放起来。窑洞里的神位逢年过节的时候祭拜，平时不祭拜。就是烧个香，上个贡献，贡品很随便，一般就是摆三样，烧香的时候一般就是烧三根。祭拜的时候要说一些吉利的话，想说什么就说什么，很随便，许个愿也行，保佑我们平平安安。

问：村里的地窨院会有粮仓吗？

答：有，专门有个粮食窑。基本上就是与上洞子（入口窑洞）正对，一进门就看见了，这个窑叫什么呢？叫五鬼窑。这个在《阳宅三要》里面就专门讲过，这里面不能住人，就是放粮食、生产工具，粮食放到这里面采光好，里面比较干燥不霉烂，靠北面见到的阳光多。

问：粮仓里面会挖马眼吗？

答：有挖的。有人把那个挖到场上，把粮食在场上晒完以后弄个袋子一放，就流到下面粮仓了，怕从洞子（入口窑洞）背进来太累。

问：马眼怎么挖？

答：有个锉铲，那个锉铲从窑洞里面顶穿就行了。锉铲实际上就是洛阳铲，圆形一面对住窑顶，放个凳子弄块板子，快速地蹬那个板子，一会儿就捣上去了。把粮食在场上晒干晾干以后，从上面一放就流进去了，底下放个囤子，就是盛粮食的那个东西，粮食就从上面流到里面了，这样非常省事。

问：马眼需不需要盖子？

答：肯定盖啊，晾完粮食以后就用砖把它盖上，弄严实了，不弄严的话，水就流进去，或者耗子什么东西掉进去。一般马眼直径都是10厘米到15厘米，有的家弄这个，有的家人不愿意弄这个，人家觉得这个不安全，就费点劲从洞子那把粮食搬进去。

问：北坎宅的粮仓放在主窑旁边会有影响吗？

答：不影响，一般根据咱们这人的观念，粮仓都是在那个位置，那个院子就不住人，那个房子里面肯定放的都是粮食，就是后来搬到上面建这个院子后，基本上还是延续原来地窨院下面的模式，不过现在不一样的地方就是，这北边都是5孔砖窑，地窨院里面最多是3孔，或者1孔，或者是2孔。

问：如果主窑的窑面只有主窑一孔窑，粮仓放在什么位置？

答：放在东面也行，西面也行，两面都可以，如果是7数窑的话，这个院是个小院，中间主窑只有一孔，就放到两边去了，就不放到入口对面了，具体位置根据自己的情况，反正一般的粮食都放在采光比较好的那个面，绝对不往南面放，南边采光不好，放着粮食潮湿霉变。

问：挖完窑洞以后，墙面和顶要不要夯实？

答：不需要做。它本身就是很坚硬的，很结实，实际上挖窑洞这个人就跟雕刻师一样，他就是把大地给雕了，雕了什么样就是什么样，挖一点就少一点，看那个地方有个包，就再挖一下，那个肯定能撑个几十年的，土都不往下掉。

问：挖完坑院之后，怎么确定窑洞的位置？

答：一般窑的话主要打在正中间，量一下确定个中线，一平分画个白线，沿着白线挖进去，先把毛坯挖出来，把大致的挖对，然后再细致地雕。一般挖的时候都在白线里面，最后修的时候跟白线齐齐的，甚至比白线稍微大一点，因为这个东西只有少一点慢慢来，一挖大不好补。

问：窑洞里面怎么砌砖？

答：砖抹上灰以后，就贴上去掉不了，因为它上面有个面不需要拱，如果下面什么都没有，上面没有一点支撑的话你得需要拱，贴上以后，外面那个缝用白灰一勾就行了。

• 渗井、水井

问：挖完坑院先打窑洞还是先挖渗井？

答：没打窑洞的时候就把那个井就挖好了，因为什么呢，你没开始打窑洞这窑洞放着，这两边都得晾干一年，来暴雨的话下面渗住了就不好了，就把那个井挖好。

问：渗井的尺寸有多大？

答：一般渗井的尺寸跟吃水的井一样，上面基本上就是有1米粗，下面有个四五米深，三四米深，不一定，下面它是呈喇叭形的，盛水多。

问：渗井最底下需要铺什么东西吗？

答：不铺东西，就让它渗下去，它不是吃水的井。吃水井就比渗井要深一点，打到地下水层了，过去就是21米见水，从地面到下面是21米，可是上面这都已经五六米了，下面就是10多米就有水。

问：水井的水位每年会不会有变化？

答：基本上没有变化。过去的话，21米见水以后基本上没啥变化，碰上今年比较旱的话，水位就下降了。

问：水井会不会每年再往下打深一点？

答：不每年打，打一次挺上五六年，把水井再掏一下，再往深处挖一挖。水位下降的话一挖，有的时候水位又上升了。底下的水可深了，有的下面就五六米深了。

问：水井的口怎么防止垃圾掉下去？

答：上面加个木盖儿，用水的时候用辘轳绞一绞。过去没有潜水泵，就用辘轳绞，绞完以后不用了，把盖盖上比较安全。一个解决安全问题，家畜家禽掉不到里面去，像猪鸡羊狗这些，多了乱跑；再一个外面的垃圾也刮不到里面去，干净。

问：渗井需不需要盖子？

答：渗井上面加个盖子也是安全问题，防止东西掉下去。它边上在土面以下有一个小水道，井口上面起这么高加一个盖，在这个边上就流到下面去了。

问：喇叭口的深度离地面有多远？

答：一般3米。下面就不一定了，这里面有三四米的，有四五米的，因为下面就比较大，这就是盛水的。

问：人挖的时候怎么上来？

答：有轱辘给吊上去了。它上面经常用盖子盖住以后，家禽什么东西掉不下去；水井的话它就不是这样，院子里面打水井就是直的，直直下去的。

问：窑院里喝水的水井在什么位置？

答：一般老百姓也讲究吃青龙水，左青龙右白虎北玄武南朱雀，吃水方位是寅（东北）卯（东）辰巳（东南），东方甲乙木，南方丙丁火，西方庚辛金，北方壬癸水，中心戊己土，因为西方为金，东方为木，南方丙丁为火，北方为水，中心戊己土，中间是土，这就是金木水火土。

问：院里有几个水井？

答：一般一个院子就一个水井，一个就够了，一个水井一个水窖，这两个是必备的。水窖是必须得有的。有的院子没有水井，他自己懒得做水井，吃水都到外面挑。一般条件比较好的，为了方便，一个院子里面都有水井，70%、80%的有水井。

• 入口窑洞

问：入口坡道怎么挖？

答：露出地面的部分叫明洞，在地面下面的部分叫暗洞，分两部分。因为在下面走的暗处，那叫暗洞，进完暗洞以后就安上大门了。我们这个地方通俗地把大门叫做哨门，哨兵的哨，因为在前面最早的时候就是放哨的，我想古人就是那个意思。还有头套门、二套门、三套门，一般人家都是按一套门，大户人家的话按三套门，分别是一套门、二套门、三套门，都是厚的木头做的，可结实呢。

问：入口坡道的做法是纯坡的还是台阶的？

答：有的修台阶，有的是纯坡，不一定，自己看怎么走着方便，一般一半是纯坡的、一半是有台阶的，因为下雨的时候，就走那个台阶，纯坡的话就比较滑。

问：有台阶小车怎么进去？

答：小车就走纯坡的。台阶也有纯坡，有的家为了方便把那个洞打得比较大一点，把那个小三轮车开进去，开到院里面把大门一关，第二天门一开就从院里开出来了。

问：入口坡道一般多宽？

答：一般都是2米宽，有的想走车，就更宽一点，根据情况而定。宽了下面的门也就得修得宽一点，不走车了光走人，那个门相应的就是一般的门，窄一些。

问：入口坡道需要做防水吗？

答：明洞部分因为下雨有流水，在明洞旁边拐角这个地方也有一个小水窖，也是靠这个洞的一边挖，都往院子外面挖。因为渗水的话对院子不好，这边是明洞，这边是暗洞，暗洞里面渗不下水，水就不会流下去，水到这个地方就流到水窖里了。这个井在第一个门的外面，土话叫做头套门，头套门，二套门，三套门，就是大门、二门、三门。

问：窑门有什么等级之分吗？

答：穷人家修得比较差一点，富人家用砖砌一下，门厚一点。穷人家的门薄一点，木料差一点，两边用水泥用砖砌上。过去没水泥的就是白灰，白灰这么砌起来的；张店村清朝时候修的还有一座，那个时候没有水泥，就用白灰修，青砖、白灰。白灰实际上比水泥好，白灰那是四五百年以后最大强度才发挥出来，水泥就是一两百年它就风化了，没水泥都是白灰，冬天的话热胀冷缩，大自然的风化，抵抗力比较强。

问：村里的地窖院进门会有照壁吗？

答：有！一般外面不让你看到院子里面，现在的人都不讲究那个，把车都开进来了，感觉修那个比较碍事，现在都不修了；过去的话地窖院里边都有，照壁这个地方有个小楼子，这边叫土地楼，土地爷在里面住，土地爷看大门的，谁进来了先看看。也没什么图案，地窖院四四方方，这洞进来了就在这地方修一个墙。

问：照壁一般多长？是怎么垒砌的？

答：一般有4尺多，1.5米、2米长，有一人多高，基本上比窑洞高一点，人进了大门以后看不到院里。一般用砖砌起来的，具体没什么砌法，就中间修一个小楼子，把土地爷供奉到里面就行了。

问：是村民们砌还是专门找个石匠？

答：请一个工匠就行了。你是大工我把你请来，今天给我修个照壁，把砖、灰备齐以后，找个工就开始砌了。但是那个壁面要适当，不能修得矮，要不就不起作用了，最起码从洞里进来以后，看不见院里，有适当的高度，一般都在2.5米以上，再低了就能看见了。

问：入口一般是什么形状？有没有直接进来的？

答：没有，因为什么呢？因为受宅基面积的限制，直接进去不够长，再一个坡度比较陡，要是直接从这上来太长了。再一个还有讲究，直洞说不存财，财都流走了，拐一下财都在里面就走不了了。

问：有没有L形再拐一折的？这两个有什么说法吗？

答：有这样的，还有向另一边拐的。这个没有说法，就是根据地形方便，减缓坡度，往哪边拐，根据自己方便。但是条件有一个，就是明洞和暗洞的中间得有一定的距离，一般都在七八米，十几米以上，这个地方短了就无意义了。

问：拐的方向跟主窑的位置有关吗？

答：比如说东四宅院落，这孔窑要大一点，比院里其他窑要稍微高一点，叫坎宅院。这是以北为主，走这个洞，必须在这个方向（东南角），这个方向是巽字，出口必须在这个方向，一般来说这孔窑是做灶、厨房的。它为什么要这样呢，因为东面为木，这个巽字也为木，这个坎为水，一水浇二木，两个木字是个林，二木要成林，这就能生长发育。金木水火土要是配不对的话，你浇水这个水就涨了，你拿个斧头在那坎，它就不涨了，就那个意思。

问：西四宅的入口呢？

答：西四宅为兑，以西为主，主要走东北角，走艮字。西为金，金生水，灶房一般都是在这边（北面），就讲究这个相生，其他的房间就随意了，这两边的房间就随便打了。可是一般来说，人的生活区域都在东边和北边，牲口、厕所、家禽这一类都在南面，在西南角这一块。因为什么，因为咱们这为北半球，夏季和冬季，咱们这个地方爱刮东南风和西北风，东南风是温暖湿润，西北风是寒冷干燥，一刮东南风过不了两天就下雨，海洋气流就过来了，中国这个地形基本上是山脊分布，青藏高原、黄土高原、华北平原，基本上属于北回归线以北，所以要讲究以北为主，讲究采光，人生活区域在这边（北面）还是比较干净卫生。

• 拦马墙、眼睫毛

问：拦马墙是怎么修的？

答：把这个拦马墙围着四周一圈用砖砌起来就行了，厚度一般是240毫米，再少了就不结实了。一般最低的都要砌七八十厘米吧，人走到这个地方就挡住了，再低了的话就没有意义了。

问：是要砌好些层吗？有什么砌法吗？

答：是砌好些层，砌法就24往上砌就行，好一点的都砌1米多的，1.2~1.3米，一般来说80、90、70、80厘米，那个也不一定，没有固定的模式，有的家庭经济条件比较差的用土坯垒起来，不用砖。一般来说主窑那个方向拦马墙稍微高一点，代表是主房。

问：村里建窑洞的时候一开始就有拦马墙吗？

答：一开始就有的。拦马墙的作用主要就是安全。这个院子是一开始挖成的，一般来说配套设施比较完整的，就应该有拦马墙，没有这个东西绝对是不安全的。拦马墙外面有个坡度，水就流下去了，稍微有个坡度就行，10°左右基本上就差不多。

问：拦马墙下面的眼睫毛怎么砌？具体怎么砌上去？

答：就是用砖砌到上面的。到院子里面架子一直搭上来，工匠上去，高了的话没法操作，人站在上面，砖、灰从场上面往下递。

问：眼睫毛怎么砌？

答：一般都是1米多宽，主要起排水作用，防止下面的窑面淋雨，其实没有那个也行，但是飘雨这些东西，冲刷得比较严重。把土本身修成那个形状，土挖下去以后，砖就开始顺着土走了，走完以后本身就留了一个坡度，坡度不够的话，往里面填土，填上土用石柱子给它捣，夯实以后就有一个坡度，坡度上面瓦就放上去了，就那样的。

这是坡度，在上面做砖，一块砖一块砖出，一般都是出挑5层，5层就伸得不近了，再不敢往前面伸了，再伸的话后面压不住就翻下去了。出挑最少是三层，一般单数的比较多。出到这以后，里面有空的，有的就不挖了，留一个坡度，再全部用土给它夯起来，之后把瓦放在上面，一片一片的，都是小瓦。下面垫的那个砖就是蓝砖，自己烧的。那时候就用麦秸烧制，烧好几天、半个月，白天晚上不停地烧，一个大麦秸堆都烧完了这个砖才烧好。

• 火炕

问：窑洞里面需要挖风洞和烟洞吗？

答：有烟洞。窑洞的前面有个炕箱，炕箱里面盘一个火炕，火炕前面就修一个烟洞，那个洞通向窑顶，烟就排到天空去了。

问：窑洞里的炕都是在炕箱里吗？具体怎么盘炕？

答：炕都在炕箱里面弄。盘炕可以用土坯，边上用砖砌一下，中间用土坯扎一个腿，上面放上那个泥基，就是把黄泥和了以后放到大模子里面，黄泥干了以后揭起来一个大片子，这就是泥基。泥基放到腿上面去，再上3~4厘米厚一层泥，用大火在后面一直烧，烧干了就可以啦。

问：火炕尺寸多大？

答：这也不一定，一般来说最少都是四六的，4尺宽、6尺长是最小的。大的上面能睡10个人，还有睡8个人、5个人的，最少睡2个人、3个人。一般一个窑洞就一个火炕，因为它靠前面可以烧火。一般是进了门以后在窑洞左边，有个炕箱，在里面盘着。烟囱在火炕的一头，一般在火炕的前面，靠近窗的位置，烧的时候在后面，烟就直接排上去。

• 窑院种树

问：院里种树有什么讲究？一般是什么树种？

答：院里一般不种独苗树，大的小的都行，反正就是不种一棵树。另外就是院内一般种果树多一点，不种带刺的树，比如说皂角树。不过有的地方，倒也不顾忌，院子里面有种枣树的，还有种槐树的。

问：地面上种树会跟地里一样吗？

答：地面上的话就在院子四周种树，但是一般门前不栽杨树，因为稍微有一点风，杨树叶子就会啪嗒啪嗒地响，我们这个地方就管这叫"鬼拍手"。夜间的时候，树叶响了容易给人造成错觉，像是有人进了院子。其他的树，像是大桐树，叶子那么大，但是不会有声响；椿树、槐树也不响。所以我们这民间相传就是说"门前不栽鬼拍手"，不栽杨树。另外，还有"前不栽杨，后不栽柳"的说法。柳树的话，一般我们这个地方都是坟头上插柳树，不吉利，所以也不栽。院后面一般都栽榆树，榆木比较坚硬。

2. 平陆县张店镇张店村王守贤访谈

工匠基本信息（图5-80）

年龄：68

时间：2016年8月7日

图5-80　张店村匠人王守贤

基本情况

问：您的院子是什么时候开始建的？现在窑洞里面住几个人？

答：这个是老人一辈辈传下来的，清朝乾隆十几年建的，也没具体记载。前七八年北京故宫还来了两个人，考察一下跟我说有300多年了，是清朝乾隆年间建的。现在就剩我一人了，有时候孩子也回来。

问：您现在住在哪个窑洞里面？是哪个方位？

答：我住在这个窑洞（主窑），咱这有讲究，有老人的话，孩子不能住主窑。这是正西。

问：咱们村里有风水先生吗？

答：现在没有，都去世了；过去有，（20世纪）八几年都还有，现在百十岁了都活不了那么大，咱们这的人能活80来岁就长寿了，有的都70多就不在了。80年代的时候村里有两三个风水先生吧。

问：（20世纪）80年代的时候还修窑洞吗？

答：修，那个时候95%的人都在这地下窑洞里住的。一到1990年以后，经济条件好了，年轻人都不在这住了，嫌这个有坑坑出门不方便，慢慢都在外头平地上建了。

问：村子里窑院的数量能有多少？

答：我估计大概有200个，但是具体没统计，原来都在这住，一个院挨着一个院，这沟边过去都一溜溜的院子，现在院子倒塌了，不管的话以后就废弃了。

问：村子里现在还剩下多少地窖院？

答：还有将近50多个，都没咱这个院完整，有些住人有些不住人，有些是六几年、七几年下的窑。

问：您之前说的张店村最多的时候有200个地窖院，这个准确吗？

答：有嘛，全部都住在地下，肯定超过200，一个院里不得住个10口人啊，那就3000多口人啊，最多的时候我估计有200个，将近300个。

问：村里到什么时候就没人挖地坑院了？

答：到1990年以后就不行了，国家就不批了，浪费土地，都在上面盖房子了，上面就批你3分、4分地来建院——就咱这个院不太大的还1亩半。

问：村里有没有填窑的现象？没了的150个窑洞，倒塌的能有多少？

答：也有，填的少，倒塌的多。倒塌的大概能有半百，具体没统计，大部分是倒塌的、废弃的，那个院倒垃圾倒满，这个院栽了棵杨树，也倒塌了，一般没人管，老年人一年一年都少了，年轻人都不重视，再说年轻人不会管。像我年轻的时候就跟人建这个窑、打窑我都干过，搬这个绞辘轳，这都是大重活，没有一样轻活，搬辘轳、挑担，我一担挑到200斤。

问：从1949年到1980年这个阶段，建造的地窖院占总的数量能有多少？

答：1949年前应该是100左右，以后人口开始增加，慢慢地就是陆续地有人造，到1980年左右的时候，就有将近300个[1]。

问：1980年之前300个地窖院有砖的多吗？

答：基本上没有砖，占不到10%，以前都是比较富裕的人家或者地主才有。（20世纪）80年代之前80%~90%的地窖院一块砖都没有，没有砖的时候，用糊坯代替，就是用木石做个框子，把泥放框里面，用石头咚咚一怼，晾干就能用了，没有砖就用那个，外面再上一层泥。以前都是那种做法。

我记得以前村里面没有白灰，没有水泥，也没有砖，以前烧炕或者做饭烧下来那种柴灰，把柴灰撒在地上用水浇，耙子一耙然后一打，也比较结实，也不起灰尘。用烧灰倒是多一些，没有成本，就是自己家里做饭的那种，往那一撒，那种做法多一点[2]。

问：您见过的建造时间最长的地坑院是多少年？

答：有一个六七年吧，挖下去以后不着急住，就先挖

上两个窑洞住着，最快的也就是两三个月。我怎么知道的呢？我二爸那回请的亲戚朋友，就是先打两眼窑再住进去，因为他着急住。我们这以前人少，1949年以后河南水灾的时候，过来的人也不少嘛，过来没地方住，都借住别人的院，然后白天干活，晚上一家人就开始挖，挖2个先住进去，不能一直住在别人的院，那时候别人的窑洞也紧张[3]。

问：村里建得最晚的地窖院是哪年建的？

答：1979年吧。我门口有一家大窑，1980年前就还有一个，1980年以后就都没有了，就是最晚的建于1980年。原先有一个院可好了，就是1978、1979年的。焦永珍，他们家的院子是最后一个建的。

营造流程

• 挖窑院

问：您是多大开始挖窑洞的？专门拜过师傅学吗？

答：我20来岁就跟人家干过，是给人家帮忙的，因为原来修这个院的时候，人家都给咱帮忙，人家打窑咱也去给帮忙；打窑看看就会，不用学，不过这个也不是老粗的活，你得把它挖直了，不能把它挖宽了，那样就不好看了。比如六七个人，有一个人掌握着大局，那个窑面上处理好，有个坡势，脑袋口大地下小，不用老大（太大），有一点点坡就行。具体多少度我也说不上来，大概就弄个坡势，一般人掌握不了那个，得找师傅。

问：挖完坑院的时候，怎么确定每个窑洞的位置？

答：得拿尺子量。两边窑腿一量，窑宽打多大就知道了。主要看你院的大小，比如说根据长短一量，一般有个一丈（3.3米）就好了。窑洞的宽也没规定，就是约定俗成的东西，就是看看窑要打多宽，根据地形条件；宽就打大点，一般不要打太大，太大不坚固，小一些比较安全。

问：窑院和窑洞的大小是根据什么来确定的？

答：这个跟主家说，比如说建几数的院，7数、9数或者10数、12数，然后根据尺寸就定了，咱这个院子是中型的，不是大院也不是小院。根据院的大小来确定窑洞的大小，院子长的话窑就弄大一点。窑数也是根据这个院子的型号，12数院一面就是3间窑，咱这就是10

数院，东面3间，西面3间，南面2间，北面2间，它是对称的，不对称的话还不好（图5-81）。

图5-81　王守贤院10数院

问：确定窑洞眼数的时候，要考虑到家族人数吗？

答：这个不考虑，旧社会真住不下了就再下（挖）一个院了，以前对土地不重视，现在土地少了都重视。

问：（20世纪）七八十年代挖新窑的时候，要跟村里申请吗？

答：申请，人家给你批下来才能挖。分了队以后，慢慢都不批了就直接打，1981年分的队，村里11个队，1981年的时候包产到户、生产责任制，不挖院盖新房，地上的写申请，小队、大队、镇政府、县里，最多批4分地。挖地坑院，六几年、七几年也批，1981年之后批的面积小，就不够建地窨院了。

问：主窑为什么建在正西面？

答：因为这个洞子（入口门洞）在东面开着了，阴阳讲究洞开到这边，对面就是主人，如果洞开在南面的时候，北面就是主人，有3眼窑中间这个才是主窑，2眼窑就不分主次窑，有这个讲究。主窑不一定都在西面，就看入口窑洞开哪里，有的入口窑洞开到了南面，主窑就在北面。一般都在西面和北面，"有钱不住东南面"嘛，东面和南面阳光少，西面和北面见阳光多。

问：先定主窑位置再定出入口的位置，还是先定出入口位置再定主窑位置？

答：地窨院这个坑挖好了以后，先开这个门洞，门洞一开出来干活弄啥方便了，要不没这个洞从上面下就不方便，洞口开了以后先打主窑。

问：门洞的位置一开始就是定在东北方向吗？

答：建院子得联系阴阳先生看，看了以后人家讲究南

面为主，洞子开哪里有讲究，不能乱打。叫阴阳先生看了以后，人家用尺寸给你量，用锹给你一楔，四个角楔上去，撒上灰线倒些酒，灰线撒到这就只挖到这，外头不敢挖，往里头挖些。有毛坯以后，还得修一修，距离至少得有一尺多。

问：风水先生怎么确定撒的石灰线的？

答：用罗盘看方向正不正，方向正了以后，把木石给削成尖尖的，用锤子打下来，四个角楔上角，再楔下去，然后尺子一弄灰线一撒，再倒点酒，就算是破土了。

问：撒完白灰之后，有祈祷仪式或者开工仪式吗？会说些什么吗？祭拜什么神吗？

答：在中间倒点酒，有的摆贡品，有的不摆，当家的磕个头，也不念叨，就点些酒；祭拜土地神啊这种。

问：挖完第一锹土，必须往下继续挖吗？

答：不不不，慢慢干，动完工以后可以歇几天，什么时候有时间什么时候再干。好处就是人多人少都能干，有个一丈来深的时候就靠肩来挑，要是在一丈底下了，就用辘轳绞，它是费体力的，没有一样轻活。一丈深之前得有个马腿，隔这个土这溜土，不敢挖，小坡坡得有腿嘛。

问：马腿是在哪个位置？会有几个这样的斜坡？

答：在中间有个斜坡，相对不陡，要是直直的坡势就太陡了。一个就够了。

问：挖浅土的时候，地下挖土的人有多少个？

答：底下一般得五六个人，上面绞的人就多了，绞至少得6个人。这个院子得3丈多深，因为没有3丈多，窑洞顶距离上面那么短，窑就不坚固了。

问：挖1丈深以下的时候，辘轳具体怎么安置？

答：在这个角搭个横杆，绑在这地方，辘轳不是1个人绞，是2个人绞，你在那边绞我在这边绞，绞上来两筐土，上面的人就担走了。这边上一个辘轳，就跟三脚架一样，中间掏个眼，弄个钢管这么一穿，一个人在那边绞、一个人在这边绞，地下也是有2个人，顶上3个人，1个人担，2个人上土（装土），上满2框，1个人担着就走了。一筐土得有八九十斤，这一担土，得有一百七八十斤了。从地下弄上来的土就填在场上去，在地上铺一圈。

问：搭上横杆后，空的地方需要铺板子吗？还有三脚架放在板子上怎么固定？

答：嗯对，铺板子，不铺板子就掉了。三脚架就用铁丝给它绞起来，绞完打个楔子进去，后面那根是活

的，在地面定住了。

问：挖到1丈深之后，怎么把马腿挖掉？

答：就随便盘（挖），到哪里盘都一样，先到上面盘，上面盘土就自然下去了。

问：窑洞的拱券一般尖的多还是圆的多？怎么确定这个拱券的弧度？

答：圆的多，整个村里都是圆的多。弧度就得师傅定，一般人干不了，就只能干个粗糙活，弄几道线挖一挖，打个毛坯，挖的时候在这顶上定住一根线，到窑腿这了是一道线，到这边了又是一道线，到时候就把这里的土盘着盘着挖出来，就这样的；这个活一般人干不了，手艺不中，边上的线和要挖的窑洞大约四指宽，师傅拿小耙耙慢慢一点一点弄出来的。

问：会支模具来确定吗？

答：不会，就是根据师傅的经验确定的。

问：咱们村里（20世纪）五六十年代有几个这样的师傅？现在还有这样的师傅吗？

答：十几二十个。现在不行了，大部分都不在了。

· 挖窑洞

问：窑洞一般要挖多深？

答：这就看院子的地形了，看面积大小，一般至少都有2.5丈，没有的话窑洞太浅，盛个东西都盛不下，住人的至少2.5丈以上。厕所就2丈多。

问：窑洞里面会剔窑或修窑吗？

答：那得干干（晾干）。打这个新窑之后，要至少晾干2年，不晾干就撑不住，这个坑挖了以后，不要急于打窑，再干个半年，一面先打一个窑，东、西、南、北一面一个，可不敢一下子一起打，要不就塌了，土一湿窑腿一湿，支承不住了。

问：没挖窑洞之前，坑院要晾多久？

答：怎么也得一年半到两年，什么都不能干，一直在晾着。晾完之后，先挖入口的窑洞再挖主窑，入口门洞就不需要晾那么久了。主窑挖了以后，得晾一二年，期间可以在两边挖窑洞，反正一面只先挖一个窑，不敢一下挖两间，得等窑腿干一点能支承住，慢慢挖，不要急着干，急着干就不安全。

问：主窑两边的角窑可以同时挖吗？

答：得等主窑干干，干完了也不敢急于挖，先挖一眼窑，两个角窑是斜着的，这个方向一斜，这个窑腿后面就宽、前面窄，两头都是这个样子，这样就结实。

问：村里的窑洞有互相连接的吗？

答：也有，这叫一明一暗。我这个窑洞就掏透过，掏透又给它泥住了，吃食堂饭的时候就把这个窑腿掏透了，那是1960年左右吧，原来清朝新建的时候这两个窑是独立的，吃食堂饭的时候，一个窑是蒸馍的，一个是烧汤的，掏透了方便；1990年我才堵起来，当时我想就不来回过了，就给它堵住了。

问：要是一开始就掏通了两个窑洞的话，是不是有一个就没有门窗了？

答：对，那就没有了，因为我这个是后来自己掏通的。还有一种情况就是，在里面再掏个小窑洞，类似现在咱们住的套间一样，也有那种的，我们这管那种小窑洞叫拐窑①。

问：有没有在旁边弄一个小窑洞的？

答：一般在后面弄的多，前面弄不过来。以前为了节约地方，后面就掏个小拐窑，里面放东西。

问：窑洞里面的边和外面的边有长短之分吗？高度也是一样的吗？

答：这个没有，边长基本上都是一样的。高度的话里面的稍微低些，低些因为烧火的话烟容易出来，前面高后面低一点点，大概有个5寸。

问：挖一个主窑一般要多长时间？一般情况下是几个人？

答：你得看人多人少了，人多就干得快，人少就干得慢。反正得6个人吧，要好好干的话一星期就挖完了。

问：挖完之后已经晾干了，需要做什么装饰吗？

答：里面上泥巴。好的上三层，头一层把坑坑洼洼的铲平填平，第二层再泥一下，第三层就弄麦芒再细细抹一层，光光的可美了。第三层就没有麦芒了，用的都是土、麦秸，麦秆给它碾碾，掺进去水，浇泥巴了。

问：第一层土要多厚？

答：第一层厚，因为这面上的土不是坑坑洼洼的嘛，需要填平它，至少都得一指厚（1~2厘米），第二层大概有个半指。这后面不见阳光，得晾干二三个月，然

---

① 此句为村委会副主任芦亚军补充回答。

后才能抹第二层。第二层也得这么厚（1厘米左右），也得晾干半个月，每铺完一层都得晾干之后再铺下一层，第二层的材料跟第一层一样的。第三层就没有麦芒了，就是麦子收了以后，麦子去掉外面的壳，前面两层是用麦子的秆弄碎，到了第三层的时候就用去掉麦子的麦壳。每一层都用黄泥混的，只不过混的材料不一样，土里面不能有石头，有石头泥不住，前两层混的是麦子的麦秆，第三层混的是麦子的麦壳。

问：第三层弄完之后，会在外面抹一层白灰吗？

答：直接抹土来上涂料。现在都抹涂料，原来都不抹，因为原来旧社会都没有涂料。以前抹灰的都少，都是上泥，也是三层，没有抹涂料的。

问：抹涂料建的窑洞是在什么年代？

答：都是分了队以后，至少都在1985年以后了，经济条件都好一点。

问：有没有（20世纪）80年代之前不抹泥的，挖完之后就住的？

答：那不行，那样土就掉了，老百姓都要用泥，最简单的都抹一层泥，一般是上两层，一层粗的，一层细的。

问：（20世纪）50年代到80年代建的地窑院，一层、两层、三层的哪一种较多？

答：二层的多，三层的都少；排个序的话，就是二层的最多，然后是一层的，然后是三层的（图5-82、图5-83）。

图5-82　麦秸泥

图5-83　泥抹子

问：窑洞里面会有神位或者祖先的牌位吗？

答：一般有五鬼窑，逢年过节磕个头，专门有个窑洞来放祖宗的牌位[①]。

问：窑洞里面的地面和外面的地面哪个高哪个低？

答：窑里面高一点，院里低一点，这样水进不去。窑里面本来就是稍微高一点，因为有土的时候就高一点，铺上砖就更高了；也有低的，不过那样不好，还是高的多。从风水的角度讲，窑洞里面高一点比较好，具体也没有讲究，以前老人们都是这样说的[②]。

问：边上用砖铺的走道多宽？

答：我的院子铺得少，没有1米吧，一般是1米到1.2米。砖面比土面高一般不少于8厘米，不高于20厘米，就是8到15厘米，20厘米的都很少了（图5-84）。

图5-84　王守贤院铺砖

---

① 此句为村委会副主任芦亚军回答。

② 此句为村委会副主任芦亚军补充回答。

问：具体怎么安门窗？

答：这得叫上瓦工，咱自己安不了，就干瓦工活。安的时候门的位置选好，先把门放上，开始做这个（垒砖），做了1米高再装上窗。放的时候一般是用两根木头，木头（在框上）一压，吊个砖就压住了，这门上面砖顺着就过去了；以前都没有钢的，到后期有条件的话，窗上就用两根钢筋棍压上，没有的话就是铁丝，固定结实了就行①。

问：砌窑脸的时候，一般几层？有没有说法？

答：一般都是这几种：短边横放，（短边竖放，短边横放，短边竖放、出头3~4厘米）。倒没有具体的叫法，应该就是叫窑眼帘。

问：门窗的墙面（窑隔）离窑面多宽？

答：30到35厘米，这个也不确切，有时候做个50厘米的，有时候做个37厘米的，一般都是37厘米到50厘米。

问：喂牛的窑洞和厕所的窑洞都放在什么位置？

答：厕所就在东南角，一般都在南面、东南或者西南。

问：新建地窨院挖完一个窑洞后，是先挖另外一个窑洞还是把这个窑洞的门脸砌完再砌炕，然后再挖一个窑洞？

答：看你家里条件，要没有地方急着住的话，窑挖了就收拾先住在里头。当时也没有规矩，根据人的心理，先搞好一个然后再搞下一个；像买东西，买完新东西了，不能说我买全才能用，心理是一样的②。

• 渗井、水井

问：挖窑洞之前地面需不需要处理？

答：先挖这个坑（渗井），不挖坑雨水就没地方去了，这就是水窖。至少有3丈、4丈深，地下一般要有2米多宽，口小底下大，底下大一些渗水面积就大，就是起这个作用。这个井一开始往下斜的，高度是三四丈，宽度有2米，上面有个2尺宽。

问：那渗井一般在什么地方？

答：一般都在南面。这个不能弄上岸（北面），上岸走路不方便。

问：挖渗井人怎么上下？

答：上面蹬住脚窝就下去了，底下宽了就得用轱辘绞

了。脚窝大概得有个2尺，很宽了就得用绳子拽住，人站在筐里往上升，一般不到3米。地下就很宽，一丈的时候就开始用轱辘了。地下挖的土也是用轱辘绞（图5-85）。

图5-85 王守贤院渗井

问：人上下不用轱辘用脚窝的时候，土也是用轱辘吗？

答：就得用轱辘，要不撩不上来，这个洞比较窄，碍事，有这个限制。

问：这个院子里有水井吗？一般放在哪个方位？

答：一般都在南面，东南角，挖井的人少，20家还不一定有1家。原来喝水都是去外面挑，地面上也没有公共的水井，比如说咱家有井他就到咱家来挑。原来八几年的时候还有水，大概是1983年，有12丈深，我下去掏过，因为有淤泥就要下去挖，要不水就吃不满了；现在打洋井太多，水位都下降了，现在都挑自来水喝。

问：挖水井的时候也是用轱辘上下吗？底下也是上小下大的吗？

答：轱辘绞。见水以后底下有个2米，跟水窖一样是个斜的。

问：您刚才说的12丈是地面到水12丈，还是到底12丈？

答：见水12丈，井深2米还没算，离地面都15丈多。

问：水井壁上需要贴砖吗？

答：不贴，就是土，脚窝也是跟渗井一模一样，一般有个2尺多就行了（图5-86）。

---

① 此句为村委会副主任芦亚军补充回答。
② 此句为村委会副主任芦亚军回答。

图5-86　王守贤院水井

图5-88　入口窑洞通道

问：（20世纪）六七十年代有200多个窑的时候，有水井的大概多少个？

答：有井的少，超不过20个，许多都是比较富裕的人家，人家不愿意给你们在一块吃水，一般都是一个组搞一个，一个生产队有一个。（20世纪）80年代村里有水井的地窨院占的比例肯定不到10%，后来打水井的就越来越多了①。

● 入口窑洞

问：入口是从上往下挖还是从下往上挖？

答：两头挖就怕错开了，应该是从地下挖。根据地形，不能往有窑洞一边拐。一般直的少，多少都得拐个弯（图5-87、图5-88）。

图5-87　王守贤院入口窑洞

问：有没有拐了两道弯的（回转型入口）?（20世纪）五六十年代的时候，拐两道弯的能有多少个？

答：也有，有地形限制就拐不过去了。拐一道弯的多，两道弯的少，大概有五六十个吧，都跟地形有关，地形不行就拐不了。

问：入口的排水怎么处理？

答：水就流沟里了，不能让外来水进院，那就招水灾了，得用土填高一点。水流边上了就不能流进院子了，一般在门外面挖个小洞，水就流里面了。

问：下来的坡道是台阶的还是土坡？

答：有些用砖头摆些台阶，下雨不滑，一般都是半边弄，半边不弄。

问：入口的地方会设置影壁吗？

答：有照壁，大概有2米高、2米宽吧，是个正方形，厚度大概有个1尺左右。上面有个小天楼，逢年过节的时候烧香，那是个正方形的土地窑，有这么深吧（10厘米左右），能放下香炉就行，烧香叉的用。后来走路碍事不方便就拆掉了，大概（20世纪）九几年就拆了，拆了有20多年了，反正我父亲和我姥爷的时候就已经有了这个影壁。

● 拦马墙、眼睫毛

问：您砌拦马墙的时候是哪一年？具体怎么砌？

答：1981年。就是涂料上去，拿砖走走，后面贴个糊坦，上面退一点人在上面把土挖掉，挖个一尺厚，挖得齐齐的。然后先建拦马墙，建了以后拿土阶在后面贴一层，打个土坯，砖走这么高的时候土坯贴上去。

---

① 此句为村委会副主任芦亚军补充回答。

问：砖面和窑面之间会有距离吗？

答：就是在一块紧挨着土坯，土坯一层、砖一层。

问：下面不是还有眼睫毛吗？

答：这是两回事。要先走眼睫毛，先弄眼睫毛再弄这个墙，因为它在下面。眼睫毛这个是5层砖，调个花样好看就行，一层一层都出一点点，先铺砖，砖铺完了才铺土坯，后面的砖用土坯压住，不压住就翻下来了，土坯比砖长一截。

问：第一层砖会铺出来多少？

答：具体我没有量过，就是出来一点就行，然后上面再用大的土坯把最外面的砖压住后面，再在上面垒砖，再出一点点。上面的第二层砖就该斜着铺了。土坯砖大概有这么厚（七八厘米），比砖厚一点点；不一样高的话就用泥巴多弄点就行了，用泥给它找平，然后铺完第二层砖再用土坯砖给它压上。

问：粘的时候用什么粘？

答：靠泥巴，这外面是石灰，里面是糊坺，就上点泥给它粘住；砖是用石灰粘，土坯砖是用糊坺粘，这两种粘的材料还不一样，弄完第二层土坯砖压完之后，第三层是跟第一层一样的。

问：第四层的砖是有几个单独挑出来了吗？

答：这个讲究好看，隔一个出一个，没有具体的规定。然后再在上面横铺一层，瓦就上去了，也是摊点泥成个坡，有水流下去了，在瓦的里面填泥给它粘住，一直铺到墙根，再在上面铺砖，用砖盖住斜的滴水，就这样。

问：从地面上来看的话，拦马墙大概要多高？

答：这个也没有具体尺寸，大概有2米。

问：（20世纪）五六十年代没有砖怎么建拦马墙？

答：就是用土弄实，往上盘。1980年之前村里的地坑院大概95%以上都没有拦马墙，一个村就几户人家才有，超不过10户，说白了就是当官的或者是地主那一类的，因为他能做那个，绝大部分都做不起[1]。

问：用土坯垒的拦马墙也没有吗？

答：土坯不能做拦马墙，下雨的话不结实掉下来就砸到人了。眼睫毛和拦马墙都没有，现在能看到的有拦马墙或者是眼睫毛都是后来修的，一般都是到1980年分了队以后大家有钱了才开始修的。以前那上面的面

都不是光面，老百姓为了保护它，大部分边缘都是长一圈枣树，能起到固定的作用，下雨的时候土不往下走（图5-89）。

图5-89　王守贤院拦马墙及眼睫毛铺砖

· 火炕

问：窑洞里面盘炕怎么盘？

答：挖个炕箱，炕箱里头挖个弧度，另一边是桌箱。炕箱旁边是烧火的锅灶，然后在炕箱中间摆上糊坺，摆到这立到这，上边抹上泥，泥基在上面一搭，上些泥，后面烧火就干了，这面是桌子，两边是椅子。

问：炕箱要往里挖多深？

答：深度得1尺多吧，长度就看个人要求了。炕大了就长一点，一般得有个7尺，咱这炕得7尺，炕箱的长度跟炕是一样的。

问：您说的糊坺是方形的吗？

答：嗯，两个糊坺隔当中抹些泥，放那支泥基，搁那一摆再上些泥，这个炕就成了。

问：糊坺是立着摆还是横着摆？

答：立起来，糊坺是长方形的，把它摆在一起，支承上面的泥基。

问：泥基尺寸多大？是自己做吗？

答：有1米多嘞，一般是0.80米乘以1.20米的[2]。这个泥基做的话也是和了麦秸泥，炕中间用糊坺直起来之后，用泥基边搭在糊坺上，一个搭两个泥基，这个搭半个，那个搭半个。

---

① 此句为村委会副主任芦亚军补充回答。
② 此句为村委会副主任芦亚军回答。

• 窑院种树

问：院子里之前种过树吗？

答：种过一棵。就看院地形大小，院子地方大就多栽几棵，地方小就少栽些，这个都没讲究。这原来栽个梨树，我孩子上学用脑过度晚上睡不着觉，找阴阳先生看，说这树有问题，栽这树不好，人家这么说就给树砍了，大概1985年、1986年吧。

问：清朝建这个窑洞的时候，这棵树就有了吗？

答：不是。我住之前都没有树，没有这个花池，都是我后来建的。

问：栽的树种有说法吗？

答："前不栽桑，后不栽柳，门前不栽鬼拍手"。"鬼拍手"是杨树，杨树叶子风刮着呼啦啦啦响，不吉利；桑树就是"丧"字，也不吉利；柳树也不吉利，前面叉小鬼都用柳树，比如人去世了往地里埋，晚辈就用柳树往地上一叉。

问：1980年之前的地坑院里面是不是都不栽树呢？还是都栽着树？

答：那不一定，有栽的有不栽的，大部分都有树；以前院里都有什么树啊，香椿树，核桃树，苹果树，梨树，水果树，院里种树，一个是绿化，一个是心情好，还能吃（图5-90）。

图5-90　王守贤院花池

• 窑洞维修

问：从清朝建成之后到现在，修过这个窑吗？怎么修？修过多少次？

答：年年修。有毛病的话，像泥落了得泥一泥；顶上下雨了，场上得用石碌在上面碾，要是土虚了水就渗下来了，窑一湿就倒塌了，这个砖都是1980年的时候我建的。小毛病大毛病都得修。像这个院，要是经济条件好了，拿砖在里面拱一下。现在我年龄也大，咱这村里经济条件也不太好，也没有那个精力，找人干现在工资太高了，打工的话管饭买烟就得200块钱。

问：之前这个窑洞都是土的，是吗？

答：土的，没有一块砖。这地面的砖（不规则的石块）都是老祖先铺的，这砖有好几百年了，下雨它不沾脚；这些砖（方砖）都是我铺的，将近干了2年。

问：窑洞什么地方容易坏？

答：不能浇湿，下雨窑一湿非塌了不可。前几年下雨，几天几夜雨不停，就有下雨下塌的，上面有的不维护，草长得这么高，下雨水走不了就渗下去了。所以不能让它长草，水得往下流走，下了雨了，我就用石碌在上面碾一碾土。那窑顶用个石碌，找个拖拉机，在那碾一碾。

问：碾的时候会往上放新土吗？还是就干压？

答：挺个10年、20年也得填这么厚一层土（10厘米左右），今年过完年我就准备到那边弄土填这么厚（10厘米左右），因为下了雨土就给冲走了，10年左右往上盖10厘米左右的土。

3. 平陆县张店镇侯王村于保才访谈

工匠基本信息（图5-91）

年龄：79岁

时间：2016年8月6日

图5-91　侯王村匠人
于保才

基本情况

问：**您是什么时候开始挖窑洞的？现在还住在地坑院里面吗？**

答：现在都在地上的房里住，我的院都填了。挖窑洞的时候，我大概就30多、40岁吧，就开始挖了。挖窑洞不用学，老百姓基本上都会，几数院，比如说7数的、9数的、12数的院，挖多大放多大，就可以打窑洞了，没有专门拜过师傅。

你挖这个窑，高低上来说，前面比方说3米，那后头大概就是2.7米、2.8米，窑洞高低不一样，前面比后面的高一点，这是为什么呢？老百姓不是家里烧火嘛，烧火烟跑得快，基本上一个窑洞，差个20来厘米、10来厘米行了，烟走高处水走低处，要是平平的不就不好走了嘛，窑洞都是这个样。

问：**什么时候开始大量建地面上的房子？**

答：（20世纪）七几年末慢慢开始建的。当时不是在场上碾麦子嘛，碾完麦子往地下搬不方便，下雨了在这地上盖一个库房，慢慢就多了，都开始盖。

问：**从（20世纪）80年代开始侯王自然村一共填了多少个地坑院？**

答：这可就填多了，几十个院都平了。都是（一九）零几年填的，土地有那个项目，叫"平田整地"，不住人的全部平了，国家免费给平。这都起码五六年了，村民自己都掏不起钱，全是国家填的，因为自己填不起。侯王自然村（20世纪）80年代一共有七八十座地坑窑吧，还没有详细统计过，差不多最近五六年填了四五十个，还剩二三十。填了以后能种庄稼、盖

房，那个地方不住人了就塌了，年轻人都不住，上年纪的人住那很困难。

问：**按照行政村算原来一共有多少个地坑院？**

答：我估计原来一共有200个，现在估计能剩个五六十个，原来有200多个全部都平了，整个全大队能剩七八十数吧。

问：**您过去挖过多少窑洞？**

答：我自己挖过3个院。这个窑洞自己也挖，过去请那个打工的干，我原来挖院，请关系好的，我挖院子你给我帮忙，你挖院子我就能给你帮忙。答谢的话，吃点饭就行了，打工的人要给钱，不是打工的话，来帮忙的不要钱，就吃吃饭，给你干干活就妥了。

问：**工人们的报酬怎么算？**

答：算方的，就是1方土多少钱，打工的按这个来，1方土不到20块钱。那是（一九）七几年吧，八几年后头就没了，后头就不干这个了。

问：**村里面最晚的一个窑洞是什么时候修的？**

答：最晚不记得是哪一年，大概是（20世纪）70年代末，1980年以后就不挖了，已经都挖好窑洞有住的了，大部分都安置好了。

问：**窑洞里会不会很潮湿？有没有老鼠蝎子？怎么防鼠患？**

答：有老鼠。窑洞那个土质老鼠能打洞，那就得养猫，养那个猫在家里屋里边院里边随便跑，大门下面那个门板都有个窟窿，猫从那走，那叫作猫风眼。

营造流程

• 挖窑院

问：**修窑洞怎么选地？需要跟村里商量吗？**

答：得跟村长说。我想在这个地方弄个窑洞，村长批准了才在那挖，不批就不能挖，就是批2亩的地，3亩的也有。土改前，没有收据个人就能干，土改以后政府就管了，得审批，越来越严了，批了以后才能下来[1]，上面不批准不能随便下窑院，都能下院的话那就占土地了。

问：**选宅基地有什么考虑？**

答：得仔细挑嘞。比如这个地方住人好不好，不好了就不住人，一般有坟的地，就是门前埋人的，那

---

① 此句为侯王村于书记补充。

就不能占；还得看这个土质，土质好就在这下，土质不好就不在这下；也得看地形，地形不好的话，下窑洞就不安全，容易塌方。土质好不好，过去都叫阴阳先生看一看，看了以后呢就开始挖。开始挖窑洞的时候，先确定多大的窑洞，我之前说的几数几数就是这个意思。9数就是9眼窑洞，7数就是7个窑洞，7个窑洞坑就要小一点，9数窑洞就大一点，12数窑洞更要大一点，一般一个窑9尺，宽3米，高3米半。

问：选基地的时候会请风水先生吗？

答：有时候也请，看的时候用指南针，老先生都叫罗经，方方的，上面字满满的，用那个看方向怎么下、怎么定。

问：怎么确定宅基地里窑院的方向？

答：根据地形，一般是以北为主，不管几数窑都是北为主，这是一点；还一个看地形，比如后面是山不能是坑，讲究就讲究山势、水势和地理环境。你得瞅个地脉，风也好雾也好，风脉就是太阳出来了，在前头那个雾气，那个风脉就好，这个讲究太多了。

问：选完地之后要开工了，会有什么仪式吗？

答：有的是放炮，拿酒在基地外一圈点一点，拿着酒瓶子在那转一圈，把酒洒在地上，老百姓叫献土。

问：**挖的过程中有哪些人参与？挖之前会准备什么工具？**

答：就是主人和打工的，用些钢钎、圆头钎，破土用的，插进去这就叫动土了，就是把这个区域定对了。挖四个角也可以，挖当中也行，就拿白灰一撒，四个角把它打对，绳子给它拉开（图5-92）。

问：**一般每面3个窑洞是多少米？**

答：这个不好说，有的打窑就是小一点，基本上就是2米多的，窑腿起码得7尺，一共20米左右。

问：**挖浅土层用什么工具运土？**

答：一开始就两三米深，就用锹子往外扔，抬一下扔出去。要是2米多高扔不出去了，就用担挑土，两个筐，就拿担给挑走了。在这边上有一条路，从这路上就上去了，2米多就不能用了。再往下挖就得打辘轳了，用辘轳绞。

问：**辘轳具体是怎么用的？**

答：就在四个角，这边一个杠，这边一个杠，这儿有一个马甲，马甲上面安一个横杆，辘轳就在横杆上穿，它是活的，这的土出完了，换一下就安其他边。

问：**挖新窑在一年的哪个季节？**

答：冬天挖得多，因为冬暖夏凉，冬天挖窑洞里面暖和。挖窑洞的时候先挖一个坑，坑挖成了以后就停工，停个一年半年，等到南面的土都干了，才开始挖窑洞。停工就是为了让它晾干一些，晾干以后再打窑洞。

问：**是第一年把坑挖好，第二年才打窑洞？**

答：是，第二年打窑洞。农村的劳力不值钱，3个人、5个人一年就挖开了，到最后都掏钱雇人，雇山东的、安徽的，我雇你你就给我干，一下就这个院坑挖完了。

问：**咱们村的窑洞，有没有一年挖好的？一般要晾多长时间？**

答：不能这样，得挺个阶段（晾干，隔一段时间）。最低也要半年，要不窑的南面干不了。

尖锹　　　　尖镐　　　　平锹　　　　尖耙　　　　盛土竹筐

图5-92　挖坑院工具

问：如果马上打窑洞会怎么样？

答：有的地方弄，有的地方不弄，有的土质是硬的，有的是虚的，硬的土就打，但是大部分土质是不行的，得晾干，这样就100%出不了问题。弄不好的话就打塌了。

● 窑洞内部及门窗

问：村里都有几孔的窑洞？

答：12孔，就是最大的院，最少的是7个，再小了就没法下了。平地起坑得有个规矩，挖不对了、挖的地方小了下面装不了12眼窑。12眼窑的不多，9个和7个的多。12数院的人口多，没有12个窑洞住不下，弟兄几个还有媳妇，像那样的话不能住一个窑洞。

问：打窑洞的时候，怎么在窑面上确定窑洞的具体位置？

答：比如这面是3个窑洞，先确定中间这个主窑，再确定窑腿，然后再确定旁边的窑。

问：主窑一般在哪个方向？

答：看是以哪面为主，北为主北面就是主窑，地形不行的话，东面也能住。这个西面不能当主窑，老百姓说靠不住，靠空了，就是东面和北面为主，不能为西面。

问：窑洞会有两孔相连的情况吗？

答：有，那叫一明两暗，只有一个窑洞有门，另外那个窑洞没有门，不过有个大窗户。一般的窑洞都是一个门两个窗，下边一个大窗，上边一个小窗。

问：窑洞和院子的地面哪个高？

答：一般都是平的，院跟窑洞基本是平的。窑洞里面的地面也是在1949年以前不作处理，1949年以后有钱了才铺砖，院子也全是土的。1949年以前除了土、门窗的木头外，没有其他建筑材料，院子里面找不到一块砖。

问：窑洞里会摆神位或者祖先的牌位吗？

答：这个也有，就是影墙上（影壁上）有一个，在影壁里面挖一个小坑，小窝窝里面就放香炉，过节的时候烧个香。个别有的就是灶房里面，屋里面灶神爷，那都很少。

问：窑洞的平面，是前面宽后面窄吗？

答：窑洞的宽窄得一模一样，一般都是前面开3米，后面也开3米，就是高低上前边高后边低。

问：主窑是北面最大的吗？

答：对。比如说主窑是3米，东面这个窑洞就是2.9米，不能到3米，或者2.98米，反正不能高于这个，西面就是2.96米，到南面了，必须低于这3个。一般长辈都住在主窑，北面为主，北面主窑最高，东面主窑都不能超过北面的主窑，西面的不能超过北面的，也不能超过东面的。每个方向都有一个主要的窑洞。也就是说，北面的主窑比东面的高，东面的比西面的高，西面的比南面的高。辅窑比主窑低一点就行，低个10来厘米就行，不低不行。

● 水井、渗井

问：挖完坑院晾干的时候下大雨怎么排水？

答：那不怕，不打窑洞下雨都没问题。挖开窑洞就得打水窖，上面的水都流到这里面了。窑洞哪一面为主，水窖基本上就在下面，水窖偏西南。一般先挖窑洞，窑洞挖完以后接着挖水窖。

问：水窖一般挖多深？形状是什么样子？

答：一般都五六米。都挖一个圆的，上边小下边大的喇叭形，有直的一段，那部分不长，一般都是1米，下面就开始大了。喇叭就2.5米、3米深，没有这么大渗不了水，一般下雨院里水都要从院里走，不大就装不下水。（水窖底下会铺什么？）都不铺，就这样渗，铺就不渗了。

问：喇叭的坡度挖的时候是怎么确定的？

答：老百姓掌握住了，也没有什么方法，就是凭工匠的技艺去挖，不测量。

问：渗井上的盖子是怎么盖的？

答：上面拿个砖给它锢起来（沿着井口四周），砖都锢了以后上面搭个洋灰板，给它扣住就行，那就保险了，小孩不怕掉那里面。一圈砖得有个眼，水从眼儿过去就流下去了，在砖头下面有个坡度，水就下去了。

问：水井放在什么位置？

答：水窖在西南角，水井在东南角。得看院的方向，是哪面为主。是北面为主，水井就打到东南角，以东为主就打到西南角，这得调整，不是固定死的。打井的院子很少，过去这一方方（村子里）打一个井，我们这么大个庄子就3个井，都在场上吃。原来侯王自然村一共就3个井，全村吃水了用那个辘轳绞绞，再挑下来到院里，以后这个院子才搭个井。原来有井的不多，有井的地坑院能占到30%。

• 入口窑洞

问：挖窑洞的时候人怎么上下？还用辘轳吗？

答：已经挖洞了（入口门洞），就在这边出一个窟窿，下来就把这个院子连起来了。

问：挖洞的时候是从下往上挖还是从上往下挖？

答：都有，得两头挖。在手电上吊个小线，把手电打开往前照，照到的地方就开打了（沿着手电光线打，打歪了会看出来），上面也是这么打，就能挖出来。比如这个窑洞，挖个5米就拐了，这个地方进去就碰上了。用手电筒照明，高低就确定了，手电那个灯光，照着那个墙打，直直的也不拐弯，照的灯光就确保能打直。到后来扩展了嘛，还要窥细（修窑），比如下头2米宽，先打1.5米，最后不直的这边再发一发（修一修），先打个毛坯，这个土它不直，给它窥细窥细就直了，很简单。

问：入口坡道一进来会有照壁吗？

答：有。照壁对面有窑，一进来看见北面窑洞，老百姓认为这个不好，影壁就把窑洞给遮住了，对面没窑就不需要了。影壁这个东西基本上都有，长度基本上就快2米了，上面高一点，能挡到视线就可以了，窑洞下去一拐有个影壁挡一下，让人看不到窑洞就行了。

问：门一般放在坡道的什么位置？

答：哨门就是随着这个坡度来变，大概在两三丈，10来米吧，坡度正面就是这个门。修的时候没什么讲究。

问：有没有窟窿下面有个小水井的？

答：那个也有，不过太小了，就前面这一小点水流到里面，挖一个小坑就行了，这个小坑满了，时间一长就渗了。这个小坑有的有，有的没有。

问：入口是台阶的还是坡道的？

答：过去都用砖头铺一铺，栽起来，一棱一棱的不光滑。过去院里都有牲口，牲口上来下去，在那盘在那踩，所以不能平铺，平的就掉了，就得立起来。这个砖的10厘米给它栽起来，都是斜着放的，有棱不光滑。

问：一般入口坡道要多宽？旁边会做高起来的防水吗？

答：2米多。不做防水，有钱富裕了，用砖铺了铺。一般把地面铺好就对了，这个坡度跟地面不平就对了。没有钱就用土墙，有钱就用砖给铺上。

• 拦马墙、眼睫毛

问：拦马墙怎么砌？什么时候开始砌？

答：这个一般没有，上面平平的。有钱的才弄拦马墙，弄1米来高，小孩掉不下去。时间不好说，当时不砌拦马墙就是因为人家没有钱，有钱的搞这个拦马墙，没钱的闹不起。

问：眼睫毛怎么做？

答：咱叫滴水。在窑面后面卸1米宽，给它弄个坡度，坡度上边上上瓦，这后头砖头就给靠起来了，就有个围墙，这就是刚才说的拦马墙。滴水有两层意思，是保护窑面不受飘雨影响，二是上去1米多高，做个拦马墙，护这个土，同时也保护地下这个窑面，要不上面下雨可能会把窑面冲坏。

就是把窑面敲进去1米、2米，挖进去再一个斜面进去，往里切二尺，切了以后把砖走上来，这面上瓦，这不盖住了嘛，下雨就不飘到窑面[①]。

• 火炕

问：火炕一般在什么位置？

答：炕在窗户一边，进了窑洞之后就在门边上。在窗底下按门，就是坐在炕上能透过窗户看见外面，炕随窗走，不是炕随门走。基本上都有炕箱，不挖炕箱就占到这个地了，地上面积就小了，往里面挖一点地上就宽了一点，都往里掏个一二尺。

问：一般炕的尺寸有多大？

答：有6个泥基的，有8个泥基的，泥基长的是1.8尺，不到1米。那个炕也不小，不固定，泥基就是和的那个泥，走这个木石夹夹（制作泥基的工具，木条框组成），这么一走。8个泥基这个炕就大了，人就能睡下。

问：短边是几个泥基？

答：长边6个泥基对应的短边是2个泥基，8个的是4个泥基，泥基就是土弄的麦秸，和一和弄一个木石夹夹，得有这么高（四指宽，约7~9厘米）的木石夹夹，这里头填上泥，拿捶捶给它捣捣，捣瓷实了，等它干了就能用了。

问：泥基一般要晾多久？

答：不一定。天气好了三五天就干了，天气不好了怎么也得一星期了。

---

① 此句为侯王村书记补充。

● 窑腿

问：窑腿上需要做什么装饰吗？

答：窑腿上就是拿砖走一下。1米高，上面就是泥的了，老百姓都是砖与窗台齐，窑腿把这个门一圈都给贴上了，窑腿也贴了，门也贴了。

● 窑院种树

问：院子里一般种什么树？几棵树会有讲究吗？

答：这个院子大了的话可以种一棵，院子小了，比如7数院，一般都没有树。栽一棵树一下子就暗了，不透光就看不见上头，黑乎乎的，大院子的话栽上1棵、2棵可以。没有讲究，种几棵都可以，老百姓喜欢什么栽什么。一般栽梨树不好，得栽苹果树，那是土改以后，土改前都不栽树。

问：1949年以前院子里有树吗？

答：没有，就是周围场上有（地面上），慢慢才发展进去了。分到土地了，就慢慢栽了。

● 窑洞维修

问：窑洞会经常修吗？几年修一回？

答：不多修，3年、5年、10年、8年修一回吧，因为烧材火（木材）烟熏得乌黑了，拿扫帚给它扫一扫，然后拿泥再抹一层，这就修理了。一般过去讲究一年的腊月二十三祭灶嘛，过了腊月二十三就开始扫泥，扫完就过年。

问：窑洞有裂缝了怎么修？

答：大了就不住了，拿木石填起来顶住，土质好就不出现这个问题。

4. 平陆县张店镇沟渠头村赵天兴访谈

工匠基本信息（图5-93）

年龄：68岁

时间：2016年8月6日

图5-93 沟渠头村匠人
赵天兴

基本情况

问：您是什么时候开始挖窑洞的？

答：我是1975、1976年，挖了七八年窑洞，那时候在农业社，白天干活黑天加班挖，我的窑洞是1972年以后开始弄的，弄了五六年。主窑找几个人来挖，后来就是我一个人来挖。半年多打了两孔窑，就住里面了，剩下的慢慢再挖。

问：只挖坑院挖了多长时间？

答：挖了四五天就停了，那时候雇人，挖了4天把这个坑（不包括挖窑洞）就挖好了，底下就不动了，一个人慢慢挖。

问：挖的时候是自己挖吗？还是找其他人？

答：全家人加班挖。当时雇了七八个，后面就自己加班加点抽空挖，那时候农业社看得紧，我还没孩子，跟我父亲、我妈加班挖。亲戚有时候会来，90%都是自己挖的，不管是冬夏都行，有时间就行。冬天挖得多，下雪了地里没活，就开始挖窑洞；下雨也挖。

问：挖的时候不先把窑洞晾干了吗？

答：窑里面不怕湿，直接拿镐子挖。我这窑洞上面有一层石头，那个石头轻易塌不下来，窑上面有石头以后就固耐（坚固）。挖的时候土用辘轳绞上去，就像绞水一样，到上边就担到一边。

问：这个自然村原来有多少个地坑院？现在还有多少个？

答：原来这一溜8个，旁边还有十几个吧，现在还剩6个吧。

问：另外几个是自己塌了还是别人填的？是哪个时间填平的？

答：填平得有个10来年了。自己填平的，人不住里边了就填平了，没用了就陆续填平。

问：村子地上的房子什么时候出现的？

答：地上的房得有20多年，1990年有的，1990年之前都没有地上的房子，全在地下。1990年土地下放承包以后，打的粮食方便，才开始在上面盖房子，就不用每次都运下去。

问：窑洞一般要多久修一次？

答：一般没问题就不修。窑洞不会出现大问题，要是出问题窑洞就塌了。有的地方几十年都不住人也挺好，可结实了。

问：地坑院有没有正方形的？

答：也有正方形的，正方形是12数，过去12数是大院，人多，一般都是9数、7数。

问：这儿的院子如果挖到石头层已经挖了五六米了，再往下挖不是得挖到十来米吗？

答：一般上下是7米高，7米以后挖到石层，在底下有三四米就行了。石头层下面三四米高就开始挖窑洞。

问：您是什么时候搬出去的？

答：得有个二十来年，我父亲上去得晚，我上去得早。上面只有两间小房我住，父亲和母亲在窑洞里面住，屋里面还有炕（图5-94）。

图5-94　赵天兴院

营造流程

• 挖窑院

问：开始挖之前，有什么祭祀活动吗？

答：没有。但是有窑院证，就是土地使用证，国家提前给你发这个，发了以后才开始挖。申请使用证得上面批，比如我这总共是1亩5分多。

问：批下来的地是不是比窑院的面积大？

答：大一亩多呢，这坑子不大，这还有屋里的窑嘞。我这个院子就有几分地，上面得有一亩半地。

问：开工之前会有动工仪式吗？放鞭炮拜拜土地神？

答：有。提前破土嘛，在宅基地的中间开工以前会上香点酒。点酒以后，院子尺寸多大就开始挖。说些吉利话，比如说"老天保佑，平平安安"，具体就是磕磕头、作作揖，全家人都要一起在宅基地里面。

问：开挖的时候先挖哪一块土？中间的还是四个角的？

答：先在一边挖。挖了以后，坑院浅的时候有个马腿，人往上担土，担不上去之后才用辘轳绞。马腿一个就行，弯的，坡度太陡直的上不去，挖窑的时候就

不用马腿啦，挖坑院的时候才用。我这院子总共7米深，有个4米就开始绞了，没有马腿以后拿辘轳。

• 渗井、水井

问：村里发过洪水吗？下暴雨渗井有没有满的时候？

答：一般都没有洪水。没有满的时候，一般院里面还可以渗，都是井不满雨就停了，几十年了都没满过。像我家的渗井有20多米，直径大概有1米，下了雨以后水全部都流到渗井里了，原来那坑得10来米深；水井是40多米深，比渗井深。

问：渗井里面的形状会不会有喇叭形？

答：没有。就是直上直下的，下边打了之后容易塌方，一塌方就进不去水了。

问：井底、井壁会铺一些特殊的材料吗？

答：不铺。专门就是渗水，水下去了以后就自己渗下去了，铺了以后就不渗水了。井盖就是用个东西盖上就行，有的用过去那个磨面的磨石盖在上面。

问：您这个院里有水井吗？

答：我后来打了一口水井，挖到40多米才见水，是从坑院地面挖了40多米，地面算的话得有快50米了才见到水。这个石材（指的是窑洞窑面上的一层石头层）就破了大约4层才见水。挖到石头挖不动就慢慢挖，一天就挖一些，都用钎子、锤子挖石头。

问：挖的时候人怎么上下？

答：用辘轳绞土。井的两边挖一个脚窝，方形的，只要脚能踩住就行，踩着一边一个从上往下挖。

问：辘轳多深才用？

答：打这个井的时候两三米就得用了。辘轳绞土是3米以下，全部得用辘轳绞；3米以上绞土的话那就直接扔上来了，3米以内就用脚窝，人上下都是靠脚窝。这40多米的井深边上全是脚窝，没脚窝就上不来。

• 入口窑洞

问：入口窑洞是什么时候挖的？具体怎么挖？

答：住到里面就把那个挖好了，不挖好进出不方便。一般都是在窑院里面往外挖挖，拿辘轳绞土的就在院里面挖；那上面有个明洞，明洞的土就是人担了。

问：是两边同时开工吗？

答：不一定，人多了同时开工。一般都一家几口，

人少。

问：有没有两道门或者三道门的情况？

答：原来旧社会就是土坯的一道门，老院都有两三道门，都这么厚（20厘米左右），防土匪防野兽。

问：入口坡道有没有直接进去的？坡道里面防水怎么做？

答：坡度太大下不去，人上不来。坡道拐弯的地方有一个渗水坑，水就流到里面去了。渗水坑有的深一点，有的浅一点，放下水就行（图5-95）。

图5-95　赵天兴院入口坡道

问：门的位置是放到离窑院近的地方还是放在拐弯的地方？

答：两道门的就放到拐弯的地方，一个门就放院里。

• 拦马墙、眼睫毛

问：当时建窑洞有拦马墙吗？

答：有。那个时候拦马墙都是拿泥巴编的，拿泥、麦草弄上去。

问：当时砖瓦是不是得买？

答：都买，没有自己做的。

问：没做眼睫毛每年下雨对墙面刷得严重吗？

答：有影响，你瞅这一溜一溜的（指下雨对窑面的冲刷很严重）。

• 窑洞内部及门窗

问：挖完坑院最先挖哪个窑洞？

答：先挖的两个，这边的一个（北面东北角一个），这个（东面东北角一个），还有这个（西面西北角一个），挖了4个，还有入口，住以前挖了这四个，其他的都是住进来之后才挖的。这窑洞总共前前后后干了十来年。

问：刚挖完窑洞，没有晾一段时间再进去住吗？

答：急着娶媳妇嘞。我家里的老院8口人一个半窑洞，人比较多，没法住，所以没等晾干就住进来了。

问：主窑为什么对着入口？

答：原来那时候主窑都是开在中间，书记说咱家里人多没地方，修这个院不容易，就多打几个窑洞，打了两个（一般主窑面只有主窑一个窑洞）。结果风水先生看了之后，上面另外又打一个小眼窑。小窑叫仙窑，神仙的仙，拿砖写个字，写的是"姜子牙在此，诸神退位"，大约2尺来宽，1米高吧，有个1米深，也是有拱形的，拱顶到下面是1米深，砖放在里面，里面什么都没有，也没有贴对联。

问：窑洞里面会有神位或者祖先牌位吗？

答：过去有祖先神位，放在正东窑那间的桌子上，最后搬上去住了，我才把它搬上去了。

问：挖窑洞会用到什么工具？

答：就是用锹子、洋镐、二齿、线。二齿就是铁耙，两个齿。拿辘轳绞的时候是用筐子，挑土的时候用了很多筐，得有100个，运土的时候都运烂了。

问：盖窑院除了花钱买筐子，还需要花钱买其他的什么？

答：绳子。辘轳上面那个绳子。绳子多了，一条绳子7米多，搭2个辘轳，一共是14米，也就几块钱，那时候都便宜。

问：绳子是怎么固定到辘轳的圆滚上面的？

答：辘轳有个把，跟这个形状是一模一样的（指的是录像机三脚架），也是个三角形的，中间串根轴，一边搭一个辘轳，两边都在上边绞，一转以后它就上来了，可费劲了，那一筐土得有100多斤。

问：运土的时候地坑的哪个角需要弄辘轳？

答：几个角都可以。就在这个角上担一个木棍，像三脚架一样，两个腿绑在这个木棍上，另一个腿放在土上。那个三脚架有个轴子，穿过去一头一个，那个三角形两边都空着了，得铺板子，人得站在这个板子上。一般是两个辘轳，一根轴一边一个，就在角上。不在角上这个木棍没法担。

问：窑洞券的形状是怎么确定的？

答：提前画个轮廓，拿铲子直接在墙面上画一个轮廓，先打毛坯。毛坯打对以后，在毛坯窑洞里面沿着窑洞进深方向碰上线绳，碰直以后才开始细细地刮。

问：这个弧度是怎么定的？

答：得有个高度来打个顶，拉个绳子碰到窑洞后面，这面也碰个绳，碰3根线，再窥细圆度。弧度就是照着上面这个线和中间这个线来确定的，窑腿下面是齐的，上面是弧的。

问：下面是完全垂直的吗？

答：一般是比较垂直的，不敢斜，斜了以后窑腿就窄了，窑腿一窄就不固耐（坚固）了，所以窑腿下面都是直的。

问：下面完全垂直的部分离地面大约有多高？

答：这都不一定，就在石材下面有个4米高，一般都是1丈高，3.3米，宽度有个3米多，原来都是以尺丈计算。小窑高度就是1丈，宽度就是9尺，3米。

问：窑洞挖完安装门窗的时候，门窗要往窑面里面退多少？

答：退40厘米或30厘米，下雨飘雨一般都飘不到里面去。

问：门框具体怎么安？

答：先放门框，再放窗框，就是把这个门立住之后开始垒土坯砖，垒到一定高度（1米多）再安窗户，上面是高窗。

问：窗外面突出来的部分是怎么确定的？

答：这就根据形状确定，一般都有3个土坯，一般不是统一的，比较对称，正面看上去好看就行（图5-96）。

问：立门的时候怎么立？

答：用个杆子绑个绳子压住，比较垂直，杆子压到上头就不动了，弄个绳子用砖头或者石头吊着，下边挨住地，顶住地就不动了。杆子用一个就行，得在绳子上面绑个东西压在上头，就比较稳定了，压在门框上面就不前后走了。

问：窑洞里面的窑面需要做装饰吗？用什么工具？

答：过去拿土，和上泥、麦草，再泥一遍，一般泥3层，不泥3层它不光。泥第一层的时候得注意，不注意的话窑上面的土就掉下来。泥了一段就得有个隔离带，有的整个泥完了以后，呼呼呼全部掉下来了。先从上面往下泥，如果先泥下边，泥完了上边掉下来了全部都完了。第一遍泥了以后要晾干，晾到看着发白就可以，不干就泥上面会全部掉下来。这个得半个月呢，泥了以后干了再泥第二遍。

图5-96　赵天兴院土坯墙

问：第一遍的厚度和第二遍的厚度一样吗？

答：不一样。第一层厚一些，因为刚挖好的窑洞表面有窝窝，它不平，有这个坑就厚一点，要是平就薄一点，最低得1厘米。第二层还得1厘米，第三层就薄了，主要是给它泥得光光的就行了，就3层。

问：第三层晾干以后需不需要做壁画或者贴东西？

答：这就得看家庭条件了。家庭条件好了也可以弄壁画，也可以弄白灰，那个时候有条件的，全部用白灰粉刷。

问：条件好的需要刷3层泥吗？

答：泥是3层，白灰1层，条件好的也得刷3层泥，再刷一层白灰，条件不好的只有3层泥。有的2层也有，这就不好了，因为不光滑。

问：有没有在窑洞里面贴砖的？也是3层泥之后再贴砖吗？

答：有贴砖的。直接毛坯弄好以后就贴砖了，毛坯一好，用白灰就把砖给锢上了，在砖上面再刷白灰。窑门边到外头砖是砌50厘米，里边还是土的，在这外面开始走砖，到这走50厘米就行了，里面不用砖。

问：窑洞里面砌完砖之后，还需要抹黄泥吗？

答：不用，直接就上白灰了。

问：砖看台要多宽？

答：看台一般都是2米多，人能过去就行。看台有一点点坡度，要是没有坡度水就下不去了，都得差这么一点，高差是四五厘米。这个方方中间都深，也可以渗水，排多了以后就放到这个坑（渗井）里面，一般小雨就不在这个坑里面放，院里面就渗了。

问：窑洞里面的地面跟窑洞外面的地面一样高吗？

答：一般都高于外面，不高于外面水就进来了。

问：这样不会影响走风吗？

答：那不影响，这个院子这么深，有时候刮大风都不知道。

问：过去没有房子的时候，运粮食会在粮仓上开一个眼往里放吗？

答：有的开一个眼，有不开的就用口袋人工担。

问：如果开马眼的话，具体怎么弄？

答：现在是机械化了，过去是专门有打眼的犁花，犁花有个孔，在下面往上捣。那个犁花一般就有15厘米，小小的，有的是姜犁花有的是翻犁花，翻犁花小，姜犁花宽，一般是用翻犁花。地面上的眼上面拿砖支一个防水的，下面再一盖，下雨水就进不去。

• 火炕

问：窑洞里面怎么砌炕？

答：这个砌的叫四六炕，4尺宽，6尺长，得有个芦苇打的席子铺在炕上，一般是用砖垒起来的，一般都是土坯砖，7寸宽，1尺长，土坯都是自己做的一个模，用石墩打，夯实以后拿起来晾干，一般晾干十来天就行了，中间得有个通风孔，那就干了（指晾的时候土坯砖之间有通风口）。

问：炕是直接砌在外面还是往里挖一点做个炕箱？

答：砌在外面，有的是炕箱，有的是往里退一点点。

问：炕箱是有弧度还是直着方形地挖进去？

答：直的不牢固，一般都是带拱形的，都是在腰线这下来。有2米多高的，这都不一定，下面宽度有20多厘米，上面就是一个角了。

问：两边都会有炕箱吗？一个窑洞里面几个炕？

答：一般两边都打一点，人多的时候炕坐不下，挖个箱子人就可以全睡下，就一个炕。

• 窑院种树

问：院子里为什么没有种树？

答：过去种了一棵梨树，最后梨树阳光不好容易死，建窑院的时候就种了树的。

问：院子里种一棵树可以吗？

答：一棵树也可以，没有什么说法。

问：那树种呢？有没有什么吉利的说法？

答：梨树和苹果，没有什么讲究，阳光不好就死了。

第六章

高平市砖木混合结构民居营造技艺

第一节　传统民居

一、背景概况

高平市，位于晋城市北部（图6-1），东与陵川县接壤，南与泽州县毗邻，西与沁水县交界，西北与长治市长子县为邻，东北与长治市长治县相接。全县轮廓近似方形，"广九十里，袤八十里"①，境域总面积946平方千米。

1. 自然地理

"层山环抱，曲水萦流；寨堡皆险阻之区，高平悉耕凿之地"②，描述的就是高平市独特的地理环境（图6-2~图6-4）。由于地处太行山边缘的四岭之间（东至铁佛岭，南至界牌岭，西至老马岭，北至丹朱岭），境内平川较少，山峦连绵，丘陵起伏，丹河贯穿全境。县域整体地势北高南低③，根据地形可分为河谷平川区、黄土丘陵区、中低山区三大类，比例为1.7:3.5:4.8④。气候特征为春季干旱多风，夏季炎热多雨，秋季阴雨连绵，冬季寒冷干燥，属大陆性暖温带季风气候。

特殊的地形地貌及气候条件对村落的选址及民居的布局产生了很大的影响。村落多位于台塬之上，四周群山环绕。民居多坐北朝南，为二层砖砌合院式建筑，以便争取更多的阳光，避免冬季西北风的侵袭。

图6-1　高平市区位图

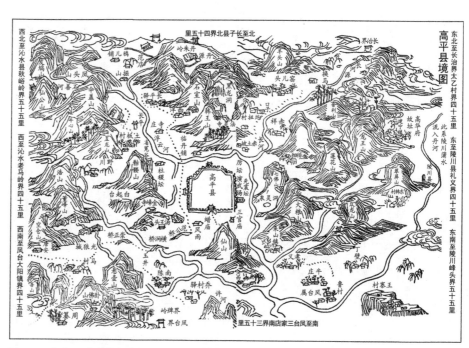

图6-2　清雍正《泽州府志》中的"高平县境图"

---

① 高平县志：清·顺治版点校本[M]. 太原：山西人民出版社，2015：3.
② 高平县志：清·顺治版点校本[M]. 太原：山西人民出版社，2015：3.
③ 北部至泉山最高，海拔1391.1米，南部河西镇杜村村附近丹河河床最低，海拔780米。
④ 引自高平市政府门户网站——高平概况。

图6-3　赵家山村周边地形航拍图

图6-4　永宁寨传统村落航拍图

2. 人文历史

据考古发现，最迟于旧石器晚期，高平就已有人类聚居。新石器时代，这里已进入农耕文明。一千五百年的历史，使高平具有非常重要的历史地位。如高平是尧封丹朱、神农播种、蚩尤冶铁等神话的发源地，是中华民族人文始祖炎帝的故里，是中国历史上著名长平之战的发生地，是汉代名将陈龟、晋代医学家王叔和、元代水利家贾鲁等历史名人的故里。

在漫长的封建社会时期，"耕读传家"成为一种集体无意识深深地积淀在民众的思想中。这从大量现有民居匾额题字中即可窥见一斑。古代的高平县几乎每个村里都设有学堂或私塾，"人人都读书，个个会种田"，培养了大量优秀人才，"泽潞青紫，多半产在高平"[①]，如以清廉显于朝、以学博闻于世的毕振姬，高平清代高官第一人祁贡，立志走实业救国之路的祁鲁斋。

由于资源丰富，高平自古以来商贸发达，涌现出很多豪商巨贾。赫赫有名的泽潞商帮，是晋商大军中最早兴起的一支劲旅，鼎盛时期的生意字号达100多家，从高平到温州，素有"一走三千里，不住他人店"之说。明清两朝的工商业大户比比皆是，如良户村日进斗银的郭家、永宁寨捐资建皇宫的张家、北常庄的"韩百万"、赤祥村的"朱百万"、赵家山的"赵百万"、米山村的"崔百万"、孝义村的"祁百万"、石村的"姬百万"等。

不断涌现的地位显赫的官宦与家产丰厚的商贾大户，为了显示身份与地位，修建了大量考究的建筑，这些建筑从院落的选址布局，到建筑的细部装饰，无不代表当地高超的建筑技艺。再加上社会经济的全面推动，高平地区的传统民居整体保持在一个较高的水平之上。

二、院落形制

1. 单个院落

（1）平面布局

院落布局以合院形式为主，常见的有四合院与三合院。

四合院形式为"四大八小"："四大"指的是正房、厢房、倒座四个主体建筑；"八小"指在正房、厢房、倒座两侧的八个附属耳房。为了更好地采光通风，有的厢房两侧不设耳房，仅留四个风口，风口处一层架空，二层设连廊，将院落的各个建筑串联起来形成"串院"（图6-5、图6-6），当地俗称"四大四小四风口"。

---

① 引自清乾隆《高平县志·序》。

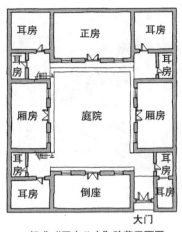

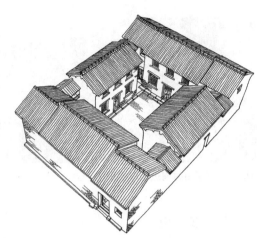

a. 标准"四大八小"院落平面图   b."四大四小四风口"院落平面图

图6-5   四合院院落平面图   图6-6   "四大四小四风口"院落鸟瞰图

　　四合院地基形状近似于长方形，通常南北向尺寸大于东西向尺寸。内部庭院由主要的长方形庭院加风口处的四个小庭院组成，形似"工"字。若院落厢房是五间或七间，则庭院南北向长度远远大于东西向长度。由于当地人认为这种比例的院子在视觉上不好看，且风水学认为对家中女人生小孩不利，故院内通常会设一道隔墙，将其分为两个大小不同的庭院，内院接近于方形，外院则仍为长方形（表6-1）。

四合院院落尺寸及庭院尺寸统计表   表6-1

院落名称	院落尺寸（单位：米）			庭院尺寸（单位：米）		
	长	宽	比例	长	宽	比例
伯方赵家大院	18.92	15.66	1.21：1	9.05	5.77	1.57：1
北陈棋盘院一院	27.93	19.36	1.44：1	16.22	8.64	1.88：1
北陈棋盘院二院	23.67	19.19	1.23：1	12.14	7.70	1.58：1
北陈棋盘院三院	23.06	19.02	1.21：1	11.70	8.42	1.39：1
北陈廉家大院	26.70	18.10	1.48：1	16.24	8.16	1.99：1
苏庄南七宅院	27.70	16.54	1.67：1	16.52	8.14	2.03：1
苏庄翠锦堂第一进院	33.33	21.76	1.53：1	18.38	9.84	1.87：1

　　三合院平面似簸箕，当地俗称"簸箕院"。相比四合院而言，三合院没有倒座，正房对面为院墙及大门，有的院墙外侧还设有长方形甬道作为进入内院的转折与缓冲空间（图6-7、图6-8）。

　　三合院地基形状近似于方形，其南北向尺寸与东西向尺寸较为接近，内部庭院则由主要的长方形庭院加风口处的两个小庭院组成，形似"T"字（表6-2）。

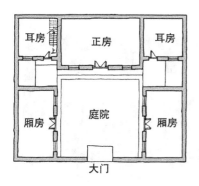

a. 标准三合院院落平面图

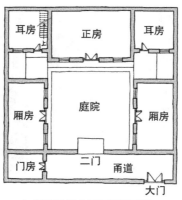

b. 带甬道三合院院落平面图

图6-7　三合院院落平面图

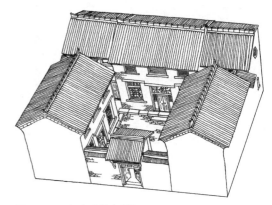

图6-8　三合院院落鸟瞰图

三合院院落尺寸及庭院尺寸统计表　　　　　　　表6-2

院落名称	院落尺寸（单位：米）			庭院尺寸（单位：米）		
	长	宽	比例	长	宽	比例
苏庄贾家老院	19.66	21.73	0.90：1	12.29	10.23	1.20：1
牛村天罗地网院	18.67	18.54	1.01：1	12.19	7.78	1.57：1
牛村姬家院第二进院	16.10	18.51	0.87：1	9.63	7.17	1.34：1
伯方常家院第二进院	15.93	18.87	0.84：1	9.37	7.86	1.19：1

　　无论是四合院还是三合院，庭院内绿化通常较少，以盆栽为主，但也有极个别选择种树（图6-9、图6-10）。除此之外，少数院落的低洼处会打渗井，用于收集雨水以解决用水困难。有些大户人家，还会预埋与院内地坪一致的柱础，平时不影响走路，办红白大事时可搭建戏台（图6-11）。

图6-9　河西镇苏庄翠锦堂院落空间

图6-10　河西镇永宁寨新楼院院落空间

院内渗井　　　　　　　　院内柱础

图6-11　院落庭院元素

图6-12　河西镇苏庄沟底院正房

分类	"二鬼抬轿"	"步步高升"	"状元插花"
示意图	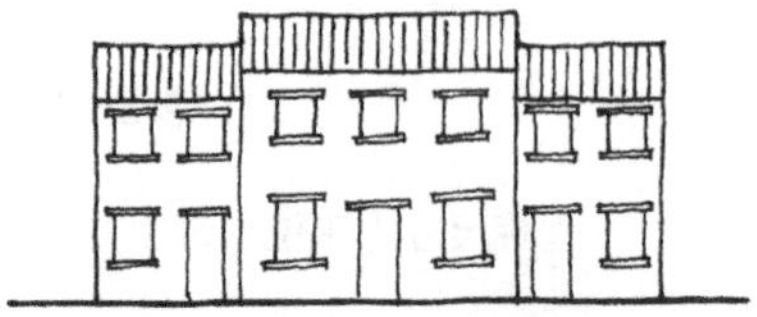	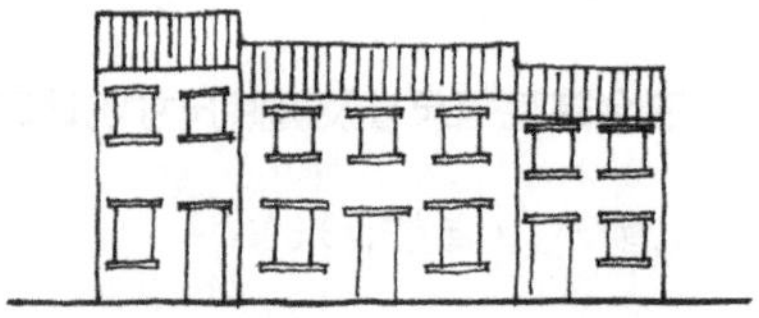	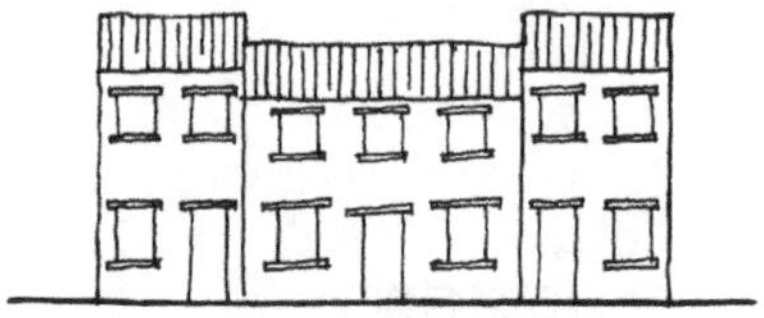
实景图			

图6-13　正房与耳房关系分类图

（2）构成要素

1）正房

正房是整个院落中最重要的部分，占据了最好的朝向，多数位于院落的北面。正房开间数取单数，绝大多数为三间。高度通常为两层，一层住人，二层用作存放粮食等，有的正房为一层厅房，但高度也会比两层的厢房高（图6-12）。正房与两侧耳房的关系有三种：一种是正房高，两侧耳房低，称为"二鬼抬轿"；一种是高度逐渐升高，称为"步步高升"；一种是正房低，两侧耳房高，称为"状元插花"。前两种是所有民居都可以使用的形式，第三种只有入仕的家族才可使用（图6-13）。

2）厢房

厢房左右对称，分居院落轴线两侧。相对于正房，厢房的形制有诸多限制：①屋顶高度低于正房；②檐口即滴水的位置不能超过正房窗户的中线；③前墙边线不能超过正房一层窗户的边线；④山墙离正房前墙至少3尺（1米）以上，保证正房和耳房有更好的采光通风。厢房多数为三开间，少数为五开间，内部可用隔墙分成三开间和两开间。厢房是成年子女居住的地方，都是两层，一层住人，二层存放粮食杂物等，通过厢房内部的楼梯或风口处的楼梯上到二层（图6-14）。两侧厢房高度不同，以坐北朝

图6-14　河西镇苏庄沟底院厢房

南的院落为例，面向大门方向，其左侧厢房（东厢房）代表"长男"，右侧厢房（西厢房）代表"长女"，大部分家族的传统封建思想是希望男孩比女孩更旺盛，因此左侧厢房高于右侧厢房（表6-3）。

建筑檐口高度统计表（基本单位：米）				表6-3
院落名称	正房	东厢房	西厢房	倒座
苏庄贾家大院	7.63	7.31	7.19	—
苏庄沟底院	6.96	6.66	6.82	—
苏庄七宅院	7.22	6.67	6.71	—
苏庄南七宅	6.98	6.85	6.75	6.76
苏庄翠锦堂	—	6.50	6.60	6.50
苏庄杨家东院	6.23	6.15	6.08	6.06
牛村天罗地网院	9.01	7.11	6.93	—
伯方赵家大院	5.94	5.67	5.50	5.43
伯方毕家大院	5.98	5.80	5.75	5.34
北陈廉家大院	6.58	6.23	6.06	6.04
北陈棋盘院一院	6.25	5.68	5.51	5.88
北陈棋盘院二院	6.61	5.94	—	6.03
北陈棋盘院三院	6.70	6.20	6.07	6.38

3）倒座

倒座与正房相对，开间数与正房相同。层数都为二层，但高度低于正房（图6-15）。倒座多沿街布置，可面向街道开小窗，一层开天圆地方窗或方窗，二层开方窗。古代做生意的家户会在沿街面开门，方便进出。

4）大门

四合院大门多结合倒座布置，主要有三种方式：一是"顶山大门"，即大门位于倒座一侧耳房处，与厢房的山墙相对，但山墙的屋脊线不能正对大门，否则称为"穿心箭"，对主家不利，这种形式的大门在当地采用最多；二是位于倒座与厢房之间的风口处，此做法较少，多是由于地形限制；三是位于院落中轴线上，布置于倒座中间。相对于四合院，三合院大门的布置形式则较为单一，主要是位于院落的中轴线上，内檐下设可活动的屏门，四扇或两扇，平时屏门关闭，只有遇到婚丧大事时才打开（图6-16）。

图6-15　河西镇苏庄七宅院倒座

大门的屋脊高度要低于正房，但高于其他所有的房子。门楼主要为一层，还有的是两层，当地称之为"通天

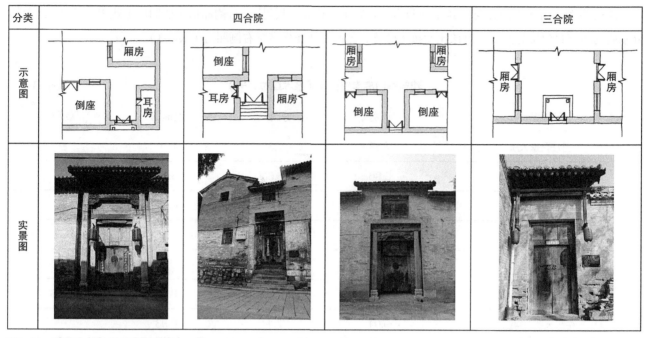

图6-16　院落大门位置分类示意图

图6-17　院落精雕门楼　　　　　　　　　　　　　图6-18　正房屋顶吉星楼

门楼"。大门是院落的入口，且开向街道，是外人对建筑的第一印象，因此，有钱有势人家的宅院门楼常有精致的木雕或砖雕，体现其经济实力（图6-17）。

　　5）风水物

　　院落布局中，受各种条件限制不能满足形制要求时，当地则会用其他的办法来弥补。如正房高度低于厢房时，会在其屋脊中间修建吉星楼，上书"吉星高照"（图6-18），因为"吉星楼的一寸相当于房子的一尺"①，所以正房高度在风水上就提升了。

　　又如修建房子时，门前地势比较低，一眼就能望到对面的山，这种情况下，院落入口处会修照壁。照壁正对大门，且尺寸要大于大门。当地传统民居中，砖雕的照壁占绝大多数，石雕的照壁相对较少，上面都雕刻了精美

---

① 引自东周田有土口述。

的图案（图6-19）。

2. 组合院落

单个院落规模较小，多个院落相互组合，既能满足以家族为单位的生活需求，又不僭越封建社会的等级制度，井然有序中不失灵活。总体而言，其组合方式分为三种：纵轴连接、横轴连接、横纵轴组合连接。

图6-19　院落砖雕照壁

（1）纵轴连接

纵轴连接的院落用"进"表示，多为两进院、三进院。以两进院为例，其前后院分隔与连通的方式有三种：一是设隔墙及垂花门（图6-20）；二是设厅房，通过厅房或两侧耳房进入后院（图6-21、图6-22）；三是前后两院不同期建造，中间设甬道。

（2）横轴连接

横轴连接的院落用"跨"表示，多数为两跨院。跨院之间可以是从属关系，如主院与偏院；也可以是并列关系，如东跨院、西跨院。跨院之间联通的方式有两种：一是通过风口处所开侧门来连接左右两跨院落（图6-23）；二是通过大门处设置前院联系各跨院入口（图6-24）。

（3）横纵轴组合连接

横纵轴组合连接是由若干进院及跨院组合而成的大型院落群，一般为家族大院。这些院落空间的形制和功能有的相似，有的差别较大。院落群内部流线可通过设置前院、偏院、甬道等进行组织，其中较为典型的是通过"十"字形甬道连接四个合院组成的棋盘院（图6-25、图6-26），平面布局沿纵轴对称规整，因形似棋盘上的网格而得名。

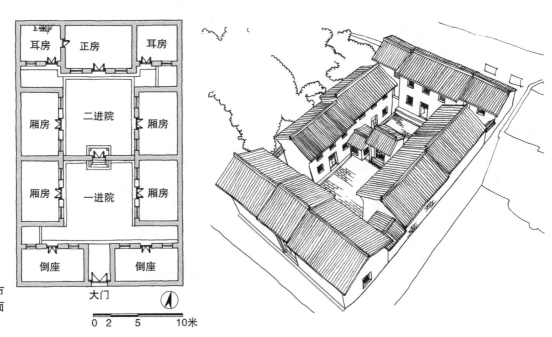

图6-20　寺庄镇市望村李家大院平面图及鸟瞰图

0　2　5　10米

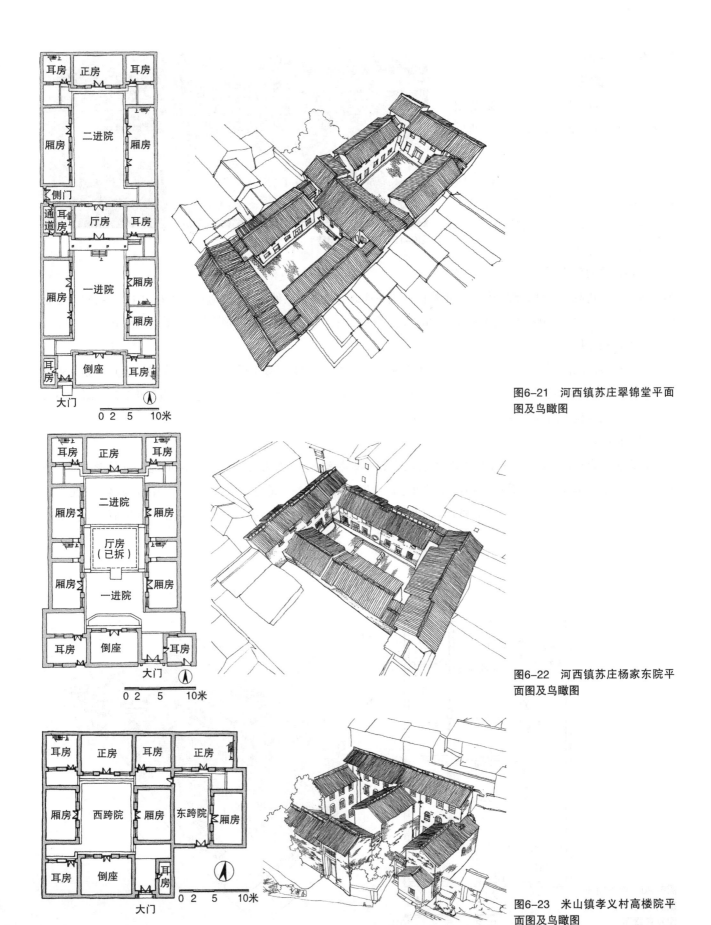

图6-21 河西镇苏庄翠锦堂平面图及鸟瞰图

图6-22 河西镇苏庄杨家东院平面图及鸟瞰图

图6-23 米山镇孝义村高楼院平面图及鸟瞰图

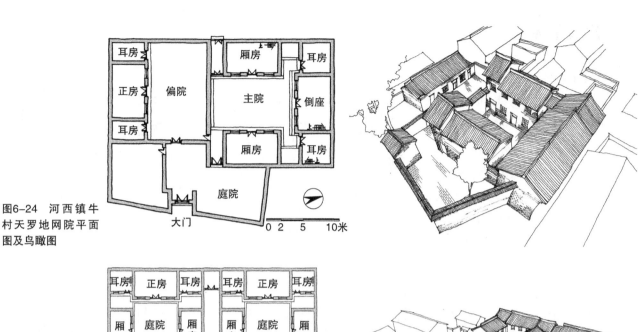

图6-24　河西镇牛村天罗地网院平面图及鸟瞰图

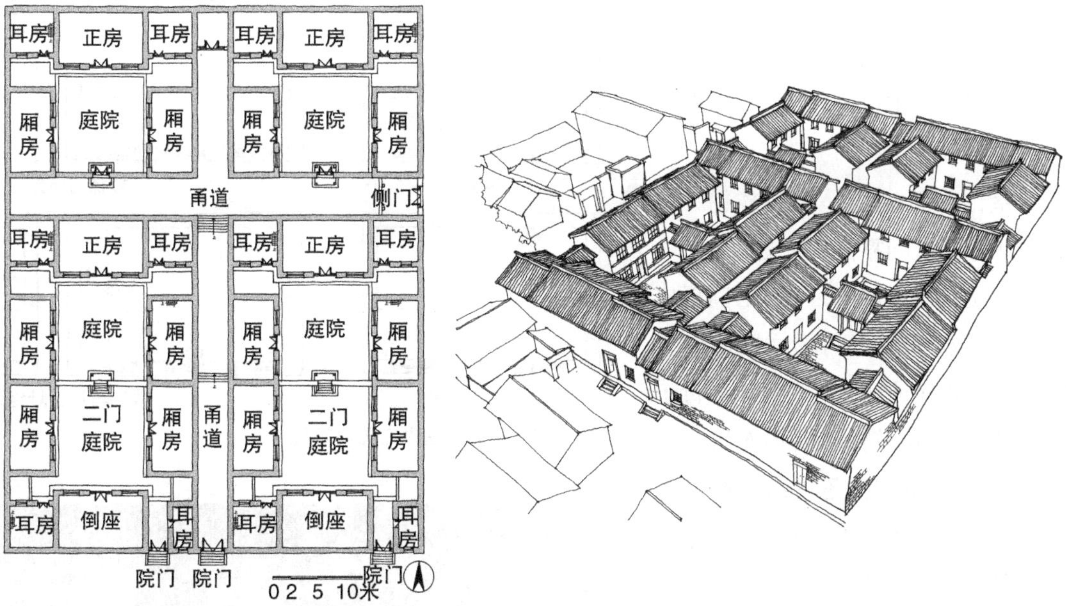

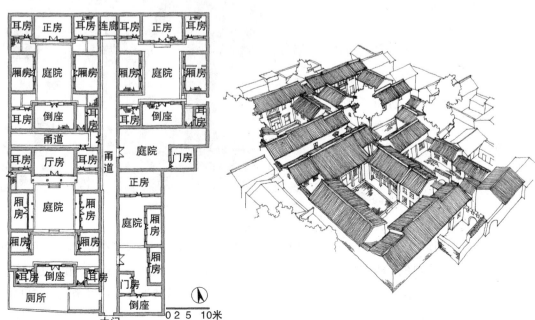

图6-25　寺庄镇釜山村棋盘院平面图及鸟瞰图

图6-26　南城办北陈村棋盘院平面图及鸟瞰图

三、建筑单体

1. 平面组成

以正房为例，多为"一明两暗"的三开间，开间尺寸约七尺到九尺（按一丈为九尺，约为公制3米），当心间比两边稍大，进深约一丈五到一丈八，极个别的进深达三丈，形成"方三丈"的布局。两侧耳房多为一开间，开间尺寸约为一丈半，前墙有门有窗，门窗尺度略小于正房，进深比正房小约二尺到三尺，后墙平齐，前墙回退，与正房形成"凸"字形平面（图6-27）。

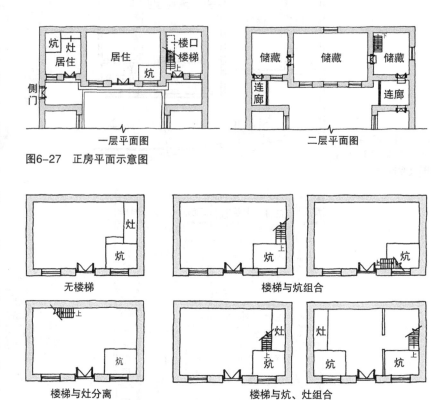

一层平面图　　　　二层平面图

图6-27　正房平面示意图

无楼梯　　　　　楼梯与炕组合

楼梯与灶分离　　　楼梯与炕、灶组合

图6-28　三开间室内布置示意图

室内布置主要是炕与楼梯。炕多位于正房次间靠窗户一侧，大户人家会在炕头设屏风门，与当心间形成隔断。楼梯的位置与形式则比较多样，设于正房或两侧耳房，或平行于隔墙布置，或平行于后墙布置，有的为了节省空间，还可结合炕设置（图6-28、图6-29）。因室内空间较小，楼梯都是既窄又陡，宽二尺左右，长六尺多，与地面所成的夹角大于45°。

2. 立面构成

建筑立面主要分为屋身和屋坡两大部分。正立面屋身由墙基石、墙体、门窗、压窗石、过石、墀头等组成，屋坡由屋面、屋脊等组成（图6-30）。根据一层门窗上沿过石或过木的相互关系，可分为门窗同高或窗高门低（当地俗称"眼高嘴低"）两种形式（图6-31）。

图6-29　室内楼梯与炕组合布置

墙体为青砖砌筑，白灰黏结。屋门位于中央，其宽度变化较大，高度多在3米左右，门框净高在1.6米到1.8米之间（图6-32）。窗户位于两侧及二层，其尺寸随着时代的变迁而改变。元代时，由于建筑层高较低，一层窗户为横向的长方形，窗墙比较大；明代时，建筑层高增加，窗户的宽度减小，高度增加，窗户为竖向的长方形，但宽与高相差不大；到了清代，建筑层高再次增加，窗户的高度也随之增大，分为上方的"卧格"与下方的窗扇两

屋脊

"腿"

屋面

墀头

过石或过木

窗

压窗石

过石或过木

窗

压窗石

门

墙体

墙基石

图6-30　建筑立面构成要素

图6-31　过石间高度关系

图6-32　传统民居正房门扇形式

部分。窗扇的形式多种多样，有精美的雕花窗扇，也有简洁的棂格窗扇（图6-33）。

　　窗户下方是压窗石。其长度大于窗框，离地约三尺（1米），既方便安装窗框，又保护窗下墙体不受侵蚀。压窗石常用青石，上面雕刻有精美的图案，内容丰富，构思独特，是重点装饰的部位（图6-34）。门窗上方通常安装过石或过木，有的过石上有石雕装饰（图6-35）。

　　前墙檐下有墀头，约从清代早期开始使用。乾隆早期的墀头底座是条石，不久后变为砖雕底座。墀头的修建也越来越讲究，道光年间达到雕饰的顶峰，之后又慢慢弃用了（图6-36）。

二层窗户

一层窗户

图6-33　传统民居窗户形式

图6-34　传统民居压窗石雕刻

图6-35　传统民居过石雕刻

图6-36　传统民居墀头形式

檐口之上为屋坡，屋坡弧度上急下缓，上覆灰瓦，有一仰一合和单插瓦两种形式。两侧为"边腿"，比中间屋面略高，顶部为雕饰精美的屋脊。当地民居只要有屋坡，就会做屋脊，一是为了好看，二是认为"脊"同"吉"，取吉祥之意（图6-37）。

3. 剖面结构

高平地区民居建筑大部分都为两层，一层层高较高，约为一丈七、一丈八（6米左右），二层相对较低，不到一丈，最低的地方人能通过即可。建筑结构多为承重墙+抬梁式屋架形式，个别为"四梁八柱"抬梁式结构，墙体则采用"砖包柱"形式。

承重墙包括两种：一是填心墙，即里外两层跑马砖，中间用糊垆、半头砖等填心，但窗户以下尽量不用水坯或糊垆，多用半头砖填心；二是"里生外熟"，即外面一层跑马砖，里面一层水坯，窗户以下为砖砌筑而成的垫阶，同时，为了防止水坯受潮后梁架下移，"里生外熟"的墙体需在梁下垒砖，相当于"砖柱子"（图6-38、图6-39）。墙体厚度均大于一尺半（50厘米），最厚的甚至可达三尺，因此保温隔热性较好，冬暖夏凉。

图6-37 传统民居屋脊形式

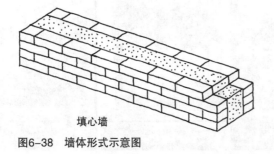

填心墙

"里生外熟"

图6-38 墙体形式示意图

抬梁式屋架以四椽最多，少数为六椽，带檐廊的则为五椽。以四椽屋架为例，共计两根梁，大梁上余柱和二梁上余柱按一定的比例组合，檩条在余柱上面，共三路，通过替木连接。有些屋架前墙用木板封檐，则在前墙上会多用一路檩条，形成四路檩。跨度较大的房间，在二梁的四分之一处立余柱加檩条，形成五路檩条的屋架（图6-40）。各个屋架之间通过开榫进行连接，最终形成稳定的屋架结构。

图6-39　梁下砖砌墙体

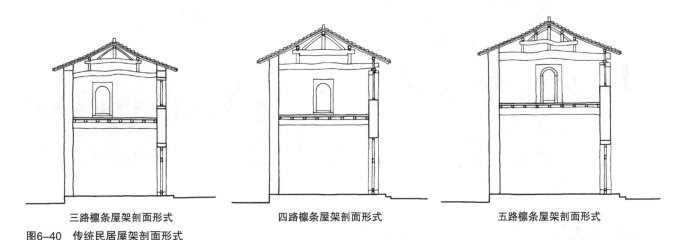

三路檩条屋架剖面形式　　四路檩条屋架剖面形式　　五路檩条屋架剖面形式

图6-40　传统民居屋架剖面形式

四、典型案例

1. 河西镇下庄村范家大院

范家大院（又称东头老院），位于高平市河西镇下庄村古街东侧，整个建筑群占地面积达两千多平方米，房间共85间。院落坐北朝南，大门开于东南方向，共三进院落，并由偏院串联。第一进院为带甬道的三合院，甬道南向有倒座，通过垂花门进入院落，院落中的花墙将院落分为上下两院；二、三进院为三合院，且都有偏院。整座建筑群体量宏大，格局规整，气势宏大；大量的木雕及石雕装饰，彰显出当时家族的昌盛（图6-41~图6-43）。

2. 河西镇苏庄南七宅院

南七宅院，位于高平市河西镇苏庄村。院落坐北朝南，大门位于东南方向。院落正中原有花墙，将其分为上下两院，上院为三合院，正北堂楼三间，两边耳房各三间，东西楼各两间；下院为倒座三合院，南楼三间，两边耳房各两间，东西楼各两间。正房、倒座、东西厢房由二层连廊连接（图6-44~图6-46）。

3. 河西镇永宁寨醋房院

醋房院，位于永宁寨古村北面，青石板路路东，是村中现存最完整、规模较大的院落之一。根据花梁记载：该院是清嘉庆二十一年（1816年）由张体性创建。院落坐东朝西，分前院与里院。大门位于西南方向，两层楼

图6-42　范家大院一进院甬道空间

图6-41　范家大院院落鸟瞰图

图6-43　范家大院三进院庭院空间

图6-44　南七宅院航拍鸟瞰图

图6-46　南七宅院正房

图6-45　南七宅院大门

图6-47　醋房院院落大门

图6-48　醋房院里院正房

图6-49　醋房院里院倒座

高，两侧房屋较低，呈"凸"字形。前院分为上下两个小院，以花墙分隔，下院为一不规则的小院，有南房三间，西房四间，上院为南北向的小窄院，有南房两间，北房两间；里院是主院，为四合院，正东堂屋三间，两侧耳房各两间，南北房各三间，倒座连同门楼共七间，中间为二门。四角有连廊四个，木勾栏，棂格窗，风格独特，与主楼连通。院的西北风口处向北开小门，通向外面的厕所及小花园（图6-47～图6-49）。

第二节　营造技艺

一、策划筹备

传统民居的营造在动工开始之前，要经历策划与筹备的过程。这个过程的长短，主要取决于主家的家庭经济状况。在当时的社会条件下，盖房子绝对是家族的大事，且关乎家族的荣誉，能盖得起"四大八小"民居的家庭也不算多，因此，这一阶段所花费的时间往往比后期施工过程还要长。

1. 选址布局

院落选址向来备受重视。盖房前，通常会请当地阴阳先生帮忙选择好的宅基地，若在原址上重建，也会请阴阳先生帮忙相宅，并询问修房的一些建议。

图6-50　排丈杆示意图

当地有种说法："能在庙前不在庙后，能在庙左不在庙右。"[1]较好的选址是背山面水，较为忌讳的选址是临沟、临崖、正对道路等，若实在不可避免，也会请阴阳先生对布局进行调整。如建筑正好对着道路，或者对着空旷地带，则会在墙上嵌入"泰山石敢当"或者在二层修"定风猴"神龛。在修房时间上，总的原则是"东西空修南北屋，南北空修东西屋"，阴阳先生会根据主人的属相及生辰八字选择具体的好日子。

接下来，阴阳先生根据整个地形的情况，确定院落的大致方向及布局形式。进行院落布局时，阴阳先生主要的依据是《阳宅三要》中的"门生主，主生灶"，即由大门的方位决定主房的方位，再由主房的方位决定厨房的方位，大门、主房、厨房是院落布局中的主要决定因素。根据当地的实际情况，若主房为主，则多采用西南、西北门水（门的方位），若倒座为主，则多采用东南、东北门水。房子布局时，对应的房子不能"大口照小口"，若门的位置是对称的，则两门的大小相同。自己家或别人家的滴水不能正滴在窗框或门框上（属于"滴泪"，预示着这家会整天哭哭啼啼，过得不开心）。

之后，主家会请匠人来对房子"排丈杆"，类似于画图设计。"丈杆"是一根一丈长的木杆，在上面标好所有构件的尺寸和模数，以后加工木材就必须完全依照这个丈杆来做，一直要用到房子修建结束。排丈杆时，依据地形及阴阳先生的建议确定好房间的开间及进深，预先在地上赶砖性及设样板确定门窗洞口及屋架各个构件的尺寸，然后画在丈杆上（图6-50）。排好了丈杆，就可以筹备材料了。

2. 材料准备

材料的筹备是长期的过程，主家在有了富余劳动力或资金时就开始断断续续地准备。比如计划明年开工，至少今年就得开始准备木料，入冬后匠人可先做门窗框等。一般准备的材料够一座房子的量即可，其余房子的材料可在施工过程中断断续续准备。这样做的原因有三：一是准备好全部材料所需要的时间太长；二是准备好全部材料所花费的资金太多；三是宅基地空间有限，材料堆积过多妨碍施工。

以一座面阔二丈七（9米），进深一丈八（6米），檐口高度一丈八（6米）的三开间正房为例，其所需的材料数量如表6-4所示：

三开间正房所需材料（具体以主家实际条件为准）　　　　　　　　　　表6-4

	材料种类	数量	要求
木材	大梁	4根	直径七寸半寸以上，长度为一丈八
	二梁	2根	直径六寸以上，长度为一丈
	棚楼檩	7~9根	直径约四寸的圆檩或方檩，长度为九尺
	檩条（屋架）	9根	直径四寸半至六寸，长度为九尺
	椽子	132根	直径一寸半以上，长度由起架决定
	余柱	6根	直径同檩条，长度由起架决定

---

[1] 引自大周村程高生口述。

续表

材料种类		数量	要求
石材	荒石	9方	一个人能端起的大小不等的石头
	条石	42根	长4尺、宽6~8寸、高1尺
砖瓦	砖	12000块	长8寸、宽4寸、厚2寸
	瓦	3000块	按当地生产情况
白灰	白灰	—	用青石自己烧制
	土	3方	当地白土或红土，且为净土

（1）木材

木材是最主要的材料之一，用于加工梁、檩条、椽子、门窗等构件。常用的木材有老槐木、椿木、杂木、红松、杨木等。老槐木、红松木质比较硬，多用于梁等构件；杨木材质相对较软，用于檩条椽子等，但椿木不能用于做梁，因为其是"木中之王"，宁在下面做檩，也不压着做梁。经济条件好的主家会选用质量上等的材料，条件不好的就会选择质量稍次的材料。

一般购买来的木材是未经过任何处理的树，需要对其进行初始加工变为圆木，其原理是"先方后圆"，具体做法（图6-51）：①用锛及刨子等给木材去皮，并将其风干，然后在其断面上定点，用墨斗画出中线；②根据放好的中线，画出中线的垂直线；③根据十字中线，画出八边形，边长为直径的0.414倍（工匠根据经验得出），以同样的方法在另一侧断面上也画好线；④用墨斗连接相对应的点，在侧面绷线，再用斧头进行削方，将其削成八棱柱（图6-52）；⑤边数成倍数增加，继续将其削方，直至该柱近乎圆柱，再用刨对柱身进行打磨，使其平整。

制作门窗等需要的材料相对简单，对树去皮风干后，画上十字中线，然后连接两柱头，确定所需要木板的厚度，画数条平行于中线的线，分别锯为木板，木板的宽度根据门窗框的尺寸再继续锯解开（图6-53）。

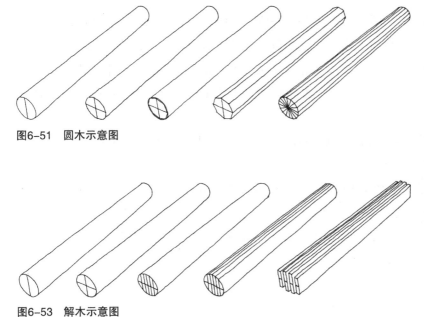

图6-51　圆木示意图

图6-53　解木示意图

图6-52　锛削方木材

（2）石材

石材一般用青石和砂石，多就地取材。

山上的石头大多体块巨大，匠人首先要先破石（图6-54）：①用墨斗在石头上绷一条线，确定破石的位置；②按照所画墨线用钻子在石头上打一排孔，有的多达20个，间距约为3~4厘米，在孔

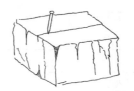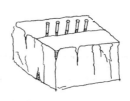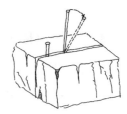

图6-54　破石过程示意图

里插入铁楔；③用锤子依次敲打铁楔，将铁楔打入石头中形成裂缝，一般需要敲打3遍，且用的力不断增加，如第一遍用了五十斤的力，第二遍就要用八十斤，直到石头出现裂缝时，只保留一个铁楔，将铁条插进去，用力撬石头，裂缝会越来越宽，最终裂开。用这种传统的采石方式取出的石材比较整齐成形，用炸药爆破开采出来的石材比较易碎。

大型石块破开以后再重复上面的过程继续破为更小的石块，石块小的话可以使用小铁楔。在破石的过程中，石匠会根据石头的情况，判断其在建筑中所处的部位，如较平整的可以做条石，不平整的就破成荒石。

开采完成后，除荒石外都需要进一步加工为成荒石、条石、门墩石、压窗石、过石等。比如要做八寸×八寸×尺二的门墩石，应先对荒坯（可继续加工使用的条石）进行放样，每条边约比所需尺寸大半寸或一寸，然后用铁楔、锤子等将其破开，再用锤子和钻子将其打成四方四正的形状，将表面处理平整，最后，用手锤慢慢往下打出平整门墩石的棱，但要避免破坏门墩石的角。如果还需要雕刻，则先在上面画好图案，然后用锤和钻照着刻出来。

（3）砖瓦

手工砖制作的大致过程为：白土加水和成泥，用铡刀一点点砍，砍上三四遍，泥会越来越硬，然后人再光着脚上去踩，踩到其可以轻易拿起来且不掉落。泥和好以后，将其填入砖模具中，在外面的空地上扣下去。待砖坯快干时将其竖起来，完全风干后到村中或邻近的砖窑烧制，支付煤炭的费用及烧窑匠人的费用即可。烧砖一般是每年的清明之后、寒露之前，如果在降霜以后，砖晚上就会受冻，做出来的砖就会不好。另外，不同年代烧制的砖尺寸各异（图6-55）。

砖的好坏一方面取决于土，另一方面取决于泥和得好不好。一般踩得越久，泥和得越好，烧出来的砖就越好。关于烧砖，当地流传着这样一个故事："以前有个主家找人做砖，为了检验匠人有没有把泥和到位，就在匠人把泥和起来后，在泥中撒了100颗杏仁，让匠人光着脚在泥上踩，把杏仁全部找出来，少一颗就说明他们下的功夫不够，要扣工资。这样的泥做出来的砖就特别好，砖里没有大的结块，能够很容易将砖敲下来一截，且盖的房子不容易风化。"[1]

瓦的制作流程与砖差不多，只是模具不同。瓦的模具是圆筒状，板瓦是将其一分为四，筒瓦是将其一分为二，然后烧制，在烧好后还要将不同型号分好类。

在经济条件不允许全部用砖时，当地会用水坯或糊坯来代替砖砌墙或者填心。当地俗语言："立土不立，卧土不卧。"高平市的土质为立土，不能直接修建夯土墙，只能将其打成水坯或糊坯来砌墙。水坯的具体做法是将白土放在水坯模型中，在土上洒些水，保证土的湿润度，用小石夯将土捣实，把模子打开，扣出晾晒

---

[1] 引自大周村张小锁口述。

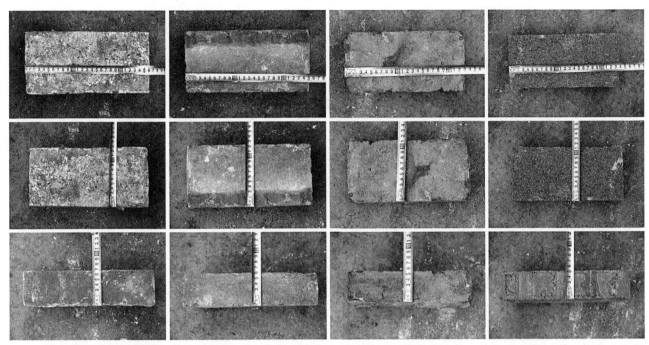

明代：26厘米×13厘米×6.5厘米　清代：25厘米×12.5厘米×6厘米　20世纪五六十年代：23厘米×　现在：24厘米×11.5厘米×5.3厘米
11.5厘米×5.5厘米

图6-55　不同年代砖尺寸对比图

（图6-56）。糊坯则是将白土、麦秸加水和成
泥，其他做法与水坯相同。此外，水坯和糊坯的
尺寸也有所不同，水坯一般长35厘米，宽25厘
米，厚6厘米；糊坯的尺寸则是长25～30厘米，
宽20厘米，厚12厘米。

（4）白灰

白灰用青石烧制。烧制时，在宅基地前空地
修一座石灰窑，上面大、地下小，如碗状，然后
用两列竖着的砖搭起风道，用于通风。在砖的上
头一层炭一层青石垒起来，底层炭要比风道大，

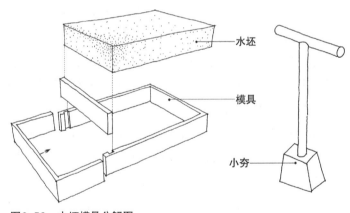

图6-56　水坯模具分解图

防止掉下去，每层炭的厚度约有四指厚，并在中间放些木棍，用于引燃炭。垒起来后，高出地面的部分用泥糊
住，防止透气。石灰窑搭建好以后，在下面把火点燃，一般燃烧一个星期左右，青石才能够完全烧透。由于青石
烧透后会变小，所以顶部会变瘪，由此可判断是否烧制完成。

青石烧好以后，还需要用灰池、淋灰池将其变为白灰。地面上的小灰池是用砖竖着垒起来，下面的大灰池是
在地下挖坑。淋石灰的具体过程是：将烧好的青石块放在小灰池中，加水，用铁锹等搅拌，使其充分泛开。小灰
池与大灰池相对的面有个开口，且两个开口之间用坡道连接，小灰池中的白灰水可以顺着坡道流入大灰池中。为
了减少白灰中的灰渣，在小灰池的开口处放上笼箅，在大灰池的开口处放上箩筐，进行两次过滤。过滤完的白灰
水，经过蒸发慢慢变干，成为白灰（图6-57）。

3. 工匠组织

营造的工种主要有木匠、泥瓦匠、石匠和铁匠。在高平市，木匠和泥瓦匠大多数是不分的，当时俗语有"木匠改瓦匠，只需一后晌"[1]，形象地描述了这种现象。木匠不仅要负责大木作与小木作，还要负责墙体的砌筑及屋面的瓦瓦；石匠负责石材的开采及处理；铁匠负责铁钉、过带、铺首等的加工。古时还有专门负责民居中细部装饰雕刻的匠人。

工匠的组织方式，随着社会的变迁也在不断发展，总体来说经历了以下几个阶段：

第一阶段：按月雇佣。在民国以前，盖房子的大部分都是大户人家，匠人去给主家盖房子，主家按月支付报酬，并为其提供饭菜，这也是当时老百姓谋生的一种方式。由于匠人在给主家干活的时候有饭吃，因此干活就比较慢，活自然做得细致，这也是当时建筑质量好的重要原因之一。

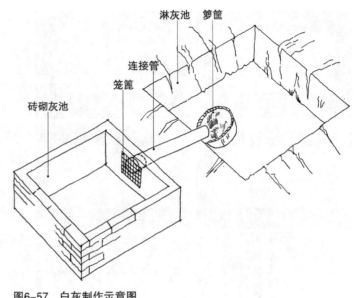

图6-57　白灰制作示意图

第二阶段：按日雇佣。常见于20世纪六七十年代。主家按天付给匠人一定的报酬，大工约2.5元/天，负责工程组织与房屋建造；男性小工1.1元/天，女性小工1元/天，负责搬砖运石、搅拌砂浆，协助大工完成房屋建造。在实行家庭联产承包责任制以前，匠人由生产队统一安排调度，收入归生产队所有，以记工分的形式记录工作量，然后再换取相应的工资。

第三阶段：包工不包料。常见于20世纪80年代以后。主家不再按时间支付，而是与包工头谈好总价，完工后主家将工钱发给包工头，如当时一般五间房子的价格是200多块钱。由于总价固定，包工头常通过提高施工速度、缩短工期来提高收益。

第四阶段：包工包料。有的主家为了省事，备料与施工全部转包给包工头。这种形式的弊端是主家需要垫付大笔材料款项，对建筑材料的质量也无法掌握，因此比较少见。

在民居的整个营造过程中，不可避免会发生一些意外，如工匠的安全问题。在20世纪80年代之前，工匠受伤主家是不用负责的，"那会儿哪会想到赔偿问题？都是自己处理下，然后就继续干活，严重的休息几天再接着干"[2]；后来工匠受伤主家会多少给点赔偿，但几乎都是出于人情，相对较少；最近几年，匠人和主家在施工前才开始签订书面协议，在协议上写清楚工程价格、安全责任等相关问题。

二、营造流程

根据工匠采访，高平市传统民居的营造流程大致分为以下几步：基础施工，墙身施工，屋坡施工，室内外装修等。

---

① 引自牛村姬新军口述。
② 引自大周村程高生口述。

1. 基础施工

当地有言："上梁不正，地梁浅"，意思是如果地基打不好，房子就容易倾斜或者坍塌，由此可见，基础施工是盖好一座房子的根本。基础施工包括定位与放线、挑根基以及砌筑基础（图6-58）。

（1）定位与放线

定位是阴阳先生根据五行八卦，通过罗盘确定整个院落的中线，即确定什么山什么向。如午山子向代表的是坐北朝南，子山午向代表的是坐南朝北，但通常私人住宅不能使用子午向，只能偏一定的角度，以凸显子午向的庙宇在村中的地位。

中线a确定以后，房屋主人辅助匠人确定正房的位置。具体步骤为（图6-59）：①割方：根据中线确定其垂直线b；②根据宅基地的情况，大致确定正房后墙的位置（不能紧贴基地边线，预留出地基范围），在中线上确定其位置为O；③通过点O，用方尺作垂直于中线的直线L_1为后墙边线；④根据房屋面阔，作L_1的垂线L_2、L_3为山墙边线，根据房屋进深作L_2、L_3的垂线L_4为前墙边线，在四条外墙边线上打木橛，木橛不能在房屋的四个角上，需向外延伸一段距离留出基础施工的空间，即图中的多个H点；⑤将L_1、L_2、L_3、L_4分别向外偏移12～15厘米放线，确定地基的外边线；⑥将L_1、L_2、L_3、L_4分别向内偏移放地基的内边线，偏移距离为墙体厚度加12～15厘米；⑦匠人拿着盛有白灰的铁锹沿着放线走动，同时不断用木棒敲打铁锹，撒下白灰，放线完成。

（2）挑根基

基坑的宽度根据白灰线，深度因基地情况而定。如果挖到坚固的横土层，则在此深度砌筑基础；如果没有挖到横土层，应至少深2～3尺。如果基地条件允许，可在四个角处向外多挖80厘米左右，以方便施工（图6-60）。

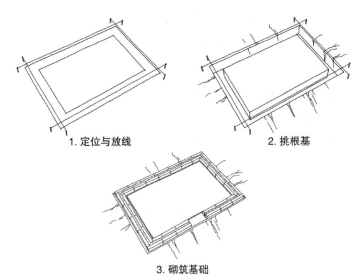

图6-58　基础施工流程图

1. 定位与放线　　2. 挑根基

3. 砌筑基础

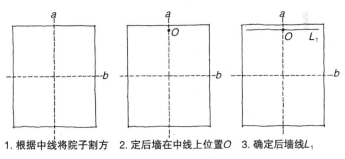

1. 根据中线将院子割方　2. 定后墙在中线上位置O　3. 确定后墙线L_1

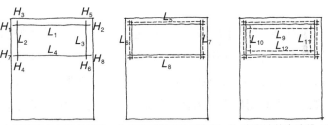

4. 确定其他三条外墙线　5. 确定地基外边线位置　6. 确定地基内边线，完成放线

图6-59　定位与放线示意图

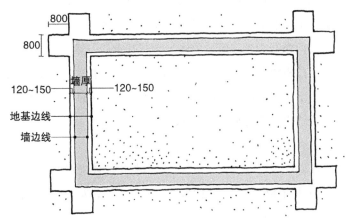

图6-60　根基挖掘示意图

（3）砌筑基础

基坑挖好以后，将底部夯实压平，并撒上一层石灰，用于吸水防潮，然后用灰土进行回填。灰土要用3份石灰、7份白土加少许水搅拌，使其打夯时不会扬尘，也能更好地黏结在一起。回填时要分层夯实，每层灰土约7~8寸，为了使厚度大致相同，可在基坑中竖一块砖为参照，每次夯实一砖的厚度。打夯时，需要2人在基坑里抬夯，6~8人在基坑外拉夯，1人喊夯，3~4人填土（图6-61）。所有人相互配合，在喊夯人的口号下夯实基础，喊夯的人充当指挥。口号也不固定，可以根据当时的环境来即兴创作，最简单的如"嗨呼儿嗨呀，抬起来呀"，其主要目的是使抬夯的人能一起用劲，且

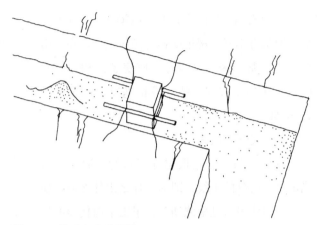

图6-61　基础夯实示意图

夯放下来平稳，并有间隔的时间能够休息。地基的边角处不容易夯到的，可以用单人的小夯继续捣实。一般基坑要这样夯2~3次。判断是否夯实的标准就是用铁锹等工具的木握柄捣地基，如果几乎没有什么变化就说明夯实了。灰土回填夯实至距离室内地坪40厘米左右。

灰土之上，再用开采好的荒石砌筑基础。根据石匠的经验，"一端平"的荒石最好，即一个人能把石头端起来。将荒石放入基坑后，用红土和白灰按1:1的比例混合，加水搅拌均匀进行灌浆。浆水尽量稀一点，使其倒入石头缝中能够流动，倒进去以后，要用铁条支着石头来回摇动，使灰浆充分填充。等灰浆干了后，荒石就被粘接在一起。红土的黏性和硬度都比较强，与白灰混合后相当于现在的混凝土。荒石砌筑至低于室内地平10厘米处即可。

因为荒石形状不规则，上表面也不平整，匠人通过观察用垫小荒石的方式进行局部找粗平，以便砌筑条石，即墙基石。墙基石作用有三：一是通过条石找平；二是增加地基的强度；三是减少雨水等对墙体的损坏。条石的尺寸一般为长4尺、宽6~8寸、高1尺。有条件的建筑墙体内外两侧都放条石，没条件的只在外墙用条石，内墙砌砖，中间用碎石或者砖块填心，砌筑好的宽度同墙厚。除了门洞的位置，四面墙的基础上都要砌筑条石（图6-62）。

放上条石后，就要进行细平了，这个平是整个房子的平，必须确保是水平的。古代匠人找平没有特定的仪器，都是自己做的简易水平仪，主要有"水平"和"旱平"两种。"水平"方法是用薄木板制作一个水平工具，在尖角上系上细线，并将其放在盛有水的盆子中，保证能自由转动。利用平行线位于同一平面的原理，一个匠人通过这两条线观察建筑放的线是否与其重合，然后指挥另一个人进行调整，最终确定参考的水平线。"旱平"方法是在门板约中间的位置用墨斗吊上垂直的中线，中线两侧分别用方尺画上45°角的线，然后再在门板上画出三条垂直于中线的水平线。找平时，在中线上面的点吊上铅锤，使木板上的中线与铅垂线重合，放的线与木板上任何一条线重合即为水平线（图6-63、图6-64）。

2. 墙身施工

基础砌筑好以后，利用找平工具找出墙体砌筑的水平面，就开始按照从下往上的顺序进行墙身的施工。墙身施工包括墙体砌筑，安装门窗框、一层屋架，安装二层窗框、封檐以及安装墀头等步骤（图6-65）。

（1）墙体砌筑

传统民居多数为填心墙，其砌筑也比较讲究，至少需要四人相互配合完成。两个大工分别砌筑内外的跑

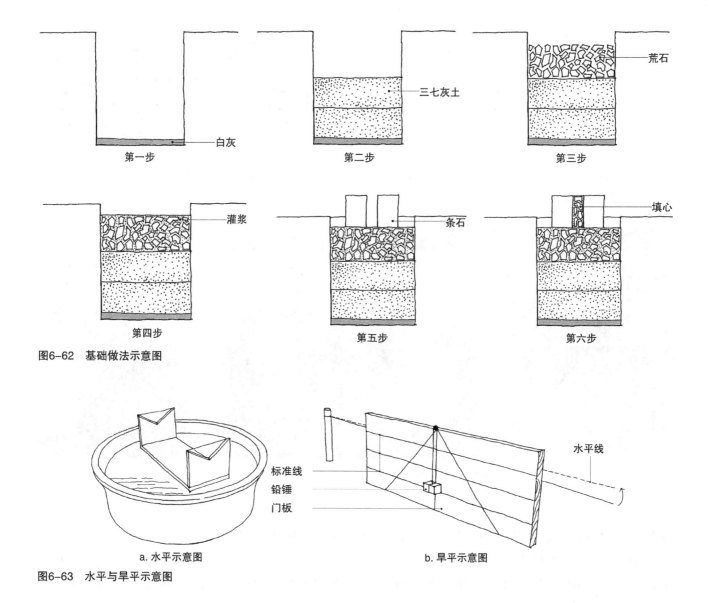

图6-62　基础做法示意图

图6-63　水平与旱平示意图

马墙（顺砖墙），一个小工填心，一个小工运灰搬砖等。施工时需提前放好水平线及铅锤线，保证墙体砌筑的横平竖直。把式好的工匠通常会保证墙体与线有一定距离，把式不好的则会一直靠着这根线，稍微动一动，墙体就会歪。砌筑顺序是由四个角（5~7层）向中间砌

图6-64　1949年后使用的水平尺

（图6-66），一般每砌2~3层会调高一次水平线作为参照。

墙体砌筑贯穿墙身施工的整个过程，砌筑原则：

①错缝砌筑，避免通缝。砌筑填心墙时，上下层砖错缝砌筑，且尽量保证所有奇数层砖及所有偶数层砖的砖缝尽量在同一条竖直线上，以确保美观。填心和砌筑内外墙同时进行，一般会先抹上一层比较稀的泥，然后将半截砖或者糊垙竖着放在里面（图6-67）。为了增加墙体的拉接力，跑马砖（顺砖）局部增加纫砖（丁砖）。纫砖具体怎么砌也没有明确的规定，明清时期，是砌一段跑马墙就纫几个砖，到民国时期，则是砌五到八层跑

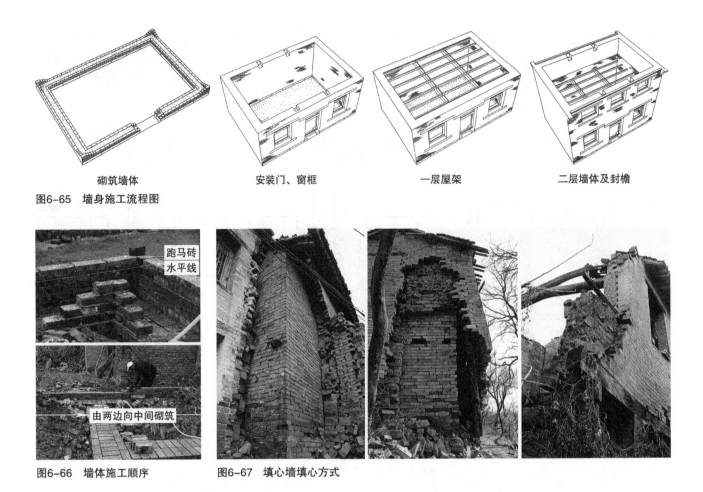

砌筑墙体　　　　　　　　安装门、窗框　　　　　　　　一层屋架　　　　　　　　二层墙体及封檐

图6-65　墙身施工流程图

图6-66　墙体施工顺序　　　图6-67　填心墙填心方式

（跑马砖 水平线 / 由两边向中间砌筑）

马砖就砌一层纫砖。除此之外，也可以在墙上钉入马钉①，防止里外两层跑马砖分离。

　　②灰缝均匀。传统砌筑墙体使用白灰粘接，灰缝2～3毫米，现在白灰里加了砂，灰缝较厚，约5毫米。砌筑完需用铁纱等将墙体上多余的白灰擦掉，保证墙面的干净。把式好的工匠砌完后，整个灰缝看起来就是一条直线且墙面粘的白灰很少。

　　③赶好砖性。为了保证砌起来的墙体立面好看且坚固，使用的砖主要是4寸头（墙体上可见砖的长为4寸）、8寸头，部分是6寸头，但不能使用2寸头，同时要避免阴阳头，即同一层砖左右端头用的砖应同顺或同丁，而非一顺一丁（图6-68）。

　　（2）安装门、窗框

　　门的位置多数都在前墙的中心，根据房子的开间及当地的情况确定门的宽度，然后根据砖数来确定窗户左右两边墙体的宽度，如三砖、三砖半、四砖等，余下的尺寸就是窗户的宽度。这样方便砌墙，不会出现少半截砖影响美观。

　　安装门窗框与砌筑墙体同步进行（图6-69）。在砌到门的位置时，将门墩石、门槛放好，并把加工好的门框装上。门墩石直接放在地面上，门槛两侧有公榫，将其嵌入门墩石内。门框也是通过榫卯连接，上下木板比门宽的尺

———————————————

① 当地称为"铁圪耙"。

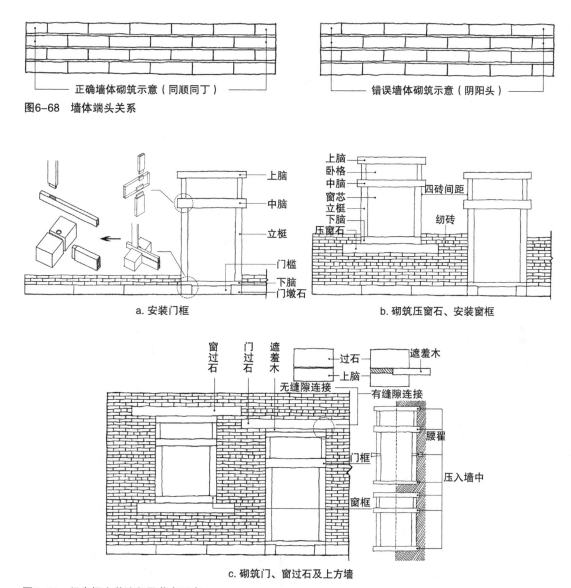

图6-68　墙体端头关系

图6-69　门窗框安装流程及节点示意

寸要大，砌墙时固定在墙内。门框的高度较高，只有上下两部分与墙连接不太稳定，也容易变形，可以在竖向的木板侧面钉入一个腰翟（钉进去部分约为木板的三分之一），腰翟的另一端压入墙内。在墙砌到与门框上表面相平时，将关扇搁上，也压入墙中，等到最后装修时，再将门板装在关扇上。门框放上后，由于两边墙体还没有完全砌起来，会产生摇晃，因此要在前后两侧用木棍支撑住。

窗户的下方是压窗石，多采用青石，其厚约为六寸（即三层砖厚），左右两端比窗框边缘各多一砖或一砖半长。在压窗石上放好窗框，并将墙体砌筑到与窗框上端相平的位置，其与墙体的连接方式与门框相同。然后开始安装窗户及门上方的过石或过木。过石的材料为砂石，其厚度多为六寸，二层窗户为四寸，长度同压窗石或比其长半砖或一砖，安装时压于墙内。过木有的是一根，有的是室内室外各一根。窗框与压窗石之间若不可避免地有一定的空隙，则可在外侧放上遮羞木，通常为一砖厚，遮住缝隙，防止风刮入室内。

窗台离地面高度包括了压窗石的厚度，因此在墙体砌筑到窗台高度减去压窗石的高度后，就要放上压窗石。压窗石下面中间的三块砖先不砌筑，等到墙体风干后，再将砖补进去，以防止压窗石两端墙体风干后下沉将其压裂（图6-70）。

墙体继续砌筑到窗框顶部高度时，开始上过石。具体方法为（图6-71）：①量取过石距离地坪高度D；②取两根长度大于D的木桩，并将其垂直靠墙放置于窗户的两侧；③垂直于墙的方向，并以墙为起始点，量取比D多20厘米的距离，将过石平行于墙放于此位置；④将过石两端绑在两根木桩上，两端各绑上一根绳子；⑤上面左右各三人往上拽绳，下面四个人往上抬，抬至三四十厘米的高度，先放在长凳上；⑥继续往上拽，在将过石拽上去以后，将绳子解开。过石的位置在地面上已经确定了，在上面只需要将过石落下去即可。

（3）一层屋架

一层屋架由梁及棚楼檩组成（图6-72）。以三开间一层屋架为例，梁的数量为两根，棚楼檩数量不定，由进深决定，多为七到九路，其原则是两根棚楼檩间距需小于二尺，若间距过大，则楼板不耐实，且紧靠前墙与后墙也需有一路棚楼檩。

砌筑时，一般先将一层墙体砌筑完成，留出梁口放置梁头。一层层高减去梁的直径（约30厘米），即为梁口下沿的高度。在墙上放端梁板，其大小要大于梁头的下平面，厚度为一块砖，如果没有那么厚的板，可在下面垫上瓦片等。梁长为前后墙外表皮距离减去两边各4寸的跑马砖，梁头上下面压入梁口的部分（约20厘米）削平，将其放在前后墙端梁板上并检查水平，保证两个梁头在同一水平面且垂直于墙体；不同的梁也要处于同一水平面（图6-73）。

棚楼檩有圆檩和方檩。安装时可

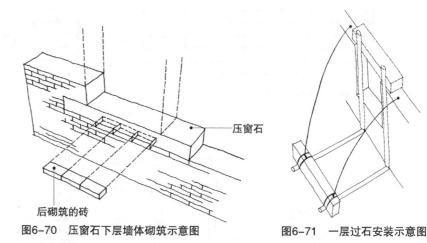

压窗石

后砌筑的砖

图6-70　压窗石下层墙体砌筑示意图　　　　图6-71　一层过石安装示意图

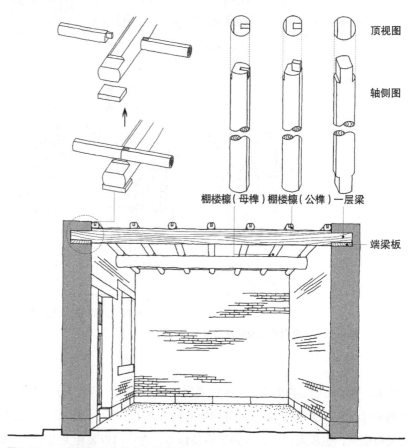

顶视图

轴侧图

棚楼檩（母榫）棚楼檩（公榫）一层梁

端梁板

图6-72　一层楼板构件及节点示意图

梁头

端梁板

梁头

过木代替端梁板

图6-73　一层梁与墙连接节点

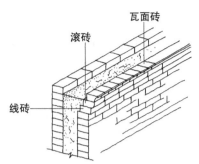

图6-74　"露出檐"做法示意图

图6-75　封护檐做法分类图

以在上完一层梁后直接安装，也可在整个建筑修起来后进行室内装修时再安装。先上棚楼檩的优点是施工起来比较方便，缺点是后期砌墙瓦瓦时掉泥掉灰，会把棚楼檩弄脏；后上棚楼檩需在做山墙时预留缺口，房子都建好到室内装修时，将棚楼檩放上，空隙用砖块、瓦片填上后用灰腻好，这样装的棚楼檩就比较干净。

棚楼檩最好选择粗细均匀的木材，直径大于4寸，长度为房子一间的开间尺寸。两根檩条通过榫卯连接，一个做公榫，一个做母榫。该处使用的榫是燕尾榫，且是半榫，即榫只做檩的上半部分。檩条端头的下部做10厘米左右的平面，便于放在梁的上平面上。

（4）砌筑檐口

清代后期的民居檐口多采用砖封檐。前墙为"露出檐"，即露出椽子、大小连檐等木结构构件，檐口高度多在2丈左右；后檐"露出檐"采用较少，多为"封护檐"，即不露椽子等木结构构件。

"露出檐"常见做法是（图6-74）：第一层放线砖，将普通的砖摆成顺砖，突出墙体2厘米左右；第二层放滚砖，滚砖的侧面略带弧度，摆放时仍为顺砖，突出下层线砖3～5厘米，且和线砖错缝砌筑；第三层放瓦面砖，砖的四分头似瓦面形式，垂直于滚砖摆放。每层砖的空隙用白灰填充。

"封护檐"的常见做法是五层，在比前墙低两层的时候就开始砌筑檐口。砖的摆放形式主要有两种（图6-75）：一种是前三层和前墙的封檐形式一样，第四层放狗牙砖，即将普通砖斜放，砖的尖角比下层瓦面砖向外突出3～5厘米，第五层放抽屉砖，将普通砖摆成丁砖，向外出狗牙砖尖角的3～5厘米；另一种是第一层放线砖，将普通的砖摆成顺砖，突出墙体2厘米左右，第二层放抽屉砖，将普通的砖摆成丁砖，隔一放一，或者放狗牙砖，突出下层线砖3～5厘米，第三层放线砖和第一层做法相同，第四层及第五层和第一种的四、五层做法相同。

（5）安装墀头

墀头的做法及规格没有具体的要求，一般都是工匠根据房子的情况进行设计。墀头挑出墙的距离与出檐的深度相同，有的为8寸，即一个顺砖长度，有的为12寸，即一个顺砖加一个丁砖长度。墀头可以在屋架椽钉好以后再安装，也可以随着墙体一起砌筑。后安装的墀头与旁边的墙体不保留工字缝，结构独立。一般墀头的底层是滚砖，最上面一层为象鼻砖，中间为普通砖（图6-76）。有的滚砖下

图6-76　墀头做法示意图

有墀头底座，上面有精致的砖雕图案。

加工时工匠一般会预先在地上用砖摆出一个模型，用小竹竿弯出一个弧度，在砖上画出，再用瓦刀照着弧线砍出斜面即可。明清时期的砖窑专门生产有滚砖及象鼻砖，做法就更为讲究。墀头只能使用奇数层，七层、九层、十一层等，这个取决于出挑的宽度及墀头的高度，每层砖出挑的距离不能超过砖的一半，不然就容易倾斜。

墀头的上平即象鼻砖上平是和前墙封檐滚砖的上平在一个高度上，这个高度称为"口平"，即檐口高度，这也是工匠口中所说的"屋身高度"。安装好墀头后，山墙也砌筑到口平高度。

3. 屋坡施工

屋坡施工是指口平以上整体的施工，因木构屋架和口平以上的山墙是交叉进行的。屋坡施工主要包括四大部分：二层屋架，封山，钉椽，屋面瓦瓦（图6-77）。

（1）二层屋架

1）计算方法

屋坡高度根据当地传统的建造习俗并听取阴阳师的建议而确定。

高平市传统民居屋架主要有三路檩条和四路檩条两种，在计算屋坡起架的高度时，都没有将檩条的直径计算在内，两个起架高度分别是大梁上平到二梁上平的距离和二梁上平到脊余柱上平的距离。

①三路檩条屋架

墙体承重且砖封檐时，屋架只有三路檩条，两边墙体上没有檐檩。通常会在边墙上用蒙梁即梁往下移动一段距离代替檩条来做屋坡起架，蒙梁的高度一般为檩条的直径。口平以上、椽子以下为遮檐，通常瓦面砖为第一层遮檐。蒙梁越深，遮檐越小，施工越容易，因此蒙梁在当地民居中使用比较广泛。

房间前后墙内间距的四分之一处为坡檩中线，二分之一处为脊檩中线，假设坡檩中线与内墙线间距为x，坡檩中线与大梁端头间距为y，计算方法如图6-78a所示。做上蒙梁后，屋坡就是"上急下缓"，如图6-78b所示。

②四路檩条屋架

墙体承重但使用木封檐时，屋架为四路檩条，前墙上有一路檩条，计算时就以檩条中线的间距为基础，相邻檩条中线间距相同，都假设为x，计算方法如图6-79所示。

2）构件加工

屋架的承重构件主要是梁（大梁、二梁）、檩条（坡檩、脊檩）、余柱，还有一些使屋架连接成一个整体的

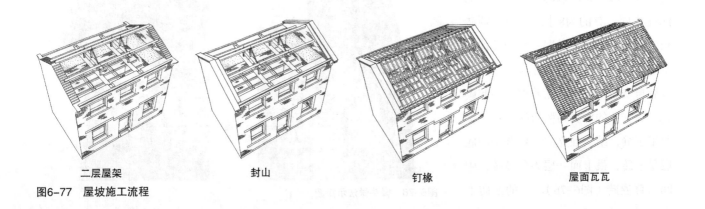

二层屋架　　　　　　封山　　　　　　钉椽　　　　　　屋面瓦瓦

图6-77　屋坡施工流程

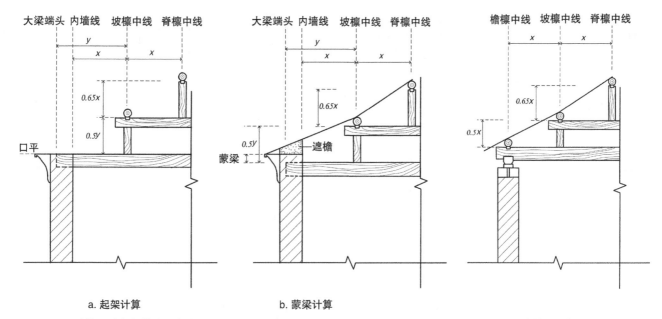

a. 起架计算　　　　　　　　　b. 蒙梁计算

图6-78　三路檩屋坡起架做法示意图

注：根据实际情况，脊余柱高度可用0.65x，也可用0.6x。椽出檐后端部上平线与口平相平

图6-79　四路檩屋坡起架做法示意图

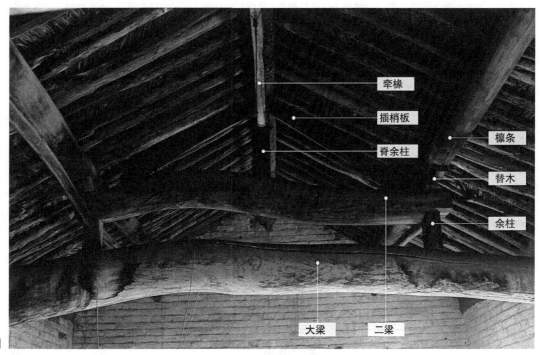

图6-80　屋架示意图

附加构件（替木、牵椽、插梢板等）（图6-80、图6-81）。

由于多就地取材，木材品相难以保证，尤其是经济条件有限时，更是参差不齐、弯弯曲曲，因此需根据构件的受力特点和材料的形状来确定其用途。如大梁主要受弯，所需木材直径较大，而合适的木料大多弯曲程度也较大，其加工过程如下：

第一步：截取长度　将粗加工好的木材根据丈杆所示长度用锯等工具截出相应的长度。

第二步：滚醒放线　用于梁、檩等构件的木材都要经过滚醒。滚醒就是将木材熊背（向上凸起的部分）向上，

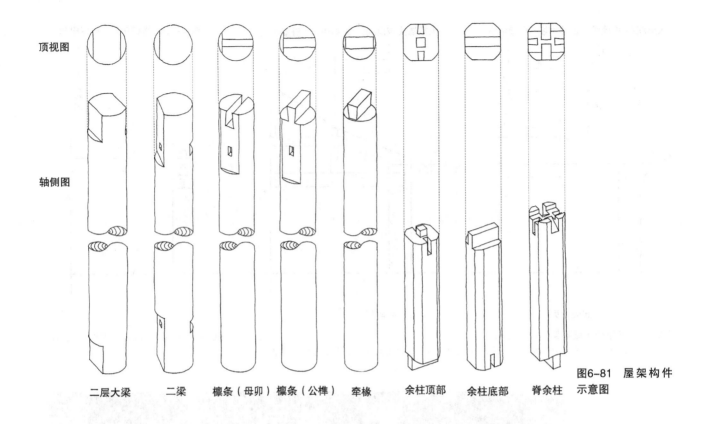

顶视图

轴侧图

二层大梁　二梁　檩条（母卯）檩条（公榫）牵椽　余柱顶部　余柱底部　脊余柱

图6-81 屋架构件示意图

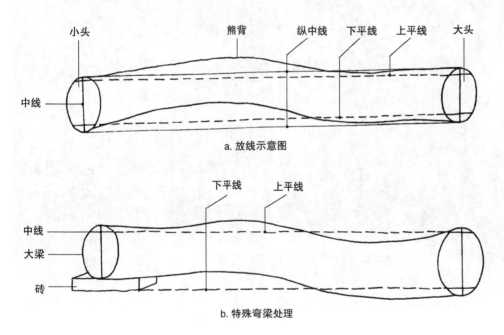

小头　熊背　纵中线　下平线　上平线　大头

中线

a. 放线示意图

下平线　上平线

中线

大梁

砖

b. 特殊弯梁处理

图6-82 弯梁处理示意图

让其自然滚动，最后在重力作用下保持静止，这时说明其已经滚醒；若一直来回摆动不能稳定下来，意味着找不到重心，说明其不能滚醒、无法使用。木材滚醒后，分好木材的大小头，在两头用墨斗吊好垂直线，即中线。并将两头中线连接，放好纵中线，然后用丁字尺找出其上平线与下平线，并使上下平线的间距达到最大化（沿一侧上、下平线画水平线，保证线画在木材上）（图6-82a）。若梁因弯曲程度太大，找不出平线，可将小头下垫上一层或两层砖后，找出其上平线，在以后上梁时，梁的小头放的位置加上找平线时垫的砖即可（图6-82b）。

第三步：标记分类　如檩条可分为前坡檩、脊檩、后坡檩，标注时前坡檩可按照方位标注为前东、前中、前西，也可根据匠人自己的习惯标记。如不小心标记错误，则直接在上面画个叉。

第四步：制作榫卯　制作榫卯时，必须以所放的中线为准，依照中线确定各个榫卯的位置，用牛角尺画线，然后用凿子、锤等工具凿出榫卯，最后将木材的表面都打磨光滑，做到节点榫卯连接严丝合缝。

不同构件榫卯的制作要求如下：

①梁

大梁是整个木构架中受弯力最大的构件。其直径必须大于25厘米，长度为前后墙外墙距离左右各减去4寸（即一块跑马砖）剩余的长度，当地讲究"长木匠，短铁匠"，大梁压入墙体越多，其稳定性越好。大梁压入墙体的部分上下要找出平面，上立余柱的位置要做母卯，长度为余柱直径，宽约为一寸，深为余柱直径的一半（图6-83）。

二梁的直径要大于20厘米，长度以两侧余柱中线为参照分别外扩25厘米即可，过长影响施工。加工时二梁端部与下方余柱连接的位置应削为平面，同时凿出一寸见方的母卯。二梁上部与檩条的连接要通过替木，在二梁上凿出宽同替木、深为一寸的凹槽。同时二梁要连接插梢板，其榫卯多为三角形，厚度由插梢板决定（图6-84、图6-85）。

②檩条

屋架的檩条都为圆檩，相比棚楼檩要求较低，稍微弯曲也可使用。檩条的直径小于二梁，一般为15～20厘米，长与开间尺寸相同。檩条之间通过燕尾榫连接。燕尾榫榫头前端大，榫肩部小，套进卯眼后具有抗拉功能，因形似燕尾而得名。榫的尺寸根据檩条的直径而定，一般榫长是檩直径的二分之一，榫头宽度是檩直径的三分之一，榫间宽度是檩直径的四分之一。一般榫卯上的母卯要比公榫大半厘米，以使榫能严丝合缝地套进去（图6-86、图6-87）。檩条在安装时，必

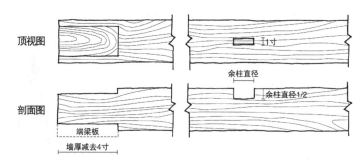
图6-83　大梁榫卯示意图

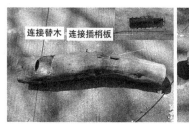
图6-84　二梁构件

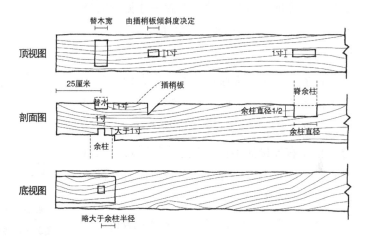
图6-85　二梁榫卯示意图

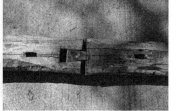
图6-86　檩条构件

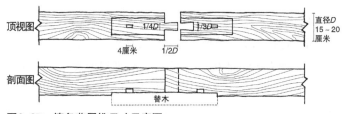
图6-87　檩条燕尾榫尺寸示意图

须为"大头接大头，小头接小头"（檩条两个端
头大小不完全相同，连接时，大的端头连接大的
端头）。

檩条下方与替木相接的面应削平，并在对应
的位置凿出母卯，与替木上方的公榫相连接，其
具体尺寸与替木相同。

③余柱

余柱多用檩材加工，其直径与檩条相同，
高度由屋坡的起架决定。余柱讲究"找方不找
圆"，因此余柱侧面多为多边形，而不是弧形。
余柱与梁连接时，在余柱的下端做公榫，高度约
为余柱直径的一半，宽度约为一寸。榫外面的
部分叫作膀，因为余柱与大梁交接的面是弧形
的，膀也要做成相应的弧形。余柱和二梁的连接
也是通过榫卯，在余柱的上端做一寸见方的公
榫，然后将其套进二梁的母卯里即可（图6-88、
图6-89）。

脊余柱上端柱头通过替木连接脊檩，在平
行于檩条的方向上凿与替木同宽，深2厘米的凹
槽，也可以不做槽，直接将替木置于余柱上端。
脊余柱左右连接插梢板，在连接处开两个三角
形直榫，榫间距为1.5厘米。脊余柱前后连接牵
椽，在连接处开燕尾榫（图6-90）。

余柱下端柱头连接梁身的膀做法比较讲究，
因为要正好套在梁上，其弧度也是随梁的弯曲程
度而定的。加工时，先做出中间的榫，周围的膀
稍微做点，然后将余柱立在梁上的卯内，做一个
和公榫高度一样厚的木片，上下削尖，紧贴余柱
和梁，绕着梁表面画线，然后照着这个线将余柱
下端柱头多余的木材凿掉。有时一次做不好，会
再做一次，这次可将榫套进去一部分，木片的厚
和榫露出的长度相同（图6-91）。

④其他

替木连接二梁与坡檩或脊余柱与脊檩，其主
要作用是增大构件间的接触面积，并使两根檩条
间的连接更加稳定。一般替木的尺寸为长65厘
米，宽8.5厘米，高6.5厘米（即2~3寸），其上

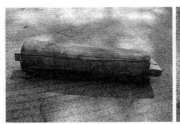

图6-88　简化的余柱构件

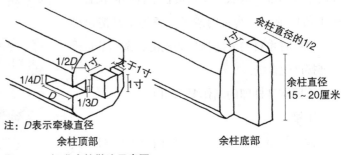

注：D表示牵椽直径

余柱顶部　　　余柱底部

图6-89　标准余柱做法示意图

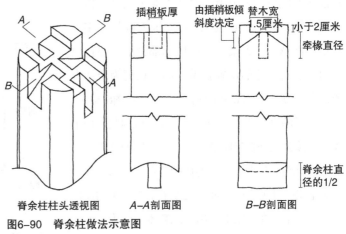

脊余柱柱头透视图　A-A剖面图　B-B剖面图

图6-90　脊余柱做法示意图

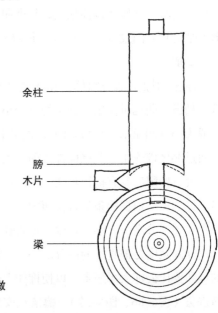

图6-91　余柱上膀的做
法示意图

连接檩条的两个公榫中线间距应大于30厘米。榫头尺寸长为4厘米，宽为1.2厘米，高为2厘米（图6-92）。当地还有个风俗，夫妻有一方先去世，会用拆旧房所得的替木陪着下葬，有替代未亡人之意。

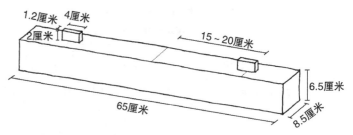

图6-92　替木尺寸示意图

牵椽连接两榀屋架之间的余柱，其作用是增加整体屋架的稳定性。牵椽直径为10厘米左右，通过燕尾榫连接余柱。燕尾榫的尺寸要求同檩条一样。

插梢板连接脊余柱和二梁，其主要作用是避免脊余柱来回摆动。插梢板为1寸左右厚度的木板，且有一定的弧度，安装时与二梁的夹角要小于45°。插梢板的两端开三角形直榫，上端左右两边插梢板要卡着替木，且需高于替木，高于替木处做檩碗（图6-93）。

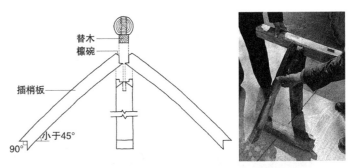

图6-93　插梢板示意图

在古代少数比较好的民居中，脊余柱与脊檩还会通过斗栱连接，其稳定性更好，且更加美观（图6-94）。

3）构架安装

木构件一般都会提前加工好，在墙体砌筑到口平后，就开始安装屋架。山墙处一般不用木构架，砌三角形墙体，并将牵椽压入其中，因此，施工时木构架安装和山墙砌筑是同步进行的。

木构架安装，第一步是上梁，需将大梁小头朝前，大头朝后。第二步立余柱，将余柱的公榫

图6-94　斗栱连接二梁与脊檩

套入大梁的母卯中，在上余柱的同时，其他工匠开始"拖山"，即将山墙按照屋架大概的坡度砌到牵椽的高度。第三步上牵椽，中间的牵椽连接余柱，两边的牵椽一头连接余柱，一头压入墙中，并确定其水平。第四步上二梁，二梁的方向同大梁相反，如大梁小头朝前，二梁就必须大头朝前。第五步立脊余柱，继续拖山到脊余柱上的牵椽的高度，安装牵椽、插梢板。第六步装檩条，坡檩可在上完二梁就安装，也可在最后和脊檩一起安装，安装时，将替木放在二梁及脊余柱上，将檩条连接好后安装在替木上方。搁檩时，匠人会调整山墙的高度，若拖山高了就将砖取下，低了可以用砖垫高。安装好根据空隙的形状用一些小砖块等将檩条周边都包好，包完檩条屋架施工就算完工了（图6-95）。

（2）封山

屋架安装好后，就开始对山墙进行封山。山墙的收口有两种形式：一种是檩条出挑山墙1尺左右，一种是将檩条封于山墙内。前面的做法要早于后面的做法，大约是在清乾隆年间营造技艺慢慢发生了改变。期间还有一种过渡形式，即封山时采用仿悬山的做法，用砖代替出挑的檩条，用砖制的博缝板及垂鱼代替木制的博缝板及垂鱼。

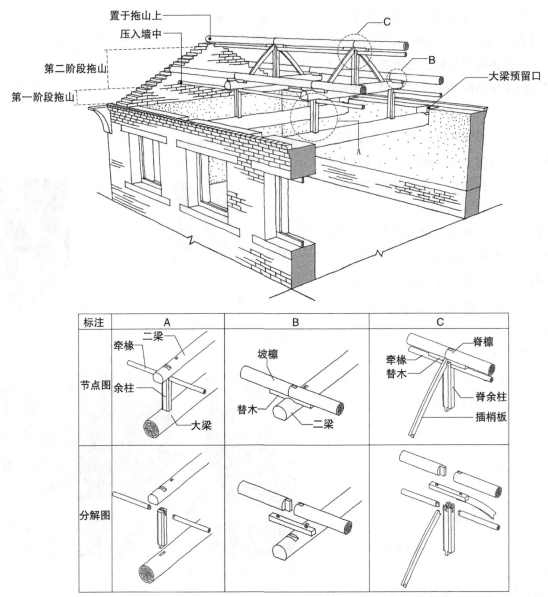

图6-95　屋架安装示意图

　　最常见的做法和前檐封檐一样，一线砖一滚砖一瓦面砖。具体做法是：从山墙面墀头外边缘向里回退1.5尺（45～50厘米），檩条上平线往下低12～15厘米，连线即为线砖的底平线，然后向上分别砌筑线砖、滚砖、瓦面砖，做法与封檐相同。第一块线砖可砍成斜面与山墙跑砖紧密连接，也可以是整砖，最后按照形状补砖即可（图6-96）。

　　有的会在瓦面砖上继续做博风砖，即将线砖竖起来砌筑，这种情况下砌筑第一层线砖时就要往下错两层砖，以保证封山与封檐在同一高度结束（图6-97）。

　　仿悬山封山形式的做法是三滚砖一瓦面砖，下面三层滚砖，上

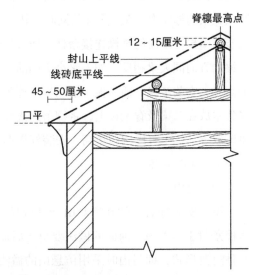

图6-96　封山示意图

面一层瓦面砖，在檩条处挑出一块抽屉砖，博风板与垂鱼通过折线的铁构件钉在椽子上，盖住抽屉砖（图6-98）。

（3）钉椽

椽子分为上搭椽和下搭椽，下搭椽要比上搭椽长一尺二到一尺半，用于出檐。椽子的直径在6~10厘米，交错放在檩条上，且边椽为双椽，然后钉上铁钉固定（图6-99）。一般一开间，一面坡需要22根左右的椽子，上下各11根，如果椽子细了，就多放两根。椽子固定在檩条上以后，为了使椽子连成一个整体，通常会在檐口处做连檐，用一个断面类似直角梯形的木板钉在椽头连成一条直线。连檐与塈头之间形成的空隙可用砖块等填补。连檐的具体做法是将一个截面为2寸见方的方木条一分为二，做成两个连檐（图6-100）。当地讲究"穷椽富连檐"，因此连檐做得相对较大。

（4）瓦瓦

钉椽完成以后，要尽快完成瓦瓦的工作，防止下雨对木构架造成损坏。一般用的瓦有仰瓦、扣瓦、筒瓦、引缝瓦（当地又称花瓦）、包口、滴水等，不过很多民居为了省事，就只用仰瓦和扣瓦；筒瓦主要用于庙宇屋坡，而在民居上一般只能用于四条"边腿"。包口、引缝瓦等主要用做屋脊（图6-101）。

瓦瓦的施工顺序（图6-102~图6-104）：

1）钉瓦口（一仰一合）　开始瓦瓦之前，讲究点的民居会做一个瓦口，凹下去的槽代表底瓦，凸起代表扣瓦，以保证每垄瓦排布均匀，且能固定檐口的瓦，使其不下滑。两个瓦口之间的距离（相邻底瓦中线距离）由瓦的大小决定，约比底瓦大三分之一。施工时

图6-97　封山形式分类示意图

图6-98　仿悬山封山形式

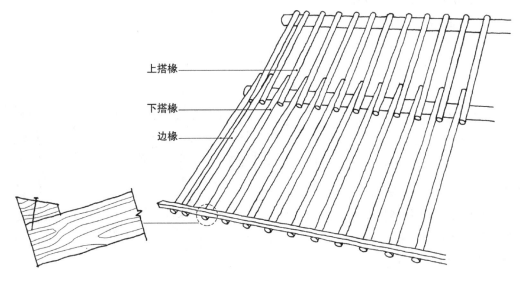

图6-99　椽子搭接示意图

将其钉在连檐上，特别注意的是，在钉瓦口时，必须让底瓦（仰瓦）坐中，然后两边排好，若不是底瓦坐中，瓦出来的屋坡就会出现问题。

2）铺巴条或巴砖　钉好瓦口后，在檩条上铺巴条或巴砖。巴条受条件限制小，且成本较低，使用较为普遍；巴砖成本较高，当檩条质量较好、粗细均匀时才会使用。铺巴条时，有的前后屋脊各一张，铺上后用麻绳、铁丝等将两张巴条在屋脊处缝合；有的为一整张，盖于屋脊之上，铺好后再将其钉在椽上。

3）抹扇　在巴条或巴砖上铺设约1寸厚的麦秸泥对屋面找平，使屋面呈一个缓慢弧度，为瓦瓦作准备。麦秸泥是用当地的白土与碾碎的短秸秆、麦糠加水混合而成，其风干后较硬，瓦瓦时再铺第二层泥不容易变形。

4）走"腿"　"腿"的做法是先将边瓦扣在山墙的瓦面砖上，其上再扣一层边瓦，压住下层边瓦的一半。紧挨着边瓦做一列仰瓦，在边瓦和仰瓦上扣一列扣瓦，即完成了一条"腿"。然后用同样的方法完成另一条"腿"。一般先铺设右边的两条边腿和左边的一条边腿，等到合龙口时再将腿做完。"腿"上的扣瓦有的是普通瓦，有的会用专门的筒瓦。由于山墙封山时会比椽子高一些，故"腿"看起来也会比屋面高。

5）捏脊　即找平脊檩的上平面。由于脊檩所用木材不能保证完全是平的，多少会存在弯曲，因此必须要找到屋坡的最上平和正中间。捏脊时将瓦一分为二，在前后屋坡各放一块半瓦，拉上线绳保证前后两排半瓦的上平位于同一水平面。

6）下枕瓦　枕瓦为靠近屋脊的下三到五行瓦。下枕瓦时，要和下面的瓦口对

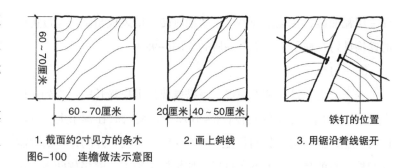

1. 截面约2寸见方的条木　　2. 画上斜线　　3. 用锯沿着线锯开

图6-100　连檐做法示意图

图6-101　屋坡各部分名称

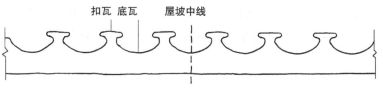

图6-102　瓦口做法示意图

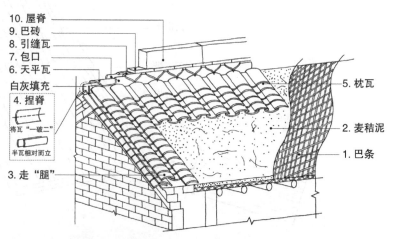

图6-103　屋面施工流程解析图

图6-104　屋脊局部做法示意图

应，这样才能保证最后瓦出来的瓦是在一条线上。

7）上天平瓦　前后屋坡枕瓦排上以后，中间就会留出一道缝隙，在缝隙里抹上一层白灰后，将天平瓦盖在上面可防止漏雨。

8）上包口　包口的主要作用是包住天平瓦并将屋脊的底座扩宽，使屋脊能更平稳地放上。上包口时，在天平瓦的左右两侧竖着排上一排瓦，凹面相对。

9）上引缝瓦　引缝瓦是三角形的瓦面，多雕刻有花纹，上面的一少部分瓦面是平的。垂下来的三角形瓦面正好遮住相邻两个包口的缝隙，水平的瓦面则盖于包口之上。瓦面上雕刻的花纹起到装饰屋脊的作用。

10）上巴砖　巴砖同檩条上铺的那种普通巴砖，长、宽约8寸，厚2寸，将巴砖搁在引缝瓦上并找平。

11）上屋脊　民居中屋脊的做法有很多，有的是用专门的花脊，左右两边有吻兽，寓意美好；还有的就用砖、瓦等在巴砖上摆出造型，简单大方。

12）瓦瓦　除枕瓦外，工匠瓦瓦的顺序通常是从下往上，最后与枕瓦预留出口对接。瓦瓦时会放线，作为参照，一般会将线的一头拴在上面瓦的尖角上，另一头系上砖块垂在下面。施工时，除了下面的小工要运灰运瓦外，屋顶上面一般会有两个或三个大工相互配合进行施工。匠人在瓦瓦时，习惯从自己的左边向右边瓦，这样最为顺手。瓦瓦时采用麦秸泥与屋面粘接。单插瓦的做法比较简单，上面的仰瓦摆在下面的仰瓦上即可，左右两排瓦之间不留缝隙；一仰一合瓦比较讲究，特别考验匠人的技术，将阴瓦（仰瓦）小口朝下，阳瓦（扣瓦）大口朝下，上下两瓦要压六露四，阴瓦用麦秸泥连接，缝隙处灌好白灰后扣瓦。扣瓦时使用的粘接材料也是白灰，具体做法是用瓦刀铲上白灰放在瓦里，不断地搅，使白灰的水浸到瓦里，等白灰完全搅拌开，再用力将瓦扣上。为方便瓦能与白灰更好地粘接，要提前用水将瓦都阴一遍，单插瓦则可不阴。最后在瓦口处要做上滴水，当地有句俗语言"沟檐滴水猫耳头，屋脊禄寿在上头"，形象地描绘了当地的屋顶形式。

检验瓦瓦得好不好，可以在瓦好时看能不能将瓦轻易地取下来。关于这个，当地工匠有个有趣的故事。"在清代，盖房是非常讲究的。匠人瓦屋坡时，第一天瓦了九垄。这主家想着犒劳犒劳工匠，让他们快点做工，结果犒劳以后第二天瓦成六垄。瓦成六垄以后，这主家觉得还不行，还得犒劳，这次犒劳后，第三天就只瓦了三垄。主家很生气，还不如不犒劳，越犒劳越少，你还能把瓦瓦出花来？主家去质问工匠，工匠解释说，第一天瓦的九垄，你有锄头兜住一个起来一个，一天瓦五垄的，兜住一个起来几个，一天瓦三垄的，你要不揭不起来，要不全部揭起来，瓦和瓦之间粘接得非常紧。这就是'严工出巧匠，慌工没好样'。严工能够把工完全地悟进去，做出工就比较好。现在的工匠，一天就能瓦五间房，他们也误不起那个工。"①

13）合龙口：屋面全部瓦好以后，将剩余"边腿"上的最后一列瓦扣上即可。

4. 室内外装修

（1）室内墁地

室内一层墁地通常使用大巴砖，长、宽为八寸，厚两寸；条件不好的，用砌墙的砖墁地也行。具体做法为：

1）平整地面　将室内一层地面进行平整，并用夯等工具将土捣实。此时地面的高度加上后期灰及砖的厚度后，为最终的室内地平面。

2）铺灰　将白灰和红土按1∶1的比例混合，加水和匀后开始墁室内地面，铺的厚度至少为1寸。这种灰土干了特别硬，且非常防潮。

3）墁砖　墁砖时，先把四个角定好，拉上线，先墁左边一列，再墁右边一列，然后从左到右或从右到左一行一行墁下去，墁到门口就结束了。墁砖时，砖与砖要齐缝拼接。

4）勾缝　砖都墁好后，在缝隙处抹上白灰，用勾缝条或者直接用瓦刀进行勾缝，将缝隙处理平整（图6-105）。

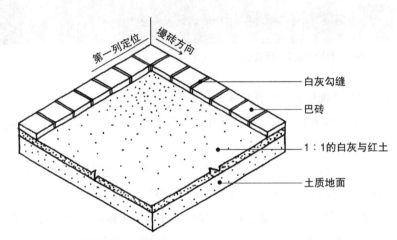

图6-105　一层墁地做法示意图

室内二层墁地通常使用小巴砖，长、宽为六寸，厚一寸。具体做法为：

1）铺楼板　当棚楼檩为比较规整的檩条时，用引缝板比较好看，引缝板中间用宽约1寸的引缝条密封。施工时上一块引缝条上一块引缝板，并将引缝板钉在檩条上。当棚楼檩为相对不规整的檩条时，用"踩楼板"比较省事。所用楼板多为大小不等、厚度相等的木板。施工时把楼板大概排了以后，先将墙角的三四块楼板固定，紧挨这几块板开始"踩楼板"。即将排好的板收回来约1厘米，然后用脚用力往下压，再用钉子钉好，这样就会越挤越严实（图6-106）。

2）铺泥　楼板都铺好后，上面用泥墁1～2厘米厚。泥用当地的白土加水搅拌而成，泥里可加麦秸，也可不加。

3）墁砖　铺泥和墁砖是同步进行的，铺上一列泥，就将小巴砖墁上，砖与砖齐缝拼接。二层墁地时，可从楼梯口的对角位置向楼梯口方向进行。

（2）室内楼梯

室内楼梯的主体为木构，楼梯一侧紧邻墙面，顶端固定在二层楼板上，楼梯口处设置一个翻板，平时搭在二层楼板上，上人时将其打开。楼梯下端一般不直接落在地面上，而是设置一个台基。台基多用墙砖搭建，偶尔会用条石。台基的方向多垂直于楼梯，以增加楼梯前端的空间，方便使用。

传统民居中室内楼梯没有严格的规范要求。为了节省空间，楼梯都做得比较陡。楼梯口的宽要允许人扛着布

---

① 引自南庄村韩年生口述。

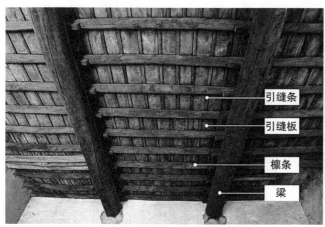

引缝板

"踩楼板"

图6-106　楼板形式分类示意图

袋上去，所以一般宽为70厘米左右，长为100厘米左右，两个
或三个檩条的间距，楼梯的上端一定要连接着檩条（图6-107、
图6-108）。楼梯口的具体做法是：先将靠墙的檩条搁好，在
上面凿长方形的母卯，深度为檩条直径的一半，并在横向的
檩条上做公榫，将公榫嵌入母卯中连接两根檩条。榫卯的详
细做法及尺寸和余柱与梁的连接相同。接着以同样的方法连
接楼口另一侧的檩条。最后将楼口中间的檩条搁上。楼口靠
山墙的位置，仍有一小段檩条来承接楼板。

　（3）门窗安装

　建筑营造的最后一步是安装门窗。在墙体施工时，门
框、窗框都已经安装好，后期主要是将门扇、窗扇装好即
可。门扇不是一整块木板，是两三块竖向板拼接而成，中间
用木销连接，门后的穿带通过榫卯加固门板，并在左右门扇
上安装插销以便从室内将门锁上。先将做好门的上端转轴套
入门框上的关扇中，下端转轴套入门墩石中（图6-109）。在
门板的正面安装铺首，上面钉护带用以保护门，少数卧格上
有阑额装饰。

　窗扇以民居中使用比较多的棂格做法为例：横向和竖向
的木条在交接的地方都开半眼榫镶嵌起来。将窗扇做好后卡
进窗框中，四周各用两个钉子固定。有的窗户为双层，外层
固定在窗框上，里层像门一样可开启，安装的方式也是上面
套入窗户的关扇中，下面套入窗框中，下面可装上关销防止
窗户自己打开（图6-110）。安装完成以后，糊纸即可。

　（4）室外墁地

　室外墁地的做法同室内相似，但要考虑排水。墁地用的

图6-107　传统建筑室内楼梯

图6-108　传统建筑室内楼口

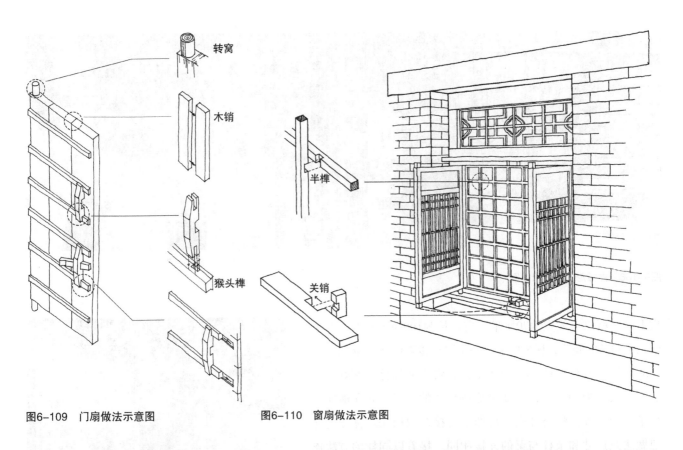

图6-109　门扇做法示意图　　　　　　图6-110　窗扇做法示意图

转窝

木销

半榫

猴头榫

关销

图6-111　室外墁地形式

砖可用方砖，也可以是普通砖，形式更加灵活（图6-111）。传统民居的排水方向一般是大门的方向，大门旁修有下水口，当地称之为"龙口"，主要用来排雨水，不可用于排污水。确定下水口位置后，这个地方就是院子的最低处，水都往这里流。在施工时，对地面进行平整并找平后，先在房子的前墙处铺廊阶石，廊阶石的宽度稍小于出檐的深度，使屋顶流下来的雨水滴在廊阶石外侧，保护墙体。如果室内外高差大的话，廊阶石外还要再做台阶。这些都做好后开始墁地。在找平时，下水口的位置一般会低两砖，从最高处慢慢低下去。确定好四个角的高度后，放上线，先横着墁一排砖宽，再竖着墁一列砖，接着就一行一行墁下去。墁砖时，通过调整砖下方土或泥的厚薄来找坡，将水排出。砖都墁好后，最后用白灰进行勾缝处理。

三、营造仪式

1. 破土仪式

动工之前会举行破土仪式。阴阳先生根据周易八卦及主人的生辰八字确定破土的具体日期，根据主人的属相确定破土时家里哪些人能参与，哪些人不能参与，举行仪式时只有阴阳先生、匠人以及能参与的主家家属出现，不能参与的人要避免出现在现场。然后，阴阳先生要准备好"土马"，即绘制图案的黄裱，这些依据宅基地情况而定；主家要准备好三尺红布、一斤酒、一斤刀首、一些煤尘馍馍等贡品。刀首必须是黑牙猪肉，且只能切一刀，煤尘馍馍是主家所蒸三厘米见方的馍馍，里面包一小块炭。举行仪式的地方以院子中间为主，把酒、刀首以及其他贡品摆上，点上三炷香，烧掉土马，并用酒沿着土马洒上一圈喂火，把煤尘馍馍撒向院子的八个方位，插上旗子，意思是慰问八方的土神。接着用绑上三尺红布的锄头或者钎等在院子中间的地上锄三下，这些仪式举行完毕后，放上三个炮，一挂鞭，这样才算破了土。破土仪式后随时都可以动工。

2. 上大梁仪式

装梁拴檩是建筑营造中一个非常重要的阶段，通常会举行上大梁仪式，图个吉利。参加仪式的人包括所有的工匠师傅。在放大梁前，先用红布将钱包起来放在大梁的下面，即压梁钱，代表整个屋子都不空，当地有顺口溜"不放压梁钱，没有良心钱"，可见压梁钱的重要性。另外，用黄裱写个牌位，"姜太公在此，诸神退位"贴于大梁上，此外还要贴上红纸，上书"上梁大吉"、"白虎架金梁，金龙盘玉柱"等，门上则贴着"安门大吉""精工细作""吉星高照"等。贡品主要是蒸的花馍，形如猪、羊、锯、瓦刀、桃子等。上完梁后，烧香、烧黄裱、燃放鞭炮，仪式结束。上梁时的贡品，主家是不能留的，都要分给匠人，因此，当地有个传统，判断主家为人厚道不厚道，就是看准备贡品的多少了。最后，主家会宴请所有的工匠师傅，以表示对他们的酬谢。

3. 上花梁仪式

花梁即屋架中间连接脊余柱的牵椽，上面可书写文字。上花梁比较讲究。花梁必须采用椿木，其他木材是不能使用的，因为椿木是木中之王。若受条件限制没有椿木，也必须做个椿木橛钉入花梁中。不能见天，因此不可将字翻过来朝上。花梁提前在家里写好，如：最前面画八卦方位"乾三连"，后书"旹於大清×年岁次×月×日上梁大吉宅主×××"，中间画八卦图，然后是"工匠×××自修之日永保合家平安为记耳"，最后画"坤三断"（图6-112）。字写好后扣着放置，并用红布包住，有的地方全部包住，有的地方只包中间一段。上花梁时用"桃木弓，柳木箭，五色布穗五色线"，即在桃木做的弓上穿红线，再绑上用柳木做的箭，并挂上五种颜色做的布穗和五种颜色的丝线，但不能使用白线及黑线。

4. 合龙口仪式

合龙口仪式是在屋坡最后一列边腿瓦开始铺设之前举行。合龙口的仪式比较简单，主要目的是犒劳匠人，"瓦瓦不吃肉，十间九间漏"。合龙口时要在屋脊上插绣球旗，即在旗上剪个绣球。然后给匠人红包，燃放鞭炮。这次要放最大的鞭炮，以示工期即将结束。仪式举行完毕，匠人把最后一列瓦瓦好就算完成了屋坡的施工。

5. 谢土仪式

在房子室内外装修完，一切都停工后，要举

图6-112　传统民居屋顶花梁

行谢土仪式，意思是不再动工了。谢土时也会请阴阳先生选一个好日子，并主持仪式。主家要提前准备贡品，以蒸的花馍为主，形如桃子、猪羊等，有的还要准备黄裱、元宝、煤尘馍馍等。举行仪式时，多在门口摆上贡品，点上香，敬土神，然后烧黄裱、元宝等，烧的时候用酒绕着黄裱等转一圈，洒在火上，并将这些贡品掰开，将煤尘馍馍撒上。在当地，只要是与土神有关的仪式都会撒点东西，这个传统一直持续到现在。最后主家拜神灵，用语言表达对神的感谢及自己的心愿，如"整个工程下来都挺好的，大家都平平安安地下来了，愿一家以后都平平安安的"等这一类的话，燃放鞭炮，仪式结束。

四、匠人工具

1. 木作工具

（1）测绘类

测量工具如方尺用于定垂线及画45°角的斜线，上面没有刻度；五尺和丈尺用于测量大尺度的距离，如房间的开间等，其中五尺由两节二尺半长的尺子组成，通过螺钉铰接而成，旋转展开即为五尺长；角尺用于画一定角度的线；丁字尺则用于画垂直线。

画线的工具主要是墨斗，其作用有三：一是弹直线，在所要画直线的位置用墨斗拉上线，绷紧，然后向上拉起并弹下；二是装墨水，在施工时难免有需要记东西的时候，为了方便，可以用小木棍蘸上墨水写；三是做铅垂线，将墨斗里的线拉出，拽着上面的线，将墨斗垂下去，就是简易的铅锤（图6-113）。

（2）解木类

解木工具，顾名思义，就是将木头分解开的工具，主要包括斧和锯。斧用于粗木的加工，可以砍木头，或者钉钉子、敲打凿子。斧由斧头和斧柄组成，根据斧头的不同，可将其分为一刃斧和两刃斧。一刃斧的斧头一面是垂直的、一面有刃，两刃斧两面都有刃。

框锯又称手工锯，是用来切分木料的，由锯梁、锯把手、锯条、锯钮、绞棍和拉绳组成。通过旋转拉绳上的绞棍绷紧锯条以供使用。锯条使用一段时间需要用铁锉打磨，或者更换（图6-114）。

（3）平木类

平木工具包括锛和刨（图6-115）。

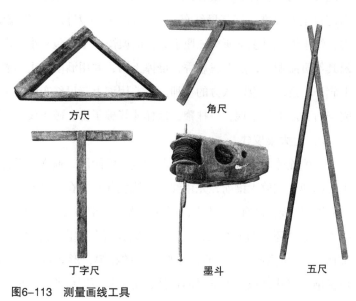

图6-113　测量画线工具

图6-114　解木工具

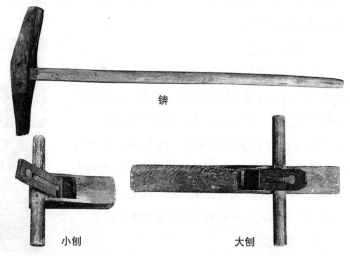

图6-115　平木工具

锛用来给树去皮、削掉凸起，使其表面刨光、平整，以及将原木加工成方木或者修改构件尺寸。锛一般长60厘米左右，直柄横刀，使用时双手握柄，由外向内砍。大木作上用于平木的刨主要有大刨、中刨和小刨。使用时双手紧握柄，前后推动。木料较长时使用大刨，比较容易刨出直线；木料较宽时使用中刨，刨可以来回转方向，使用比较灵活；小刨和中刨的性质一样，一般中刨刨第一遍，小刨刨第二遍，刨得比较浅，使木材表面更加光滑。

（4）凿削类

凿子分为平凿和圆凿，用于榫卯中卯眼的加工，一般需要用斧子辅助完成。平凿有二分、三分、四分、五分、八分等大小，多用来加工梁、檩、椽等的榫卯。圆凿相对来说使用得不多，主要是用来凿圆孔（图6-116）。

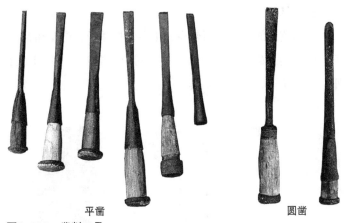

平凿　　　　圆凿
图6-116　凿削工具

（5）钻孔类

钻孔工具为牵钻，用于在木料上钻孔，方便钉钉子或销件。牵钻又称手工钻，由钻杆、钻板、钻尖、钻仓和拉绳五部分组成，其中钻尖可以根据需要钻孔的大小进行调换（图6-117）。

（6）小木作类

加工门窗及一些家具等小木作时，也有专门的工具。如花刨用来做镜框等的花纹，叠台刨用来做窗框，小弯刨用来做圆形的握柄，圆刨用来做木桶等圆形内部，线刨用来开线型的槽等（图6-118）。

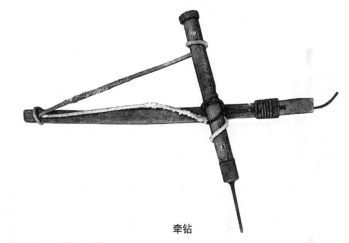

牵钻
图6-117　钻孔工具

2. 泥瓦作工具

泥瓦作的工具分为夯土工具、拌灰运输工具、砌筑工具以及抹灰工具四大类。

夯土工具分大夯和小夯，大夯有八人大夯及四人大夯，小夯一般由一人或两人执夯把操作。夯底为石头，夯把为木头或麻绳。其主要作用是夯实基础、室内外地面等；拌灰运输工具包括手推车、铁锹、灰铲等，主要用来搅拌灰泥并将其运送给大工；砌筑工具有瓦刀，用来砌筑墙体及瓦瓦；抹灰工具有铁抹子，用来粉刷墙面及对墙面进行精细找平（图6-119）。

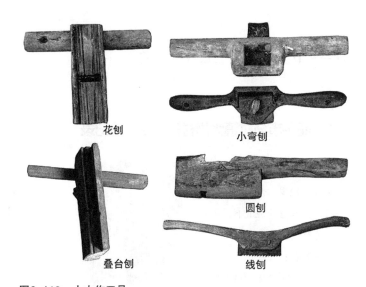

花刨　　　　　　　　小弯刨

圆刨

叠台刨　　　　　　　线刨

图6-118　小木作工具

3. 石作工具

石作使用的工具相对较少，主要包括锤子、铁楔和钻子三类。锤子又分为开山锤和手锤，用来击打铁楔及钻子；铁楔用来破开石头，有大小不同的规格；钻子用于破石前在石头上钻孔以及后期雕刻加工（图6-120）。此外，还有铁条、铁链等工具。

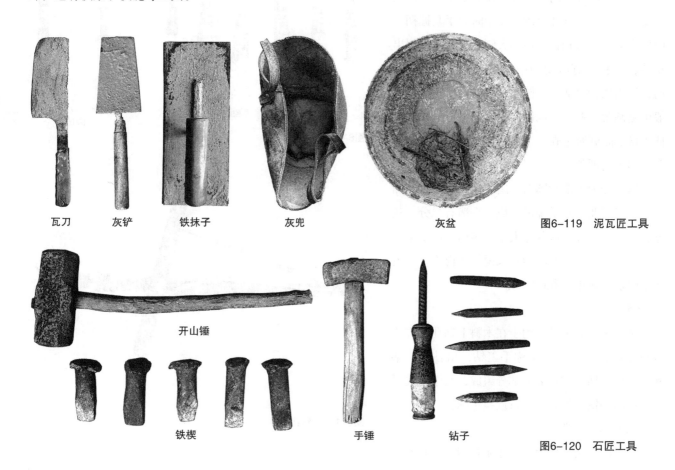

瓦刀　　灰铲　　铁抹子　　灰兜　　　　　灰盆　　　　　　图6-119　泥瓦匠工具

开山锤

铁楔　　　　　　　　　手锤　　钻子　　　　图6-120　石匠工具

第三节　工匠口述

1. 高平市马村镇大周村程高生采访记录

工匠基本信息（图6-121）

年龄：72岁

工种：木匠、泥瓦匠

学艺时间：1964年

从业时长：22年

采访时间：2017年3月31日下午

图6-121　大周村匠人程高生

问：程师傅，您从什么时候开始做学徒的呢？

答：1962年我从河西中学毕业以后，就不再念书了，开始跟着生产队劳动，有时间就跟着别人学做木工；1964年以后，就出去跟着师父系统地学习，学了不到两年，学成后就开始在外面接活干了。

问：您是因为什么原因选择去学习木匠的呢？

答：在那个时候咱们生活困难，吃不上饭，学个木匠能吃个玉米面饼，那就算是挺好的了，因为平时家里面吃不上嘛。那时候就想着喂饱嘴，每天吃个小秃子（玉米面饼子），吃个加面馍馍就很不错了。干木匠就是因为那个年代生活困难，逼着你去干。

问：您能讲下您做学徒的情况吗？

答：开始我是自己在外面乱学，后来主要是跟着唐村乡北城村朱炉则师傅学习，他主要是做木工，比我大不了几岁，天天在外面边学边干，一直就是这么干。跟着学了一半年，然后就是自己干了。

问：您开始学工的时候主要学的是什么？

答：瓦工、木工都学，咱们这木匠泥瓦匠都是一类的，当时都是一起学的。咱们这里和其他地方不同，当匠人木作泥瓦作都得会。其他地方石匠是石匠，铁匠是铁匠。

问：您为什么选择跟着朱师傅学习呢？

答：情况是这么着：我是大周的，他是北城的，他哥哥和他妹妹都和我在河西中学念书，我经常去他们那玩儿，就跟着人家学了。我才毕业那会儿，觉得要学门手艺，就跟着他学开木匠了。

问：您带过几个徒弟呢，他们现在还做工匠吗？

答：差不多1975年我就开始带徒弟了，带过很多徒弟，都是周边村的人，有宋家山的，有东周的，有大周的，有大阳的，我弟弟也是我的徒弟。开始先教他们砌墙，后期就开始做木工，干了几天就能顶大工了。我有时一次带四五个徒弟，修一座房子至少得四个大工，带着徒弟也就正好。他们现在几乎都不干了，工具都没了。大部分都陆陆续续转行了，有的是因为年龄大了，有的是因为去世了，还有的是经济原因，干这个不挣钱。我弟弟现在还在干，但也不是只干这个，有时候也会去给人家打工。

问：具体您带过多少徒弟呢？要收取一定的费用吗？

答：有六七个吧。那时候带徒弟不收费用什么的，都是带着徒弟去修房子挣个钱，当时一天工资才两块半钱。

问：您以前的做工形式是怎样的呢？

答：最开始给私人家户修房子是按天计算，一个匠人一天给你多少钱。有时候主家找些小工子，我带上三四个大工子，去给主家盖房，当时主要是在晋阳北、东周、西周。（一九）七几年在大阳做工时，我就开始包工了，带上几个大工和几个小工干活。我在大阳那边包工多，都包不过来，但在咱们村没有人包工，我就想着我非得把包工领到咱们这，结果我就在

大阳带着大工子、小工子，带着饭，来这给我兄弟修房子，那是咱们村第一家。那时候不包料，只包工，连上大小工的钱，修五间房子才200块钱。

问：以前的工资是怎么算的呢？

答：（20世纪）六七十年代按天计算工钱，大工一天也就一块多钱。1984年我在咱们村包工时，我带了七八个大工和小工，那会修整个五间房子，从下好根基后才二百多块钱。像咱村拿二百八十块钱，三条马缨花烟（那时候的马缨花烟才一毛二），一百五十斤面，我就全部包了给人家修。到时候发工资，先把小工的钱发了，剩下的钱大工平分。差不多大工一天二块五毛钱，小工女的一天一块钱，男的一块一。我干到（一九）八几年，工资一天就没有超过两块五毛钱，没挣过大钱。

问：盖房子一般会用到什么工具？它们分别有什么作用呢？

答：锛、斧头、锯子、刨、尺子、墨斗、手工钻、凿子，差不多就是这些吧。锛用来给树去皮，找平树上疙丁（疙瘩）及树杈一类的，或者给檩条及梁找平面。斧头有两面斧，有一面斧（一面是直的），也叫作一刃斧、两刃斧，一般用的板斧也叫作劈斧，用来砍木头、钉钉子。锯子有很多种，像大锯是两个人拽着拉的，平着拉；二锯比大锯小点，斜着拉木头；手锯也是框锯，它由锯梁、锯把手、锯条、锯钮、绞棍、拉绳组成；抖锯也叫拉锯，就是开槽子，一个人需拽住两面拉。比如这个门子，需要用一根木头棍穿住，就用这个抖锯走个沟壑，穿进称子就成一块了嘛。这个称子是一头大一头小，走上这个沟，用锤子敲打进去，就把这个门合成了，不用这个称子就开了。木工用到的刨那就更多了，大木工的刨都是用在梁柱上，大刨就是刨这个大木头的，它不圆了用这个一直转圈刨，就圆了；小一点的刨是小刨，大木料刮的时候，那个梁、柱子刮得不平的地方，有的地方有个沟沟，刨长了刮不住，就用这个小的去刮；最小的刨我们叫圆刨，就是刨那个圆圪栏的，比如这个棍子不光碾，毛里圪①蹭，就用这个小的把它刨光滑；还有很多小木作上用的刨子，比如门框边上要出个线，用线刨就可以刨出来，出来就是这个沟壑，这个边就

---

① 圪，当地的语气词，无实际的意义。

低下来了；像咱们装玻璃，里面要有个圪台儿，用叠台刨刨出这个圪台儿后，镶玻璃就好镶了。过去咱们是有丈尺和五尺，丈尺是十尺长，五尺就是五尺长（1.67米），这个就是用来量这个房间一间是多少，过去修房子下根基都是这样量出来的，五米宽或者是一丈五宽，三丈长。五尺只会用来量长度，方尺用来量角度，量这个角度周正（垂直）不周正。

问：以前画线是用什么工具呢？

答：用墨斗，就是绷线的。过去要是锯木头、锯板子，要放一条条的线，用这个墨斗绷上线。绷线的时候，要两厘米厚的板子，就两厘米两厘米分出来，一道一道绷上线，然后两边拉住锯齿，就扯成板子了。现在是用电动锯，过去是手工来锯。

问：如果是柱子要做圆，怎么来放线呢？

答：要四面放线，并找出中心线。立这个柱子，就要找出中心线。将柱子放正了，将墨斗的线拽直了，看柱子的中心线，立直了就正了，如果不找住中心线，柱子就偏了。

问：您提到的手工钻用在什么地方呢？

答：就是在木头上钻眼儿。你像咱们房子上面的椽子，钉的时候先钻上眼儿，然后再钉下去，不然它就钉不了。相当于咱们现在的电钻。手工钻有钻杆、钻板、钻尖、钻仓、拉绳。

问：凿子是怎么使用的呢？

答：就是用来凿窟窿、掏榫子、凿眼儿。像以前的柱子上面要上梁，柱头有个凸出的榫，梁头就搁在上面，梁上有这么个眼儿，就是用凿子凿出来的。

问：我们这边做的榫卯结构主要是什么方式？

答：比如柱子上面的两根拍方（平枋），中间有个眼，都落在柱头上，用拍方连着两根柱子。拍方上面还有个榫子，相互套着拽着，一大一小。如果是两间了，两边的拍方就连到柱子边了。

问：一般房子的营造顺序是什么？

答：比如去给人家修房子，去了之后就是放地基，砌墙、做门窗口，修起房子了瓦屋坡，一期工程就完了。二期就是做窗扇、腻墙，屋里装修都是第二期。

问：您做的房子都是什么承重呢，立柱子吗？

答：咱们那个年代就不立柱子了，都是砌个墙，砖木结构。

问：您盖房子都是怎样盖的呢？

答：（20世纪）60年代以后，下了根基就砌墙，屋顶修好了以后是这个门窗扇。修房子前先看是修一院还是修一座，把地段先定好了，然后用方尺把方位和方向定好，定好了以后打线挑根基，挑好后下根基，以前都是石头根基，修起来才找平，找平了用砖就一直砌起来。

问：您当上木工后和老房子打过什么样的交道呢？

答：什么样的方式都有，像拆这个房子，翻新这个房子那都有，翻新就是把原来的拆了在原址上重建。像那种四梁八柱、斗栱的那种高等房子一般就没有，像我这个年代，改修都是改修一般房子。像那种老房子拆了我也能盖起。

问：拆个高等的房子，原来那些精美的构件都去哪了？

答：拆了以后有些构件还原样用上了，像咱们这个大庙，资圣寺那个匠人比我好呀，人家来了以后哪压坏了又补起来，用铁都包起来，重新按原样给修上了。咱们在那看人家的技术都是很好的，就是省古建专门维修的。

问：您有没有修缮过古建筑呢？

答：这家屋坡塌啦，那家墙塌啦，补修那些就多啦。干了几十年了，干了一辈子了。有次我在大阳金汤寨上，给咱们这村他姐姐去修房子，她的后墙鼓出来一米多，就倾斜了，我在上面给它揭瓦时，没有等把屋坡揭完瓦，那座墙就塌了，我就赶紧跑到旁边小屋的屋坡上了，要不是跑到那上头，就被埋进去了。我干木匠吃家什（出事故）吃得多了。还有在大阳修房子的时候，那个屋坡是出檐屋坡，我在上面瓦屋坡修脊檩呢，大梁折了，屋坡就塌下来，把我埋进去了。那个主家就赶紧从墙上跳下来去拽我了，还好没大事，只是把脊背上创了些伤，回来歇了三天，又重去给人家修了。当时怕着呢。还有修缮古代房子时，当时还有几个老木匠，我在前墙修，他在后墙修，站在搭那个墙架上，他在上头"嘿嚓嘿嚓"说够不着啊，我说我去给你够够吧，那时候还年轻，也胆大，我去给他修了，修的时候提溜（踮脚）搁砖呢，下面那墙架就"跐溜"跑了，竖着的那个杆子就跑了，把我跌下来了，但胳膊还在墙上呢，墙上搁着砖，跌下来正好有块砖跌到我头正顶心，跌了有六七厘米的圪隆（窟窿），开始流血了。主家也是户小家，给我倒了一包那个小盐津，弄了个毡帽带上，就那还给人家修房子呢。干那个木匠没法说，我吃家什太多了，自己那时也胆大。

问：这种情况主家会不会赔偿呢？

答：那会哪会想到赔偿问题？都是自己处理下，然后就继续干活，严重的休息几天再接着干。那时一天就那两块多钱，受伤根本就不管，什么都不管。那个环境下也不会找人家麻烦，受伤后主家出于好心，给你找点药粉包上，现在可不行。

问：刚才您讲的那些事大约发生在什么年代？

答：就是（20世纪）六七十年代。

问：您修缮的老房子是按原来的样子修吗？

答：我这一辈修的房子，不管是旧房拆了啊还是修新房，都是照着现在的方式修起来了。改建老房子一般不是整体重修，是部分需要修，比如这堵墙塌了，就支撑住梁子，换换墙就好了，假如上面坏了，出山檩的，就把它锯了，封上算了。都以现在的形式，不是以旧换旧，是换成新的了。

问：如果修以前的填心墙，还会再修成那样的吗？

答：都修成现在的砖墙了，以前的填心墙怕老鼠，老鼠给它掏空了，上面落下来就把墙撑开了。现在的砖墙是丁字墙，比以前的结实，都是以进步修的嘛。

图6-122 产生裂缝的填心墙

问：不同的墙体分别有啥优势呢？

答：原来的房子都是填心墙，夏天凉快冬天暖和。填心墙中间都是半头砖泥疙瘩，下面一返潮以后，就把那个墙撑开了，容易塌，结构不好。还有填心墙四面厚度越厚呢，保温就越好，但不节省材料还占地方。现在丁字墙承重性更好，怎么都塌不了。

问：最近修的四梁八柱是什么时候呢？

答：四梁八柱都是过去的资本家或者富豪修的，那时候一修就是一大院两大院三大院，又有花院又有啥，都是修那个的，余下的就是这个砖木结构，光修个砖墙弄个屋坡，能住就好了。你像道光年间修咱们这一院的时候，还是最高级的穿山楼，从南屋上去能穿到北屋，都有山墙都有门子，吃串着就都能走到了。但那个时候就不修那个四梁八柱了，四梁八柱应该就更早了。我修房子最开始是土房子，后面修砖房子就是进步了，哪还修得起四梁八柱？1949年以后就没盖过四梁八柱了。

问：这个您怎么知道的？

答：道光年间我家那个老爷爷，人家有办法还不修四梁八柱，修的房子都成了砖木结构了。所以我敢推断就那个时候都不修四梁八柱了。像我大叔那个年龄的木匠，差不多就是民国时期，他们都没有修过那个房子。

问：出于什么原因不修柱子了？

答：经济没有那么好了，过去的财主、资本家才修那样的房子。像我们这个院，还是我那个祖宗以前在外面做生意挣了一斗金子，来咱们这个地方修的。来的时候根据这个庙选的这块地，选在庙的大门外，所以这个院在咱们这个村就是大门外。修的时候先修的东屋和厨房，方便给匠人做饭，结果修起这个房子就把金子花完了，就修不起来了。他又出去取金子，在外面做生意，就死在外面了。后来我自己把那个院子的东屋和小屋盖了几层楼。

图6-123 大周村程家大院

问：您盖的那些房子和道光年间盖的房子最大的区别是什么？

答：像我盖的房子和道光年间盖的房子差不多。以前经济条件好，修的房子是填心墙，里外是墙，中间填半头砖。像我（20世纪）60年代盖的房子，有些是前面修个砖墙，山墙后墙是土坯墙的多；有些是窗户下是砖墙，上面还是土坯墙；有些是里生外熟，外面是砖，里面是土坯。到了80年代前后，经济发展了，才开始都修了砖墙，就是一顺一丁这样的丁字墙了，起个尺二墙。那个年代还有些穷户，修个八寸墙，八寸就是那个一砖长，怕它不稳定就在后墙修个圪垛儿，就

图6-124　半截砖填心墙

是梁那个地方是尺二，把梁下面的墙突出四寸，余下的部分就是八寸。屋架它都是一个道理，除了材料好坏不同，做法都一样。像那70年代末期，就根本用不上木头，有钱都买不上。你想买那个椽子，都是黑夜在山上买的，也就四五厘米粗，两毛钱一根，圪缭八拐（弯弯曲曲）的。后来（一九）八几年、九零年以后，才有了通椽、杨木椽、小木椽、大梁才卖开了。以前就根本没有，修个房子困难着呢。

问：是不是那时候修房子很少？

答：很少很少，那个时候咱们村子也修不起几座房子，用的那个木头，都是私人在山上偷的，偷根檩条啦，就是那个样子修的房子，简单着呢。我开始修那个房子大梁才14厘米，现在修房子都是40厘米粗、50厘米粗，最低下不了28厘米。我在那个屋里盘了个砖炕，炕上修了个墙头，修了个木头圪墩，在那支住顶住梁，不顶住压下来就塌了，那时候一根檩条就顶梁了，根本没有办法。我学徒出师后修第一座房子的时候，那砖都没有买够一万块，那时候砖二分钱一块，一万块砖二百块钱都买不起，我是怎么弄？我做了个木头圪栏栏（框），用些麦秸，用些泥，去地里拾些小砖块，抹水坯呢，冬天光着脚踩。那时候天冷，冻了就硬了啊，我就搬到我那屋里头，架起来，中间放着玉米芯，生上火再烘干。

问：水坯是怎么做的呢？

答：那时候就是对对凑凑修呢。没有砖的时候就用水坯修，挑上泥，弄上圪栏栏，四寸高、八寸宽、尺二长，放在地上，把泥加上点，涨些小砖块，再把泥弄上，湿的时候抹光了，干了后就是土疙瘩，然后修墙。土坯房子修好了以后，里面也有泥，粗泥细泥，然后才刮灰呢。

问：新修一座房子怎么选址呢？

答：看风水看阴阳八卦选择宅基地。比如我现在住的程家大院，在庙的东面，过去老人传说"能住庙前不住庙后，能住庙左不住庙右"。祖上迷信传说，选址选在这个庙左了，这块宅基地的风水从底下到上面都很好。

问：定了宅基地后，还需要定什么呢？

答：那就是阴阳八卦决定主房了，如果主房定在了西屋，大门就在东北了。阴阳八卦里面，乾为父、坤为母，意思是这个主房在西面，西是宅。东是宅和西是宅又不同了，它们分别有四个方位，这就决定了主房和门房。阴阳八卦定的是一个院里面有两个主房，有正主房和副主房。西边为正，东北就为副，大门就开在副主房位置。要是西北上开上大门，西南上就是主房。阴阳八卦都配好对了。厨房也是在正房定了以后根据八卦来定。

问：建筑朝向是怎么定出来的？

答：主要是要看风水，程家大院是坐西朝东，它是根据风水及出口、道路整体情况来定的。如果先定主房坐北朝南，南面就是个圪台，下面就低了，那大门那就得下很大的圪台儿。西屋定成主房，就能平平地出大门了。定西边是主房，还因为西边高东边低，古代说这样有靠山。过去的房子呢不管你是坐北朝南还是坐东朝西，都在阴阳八卦里有个说处。这个修房子的方向，要在罗盘上看，它是不敢坐正了，你像那个庙宇了，它是正南正北，它就是癸三定向，或者是壬三癸向，癸就是方向方位。

问：盖房子前有什么动工仪式吗？

答：那时候迷信，动土前在主房的正中间烧上三炷香，弄了三个鸡蛋，三张黄裱，愿意老爷动土啦，再拿上锄头在地上锄三下，意思是土地老爷就不管了，可以动土了。然后开始挑根基，放地基，直到收工以后再庆祝庆祝，再给土地老爷献上些东西。

问：房子动工前第一步需要做些什么？

答：准备料嘛，在盖房之前都要准备好料。

问：那怎么确定要备多少料呢？

答：要修一座房子，大概也有些预算，预算用多少砖，用多少木料，用多少石灰。石灰就是把青石烧上后做成石灰，都要准备好。下根基要用多少毛石头，都要计算差不多，他才要开工。修好一座修另一座。都是做好计划，全部一起备料的话都把地方堆满

了堆不下了。比如修一座三间房子，就8米长，这个尺寸就看你修多大的檩条的，有修七尺半的，有修八尺的，有修九尺的。就像我这个房子，我下好二丈七根基了，我就定成九尺檩条，三间，一间九尺，如果正好九尺的话削动后要短点，备料时再长点，修的时候包在墙里面就好了。两丈七差不多9米，房子宽度定6米，9米长、6米宽，就15米了，这是一堵前墙一堵山墙，再修一堵山墙一堵后墙就30米。以前的砖都是8寸长、4寸宽，一米按4块砖算，30米就是120块砖，这就是一层用的砖。再修丈八高就是6米，那个砖厚是2寸，那1米加上灰缝就是13层，那6米就是78层，山墙还要起山，那差不多就一万二千块砖就够了，除了那个门窗上下不差多少。如果修楼房了，下头两根大梁，上头两根大梁九根檩条，一间是11根椽子，三间就是33根，有上搭椽下搭椽，那两个屋坡总共加起来就要132根椽了，多几根少几根都无所谓。以前呢有四六椽、七五椽，四六椽呢是前面是四尺，下面是六尺，要是宽点的房子，上面是五尺，下面是七尺，多的两尺就是为了出檐。那些门窗口呢，一个你得计算二椽木料，六个就一方二了。就是这么计算出来了。

问：门窗用的木料和椽子等的木料是一样的吗？

答：做门窗的买3米长、2米半长都能用，做檩条就必须是3米长，做梁就必须是丈八、丈六了。

问：备的门窗木料也是买圆木吗？

答：都是买的圆木，回来手工拽着扯开。加工时首先看这个圆木料能扯几块板，然后在木料头绷上线，照着线扯开就成了板儿了。扯的时候照着线开始扯，都不敢离开线。做成板以后再看那些门窗要多厚多宽呢，要四寸宽呢把板放平了，在四寸宽的地方再绷上线扯开，用刨子刨光了以后，开上榫子套起。

问：瓦、灰都是怎么预算呢？

答：以前盖房子用的灰都是白石灰，青石烧透了以后就成了石灰了。盖房子之前都会在自己家修个灰池，在地下现打个坑来沥灰，在上面高处又用砖垒个坑。烧石灰就是山上半大块的青石，下面先堆上柴火，一层炭一层青石，到上面用泥捂住以后，下面有个像炉子一样的洞洞，掏灰的地方。引着了以后整个里面就烧着了，烧成后拉回来放在那个砖修的池里面，倒上水就泛开了，继续加水成灰汤汤，用上耙子钎等搅着让流入灰池里，让渣子留下来，那些汤汤差不多干

了，弄出来就是白灰了。瓦呢就更简单了，像这样的房子，过去是房一间瓦一千，就够瓦屋坡了。屋子大了就多点，小了就少点，那些都是大概的数量。一般都是丈六、丈八的房子，瓦也有大有小，差不多一间房子就是一千瓦。有钱了就多买点，余下就余下了，没钱了就少买点，不够了就找别人借点，补齐了就好。

问：您说的计算方法是（20世纪）五六十年代的吗？

答：（20世纪）五六十年代以前到现在都是这种计算方法。

问：您是怎么知道这种计算方法的呢？

答：这是最基本的知识嘛。知道房子有多长多宽多大，怎么算天天就摸索出来了嘛。过去确定那个梁架，屋坡的斜坡都是设样板，比方说修房子时不知道使用多长的椽，不好用勾股定理算，那就设样板。比如这是3米长，在地上画出房子屋坡的样子，用多少椽子瓦子都计算出来了。房子大都是四六起架，大梁的长度是丈六，中间放开八尺，再放开四尺，那整个屋坡的起架就是四尺，再分成二分之一就是二尺，上面再加上二尺，坡度就定下来了，就能量出椽的长度。修那个屋坡，搭那个巴都能计算出来。

问：室内的方砖是什么时候买的呢？

答：室内的砖是八寸乘八寸的。这个砖是以前修完房子装修的时候才买的砖，直接去砖窑买就行，都是手工脱砖。

问：过去房子的雕花、窗台石，包括那个门枕石都雕得比较好，这是怎么准备的？

答：从我这个年代都没有那些东西了，都是一抹光，打窗台石、过石都是用条石，石匠用钻子打一打就好了。打时用方尺、墨斗绷上线打方以后弄平了买回来就好了。窗子下面那个叫作压窗石，房子上面那个叫作过石，有些是木头，叫作过木。

问：打地基具体是怎么做的？

答：地基就是打好线、挑好地基。打线就是定方位，过去的阴阳师用罗盘定方向，看你是壬癸向呢还是子午向呢。定了方向，照着罗盘拉一条线，定下整个院子的中线，拉了这条线以后就能定其他方位的线了。

问：用什么来固定线呢？

答：砍上个木头橛子，那边拉一根、这边拉一根就拉直了。

问：怎么放线呢？

答：放线时多数是根据中线先放后墙线。后墙拉成

线，橛子定好以后，放上方尺，你计划修5米的梁，这点量5米，这点又是个5米，前墙山墙都定出来了。第一道定的线是外墙线，在挑根基的时候，要放大墙，要往外放一点。以前填心墙全是二尺四（80厘米）的墙，最低要挑那三尺以上，三尺半。挑起根基来以后，要修的是那一层比一层窄的时候呢，最底下大，上头小，头一层是三尺二，第二层是二尺八，第三层是二尺四，根基要放大，是这么回事。

问：基坑得挑多深呢？

答：那得根据土性。咱假如那地基是虚土，就得多挑挑，把虚土都要挑出来，挑在实土上。要是挑得深了，一米半深，你就得回土，用混凝土，土和那个石灰，三七灰土，用那个石头夯打起来，打那个实定定（结实）呢。

问：怎么回填呢？

答：三七灰土一次打8寸厚，全部用夯打成了。一回打实了你再检查下，用那个镢头、锄头，打着打不动了，就等于打好了，接着填灰土，再打8寸厚，然后再打一回，直到打到离地面二尺了才开始下砖下石头。一米半，打到就剩二尺，底面都要填灰土垫起来呢。

问：地基下的是什么石头？

答：大石头，小石头，都是荒石，水平线以下过去都是石头。然后用大砖、石块等一层一层垒起来，并找好水平，施平了以后才能砌墙呢。

问：找平用啥找平呢？

答：找平就是搁水平嘛。搁平的时候，定两个点拉上一条线，看看这条线水平不水平，平了你就量那条线到地面，比如加四层砖呢，拉开线拉在根基上。过去的老工匠使了个什么东西呢，比方这个椅子，四条腿上拉了四股绳，这个椅子面是平的，放个水盆搁上，前后的两条线和那条线重合就平了。现在呢有那个仪器了，定个中心就看能出来，以前使用土办法，但定出来的也是准的。

问：打地基的时候就得找水平吗？

答：地基不找水平，下了石头后才找平呢，以水平方向。

问：如何保证墙体在基础上平稳？

答：下石头时这块下了这么大的石头，那块下了个小点的石头，它不平嘛，下了水平线以后，该补多厚补多厚。东边低用块大石头，西边高用块小石头，从大石头那边拉了条水平线，低的那边用砖块找平过去，

找了一样平。过去呢就是那挑上些土，加上些石头，抹平了就好了。咱这木匠天天干这个呢，肉眼看着它差不多平了。一批水平，相差也就二寸，补上就平了。以前用的条石，做的是一样大，摆上这个石头，为了防潮防水，在上面砌砖就好了。

问：墙基石是怎么放的？

答：荒石头、乱石头找平了以后，墙基石都是打好的一般宽一般厚的石头，像垒砖一样一层层垒，涨上些灰和下面粘接，搁稳了就好了。搁上有些不稳的话，找个小石头支一支。

问：墙基石一般使用什么材料呢？

答：过去的材料，一个青石，一个砂石，这两种材料做出来的，砌房子之前石匠都已经把这些做好了。

问：墙基石有什么功能呢？

答：墙基石是防止以后下水啦，溅住（溅到）砖了就腐蚀得快，石头耐水。你像这个踏基（地面）比砖耐磨，耐用，就是结实。

问：墙基石有固定的高度吗？

答：没有，有的宽有的窄，这根据匠人打的，匠人打了一尺二高，那它转圈都是一尺二，要是有块一尺的呢，看好这一圪截一尺，他就补了块砖嘛，找平了就行了，没啥规格。

问：地基修好后，需要找平室内地平吗？

答：室内地平就不管了，修起房子来墁地平的时候墁平了就好了。你像咱们过去搁那个门墩呢，那门墩底下就是地平。地平它转圈都是平的，找出点拉开线，墁起地就好了。多的土取了，少的土填上，捣实了。

问：怎么定室内和院子的高差呢？

答：已经有个基础了，那就已经定了。或者我这个主房要高三圪截条呢，那个厢房就只高差不多一个台阶。你像咱们这高出来了，出来门就要下台阶了。

问：没有柱子的房子，下好地基该做什么了？

答：下好基地就开始修墙了，一层一层地修起来。底下修到那个门圪墩，就搁上门圪栏再修。修一米高了，过去一米多点，前墙搁上窗圪栏，其他都是一层层修起来了。

问：门墩石怎么做的呢？

答：这些都是事先修好的，先把这个中心定了，就是找房子的中心，量出来以后就把门墩和门的宽窄定好。四尺二的门子，它就打那个踢脚石，它这都计划好了。搁好以后，再修墙补起外头来，把门墩修平

了，搁上门框就好了。

问：门框怎么装呢？

答：过去修房都是先搁上门框再修墙，现在是留着门口后补框。因为用的这些材料不一样了，以前的木头它不怕碰撞，你像现在用的铝合金，本身就比较软，一个砖掉下来就是个坑，它撞坏了就不能用了。那个门圪栏就是一个框，门子先不装。门框木匠做好了以后，在外面搁着呢，直到墙修到门墩那会，才把这个门框墩上了，墩上去以后，用一根棍子或者啥支着，门和窗跟着墙同时起。

问：门框和门墩是怎么接的？

答：就在那上面搁着呢。这个门墩低点，上面有个槽子嘛，那个门框就在那个槽子里。在那个门墩上又修个圪壑（凹槽），把踢脚石插进去。门墩石上竖着和平着都有槽。

问：踢脚石和地面呢？

答：把那个门框搁上去以后，有些地方不很严，抹些石灰，这个与粘结无关，也就是挡风。这个门框下面和上面都要长点，插在墙里，圪接住不动就好了，这个墙再靠住这个门框。

问：门框放之前是不是都穿插好了？

答：都穿插好了。你像这个门框有4寸宽，在下面用个凿子凿那个窟窿，直接将竖着门框的榫子墩进去就好了。门上面关门的那个是关扇，修到这块就把那个关扇修进墙里头了。上面有个圪弯儿（转窝），装门板的时候先上上头，再插入下面，抬起来就能把门取下来。

问：砌墙是从哪里最先开始砌呢？

答：不管过去还是现在修房子，它先修四个角。四个角定了，从角往里修。过去讲那个七层再韧一层，它是有跑砖和纫砖，跑砖是顺着八寸修，修够七层了然后再调回来四寸，四寸就是横着修，交叉呢嘛。

问：纫砖只是修墙角那吗？

答：整个墙串圈都有。垒几层也不一定，垒五层或者七层都行，修层连接砖。

问：砌墙的分工形式是怎样的？

答：我们两个匠人或四个匠人，他在那个角，我在这个角，先把角垒了七层，然后拉根细绳，一直垒。以前填心墙呢，就是里面一个匠人，外面一个匠人，再有些小工子或者匠人填心。

问：填心的时候砖之间怎么粘接？

答：抹泥。它是一层一层的嘛，填了一层，抹上泥再加上一层，填平了以后再重新修。一般都是垒两砖填一层。

问：砌墙时砌几层后还需不需要重新放水平？

答：不放。基本上那样修就差不多了，底下找了平以后一直修到上头，有些出入也不管它了。补墙的时候哪边斜了点就多补点。到梁的高低，得找个平。

问：墙砌起来会不会相差很多？

答：出现不了。什么是匠人？匠人基本要靠眼力，灰缝几乎错不了多少，垒到房顶了，错了一两砖，产生不了这个问题。

问：窗户是怎么安装的？

答：墙砌到窗台的高度，把窗框放上。做法和门差不多。门框、窗框都是框，在装修的时候才上门扇、窗子。

问：窗台一般要做多高呢？

答：窗台现在是1米，以前是1.1米，包括压窗石。

问：压窗石一般是多厚呢？

答：那不一定。有的是八寸，有的是六寸。它是根据砖的厚度，取的厚度是三砖厚、四砖厚，加起来就差不多。因为啥呢，比如你打那两砖半厚，弄平了还得补半砖厚不好补。

问：咱们村子的窗，比如这个道光年间的房子，它有固定的尺寸吗？

答：那没有。你看咱这个房子，它要定了这个圪垛（门窗间及窗到墙边缘的墙体宽），三砖的圪垛或者是二尺四，它要把这四个圪垛放定了，然后再定门子，除了门子就是两个窗子，它是这么回事。具体做法就是打好根基后在实地上把砖排了，拿了砖排到这是窗子，这是门子，这是窗子，排好了以后把尺寸量了。

问：压窗石有的做到了墙里，有的没有，它受影响吗？

答：不会受影响。都是根据材料，咱是四尺的窗子，有的石匠打的时候打了四尺二，就压住点儿，一向只压一寸，打了四尺半，一向就压二寸五，如果只打了四尺，就齐垛放了。它对结构没啥作用。

问：窗户上面的是什么？

答：上面叫过木，以前都是木头的，现在还有石头的，就是过石。那时候木头缺，全凭石头打好了压上。在那（一九）八几年前后，都是修的过石，买上块石头搁上。

问：盖老房子一般用的啥啊？

答：盖这样的房子就用过木。因为那会儿不缺木头。有钱能买得到。到1980年前后，就开始缺木头了，你就有钱也买不上木头。村里就开始请石匠打上石头搁上就好了。

问：门上面的过木和窗上面的过木高低是一样的吗？

答：有的一样，也有不一样的。以前说"眼高嘴低"嘛，意思就是说窗口比门子高，不过一般是平的多，有个别是眼高嘴低的。

问：这个是由谁来决定的？

答：那就是根据当代的社会，眼高嘴低是特殊的，以前有些个别的，当时的社会一般就是这平的。做平了直接一起压有它的好处。

问：以前的房子只在前墙修窗户，其他的墙不修吗？

答：一般不修。现在的房子人家想在这修个窗啦那可能，过去的山墙后墙都没窗子。

问：修墙时是先修起一面墙还是四面墙一起修呢？

答：过去修房子转坷圈一起修，现在的丁字墙，先修了前墙或者先修了后墙也可以。它是因为什么呢？以前的填心墙修起来以后你还得填住，不填住你就没办法再修上头，所以过去就是先修那七层，转坷圈修平了，再用上砖修上面那七层。现在那墙是丁字墙，不用填心整个就能修那一堵墙，光留下那个口口插上就好了，所以现在就能一堵一堵墙修。

问：盖房子前会根据周边情况先把房子高度定下来？

答：定了，那个主房定了两丈二高，这个次房比它低点就好了。

问：房子的高度由谁定呢？

答：一般主家在修房子时都要问，意思是修多高了好，阴阳先生给他取个吉利数。你像这个房子，在庙的跟前呢，可不能比庙高了，庙是一丈六，你只能修一丈五，它是根据风水上来说。像是咱们那排房，后面那一丈八高，你就只能一丈七尺六啊，一丈七尺半，你在后头就得高出二寸来，不能挡到你，就是这意思。

问：可不可以这样说，相邻房子的高度绝对不是一样的，一定要错开？

答：不一样，错就错了，错点也不是大问题。你就像阴阳定了一丈四高，他就修了一丈四尺二，那就过了，就是糊糊涂涂修呢。

问：一般什么高度不能压什么高度啊？

答：前面的不能比人家那后面高，就是前后管，意思说它挡住它了，左边右边倒没啥说法。你看过去的说法，全凭这块修了三座房子，后面这座高，前面这座

高，中间这座低，有些说哎呀两头这向中间担着了，意思说对中间这座不吉利；可是还有人说是这两头是抬轿的，人家在当中坐着，那两头高要抬着人家那。都是自己坷编呢。

问：院子的两个厢房是一样高的吗？

答：一样高，它是属于阴阳平衡。

问：以前的房子一层做多高呢？

答：有丈六的有丈八的，也有一丈五尺半的，那不一样，它两层的话一层最起码得有三米半到四米（丈二）。过去的高度是根据当代的环境，当地有钱的人家想利洒（利索）点呢，一层就做高点，二层就低点，能过个人，梁底下不碰坷脑（脑袋），梁底下七尺八尺就好了。你像这个房子底下就一丈二三。

问：墙一层修起来了，梁怎么放呢？

答：全凭咱计划这楼底下是一丈二，知道你的梁有一尺粗，你就在那一尺一上搁平了把梁先放上，再补上一尺的墙包住梁就开始修上头了。

问：以前的填心墙，将梁放在上面用什么承接住梁呢？

答：梁底下有压梁板嘛。大于梁的宽度，木头的。从外面看不到，它在里面，腻住了。已经用锛把梁底面削平了，找了个平面，梁底下是填心墙，填心墙不连接，使了个木板，把这个木板搁上，连接住墙，把梁放上，这个结构就粘接住了。

问：木板也没有具体的尺寸吗？

答：把梁做大一点，就起连接的作用。

问：墙两边有梁吗？

答：都没有了，这向是墙，那向也是墙。一般清代康熙年间以后，就不是出山檐了，而是封山檐、砖雕檐了，四梁八柱就很少了。明代时候，修那个四梁八柱就出山檐，檩条都在外面呢。

问：那檩条是怎么做的呢？

答：檩条就是在那砖上搁的，不出墙，外面用四寸砖包住。有的是先把墙修起来了后，均分开留出口子，修罢了房子以后再把檩条都搁好，把坷窿做好就好了。以前有条件的时候就直接把檩条搭上，修那墙的时候把梁包好了就开始搁檩条，全部把檩条搁上。这有些不好处是啥？过去那檩条都要上漆呢，不先放檩条是怕弄脏了，修的时候掉泥掉灰，把这个檩条都弄脏了，它漆的时候还麻烦呢。后上檩条了它是干干净净的，搁好了、定好棚板在下面，搭上架子把檩条漆了。

问：过去的房子用的都是什么漆呢？

答：过去都是红漆，褐红色。

问：檩条是怎么连接的？

答：三根接起来，套上的。或者是四寸厚，都是上面留平下面留平，它都做好了以后，就说往上放了，拉上线放好了以后就钉棚板了。

问：棚板上面还要再铺什么？

答：棚板上面有的是层麦秸泥，上面再墁上小方砖。它轻巧，分量不重，减轻梁的负担。以前修的房子，比我这个房子时间更久点的，人家买那个椽就更好点。屋顶房主要用那个方砖时，就得使用那个过眼椽了，就是在木头上挖了个圪隆，好椽都得过了这个眼儿，回来钉在房子上，四寸宽一根、五寸宽一根，才能钉那个方砖呢。

问：棚板之间需要粘接吗？

答：不接，直接是齐戗（无缝拼接）的，摆齐钉住就行了。有些缝也没事，有泥呢嘛。

问：会掉泥掉灰吗？

答：掉有这檩条顶着呢，哪能掉？你像这个缝吧，那缝就太小了，两块合好缝以后，挤着钉住了，它以后收缩一点点，上头泥也干了那小缝缝就漏不下来。还有一种办法是板子是湿的，它怕收缩大，下面又加了这么大（约一寸）一块的引缝条，它在下面先钉上这么一块引缝条以后，上面加这两块板的时候，就挡住了，有缝也看不出来。

问：一层梁上好了以后，怎么开始砌二层？

答：上好梁以后，二层墙直接起就好了。上梁的时候，底平上平都削好了，上平面放板子啦都可以，那以后搭架子的时候，这圪棱穿了根檩条，那圪棱穿了根檩条，上面铺了个板子，踩在上面转圈起墙，瓦了屋坡把那架子拆了以后，下来就成了空圪儿房子了，再装修就好了。

问：墀头是怎么做的？

答：墀头都是用砖砍的，以你自己的技术用瓦刀刮成以后再砌上去。把那个砖在地下一层一层摆好了，在上面画了弧线，把外面的砍了后，沾了水，砖与砖之间磨得光滑了看着很好了才砌上。

问：一般会做几层呢？

答：有的十一层，有的九层，有的七层，那不一定，灵活着呢。它是根据出檐多少，太长了就层数多点，这一层砖不能挑出大了，出去的不能超过砖的一半，超过了就斜了，上头压不住就掉了。

问：每一层砖出来的尺寸是固定的吗？

答：那不定。你想弯度大点了，上头就稍长点，底下就出短点，它不是把砖都给砍了，它有这个斜度了就稍砍砍这个斜度，不能砍了半面砖呀。

问：墀头挑出的和檐挑出的距离一样吗？

答：它比它短点儿，墀头长出来不就溅上水了？西屋为啥垒得高呢，因为它檐长，垒少了它出不出去，本来砖是八寸，出多了它自然就翻了，所以多出两层。

问：墀头是什么时候砌上去的？

答：最后修起房子，钉下椽子才安的。钉好椽以后，椽和连檐都有尺寸了，墀头不能超过那个呀，超过那连檐尺寸不就修不进去了，这都是死的。把连檐钉好了，把上头巴也上好了，就开始封檐、封山了。先垒了这个墀头，再去封那个山。那山墙又出檐了，把这山拉上一条线，看得平平的，一层一层砖再垒上去，出三层或出五层呢，出了这个山花。

问：还是得留着位置吗？

答：留着位置的。修墙的时候在那个角角上留上几砖的插口，先不管那块，钉下椽子再补上那块就好了。

问：（20世纪）六七十年代还这么做吗？

答：都是这么做的。前头一般都有那墀头，一层一层出来那几圪台就好了，要不不好看。

问：后墙、山墙封檐怎么封？

答：砖封的，砖封檐，砖一层一层出来。有些是斜着搁砖，就是装饰品，为了好看。

问：一般出檐会封几层呢？

答：前墙就是三层，后墙就是五层，有的是七层。山墙封山就是三层。层数都是奇数层，不做偶数层。

问：后墙封檐一定会比山墙多吗？

答：嗯。后墙因为出的檐长嘛。出檐出山，都是防止下雨。不封山不封后墙檐也可以，下了水就顺着墙流下来了，出得越长越保护墙了。山墙就不流水了，它就短点也行。

问：山墙有出檐的吗？

答：墙上封的檐不顶那出山的，过去人家都是修出山檩，就是把檩条让出去，让出去五寸啦八寸啦一尺啦，外面钉了椽以后，还有封山板，钉了板板挡住了。钉得齐整整的再瓦屋坡，那出大点对墙有保护作用，现在是砖墙它就是那小檐，出不了三四寸，意思说流不下水来就好了。

问：二层屋顶的梁架具体是怎么搭的呢？

答：全凭咱上面定好了，是一丈八高的话在一丈七上就搁梁了。搁好了大梁，起架的高度就已经定好了，你就开始搁檩条了，你那山墙留有口，搁平了檩条，外面还留了三寸四寸，就把这墙往外头留出四寸砖来，就把这个檩条用砖包严了，包严了以后开始钉椽、上巴，上了巴条或者巴砖，那个山墙浮头儿，量了尺寸，出那三层檐。要依住那巴条或者看好那巴条或巴砖浮头儿，用平度量下那三层砖来。

问：整个起架是怎么定的？

答：屋脊到梁的上平的高度是整个梁的四分之一，这是总共这个高度，一半就取了八分之一了，也就是大梁到二梁的高度是大梁的八分之一，屋脊到二梁也是八分之一。二梁放平了就搁檩条了，檩条都搁得平平的。

问：余柱是什么时候放的啊？

答：余柱跟大梁直接就一同上了。整个屋架在下面就装好了，安装的时候把二梁和上头那个余柱取下来，光上下半圪截，这个大梁和余柱，在上面搁好，搁好了在这个余柱上头拉一条线，看平不平，就把梁都弄平了。弄平了以后，山墙都修到余柱这高度了，就搁上面这个二梁和余柱，搁好了以后，把山墙上面这个圪角儿几乎都差不多平了，把最上面那路檩条都搁好了，弄平了。

问：檩条和二梁是怎么连接的？

答：通过替木搁在二梁上的。二梁上面就有个槽，把替木搁在二梁那个槽里面，再把檩条放在替木上，檩条一直通到山墙上，一直通平了以后，匠人从前墙后墙看看平不平，把那檩条都看平了以后，就在山墙处把这三根檩条都包好了，再封外面的山，然后就上巴、钉椽。

问：屋架还有什么构件？

答：牵椽。牵椽在两个余柱之间，六根牵椽，上好梁以后，把山墙垒平了，牵椽得先上上，意思是起那连贯作用，顶住它不变形。把牵椽上好了以后，再上二梁、搁替木，再把檩条一放就好了。还有二梁上的插板（插梢板），那插板和二梁都在一起装着的，它就是撑着上头这根余柱，怕它来回摆动。

问：连檐是什么时候做的？

答：连檐是钉了椽，钉好了椽以后就钉连檐，钉了连檐才要上巴呢。

问：您知道这边连檐是怎么做的吗？

答：连檐就是这么一块木头，一扯四份。把圆木扯上四份，把这弧度来砍平，就成了三角形，钉在椽上就好了，一根一根椽都钉住。有个底面有个正面，里面斜着就好了。一根根椽钉好连檐才上巴，巴条上好了再钉住。

问：巴条是要钉上去吗？

答：要钉在椽上，隔二撒三地钉，有的整个是一条巴，在上头翻过个脊，有的是两条巴，要在中间用绳或者铁丝条缝住。上好巴条以后才要决定封檐山呢，封那三层檐。三层檐就是依着那巴条的浮头儿，底下量出三砖来，往下量出三砖的尺寸，把三砖砍成斜面，砍成平的，一层一层砖垒起来。

问：上大梁之前有没有什么仪式呢？

答：贴个对联嘛，贴对联"姜太公在此，诸神退位"，有些门上都是"通风透气"啦，"开门大吉"啦，上了梁以后，我这大小工你都得犒劳呢。

问：在整个施工过程中，主家会管几顿饭呢？

答：就中午一顿饭，上梁那天管一顿饭，最后合龙的时候再管管饭。

问：开工前要不要管饭呢？

答：有时候也管呢，看主家。也有的就全管了，那就不一定了。

问：封完檐以后就是瓦屋面了吗？

答：封完檐以后那三层砖就和屋面平了，就只说上泥上灰瓦了。

问：瓦屋面和墀头是哪个先做呢？

答：钉下椽了就先做墀头了，把墀头做好了才能封檐封山呢。把山墙封起来，整个屋坡就成了一体，弄平了就剩瓦屋坡了。

问：这边是怎么瓦屋坡呢？

答：一样的瓦是怂呢，一个压一个；一仰一合是瓦了这排瓦留个缝子，扣在这上面。一仰一合过去那是有沟檐，有滴水，有猫耳头，中间这个瓦下面有个尖尖，那个叫滴水，上面的瓦有个尖儿尖儿，那是沟檐，边上的那两条都是叫腿，一仰一合扣下来以后，最头的那个是猫耳头，意思是有个边沿，沟檐滴水猫耳头嘛，屋坡就是这。

问：瓦屋坡的顺序是怎么样的？

答：过去瓦这个一仰一合屋坡的时候，先把腿找了再把脊檩找了，一列一列摆了样板，才从头那一列一列瓦呢。瓦的瓦一般是见半瓦，一片瓦的一半压一片瓦的一半，扣瓦时少压点，中间要留个缝，留个缝要流水，能留宽点就宽点。

问：上面的扣瓦要压下面的瓦多少呢？

答：压住就好了，后面的瓦压住前一个瓦的一半，这就是两见瓦；有的压住一点就行，底下这个瓦也压住一点，中间这个瓦就空点出来，这就是三见瓦。

问：这个屋面瓦成什么样子就算合格呢？

答：瓦好了以后把那腿，整那毛灰，就是白灰加些头发啦或者别的勾抹勾抹就好了。

问：那您觉得盖这样的一座房子得花多长时间，就这三间房子？

答：以前呢，它就盖的时间长，像咱们这一座房子，一月也盖不成。像那（20世纪）70年代我做匠人的时候，盖那五间房子，整个用不了一星期。

问：为什么时间差这么多？

答：过去那匠人他做工慢，一天垒砖垒不到几十个砖半百砖。现在那匠人，一天敢垒三千砖，后来的房子都是天天拼着命干的。我在大阳瓦屋坡，不管它三间也好，四间也好，五间也好，就是我一个人一天就瓦起了这房子。过去修这个房子，会技术工的，为了讨口，为了自己生活，天天在这混嘴呢，做磨工来了，不要工资，因为啥呢？过去修这个房子，大部分是有钱世家，有钱人才修的，没钱的修不起，可是会手艺的呢太少，就是来有钱这挣嘴呢，挣点吃啦。他就是来这混嘴来了，活做得比较细致，精工细磨呢，一点一点出细点。现在这个为经济呢，做快才能挣钱。你看过去垒那砖墙，砖缝又平又直，以前垒那砖的时候就光弄点那白石灰，砌出来的砖又平又光。现在那石灰啊，涨了一钎石灰就涨了一担砂，它那支的缝就高。不一样啊，过去那做工细，意思说工不值钱，现在这会是工值钱。过去在咱这村，修房子还不顶一年一家。你像里头这修的这小西屋，那是在咱村当着村长，一天用那小毛驴拉石头拉砖，拉完了就搬泥，用了半年才修起那座小房子。

问：那是什么时候的事？

答：说的是一百多年以前了。

问：这您是怎么知道的呢？

答：因为我听说啊。我听我父亲说嘛，我父亲活着的话就是一百多岁了。俺父亲在（一九）五几年那会儿修路旁那座房的时候，那三间土岔儿房子也修了些时间。

2. 高平市河西镇南庄村韩年生采访记录

工匠基本信息（图6-125）

年龄：67岁

工种：木匠和泥瓦匠

学艺时间：1966年

从业时长：40年

采访时间：2017年4月2日上午、4月5日全天

图6-125　南庄村匠人韩年生

问：韩师傅，您学木匠学了多长时间？

答：也没学多长时间，反正是"门里出身，智慧三分"，本身祖上父亲是做这一行的，这血液里就带着这个基因，所以很快。平常在锻炼时间，慢慢就把它学成了。我父亲韩宝印是个老木匠，他干了一辈子木匠，我就跟着他学，学得特别快。

问：您父亲是什么开始做木匠的？

答：他是十八岁在河西镇牛村学艺，他们过去那会学木匠才苦呢。他十八岁学木匠，学了一年，因为家里苦，他就回来了。过去学木匠，他得出了师，出了师以后，才能出去干活，在没有出师以前，比如定了三年，你一年不学了，你就出去干活去，师父见你干活就没收你，把你的印钱（工具）没收了。在过去没有出师以前就不准私自干活。在那个时候都挺怕师父的。这个就是咱中国的文化，你师徒必须得学够，定了三年，你必须学够三年，学不够，你不准私自出来干活。

问：您说的没收印钱指的是什么啊？

答：比方说过去我父亲是弄了个锄桨，就是锄头的把儿，扛着去会上（赶集）卖呢，他师父见了以后就给没收了。

问：过去做学徒规定是几年啊？

答：过去规定一般都是三年，三年不挣工资嘛。不过这也不一定，有些是亲戚了就不用。上午见的那个铁匠啊，他们就是沾亲，沾亲带故的话只要你学成，走也行，一般情况下是有规定的。

问：您带徒弟吗？

答：我带徒弟。我带了七个徒弟，我带徒弟是发着工资带。过去那徒弟是不挣工资，因为我带徒弟大部分都是沾亲带故，我姑姑的孩，我二叔的孩，还有我老婆娘家的亲戚，还有我舅舅的两个孩，我还得管上他们吃的，我舅舅有了病了，我把他们接过来，叫他学成以后能成人，能生活，我的目的和其他人目的不一样，我这不图挣钱，我是图渡人，叫他们都能有生活。过去呢和现在不同，现在很多都是出去打工，过去就是你会个木匠会个铁匠啦，出去你就是不缺吃的，也好找媳妇，在当地农村是这个情况。

问：工资您会给他们发多少呢？

答：那不一定，刚开始我才挣一块八毛钱，最后两块钱，后面涨到五块十块，我挣多少他们也挣多少。因为我们出去干活去，户主是按人头发工资，发多少给他们多少。

问：您现在那七个徒弟现在还做这一行吗？

答：现在大部分都不干了。你像本村这个徒弟，本村有三个徒弟，现在都是搞这个大棚蔬菜。再一个呢，你随着时代走，现在这个包工大部分都是连工带料，都是大包工。还有个徒弟，人家是当了主任，这会儿是搞了鸡场，都是干大活呢。我孩子也跟我学会了，但搞这个太累，现在也不干了。现在我一个人在那看着庙，还种了十三亩地。

问：咱们这的老院子都叫什么呢？

答：有四合院，有簸箕院，这是过去的老宅。现在就不同了，现在都是堂房，大队统一规划统一安排，跟过去不同。过去有办法的合院，咱这没有全院，就有一个四合院比较全，有几个簸箕院，好几个簸箕院都不全，不是缺东屋就是缺西屋，都坏了。

问：您见过新修的四合院吗？

答：没有没有没有，四合院最迟也在清朝时候，民国时候都不修了。清朝那时候还修这个，甚至还在清朝以前，像我们这有个院子是元朝的，大部分都是清朝的，清朝的多。

问：清末多吗？

答：清末时候也不多，咱这清末没有这种房子。

问：（20世纪）五六十年代修房和过去有啥不一样呢？

答：（20世纪）五六十年代修房就跟过去不一样了。它那个砖就不一样了，以前的砖是手工砖，再往后边就成了机砖，机器制的砖。

问：明清时候手工砖为什么好呢？

答：过去的老砖泥和得好，做出来的砖不容易风化，不怕冻不怕晒。你像（一九）七几年都做砖，做那砖泥和不到。现在工人都下不到那个力，过去那人们都真诚。

问：过去的泥是怎么和的呢？

答：过去要用那个铡刀砍，一大堆泥，用刀劈里面，里面都没有一点点气泡，那泥和好后，烧出的砖没有一点气缝，比较实在。这些我都是听老人讲，那个时候还没有咱呢，这就一辈一辈往下传呢。我们这过去打那个旱井，旱井就是打上井以后，吃老天爷的水，雨水下到这个街上，再流到这个井里面，储存这个水。那个井开始打上以后下面是土呀，土不行，我们就把红土石灰和到一起以后，也是用那个刀劈，把泥劈得很滋凝，然后下到井里头，把它弄成小片片，用上那个小木头，把泥都拍到墙上，井底下四周都拍上。井里面弄上口，下面打得大，有一间房这样大，到上面是个小口，把它弄起来以后，把水放进去，它干净卫生。我们村就有这个，方圆没有，你像那个永宁寨，它仿着我们打，但他们弄不成，一弄就塌了。

问：机砖是从什么时候开始用呢？

答：我这房子1993年修的还是用那个手工砖，机砖是1995年以后了。1995年咱这没有，就是其他交通发达的地方开始用，咱这地方是过了2000年以后有这个机砖了。

问：为啥有红砖有蓝砖？

答：蓝色就是阴砖另外加了湿，红砖是不用水阴，一阴它就变成蓝的了（图6-126）。

图6-126　阴砖现场照片

问：明清时候的砖阴吗？

答：阴，时间长了颜色就变了。

问：（20世纪）五六十年代的房子和清朝的老房子除了砖还有啥不同呢？

答：院落形式不一样。清朝那个时候就是修四合院或者是簸箕院，（20世纪）五六十年代大队开始规划以后，就是这一条街，一家五间，统一规划，它就是根据这个大门来说的，东是宅，西是宅。还有在用料上也不一样，（一九）七几年修房子都很穷困，木料都不顶真，也就是用的那个材料不好，梁也细，椽也细，檩条也细，它比不上以前。再说那时候没有钱，那个年代就不行。在风水上，五间是阳宅，如果没有那么大地方，只有四间，四间了就是阴宅。为啥叫阳宅阴宅呢？单数属阳，双数属阴。四间很少，一般都是五间。清代的堂屋都是七间，中间这三间要比两边宽一点呢，大部分一般宽一米左右。再修就是东屋西屋，东西屋与中间三间的距离一般就是一米，一般是三间，中间两根大梁。东西屋要稍微比中间三间出来点（指进深方向）。院墙和东西屋山墙要有空隙，这个就是风口，院子四下要留通风的地方。也有的是不留风口，这就是根据你这地方，过去这个地方很值钱，一寸都不让。四合院倒座也是七间，东南大门或西南大门。西南是大门，东南面就成了厕所，按过去这就是五鬼。

问：正房中间的开间会比两边大吗？

答：中间大一点。按现在都是平间了，（一九）七五年之前所有的民居都是这样，中间比两边大，它也是照着明清时期的民居修的。七五年以后，后面这一进有了这个红砖，这间架就改变了，都平分成一样了。有了红砖以后，砖就改成机砖了，机砖四面都一样，手工砖就是一面光滑一面不光滑。

问：清朝和（20世纪）五六十年代的梁架会一样吗？

答：梁架差不多。现在不管到啥时候，都是装梁拴檩。屋架有五五起架（对五起架），有四六起架的，还有倒四六起架的，你像修庙一般都是倒四六起架，起架高，还有三七起架，这一般是庙上修。咱农村修就是四六起架，在七几年一段时间也修过对五起架，比方说这个墙是三七墙，尺二墙，要以墙中算，梁要搭这一多半呢，它不会只搭一边。外墙与外墙的距离差不多按一丈六来算，尺二墙，一向留了六寸，两向留了一尺二，剩下是一丈四尺八，算这个是以一丈四尺八算的，找出这个中来，再以一半找出中来，还得找出四分之一的中点来，这个尺寸才是余柱的尺寸，

也是大梁上平线到二梁的上平线的距离（图6-127）。

图6-127　（20世纪）五六十年代木构屋架

问：上平线是中心线吗？

答：上平线，比方说你这个大梁有时候它不直，你这个大梁要多粗，按砖数算的，你比方说按三砖，三砖加灰缝比方说7厘米，6.6厘米，三砖是20厘米，这个梁头就取了这个20厘米，就以这个算上平线。大梁上平线顶着二梁上平线，是这个梁的起架，但是它还有二梁粗呢，比方说二梁20厘米，起架70厘米，70厘米还得去了20厘米，把二梁去了，这才是余柱，定了余柱有多高。

问：刚才说的五五起架、四六起架是什么意思？

答：比方说取了四分之一了是60厘米，60厘米就是取30厘米，两个上平线是30厘米，这是对五起架。四六起架，比方说是60厘米，四六就是24厘米。四六起架一般用的是四，倒四六那就高了，那就用的是六，把四取了用六。一般说这个倒四六，也就是六四吧，或者说七三，倒三七，都是庙上用的，上面庙上就是倒三七起架，上面就站不住人。

问：各个时期屋架有什么变化？

答：（一九）六几年大部分用的都是四六起架，就是七五年左右，用了一段时间对五起架，都太陡了，又换成四六。现在又是对五起架了，一般不要四六起架，它坡度太坍（缓），坡太坍了这个木料承受力大，陡一点木料承受力轻。在清代那时候大部分都是四六起架。在过去还要用折，按道理余柱那上下距离是一样的，它一般要带个折，这个折的意思就是说上面它要稍微高一点，按照那个尺寸再加高二寸，加二寸折，现在一般都是加一寸折。加上折后中间好做

活，中间那个泥能稍微厚一点，瓦平了瓦就不下来，再一个泥薄了就容易漏。过去这个折是四寸折，甚至有时都是六寸折，中间那个泥都有一尺厚。

问：现在不管是四六起架还是五五起架，加的折都是二寸吗？

答：那都差不多，脊余柱加二寸折。本来是二寸的，它架起来一寸，还剩一寸。现在的房子一般都是一寸折。一般前墙的折比较大一些，后面的折小一点，前墙出檐的多，有些后墙是封檐，所以折小，那是特殊情况，一般都是一样的，它上面的脊在中心线。

问：以前的四寸折会更好吗？

答：更好，过去一般都用三寸四寸折，庙上都是六寸折。

问：墙体有什么不同吗？

答：20世纪60年代咱们这修的还是土房多。有的是"里生外熟"，实际上就是外面是砖，里面是土坯。还有些就是"挂脸房"，前面是砖，周围都是土。这都是（一九）六几年修的。

问：那时候有没有四周都用土或者都用砖的？

答：没有，都没有。

问：20世纪60年代里生外熟的房子大约能占多少呢？

答：大约也就百分之二十。现在都拆了。赶到（20世纪）80年代左右，就全部修成里外都是砖了，都是三七墙了（图6-128）。

问：一个房子的四面墙是一样厚呢还是不一样厚？

答：一般差不多。清朝以前的房几乎是一样的。不一样就是（一九）六几年以后的，往往前墙是尺六，尺二的糊垍外面加四寸的砖，还有的就是前面是尺六后面就是尺二了，就不用砖了。

图6-128　"里生外熟"墙体修缮

问：盖房子的时候会不会请阴阳先生呢？

答：那还能不请风水先生？一般咱们这都要请。20世纪60年代不用，那是毛主席时代，还不很讲究这个，再往后（一九）七几年就讲究这个。我是经常干木匠的，我就会半个阴阳。

问：怎么来看这个宅院呢？

答：在这个院里面就是，门为主，房为客，咱们修房主要是讲究这个大门的出入。比方说你这个地方风水不好，有问题，你不修大门不修院墙了能住，一修院前一修大门就不中了。修房子一般都是单数，因为我们木匠敬的是鲁班，土话是鲁班老爷，据说是他的名字里面带了个双字，所以都不愿修双层，用双了感觉对这个仙师不敬。咱这个修房，一般都是七间、三间、五间，层数都要以单层计算，为啥要讲究单数呢？又说到阴阳上了，单数属阳，双数属阴，三间五间七间是阳宅，四间两间是阴宅。

问：簸箕院的大门正对着堂屋的门了，这个怎么办？

答：它这个大门深啊，里面有两根柱，当中还有镶的板，叫隔扇，也叫扇门，按过去这个风水讲，堂屋门不能直接对着外面，如果四合院了就不讲究了，你要是簸箕院了，就得有这个。这扇门放上以后，就套进去了，上面用铁钉把两边管住，当中能开，一般没有婚丧大事不开这个门，遇到丧事了棺材抬不出去，它得要走这，办过事以后就把它关住，平时这人都是从两边走。

问：业主找您盖房子的时候，会不会询问您要准备多少木料？

答：那都是，一般是啊。

问：那材料是怎么算出来的呢？

答：比方说我们要修三间房子，三间房子它得要两根大梁，至于大梁的粗细，那是根据人家的经济状况。两根大梁两根二梁。然后就是一间三根檩条，三间就是九根檩条，下来椽也就根据实际情况呢，椽粗了用得少，椽细了用得多。粗点的椽子，直径差不多5厘米吧，三间也就是60根左右，细就加一点，比方说五间用了100根，这就是一间20根，要是椽细一点，就加点，一间23根，三间用上70根就好了。这是一坡一空70根，前后四空椽呢，四七二十八，得三百根椽，有上搭椽有下搭椽。

问：买的木材是加工好了还是买来树自己加工呢？

答：过去一般都是用私人的树。那个年代没有木材公司，没有市场，那就只能买树。那时候的树多，周边的村子都是树。像咱们这到邻村，有产椽子的地方，大山里面，到那去买那个椽子。大梁檩条都是在咱当地，用树做上。

问：买树的时候怎么估算这个量啊？

答：那就没啥规则了，要看这个眼力，我父亲看树的眼力就很好。

问：砖瓦怎么备料呢？

答：过去的老办法就是，我一层要修多高呢，需要多少层数，按周围一圈算。原来一块砖厚是7厘米，长是28厘米，宽是13厘米。清朝时候用的是白灰，灰缝再有3毫米，顶多5毫米。比方说一丈五，是5米高，一块砖7厘米，加上半厘米，就是75毫米，算出层数。根据房子的长短，比方过去说两丈四，8米长，5米宽，一算多少长度，一乘就出来了。

问：那瓦怎么预算呢？

答：瓦呢，按过去一般一间一千。过去都是老瓦，比较大。

问：备料除了这些还备有什么？

答：那就是土啊，能离得了土？瓦屋坡还得要土呢。再一个还有巴条，按过去用巴条。

问：巴条是谁做啊？

答：你像咱们这现在也有那紫荆条，还有黄花条，咱这很少。村里有专门编巴的，要我编我也会编，我是五花八门都会。一般不会编的就是找专门会编的去编。

问：土得准备多少呢？

答：土一般没人计算过，像这瓦屋坡的，一般就一间一车土，实际上就是一间一方土。

问：一般会选择什么土呢？

答：土的话一般选择白土，用白土好，没人用红土。

问：老房子用的木头都是什么木头？

答：过去咱这地方有用杂木的（叫不上名字的木头），它很硬，也有用红松的。清代时候用杨木多，大叶杨小叶杨，也有用杂木的。现在一般用红松的多，用杨木的也有，不多。

问：清代的杨木都是从哪来的？

答：清代的杨木都是从外地来了，当地的杨木很少，你像拆了庙的大叶杨很好，一般不变形，过去雕刻用的那个大叶杨很好，现在没有那个杨木了。那个杨生长期长，就比较硬。现在的杨木生长快，比较软。

问：基础的砌筑顺序是什么？

答：开始第一步就是把地基选出来，按过去一般都要通过阴阳定向，起码要定向呢。子午向是正南正北，一般修私人住宅不敢用，修庙才敢用，子午是个正向。看你是哪个向，人家就给你定橛，你照着这个橛开始放线，看房子怎样来安排，是五间呢还是四间，先用石灰画到地面，然后挖沟壕，把土挑起来放在坝坝儿（沟壕边上），然后挖到这个硬地。为啥叫硬地呢？一般咱这上面都有这个40厘米的活土，就是平时用的，不是净土，有些有灰渣，有垃圾，你得把这个土挖起以后，挖到没有垃圾的净土上，也叫硬土。然后到别的地方拉上红土、白土，都要用净土，就是没有用过它，没有垃圾、脏东西，这是农村的习惯。挖下70厘米甚至80厘米宽，高低也就是挖到下面硬土上，然后按过去就是两兑土，三兑土，三兑土就是红土、白土再加上白灰（白灰就是干的灰，这个石灰起码得泛一泛，泛开到没有这个块，因为石灰块本身加水、受潮气以后就会泛，一泛就把地基泛开了。所以必须加上水搅拌，把这个石灰劲泛开了，以后就没有其他力量了），铺上以后，一般就是铺10厘米到15厘米，铺一层，捣一次，捣到离地面20厘米。铺上那以后就铺地铺石，地铺石要铺得宽一些，那个地基挖了80厘米，它最少得铺70厘米，然后上面才是要加一层石头。这一层石头是三面平，我们看到的外面露出来的算一面，它底下要放平呢是一面，上面要搁砖也是一面，就是三面平。后面这面就不平了，它里面就是根据实际情况，反正不能超过墙体。弄上这以后，过去有钱的，像清朝修房子都是尺六墙，那都是两层，外面一层石头，里面一层石头。赶到后面（一九）六几年修房的时候，就变成这个三七墙了，那就是外面一层石头，里面根据实际情况，石头窄了砖宽一点，石头宽了砖窄一点，长短得找够这个，实际也就是三七稍微宽一点，找好以后，垒上几层砖，按六几年，下面垒的砖跟这个窗台是平，实际上就是垫阶，它这个垫阶实际上就是和窗台一样高。还要就是前面都是砖的多，砖也是外面是砖，前面都有窗户嘛，它用砖也不多。再一个还有梁，梁底下必须是砖，有钱的里外是整砖，没有钱的外面是整砖，里头是半头砖，竖着垒，补齐了就行，里面不讲究，以后还要抹墙装修呢，外面要讲究。像这隔墙，六几年隔墙都是土坯。这都是根据各户的经济状况来定的。

问：墙基石外面这个是什么？

答：这个是廊阶石，实际就是挡这个滴水，水滴下来滴在外面，滴在下面以后水就不往上面溅了。再一个它也叫护基石，护住这个地基的石头。

问：檐口的出挑尺寸要比廊阶石大点，具体有尺寸吗？

答：有有有，你像上面这个椽，一般这个椽头的位置距离廊阶石有5厘米，瓦了瓦以后，那个瓦要瓦10厘米呢，滴水就出廊阶石约5厘米。

问：用灰画的线都是阴阳师定的吗？

答：阴阳师就是光给你定一条中线，把那个中线一定，也就定了向，你就照人家这个中线，拉开横线，然后搁方。阴阳就是把那个罗盘往正中间一放，把向定下来，定这一条线，看子午向呢卯酉向呢寅申向呢就给你定了。画别的线阴阳就不管了。

问：具体怎么打地基呢？

答：挑地基要挑80厘米宽，要用这个红土、白灰跟白土三样搅了以后铺上，铺上以后四个人抬着夯捣呢，过去是石头夯。过去四个人夯的石头也就四十、五十见方，上面绑上两个拃（木棍），两个人抬着，两个人绳拽着，四个人一下一下捣。沟壕中间也就那80厘米宽，两个人站在壕上面，两个人在壕里面。下面的人掌握住夯，站在壕上面的两个人一人一根绳子往上拽，四个人把夯抬起来，另外还专门有人喊夯。

问：喊夯一般都有些啥口号呢？

答：那就不一样了。有些爱好喊夯的，见有汽车喊汽车，见有过路喊过路的，没有就心里面随便想。过去都是些走路的啦，小两口回娘家啦，就是见啥喊啥。它意思就是"嗨呼儿嗨呀"，那四个人就是"抬起来呀"，这是头一句，"老摩尼呀，你过来呀，嗨呼儿嗨呀，抬起来呀"。中间就随便加一句，目的就是他们四个人抬起来一致。你喊开以后，你喊一句，他们抬一句，你间隔有个时间，他抬起来没有那么累，这是自自然然的。喊夯的目的就是让他们一致抬起来，这样他们放下来也是平稳的。喊夯的人大脑反应很快，口齿也清，过来啥就喊啥，随便喊。

问：打地基的时候，大夯打不了边边角角嘛，那角落都是怎么打的？

答：一般那个角落，通常它挖得比较长一点，比方说长80厘米，打地基的时候，大一点人过来以后能散开，人就可以站在外面，这就捣到了。这是有条件

了。如果没条件，就山墙这长一点。如果说再没有这个条件，大夯捣不到了，就用这个小的，那个叫糊圪垜，实际也叫小夯，就是一个人打，中间有个小眼，把这个木料放进去。它放进去有个讲究，里头是外头小、里头大，在这个木料的中间锯了个豁儿，把中间这个去掉了，然后就是弄个木橛，把那个木橛套进去，越打它就越往大处撑，原来是外小里大，它一打撑开以后就憋紧了，它就掉不出来了。这个叫做猴头榫，木匠就离不了这个。

问：那四个人抬的大夯是怎么样的呢？

答：这个大夯有两边，和猴头夯一样，两边各打了个槽，这两个槽管的是两根棍，套进去然后用这个铁丝把靠着这石头根绞紧，它就不来回跑了，然后在这每个棍子上挽上绳，一向一根，四个人抬。

问：那个夯大概多大？

答：一般也就是40~50厘米，也有30厘米的，那不一定，有的高一点，要是平一点，就是40厘米。有些修房的，过去有那个门墩，门墩一般就是40厘米长，30厘米宽，或者27厘米，高20~25厘米，这大小不一定。那个门墩本身就有个镶槽的，它把这边稍微弄下，有的不弄也行，就把那门墩一竖，一向绑上一根能抬的椽，它临时就做这个，赶到用时还能用。也有讲究的，大部分都离不了这个，哪家修房他都得打地基，那会大队专门弄个大夯，那是50厘米的。

问：打地基至少需要多少人干多长时间呢？

答：一般你像以前打地基，比方说你为人好一些，邻里知道人家要办事修房的，不用问，就都去了，他就用人多。有些处事不好了，就用人少些。人少了就是说本来三天能干好的活，它就得四天五天，人多了就用时间短一点，两天三天就干好了。不过最低少不了十二三个，这是一般按咱村上修房。按过去一般是四个人抬夯，一个人喊夯，这五个人就是定型了，抬夯的光管抬夯，不用干其他活，因为本身就够累了。再有三四个人弄上土填进去，然后就是弄平，弄平以后他们过来再接着捣。这就是最低也不下十个人。捣好基地了就是下石头，下地基也少不了这么多人，有时候人多了，分成组，这是第一组，这一组最低也得三四个人，2~3个人搬石头，有时候石头大了就是两个人抬，一个匠人摆石头，往里面放，摆好以后还有个人在石头下面加些红土石灰，把下面都固定，这些石头不可能刚好是平平展展的，一般都是外面高里面

低，用上红土白灰，有些备上片石，把这块石头弄固定了，不准以后再有下沉或者变形，最低下不来十个人。

问：如何找水平呢？

答：很早的时候，就是一个大瓷盆，下面铺上沙，上面把线一拉，把盆往这一放，水是满的，水满它就平了，然后你把这个线照着瓷盆拉上。最开始这个土办法。还有的用些别的，就是方的或者别的什么里面能盛水的，弄上个槽，把水放满以后，你把这个放平，然后上面照着这个拉上线，这是很早时候。最后就是国家出了这个水平尺，40厘米50厘米水平尺。到现在就是用水平管，它也准确。我是跟着父亲学的，我小时候跟父亲在外面做，他们就是拿个盆子。当匠人主要看你这个眼力。我有一年在晋城做工程，修完桥没事了，叫我打两天工我就去了，我给人家测量那个线，这堵墙总共有三百米远，按我的眼力一次就测到那个点，然后他们拿那个水平管一步一步压，说，老汉的眼力真好呀。后来弄这些庙，有些事那很奇怪，在一进村包房子，让我去给人家测，我把这线一定，然后拿上水平管测，弄了三次都是这，一遍就定好了。

问：过去墙里面有柱子吗？

答：不放。放柱子一般都是修庙，私人住宅那都是很有钱的，在咱这地方没有。像过去是宰相、阁老，那些朝廷的大官，很有钱人家修房子才有柱子，一般没有。

问：明清时候修柱子的房子，怎么做柱础呢？

答：先把地基弄好了，同样也要找水平，它离不了平。找了平以后，比方说这座房是三间房，前后各四根柱子，八根柱子，起码这八根柱子的柱垛下面要有地基，这八个基地找平了以后，它才要立柱子。柱垛一般直接立上就行了。这些咱也没怎么拆开看过，搞维修时候，人家把中间的柱子也都拆开过，拆开也就是这个。把柱子立好了、梁架弄好了，上面有斗栱，有昂，有替木，有小斗栱，那就复杂了。

问：您知道过去怎么把柱子立起来吗？

答：我给你讲讲过去用那个砂石条吧。过去上过石还是老办法，用两根桩，就是木头檩条吧，两根分开摆放，然后量了上面到下面多高，再从墙往外量那么多，你比如说3米高，它起码得弄3.2米，它要高出20厘米，然后把这个石条横着放到这木头上，两向是一根绳。上的时候上面一向三个人拽，下面最低也得一向四个人，两向八个人，先抬起来，下面有这

高的板凳，三四十厘米，木凳，先抬起来放到这个木凳上，然后上面拽着下面抬着弄上去，意思是硬上。这石条是用绳用那个札把它绞住，反正你得绞住它不准动，上上去以后，它高20厘米，然后一放，就放下去了。这是咱们这上过石。我想那放柱子，它应该是这个做法。竖柱子按咱当地就是庙，私人住宅就是清代以前才有那柱子呢。要说竖柱子按咱这想法了，它应该是用卡杆。比方说这是一根柱子，那个卡杆就是两个木棍交叉，人把柱子抬起以后放在这个卡杆上，然后人抱着这个柱子往高抱一点，卡杆就往前走一点，柱子越高，它这个承受力就越轻了，它开始重，到后面它承受力就轻了，然后这人就扶着，这小卡杆卡着前面，大卡杆卡着后面，这就卡着了。一个低卡杆，一个高卡杆，低卡杆就是开始的时候用，这个柱子是越来越高，就能用上高卡杆，然后把低卡杆放在另一面卡在得力位置，目的就是不来回摆动就好了。卡的时候后面都要固定住，起码挖个坑放个砖，它不能来回跑。这两面固定了，左右的话人就能扶着。以我的推算就是这样。立柱是立到上面的，甚至有些立柱要立在柱墩上，它跟那个就是两码事，甚至有的要够四个卡杆呢，立起以后，它四向都要固定。按现在就是脚架，过去也要有脚架，绞起架以后，它就要有固定，两个柱或四个柱都立起来了，最少也要用斜马岔、横杆把它接住。我倒没上过，我推算的就是这个，它只能这样做。

问：特别粗的大梁，如果房子是二层怎么上去呢？

答：按过去修了，修起房以后才要棚楼的，到装修之前它都是空的。修的时候墙与墙之间都有架，比如说这是大梁，这是山墙，也钉有架，那就是两层拽，同样是一股绳，上面拽，中棚也拽，下面顶着，快到上面以后，中层这再架上顶着，都是这样上去了。

问：上梁的时候是不是要把梁在下面摆好再上上去？

答：对，把梁放好以后，都捆好了，因为修房它里外也有架，梁前后都有架，在中层上也能站上人。

问：那种四梁八柱的房子，没有墙上梁怎么上呢？

答：那要是以我推算，那它也需要有脚架。过去的脚架就是下面挖上坑，把这个木头来栽好，捣好，然后就是上面再棚板。再一个过去它都是木料，木料它还要拉横杆，你比如说这个柱子，把柱子都固定好了，起码柱子与柱子之间要有这个长杆，外面一根，里面一根，横着一根，用钉子固定。不光要固定，它还要

拉着斜柱子，就是前后栽到这个地下，过去都是用钉固定。它这个脚架，在上大梁的时候，你人站着，用力得力的时候，端着大梁就能放到柱子上，就是人站着得力。起码得把柱子固定住不能来回动，然后就是一上梁架，前后就拉住了，后面柱子就和前面柱子成一体了。

问：梁架一般是在下面组装好上上去呢还是先上上去再组装？

答：木架一般都是在下面装好了以后，上上去就好了。开始梁是梁，到时候装好以后，二梁套大梁，上的时候再一根一根地拆开，先把大梁上上，再把余柱上上，二梁上上，不可能整体上。然后是山墙，因为你这大梁都要跟着这个一体呢，两向山墙和余柱修平以后，才要上二梁，再把余柱插上，这就开始要上檩条了，把替木一放，两架梁当中搁上就好了，然后就是这向的檩条搁在山墙上。

问：怎么确定它组装起来刚刚好呢？

答：那都是通过你的设计嘛。那都是有宽窄的，你像现在都有图纸，过去没有图纸，都是凭你这个大脑来搞设计。过去一整套也一样啊。你比如说要建这座庙呢，现在要设计，过去的老板啊，他在这领工了，他下边还有各种分工。你是做木工的，你就专做木工，一般古建队就是做啥就专做啥，砌墙就是砌墙，做木工就是做木工。

问：像那种梁都是弯的，它在下面都试验好了吗？

答：弯的也一样，不管梁弯不弯，你是有方圆规矩，放线，尺寸是死的，你这个梁架尺寸，对五起架、四六起架、倒四六起架，那都是有宽窄的，然后这个房子有多长，屋身有多宽，高低多少，这基本上给你定型了。然后就是分间以后，檩条分间，中间大一点，两间小一点，把中线一定，这才定出中间了，中间比方说八尺，一向四尺，剩余的比方说两向是七尺。

问：您说的这个是什么年代的做法啊？

答：到啥时候也是这，明清时候的古房，除了是立柱的，不是立柱的，一般修民房都是这，都是一样的。

问：要是立柱的呢？

答：立柱那就不一样了。立柱就是把梁架都弄好了。要说立柱先把屋坡整个瓦下来，不可能，因为一瓦下来它承受力太大。我想的是把梁架、钉子钉上这个椽，钉上椽以后，整个梁架就成了一体，之后才要修墙，修起墙以后，瓦屋坡应该在最后，它不可能把屋坡都瓦好了以后去补墙，这不可能。我是个推算，因为时间太早我也没做过。现在古建的修缮就是墙有问题把这个墙体拆开，然后就是补齐墙以后它才要动上架。上架哪不正了扒一扒，柱子不对了扒一扒，它顶多就是这个，就是个修缮工作，不是从开始修建的。以我推算的，过去就是把整个梁架，把上面的木工都做好了，把扇板都钉上了，或者是巴条，整个都弄好以后，最后是修墙，前面一般都是露面柱，后墙这都是在这个墙里面的，都给包啦。

问：以前前面的柱都是露出来的吗？

答：前面都是露面柱，后面梁头底下的柱都是在墙里面包着。周围的墙把柱一固定，它就成整体了嘛，就不会来回走动，以我的推算就是这种做法，它不可能把屋坡都弄好了，最后再砌墙，这不可能。

问：把大梁上上去以后就开始砌山墙了，最后怎么把檩条插进去呢？

答：它都在山墙上面放着的。全部修好了以后，修了这个初样。有些眼力好，一看和这个墙差不多放的就看好，有些匠人就不行，或者是高一点，或者是低一点，到时候不够高就得垫一砖，高了拆掉一层，因为梁架这个尺寸是死的，到时候你搁上檩条以后它成一条线。搁架时候，要把那个檩条施平，一般的匠人就在下面看，哪根檩条低就垫一垫，哪根檩条高就下一下，抽了一砖以后放平，就封山嘛。

问：山墙的砖是摆上去的？

答：不是，是用石灰修的，都是一揭就能拿下来，它不是水泥修的。就是一个坺台一个坺台错上去的，这是一跑一砖，是单墙，到时候檩条搁在这，高了你就抽出一砖放下来，低了你就垫上一砖再往上放，它这个墙是初墙，就是不起作用，梁架是死的，根据梁架把檩条都摆好了，最后才要补这个山墙，把这个山墙跟檩条一起弄的。总的一句好，你站在下面看檩条是平衡的，不然你瓦屋坡就没办法瓦了。

问：上梁拴檩一般得多少人呢？

答：下边最低得有两个人，一向要有一个人挽绳子，上面最低得八个人，一向得四个人，一股绳得两个人，这一向的绳子分开成两个头，这是死的，再多了也站不下，这是一般。如果梁粗了下面也还得有三四个人，上面上的也得有3米多高呢，下面得使这椽子顶，下面就得多弄两人，梁细了上去一向一个人顶着也行，梁粗了底下你最低也得四个人，一向得俩人给它顶起来。

问：窗户上面的高度是怎么定出来的？

答：一般定这个，过去都有门尺，你像堂屋的门尺和东西屋的门尺就不一样。堂屋是主房，比东西屋哪怕大了五分，也就是一厘米半，意思不是主房了，要比它少一点。高度也是，东西屋不能超过堂屋，这都说到过去的风水上。

问：门的各个部分是怎么做的呢？

答：这个也叫猴头，也就是浅一点，这个里面小，外面大，然后套进去，越打越紧。还有的里面有销件。有了这个关，上个销件，插进去以后，这个关上弄个壕，这个打通以后上个小木橛，把销件关上以后，它就落下来了，在外面掏不开。打上壕以后，就是用那个抖锯，上下抖了个壕，用个凿子，把这个凿开，然后套进去，它也不容易脱落。

问：我们怎么判断建筑是哪个朝代？

答：建筑风格不一样，比如门窗就不一样。清朝的房子窗户上面有卧格，明朝元朝窗户都是平的，再一个窗是扁的，不是这种竖着的长方形，是扁长的。明朝和元朝差不多，就清朝特殊。一般清朝的楼下都提高了，你像明朝那房楼下就低（图6-129）。

图6-129　明朝建筑门窗形式

问：对这个卧格有什么尺寸要求吗？

答：一般没有。以窗户的尺寸，定了下面窗户的高，剩下的就是它的高了。它这个也不一定，过去有钱人买的木料比较顶真，下面或者上面要窄一点，最后的尺寸就余在上面，上面中间做芯的那个。那也相差不了多少，窗户的尺寸也是根据你这总高是多少，在哪一个朝代是多少，它是有一定的层数。

问：压窗石是不是都是下面压四寸、上面压十二寸？

答：大体都是这个，这也是根据实际情况吧。假如这个房子要改变了，把那个门窗放大了，它就要缩小了。一般都是这个规格，有的要大点。上面和下面又不一样了，上面压得小，下面压得就大，它就应该厚一点。压得多了还是会出问题，压得少了甚至还会脱落。

问：压窗石有的裂缝了是怎么回事？

答：这个压窗石的青石脆，承压能力小，两边这个时间长了，它有这个压力，中间没有压力，就把这个压裂了。上面是砂石，比它柔软，它有这个承受力。一般过去修房时，起码窗户中间三块砖不安，都是后面安进去。它的目的就是，刚修起墙体都有湿度，它不干还要收缩，会往下变形，如果你安上砖，它就容易压折。等墙体干了，这个结构基本上都固定了，这才要把它安上，安上以后就不容易裂了。这个时间长了，因为窗户中间是空的，它两边要有压力，压窗石中间就破了。大部分都是后面安的砖。

问：青石耐风化还是砂石耐风化啊？

答：砂石耐风化。它不受潮，如果放在下面一冻一潮，就容易脱皮，青石不脱皮。青石是脆。

问：过石下面的木板叫什么？

答：那个木板叫替过，替过木承担一部分责任，也叫遮羞木。遮羞木的意思就是，有时候修起以后，你这个窗框跟这个石头，也许会差一点，露点丑，弄上这个既能替这个过木分担力量，又能把里面这个缝来挡住。

问：这个有没有尺寸的要求呢？

答：应该是有的，它起码跟这个一层砖是一样的，宽窄就不一定了，那就是根据主家的力量，有钱的就宽点，没钱的窄一点，但它厚度必须得够，窄一点就是外面补个砖就好了，这个也不是很死的。

问：遮羞木是里外两块吗？

答：这也得根据实际情况，一般一块的多。好的木头用一块，不好的用两块。

问：这个木板和外面是一样厚的吗？

答：不可能，里面木头是两层砖，外面石头是三层砖。

问：窗户里面是木头、外面是石头，是按照上平呢还是下平？

答：上面平，里面的上平和外面的是平的，因为外面有一层替过，这个等于它没有了，就把它提起来了，提起来以后它不需要那么厚了，就能承受住上面的重量。木料承受力大啊，你要是砂石薄了，它承受力小就容易断，所以必须得够20厘米，得够这三层，木料少一层也行，再一个里面看着亮一些。

问：窗户上面的那块木头叫什么？

答：那个叫窗门的关扇，门里面也有，也叫关扇，它就是关门的。当中不会有孔，两边有孔。一般修的时候都在墙里面压住了，修好以后现做窗门。和门稍微有个空隙，上面那个转弯长，下面那个转弯短，上面往上一提，下面放进去，落下来以后它下面就关住了。

问：这边的门的高度都比窗户低，是为啥呢？

答：这（一九）六几年之前修的房子都是，到1975年后修的房子就不是了，全部是平的了。比方说这个门是嘴，两边窗户是眼，这说到咱这人体上。

问：窗户上过石的下平和门的上平在一条线上，都是这样的吗？

答：这是清朝的建筑风格。这也是跟风水上来说的，修房也和人一样，等于眼高嘴低。一般窗户要比门高三层，因为这个料多数都是三层料。过去这个都是以砖的层数计算的，20厘米3层。

问：您有没有见过清代的老房子是窗户和门一样高的呢？

答：没有，一般清代都是这。你要是元代了明代了就又不一样了。这是清代的房，清代的房楼下也高，再一个过去都有垫阶石，前面的一般都和窗台平，如果是土房，这下面是砖，有这么高了它就隔过潮气了，上面可以是土。

问：不同年代房子的高度有什么变化？

答：总高也是根据实际情况的，也是根据地形，也是讲风水的，看你这个地方只能修多高，或者它哪个地方能高一点，有些地方就不能。清朝一层一般要比明朝高点，总高也要高点。这都是6米，一丈八这都是，明朝的房子多为5米多。

问：这个总高是地面到哪呢？

答：就是地平到檐头，这是算总高。风水看的高度就是这个高度。

问：老房子二层的高度呢？

答：明朝修的房子，下面高，它亮起，上面低，上面一般都是人能走过去就行了，一般下面的梁顶着上面的梁，顶多2米高，它这个梁加四寸檩条，再加上面那个楼板，也就是20厘米。你上面要是2米了，那也就剩1.8米，高的话是2米，也有这1.8米的，有的还得弯弯腰。

问：在砌墙时，砖垒到什么程度可以上梁？

答：这就是比如让人家阴阳看的，多高多少层数，梁的上平就是屋的总高。再一个还有这个遮檐，遮檐就是椽与椽之间空隙，你比如梁上到了这了，遮檐它是斜的，还有两层遮檐，垒两层以后，按过去都是一层遮檐啊，这梁里头要比檐口高一层。按这，应该是平的，浮头还加一层遮檐。

问：您的意思是都垒高一层就是把椽头那一层高出去？

答：嗯，对。梁的上平要比那个搁椽的砖高一层。过去的梁都要压一寸，现在的梁外面都是八寸，都怕麻烦，过去这都要压一寸左右，包砖，把外面都要压住。因为过去是里生外熟，它这外面的砖都要压住外面的砖呢，不压住这个砖它就把这个压出去了，压不住了，里面是土，外面是砖。它是把外面这个砖切一半，梁头伸出去，你搭梁的时候两边只能是出20厘米，比方说是5米，两向出了20厘米，开始搭梁，梁都要压这砖，压5厘米（是水平方向，不是高度）。

问：那它高度是怎么定的呢？

答：梁的上平是总的高度嘛。房有多高，梁要上多高。根据那个屋子的高度减去梁粗就是下平高度，不管梁有多粗，以上平为准。上平再往上，那等于是屋架的尺寸。上平以下，等于是下面的高度，至于这个楼上的高度，那是因地制宜，像是清朝啊上面高，下面低，你要是元朝了上下差不多，它是一个朝代一个建筑风格。

问：这个梁放的平是和哪个平呢？

答：它下面这个平就是在这呢，上面这个平等于是借的平（梁是弯曲的，不直）。那个上面就没有平，没有平就以下平，你比如说拉开这个线平在这呢，它就是以下平开始算，它也把梁算里面了，那个也以下平，因为那个上平它拉不上线。梁的上头总的有一尺吧，这向你也以一尺计算，以一尺把下平线拉开。梁的下平就是放梁的，实际上装梁的是以梁的上平计算，梁的上平顶着二梁的上平，这是第一架的起架。这梁的起架是以下平出了一尺，带上二梁，都是在距离以下，除了这些剩下多少空间就是余柱了。反正总的起架尺寸是死的。

问：如果梁不直，像这样弯了一下怎么处理呢？

答：那也是一样的，线是死的，不管怎么弯，它都以这个线为准，以上平线为准，它必须打两道线，这是下平线，然后再打上平线。

问：梁下面是不是都会有木板？

答：那是端梁板，梁下面都会用那个。

问：端梁板有厚度要求吗？

答：那个不一定，有的是一砖厚，有的就薄，下面再垫砖。

问：檩条和梁怎么交接，它要不要找平呢？

答：哪能不找平？都得找平呢。这个一般都是修起房子以后才放檩条。有办法的修到那以后就把檩条放上，这样修好以后檩条周围的半块砖很少，砖也是砍的斜面。它这个修就是把上梁修好以后，墙修平了，把檩条的间隔都弄好以后，把檩条就上上了，但是楼板不棚，以后装修再弄。上上檩条，便于以后搭架板，修房也好修。这是有办法的。没办法的，就先雕上檩条的空，留上四寸砖的空，到时候再上檩条，有的修起房几年了才要棚楼。上檩条时两个檩条必须得接上去，这个檩条和上面的檩条不一样，这个是半榫连接。就在这木头只削一半，下面是整的，上面那一半做成公榫母榫，一是为了承受力，一是到下面不露丑，看不到榫。这个梁是40厘米粗、30厘米粗，这个梁上平最低也得弄14或15厘米的平面，一拉线以后，把它弄平了，弄平了以后才要放这个檩条楼板。

问：是不是梁、檩条都是有平面的？

答：它这个也是，檩条也要做下出平面，但做平面积不大，顶多10厘米。

问：连接两个余柱的叫什么呢？

答：下面这个叫牵椽，实际上就是把这两根大梁牵在一起，固定住。中间这个叫做花梁，花梁写着几几年维修的，主家是谁，匠人是谁，这是做个记载。大梁、替木、牵椽、二梁，上面那个是插梢板。下面这个也叫小替，小替木，它为了防止替木折断，有的是用两层替木，用两层替木就得把梁削去点，用了一寸，余柱装好就得去了一寸，用二寸除二寸，你不能上面的坡度不一样嘛，你墙是死的，墙前后的找平是死的。老梁的上平就是口平的尺寸。口平就是根据整个上梁的平线把墙垒平了，周围的墙都和梁的上平线修平。

问：为啥要用两层替木呢？

答：它这个两层替木的意思就是这个房子后面修过了，后面揭过瓦，原来老房的时候，都是折大，中间的泥厚，你加上个小替木，中间就低了，折就很

小了，折大一个是毁木料，这会也就包房的多，也省工省料，因为各种原因。放上一寸，就放上一寸半的椽，就减轻它的负担，上面的泥也少了。

问：椽和瓦之间的木板是什么？

答：那个叫连檐，连檐再上面那个叫瓦口，瓦口就是根据瓦的现状做的。像过去这个都有瓦扣，就把瓦扣在上面。过去讲究，通常把这个都计算死了。下面的底瓦就是套在里面的，上面的扣瓦就扣在上面。

问：过去这个有尺寸吗？

答：有啊，这个就是根据垄，数了多少垄，然后你还得照着这个垄去做，通常你就是把这个总长算了，多少垄，上面多少，做好了以后瓦瓦就是照着瓦，那基本上是准确的。

问：瓦屋坡的顺序是什么？

答：上了巴条或扇板以后，就开始先走两三个瓦，把腿走了，最后才瓦屋坡。在咱们这就是这个做法。

问：以前上屋坡，那些瓦怎么运上去呢？

答：这边盖的房都是往上扔的，开始高了踩个墩，人站在上面，一回拿两块往上扔，后面再高了弄上板，这个板有四寸宽，把这个瓦搁到这个板上，再往上扔。

问：一般瓦屋面的话是从上往下瓦还是从下往上瓦？

答：从下往上瓦，一个个压着。

问：像明清的房子是先做屋脊呢还是先瓦瓦呢？

答：私人住宅房都是先把墙体砌好了，最后再瓦瓦，唯有修庙，修四梁八柱，就先把上面弄好了，再把下面砌了。屋脊吧，这是分地方的，像我们这，上面屋脊弄好了，四条边都走好腿，最后是瓦。你要是到高平，它就是整个屋坡瓦下来以后，最后才要弄屋脊，这是一处一个风俗。还有的上梁，高平上梁时，就是大头（根）在前面，小头（梢）在后面，在我们这，就是大头在后面，小头在前面。

问：瓦瓦的时候和屋脊交接的地方怎么做？

答：一般瓦这个瓦是从下往上瓦的。在这个脊两边先瓦三个瓦，一个一个摆了三个瓦，才开始弄这个屋脊了，下面瓦上去后插进去就好了。像这瓦瓦，你得弄好，弄不好有时候到最后封不了口，不是扣不住就是插不进，精确度就得高点。抹灰过去还有这个满坡灰，过去都是瓦两列，很早时候瓦一列，那很讲究。我给你讲个故事，在清代，盖房是非常讲究的。匠人瓦屋坡时，第一天瓦了九垄，这主家想着犒劳犒劳工匠，让他们快点做工，结果犒劳以后第二天瓦成

六垄，这主家觉得不行，还得犒劳，这次犒劳后，第三天就只瓦了三垄，主家很生气，还不如不犒劳，越犒劳越少，你还能瓦出花来？主家去质问工匠，工匠解释说，第一天瓦的九垄，你用锄头兜住一个起来一个，一天瓦五垄的，兜住一个起来几个，一天瓦三垄的，你要不揭不起来，要不全部揭起来，瓦和瓦之间粘接非常紧。这就是"严工出巧匠，慌工没好样"。严工能够把工完全地悟进去，做出工就比较好。现在的工匠，一天就能瓦五间房，他们也误不起那个工。过去那个瓦瓦，就是拿上那个瓦刀，把那个白灰和那个土，弄上以后，拿上瓦刀一直和这个泥，和好这个泥以后用手按上，不动以后一般就起不了了。你像我一天瓦五间房，有时候要不了一天。

问：两边的走腿有啥要求呢？

答：这两个檐头叫墀头，它其实和底下廊阶石差不多是平的，上面要出尺二，下面也是尺二，然后出出的瓦头就滴在外面了。

问：墀头在什么时候才做呢？

答：墀头有砍成了先修的，也有修起山墙以后修的。它如果是砍成修，那都是整砖，后修就有那种补的半截砖。

问：封山一般会怎么做呀？

答：比方说这是墙体，这是三路檩，檩条就在这呢，然后就是拉开线，拉这根线就是从这整个坡，把这个椽、巴条都得预计上，不预计瓦，瓦是根据那个浮头，过去上了这个巴条以后还要抹一层泥，抹一层泥才要瓦瓦。除了不计算瓦，这个泥也要预算上，大部分预算都是四寸至五寸厚，然后就是拉开这条线以后，把这个砖砍成抹叉，弄平。弄平了以后，开始封山，封山就是最浮头的线，它这个比如说是三层，要封三层檐呢，这是二十厘米的，弄上20厘米的巴棍，它这个砖是这种垒法，把这个线落20厘米，然后找平，落下去以后才要坡叉的，再垒三层，最后一层要跟着这泥平，然后才开始瓦瓦。瓦就是瓦到这砖上头。最开始的线是和上面的砖平，那一层砖的线是整个坡的，瓦瓦下的檩，它这个实际上是上面两层单瓦，砖里面还要低2寸。

问：为啥要低2寸？

答：要铺泥呢，实际上砖的上平是瓦的下平。低2寸便于铺泥，铺上泥以后瓦瓦。

问：门楼一般是怎么做的？

答：门楼要先立柱，柱在墙上。上面那个吊花挡住中间那个檩条和前面的檩条，两边两块通板叫博风。再往上面是这个筒瓦，这个叫腿。下面带尖的瓦叫做包口，一垄扣一个，包口的尖扣在垄里头。那个瓦上面还有一层瓦，那个是花瓦，也叫引缝瓦，一般都是一个缝上压一个花瓦，放在那便于漏水。引瓦上面是巴砖，巴砖上面是脊，两边是脊头，其他动物叫兽，龙的图案一般私人住宅不敢用，龙都是庙上的，庙上还是玉皇庙上用的。其他庙上都用得不多。

问：这样的门楼各个部分叫什么呢？

答：下面这个是柱墩石，它上面是木柱，有的是石柱，木柱、石柱都是一个性质。横着的是门槛石，就是装扇门的那个门槛石，斗栱以上是梁头，斗是斗，梁头镶在斗里面。上面就是檩条了，檩条上面就是椽。

问：石柱一般是砂石柱还是青石柱？

答：砂石柱，都是砂石柱。这就是门厅，上面那三个框框叫齿板，柱上面那个叫拍方。中间应该还有个花，一是连接两个柱子，二是中间有个花既美观又能替檩条分担承受力。

问：两个斗栱之间的结构叫什么？

答：那个叫花替，它就是雕刻以后替代替木，单纯是替木就叫替，上面还有一个叫通替。通替就是替檩条承受力，也是通的，单独的替木是短的。上面梁出来的那个叫梁头。

问：各个部分是怎么交接的呢？

答：下面这个是廊阶石，也叫地基石，下面没有基

图6-130　传统民居门楼形式

础。这个柱墩石和柱子直接有个榫，就是一寸二，顶多一寸二见方或者一寸见方，柱子上有个榫，柱墩石上有个眼。这个柱子与拍方是通的，拍方是打透了，也是个一寸的母眼，斗上也有一个一寸见方的眼，它镶一根一寸见方的木橛，把柱子、拍方和斗都穿在一起。那个斗栱就是四个嘴，斗就是那种做法。斗和梁头中间有一部分是空的，上面有一部分是空的，那个花替上面是实的，压在梁头上，这个花替中间实的部分很少，空的地方大，这样梁才能大点，上面带花替，替木也通过去了。

问：脊檩下面为啥要做小斗栱呢？

答：一个是美观好看，另一个是因为这个柱子面小，一加斗栱上面这个面就大了，对上面托的力量就增大了，它要起这个作用。再一个就是在工艺上比较讲究，尤其是明朝清朝。

问：过去圆形的弧怎么砌呢？

答：先用块板，搭成这个模型，上面使用砖搁成花马砖，弄起来以后，想办法用泥抹成这个模型。用砖就是花砖，空开以后它不用多少砖，别的地方用瓦也行用泥也行。弄泥瓦抹得光光的，上那个模型然后垒砖。里头那个砖就是垒了以后，还得备翟，过去一般是小片石，就是生铁片，现在有些就是用木翟，木翟就是打成那个斜尖尖，一边薄一边厚打进去。因为它是扇形的，这个砖就是中间有缝，把这个备了以后就不下沉了，不然就要变形。

问：以前屋里做的楼口是怎么做的？

答：那个就是中间镶了一块，也是半截檩条，中间定这个板，这个也是做的母眼公榫套进去。这个就是都弄好以后，放上去。这三个放上去的时候都套好了，起码是两根套好了，再把它打进去。一般先上墙根那根，它挨着墙呢，放好以后，把这根横的先打进去，把竖着的再镶进去，都弄好了把那根短的放进去。

问：怎么在檩条中间做榫卯呢？

答：它这个榫是直榫，长度也是檩条的一半，比如它是14厘米，它就做7厘米，榫要比卯短半厘米，眼深是7厘米，榫只能是6厘米半，套进去以后看好就行了，里头稍微有个空隙，外面才能顶严了，你一样了它进去就顶住了。从外面看看不到榫，它就是镶一半，也不能多了，多了以后影响这个檩条的承受力。

问：这个是从中间开不是从两边吗？

答：从中间开，都是从中间开，打上中线以后从中间开。没有方圆没有规矩嘛。

问：它断面是不是弧线的？

答：这个就是你弄好以后，开始它是齐的，然后它要在圆圈上试了，通过一个小板板，不管是啥，两厘米也行，三厘米也行，试到多少算多少，不是随便想画多少画多少。檩条的弧度不是完全一样的，到时候稍微削进去一点，再拿上那个小板板，照檩条那个圆来比出来，画上圆圈以后，照着这个做。外边的面它叫膀，出来中间的榫，外头还有这么宽的。它剌就剌那个膀的，里头榫该多少还是多少。

问：上人的楼口有没有尺寸的规定啊？

答：楼口倒是也差不多吧，它是根据两个檩条的间距，最低也得65、70厘米，过去得扛上布袋、扛上粮食往上上的，所以一般都是70厘米多。那个墙体到那个横檩也就80厘米，这也不是完全固定的。

问：那个楼板之间插的木条是做什么的？

答：那个是挡缝条，就是楼板与楼板之间这道缝，时间长了它要风化，干了以后要裂缝，一裂缝它就往下掉灰尘，它就是挡缝。一般是先上挡缝条，挡缝条也是根据实际情况的，板有宽有窄。宽点的就宽点，窄点的就窄点，人家要是有办法了，把这个都裁成一样一样的，那就上一块挡缝条上一块楼板。还有一种做法是踩楼板，比方说先定了一块，然后就是搁两块，中间这两块要棚起来，把两边的两块钉好以后，人踩着用力压下去，踩楼板就是这个办法。踩下去以后把这个缝挤严了。它用的时间长。

问：两块楼板要鼓起来多少？

答：鼓起来10厘米左右，鼓起来以后把旁边的钉好，用脚一踩，越挤越严。

问：古代盘炕是怎么盘的呢？

答：山西主要是煤嘛，煤炕就比较多，这是门圪垯，也叫门洞，就是放煤的地方。这是个小炉口，咱用的那个铁火箸，"人则实，火则虚"嘛，火箸进去一提，两下一别，把这火给别下去。盘炕有讲究，有时盘不好这个火不着。这里面有两个炉子，两个炉子一向一根，两个炉子的距离就是约4寸，两边也是这个距离，再往外就是弄的砖，三个这么宽的缝，然后用砖盘成这个肚肚，底下小中间大，盘成这个肚肚装进煤这个火就着。

问：炕里一般有烟道吗？

答：没有。因为咱这按过去就是香煤，就是无烟煤。咱这私人住宅一般有煤烟的不多。不过有的也有，有时在窗子上面弄个风斗，有的是在楼板四角雕两个孔。你像这房这么高，本身这个木料就吸这个煤烟，过去的人很讲究很省，不是成天都是大火，不用的时候都是小火。厨房做饭用大火，这都是小火。

问：煤从哪放进去呢？

答：这就是担上煤倒在这，跟土一搅，用上钎和进去就好了，它里面不很长。用的都是干煤，然后用煤钎挑成煤泥，才要往里面添呢。

问：烧煤到哪个地方呢？

答：这火就不大，就是这么大的距离，咱这不讲究暖炕，有的地方讲究，所以里面都是空的，都是走道。咱这不讲究暖炕，都是实炕。

问：实炕是下面全部是砖吗？

答：就是四寸砖，里面都是填的废砖，有的有办法的，就是空炕，里面是空的，钉上板，一般都是填上废砖头，浮头墁平就好了。

问：炕上垒的这个高一点的是什么？

答：这个墙就叫墙头，人睡觉一般头都在这边，主要的目的就是挡风，门的风进来以后就挡住了嘛，上面还可以放些东西，再上面就是隔扇。这都是后面装修的时候放的。

3. 高平市河西镇牛村姬新军采访记录

工匠基本信息（图6-131）

年龄：52岁

工种：木匠、泥瓦匠

学艺时间：1980年

从业时长：38年

采访时间：2017年10月25日、10月30日

图6-131　牛村匠人姬新军

问：请问您今年多大了？

答：我1976年生的，虚岁42了。

问：您什么时候开始做这一行的？

答：我13岁就开始跟着本村的匠人司元发学习，我老丈人也是匠人。

问：您学习的主要是木工呢还是泥瓦工？

答：我最开始是夏天盖房子，冬天做木工。以前对我们这一伙人来说，装梁拴檩属于大木工。装梁拴檩就是冬天接上活，开始给他做门窗口，做个家具，夏天就开始给他盖房子，都是这样子。那个时候夏天做工的话如果要贴小工，就是每天3块钱，冬天就不给钱。冬天就当个学徒，主家管顿饭。

问：您当时做学徒的时候有没有什么拜师仪式呢？

答：没有，那时候就不时兴这个了。像我们老丈人这一辈的，就是"三年学艺，一年谢师"，三年学成了以后，再干一年活，这四年是不赚钱的，就是到过年的时候给一身衣服，干完一年活以后给一套做木工的工具。在咱们这地方，有些老匠人，基本上都是通过口手心传的，都是以拜师或者以祖传为主。

问：您当徒弟的时候是怎么教您的呢？

答：主要是以做活为主吧，就是去工地，以前来说就是东家的家里面，给谁家盖房子就去谁家里面做木工，主要地方就是咱高平、晋城这地方，揽上活然后去他家里做木工。

问：您开始干活的时候工资是多少呢？

答：最开始以我13岁时候为准，（一九）八几年，不到1990年的时候，才开始赚3块钱。

问：您知道不知道以前修那种老房子的时候是怎么算工资的呢？

答：像我们这地方，嘉庆时候修的房比较多，都是地主修的，扩张得比较厉害，嘉庆七年、八年、九年，乃至十年的时候，地里头几乎颗粒无收。那个时候也是按一座或者按天给工钱。也有地主专门养活的工人，扣砖的是扣砖的，做木工的是做木工的。这种情况在咱们这就是一半个大户有，像李家院的场院就是他的长工院。这个院里都是做活的，他有自己的砖窑，生产出砖来自己搞修建，或者买卖，相当于现在说的资本家呀。

问：宅基地的选择有什么说法呢？

答：在咱们这块就是听阴阳先生的，像咱们这地方是倒座为主，因为咱们村山是在南边，所以以倒座为主房的多。天罗地网院就是以倒座为主，布局讲究；"外窄里宽，不愁吃穿"，就是外面是窄的，里面是宽的，影壁上有"天官赐福"。风水上面比较讲究，像留风口、厨房等都有说法，"阳宅三要"在咱们这最行得通了。

问："阳宅三要"是什么意思呢？

答："门生主，主生灶"，修这个房子的时候，大门为主，由大门的方位生出主房的方位，有了主房的方位才能定出厨房的方位，门、主、灶是阳宅的三个要素，建筑等级比较森严。

问：您说的一般先定大门，大门会定在什么方位呢？

答：大门从来不用正的。除了庙门是正的，其余都是偏的，不管三合院，还是四合院，都是走的偏的。采取的方位正东正西，正南正北属于正。在咱们这，比较讲究的话是采取西南西北门水为多，因为采用倒座为主的比较多。

问：如果说以正房为主就是东南东北方，因为倒座就正好反过来了？

答：对对对。咱们这个地方的特点啊，依山而建的村落，一般老户大户比较讲究的，以倒座为主。

问：那如果大门确定了，正房和大门的关系是什么呢？

答：就要看风水先生了。按中国的传统风俗，按阴阳五行、相生相克来说。基本上到现在为止，必须有阴阳先生，这是中国传统的一部分。中国的风水采用的都是曲径通幽，不喜欢大开大合，所以说采用偏门的比较多，顶山大门比较多。

问：什么叫顶山大门？

答：如果是四合院的话，它基本上就是四大四小了哈，在西北或西南的地方，肯定要建造山墙呢，顶着这个山墙的大门叫顶山大门。

问：如果山墙旁边还有个小屋子，那算顶山大门吗？

答：大部分都有个小屋子，都属于顶山大门。

问：如果是三合院，大门在正中间开的，后面有个垂花门？

答：哦，这种大门一般不用在大门，用于二门。那种情况下一般里面是属于它的二院呀或者三院，才出现这种情况。

问：您在别的地方看到过开中间的吗？

答：很少，比如说一个建筑群，把它围起来开了个大门，进去以后就是垂花门，在中间有隔扇，把隔扇顶住，那个隔扇一般不开，红白大事了它才要开上中间这个隔扇，一般都是走两边。那个隔扇是非遇到大事的时候才要开正门。

问：我们这边有没有宅基地的审批呢？

答：有，就是咱当地的地保，保长。我见过一个土地证，是道光十几年颁发的，它是以地易地，以地换地，换了地以后有一方大章，这个章上面写的是两村村长图记，我们这个村以前叫丛桂村，"丛桂两村村长图记"，"图"就是说这个章上面，也是由当地政府颁发的土地证。

问：那具体是什么过程呢，比如向谁递交申请，多久能审批下来呢？

答：不需要，就是说像我们当地（一九）八几年、九几年的时期，和村里面的领导说一声，有个口头协议就行了，也不需要写申请什么的，后来到了九几年的时候写申请了。比如说我们家人口住不下了，就可以去和这村长说一声，我们需要点土地，然后村里面分批划分，比如说今年计划拨一批，或者今年比如说人少的话，这一半个户口就不给你批，人数多了一批批下来，一排几房，就是这种情况。

问：那以前是怎么审批土地呢？

答：审批土地和这种情况差不多，这个土地批下来以后，要测量四至。咱们这个房子写的时候必须有四至，"四至"就是东到哪里，西到哪里，南到哪里，北到哪里，给你把四至定清，一般情况下比如说这房子后边是王姓，就说"到王姓宅基地"。

问：如果请阴阳先生相宅，他主要定什么呢？

答：叫阴阳先生来了以后，你相中什么地方，然后他给你看了地方，可以修成什么格式，比如说这个院子是长方形的还是正方形的好，修成几大几小，或者说咱们这个地方有"步步高"，就是房子的高低嘛，哪个房子高一点，哪个房子低一点，他都给你定了。

问：去请阴阳先生的时候要给他带什么东西吗？

答：去请的时候，就得说清楚一次给人家多少钱。动土的时候，必须得要土马，"土马"就是黄纸，上面有个图形，然后烧了土马，告知土地老爷这要开工啦。他给你破了土以后，你还可以不给他钱，一直等到最后咱们完工了，一谢了土，把钱一次性给清了就好了。

问：一般会请几次阴阳先生呢，第一次去了会给您定哪些东西呢？

答：定的就是土马。过来的时候就带上些土马，给你定一定动土的时候谁能在跟前，谁不能在。然后按你的生辰八字，定出适合你的房子，你住什么房子、什么门水比较好。

问：什么是门水呢？

答：门水就是说这大门开的方向，大门在什么地方，水就在什么地方，所以叫"门水"。

问：定完门水就开始定院子的形式了吗？

答：院子的形式是根据你这地方，他给你定应该哪个房子比哪个房子高。正房一般比厢房高。根据形式，比如说它有中间高的，"抬轿"式的，有两边高的，这叫"插花"式的，他就定了这个。

问：之前听说"插花"只能在状元府上用，是这样吗？

答：不一定，只要你是当官的，入仕就能用，你捐了个官，就能采用插花了，平民只能采用"步步高"。

问：这样的话正房的最高点是怎么定呢？

答：按最高的屋脊算，如果是步步高，就算最高的屋脊就行了。正房不一定是厅房，主房要是西北西南为主，或者是东南东北为主，这不确定，这就是靠阴阳先生来确定的。

问：主房不一定是正前面那座房？

答：对，或者说这步步高的房，像楼梯形式的那种，中间一般都是以三、五、七、九为主，都是用的奇数。它如果是三间就不是组合了，五间、七间、九间就得组合，在咱们这个地方通通是这种形式，就没四间这一说。

问：厢房和正房的关系呢？

答：这些房子都不要超过正房，都不要超过最高的就可以相配了。再一个两向边的厢房，它是长男长女，就是说咱们这左为男，右为女，两边的这个房子，按说法，代表了男孩和女孩，高低不同就代表哪个更旺盛一点，一般情况下不希望女孩比男孩更旺盛，所以说左边稍微比右边高一点点。这个就是说的厢房的问题。厢房就是说这长男长女。它的进深应该和两向屋子的进深差不多。这个前墙必须避开窗户，出檐也必须避开窗户。一般情况下它不到中间，或者到框上，这就是说的滴泪了，滴到正中间不好，滴到框上不好，可以在两向边上来回游走，师傅说的就是这意思，不可以滴到框上，也不可滴到正中间，滴到其他地方都没事。

问：那倒座呢？

答：倒座如果不是主房的话就是廊屋。它和厢房差不多，也没有主房宽，高就不确定了。它就是说的整个程

序，由这门水看了地块以后什么地方低什么地方高，不能说是倒流水，确定了门水以后，然后根据"门生主"，开始确定主房，确定了主房以后，就确定灶火，这不就把长男长女都配开了。咱们这里多是以耳房高为准，耳房就是确定主房呢，这大屋堂屋也就是咱们说的客厅，可正儿八经地敬老爷，都是耳房为主。

问：具体的关系有吗？

答：不能比主房高了，不能比堂屋大了。咱们这还有个说法，它看在廊屋上有大门，大门除了没主房高，必须比东西厢房这些所有的屋都要高起呢。

问：那厨房放哪呢？

答：厨房一般情况下都是放在生门上面，不可能放在这五鬼上，喂牲口的地方，厕所都在五鬼上。厨房的情况就要配置了，一般情况下都配置在两向边的屋上了，再一个以东为主，东方灶君嘛。这个姬家大院就是东南门水，东南按八卦就是巽门。里面的门也是个东南门水，走到三进院还是个东南门水，一股这门水都是相通的，然后主房也是相通的。

问：这些定了后，怎么定方向呢？

答：阴阳先生用罗盘给你定了方向。以主房为主定一条线，基本就是把院子中线给定了，定了甚（什么）山甚向。在罗盘上比如说咱们这堂屋是子午向了，子山午向代表的是坐北朝南；午山子向代表的是坐南朝北，甚山甚向就是代表的这意思。定了向以后你就拉上线绳按这个向走就好了，也跟现在的经纬仪是一回事。

问：先放线还是先破土？

答：先破了土。咱破一下也行，不过主要是阴阳先生给咱破一下。动了土以后，他给你一放线，定了向，匠人拉上线绳，以点放线，以线放面就好了。

问：那破土是另外挑日子吗？

答：嗯，动土都是定好了日期，看个好（好日子），找好了好以后，开始动土。这就是根据阴阳八卦来了。根据你这属相，比如说你们家里的人，定下哪些人能到跟前，哪些人不能到跟前，破土的时候就不让他在跟前。

问：您能不能讲下破土当天的具体仪式呢？

答：破土当天来了以后，先拿上贡品，在我们这个地方是拿上香，拿上土马，阴阳师自己给你烧化了以后，拿上钎或者锄，动上几下土，把这东西破破盘，拿上撒一下。现在就简化了用饼干，在我们小的时候，咱们这个地方就是蒸上三厘米左右的煤臣馍馍，

里面弄上一小块炭，把它包好。到时候把那小馒头撒向四面八方，在咱们动土的地方撒上，然后把旗插起来。一般情况下就是甚呢？就是一瓶酒、一斤肉，在我们这叫作刀首，这肉必须得采用牙猪肉，就是说公猪肉，还必须采用黑牙猪，而且只能切一刀，这就是刀首，也是特别讲究的。

问：锄地的时候有没有规定必须锄哪一块呢？

答：规定的地方就是以中间为主，一般情况下动动就行。以前的时候就是在锄上面挽上个红布，规定了三尺红布，一斤酒，一斤刀首，这是必须的。仪式毕了以后放上三个炮，一挂鞭，这才叫动土呢。然后阴阳先生给你定了中线，匠人就开始放线了。一般动土的时候主人、匠人和阴阳先生都在跟前儿。

问：盖房子的仪式，除了破土，还有别的什么？

答：期间就是上梁、上花梁，上梁是上梁的，上花梁是上花梁的，还有合龙口的，谢土的。

问：上梁有啥仪式呢，是谁在主持呢？

答：上梁的时候一般都是主人吧。上完梁以后，蒸的猪羊、锯、瓦刀，还有桃，匠人都分下去了。以前说哪个主家好与坏，就是蒸东西的多少。蒸的东西敬完姜太公以后，主人他不吃，都是分下去了。所以主家蒸得越多，就说明这个主家越厚道。

问：贡品除了这些还有别的吗？

答：肯定也有香和黄裱，也还有鞭炮。有些到上梁的时候都管饭，一般情况下就是在开工的时候、完工的时候、上梁的时候管三顿饭，就是到现在，还保留有这种传统，就现在比如是修五层楼也是管三顿饭。

问：仪式的具体过程是什么呢？

答：以前上梁的时候，在梁的下面要放钱，就是用红布包上钱压在梁下面，压上钱以后，中间用黄纸写了个牌位"姜太公在此，诸神退位"，写好以后，把梁上好了，然后一敬东西，敬些馒头，蒸猪、羊、瓦刀、锯等这些东西，主要是敬这姜太公、敬鲁班，鲁班是我们的老祖师啊，谁会木匠才敬。你学徒学的就是这，所以你敬的就是鲁班。最后一放鞭炮就好了。

问：红布包的钱是放在梁上吗？

答：不是，是放在大梁下面，就在砖和梁之间，放上压梁钱，好像这个屋子里面就不空了。为什么要敬姜太公呢？姜太公是封神的，你这新屋子，没有敬过姜太公，来封了神，就是敬了神也不行。有个顺口溜好像是"不放压梁钱，没有良心钱"，我也忘了，大约

就是这个。还有就是"瓦瓦不吃肉，十间九间漏"，就是匠人的一种说法。

问：还需要贴别的什么吗？

答：在门上贴些"上梁大吉""安门大吉""精工细作"的，就是贴些对联一类的。梁上一般情况下都要贴个红纸，写上"上梁大吉"啊，"白虎架金梁，金龙盘玉柱"。以前的时候，"白虎架金梁"就是说的四梁八柱的意思。"白虎"是什么呢？以咱们民间的说法就是石头叫作白虎，在石头上面放的梁嘛，所以说"白虎架金梁"，这个是石头座的意思。"金龙盘玉柱"也是这个道理。

问：这个上梁就结束了？

答：上梁就结束了。结束了以后，就等这合了龙口一放鞭就好了。合龙口就是瓦到最后瓦的时候，把整个屋坡铺盖严的时候，就开始合龙口。

问：合龙口怎么做呢？

答：合龙口就是瓦到最后一列瓦，主家必须给匠人红包，匠人才要合龙口呢，说的意思就是给个吉利钱，到现在都有。还有合龙口的时候，屋脊上面一般都插上旗，在咱们这个地方都是剪的绣球旗，就是说在旗子上面剪个绣球，到现在都还插旗，给上红包，放了鞭炮就好了，这时候要放上最大的鞭。

问：合龙口的瓦和下面瓦的形式一样吗？

答：一样的，就是最后一垄合住就好了。

问：上花梁的仪式是在什么时候举行呢？

答：上了大梁，安上这个牵椽的时候，才开始上花梁呢。用牵椽这种形式，看好到花梁的时候，它能挂得好好的。这个花梁还必须是椿木的，其他木头不允许用，在咱们民间说法是"椿木是木中之王"，用花梁就必须用椿木，如果没有椿木的话呢，就在上面钉个椿木翟子。上花梁的时候特别讲究，上花梁的时候不能见天，不允许翻过来，写的时候在家里面写上，写好以后扣下来，用红布包住，有的地方是全部包住，有的地方是只包中间这一段，用"桃木弓，柳木箭，五色布穗五色线"，就是用桃木做的弓，用红线穿上，绑上柳木箭，挂上五种颜色做的布穗和五种颜色的丝线，这是上梁的时候必须用的。

问：五色的布穗和五种颜色的丝线有什么颜色规定吗？

答：不能用白的，不能用黑的，这传统就是最近十来年才不用了，十年以前还用这个呢。

问：花梁上写的东西一般包括哪些内容呢？

答：最前面是画三道，这叫乾嘛，比如说"甞於大清×年岁次丁酉×月×日上梁大吉宅主×××"，讲究点的房主写了以后中间画个八卦，然后是"工匠×××自修之日永保合家平安为记耳"，然后底下画三条断线，乾坤。它能顶着写，这段写完了以后，写上房主，再掉过来写工匠谁谁谁。我是干这个的，比较懂。现在咱们这地方就把这传统都丢失了，修庙的话庙上必须写这些，按规矩来。

问：最后是不是还有个谢土仪式呢？

答：谢土就是主体工程完成了，把整个家里全部墙抹了，把地下都弄好了，把门都上好了，一切都停了可以住人的时候，才要谢土呢。

问：谢土仪式具体是什么呢？

答：谢土的时候还是阴阳先生过来，然后蒸上些贡品，咱们这个地方主要以蒸的为主。蒸上些桃子、猪羊，这次不要肉了，有的可以弄上些黄裱、元宝。谢土神的时候，就是到门口一敬，把土马或者黄裱烧了，把酒绕着土马转一圈，以喂火为主，洒在火上就行。再把这贡品掰开，扔上点东西。一般这一块必须得撒点东西，上梁的时候有些人也撒，也是用煤尘做的小馒头，专门用来撒的，整个盖房子期间，包括谢土，都有用这个煤尘小馒头撒呢，现在就用些饼干。然后就是谢了工了，说些"也不歪，都平平安安地下来了，愿一家以后都平平安安的"这些就好了。

问：您能系统地说下不同时期建筑的改变吗？

答：咱们村最早的时候，明朝末年最不同的地方就是这个墀头，在咱们这个地方叫"狮头"，就是出山上面。在明朝的后期，砖才开始大量有呢，之前是土坯屋，这土坯房子硬山的就不行，它就必须得出来，把檩条搭在墙外面。清朝的悬山，都出于清朝早期，那时候还仿明朝的形式，所以一般说清朝乾隆时候都没有了，康熙和雍正时期还有，到了乾隆时期整个就没有悬山这个说法了。后来到了民国，它也有悬山，它纯是土坯房子，在我们这个地方叫鬼脸房，"鬼脸房"就是光四个角和前面用点砖，剩下都是用土坯。

问：悬山的房子一定是有土坯吗？

答：不确定。到了明朝后面和清朝早期的时候，有的也都全部是砖，那个时候匠人的思想没有转变过来。比如说现在，咱们这盖房子，和临州人盖房子就不同，做法就根本不同，像一个时期和一个时期的，光

说从这墀头上面就看出来了。

问：那在咱们这个地方到乾隆时期用的是悬山？

答：咱们村到雍正十年、十一年还有座房子没有狮头，也就是说用的悬山。

问：您觉得悬山和硬山哪种屋顶形式会好一点呢？

答：我评价的话当然还是悬山的好一点，悬山保护墙好，因为是土坯屋，里生外熟，漏进去水以后，把里面就泡坏了。悬山只要木质不坏，这个屋的墙体都保持得很好。

问：墀头下面放着的石头叫什么呢？

答：那个叫墀头底座，实际就是在这一段时期里面有。它只限于雍正到乾隆十年有那块石头，如果那块石头没有了，绝对不是乾隆早期的。墀头底座从无到有，从明朝的时候没有，到清朝早期的时候有，开始比较简单，就是底下整个是十三块砖做成的一个墀头，后来到了乾隆的时候，估计经济就发达了，比较讲究的就用石头，它能往外出多点，以前的椽子出的有五十多厘米，后来就出来得长了，出的就六十了，墀头往外伸出来的就多一点。再往后来，墀头就成了装饰品了，就非常好看了。在乾隆晚期，到嘉庆时期，还有仿悬山，就是说整个有博风板，就像这硬山上也有博风板。这博风板上面都有垂鱼，全部采用的是砖雕的，这砖都是一块一块组成的，里面有铁构件，用铁构件勾住，这非常讲究，弄得齐楚楚的。演变到这时候，下面墀头座子上面，就开始有些砖雕特别精美。就是说最开始是石头的，石头完了以后，就开始采取仿悬山，硬山仿悬山的砖雕，这时期墀头下面就开始有图案了，后来改成了砖雕。墀头底座雕刻是越来越讲究，图案越来越精美，到道光时期，那就是特别讲究了，那时候弄出来的东西就活灵活现，道光的时候就达到顶峰了，过了道光就不行了，光绪时候修建就少了。因此下面砖雕图案越好看，它的年份越不长，说明它快到清朝末年了。为什么咱这儿的建筑比较好呢？它在明朝末年的时候，没经历过战争，你像李自成，他打北京的时候没经过山西，经过河北打进去了，那会努尔哈赤、多尔衮打山海关的时候，也没经过山西。再一个这块地方地理条件也好，保存得也好。那时候积累了大量的财富，在清朝早期的时候，没经过战乱，这人就比较富有。

问：您说的石头做的墀头底座只用到乾隆早期就不用了吗？

答：那个石头底座也就是乾隆早期那段时间兴得比较

多，这个不用以后，就开始有砖雕图案了。最开始的时候，它那砖雕比较简易，就是以一个座子的形式搞个墀头，后来就不是啦。他们做了些柱子，里面雕刻了些人物，或者鹤、狮子、麒麟一类的，里面的图案就比较丰富了，把这个座子加到下面来。

问：除了墀头，建筑在不同年代还有哪些变化呢？

答：山墙最开始是悬山，到了康熙的时候就成了硬山了。这个山墙来了以后，总共出够三条线。主要是"三滚砖，一瓦面"，就是说三跑砖，把这个砖打成圆角做成滚砖，一回出一寸，出上三寸以后是瓦面砖，这个砖是瓦面的形式，就是小面在前，这是最早期的。现在的山大多都是采用这种模式，这是最简单的硬山。到后期就是仿悬山，仿照悬山的做法，就有博风板。

问：这种形式是什么时候的？

答：这种形式就是乾隆后期到嘉庆早期，用了一段时间，砖雕仿悬山的，再往后就杂了，有硬山的，也有仿悬山的，这就是历史进程里头，我看到这个好呀，就用这种方式去做了。通过咱去看了吧，用这个砖雕仿悬山的，在清朝早期就没有，在乾隆后期才有了这个构件，道光时期也有，那个时候砖窑上做开这种东西了，后来做出来的相当精美，那匠人也修得相当好，我这回也拆了这一间屋了，我就看它那构件是怎么弄的呢，光看见好。我主要是经过拆，才知道它那东西。

问：以前院落的形式有哪些呢？

答：咱们这都是以连接的为多，就是你连着我，我连着你，套院式的那种比较多。单独院子就是有四合院、三合院、一进两院式。院落在咱们这长方形的多啊，有的院落东西屋都是七间，然后留上风口，风口过来以后是堂屋，都是长方形的多，它是把中间这打开，或者有的有二门，有的就是打个花墙，就是把里面打方了，在倒座的左边风口小门，可能在正房的右风口也有小门，两个斜对称，为的就是把这个院打方了，就是里面是方的，外头不是正方，外头不方没事，里头这个正方了以后，这个风水格局上比较好一点。

问：什么样的形式才能算一进两院呢？

答：一进两院的形式比如说从顶山大门进去了，又从二门进去了，或者是再有一院。上面的那个只不过是打了个矮墙，一进两院的形式是有实体的，专门修

了个大门，或者有厅房，这叫一进两院。这种院子多了，大门进去有二门，有三门。修个矮墙就是为了把风水隔开，把这院修得方一点。

问：出现矮墙隔开的话是不是不想修一进两院，就隔开了？

答：这厢房是七间，再加上两向风口，这距离就拉长了，就显得不方了，不方了把主房这边割方了，外面留了一小院。

问：院落还有什么最基本的形式呢？

答：最基本的形式就是三合院，去看的那个天罗地网院就是西屋为主，正房修了七间，厢房留了风口，修了三间，在外面有一个大门，在正房对面有个照壁，就是这种形式了。

问：这种房子多吗？

答：以这种形式为主的还比较多。在侧面开门的比较多，在咱们这顶山大门最多了。

问：房子尺寸的大概范围是怎样的呢？

答：开间的话一间大概就是七到九尺（3米），有些不到3米；进深有一丈五（5米）的，一丈六（5.3米）的，一丈八（6米）的，还有三丈（10米）的，几乎就是正方形了，那个也是倒座，属于雍正时期的。总的来说，进深一丈五到一丈八的最多了，三丈只是极个别的。

问：正房的高度呢？

答：正房的高度，以前都是三丈开外了，一丈七、一丈八，咱这顶着说了就两丈多了，一般底下都有个4米到4.5米，上头有个3米到4米，那都比较高。有些地方上面就低一点，看它的两层就和一层半一样。

问：咱们盖房子之前是不是都要先准备材料呢？

答：你想盖房子，早几年就开始备料了。最开始的时候就是先做木工。

问：以前门窗的尺寸是不是固定的？

答：不固定，以前门窗的形式基本上差不多。计划修房的时候，就是策划的时候，找阴阳先生看了以后，门的大小阴阳先生就定了。

问：以前用门尺吗？

答：门尺用得比较少，修起墙来只能用奇数，不用偶数，就是按砖性、砖的层数来比较的。垒墙的时候，不能阴阳头。

问：什么是阴阳头呢？

答：阴阳头就是两个头的砖，如果说是一顺一丁，就

叫阴阳头，比如说同一个线上两头的砖，要是丁砖就都是丁砖，要是顺砖就都用顺砖，这个是必须的。砌墙就是"赶砖性"呢，就是砖性出来的甚，口出来的就是甚。赶个砖性，就是这个砖出来多大合适，不能用2寸头，这个砖怎么摆都不能用2寸头，咱们这个砖垒的话就是4寸、8寸，还有如果是丁砖的话用6寸头，也就是6分头，你不能用2分头。整个外墙的砖必须配得合适了，口这就可以缩小或扩大它的空间。把砖性定好了，比如说留了有2寸，不能有2寸，把这2寸补到口里面。以前修房子，就必须是甚呢？先把大梁檩条里头一起排上丈杆，以前必须有丈杆，没有米尺。

问：您说的丈杆是什么呢？

答：丈杆就是刮上木条，然后刻画上就好了。以前我们村做木匠的，他就不用尺，就自己做的丈杆，我们这叫作"比着"，就是说自己拿着个尺寸，比着做就好了。他不管到哪家做，他都要排丈杆呢。把丈杆排好了以后，装梁拴梁这个屋就靠这家的丈杆，这家的尺寸就都在这上头了。

问：排丈杆就是自己家准备个丈杆就好了？

答：不是自己家，这个就是匠人设计的模数，咱按照设计的模数做就好了。

问：是不是阴阳师看完院子，说能盖几开间的，一开间多少，匠人就准备丈杆了？

答：对对对。准备好丈杆，尺寸就卡死啦，上面就写好了多大的余柱，多高的门，就是这么回事。

问：您能不能说下怎么计算材料呢？

答：这也是根据主人，计划修多大呢，然后再经过匠人一核实，修成个什么样式，虽说没图纸，也和现在差不多，就开始给他计划材料呢，无非就是毛石、砖、水坯这些。以前的水坯，就是咱们说的糊坯，都是主家自己干的，材料省就省在这水坯上面了，砖瓦是买的。

问：排丈杆是在预备材料之前吗？

答：对对对，一排丈杆你这家里的尺寸就都有了，这是相当专业的事。根据主人和阴阳先生，配合好了以后，然后把他们的意思报到匠人那，匠人再给他们排丈杆，一排丈杆基本上就和有了图纸一样了。

问：怎么排呢？

答：排丈杆就是刮一根木头，比如说开间是多少，在丈杆上刻画上，标注上开间，这个梁分多大的空呢，到时候写上梁，多大的窗就写上窗，门就写上门，把它一通排好了丈杆，再算数就好了，就是这个意思。到时候拿上它，放在木头上，就能做了。不管弄甚的时候，这一根尺，所有的模数就都在这了。这就是排丈杆，以前必须有丈杆，没有丈杆就做不成活。不能随便弄个数或者画个图纸，标在上面，不是这。为啥以前是那样的规格呢？你比如说东屋和西屋，它是弄了个死数。这个丈杆一定得保存好呢，从计划开始一直到竣工，必须得用它，没有它的话就规范不了。

问：做丈杆的木条有没有具体的尺寸呢？

答：没有，它这具体尺寸就是甚呢，咱定好了要几寸呢，锯个样。丈杆丈杆，顾名思义得够一丈，就是说来得3米长。所有的模数、所有的数据都在这个丈杆上。这丈杆用处多了，像以前的房子，早几年策划，就找相当有经验的匠人，排好了丈杆，计划好了，也和现在一样，哪的格式好了，去哪看一看，它都计划得好好的，都排到丈杆上头，然后准备开材料，开工就好了。

问：以前准备材料要多久？

答：这就不一定了，有些开工了像地主家就开几年，一直干一直准备材料，一直进材料一直扩张。以前盖房子是一座一座备料。最起码你明年准备开工了今年就得备料，提前一年就得做好准备，今年冬天我去把口一做，修的时候口都做好了。以前和现在不是一样，以前是必须把口放上才能修呢，因为上边不照着口修就不行。那门墩都是一个时期一个样，每个时期的石墩多大石匠就知道，它也是从大到小，我见过元朝的门墩大，就50厘米宽，到了后期（20世纪）80年代还有人用门墩，那门墩才20来厘米，所以说一个时期一个样式。

问：盖房子之前需不需要把地平整下呢？

答：在咱们这个地方不存在这个，以前没有机械的情况下，地理条件很恶劣就不敢去干了，它就填不起来。选址的时候大部分都选择在比较平坦的地方，在阴阳先生来说，选择在洼地啊这些地方就不好，高高低低的地方也不敢用，没有机械，都是简简单单稍微平整点。

问：以前盖房子时会不会签订协议呢？

答：不签订。找你就是相信你呀，来了说给修修房吧。你像我现在有时候写合同，有时候不写合同，很熟的就不写了，不很熟的就大概写个，也是保留着这种传统。

问：以前四梁八柱的地基，画完中线以后怎么开始放线呢？

答：放了中线以后就开始割方，把方割了以后就开始放荒根基线，咱们这地基下的叫荒根基，然后放开了荒根基线就开始找人工挖了。

问：割方是干嘛的？

答：阴阳先生放了线以后，咱得先把这个标成十字，角度都形成90°角，这叫割方。割方或者边线也行，或者中线也行，必须得找住方，根据这个方放出荒根基来，然后用白石灰画上。

问：您能具体说怎么画出这个荒根基线吗？

答：一般咱们放线都是依着一个屋的边线，在中线上找出点，先找出后墙线来，再放出山墙线来。把外围线一放，放出来全部钉上翟，然后一边再放出八寸来。

问：往里放还是往外放？

答：往外，按咱这净线放出外线来，放出荒根基线，咱现在的做法和以前的做法一样，先放出净墙线来，这个应该是放出来，把这钉上翟。然后拿上钎，撩动白线，就是咱这儿的石灰粉，撒上白线，撒白线的时候，把这个钎，看好多出这个头来，看好是个20厘米左右吧，撒上白线，放出荒根基线，就说开始挑就好了。

问：这个木翟是不是应该在外面呢？

答：在外面，在外面钉死它，非得钉死这两根线来。

问：一般是以根基线还是墙线来钉木翟呢？

答：净墙线，而且是外墙，荒根基线根据木翟往外放就行。

问：地面用白灰撒的线是不是就是里外两圈荒根基线？

答：对，墙线就不用画了。荒根基线顾名思义，它就是大，比墙体应该大出一倍来了，咱原来的50墙，它就放这有1米，1米宽，然后就是人工挖。挖多深呢？按以前说的挖这2尺到3尺之间，就是60到90厘米这个程度，挖上后开始上三七灰土。

问：三七灰土填多少呢？

答：大概也就是填两层左右，两三层砖左右。灰土完了以后，就是夯根基了，找人抬上，喊着号子，夯起来，那个人多，底下抬夯的得两个人，上面拉夯的得6个人到8个人。夯是用木头捆着个方形的石头，方石头上面安两个把儿，找人抬上，两个抬夯的，上面拉上绳，这个绳拴在夯上面的木把上头，绳子能多能

少，最少也得4个人，一个把儿上一根绳。底下两个人抬住这个夯，这是抬夯的，上头的人再拉住绳，这是拉夯的。咱们这分抬夯的、拉夯的、喊号的，有些人喊得相当好呢，见到什么人能喊什么人，也能喊得高兴了，"抬起来呀，嗨呼儿嗨呀"就是这。"抬起来呀"是一个人喊的，这些抬夯的拉夯的一起用力，"嗨呼儿嗨呀"往底下放，就是这意思。这个喊夯的喊到甚，一句话，这些人就是"嗨呼儿嗨呀"。

问：根基已经夯实了，开始怎么做呢？

答：开始下头石，荒石头，就是说不很成型的石头。

问：这个不成型的石头下到离地面多高呢？

答：下到离地面也就是有上6寸左右吧，十来厘米，十几厘米到二十厘米，下好荒石头，再用灰、水、土三样，搅成稀的，搅得和粥一样，然后再倒进去，满好，倒满，灌实，用铁条别住，一通灌实。灌实以后就开始下圪兒石，这个就是成型的石条，讲究的里外上，不讲究的只上外面。

问：这个是不是外面的墙基石了？

答：对对对，墙基石。咱们这儿的圪兒也就是框的意思，门圪兒，窗圪兒。

问：上这个墙基石后肯定找平了吧？

答：找平了。

问：那第一次找平是什么时候？

答：找平的时候，就是说下了荒石头就基本上找出平来了。以前咱们这里，按说就是端上盆水，里头刮上个木板，木板必须是平的，然后挂上线以后，两向头一量就好了。开始用水平的时候，没有别的办法，就是用的这种办法。在下了荒石以后灌动的时候，就用些片石头，就那些小石头，都开始找平了。在放出这个线这个两向头来，找平以后，灌的时候哪不平了，该补个小石头什么的就补起来了，这是粗平，找细平主要是靠圪兒石呢。

问：下荒石的时候先找个粗平，虽然不平，但大约是一个平面的？

答：大约在一个平面上，然后圪兒石就必须得平了，底下该支多少支多少，支得平踏踏（平平整整）的。

问：这个找平是不是也是根据木翟上的线，刚才已经找平了，然后就往下降点？

答：对对对。整个过程有个粗平有个细平。在安动圪兒石的时候，把平已经确定了。

问：怎么来确定室内的地坪在哪呢？

答：整个来说，以前讲究的话了，里外上圪岇石，这个是比地面高呢。圪岇石上面都是平的。圪岇石本来就不一般高，以前没有机械设备，它不可能切得一般大小了，有高有低，但必须保证两个面，上面和外面平，里面缺了多少或者下面多了多少，它不确定，可这两个面是确定的。这两个面确定了以后，以它的上平面为准，就相当于现在的标准平面。

问：那室内的平比圪岇石的平低多少有规定吗？

答：圪岇石的平基本上就是门墩的平了。

问：那先放门墩呢还是先放圪岇石？

答：先放圪岇石，门墩也是支平了。有条件的上两圈圪岇石，它肯定是石头贵，没条件的是上了一圈，这个圪岇石必须要上，是要用这个找平呢。圪岇石有好些好处，一来是找平，二来是它的强度肯定要高呢，还有一个是吃水呢，就是防潮。在圪岇石挑起这石头来，都是以两面为准呀，以圪岇石的上平为准，当然也有三面，要是30厘米就都是30厘米，可是甚呢，在荒石头上面就是圪岇石的，它一般就是以两面为准。

问：那是把圪岇石都放好后把门墩石的位置留出来？

答：也能当时就安上，也能留出来。那门墩有的是提一层，有的是埋一层。就是说咱墁砖的时候，就把它埋了一层，有的有墁旱，有的没墁旱。没圪岇石可以用砖垫起来。

问：根基是不是差不多了？

答：一上了圪岇石以后，根基就已经完全成功了。开始垒墙就好了。

问：垒墙的时候有啥讲究吗？

答：垒墙的方法就是从低往高一直起就好了，不能放2寸头，不能阴阳头，当然你得横平竖直。

问：能不能说下咱们这墙体的几种形式呢？

答：填心墙就是里外砖中间是土坯，或者是半块砖啊，有些就是填的瓦子，乱七八糟的东西。里生外熟就是里头是水坯、外头是砖，垫阶的部分都是砖。

问：砌墙时纫砖有什么作用？

答：以前的时候，它不是说的几顺一丁，修上几层跑砖，纫上几块砖。它主要起外墙的拉结作用，里外墙是两层皮，如果不拉结的话，就里是里，外是外啦。咱们这说几跑一纫，这是后来，在民国时候才兴起的。像咱们现在说的几跑一纫，存在的是整个一层是跑砖了都是跑砖，说五层了一纫，然后全部纫。

它以前不是这，像清朝的时候，它是赶了几个跑砖以后，在同一层上，它垒着垒着，隔三岔五、纫三至五块砖，七块砖不一定，比较随意的。我发现了，它是垒到一定程度后，上一个铁圪耙（马钉），它主要起的作用还是怕两个墙分离了。再一个也能看到的情况是，梁头下全部是用砖，还有一种情况是底下一米垫阶用砖。垫阶下用砖的多，梁头下是必须用砖，这用土坯吃力不可能，鬼脸房也是。

问：您说的水坯的尺寸是多少呢？

答：就是27、28厘米，长方形的，27、28再乘以2，一般就是这55、56厘米，厚度还是7厘米、8厘米。

问：水坯里面加什么吗？

答：水坯就是纯土的，糊坯顾名思义就是放些麦秸，以麦秸麦糠为主吧。

问：过石有的是眼高嘴低，有的就是平的，为啥会出现这种情况呢？

答：以前跟着师父，他也弄不清是怎么回事，就是有些人讲究有些人不讲究，没有具体说法。其实要是按砖墙承重来说，门低了这个梁就能放低，就是粗一点的梁也可以放上去，如果门高就影响上梁了，我想是这样，这东西没有甚考证，一直跟着师父干的时候就说这眼高嘴低，和这人一样，窗是眼，门是嘴。在别的地方不知道是怎样，在咱们这个地方是阴阳先生决定的派法，规矩太多。两个口照着的，不能大口照小口，只能一般大，比如说咱们两个门子对着的情况下，只能一般大，不能大口照小口，两个厢房的门对着，就必须一般大。这东西太多了，山墙的正中间不能照大门。扛山大门不取中间扛，顶山大门不取中间顶，如果照着大门就好比穿心箭，必定是凶宅。不管别人的滴水还是自己的滴水，"滴水滴窗不滴框"，就是不能滴到门的框，意思是这个瓦头滴下来以后，不能正好滴到门框上，这是最忌讳的一种东西了。这就是滴泪，有这种情况了，家里头一天必定哭哭啼啼的。

问：窗户是由哪些部分组成的？

答：上面有孔的这个地方叫关扇。这个窗框我们这叫窗梃，竖着的叫立梃，这是上脑，这是下脑，中间的部分叫窗芯。

问：关扇是怎么安装的呢？

答：关扇在梃上面，然后压在墙体上就好了。这上面的铆钉是专用铆钉，一般都有，这个铆钉把上脑和关扇固定到一起。上面这个孔是转窝，这个门墩石上也有转窝，关扇就是说用它关住门扇的意思。

问：过石有的和墙体不一样厚，一般是多厚呢？

答：有的是两块石头，和墙体一般厚，有的是一块石头，后面它补点过木。以前上这个过石的时候没有起重机啊，上的时候是使用撑杆法，量好了把撑杆放在这里，量好了高度，地下从墙根往外量，稍微高一点点，然后先上铁绳固定在木头上，人在两向抬，一般都是利用这种办法。这就是为什么咱们这个地方到了上面都没有了，它太重，上不去。

问：如果过石是两层，一般是把上面放平还是把下面放平？

答：它是以下平为主。里面的过木厚，过木差不多和这个过石一般厚呢，它还要修墙呢，不敢薄了。

问：墙体砌筑到什么程度就可以了？

答：以外面的砖平，也就是口平了。口平是甚呢？这个墙体框框在不封山以前叫作口平，这个梁上起来以后，要按道理上讲，如果说光按框架来算，墙上也应该有根檩条呢，它才能搭下来呢，是不是？可是咱们这不上檩条。如果修墙的话，整个转圈修到搭椽的位置就叫口平啦，口平了以后开始上二梁，开始上檩条，这叫搁架。如果说没墙的话，在这个檩条的上平，就叫口平啦。

问：做到哪一部分开始封檐、做墀头呢？

答：做到哪该做什么就做什么，那就很简单了。

问：墀头一般怎么做呢？

答：我们做的时候一般把砖一摆，这砖是死的，第一层砖露出这个面来，把这个砖滚了，然后这么砌了，砌了后这里有个象鼻，这叫象鼻砖，都是需要自己做。

问：一般需要多少块砖呢？

答：13块砖。

问：弧度是怎么做的呢？

答：弧度就是弄个小竹竿，一弯，一画，弯好了这个弧度一画就好了。

问：墙上往外出的砖是什么呢？

答：一个线砖，一个滚砖，一个瓦面，按道理上应该是"S"形的，这样看着才优美，才好看呢，可往往做不成这，以前专门卖有瓦砖。就是这种情况。

问：那口平在哪一层砖上呢？

答：有些人说法不定，照我的理解就是到瓦面砖这就是口平了。口平了以后，梁的上平到瓦面砖距离越大，这个蒙的梁就越大，越往上走，这里的遮檐就越大，口平了以后这里有遮檐，没遮檐的话呢，到时候角度来了就不行，外面平，里面得用东西填起来，这叫遮檐，它到任何时候都有遮檐，梁到瓦面砖了，遮檐就没法搞了，所以有些人为了好做点，就稍微蒙上点梁，有蒙梁好做。蒙梁越深，遮檐越小，有蒙梁就有遮檐，这是专业术语，这东西在书本上没有。

问：后墙是怎样的做法呢？

答：后墙是封檐或包檐。椽子不出来的叫包檐，在正儿八经的古建里面，不存在包檐，包檐也就是1949年后才出现。咱们这包檐是出了线砖出抽屉砖，隔一出一，叫抽屉砖，出了抽屉砖，再出线砖，然后出狗牙砖，就是斜砖吧，然后再出线砖，咱们这包檐多少都是这样的。前檐没有这种做法的。

问：以前的老房子几乎不包，是吧？

答：以前的老房子几乎不存在这种现象。因为以前就喜欢那种长出檐，出檐长了容易保护土嘛，水坯都是土。就我对中国建筑的理解，以前没砖，都是土墙，想办法把出檐搞大，它把出檐搞大了以后，不容易淋雨。中国的建筑最大的特色就是长出檐，高挑角嘛。

问：挑角指的是什么呢？

答：挑角如六角亭那些屋顶，都高起来，你像以前的瓦面，现在的人看起来都以为是欧式的，其实不是那么回事。

问：墀头的上平和瓦砖的上面是平的吗？

答：它要低点，和滚砖是一条线，那个瓦面就是遮檐。因为它这里有距离嘛，如果这椽子出来，它这出多少就按墀头的长度，然后再出来一连檐，这就是它的规矩。

问：那遮檐就是椽子下面斜着的部分？

答：瓦面上面还有砖，瓦面上面是椽子，椽子之间还得填充起来，这里也能叫遮檐，瓦面就属于遮檐的第一层。墀头平了就是口平了，它这里的关系基本上是个死关系呀。在这里的时候如果说封山呢，这山也是一线砖一滚砖，要看你山的大小。如果是三砖的话了，一般情况下从墀头最前面向里头回退1.5尺，也就是45到50厘米之间，然后把山拖出来，封山就好了。我们当地的工匠封山的时候，咱这有个死绝招，比如说走两滚砖的话，这就是按49，从墀头前退回49厘米拉上线绳，开始封山。封山就是收回去以后，把山封好了，出来以后，必须得保证这边的山比里面高，就是说封起的山，屋坡的边必须比咱钉起的巴条高。封山也没什么讲究，就是屋架做起来以后，照着屋架的形式，把它修平了不漏风就好了，不管弄甚，讲究着头起（端头），不敢阴阳头了，这是咱农村最讲究的事。

问：这个49厘米是从哪到哪啊？

答：就是封山的时候要这个数呢。从这墀头返回49厘米开始定这个点呢，因为咱在这钉上檩条了，钉上檩条后，要包这个山呢，包动山的时候呢，你不能从最外面开始啊，这就比山高多少呢，所以说它这的数都是按49厘米来说的，然后就是拖山，拖上以后再就是出山就好了，这三层一层层出来。

问：封山是不是在椽子都上好以后？

答：不是，包檩条的时候就开始封山了，包着檩条带封山嘛。把檩条放好以后，开始包山就好了，封动山了就是上这个线砖，一个滚砖，一个瓦面。

问：您刚才说的博风板是怎么钉上去的呢？

答：它是有铁构件的。上面的博风板和垂鱼用的都是砖，以前和现在应该差不多，都是砖窑上专门生产的。安装的时候做了个铁构件，在这个垂鱼的侧面钻了一个眼，然后勾上它，再勾到里面，以前像上腿上的猫头，都是专门有个铁构件，钉在椽子上。

问：垂鱼在哪呢？

答：垂鱼的话呢，在这里要出来两块砖，在这里还有个钩子，钩子压在砖上，再到墙上面。其实它是仿的那个悬山，要说了这应该是木头檩条，檩条上定这个比较好看，主要是起装饰作用。博风板原来起的主要作用是包住边的椽跟巴，把这个缝挡了，看着好看，垂鱼起的作用就是挡檩条，一来保护檩条，二来看起来也好看，它都起着作用呢其实。后来中国人也是为了好看，弄了各种花形。垂鱼就在博缝上面勾着呢。

问：垂鱼和博缝是一体的？

答：它不是一体的，这个博风板是长的，一块一块的，钉在椽子上，咱这椽子边椽都是双的。

问：做屋架的时候用什么木材好呢？

答：一般都是这杨木梁，这杨木梁用的时间长了，里头扯开都是白的，那些木头时间长了都煤烟呛了，都呛到里头了，都烂了，杨木梁呛再长时间也就只能呛这一层，里面还是白白的。二梁这会就都成了松木了，过去都是杨槐，杨槐木它是硬一点。檩条都是松木，以前有榆木，有杨槐，椽子用就是松木。松木长

出来直立啊，杨木都是长成大树了，松木都是小的，都是山上的。

问：您说的这几种木头哪一种做屋坡最好呢？

答：论说起来都可以，这东西都是看它粗细说话。

问：是不是用的木头就这几种了？

答：差不多就这些了，椿木啥的都少了。椿木是做檩不做梁啊，椿木是"木头之王"呀，宁做檩条，不来底下做梁。

问：榫卯一般都是怎么画线呢？

答：都在它的基础上，先定上点以后，两向多少，然后再下来，下来以后，大部分都是这种燕尾榫，一公一母，照着做好了。这画线以前的人是弄了个牛角的画尺，拿上，在墨斗里一蘸，一画。有些人想省事了不用这个牛角尺，拿上个木头片，打上线画就好啦，到现在大部分都是用铅笔，铅笔画出来的线和那个就不一样，那样会更规矩，以前都讲究，现在都不讲究了。

问：怎么给木构件标注呢？

答：标的时候那就一个人一个标法啊，梁标梁，檩标檩，你比如说有头路、二路，按咱们这里有脊檩，分个前后，前檩后檩。它标上前中、前东就好了，就是以这方位为多吧，在哪放的就写在哪好了。这个不标不行，手工做法的特点在哪呢？就是不一样，不尽相同。还有咱中国匠人的理念是就地取材。材料不同，导致这榫虽然是一样的开法，开出来有的放上了合适，有的放上了不合适。还有就是有些地方装梁的时候用的是大头朝前，有的地方用的是大头朝后。咱这是大头朝后，如果你走到高都，他们那就是大头朝前。如果说你大梁大头朝前，二梁就必须小头朝前，这二梁和大梁是翻个呢，这是不成文的规定。

问：屋坡的起架怎么计算呢？

答：起架咱们这是二五起架，二六起架。二五起架就是一丈起二尺五，按整个屋子的长度，比如说是一丈的，就起二尺五，折合成现在的就是1米起50厘米，或者55厘米到60厘米。比如说这是梁，余柱，这是二梁，这是戗风板（插梢板），屋架就是这个形式。咱们如果算账的话了，就是按，这是外墙，这是墙中，按墙中起，这个点到这个点（大梁），就是每米起50厘米，这个点到这个点（二梁），二六起架了就是55厘米到60厘米，这两个都不一样，起架不同，最大的时候上面能做到二八起架。古建筑最终的屋坡应该成

弧形的，下缓上急，在咱们这也得做成下面是缓的，上面是急的。

问：二五起架和二六起架是固定的吗？

答：在咱们这个地方是固定了，基本固定二五、二六起架。这个看你怎么理解了，前后有两份都是按五起架，后面分的两份按六起架，这就是二五、二六。

问：墙上没有檩条的话，余柱上有檩条，架椽子后中间会不会鼓起来呢？

答：没有这种情况，一般做出来的都是上急下缓呀，你一米少起了10厘米，它只能往下了，你说的凸起来这坡就扛了，一般不采用这种坡。这里难就难在你要算墁旱呢，你想当一个匠人，有些东西就必须得算好了，比如说它的前后，它的高低，还有它的中不中都是有关系的，特别成角度的时候。墁旱这意思是比如说房的进深外到外5.10米，结果做梁的时候做了个4.90米，前分格分动的时候是按中到外，这个起架是按50厘米来起架的；中分格是按中至中，也能按55厘米起架，也能按60厘米起架，做梁的时候必须上平到上平，大梁到二梁的上平，然后是二梁至余柱顶，以大梁的上平为准，大梁弯度过大，或大小头出入太大，就需要这小头少，上梁的时候下平就不是一个平啦，必须得上平。你比如说梁弯成这样也没事，你算账的时候就是说这蒙梁的问题，还是说这有没有这个蒙梁，蒙梁就是说这个梁是埋住点还是露出，一般不会露出，就是蒙多少，比如说蒙两层，就是多两层砖就好了，在梁的上面垒上两层砖，钉椽子就好了，蒙三层垒三层，蒙一层垒一层。

问：蒙梁是不是把墙和梁垒平，看梁上平又往上垒了几层？

答：对对对，就是算账的时候就得算。上梁的时候，有些人就问你呢，有没有蒙梁，没蒙梁正常算就好了，没蒙梁的意思是基本上在一条线上呢，不分大小头。不很弯了，比如小头是20厘米，就都按20厘米算账就行了，就是都是20厘米的梁，在一个平面能取出20厘米来，有些就取不出来，就得根据需要蒙梁不蒙梁呢。

问：什么时候上大梁呢？

答：口平了就能上大梁，把梁窝留出来，做法就不一定了。蒙梁大的话，就是梁到这增大距离，也就是余柱增大，蒙梁小，就是紧挨着梁，这就是说的梁上面垒砖不垒砖的意思。垒的砖多了，这个梁还能继续往下走呀，它把余柱增大就好了。有蒙梁的意思

是甚呢？梁能够往下走，这个椽子在墙上就能满足它的需要，梁的前头不吃力。那个容易做。如果没有蒙梁了，这个梁头就受损了，这个椽子来了以后就冲突了，梁上在这个地方就不好了。往下行，有蒙梁好，有一两层的蒙梁。算动梁的时候以梁的下平和上平算账呢。因为梁不一般粗嘛，梁要分大小头。在农村的做法才是这呢，有些梁越弯越好，越弯，熊背至上，就是弓形在上面。

问：这种梁为什么还好呢？

答：这种梁扯材料弄啥的还不好用，用在梁上了就好用了，你看咱们这地方大多数梁都弯得很，在北方梁的弯度都挺大的，有些梁就这个情况，你就必须得算好了，在垒墙上说过去呢，只能以这下平为准，然后上面再竖上余柱，绷上平线，再立余柱。

问：大梁比较弯，怎么确定上平呢？

答：那非常好定，只要找到中线就好了。按这种算法算出来以后，以蒙20厘米蒙梁，也就是说上起梁来以后，带前面遮檐这层看三层砖。它必须蒙上梁才好做。

问：这蒙梁是不是就相当于檩条了？

答：对，相当于檩径，这样还是1米起的50厘米，你做出梁来了，就必须和大师傅挂了钩，到时候大师傅说了他以什么点算呢，以外，还是以中？如果上面有檩条，墙上没檩条的话只能以外到中，如果有檩条的话，就中到中，有檩条就是外面也要上檩条呢。

问：如果墙上没有檩条的话必须是外到中？

答：外到中，这就是里头有墁旱，里头的数能有点出入，总体上你必须求这个中到中，实际上用的是外墙到中，按1米起50厘米这才行呢。如果说你脱离这个点啦，你就弄不成了。可是你算动账的时候，可不能以这个梁中到这个梁中去算，与它就有个区别，这种外到中的方法最简单了，到这蒙上个梁，有个两三层蒙梁。

问：这个房子外到外是5.10米，那梁是不是不需要做5.10米？

答：不需要，你包了它就好了，得包了它，不能露个梁头啊，露个梁头就不好看了。

问：如果大梁弯曲得比较厉害，应该怎么处理呢？

答：这就是匠人师傅在取中线的时候，看怎么个取法，比如说这个弯梁，分了大小头了，如果说要绷出中线，绷出上平线，就得先把梁支稳了，把熊背至上，自然滚醒。

问：什么是滚醒呢？

答："熊背至上，自然滚醒"，这是必须的。装梁的时候，把这熊背至了上，把它滚醒了，滚醒的意思是梁放那以后，比如说它不平衡了它就倒了嘛，这向倒倒，那向倒倒，直到它不倒，这和苹果的意思是一样的，你放不好它就一直晃，等到它不晃的时候，就是它力放到最好的时候了。让它自然滚醒，让它的力气看好符合自然的引力了，滚醒了以后，然后放中心线。拿上墨斗吊线，在梁的大小头上自然吊线，大小头放了中线以后，然后就是放大梁的纵中线。再然后拿上七尺，也就是丁字尺，再按梁大小头的最大化找出上下平线，放梁时按上平线为准。

问：找出上面平线后开始做什么？

答：还得锛平呢。找出这个平线后，把这个梁头锛出来。二梁找出上下平后就都锛上平，并不是统一都锛，就是在放余柱的地方，或者是放替木的地方，找出上下平来。大梁的上平可以不锛，就只锛出下平就好了，可是必须得找出上平线来，找出上平线来以利于求准它。比如说梁弯的度数太大，找不出这个纵中线来，出现这个线拉不透的现象，把它支平了就好了，可是它有上平线啊，必须以这条线为准啊，前面的余柱小点，后面的余柱大点。

问：支平是不是在找上下平的时候就支两块砖？

答：对，把平锛出来以后，自然而然就得找出它来。

问：这个平线，比如说上平线，和墙的口平有关系吗？

答：有关系，就看你蒙不蒙梁，就是说来上平线到包口这都蒙上去了，就是这么回事。再一个这余柱的做法上，就是依着这个梁的形式，它是凹的就做成凹的，到时候刺线就好了，一般情况下它是个碗口啊，一向多少也不确定了。

问：这种形状一般是怎么做的呢？

答：开始的时候稍微带一点，然后插进去，你看空多少，然后弄个木片，要是两厘米都是两厘米，画上一圈，顺着这个梁，梁的弯度深点就下得深，弯度小点就下得小，所以说放进去以后它就合适了。它必须是专用的，只限制与它到这个梁里头管用，其他地方就不管用了，针对一对一来做的，可是必须做两次才能完成，再好的工匠不可能一次就做成了，第一次它拉膀拉不好，所以装梁你必须有师傅，这是个过程，没有师傅就没有这个过程。包括余柱都是这么个做法，

先滚醒了，先在两头放上中线，把中线拉通了，这就是以点放线，放出这个线来，然后再拿这个线放这个面来，求这个和屋子的面怎么挂钩。

问：这一块你们这有什么叫法吗？

答：没有甚叫法，那就是刨余柱呢，砍个圪叉（斜叉），放放余柱，以前有的老师傅就是做了个木片，蘸上墨，画就好了，上面画，下面画，一画就好啦。

问：屋架的具体施工顺序是什么呢？

答：砌墙的时候砌到口平，口平以后把大梁一上，上好了大梁就说拖山了，拖了山上檩条，上了檩条包檩条封山。

问：那二梁呢？

答：二梁就随着就能上了。上了檩条以后，咱们这匠人就能瞅住些，把山的大概雏型，就能先拖出来。拖出来以后，放檩条，放了檩条包檩条，包檩条期间就封了山，把山都封起了，这会儿才开始钉椽呢，钉了椽钉连檐，钉了连檐钉扇板或者上巴都行，就是这么回事。

问：二梁弯的话和大梁处理方法一样吗？

答：二梁也是这，处理方法是一样的。

问：坡檩呢，弯的是不是不多？

答：它不弯，它必须得滚醒了，中线必须得有，取了中线以后才要取上下平呢。接的时候必须大头接大头，小头接小头，规矩就是这。

问：中线是哪条线呢？

答：第一次在木头上放的底面吊垂直线就是中线，第二次放就是它的上平了，第三次放就是下平。这个中线都要延伸呢，就是说把它的两向头都要拉通呢，拉通了绷上线，然后上去以后才好做。

问：就是放檩条的时候是不是中线也必须垂直向下？

答：对，必须是垂直的。所有的这些都和地球的引力有关系。滚醒了这个数就是中线了，滚醒的过程就是看木头能不能滚醒，有些木头就滚不醒，就不能用。

问：余柱是不是也不能弯，那么短也必须是直直的？

答：它弯曲不完全，必须得找出中线来，没有这根中线就做不成。所有的装梁拴檩，都是以这条中线开始啦，拿上墨斗，一圪吊，都是依照这开始了。任何一个构件，都是这样做出来了。

问：那个棚楼檩有的做成圆的，有的做成方的，这个有啥规定吗？

答：讲究的就做成方的，有引缝板，要是不讲究就是踩楼板。这是两种不同的做法。引缝板顾名思义就

把两块板之间的缝隙挡住，引住就好了；踩楼板就不是这种做法了，把板排了以后，固定上三四块，就是这三四块之间要踩一下。怎样踩呢？比如说，咱们这把它排出来以后，把这板收回一厘米，让它鼓起来，人硬踩下去，踩下去再钉了它就好了，这叫踩楼板。

问：需要钉吗？

答：必须要钉，钉在檩条上，这叫踩楼板。引缝板就不需要踩楼板了，那就是把板做好了以后，在棚楼檩上掏上个洞，把引缝板放上去，钉着走就好了。它不需要踩。

问：为啥方檩可以用引缝板呢？

答：方檩用引缝板最好了，有了引缝板它立体感强啊，看着是一块一块的。圆的棚楼檩上面都要找平，不是说它不可以，方的话比如一间分了格以后，要60厘米就都是60厘米，如果说它是圆的话，它没取方了，有的弯，有的头细，有的头粗，它上边如果是找那个平，它不可能找得那么规矩，所以说它用引缝板的时候长的长、短的短，它不关是因为不好看，做动的时候就得一对一来做，所以它就比较麻烦。如果说是方檩的话了，它就比较简单，咱这圪儿是60厘米的，要裁成65厘米的就都是65厘米的，直接安就好了。其实咱民间的这种做法，就不能大量生产，装了一架梁，它就是一对一，你像北京的活其实很好做，大梁如果是50厘米的直径，取成方的直接做就好了，顶多角上带点鹤等动物的图案，它非常好计算。到了咱们农村，就是出现这种现象，它不一定，木头来了以后，很弯的木材不能做窗的材料，只能做梁，做上梁还必须得能保证它的尺寸，还得保证它好看，所以说它只能一对一。你不知道以前的匠人细致到哪个程度。其实农村的匠人非常不好做，弄过来的材料都是乱七八糟的，都不是方的，比如说它要方的，结果是不够方，没有这个角，就这样这个木匠还要在这里拉动这个膀，拉成这个形状，插进去，把它弄得相当完美，这个叉就只能用在它的上面，其他的地方不能用，都是一对一，我就针对你呢，这就比较费工。就像我说的檩条，如果它是方的呢，一拉了膀合合适适对上去，放哪都行，再一个放进去以后，一下子能做成。你像这种纯圆木，它弧度小一点，它弧度大一点，也许是滚醒了以后，这边大这边小，所以说它一次就做不成，甚至有些讲究的师傅它就做三次。为啥做三次呢？它一次剌不完，不是那么严丝合缝，到第

三次，比如说两厘米完了以后成了一厘米的，然后再画一下，再拉一下，放进去合合适适的，让你感觉就是天衣无缝了，就严丝合缝做的。它是一对一，还得照住所有的规矩，在不规矩的情况下照着规矩走。

问：怎么计算棚楼檩是几路呢？

答：棚楼檩在咱们这的规定是不允许大于2尺，就是暗板不能大于2尺。所以很多是七路的，还有的是八路、九路。

问：什么是暗板呢？

答：就是按棚楼檩的距离，这个板的距离，它不能大于2尺。根据它的密度还有进深的间架算，间距大的话，上面弹性太大，不耐实，这样做的话，它又耐实，堆的东西也多。以前咱这个地方主要是堆粮食的，不是住人的，楼上都是放的缸，缸上面放石头盖住，主要是攒点小麦，有粮食就是有钱嘛。

问：屋架都做好了开始做什么？

答：钉了椽上巴，上了巴抹扇，然后就是走腿捏脊，捏了脊下枕瓦，下了枕瓦上天平瓦，上完天平瓦开始上包口，包口完了上引缝瓦，上完引缝瓦开始上巴砖，上完巴砖上脊就好了，上完脊才开始瓦瓦，瓦了瓦最后合龙口，结束放鞭。这是咱们当地的程序。

问：钉椽是怎么做的？

答：全部用钉子钉上以后，上连檐瓦口。连檐和瓦口一般也都是钉上去的，把瓦口钉在连檐上就好了。

问：这个瓦口有要求吗？

答：按照屋子的满坡，然后是钉瓦口。钉瓦口的时候必须中间向外排，就是底瓦坐中，坐在屋坡的正中间位置，开始向外排。比如这是一仰一合的瓦，一般情况下都是阴阳瓦才用瓦口呢，不是这一仰一合就不用瓦口，它必须是底瓦坐中，仰瓦是上瓦，底瓦坐不了中，就说不了话，就是这个屋坡就搞不成，这是个死规矩。如果是仰瓦的话，非得有其他说法，才能用仰瓦呢。这排瓦口呢，排了瓦口才能做东西呢。

问：两个瓦口之间有多长呢？

答：它这个是根据瓦的型号呢。瓦的型号大了，它的距离就大，瓦的型号小了，它的距离就小。沟檐滴水一仰一合的（22厘米），筒瓦的（19.5厘米），这也是小号筒瓦的，也有大号筒瓦的，根据瓦的大小来定瓦口呢。到时候它是钉在连檐上的，裁得合合适适的就好。房子定出中线后，让底瓦放在中间，两边就说赶着就好了。这是个死规矩，有些没干过古建筑的他不

知道，去瓦屋坡就瓦不成。

问：巴条、巴砖只铺上去就行吗？

答：巴条是巴条，巴砖是巴砖。巴条是一整块，三间或两间搭好的巴，和席子一样，上来以后整个铺开，然后开始抹扇（铺泥）。

问：抹扇的泥有多厚呢？

答：抹扇的泥就根据屋坡的平整度，根据咱钉的椽啊材料的平整度，抹扇主要是找平的，一般瓦屋坡都带个弧度了才看起来好看呢，在咱们这个地方就是"扛"了难看，"凹"了好看，"扛"就是凸起。钉椽也是这，宁凹不扛。抹扇主要就是初次找平，就在屋面上找平。

问：抹扇用的泥是不是麦秸泥？

答：麦秸泥，麦秸加麦糠。一般都是短麦秸加麦糠，瓦瓦的时候长麦秸短麦秸都管用。

问：走腿捏脊是什么意思？

答：走腿就是下边瓦，就是瓦了一行最边的。走腿做的时候也就是排了瓦，就是把瓦一排，排了以后，把两向边走出来，走出来中间也就是腿当中，应该是两个瓦之间有个伸缩距离，把这个伸缩距离定死了就好了，一向走了双腿一向走了单腿，到合龙口的时候最后走上腿。你比如说瓦这个后坡了，都是从右到左。

问：为什么要从右到左？

答：这必须得顺手呢。一般留的东边的，走的西边的，留一个到最后了合龙口。

问：具体是怎么做的呢？

答：边瓦就是扣在瓦面砖上，就是山上出檐的这个瓦面，护住这个瓦面，一般都是下两层瓦，这个瓦扣动的时候扣住这个边，然后再顶着扣上一层，扣这个的一半，扣上一层后这儿的仰起来，弄的时候顶着扣的瓦，然后再在这个上面扣一层，这留出来个缝再放上仰瓦，再扣上，这就有了，一仰一合。这是两条腿，这就完成任务了。那边就是只瓦一条腿就行，然后到这边合龙口。

问：以前怎么把两条腿的一仰一合做得高呢？

答：为啥它看起来高呢？它看起来高的原因就是它是在墙上的，本身封起山来，就应该比巴要高，就比咱这椽高起来了。

问：捏脊是什么啊？

答：捏脊就是找这个脊檩的上平面。因为檩条都是木头的东西，肯定有点弯度，有高低不平的时候，把这

个瓦一破二，这向一片，那向一片，沾到一起。这个檩条铺上巴抹扇了找不到中心点，这个瓦这边半片，那边半片，把它捏得稍微有点平度，拉上线绳走就好了，把瓦一个一个排过去，这就是捏脊呢，也就是找脊的上平呢。排过去就相当于找到两个屋坡的正中间，还有它的最上平。把它做了以后，有了基本的上平，开始下枕瓦，枕瓦就是甚呢？就是这个瓦的模数，不下多少，就是三至五片瓦，把枕瓦放好，就是预留出这个瓦来，因为要从下往上瓦，到时候对接住就好了。

问：是不是整个屋坡都放上枕瓦？

答：前后坡都上。比如说这个屋面吧，这走成双腿，这走成单腿，咱这捏了脊以后，开始下枕瓦，下枕瓦和排瓦口是一回事，必须得底瓦坐中。枕瓦就下到三片瓦，以后咱这瓦瓦时和它接住就好了。下枕瓦也相当于排瓦了，排瓦是因为这个屋脊要压住这个瓦呢，底下要接住，上面要压瓦呢。下了枕瓦以后上天平瓦，枕瓦下的时候是前后坡，这向下一个，这向下一个，中间有缝，中间这个缝上头弄上灰以后，把天平瓦在上面盖一排。盖上它以后开始上包口，就是包住天平瓦。包口这个瓦立起来，就是把它扩宽了。包住天平瓦后开始上引缝瓦，上引缝瓦的意思是这两个包口之间有缝，这个引缝瓦是个三角形的，上到包口之间，引缝瓦上面上巴砖，巴砖上面上脊，搁上脊就开始瓦瓦。

问：搁脊咱这有啥讲究吗？

答：搁脊咱这没啥讲究，咱们这个地方在脊上没有其他讲究。

问：瓦瓦时的方向是怎么样的？

答：就是从自己的左边往右边瓦，这是必须的，没有从右往左瓦的，就没有这种瓦法。

问：全部是仰瓦的这种屋坡形式叫什么呢？

答：单插瓦。

问：那一仰一合的瓦呢？

答：阴阳瓦。

问：这两种瓦屋坡的形式您觉得哪种更好呢，有的说一仰一合的瓦容易漏雨？

答：首先你看咱们这儿的插瓦，它到时候都要漏孔呢，抗力都不行。本来这个瓦造出来就是一仰一合瓦，中国自古以来的阴阳论，绝对有好处。这种一仰一合这会都面临失传啦，他们就根本不知道怎么瓦

了。一仰一合就是甚呢，阴瓦（底瓦）是小口朝下，阳瓦（扣瓦）是大口朝下，这样瓦出来的瓦来就不会漏。像现在的匠人不研究这，就都不知道，非拆过旧的才知道呢。现在的人让它去瓦的时候说容易漏雨，一仰一合不能都漏，十家八家漏。

问：那种肯定比现在的好吧？

答：好得多呢。一来是这个瓦的密度大，二来是现在这个瓦时间长了就冻坏了或者甚呢，它抗力度就不行。你比如说咱这木质变形了，它是插着的瓦呀，自己和自己较着劲就把它给挤破了，就别坏了，或者是稍微瓦得松点就往下滑了，像一仰一合瓦就不存在这现象。

问：那一仰一合瓦具体怎么瓦好呢？

答：就是阴瓦小口朝下，阳瓦大口朝下。再一个是压六露四，瓦按十份来算，就是压它的六份，露出来四份，它出来的效果会更好。有的瓦出来都是大头朝下，这样瓦出来的就都漏，阴阳阴阳，就没体现这阴阳二字。还有就是要底瓦上泥，仰瓦上灰。

问：这个屋坡是不是就差不多了？

答：基本上就完了。到时候合龙口就好了。

问：串院中连着厢房山墙和正房耳房的部分是什么啊？

答：这是风口上头的，连接回廊，咱们这就叫风口。

问：那它是怎么做的呢？

答：到一定高度以后，在两个屋之间搭上檩条就好了。也是棚楼檩，一向在山墙上插的，一向在前墙上插的，屋坡和之前说的一回事，在咱们这连接这风口的做法多呢。棚楼檩在康熙、雍正时期用方的比较多，康熙、雍正以后才用圆的，最开始特别讲究，能做起来的都是用方的。把棚楼檩上了以后开始上棚楼板，楼板一上，外檐一般用的是木头护板，护板的形式或者如意形的或者别的，就是搞了个花形吧，用大的圪把钉，比较大的就把它钉了。钉了以后，这里放上护板，护栏板。

问：墙修到一定高度是穿进去还是留口呢？

答：应该是垒的时候就把檩条就放上去了。如果两个不是一个时期的，但绝对和一向是一起修的，那它就留孔，把那个檩条插进去，然后把坡檩放上。

问：护栏板怎么接上呢？

答：都是开的榫吧，跟棚楼檩条接上，然后再上窗户，窗芯，上了以后上头又是边檩，然后屋坡瓦下来就好了，还是有脊檩。

问：这个木板和墙是怎么连接的呢？

答：这个木板和墙也是和上窗户差不多。

问：护板呢？

答：护板不需要压在墙里面。上面应该还有个梃，下面挂这个齿板，再下面是护板，底下的檩条也是插进去了，就是这么做出来的。还有一个地方，竖着的太大的话可以有个腰翟，在腰上可以管住它不来回跑。

问：腰翟在什么情况下用呢？

答：腰翟是大部分都有，就是稍微大一点的窗户都有，有些时候像上面的腰翟就大。它在梃上开了个口，然后上这个腰翟。

问：这个风口过廊的高度和两边的房子有啥关系？

答：它必须和一边的楼板是平的，或者稍微高一点，不会低了。整个里面的高度属于四小里，总体高度必须比两向屋都低。低多少没规定，如果说后边一般齐的话呢，它就应该低点，因为起架小嘛，比如都是五路檩条的话，它三路檩条就管用了，它就低得很，就是为了少几个起架。在咱们这地方采取这种形式的太多了，一般都是前后七间，中间是三间或者是五间，它非加这四个风口不行，四大四小四风口。

问：风口的后面也是墙吧？

答：后墙也是墙，这是咱高平典型的四合院。

问：风口的屋顶上还用做脊吗？

答：做。在咱们这地方，不是特殊原因就都要起脊呢。有个别户口是特殊原因，它不敢起脊。在庙跟前，或者家里头对谁谁谁不好，它就不起脊了，不起脊在咱这不是个很好的事。"脊"和"吉"同音嘛，起脊起脊就是为着个大吉大利。

问：四大四小四风口里面有厨房吗？

答：它里面的厨房，是在四小里头呢，在我们这，习惯性夏天就来这风口，我们方言叫"夏出地"，这方言已经快失传了，像以后我儿子这一辈叫这个名字就弄不清了。

问：有些后墙上面的龛是干什么的？

答：那是抓风猴。抓风猴一般要放在煞气比较大的地方，或者用于空旷的地方。

问：那咱们这修土地龛吗？

答：没有。就灶老爷，家家都有灶老爷，都定个板板，叫灶老爷板。门口那块都是门神圪台，家家户户都有那。

问：那咱们这都会有吗？

答：对，这个是百分之百有，从古至今，只要庭院式的，有大门的。

问：以前的墙有没有砌成花墙那种呢？

答：花墙的比如说有砖瓦花墙的。有些地方用于厕所，厕所就是透气的，还有些地方用于院墙上面，把那个瓦摆成个花形，这种情况是有的（图6-132）。

图6-132　花墙形式

问：以前的院子里会种树吗？

答：不种树，本来就没多大的地方，哪还有地方种树呢？可以放些可移动的植物（图6-133）。

图6-133　院内可移动盆栽

问：家里面的排水呢，有的院子有渗井吧？

答：有渗井，这些也没啥讲究，有些地方低洼一点，它就有渗井，要是说它在高处，它就不需要渗井。还有咱这有些地方还比较旱，现在是有地下水了，如果没有地下水，现在的人就不能活了，所以说有时候渗井收集雨水以后，它还可以利用。

问：打渗井的多吗？

答：多，以前这院几乎都有，它就是要收集上雨水，为了用呢。

问：那渗井修在哪一块有没有什么规定呢？

答：它没有个甚规定，你正中间就是正中间，它偏点就偏点。但它肯定是距离厕所不会近了，距离这个宅基地的根基也不会太近了，在风水上它没有啥规定。

问：咱们这修房有没有什么禁忌呢？

答：以前的时候，东西空修南北屋，南北空修东西屋，一年东西空一年南北空。遇到怀孩儿的妇女，匠人不能拿瓦刀敲砖；匠人不能把工具，特别是瓦刀留在主人的房内，或者是丢了丢在房子里面，必须给人找到，不管你任何时候，都不能留在主人家；木工的方尺、墨斗都是辟邪的，所以对木匠没太多禁忌，还有就是路人不能对着工匠吹口哨。

问：有没有规定哪一天不能干活开工呢？

答：如果是动了土以后，就哪天都能开工。这禁忌呢就是阴阳先生看呢，阴阳先生看好了以后，有头修之期，规定几天内必须完工。

问：咱们这做的圆拱门是怎么做呢？

答：都是升拱门，在半径的基础上，升高它的百分之五，以这个距离为半径左右各画四分之一圆，在圆心上面相交，它就升起来了，到这的高度它就高了。你比如说这个门半径是1米的，按半径的百分之五就是5厘米，让出5厘米来。还是这个直径的边，需要3米的话，按半径的百分之五，15厘米，放出15厘米来，以它为圆心，从边画到中点，就好了，再从这放出15厘米再画另一边。

问：为啥要做这个升拱门呢？

答：升拱的意思是升得越高越有劲，承重力越好。我也去搞过几个测绘，测的拱都是升拱，以前的老人都用的升拱。

问：您知道怎么砌筑这个圆拱门吗？

答：圆拱门有满堂红做型，满堂红搭架，做起这个形状来，先在地下把这个满堂红做拱形。你比如说咱们所需要的这个高度，这个体积呢，这个体积内全部用架子搭起来，这就是满堂红做型。

问：用什么做呢？

答：全部用木头。这个型也挺简单的，就是用小块木头，把它钉在一起，钉成三摞啊或者四摞，这钉起来，一直钉一直钉就弯回来了，弯回来以后，做成这个模型以后，下面用木棒顶起来就好了，全部顶起来，这种办法叫满堂红。还有一种办法叫插卷。

问：这个用木头做的模型是整个拱形的深？

答：整个屋子里面你计划好了，比如说你计划80厘米呀，或者90厘米，1米大，就得钉几路梁，钉上这个木头梁以后，开始下面用木头撑起来，撑起这个木头梁来，拱形梁，上面再加木板，横着再钉木板，做好以后，你砌住就好了，想用砖砌住，木头砌住都行。主要是把二膀压好了以后，就可以收了。

问：二膀是什么呢？

答：你搁券的时候两向边都有膀嘛，所说的膀就是拱形两向边的东西，这就叫膀了。如果你没有膀，这个圆形东西就构不成，咱们是一块一块拼起来的，全靠力气挤呢，它就形成拱了。起的时候这个一膀，到了这半中间的时候，就成了二膀了，在这个范围内必须撑死它，两向的东西必须把它撑紧。

问：第二种方法是什么呢？

答：插卷，就是只需要做一小部分模型就好了，比如说像现在，用这钢筋焊上个单边来就可以，在这模型的基础上，开始放砖，放砖的时候放成一大一小，留出插口。插卷的时候就是一大一小，这是最开始的起始砖，这砖用成这小面，插完这一卷以后，把这个模型往外移，把它移到这个边，然后一块砖放到这里，两向边用这石头就这青石，敲成那个楔子的形状，两向边一插，挤牢它，退着往外走就好了。

问：那是不是也要照着这个弧形垒上一圈？

答：你要看做什么活呢。如果说只有一边通透，那就很好说了；如果两边通透，才开始的时候要垒个意象墙。就顺着底下先搭上架来，先垒个样子，开始的时候垒上这花架墙，把这先垒起来，在这个正中心点。或者你是升拱，升拱也是，按住这向，这钉上个钉，拿上根棍，把这个模型做好。做好以后，开始插卷，拿住第一块砖，第一排砖，拿住第一排砖后，留上插口，一个整砖，一个半砖，剩下的这里留有这个口，就全部是整砖了，就是把这个整砖一放，这里如果说再放上整砖，这里就又留成口了，一卷一卷插起来，把两向膀看好了，不然的话插上就退了。

问：膀是用啥做的呢？

答：一般情况下有用土填的，有用石头的，这不一定了，反正是边这必须有东西，没有膀你弄不成，可操心呢，弄不成就都塌了。

第一节 传统民居

一、背景概况

天镇县位于大同市东北部，为晋、冀、蒙三省（区）交界地带（图7-1）。此地"介燕云之间，居晋极边，前代尝为兵冲"①，历史上发生过多次军事冲突：汉代，汉朝和匈奴在境内多次交战；唐昭宗年间，李克用率部和吐谷浑军发生激战；北宋时，天镇为辽宋对垒之地；明代，中原汉族与蒙古各部以山为界，设两卫驻军戍守，爆发过多次冲突。明时大同总兵下属分守参将九人，天镇县占其二，可见其重要程度。县域内现存天成卫、新平堡、平远堡、保平堡等几个大型军事聚落和大量烽火墩台，以及赵、汉、北魏、明等朝代的古长城。

1. 自然地理

天镇县系阴山山系，属大同断陷盆地，整个地形由西南向东北微倾，地貌特征为山区多、平原少（图7-2）。其中山地分布在县北部和东南部，海拔高程在1100米至1900米之间；丘陵为黄土地貌，植被稀疏，水土流失严重；平原大多集中连片，土地肥沃，部分受盐碱浸渍。县域属于大陆性北温带干旱性季风气候，四季分明，夏短冬长，夏季降雨较少，冬季异常寒冷。②

2. 人文历史

由于地处交接地带，天镇民风民俗既有汉族成分，又有少数民族成分。首先，长城沿线地区的民众多为不同朝代戍边将士的后代，从战国秦汉魏晋南北朝至隋唐辽金元明清，来自全国各地的将士在此驻扎，形成了多民族聚居的现状。其次，长城内外的汉族与少数民族之间既有冲突又有交融——中原汉民族生产和生活使用的

图7-1 天镇县区位图

图7-2 天镇县自然地貌

---

① 见清光绪十六年洪汝霖等修《天镇县志》第三页。
② 见：山西省天镇县地方志办公室. 天镇县志[M]. 太原：山西教育出版社，1997.

耕牛、皮毛、军马主要取自于北方蒙古地区，塞外游牧民族的衣食、日用品则依赖汉民族的农业和手工业。另外，由于南北区域的物资交换历来十分活跃，明代朝廷曾数次开辟"马市"进行贸易，天镇县北部的平远、新平二堡便是重要的贸易地。

二、院落形制

严酷的自然环境，以及特殊的军事文化，使得当地民居建筑有着朴素、封闭、实用的特点，极少排场奢华之气。四合阔院是晋北地区最常见的院落形式，有的院落彼此组合形成"前店后宅"、穿心院、两接院等形式。建筑类型以单层的木构瓦房为主，仅山地和丘陵地区有少量靠崖土窑。

1. 阔院

阔院，顾名思义，院落阔大方正，比例趋向纵长方形（图7-3）。正房用来生活起居，开间多取五间、七间，架数多做五架，进深在6米左右，有的院落深度不足则做四架，进深取5米左右，屋顶为双坡硬山起脊，也有的做卷棚顶。厢房可用来居住或储物，多为三开间，尺度、屋顶形式均不超过正房。倒座如果仅用于储物，则间数多、尺寸小；若住人，则尺度接近正房，屋顶形式和架数均不超过正房。

有的院落正房两端的梢间前墙后退形成耳房，整体平面类似旧时官员的帽子，当地俗称"纱帽翅"（图7-4）。通常正房为两开间或三开间，耳房为两开间，架数一般少于正房，高度也更矮，前边有小天井，较为幽静。

2. 前店后宅

带有商业店铺的院落通常与民宅结合，形成"前店后宅"两进院落（图7-5）。外院临街用于商业、储物、运货，内院则用于居住，其正房可以朝南，也可以随顺院落的整体朝向。内外院设独立出入口，通过过厅联系。

3. 穿心院

穿心院是多进院落的串联组合，从院门进入后，一直向前走到尽头可从另一侧的街道院门出去，不必原路返回（图7-6）。穿心院进深较浅，院落比例趋向横长方形，主要为正房和倒座。院落连接处的大门通常比较精美，多用砖雕或木雕花饰。

图7-3　白羊口村东南部某民居院落平面图

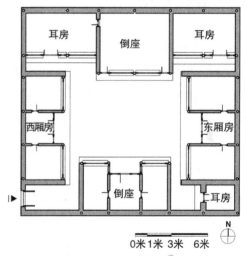

图7-4　新平堡村王家偏院平面图[①]

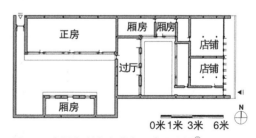

图7-5　新平堡村永和成布匹店平面图[②]

---

① 据《山西古村镇历史建筑测绘图集》（李锦生，薛林平等）第689页图片改绘。
② 据《山西古村镇历史建筑测绘图集》（李锦生，薛林平等）第680页图片改绘。

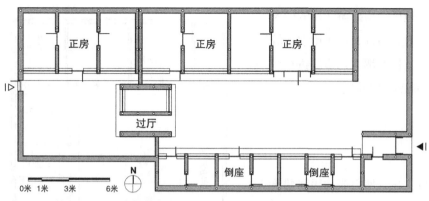

图7-6 水磨口村240号姚家院平面图

图7-7 新平堡村马芳府邸平面图[①]

4. 两接院

两接院是两个院落的并联组合，仅设一个出入口，进门正对照壁，照壁左右两侧设二门分别进入两个院落，如同单个大开间院落从中一分为二（图7-7）。两接院的两个院落之间设隔墙，隔墙两侧一般不建厢房，建筑的形制较为统一。

三、建筑单体

1. 平面形式

以正房为例，多为五间五架或五间四架，平面稍有变化，基本形式如前墙平齐、前檐廊，变化形式如"虎抱头""纱帽翅"等。"虎抱头"即当心间前墙后退形成入口凹空间，"纱帽翅"即梢间前墙后退形成耳房（表7-1）。

建筑平面形式 表7-1

类型	平面图示	实例照片
前墙平齐	次间　明间　次间	
虎抱头	次间　明间　次间	

---

① 据《山西古村镇历史建筑测绘图集》（李锦生，薛林平等）第683页图片改绘。

续表

类型	平面图示	实例照片
前檐廊	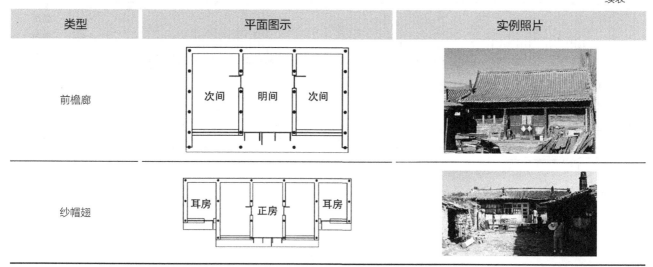	
纱帽翅		

2. 立面材料

由于气候寒冷，冬季北风肆虐，建筑绝大多数为单层，注重纳阳保暖，高度较低。房屋三面均做厚实墙体，材料使用砖、土、石，仅正立面做木门窗。正立面当心间为满装修[①]，其余开间为半装修。窗的形式大都是中间大两边小，窗心样式非常多，常见的可达十多种。门的形式大都是均分为四扇，中间两扇可开启，门外侧常再加一道风门，用以挡风御寒（图7-8）。

屋顶多为硬山式，分单坡和双坡两种形式，屋脊处有起脊和卷棚两种类型。普通民居屋顶以硬山卷棚最为多见，做法简洁，一般没有垂脊；官商宅院常做硬山起脊顶，其屋面正脊、垂脊齐备，并放置脊兽，造型精致美观。屋面均为板瓦和筒瓦铺就，举折较小，造型低矮平缓（图7-9、图7-10）。

3. 结构类型

本地民居木架的形制较为灵活，进深方向的一榀木架可以做成抬梁结构或穿斗结构[②]（图7-11），多榀木架按实际需要灵活组合，得出抬梁、穿斗和混合三种结构形式：若居住者希望房间之间以墙相隔，并且节省材料，那

图7-8　水磨口村240号姚家院北房立面

---

① 一个开间的房屋正面全做木门称为满装修，槛墙结合门窗称为半装修。
② 此地的穿斗式结构与我国南方穿斗式民居的原理相似，做法略有不同：南方穿斗房屋分别在开间与进深方向设穿枋和斗枋将柱子串联；本地的穿斗式在进深方向使用斗枋穿入柱子，开间方向不设斗枋，而是在檩下设枋拉结立柱，或者使用一些乡土的构造方法固定檩和柱。

屋脊
屋面
烟囱
檐口
门窗
立柱
槛墙
台基

0米　1米　　3米

图7-9　水磨口村240号姚家院南房立面测绘图

硬山起脊屋顶　　　　　　　硬山卷棚屋顶　　　　图7-10　两种屋顶形式

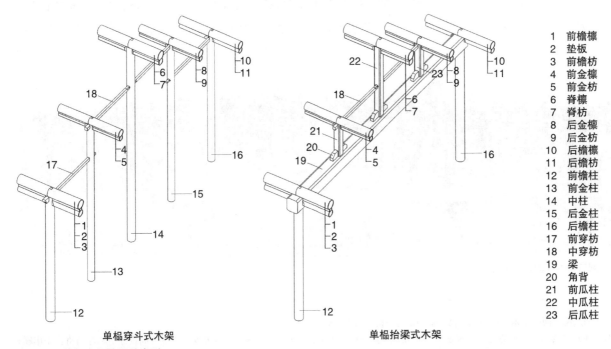

单槫穿斗式木架　　　　　　　　单槫抬梁式木架

1　前檐檩
2　垫板
3　前檐枋
4　前金檩
5　前金枋
6　脊檩
7　脊枋
8　后金檩
9　后金枋
10　后檐檩
11　后檐枋
12　前檐柱
13　前金柱
14　中柱
15　后金柱
16　后檐柱
17　前穿枋
18　中穿枋
19　梁
20　角背
21　前瓜柱
22　中瓜柱
23　后瓜柱

图7-11　单槫木架的两种类型

么各榀木架可以全部做成较为经济的穿斗式；若居住者资金充裕，希望房屋更加牢固、耐用和美观，并且有灵活的平面布置，那么各榀木架可以全部做成抬梁式；若居住者只需要房屋的某几间联通，则将对应的几榀木架做成抬梁式即可，房屋结构为混合式。调研中发现，当地民居的结构大多数采取混合式，抬梁式与穿斗式两种结构彼此配合，相得益彰。

当地工匠将檩条架数作为区分房屋形制和做法的标准，本地民居木架共有三架檩、四架檩、五架檩和六架檩四种类型，四者具有不同的特点，能够适应不同的使用需求，在民居中各有用武之地（图7-12）。

（1）三架檩式

三架檩，即两步架房屋，进深浅、高度低、单坡顶，通常用于院落的倒座、耳房等次要建筑。当内部需要较大空间时，采用抬梁式结构，形成"掏空房"（图7-13）；内部需求不大时，则用穿斗式。进深方向设斗枋串联柱子，开间方向一般仅设前檐枋，内部则在檩柱交接处使用替木，节约木材（图7-14）。

（2）四架檩式

四架檩，即三步架房屋，进深较大，能够满足生活起居要求，因而院落的厢房、正房均有采用。四架檩房屋的结构形式大多为抬梁和穿斗的混合式。其屋顶形式有三种：一是单出水式，相当于三檩房再加深一步架；二是双出水卷棚式，即四排柱前后对称，中间的椽用弯椽；三是前檐两坡椽、后檐一坡椽的双出水形式，当地称为"鹌鹑尾""长短坡""阴阳坡"。"鹌鹑尾"房屋中间的几榀木架，一般第一步架穿斗、后两步架抬梁，这样能在隔墙上得到更深的开门位置，为盘火炕留出足够的尺寸（图7-15、图7-16）。

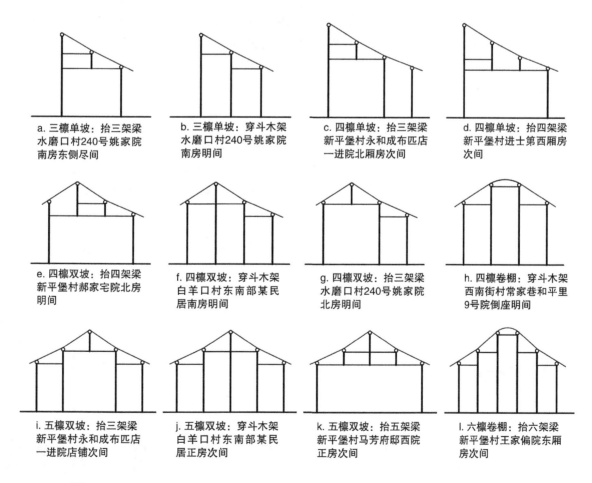

a. 三檩单坡：抬三架梁 水磨口村240号姚家院 南房东侧尽间

b. 三檩单坡：穿斗木架 水磨口村240号姚家院 南房明间

c. 四檩单坡：抬三架梁 新平堡村永和成布匹店 一进院北厢房次间

d. 四檩单坡：抬四架梁 新平堡村进士第西厢房 次间

e. 四檩双坡：抬四架梁 新平堡村郝家宅院北房 明间

f. 四檩双坡：穿斗木架 白羊口村东南部某民 居南房明间

g. 四檩双坡：抬三架梁 水磨口村240号姚家院 北房明间

h. 四檩卷棚：穿斗木架 西南街村常家巷和平里 9号院倒座明间

i. 五檩双坡：抬三架梁 新平堡村永和成布匹店 一进院店铺次间

j. 五檩双坡：穿斗木架 白羊口村东南部某民 居正房明间

k. 五檩双坡：抬五架梁 新平堡村马芳府邸西院 正房次间

l. 六檩卷棚：抬六架梁 新平堡村王家偏院东厢 房次间

图7-12 木构架剖面实例简图

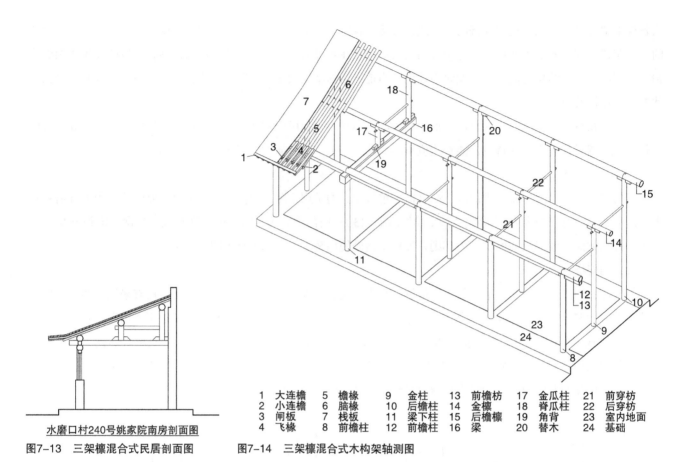

水磨口村240号姚家院南房剖面图

图7-13　三架檩混合式民居剖面图

图7-14　三架檩混合式木构架轴测图

1	大连檐	5	檐椽	9	金柱	13	前檐枋	17	金瓜柱	21	前穿枋
2	小连檐	6	脑椽	10	后檐柱	14	金檩	18	脊瓜柱	22	后穿枋
3	闸板	7	栈板	11	梁下柱	15	后檐檩	19	角背	23	室内地面
4	飞椽	8	前檐柱	12	前檐柱	16	梁	20	替木	24	基础

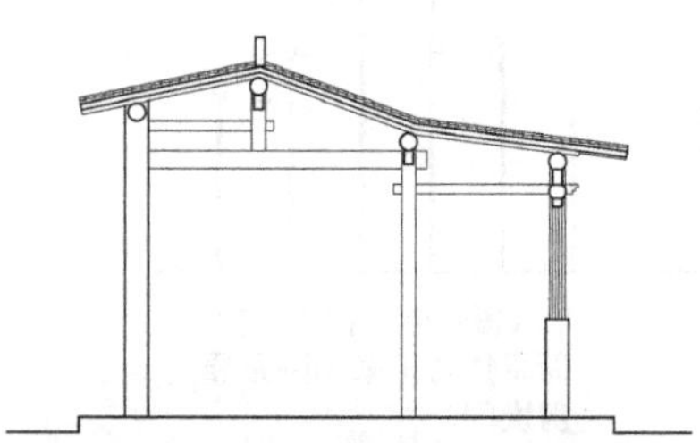

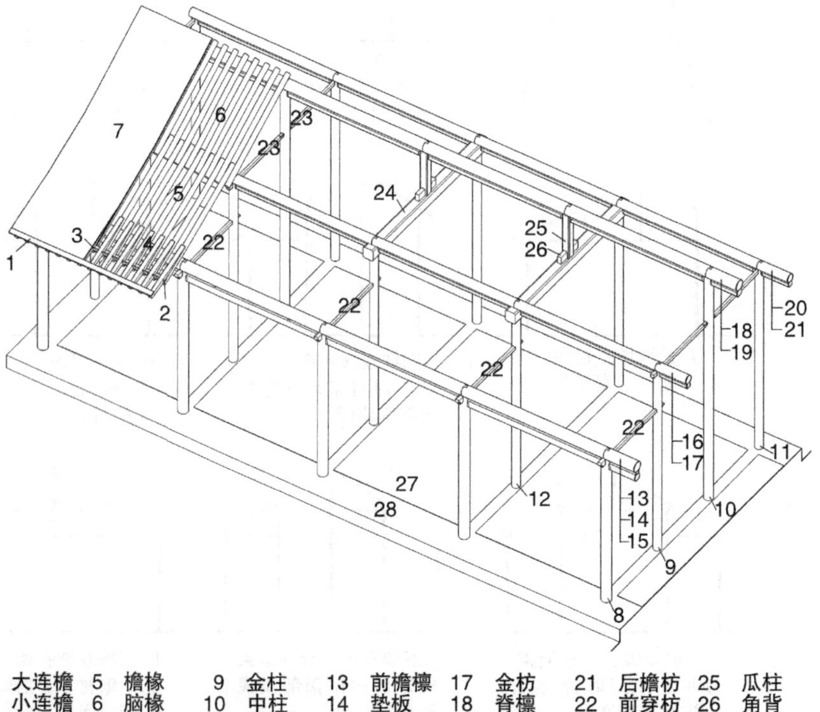

水磨口村240号姚家院北房剖面图

图7-15　四架檩混合式民居剖面图

图7-16　四架檩混合式木构架轴测图

1	大连檐	5	檐椽	9	金柱	13	前檐檩	17	金枋	21	后檐檩	25	瓜柱
2	小连檐	6	脑椽	10	中柱	14	垫板	18	脊檩	22	前穿枋	26	角背
3	闸板	7	栈板	11	后檐柱	15	前檐枋	19	脊枋	23	中穿枋	27	室内地面
4	飞椽	8	前檐柱	12	梁下柱	16	金檩	20	后檐檩	24	三架梁	28	基础

（3）五架檩式

五架檩即四步架房屋，其室内空间进深恰当，生活起居最为适宜，常用于院落的正房。以五开间正房为例，明间、次间的几榀木架采用抬梁式，梢间的几榀木架为穿斗式，形成三开间的掏空房，便于日常使用（图7-17、图7-18）。五架檩房屋的屋顶均为硬山双坡形式，屋顶多起脊，且前檐椽外均做飞椽。其整体造型对称、优美，当地有专门的称呼——"插飞房"。也有的五檩房做卷棚式屋顶，但很少见。

（4）六架檩式

六架檩即五步架房屋，进深较大，材料耗费较多，因而在乡土建筑中多见于戏台、寺庙等公共建筑。本地民居中六檩房屋多为穿斗式或混合式，屋顶形式均为两出水硬山卷棚。少数院落的厢房、过厅做成六檩，大都缩小柱间距以使进深不至过大（图7-19、图7-20）。

4. 节点构造

木构架体系中主要的受力构件为柱、梁、檩、椽，这些构件之间通过榫卯节点连接为一个整体（当地俗称公卯、母卯）。与官式建筑成熟的榫卯体系相比，本地民居的榫卯形制更简易，且模数化、标准化的程度较低，工匠对榫卯尺寸的掌控受师承关系、匠作经验的影响很大，往往都有各自的一套算法和数值（表7-2，图7-21~图7-23）。

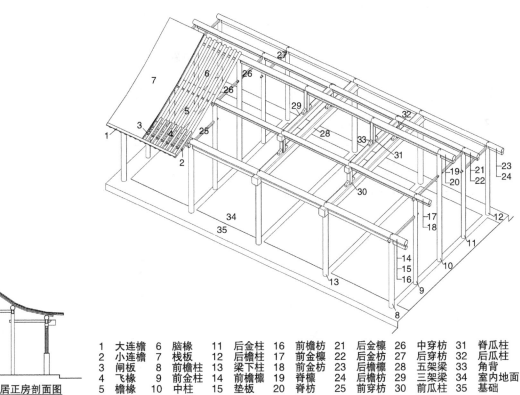

1	大连檐	6	脑椽	11	后金柱	16	前檐枋	21	后金檩	26	中穿枋	31	脊瓜柱
2	小连檐	7	栈板	12	后檐柱	17	前檐檩	22	后金枋	27	后穿枋	32	后瓜柱
3	闸板	8	前檐柱	13	梁下柱	18	前金枋	23	后檐檩	28	五架梁	33	角背
4	飞椽	9	前金柱	14	前檐檩	19	脊檩	24	后檐枋	29	三架梁	34	室内地面
5	檐椽	10	中柱	15	垫板	20	脊枋	25	前穿枋	30	前瓜柱	35	基础

白羊口村东南部某民居正房剖面图

图7-17　五架檩混合式民居剖面图　　　图7-18　五架檩混合式木构架轴测图

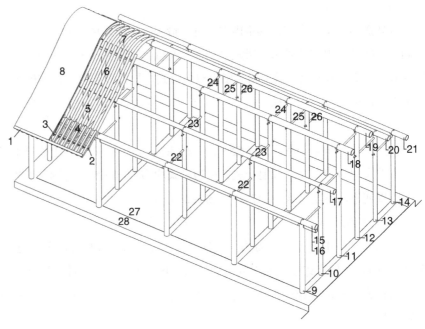

王家偏院东厢房剖面图

图7-19　六架檩穿斗式民居剖面图①

图7-20　六架檩穿斗式木构架轴测图

1	大连檐	5	檐椽	9	前檐柱	13	后金柱	17	前金柱	21	后檐檩	25	后金穿枋
2	小连檐	6	花架椽	10	前金柱	14	后檐柱	18	前脊檩	22	前檐穿枋	26	后檐穿枋
3	闸板	7	罗锅椽	11	前中柱	15	前檐檩	19	后脊檩	23	前金穿枋	27	室内地面
4	飞椽	8	栈板	12	后中柱	16	前檐枋	20	后金檩	24	中穿枋	28	基础

常见榫卯信息表②　　　　　　　　　　　　　　　　　　　　表7-2

方言称呼	官式名称	形式	位置	尺寸
直卯 四方卯	方榫	柱子与梁檩垂直相交部位使用的榫卯，作用是防止柱头位移。柱头做公卯，梁檩的端部做母卯	柱头部位	长宽为2寸，顶檩的情况下高度1寸，顶梁的情况下高度2寸
燕尾卯	燕尾榫	根部窄、端部宽，形似燕尾	檩与檩拉结处	端部宽1.5寸，根部宽1寸，长度为2.1~2.3寸
人头卯	（无）	形似燕尾卯，长度稍短	枋与柱拉结处	端部宽1.5寸，根部宽1寸，长度为1.8寸
透卯	透榫	用于垂直构件需要拉结的部位，如柱和穿枋的连接。穿枋端部加工为方形截面的公卯，伸出柱子一定长度后用穿销固定	柱与穿枋榫接处	柱身透卯宽度常做0.8寸，但不超过柱径的1/4，高度一般为2寸
穿销	穿销	保证透卯节点的稳固	穿枋端部	尺寸没有定规，按实际需要加工
栽销	栽销	栽销是在两层构件相叠面对应位置凿眼，然后把木销栽到下层销子眼中，作用是防止上下构件错位，增强结构的稳定性	檩、垫板、枋之间；替木与檩、角背与柁之间	尺寸较随意，常见为0.6寸（2厘米）×1.2寸（4厘米）×2.4寸（8厘米）

① 据《山西古村镇历史建筑测绘图集》（李锦生，薛林平等）第689页图片改绘。
② 下述的榫卯尺寸是基于对新平堡村贾宽峰和水磨口村张宪两位师傅的采访所得的尺寸。

续表

方言 称呼	官式 名称	形式	位置	尺寸
檩碗	檩碗	为了让柱头与檩更好地结合，而在柱头上依檩的形状挖弧槽	柱头部位	尺寸依檩而定
双卯	（无）	由两个形似方卯的长方形榫卯并列组成	瓜柱底端	尺寸依瓜柱直径和梁直径而定

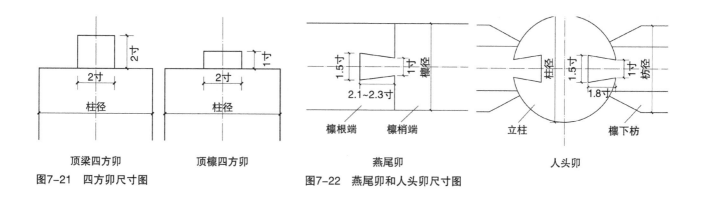

图7-21　四方卯尺寸图

图7-22　燕尾卯和人头卯尺寸图

（1）柱檩节点

柱檩节点包括檩与檩的拉结及檩与柱的交结，由于檩下不设枋，故主要用于室内的金柱、中柱的柱头部位，其形式有以下两种（图7-24）：

一是垛檩式。将檩条处理为梢端细而根端粗的垛檩，其中一根的梢端做燕尾公卯，另一根的根端做燕尾母卯和托盘，托盘底面做四方母卯。这样两根檩条首尾相接，再通过托盘下方的母卯与柱头上的公卯连接。这种做法省材省工，保留了木材的原有形状，颇有乡土特色。其缺点是檩和柱的固定仅依靠柱头的方卯，木构架的整体性、稳定性一般。

二是替木式。将檩条处理为通身平直的平檩，柱头上开槽、放置替木，替木与檩条通过栽销连接。与垛檩式相比，这种方法相当于增大檩条与柱子的接触面积，所以稳定性稍好。

（2）柱檩枋节点

柱檩枋节点可用于檐柱、金柱、中柱的柱头部位。穿斗木架前檐檩柱交接处均为此种节点，檐枋与檩通过栽销固定，与柱用人头卯连结。一列柱子之间用穿枋连

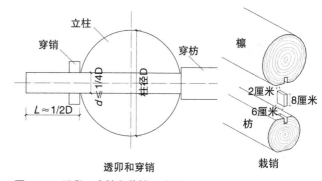

图7-23　透卯、穿销和栽销尺寸图

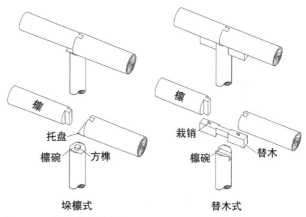

图7-24　柱檩节点构造图

接，穿枋若出头，则柱头开凹槽；若不出头，则使用人头卯拉结。带有檐枋的檩柱枋节点既固定了檩和柱的相对位置，又在开间方向将两立柱拉结起来，结构稳定性最好（图7-25）。

（3）梁柱檩枋节点

梁柱檩枋节点用于抬梁结构木架的檐柱柱头部位：梁与柱用四方卯连接；梁头上部挖檩碗托檩，两侧通过人头卯与檐枋、垫板相连；檩条之间用燕尾卯连接。另外，还有一种"假梁头"的做法，其梁头的构造、做法与真梁类似，但"假梁头"只有梁头部分，内部仍为柱上承檩，梁头与柱子用穿枋连接（图7-26）。

（4）其他节点

①透卯和穿销：柱身与穿枋连接用透卯，柱身凿眼，将穿枋端部加工为方形截面的卯，伸出柱子一定长度后穿销固定。如果柱子两侧的穿枋对齐，则端头分上下穿插（图7-27）。

②栽销：檩、垫板、枋之间用栽销固定，销子眼须错开（图7-28）。

③双卯：梁上立瓜柱时，梁与瓜柱之间设双卯连接。双卯中间挖槽，插入角背充当基座，增加瓜柱的稳定性，角背与梁之间栽销。一些房屋中会还做叉杆。叉杆是瓜柱两侧斜向支撑的杆件，两端用栽销或钉钉的方法固定（图7-29、图7-30）。

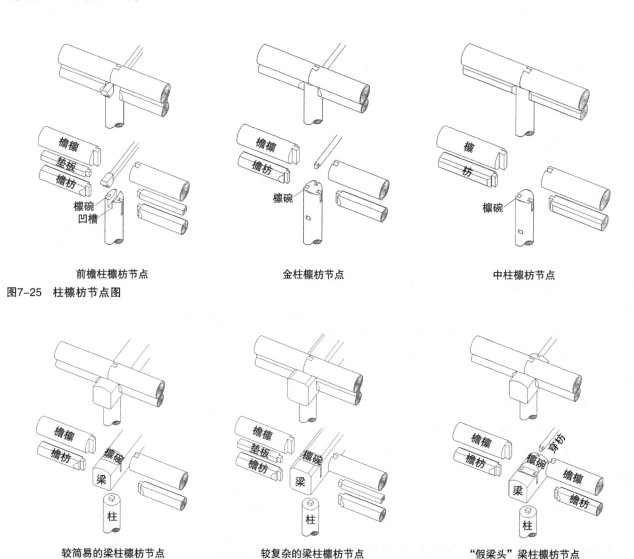

图7-25　柱檩枋节点图

图7-26　梁柱檩枋节点图

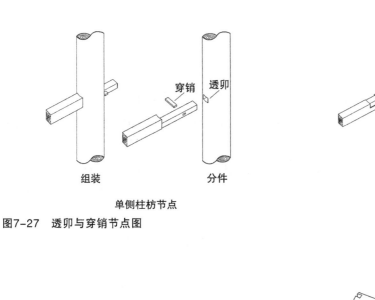

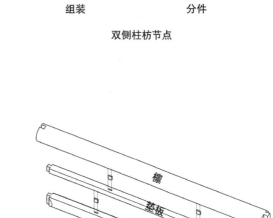

图7-27　透卯与穿销节点图

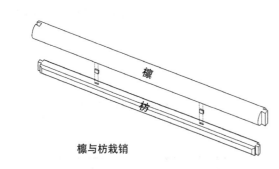

图7-28　檩与枋接触面的节点图

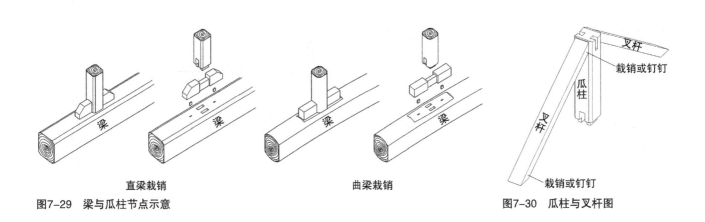

图7-29　梁与瓜柱节点示意　　　　　　　　　图7-30　瓜柱与叉杆图

第二节　营造技艺

　　本章采访的老工匠做工活跃期在20世纪60至80年代。与清末民国时期相比，这一时期的民居及营造技艺有所简化，其中木作的技艺基本保留了原貌，遗失较少，泥瓦作、石作的技艺保留情况较差，有一些已经失传。

一、策划筹备

1. 选址布局

主家盖房时须先请风水先生帮忙相地，即用罗盘进行院落的选址和布局。这其中有不少风水上的讲究：

（1）地势：讲究背山面水。这里的山水不一定指某一处具体的山水，而是指屋址周边环境的形势要符合风水的要求。

（2）朝向：正房尽量朝南，不得已的情况下可以朝东、西，但不能朝北。这里的南也不是正南，要南偏西或偏东几度。只有庙宇、官衙和官员宅邸才可以是正南朝向。也可以等到中午11～12点时，放一条朝向太阳方向的线作为定向线。

（3）形状：院落以方方正正的矩形为佳，前大后小、前小后大均属不吉利的"棺材形"，应尽量避免。

（4）院门：除官员宅邸可开正南门外，其余的普通民居大都开东南门。后天八卦图中，北为"坎"，东南为"巽"，坐北朝南的院落开东南门，所谓"坎宅巽门"。西南角为"坤"位，当地俗称"乌龟头"，这里一般设置厕所，忌讳开院门。若南无街、北有街，可在正房右手边（西北角）开院门。院门的开启方向不能偏斜，不能出现"歪门斜道"的格局（图7-31）。

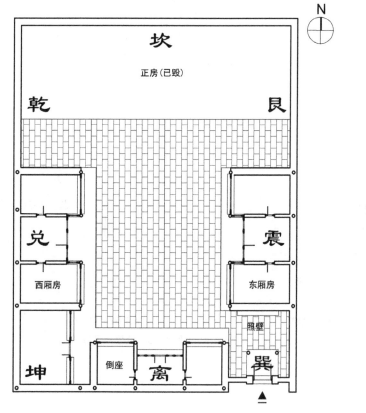

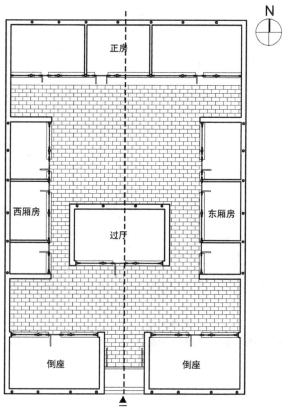

新平堡贾家院风水——坎宅巽门　　　　　新平堡进士第院风水——门不对正

图7-31　宅院风水图[①]

---

① 据《山西古村镇历史建筑测绘图集》（李锦生，薛林平等）第673页、684页图片改绘。

（5）建筑高度：院落中各房屋从高到低依次为正房、东厢房、西厢房、倒座。风水上左为青龙，右为白虎，故东厢房要比西厢房高，所谓"宁叫青龙高三丈，不叫白虎抬一头"。院门的高度不能超过正房，但可以超过厢房。考虑到正房采光和屋顶排水，正房和厢房山墙之间的距离（当地称为"虎口"）须有6~8尺。

（6）房屋间数：奇数为阳，偶数为阴。正房皆取三、五、七开间，所谓"四六不坐正"，厢房和倒座取奇数居多，也可以取偶数。

（7）屋门：房屋开门不能与院门对齐，轴线要错开一定距离；若对齐，就要做屏门、照壁等作为遮挡（图7-31）。

院落多为单进合院，建筑单体尺寸受院落影响较大。常见的布局为：正房五间五架，每开间3.3米左右，进深6米左右；厢房三开间，山墙距离正房前墙2米左右，其形制不超过正房，做五檩架或四檩架房屋；倒座开间进深都较小，形制不超过厢房，为三架或四架，有的院落面积有限，可不设倒座（图7-32）。

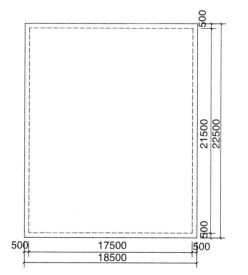

1. 基地：设基地为18.5米×22.5米，则红线内退约0.5米作为房屋的轴线，轴线尺寸17.5米×21.5米。

2. 正房：形制为五架檩式，基地宽度可容纳五间。开间3.5米，进深6米。

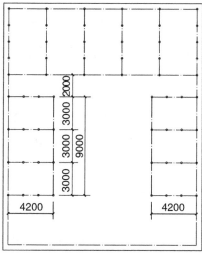

3. 厢房：形制为四檩式，与正房间距2米，开间3米，进深4.2米。东西厢房各尺寸均相同。

4. 南房：距厢房1.5米，其形制为三檩单出水式，开间进深均为3米。

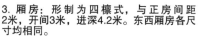
图7-32　院落平面设计流程图

2. 材料准备

（1）木料

选址、日期等事项基本确定后，主家会找一名其所信任且经验丰富的木匠，商定所修房屋的间数、形制以及构造做法，木匠据此算出所需木料的类型和数量。以下为对木匠计算木料数量方法的总结（表7-3、表7-4）：

主要木构件数量计算方法总结　　　　表7-3

构件类型	当地俗称	构件数量	
		穿斗式结构	混合式结构
檩条	檩子	$m \times n$	$m \times n$
柱子	柱	$m \times (n+1)$	$m \times (n+1) - a \times (m-2)$
梁	柁①、担子	—	a
瓜柱	瓜柱	—	$a \times (m-2)$
穿枋	扒扦	$(m-1) \times (n+1)$	$(m-1) \times (n+1) - 2a$
椽子	椽子	$15n \times (m-1)$	$15n \times (m-1)$

备注：m 为房屋檩条架数，n 为房屋间数，a 为抬梁式屋架的柁数；m、n、a 均取正整数，其中 $a \leqslant n+1$。

附件数量计算方法总结　　　　表7-4

构件名称	当地俗称	构件数量	
		穿斗式结构	混合式结构
飞椽	飞子	$15n$	$15n$
檩下枋	替	$n + m \times n \times x$	$n + m \times n \times x$
替木	圪塌替（gē tā tì）	$m \times (n-1) \times y$	$m \times (n-1) \times y$
闸板	插飞板	$15n-1$	$15n-1$
角背	骑马蹲	—	$a \times (m-2)$

备注：m、n、a 含义同表7-3，x、y 为节点做法的控制变量。房屋内部檩柱节点为垛檩式时，$x=0$，$y=0$；檩柱节点为替木式时，$x=0$，$y=1$；若为檩柱枋节点，则 $x=1$，$y=0$。

以五间五架房屋为例，如采用混合式结构（中间两柁屋架为抬梁式），则 $m=5$，$n=5$，$a=2$，计算可知其所需构件数目为：檩条25根，柱24根，穿枋20根，椽子300根，瓜柱6根，飞椽75根。附属构件则按节点做法进行估算。

因木匠对木料的性能非常熟悉，主家有时也会请木匠协助选料。经济条件较好的家庭会用松木，尤其是东北运来的落叶松硬度高、耐腐蚀、性能优良，木匠俗语"上房一千年，下房原价钱"便是专指落叶松。财力有限的家庭通常使用本地产的木料：杨木直挺，质地不软不硬，大小木作均可使用；柳木易弯曲，易被虫蛀，不用来建房，常用于和丧事有关的器具；榆木的抗压性能不足，且本地习俗认为榆木上房会出愚人，所以建房不用。买料时选取质地白净、轮纹细密的木头，管心发红、年轮纹松散或者起蘑菇的则不买。另外，尽量选择土地而非沙地里生长的木材。

---

① 抬梁式结构的大梁、二梁分别被当地称为"头架柁""二架柁"。

（2）砖瓦料

主家在找木匠后会找泥瓦匠，与之商量砖瓦料的购买。20世纪80年代之前，砖瓦产量小、价格贵，一般情况下会优先买瓦，每开间房屋用瓦约1000块；砖则量力购买，实在不足量时可用石头、土料等代替或结合使用。古时砖瓦料的规格一直比较混乱，各砖窑生产的砖料规格只能做到大致统一，一直没有达到过标准化[①]。中华人民共和国成立初期，受限于经济状况，本地居民多将材料重复利用，故民居建房使用的砖料有城墙砖、明代砖、清代砖、现代红砖等多种类型（表7-5）。瓦料则有板瓦、筒瓦、猫头、滴水四种（表7-6）。

白羊口村民居砖料尺寸　　　　　　　　　　　　　　　表7-5

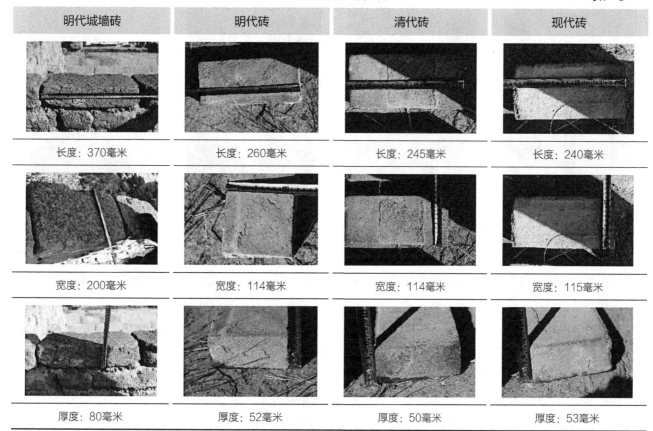

明代城墙砖	明代砖	清代砖	现代砖
长度：370毫米	长度：260毫米	长度：245毫米	长度：240毫米
宽度：200毫米	宽度：114毫米	宽度：114毫米	宽度：115毫米
厚度：80毫米	厚度：52毫米	厚度：50毫米	厚度：53毫米

白羊口村民居瓦当尺寸　　　　　　　　　　　　　　　表7-6

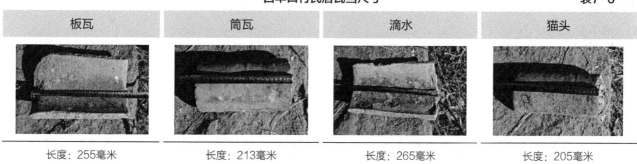

板瓦	筒瓦	滴水	猫头
长度：255毫米	长度：213毫米	长度：265毫米	长度：205毫米

① 刘大可. 中国古建筑瓦石营法［M］. 北京：中国建筑工业出版社，1993：34.

续表

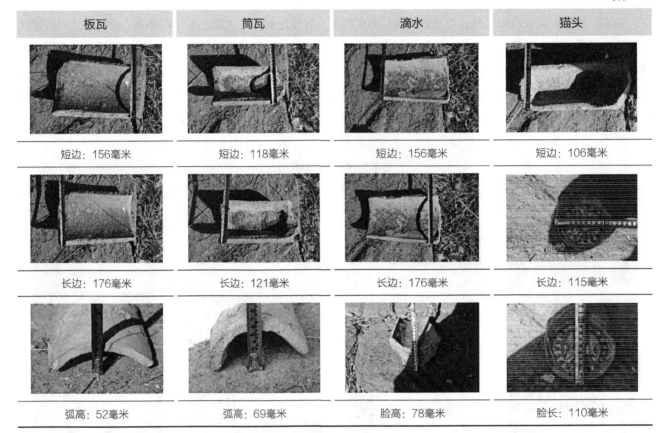

板瓦	筒瓦	滴水	猫头
短边：156毫米	短边：118毫米	短边：156毫米	短边：106毫米
长边：176毫米	长边：121毫米	长边：176毫米	长边：115毫米
弧高：52毫米	弧高：69毫米	脸高：78毫米	脸长：110毫米

砖瓦料的粘接材料为白灰和泥组成的灰泥。白灰是用本地产石灰石烧制成生石灰，再用水泼洒成粉状，过筛后兑水搅匀即为白灰。泥包括黄泥、苒泥、混合泥。黄泥是在地下半尺左右挖纯度较高的黄土，加一定比例的水搅匀制成；苒泥是将黍子、小麦、高粱等作物茎秆干燥后切成宽几毫米、长几厘米的杆，加入黄泥中；混合泥是将蒲绒、麻刀、莜麦籽、麦糠等加入黄泥中。20世纪80年代初，水泥逐渐代替了传统的灰泥。

（3）石料

用作基础的石料需请石匠估算大致需要多少立方米。一般情况下，平均每间房需要的石料在4～8立方米的范围内。用作墙体的石料多选用花岗石和玄武石，尺寸最小不小于手掌大小，最大不超过板凳大小。若只有大石块，就须由石匠用大锤和凿将大石块分数次劈成小块，并用小锤子使石料表面平整。

（4）土料

如果墙体采用土砌块砌筑，则需由主家自制，其原材料为黄土和植物秸秆。土墼的做法是挖取地下的纯净黄土，加水和成黄泥，黄泥中加苒搅拌均匀，再放入模具中压制成形，晾晒干燥即可。土坯的制作过程与土墼相似，方法是准备好纯净的黄土，夯制前几天在土堆上洒水，制作时恰好达到预期的潮度，然后将土倒入模具捣实，晾晒干燥即可。在新平堡一带，土墼的常见尺寸为1.5寸×8寸×12寸，土坯的常见尺寸为1.5寸×8寸×10寸（图7-33）。

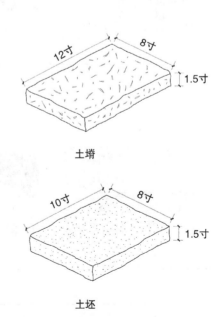

土墼

土坯

图7-33　土砌块示意图

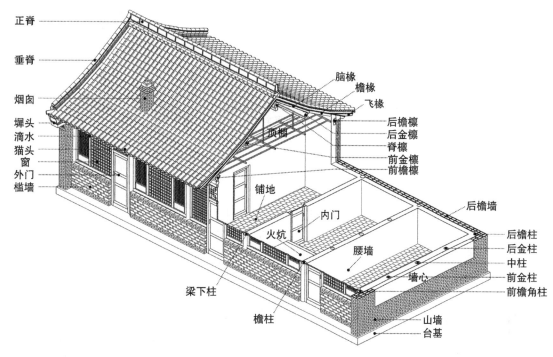

图7-34 五间五架正房剖透视图

3. 房屋设计

下面以中华人民共和国成立初期本地建房最常见的形式——五开间五檩（中间两榀木架为抬梁式）起脊正房为例进行介绍（图7-34）。

（1）木构架

木匠根据所购买材料的实际情况，对房屋的剖面和平面进行详细的设计，确定各构件的总尺寸及屋面坡度等数值，过程需画图（1：100或1：10），方言称"打小样""放样子"（图7-35）。此过程需要同主家商定一些关键数据，如前檐柱高、木架举折等：

1）前檐柱高：大都做7.5尺，一般不超过8尺。

2）木架举折：数值较小，多为金檩二举、中檩二五举，或金檩二五举、中檩三五举，具体由工匠依材料情况确定。

3）椽子长度：根据椽料的情况确定各坡椽的长度，尽量少作截砍，以求物尽其用。椽两头要超出檩10～20厘米，檐椽出檐的水平距离一般取1.8～2尺。

4）檩条间距：由前檐檩高度、椽长度和举折比例得出，工匠们大都凭借长期积累的经验和一些固定比例（如"勾三股四弦五""方五弦七"）来确定。这里的计算使用了勾股定理：设两檩上皮中点连线的距离为 L，两檩中线水平间距为 a，举折比例为 k，则有 $L^2=a^2+(ka)^2$，$a=L/\sqrt{1+k}$，由此得出檩中线间距。

5）檩柱高度：檩的间距、举高确定后，可知各檩上皮高度，再进而得出各立柱的高度。

6）穿枋长度：依照檩中线间距可确定各立柱之间穿枋的长度，端头的榫要超出柱外皮至少10厘米。

7）出檐距离：前檐飞椽的水平出檐距离通常是前檐柱高的0.35倍。设前檐柱高7.5尺，则檐椽加飞椽共出檐87.5厘米。若前檐椽的出檐距离取60厘米（1.8尺），则飞椽超出檐椽的水平距离为27.5厘米。后檐椽出檐距离同前檐椽，飞椽可不做。

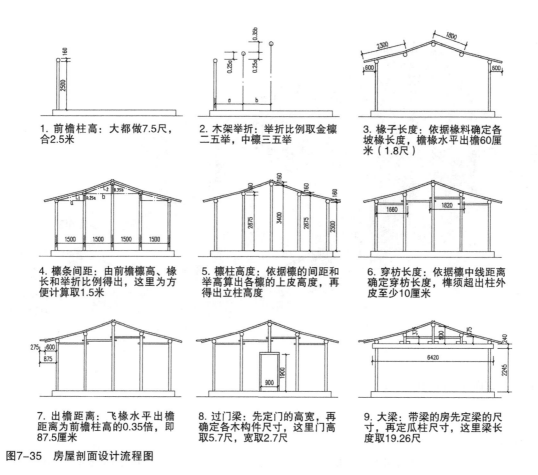

1. 前檐柱高：大都做7.5尺，合2.5米

2. 木架举折：举折比例取金檩二五举，中檩三五举

3. 椽子长度：依据椽料确定各坡椽长度，檐椽水平出檐60厘米（1.8尺）

4. 檩条间距：由前檐檩高、椽长和举折比例得出，这里为方便计算取1.5米

5. 檩柱高度：依据檩的间距和举高算出各檩的上皮高度，再得出立柱高度

6. 穿枋长度：依据檩中线距离确定穿枋长度，榫须超出柱外皮至少10厘米

7. 出檐距离：飞椽水平出檐距离为前檐柱高的0.35倍，即87.5厘米

8. 过门梁：先定门的高宽，再确定各木构件尺寸，这里门高取5.7尺，宽取2.7尺

9. 大梁：带梁的房先定梁的尺寸，再定瓜柱尺寸，这里梁长度取19.26尺

图7-35　房屋剖面设计流程图

8）其他剖面：最后看房屋是否做过门梁或大梁来另画样图。若做过门梁，先确定门的宽度和高度，再得出相应构件尺寸。若做大梁，则先确定梁的尺寸，再确定梁上各瓜柱、穿枋和角背的尺寸。

（2）墙体

主家会和泥匠商定墙体厚度。传统民居外墙厚度在40～60厘米，内墙厚度在20～40厘米。20世纪80年代后砖产量提高，统一标准，外墙多做三七砖墙，内墙多做二四砖墙。

二、营造流程

1. 基础动工

（1）定向放线

1）平整场地

清除基地内的杂草、石块，用铁锹等工具将整个院落基地进行平整，使各处的高程基本一致。

2）定界

根据风水先生定的方向线，放出其垂线，再根据宅基地的尺寸确定基地的四个点，用木棍插在地上做标记，用白土洒出院落的边界。

3）放线

首先根据墙体的设计宽度，计算基础和基础槽的宽度，一般基础比墙宽20厘米左右，槽比基础宽5～10厘米，在外墙三七、内墙二四的情况下，基础做40～50厘米宽。然后按照先墙体轴线再基础槽线的顺序进行放线，基础槽线不能越过院落边界。以正房为例，首先将基地边界线回退0.5米左右，放出正房的后檐墙、两侧山墙轴线；然后根据房屋设计尺寸放出正房前檐墙轴线和内墙轴线；最后，根据墙体轴线放出基础槽的边线并沿边线撒白灰（图7-36）。

（2）砌筑基础

1）找平

挖槽之前需要找到水平面，方法是在正房明间地基内挖两道斜交叉的浅槽，在槽内交点附近找四个点并将木桩钉入。接下来一人在槽中倒入一桶水，待水面稳定后，另外两人迅速把四个木桩钉至与水平面齐平的高度，然后紧贴木桩上皮放两条交叉延长的线，并打结拴在木棍上，即为水平面（图7-37）。工匠在此基础上调节两条水平线即可得到所需高度。找水平面还有其他方法，如利用自制的木水平仪放在水盆里找出水平线；再如在一块长木板上画相互垂直的墨线，利用铅垂线找出水平线等。20世纪80年代后开始普遍使用水平尺。

2）挖槽

泥匠按照白灰线挖槽，槽深度依地层承载力而定。本地地层大多为岩石、碎石土、黏性黄土，承载力较好，下挖深度一般0.5～1.5米，常见的为1米左右。

3）夯土

槽挖好后，在基础底部用灰土或纯黄土夯实1～3层，夯制时须放线控制水平。

4）砌筑

房屋外墙的基础要做收分，内墙的基础无收分，基础与槽之间的空隙用碎石土填实。本地做基础多用石块，大石块在下，小石块在上，错缝砌筑，苶泥粘结。基础的砌高根据院内外环境而定，若院内低而院外高，则基础要高于院外环境的地面，以防暴雨天气室内进水；

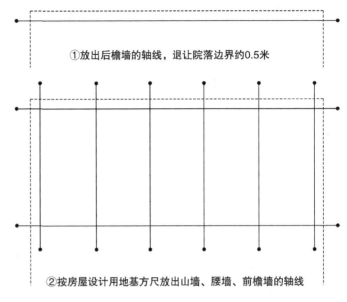

①放出后檐墙的轴线，退让院落边界约0.5米

②按房屋设计用地基方尺放出山墙、腰墙、前檐墙的轴线

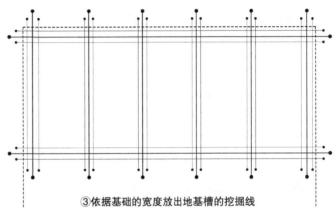

③依据基础的宽度放出地基槽的挖掘线

图7-36　基础放线步骤示意图

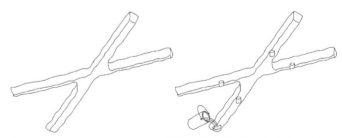

①在正房明间地面挖斜向相交的两道槽　②在槽里打四个木桩，倒水

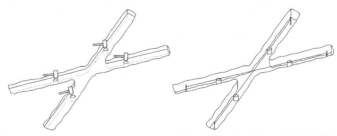

③水面稳定后立即将木桩打至水面平齐　④紧贴木桩顶面放两条交叉水平线

图7-37　打桩找平法示意图

若院内高而院外低，则基础高出地面约20
厘米即可（图7-38）。

5）整平

基础的上表面要用泥抹平，为砌墙作
准备；在立柱的位置放顶面平坦的石块
（柱顶石）并检查水平，然后在其上画十
字墨线，为立架作准备。

2. 木构件制作

在泥匠砌基础的过程中，木匠即开始
木构件的制作。木匠对主家买回的木料进
行选料，最粗重的做梁，次粗的做檩，再
次的做柱和枋，椽和飞则使用专门的料。
如果料的直径、长度不理想，就须减小房
屋的尺寸；若有弯曲的梁和檩，则须对
相应构件的尺寸重新进行计算；对于加工
中出现误差，木匠有俗语云"错一寸不用
问，错一尺凑合使，错一丈大没样"。这
些都反映了乡村木作的灵活性。

（1）柱类构件

柱子是天镇县民居结构体系中最重要的
承重构件，根据其位置的不同，可以分为前
檐柱、后檐柱、金柱、中柱。因其与多个构
件相连，且有不同的连接方式，故其节点加
工方法较为多变（图7-39~图7-41）。

1）前后檐柱

前檐柱露明，因此多用杨木或松木，
是木构架中用材最粗的柱子，上下通直
无收分，常见柱径20~25厘米，至少15厘
米[1]。考虑到美观的因素，前檐柱一般都
会加工至平顺光滑。后檐柱形制与前檐柱
相同，若露明则用材、加工均与前檐柱相
同；若不露明则不做过多加工，保留木材
原有收分，直径稍小（墙体分担部分重
量），常见的有10~20厘米。以前檐柱的
加工为例：

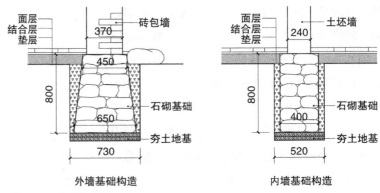

图7-38 基础构造图

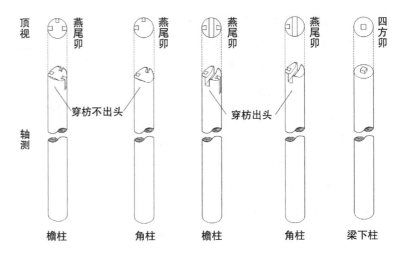

图7-39 檐柱形制图

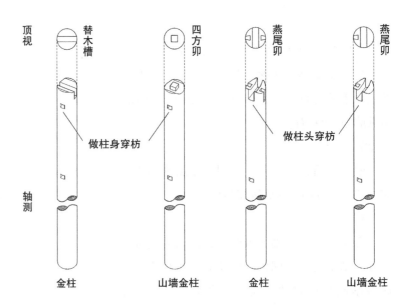

图7-40 金柱形制图

---

[1] 木径数据均指木料梢端的直径。

a. 截料

选取通体直顺、两端尺寸差距不大的木料，用锛子砍去表皮疙瘩，用刮刀刮去树皮，用推刨进行初步平整。然后用尺子量取所需的尺寸并进行截料。木料怕短不怕长，截料时注意留荒，即粗截时比设计长度多留数寸，以防止加工过程中木料意外损耗而导致完成后长度不够。为避免浪费，截下的短料可做小木件。

b. 砍制

在木料小头圆面用墨斗吊中垂线，转动木料使中垂线平置，再重新吊一根中垂线，便做好了十字中线。然后以十字中心画圆，墨线尽量贴近木料边缘。画圆的方法是在垂线交点处钉一枚钉子，钉子上拴线，线另一头绑木棍蘸墨画线。下一步在木料侧面打四根侧中线，补齐大头圆面的十字中线，并作相同半径的圆。用锛子对木料从大头至小头进行砍削，砍削不能越过墨线而使木料直径减损。砍至两头基本一样大后用刨平整切面，使柱身通直、木料两头直径相等即可（图7-42）。

c. 取平

在柱圆面用丁尺作上下平线，平线长度根据门窗外框的尺寸而定，一般为2寸左右。圆面平线画好后补齐木料侧面的平线，用锯沿平线去掉多余部分，再用刨平整（棱也要推圆），最后把被锯掉的两侧中线补上。在圆面中线两侧1寸位置打平行线，再打出侧面的平行线，这样就作出了木料上下皮的三行"面线"。面线的作用是确定木料的体位，并辅助榫卯墨线的绘制（图7-43）。

d. 做卯

前檐柱柱头和柱身处的榫卯有多种形式，需加工的有檩碗、人头卯、四方卯、凹槽等。以面线、中线为参照画出榫卯的墨线并加工，公卯用锯，母卯用凿。卯子加工好后，最后再凿出柱身两侧安装门窗用的槽（图7-44）。

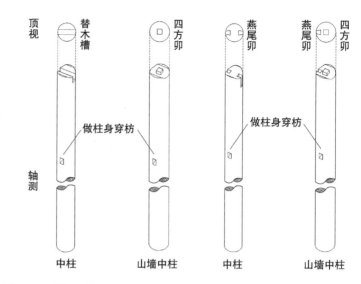

图7-41　中柱形制图

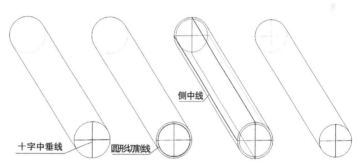

流程：用墨斗在小头圆面　▶　依照檩的平整度　▶　打四根侧中线，补　▶　沿切割线用锛砍
　　　作出十字中垂线　　　　作出圆形切割线　　　齐大头圆面上的线　　削并用刨平整

图7-42　前檐柱砍制工序图

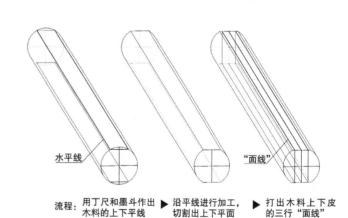

流程：用丁尺和墨斗作出　▶　沿平线进行加工，　▶　打出木料上下皮
　　　木料的上下平线　　　　切割出上下平面　　　的三行"面线"

图7-43　前檐柱取平工序图

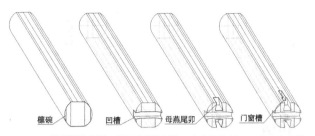

流程: **按照檩子直径** ▶ **按照出檐扒杆的** ▶ **为前檐枋制** ▶ **凿门窗安装**
在柱头挖檩碗 **宽度加工凹槽** **作母燕尾卯** **用的槽**

檩碗　凹槽　母燕尾卯　门窗槽

图7-44　前檐柱制卯工序图

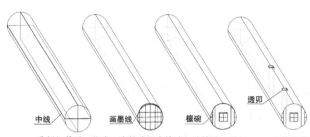

流程: **选料打截后,作出** ▶ **在柱头画出檩碗** ▶ **挖檩碗,并加** ▶ **去荒并凿**
木料各面的中线 **和四方卯的墨线** **工出四方卯** **透卯**

中线　画墨线　檩碗　透卯

图7-45　金柱制卯工序图

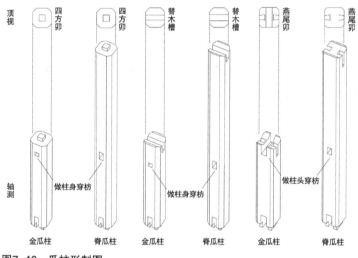

顶视　四方卯　四方卯　替木槽　替木槽　燕尾卯　燕尾卯

轴测　做柱身穿枋　做柱身穿枋　做柱头穿枋

金瓜柱　脊瓜柱　金瓜柱　脊瓜柱　金瓜柱　脊瓜柱

图7-46　瓜柱形制图

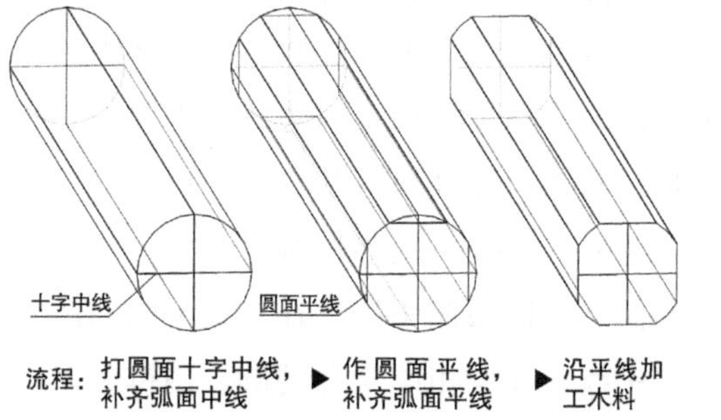

流程: **打圆面十字中线,** ▶ **作圆面平线,** ▶ **沿平线加**
补齐弧面中线 **补齐弧面平线** **工木料**

十字中线　圆面平线

图7-47　瓜柱取平工序图

e. 标记

柱头卯子加工好后,量取相应的设计长度,并在柱底处将多余尺寸用锯截去。然后对柱子做标记,从东到西顺次排列,命名方式为"前檐东一""前檐东二"等。

2)金柱和中柱

金柱、中柱不露明,用材上略次于露明檐柱的木材,有收分,常见柱径为10~20厘米。金中柱的制作流程基本同檐柱,细节相对简化:一是砍制时,其表皮不加工,用锛砍去疙瘩即可,树皮可除可不除,柱身保留天然收分;二是做卯时,柱头挖出檩碗,并做四方卯,在柱底将留荒尺寸截去后,从柱底开始算尺寸,确定穿枋的榫接位置,在柱侧面中线位置画墨线、凿透卯,卯眼宽8分、长2寸(图7-45)。

3)瓜柱

瓜柱柱头类型与落地柱相同,柱身大都会加工为方形柱,常见柱径在12~18厘米之间,脊瓜柱用材略粗于金瓜柱,无收分。瓜柱间须做穿枋相连,穿枋开榫位置既可在柱头,也可在柱身。当地传统民居中大都只抬一根梁,若梁上再抬一根小梁,则金瓜柱做四方卯顶二梁,脊瓜柱立于其上(图7-46)。

a. 截料

选取短而粗的木料作为瓜柱用料,量取所需长度,留荒并截料。

b. 取平

在木料两端圆面打十字中线,并弹侧面中线。木匠根据木料的平整程度定出四根平线的位置,在小头圆面上打墨线。再按相同尺寸在大头圆面和侧面打平线。用锯沿平线切割木料,再用刨平整圆滑,棱也要推圆(图7-47)。

c. 做卯

补齐被锯掉的四根中线，然后画榫卯线。瓜柱头有四方卯、燕尾卯两种做法，工序与檐柱等相同。瓜柱底部须按梁上双卯的尺寸打出墨线，用锯和凿加工（图7-48）。

d. 标记

加工好的瓜柱按其位置进行标记，如"二架东一""中檐①东二"等。

（2）梁类构件

明清时期古民居大都是木料直顺的方梁，工序较为繁多。1949年后工艺简化，民房大都做圆梁，常使用弯曲木材，这样既可以利用天然的拱形提高承载力，又能降低瓜柱高度，节省材料（图7-49）。

梁用材的最佳选择是松木，次一等的是杨木，木料直径20~40厘米不等。梁大都会加工为矩形截面，截面的常见宽高比约为4：5。以常见的五架弯梁的加工方法为例：

1）截料

有的木料不止一个拱弯，不仅上下弯，还有侧弯。侧弯太大的不能立瓜柱，故不宜做梁。先对选好的木料进行粗加工，用锛和刨去皮平整。放在地上滚动，使木料的拱弯朝上。在梁上量取所需尺寸，留荒、截料。

2）夹肋

两人拉墨线，在梁的上皮找出梁身中线，然后在两侧圆面上用墨斗吊中垂线，再在梁的下皮弹出中线，固定梁的体位。若梁弯曲程度较大导致墨线不能一次弹完整，就需要用墨斗分段补弹。继续拉墨线寻选出梁的两个侧肋切割线，找到后在弧面、圆面打出墨线，与梁背中线平行。然后按墨线切割木料，夹肋的做法能消除梁的臃肿，显出一定的美感（图7-50）。

3）弹平

将梁身摆放成上架后的体位并固定，在梁身一侧两人拉墨线，根据木料弯曲情况确定水平中线的位置并弹出

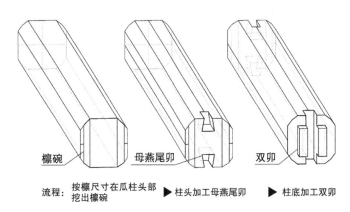

流程：按檩尺寸在瓜柱头部 ▶ 柱头加工母燕尾卯 ▶ 柱底加工双卯
　　　挖出檩碗

图7-48　瓜柱制卯工序图

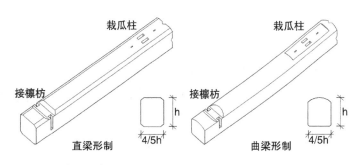

图7-49　直梁和弯梁形制图

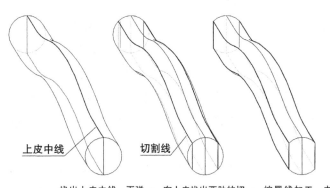

流程：找出上皮中线，再弹 ▶ 在上皮找出两肋的切 ▶ 按墨线加工，去
　　　圆面和下皮中线　　　割线，补齐墨线　　　除两肋的臃肿

图7-50　梁夹肋工序图

---

① 如果为五架檩房屋，中檐指的是第三架檩。

墨线。若梁身无法弹出完整的墨线，就在梁的两头拴线，做悬空的侧中线。侧中线是立柱、瓜柱定距和制卯的基准线，因而放线须仔细，不能出现太大误差。然后在梁的另一侧面和两个圆面补弹水平线。用丁尺在梁的小头圆面取上下平线，取线所得的上下平面应正好能够安放瓜柱，太宽了伤梁。一端圆面的平线取出后，用墨斗在梁上下皮和另一端圆面弹墨线，侧面的上下平线须与侧中线保持平行（图7-51）。

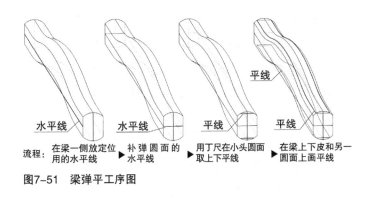

图7-51　梁弹平工序图

4）画线

按房屋剖面设计在梁的侧中线上确定各立柱、瓜柱的榫接位置，并在侧面用墨斗作垂线进行标记。然后在梁的上下表面画出柱的落中线，依立柱、瓜柱的直径在上下平线上标记出结合面尺寸，若木料拱弯较大，则依侧中线为参照画与之平行的切割线。接下来用锯沿墨线对梁料进行加工，并用推刨平整结合面。最后锯掉梁料两侧留荒的尺寸（图7-52）。

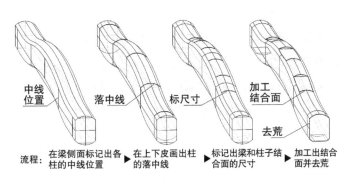

图7-52　梁画线工序图

5）做卯

在接触面上用画签和尺子画出卯子的尺寸线，两侧立柱做四方卯，中间瓜柱做双卯并凿销子眼。双卯的加工方法是：先按尺寸要求画出墨线，然后蹲在梁的左侧凿双卯中左侧的一个，蹲在梁的右侧凿双卯中右侧的一个。匠人凿卯的手法是固定的，双卯分两侧凿就不会令母卯出现大的误差，更容易对榫入卯。

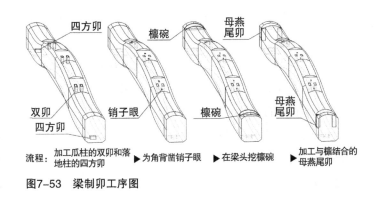

图7-53　梁制卯工序图

根据檩的形状在梁头打檩碗墨线，用锯和圆刨挖出檩碗。再根据前檐檩、枋的燕尾卯尺寸画出墨线，用凿子加工。梁头做好后，梁根端的圆面上可以刻字，大多是"福、禄、寿、喜"等（图7-53）。

6）标记

梁的标记一般命名为"东一""东二""东三"。梁的根端和梢端也需要标记出来，根端朝屋外，梢端朝屋内。

（3）檩类构件

檩的材料选择较硬的松木、杨木等。檩按位置不同分为檐檩、金檩、脊檩，其用材粗细按优先级排序，一般而言，前檐檩＞脊檩＞前后金檩＞后檐檩，与其对应的柱用材基本一致。前檐檩的常见檩径约20厘米，脊檩檩径略小于前檐檩，金檩檩径在15～20厘米之间，后檐檩在不露明的情况下常见檩径约15厘米.

1）垛檩

a. 截料

选取大小头相差较多的木料，用样杆量取所需长度，留荒、截料。然后用锛将木料上的疙瘩砍去，用刮刀除去树皮。

b. 打面线

木匠滚动木料, 选较直顺的一侧作为檩的上皮。然后两人站在木料两端, 用墨斗弹出上表面的中线。接下来在木料两端的圆面用墨斗吊垂线, 与上中线相接。再滚动木料, 弹出檩条下皮的中线。上下中线打出后, 用墨斗在圆面中线两侧1寸的位置打平行线, 如此完成上下三行面线（图7-54）。

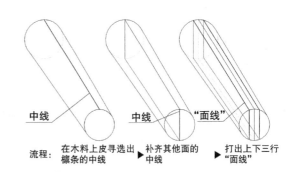

图7-54　垛檩打面线工序图

c. 取平

将丁尺贴在木料两端圆面的垂直线上, 根据木料上皮的平整程度确定上平线, 再用墨斗弹出檩侧面的线, 这样就确定了檩的上平面。上平线的作用是保证挂椽时椽料平齐, 因而不必很宽。然后在木料梢端从上平线向下量取一定距离确定下平线, 做出其余各面平线。

依照上平线来加工木料, 用锯子锯掉多余部分, 切割面需要用刨平整。若加工上平面时削去了面线, 完成后要把线补上。垛檩的下平面不需很多处理, 只需在两端檩柱节点位置加工出平整的面, 可以安放柱子即可（图7-55）。

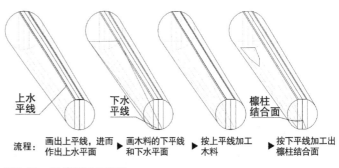

图7-55　垛檩取平工序图

d. 做卯

用样杆确认檩条长度, 去掉留荒尺寸。然后在檩梢端画出公卯需要的线, 用锯加工出公卯。然后在大头取10厘米左右的长度画一圈墨线, 依照下平线加工出承小头的托盘。再打出根端母卯的墨线, 用凿和锤加工母卯。最后加工与柱结

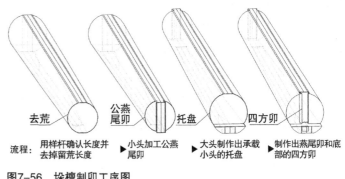

图7-56　垛檩制卯工序图

合的四方卯, 将檩燕尾卯结合面作为立柱的中线所在面, 在檩根端下平面对应位置按尺寸画墨线, 用凿子加工（图7-56）。

e. 标记

加工好的檩须在木料上进行标记, 构件的编号从东往西进行, 例如"二架东二""中檐东一"等。

2）平檩

a. 截料

选取大小头差异不大的木料, 用样杆量取长度, 预留尺寸并截掉多余木料。再用锛和刮刀去除木料的树皮、疙瘩。

b. 砍制

方法与前檐柱砍制相同。

c. 取平

补齐平木过程中削掉的中线，在木料两头圆面上用丁尺画上下平线，平线长度根据木料平整程度和枋尺寸而定。圆面的平线作好后补齐弧面的平线，然后用锯按上下平线加工，并用刨平整。最后打出檩料的上下三行面线（图7-57）。

d. 做卯

用样杆检查檩长并去荒，标记出木料的根端和梢端，然后在檩条梢端画线加工公卯，根端加工母卯，之后在檩身下皮按与下方构件的结合位置凿两个销子眼（图7-58）。

e. 标记

按照习惯为加工好的檩条编号。

（4）枋类构件

1）檩下枋

檩下枋大都为杨木，木径稍小于檩条，约是檩条木径的3/4左右。以前檐枋为例，其加工方法与平檩基本相同，区别在于榫卯的做法。枋两头做稍短的人头卯，卯尺寸与前檐檩保持一致，两侧须进行砍肩。枋的上皮加工两个销子眼和檩连接，下皮加工一个销子眼和窗框结合（图7-59）。

2）穿枋

穿枋用材选择较多，松木、杨木、柳木等均有应用。民居中的穿枋形制较为简易，多为较细的圆木，少数民居中会加工为方形截面，常见直径为5~10厘米，长度依柱距而定。加工时首先算好柱距和出头长度，截料，再按透卯尺寸对木料两端进行画线加工，穿出部位须凿穿并用销子固定（图7-60）。

（5）椽类构件

椽依其所在屋坡位置不同，自下而上依次为飞椽、檐椽、花架椽、脑椽，形制有直椽、弯椽、飞椽三种。其中，檐椽、花架椽、脑椽为直椽；卷棚房屋的脑椽为弯椽，当地俗称"罗锅椽""背锅椽"等；檐椽外出檐用飞椽（图7-61）。椽的常用选材为杨木，木径在10厘米左右。

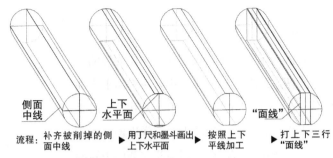

图7-57 平檩取平工序图

流程：补齐被削掉的侧面中线 ▶ 用丁尺和墨斗画出上下水平面 ▶ 按照上下平线加工 ▶ 打上下三行"面线"

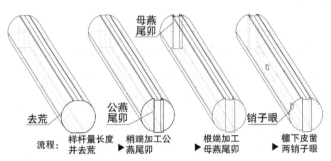

图7-58 平檩制卯工序图

流程：样杆量长度并去荒 ▶ 梢端加工公燕尾卯 母燕尾卯 ▶ 根端加工母燕尾卯 ▶ 檩下皮凿两销子眼

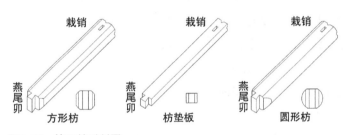

图7-59 檩下枋形制图

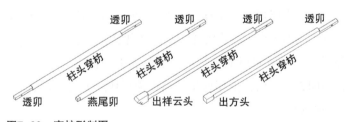

图7-60 穿枋形制图

图7-61 椽的形制图

1）直椽

不露明的椽只需进行简单的加工，使其大致通直，再截取所需长度即可。露明的檐椽须对椽头出檐部分进行取圆处理，具体方法是：锯一段20厘米左右的木料，在截面画十字垂线并以交点为圆心画圆形切割线，然后按照切割线将其加工成标准的圆柱体，这样就做成了椽头的"样子"。接下来用样子对准椽头画圆，并在椽身略长于出檐长度的位置画一圈圆线，按线将椽头加工成圆柱体即可（图7-62）。弯椽则需要挑选专门的弯木料进行制作。

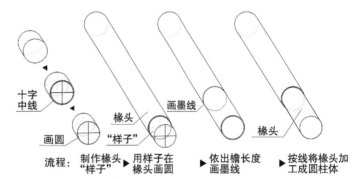

流程：制作椽头 ▶ 用样子在 ▶ 依出檐长度 ▶ 按线将椽头加
　　　"样子"　　椽头画圆　　画墨线　　　工成圆柱体

图7-62 直椽加工工序图

2）飞椽

做飞椽的木料要求直顺，长度在1.2米左右。具体做法是：在木料两端圆面打十字中线，小头上作最大正方形，再在大头按同样尺寸画线。补齐弧面的所有平线，用锯将圆木取方。量取所需木料长度，按1∶2∶1的比例划分，打出墨线。在中间一段的两侧打对角线，沿对角线将木料切割成两块，此切割面即是飞椽与檐椽的结合面。在其中一块的底部打斜向墨线，用锯加工出飞椽出檐部分的底面。再在出檐部分两侧打斜向墨线并切割，这样飞椽椽头就有了收分，透出上扬飘逸之感。最后在飞椽两侧加工出插飞板的凹口，用刨平整各个面（图7-63）。

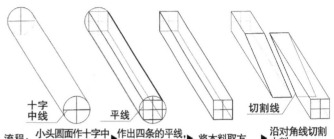

流程：小头圆面作十字中 ▶ 作出四条的平线， ▶ 将木料取方 ▶ 沿对角线切割
　　　线，补齐大头的线　　补齐侧面的线　　　　　　　　木料

画底面斜线并切割 ▶ 画侧面斜线并切割 ▶ 加工插飞板的凹口

图7-63 飞椽加工工序图

（6）其他构件

1）替木

替木用材大都为杨木，厚度依檩径而定，高度为厚度的1.2～1.5倍；长度随檩跨而定，常见的尺寸是50～60厘米。替木与檩用栽销的方式连接，与柱子用开槽的方式插在柱头上（图7-64）。

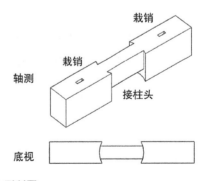

图7-64 替木形制图

2）角背

角背同样使用杨木，其形制与替木相仿，瓜柱底端开槽插角背，角背用销子和梁相接。角背厚度随瓜柱而定，高度约为厚度的1.2倍，长度约为厚度的6倍（图7-65）。

3）连檐与瓦口

连檐是固定椽头的横木，连接檐椽的称为小连檐，连接飞椽的称为大连檐。连檐的用材为杨木、柳木等，与椽用钉钉的方法连接。民居的连檐形制简易，大都是断面为矩形的长木条，不做其他加工。连檐厚度通常为4厘米左右，宽度为12厘米左右，长度随房屋面阔。

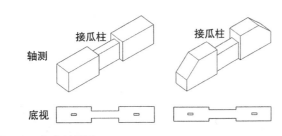

图7-65 角背形制图

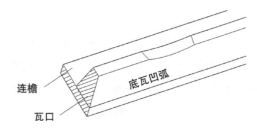

图7-66 连檐和瓦口

瓦口位于大连檐上，是承托前檐瓦当的木构件。其上边缘随板瓦做凹弧，下边缘用铁钉固定在连檐上。瓦口的断面大都是直角梯形，其高度接近椽径，底部宽度约为连檐宽度的1/2，长度随房屋面阔（图7-66）。

3. 大木立架

营建中立架的方法大致有三种：一是按进深方向进行穿架，立起各榀木架后再上檩；二是按开间方向将檩和柱连接，立起各排木架后，再用穿枋将各柱串联起来；三是不穿架，立起一列柱子后用穿枋连接，如此将各列柱子立好，最后上檩。这三种方法殊途同归，施工中使用的一些方法和技巧也基本相同。以下就最常见的第一种方法进行介绍。

（1）穿架

先将房屋进深方向的一列柱子平放于地面，然后用穿枋进行串联，用穿销进行固定。然后对整体的牢固程度、尺寸进行检查，如有问题则进一步加工处理。为防止立架时扭断榫卯，还需在一榀木架靠下位置固定一根垂直的长木棍，这样就穿成了一榀木架（图7-67），然后再依次穿好其余各榀木架。

（2）立架

立架须先立山墙的两榀木架，然后立中间的木架。将柱子底部的十字线和柱顶石的十字线大致对准，五人同时用脚踩住柱底，一起用力拉绳子，将一榀木架拉起立正，并用马腿把前后檐柱绑好。然后检查各柱十字线和柱顶石的十字线是否对齐，未对齐则需进行调整，如此即完成了一榀木架的立架。山墙木架立好后，再将中间的木架按同样方法依次立好（图7-68）。

立带梁的木架时须固定好梁头榫卯，方法有二（图7-69）：一是梁头左右绑两根椽，待立起后再拆下，这种方法适合粗重的梁。二是用绳子挽成套索套在柱子上，并绕过梁头，人从另一侧拉绳，将木架立起，然后再将绳子绕回，绳索自然落下。这种绑绳方法既保护了榫卯，又避免绑扎柱头的繁琐，适合一般的梁。梁立起后，再放角背、栽瓜柱。

（3）上檩

各列木架立好即可上檩，正房的檩条一般从东边一间开始。方法是两人爬到柱子上，用绳子把檩条往上拽，同时下边有人向上抬。将檩条抬到合适位置后，用锤子把卯子打牢固即可（图7-70）。若是檩下带枋，则先上

①在地上按次序摆放柱子，用扒杆串联

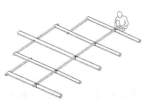
②为保护榫卯，在柱身靠下位置绑一根长木棍

图7-67 穿架方法示意图

①将山墙的一榀木架用绳子拉起

②用马腿固定前后檐柱，拆下木棍

图7-68 立架方法示意图

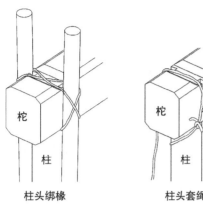
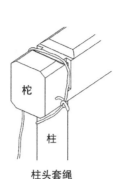

柱头绑椽　　　　　　　柱头套绳

图7-69　柱头固定方法示意图

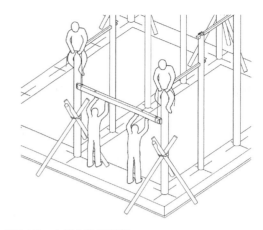

图7-70　上檩方法示意图

枋、栽好木销，然后将檩对榫入卯。最东边的一间上好后，再依次上剩下开间的檩。上檩后要对木架的精度进行检查，如檩是否水平，柱是否垂直，各檩条和立柱的墨线是否对齐等。发现有问题则及时调整，严重的须下架返工。正中一开间的中檩（脊檩）也称中梁，这一根檩的卯口底下垫上木板，暂不对榫入卯，须按照风水先生选择的吉日良辰举行上梁仪式。檩上好后即可拆去马腿。

4. 墙体砌筑

（1）类型

墙体的用材较灵活，分为砖包墙、石墙、土墙三种类型（图7-71）。砖包墙俗称"里生外熟"，用于建筑的外墙，此种做法在砖产量低、成本高的古代，既保证了墙体的美观耐用，又提高了墙体的防寒保暖性能。石墙坚固厚重，一般用于建筑外墙。新平堡镇有一些明代遗留的石墙，历经几百年仍然完好矗立。土墙是用土砌块垒砌的墙体，不够坚固耐潮，多用于内墙。

（2）砌法

1）砖的砌法

泥瓦匠砌砖有多种方法，手艺有高有低。本地民居中，最常见的砌砖方法有十字缝、梅花丁、三顺一丁、多层顺一层丁、空斗式五种（图7-72）。若砌筑使用城墙砖，则采取全部顺砌的摆法，檐口位置用砖出挑几层即可。

古时砌筑的黏结材料为白灰浆，用抹子铲上白灰，先在砖面两边各点一下，再在砖肋和砖头边缘各抹一溜，最后放砖。白灰浆采用中空砌法的原因有：一是省料，用较少的白灰达到理想的拉结效果；二是由于古砖吸水性强，灰浆干得快，若满面抹则砌筑时来不及把砖调整到合适位置；三是由于白灰浆的体积会随着时间推移而发生

砖包墙　　　　　　　　　　土坯墙　　　　　　　　　　石砌墙

图7-71　三种类型的墙体

膨胀，中空的砌法为其预留出膨胀空间，墙体不易形变。20世纪80年代时，黏结材料变为水泥，砖块砌法也变成了满面抹灰法（图7-73）。

2）土砌块砌法

土砌块的摆法较为灵活随意，成规矩的大致有甓摆、一卧一甓、梅花口等几种（图7-74）。摆砌时用黄泥作为灰浆，也可以直接干摆。

3）石块砌法

石材的砌法较灵活，但也遵循一些规则：大石块在下、小石块在上，墙体有收分；平整面朝外，不平整面朝内；上下层错缝摆放。

4）脚手架

墙体砌筑过程中往往需要脚手架，均由工匠们自制，例如将杵凳靠在墙上，上面搭木板即可上人；再如砌墙时预先留出孔洞，孔洞内填木棍，然后用木棍作为支撑绑脚手架（图7-75）。

（3）顺序

1）山墙

山墙分为下碱、上身、山尖、博缝四部分，大都为砖包土坯形式。各部分的砌法均不相同，承担重量越多的部位，越要使用等级高的、拉结性好的砌法（图7-76）。其中，下碱常用多层顺一层丁式；上身墙心多用土墼砌筑并用白灰抹面，砌砖法常用梅花丁或十字缝；山尖部位常采用空斗式砌法，与檐部交接处需砍制异型砖；拔檐用砖砌2～3层，突出墙面1寸左右，博缝一般用专门的方砖砌筑。多层顺一层丁和空斗式较为节省砖材，普通民居中最为常用。砌筑时先砌外层的砖，每砌一层都要放水平线，柱子附近的砌块要用瓦刀和锤子砍制。外层砖每砌3～5层时，摆放内层的土墼，摆法为一卧一甓。

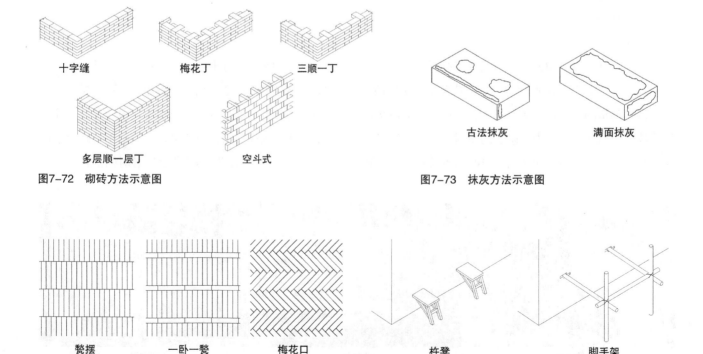

十字缝　　梅花丁　　三顺一丁

多层顺一层丁　　空斗式

图7-72　砌砖方法示意图

古法抹灰　　满面抹灰

图7-73　抹灰方法示意图

甓摆　　一卧一甓　　梅花口

图7-74　土砌块摆砌方法示意图

杵凳　　脚手架

图7-75　脚手架搭法

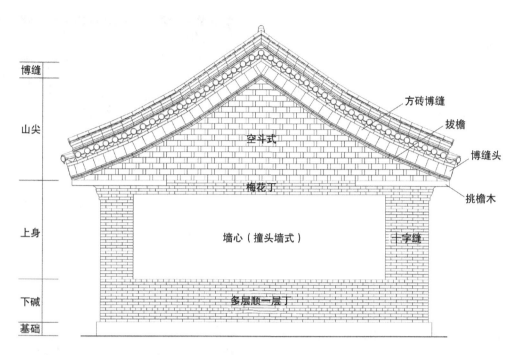

图7-76　砖包山墙外层砌法

相对砖包山墙，大多数民居的山墙都做得更为"乡土"，材料使用普通砖、城墙砖、土砌块、石块等多种。砌筑时，每摆放一层砌块，便打一层苒泥来黏结上下层。砌到山尖位置时，可换用砖包土或土砌块的做法（图7-77）。

2）后檐墙

后檐墙分为下碱、上身、檐部三部分。若上身做墙心，则各部分砌法与山墙类似；若不做墙心，则砖的砌法采用多层顺一层丁式。墙体内外层的结合依靠外层丁砖伸入内层土坯，当房屋间数过多、后墙长度过长时，还可采取铁锚拴结的方法加固。檐部的做法有两种形式：单坡顶为封护檐，即先用顺砖出墙2层（约1寸），然后用斜砖出檐3~5层封口，形式有棱角檐、假椽头等；双坡顶既有封护檐，也有老檐出。老檐出做法是将砖砌到木构件的下沿封口，木构件保持外露（图7-78）。

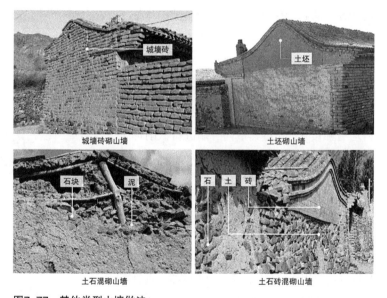

图7-77　其他类型山墙做法

图7-78　后檐墙做法

3）腰墙

腰墙砌筑前应把室内门的弦框先立好，若要增强墙体稳定性，下碱可用砖包土做法，上身再换用土坯（图7-79）。有些房屋后檐檩下没有柱，两端腰墙对应位置应砌砖柱，若墙内有烟道，烟道也应用砖砌。

4）槛墙

槛墙在门窗安装好后进行砌筑，一般是砖包土墙或土砌块墙。槛墙一般不承重，仅起到隔断、防寒的作用，故砌砖方法多采用空斗式（图7-80）。

5. 屋面施工

屋面构造包括椽子、栈子、覆泥、铺瓦四层（图7-81），木匠负责挂椽，其余由泥匠施工。栈子层覆盖在椽子上，用来承托黄泥；覆泥层承托瓦当，还起到防寒的作用；铺瓦层的作用是防雨，瓦当使用筒瓦、板瓦、猫头、滴水四种。

（1）挂椽

挂椽前需要在平地上预先排列，将一排椽调整到大致平齐，遇到弯椽则调整摆放角度或略作加工。挂前檐椽之前先在房前檐拴一条椽端头上沿的控制线，其水平出檐距离根据房屋的设计而定，垂直高度则可以根据房主的要求而作微调。若希望室内取得更多光照，则将线略微上抬，对前檐椽进行旋转调整，使椽向上挑起（椽料均有弧度），并对其室内一端进行砍削加工；若希望室内阴凉，则将线略微下放，调整椽的摆放，并将室内一端稍微垫高（图7-82）。

控制线放好后，将椽头上皮贴住线，调整椽的体位，使直顺的一面朝上，用铁钉将椽固定在檩上。椽之间的间距略大于椽径，一开间一坡椽的数量一般是15根。挂后檐椽同样需要用线控制，但不需要调整线的垂直高度。

房屋前檐一般都做飞椽，后檐可不做。方法是在檐椽头上钉小连檐、铺木板，然后拉水平线、钉飞椽。飞椽须保证其端头略微向下倾斜，这样做的好处在于出檐坡度较缓，雨水不会直接从房檐冲出；而飞椽略有斜倾，雨水也不会沿着飞椽底面倒流向内。最后，在飞椽上钉大连檐，连檐的料长不够时，则放水平线分段制作。椽子全部挂好后，房屋木架各部分的所有尺寸便固定了，不会再有变动。

图7-79 室内腰墙做法

图7-80 槛墙做法

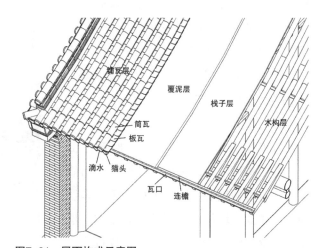

图7-81 屋面构成示意图

图7-82 前檐椽头微调方法示意图

檐椽挂好之后再挂内侧的椽，挂的过程需要用线保证水平。椽子在檩条上的搭接方法有两种：一是乱搭头，椽头相互错开，椽子以铁钉固定在檩条上，古时用软绳或柳条串联；二是椽花连接，即上下两坡椽均用燕尾卯连接在椽花上，用这种方法固定的椽子更为美观，当地俗称"挂钩椽子"（图7-83）。民居建筑中乱搭头是最主要的方式。

（2）压栈

木架和墙体做好后便进行压栈的工序。方法是用斧子将木料劈制成长条形薄木板，称为栈板，将其满铺在椽子上并用小钉子固定。然后在栈板上抹一层约1厘米左右的泥，在泥上放秸秆、干草、柴火、树皮等，铺平压实，称为影栈（图7-84）。影栈的作用是隔雨防潮，使栈板不易腐坏。也有的房屋不做影栈，直接在木板上抹泥。

1）施瓦

a. 定位

在檐头找出屋面的中线，并做标记，本地讲究"底瓦坐中"，中线以屋顶中间一列底瓦的中点为依据，再在两山墙博缝外皮向里量取约两个瓦口的宽度并做标记，然后在中间底瓦和两端瓦口之间试着排瓦，若不能排出合适的位置，就调整两边几垄底瓦的宽度。各个瓦口的位置确定好后，木匠用小锯子加工出瓦口木，钉在连檐上。最后按前檐瓦口位置在屋脊处放线找位置，然后做标记（图7-85）。

b. 拴线

按瓦口位置先做好两边山墙和中间的几列瓦，然后在前檐猫头、屋面转折处、屋脊处的筒瓦熊背[①]上拴三条水平线，作为瓦垄的高度标准。另外前檐滴水尖下沿也需拴一道水平线，以使前檐滴水瓦整齐（图7-86）。

c. 铺瓦

铺瓦前检查瓦件，去掉残缺、裂纹者。按照拴好的线一垄一垄地抹黄泥、放瓦当，放置顺序由前檐至屋脊。猫头要紧靠滴水瓦，防止排雨时雨水渗漏，滴水瓦

图7-83　椽的搭接方式示意图

图7-84　栈板和影栈做法

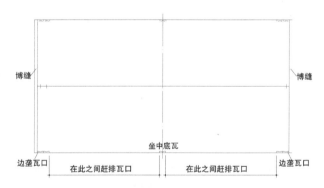

图7-85　施瓦定位方法示意图

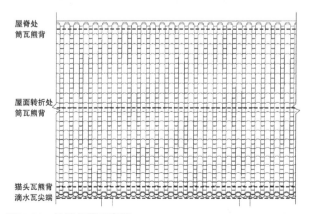

图7-86　拴线位置示意图

---

① 筒瓦凸出的一小段称为熊头，瓦身称为熊背。

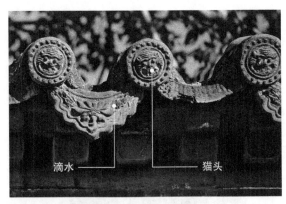

图7-87 猫头和滴水

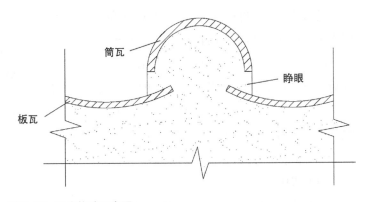

图7-88 瓦当构造示意图

尖按线整齐排布（图7-88）。滴水的出檐最多不超过自身长度的一半，常见的在6~10厘米之间。放板瓦时应宽头朝上，搭接密度一般是"压六露四"，即每块底瓦有十分之六被上一块瓦盖住，搭接部位抹石灰浆作为黏结材料。

两列板瓦放好后，中间抹一垄泥，放一列筒瓦。筒瓦熊头朝上放置，上边的筒瓦要盖住下边筒瓦的熊头，熊头上抹石灰浆。筒瓦不紧挨板瓦，它们之间留出约3厘米的距离，称为"睁眼"（图7-87）。筒瓦铺完后，要用灰浆在瓦当接头的地方勾抹，并将筒瓦和板瓦之间的空隙抹平。

d. 清扫

对屋面进行清扫，不严实的地方要再行调整处理，或勾缝，或换瓦。

2）起脊

本地房顶屋脊部分喜做卷棚，做法与屋面施瓦大体相同，曲弧部分的瓦稍须劈砍加工，缝隙要用灰浆勾抹严实。起脊的形式大多很简单，仅在脊檩上砌几层砖作为正脊。部分人家会做较复杂的屋脊，做法与官式建筑的皮条脊相近，其工序如下（图7-89）：

a. 捏当沟

两侧屋面的瓦当铺到接近屋脊的位置时，调整瓦的摆放，使两侧瓦当间隔一定的距离。然后在脊檩正中放水平线，依水平线排布胎子砖或板瓦。若放胎子砖，则间距要能放下一砖宽，砖放入两瓦之间；若放瓦，则两侧瓦间隔几厘米，正上方扣泥并摆一排板瓦。然后在胎砖或板瓦两侧抹泥、放筒瓦，两侧的筒瓦称为"当沟"，过程中也须拴水平线作参照。

b. 放筒瓦

在当沟上放引缝瓦，底部抹灰浆与当沟瓦黏结。引缝瓦是用于排水的三角形瓦当，正面多做雕刻。接下来在引缝瓦上再按照做当沟的方法摆一排筒瓦，筒瓦上抹灰浆、盖1~2层混砖。也有不放筒瓦的做法，例如在引缝瓦上摆2层砖，砖上放混砖；或将筒瓦一分为二，在引缝瓦上摆2层瓦条，瓦条上放混砖。经济条件稍差的人家做到这一步时，在混砖上再施一排筒瓦，即完成了起脊工序。

c. 砌屋脊

古时较为讲究的房屋中，还会在混砖上方继续摆放脊砖，专门起脊。脊砖是正面饰有精美砖雕的空心砖，两侧和底面均有孔洞（图7-90）。不同地区的脊砖规格略有差异，常见尺寸大约是60厘米×15厘米×40厘米。摆脊砖前须在混砖对应位置凿孔，孔内插木条或砖条，然后在砖面上抹灰浆，放脊砖。脊砖放好之后要用木条将砖侧向的孔进行串联，增强其整体性。最后在脊砖顶部放筒瓦盖顶。

本地也有用砖瓦砌筑的花瓦脊，20世纪六七十年代时这种脊应用较多。具体做法是：以开间为单位在屋脊放线，将

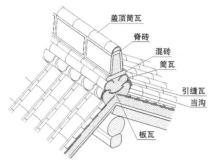

垂脊脊砖　　　　　　　　正脊脊砖

图7-89　屋脊构造做法　　　　　图7-90　精美的脊砖

开间尺寸平分为2~3份，在分隔处做标记。在各标记位置处砌砖柱，砖柱宽度为三七或二四，高度为五到七皮砖。砖柱之间用瓦要花样，高度同砖柱，其形式有"背靠背""面朝面""大贯圈"等多种。要花的瓦和周边砖的接触点抹白灰浆黏结，瓦之间不抹。接下来放水平线，用砖盖顶1~3层，先出头，后缩进，最后在盖顶的砖上砌一排筒瓦即可。

6. 室内装修

（1）门窗

1）窗

a. 加工弦框

上下弦框的长度为前檐柱净距，弦框的高度为前檐枋净高减去窗台高度，然后根据主家提供的材料确定框的宽度、厚度。天镇县的窗户习惯做成中间大窗、两边小窗的形式，其比例为1：2：1（图7-91）。

弦框包括平弦和立弦。上下平弦木料按尺寸截料，吊线检查直顺，再用推刨平整，料两头加工出半卯（当地称呼），料身按比例打墨线，然后用凿子加工出栽立弦用的卯子眼。立弦截料后也需要吊线检查，去除不平整的地方，上下两头加工四方卯（图7-92）。

b. 安装弦框

先安装上弦框。柱子上凿有凹槽，其中一边柱子的槽长度要长一些。安装时先将上弦框一侧入卯，然后另一侧入卯后用锤子向上敲打，使上弦和枋之间的销子入卯。最后在较长的槽内填木块，上弦框便固定了（图7-93）。

接下来安装下弦框。柱两侧的凹槽都较长，框入卯后，将四根立弦栽入下弦的卯子眼。将下弦框整体向上推动，立弦与上弦对榫入卯，用锤子敲打紧实，再在凹槽中填入木块固定。窗弦框安装好后，须量取下弦框到基础的实际尺寸，锯两段圆木安置在中间两立弦的正下方，这样做可以使窗更加稳固（图7-94）。窗下砌筑槛墙，使用砖包土坯的做法，高度大都取1米左右。

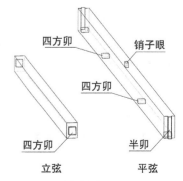

白羊口村民居窗户　　　　　　水磨口村民居窗户　　　　立弦　　　平弦

图7-91　本地民居窗户样式　　　　　　　　　　　　　图7-92　弦框构造

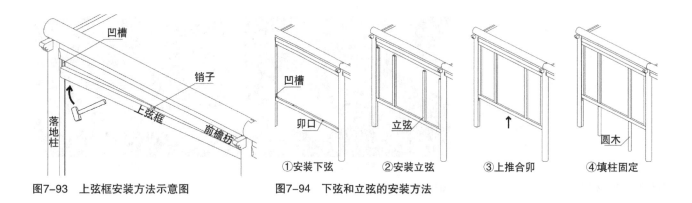

图7-93　上弦框安装方法示意图

图7-94　下弦和立弦的安装方法

①安装下弦　②安装立弦　③上推合卯　④填柱固定

c. 加工窗扇

先加工窗框。量取安装好的弦框尺寸，用锯和刨按尺寸做四根窗框。再用专门做门窗的小锯加工卯子，竖向窗框做母卯，横向窗框做公卯，此处节点构造较特殊（图7-95）。接下来按主家的要求做窗心的花样，本地窗样有四方孔、胡椒眼、牛眼睛、海棠池、大料角、灯笼角、八卦窗、古罗圈、六耳朵、筛底窗等十几种（图7-96）。窗样须通过量尺寸、画小样，并遵照一些规矩（如"方五弦七"）来计算才能加工出合适的构件，很费工时。窗样加工好后，在窗框上凿卯子，将窗样和四根窗框组合在一起，四个角要用由牛、猪等动物皮熬制的水胶混合木屑黏接。

d. 安装窗扇

不可开启的木窗安装使用退卯，窗户竖向的框做公卯，弦框凿母卯，上边的卯深2厘米，下边卯深1厘米。安装时先将上边的榫入卯，窗的高度刚好能放在弦框内，再将窗整体下落1厘米，下边的榫便入卯了（图7-97）。退卯的做法使得窗上沿有1厘米的缝隙，在窗户安装好后需要糊麻纸，到时将缝隙一并糊上即可。

可开启的木窗则须做转子。具体做法是：在窗一侧竖框的上下弦框上安装木块，木块中间凿圆眼，圆眼之间立木棍，木棍与窗相连接。窗另一侧的竖框上下做公卯，并在弦框对应位置凿凹槽，这样窗户关上后不易被风吹开（图7-98）。

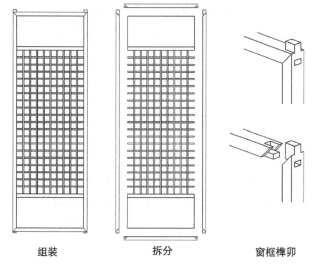

组装　拆分　窗框榫卯

图7-95　木窗节点构造

图7-96　丰富的窗心形式

2）门

门的构造方法、加工工艺与窗大体相同，先进行弦框的加工、安装，再进行门框和门板的加工、安装。门需要安装转子，其做法与窗的转子类似。门的尺寸与生活劳作紧密相关，院中所有门的净高都取相同尺寸，一般在4.8～5.7尺（1.6～1.9米）之间，约为人低头进出的高度；屋内的门净宽2.1尺，称为笼门，刚好能够把做饭用的木笼端出去；通向室外的门净宽2.7尺，称为材门，刚好能够进出棺材；院落大门净宽3.6尺，这个尺寸刚好够一

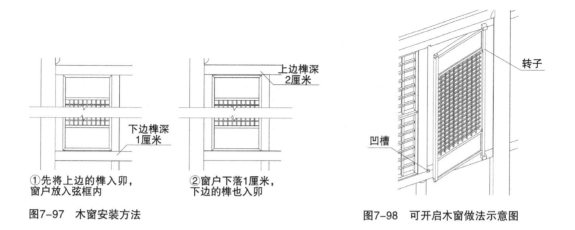

上边榫深
2厘米
下边榫深
1厘米
①先将上边的榫入卯，
窗户放入弦框内
②窗户下落1厘米，
下边的榫也入卯

图7-97　木窗安装方法

转子
凹槽

图7-98　可开启木窗做法示意图

个人背着装满稻谷的大麻袋进出。

（2）顶棚

顶棚紧贴梁上皮制作，无梁的房屋则在前檐檩中线向上几厘米位置。顶棚的用材是杨木条，较粗的横向木条与檩平行，长度为一开间，用木棍钉挂在檩的下方，两端搁置在墙内。较细的纵向木条长度略长于横向木条间距，两端搁置在横向木条事先做好的卯口里，间距约取30厘米，排列紧密。最后在打好的木条上铺设苇席或牛皮纸即可（图7-99）。

苇席
横向木条
纵向木条

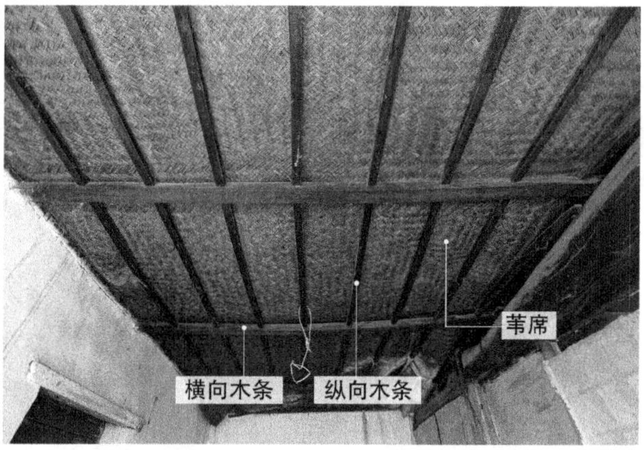

图7-99　顶棚做法

（3）盘炕

晋北地区冬季寒冷，室内主要靠火炕取暖。火炕紧挨窗户，宽7.5 ~ 8.5尺，深5.5 ~ 6尺，高2 ~ 3尺。火炕包括炕沿、炕口、炕面、支柱等几部分，由砖和土坯砌筑。盘炕一般在门窗外框和窗台做好之后进行，分如下几个步骤（图7-100）：

1）砌炕沿

根据设计尺寸放线，确定炕沿位置。用顺砌的方法砌筑四边炕沿，砌筑时预留出灶口和烟道口的位置。紧贴炕沿内壁，将砖立起来再侧砌一圈，高度比炕沿低一皮。

2）砌支柱

用顺砌的方法砌筑三道支柱，高度与侧砌的砖相同，平面布置应能使热空气顺利流动到炕的各处。

3）铺土坯

炕内垫一定高度的土（不超过预留洞口），然后在侧砖和支柱上满铺土坯。土坯的尺寸由炕的长宽、宽度均分所得。

4）抹面

土坯上用黄泥、麦秸泥等抹面一到两层，抹完后平整压实。

5）立灶

泥匠在预留灶口的位置做灶台。灶台承担着做饭、取暖的功能，生活中不可或缺，因而本地有对灶敬奉的习俗。

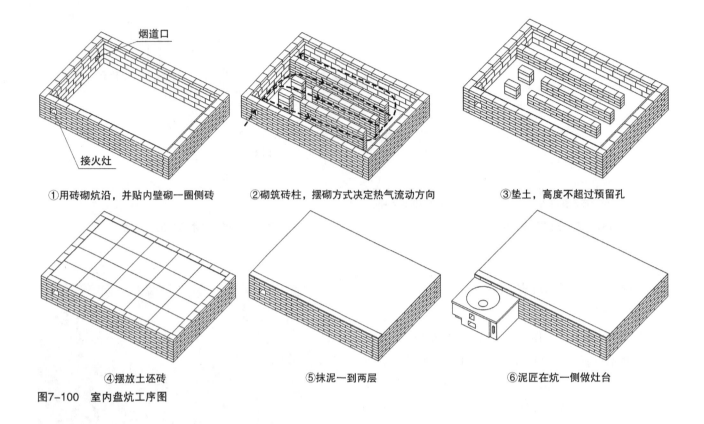

①用砖砌炕沿，并贴内壁砌一圈侧砖　②砌筑砖柱，摆砌方式决定热气流动方向　③垫土，高度不超过预留孔

④摆放土坯砖　　　　　　⑤抹泥一到两层　　　　　　⑥泥匠在炕一侧做灶台

图7-100　室内盘炕工序图

（4）抹墙

墙体抹灰分为三层，底层为粗找平层，用纯黄泥抹，厚度为2厘米左右；中层为精找平层，用苘泥抹，厚度1厘米左右；最外层是饰面层，用本地产的生石灰兑水拌匀后进行涂抹，厚度为几毫米。抹面用的白灰和砌筑用的白灰浆是同一种材料，区别是砌筑灰浆水少灰多，抹面灰浆水多灰少。讲究一点的还在室内墙底部砌筑一层青砖作为勒脚。抹墙完成后，为使墙面快速干燥，往往会在室内放火盆烘烤。

（5）墁地

天镇县室内地面铺装使用土、砖，不用石材，原因在于石材的比热容小，冬天发冷，不利于保暖防寒。

1）素土地面

素土地面的做法较为简易，在地面铺土，放线找平后洒水，用夯子打实，做1～2层，最后在夯实的地面上抹一层黄泥。20世纪70年代后，民居做素土地面的就不常见了。

2）砖铺地面

砖铺地面在本地最为常见，通常由垫层、中层、面层组成。垫层为素土夯实，先铺土，放线找平，然后洒水夯实。中间层一般采用灰土，做法是生石灰和黄土按一定比例混合（不同工匠比例不同），然后加水和成泥，均匀涂抹在地面上，干燥后有防潮的作用。面层使用砖材，20世纪六七十年代材料有限，使用的铺地砖有城墙砖、明清古砖、青砖。铺砖前泥匠将砖尺寸、灰缝尺寸、砖的列数提前算好，先铺相邻两个侧边，再放线找平，每铺一列砖就挪一次线。砖之间需错开缝，铺砖时将砂子和黄土混合倒入砖缝，再挤压牢固。底边的砖如尺寸不合适要用小斧子或瓦刀打截。

7. 院落处理

（1）院墙

20世纪六七十年代时，民居的院墙大都就地取材，用石头、青砖、城墙砖进行砌筑。做法是先放线，基础宽度略宽于院墙，之后挖槽，在槽里用石块打基础，高度到与地面平齐为止。然后用砖、石砌筑墙体，砌法没有定规，黏结材料使用加莛的黄泥（图7-101）。砌到边角时要用线锥吊垂直线，以保证墙体垂直于地面，边角下部放角柱石。一些讲究的人家在院墙正对街道处，会砌一块刻着"泰山石敢当"的石块。

一些堡寨聚落中的古院墙工艺较优良，推测在当时有一定的防御功能。其做法是先挖槽做基础，石块砌到地面高度时，摆一层加工好的条石。然后在条石上砌筑五层砖，同时砌筑砖柱。接下来用石块和莛泥砌筑墙的主体。砌到一定高度后，上沿采用空斗式砖包土坯的做法，最后墙体顶部用砖封口（图7-101）。

（2）大门

大门有砖砌和木构两种（图7-102）。木构大门的做法与房屋大致相

做法简单的院墙　　做法复杂的院墙

图7-101　院墙做法

木构院门　　砖砌院门

图7-102　院门做法

同，由木匠先加工好各个木构件，然后在预先做好的基础上立架、上檩、挂椽，再由泥匠铺顶、砌墙，最后做弦框、门板并进行安装。木构大门的架数以五架、三架居多，不取偶数。砖砌大门的结构相对简单。做法是先打基础，然后泥匠用砖砌起两边的门柱，中间做砖拱或木梁来承担上部荷载，再于其上做檐口和屋顶，最后由木匠安装门板。古时的木构大门和砖砌大门会做很多精美的木雕或仿木，砖雕和纹样，如斗栱、檐檩、飞椽等，题材丰富，寓意隽永。由于20世纪六七十年代后工艺急剧简化，现已基本失传。

（3）地面

院落铺地有夯土、砖石两种，地面处理的方法与室内铺地类似，不同之处在于增加排水处理。本地习俗讲究"水绕门前过"，以正房居北、院门开于东南角的院落为例，院内雨水的流向依次为东北角、西北角、西南角、东南角，最后从院门门槛下的水渠排出。此水渠仅用于排雨水，不能排污水。泥匠在施工中会用找平、放线的办法控制排水坡度，东北角至西北角的坡度比例为1：50～1：100，具体根据院落宽度而定；西北角至西南角的坡度比例为1：100；西南角至东南角坡度最小。

三、营造文化

1. 营造仪式

（1）动土

基础动工之前先有动土仪式，具体日期由风水先生选定。风水先生根据主家人的生辰八字、季节、方位等因素确定动土的日期时辰。主家按时辰在宅基地内用铁锹铲一锹土，放在房屋后边较偏僻的地方，待房屋落成后还归于原处。铲土的方位有一些讲究，须避开万年历中规定的当年太岁的方向。放好土后还需摆贡品，烧黄纸，上香。动土仪式完成后便可正式开工。

（2）上梁

将正中一间房屋的中檩预先准备好，等到了风水先生选定的黄道吉日，上午在前檐柱、墙、马头上贴对联，写一些吉利的话，如"子孙兴旺，根基坚固""泥木匠人一条心，起房盖屋动土工"等。正梁上内容较多：贴对联，上书"太公在此，诸神退位"；用钉子固定一块红布或黄纸，上绘八卦图，并写"上梁大吉"；五色线绑竹筷子一双，扎四个铜钱，放在梁上。上梁通常会选在吉日的正午时分完成，到了正午12点，把垫榫卯的木板抽出，完成上梁。主家以白馍敬神，放炮，用白酒绕梁酹天地，谓之"浇梁"。地上摆桌设贡，烧黄纸，上香。亲朋好友皆来携礼祝贺，主家摆宴席款待，必吃油炸糕，俗称"上梁糕"。上梁仪式是所有仪式中最为隆重的，近年来其他仪式多有简化，但上梁仪式仍保存完整。

（3）合龙口

留下正房屋顶中间三垄的三片瓦，正脸涂以红色（意取红火吉利），最后扣好后响炮庆祝，谓之"合龙口"，象征房屋全部完工。中午时设酒席酬谢礼贺亲朋、泥瓦工匠，主家还会给泥匠少许赏钱[①]。

2. 习俗禁忌

在乡土营造长久的发展中，木料的加工使用形成了独特的吉凶观念和习俗，为木匠们代代相传和遵守。木材有根端和梢端，木匠对此有严格的讲究。建房中必使木材顺应向阳的自然生长趋势，即柱子梢端在上，根端在下，不能倒立过来，当地对柱子倒置非常忌讳，有俗语"点脊房，倒栽树，不到三年出寡妇"。檩和枋的梢端也有要求，正房的朝东，东厢房的朝南，倒座的朝西，西厢房的朝北，形成一个顺时针的环形。椽子的梢端须朝南，根端朝北。梁的放置则是根端朝屋外，梢端朝屋内。门窗的木料同样遵循这样的要求，竖向构件梢端朝上，横向构件梢端跟随房屋的前檐檩。如果构件过小无法分辨根端和梢端，加工前会对木料进行标记。

四、匠人工具

1. 木匠

木匠工具主要有二十八种，旧时有专门的名称对应着天上的二十八星宿，如亢金龙、奎木狼分别对应大锯、锛子。木匠工具有的是纯木制成，有的由木制和铁器两部分组合而成，少量的是纯铁器。木制的都是由木匠自己制作，能否制作工具，也是一个木匠学徒是否学成手艺的标志。木匠们非常爱护工具，收工时和搬作前总要认真

检查，防止遗失。工具有了毛病，随时维修，绝不凑合。容易损坏的，常备有双份。

　　由于专业特点和地区习惯的不同，工具的种类和使用方法不尽相同，但大体上相差不多。下面将工具类型分为了四类，对其中部分工具的功能和使用方法进行简单介绍（表7-7，图7-103）。

木匠工具简介（部分）　　　　　　　　　　　　　　　　　　　　　　　表7-7

类型	名称	简介
解斫工具	大锯	用于把圆木截开或破成板材，须由两个人操作
	手锯	由一个人操作，按功能需要不同有多种规格，包括截锯、筛锯、沙锯、搂锯、钢丝锯等
	锛	用于打截、砍平木料，由锛砧子、锛把、锛头、锛箍、锛楔组装而成
	手斧	功能与锛相似，大活用锛，小活用斧
平木工具	刮刀	用于去除树皮的工具，树皮较细薄的圆木，如椽子之类，可用刮刀直接去除树皮
	刨子	用硬木料如榆木、国槐等制成。由刨床、刨刀、刨把和刨楔组成，包括严缝刨、二豁头、小刨子、盖面刨等
穿剔工具	凿子	用来加工榫卯或为木料穿孔，分为平凿、斜凿、圆凿三种。口语里的凿子一般指平凿，规格按刃的宽度有一分到八分八种
	锤子	凿子的使用需要锤子作为辅助，锤子还用于固定榫卯、钉钉子
	木钻	木钻专门用于为木料钻孔，由钻杆、钻帽、钻箍、拉杆、皮绳组成。使用时一只手扶住钻帽，另一只手来回拉动拉杆，打孔很快
	起子	用铁打成，一头有钉子，用来钉孔，另一头是带夹口的起钉器。钉子没钉好，用夹口把钉帽卡住，对另一头敲打即可拔出
测量画线工具	营造尺	清代流传下来的古尺，长度要比现今的市尺小0.5寸，为0.95市尺
	市尺	20世纪60年代后，新的市尺和米尺逐渐取代了营造尺作为工匠工具。笔者曾就营造尺和市尺询问工匠尺寸标准的问题，回答是：虽然两种尺子的长度不一样，但营造所遵循的规则如举折、出檐等不变，因而使用市尺所建的房屋要略大于使用营造尺所建
	伍尺	伍尺是木匠自制的5尺长的尺子，合1.67米，用于量取较大的尺寸，由两根2.6尺的木条组装在一起，打开即为5尺的长度
	丁尺	用于找到垂直线或垂直面的工具，放线、画线、找平面等工序会用到
	方尺	用于找垂直线，做家具、门窗、基础、大木作各有一把
	水平尺	现代水平尺出现前，木工找水平使用老式的木制水平尺。水平尺本身是有丈量功能的尺子，内有水银珠，水银珠在中间位置时，尺子即达到水平。老式的水平尺并不容易掌握，须十分熟练才能找准水平
	墨斗	墨斗由斗身、线轮、摇把、线钩和线绳组成。斗身包括墨池和线轮仓，后半部分的外观多有艺术化处理。画墨线时，将线拉出勾在木料一侧，手摇轮把放线，至木料另一侧后，手垂直提起线绳弹下即可。此外，墨斗还可以当做线坠用，手提线钩，墨斗下垂，用来检查构件的垂直度
	画签	1949年前，木匠使用画签作为画线工具。画签由母牛角制成，牛角劈开缝隙，蘸墨汁画线。20世纪60年代后，铅笔出现，画签逐渐不被使用
	样杆	样杆是木匠用长木棍临时制作的丈量工具，长度略长于开间尺寸，为3.5~4.0米。杆身用墨线画出木构件的长度，能提高丈量效率
	钉尺子	木匠在一块木料上量取常用的尺寸，用钉子钉好，需要某一尺寸时拿来即用，非常方便

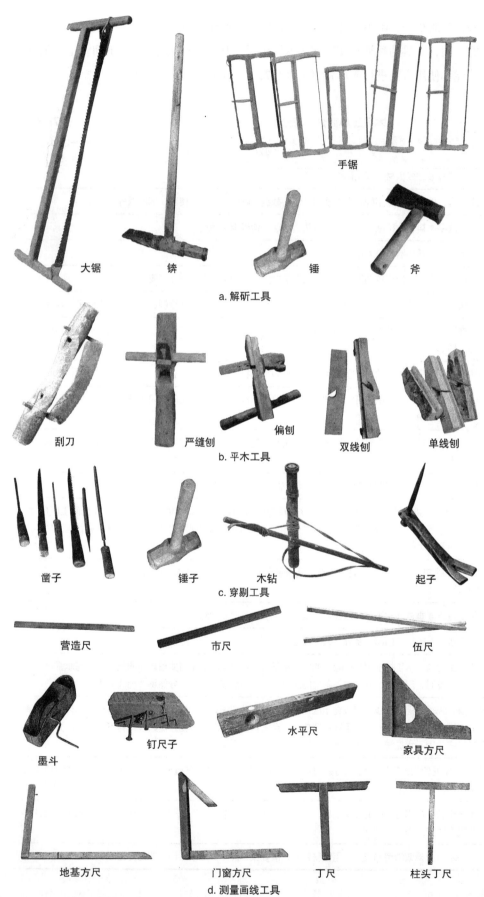

手锯

大锯　锛　锤　斧

a. 解斫工具

刮刀　严缝刨　偏刨　双线刨　单线刨

b. 平木工具

凿子　锤子　木钻　起子

c. 穿剔工具

营造尺　市尺　伍尺

墨斗　钉尺子　水平尺　家具方尺

地基方尺　门窗方尺　丁尺　柱头丁尺

d. 测量画线工具

图7-103　木匠工具

2. 泥匠

泥匠的工具主要分为夯制、拌灰、砌筑、定位四类。夯制工具有各种大小的木夯、石夯，拌灰工具包括铁锹、灰铲等，砌筑工具包括瓦刀、抹子，定位工具包括方尺、线坠等。

3. 石匠

石匠工具种类较少，主要分锤子、铁楔两种。石匠用大锤和铁楔来开采、分解石料，再用小锤和米尺对石料进行下一步的加工。1949年前石材有錾凿的工艺，将石材加工出整齐的纹路，1949年后工艺简化，石材精加工的工艺基本不再流传。

第三节 工匠口述

1. 天镇县新平堡镇新平堡村贾宽峰访谈

工匠基本信息（图7-104）

年龄：70岁

工种：木匠

学艺时间：1965年

从业时长：25年

采访时间：2016年9月20日

图7-104 新平堡村匠人贾宽峰

问：请介绍一下您的基本情况？您的家庭情况是怎样的？

答：我叫贾宽峰，生日是农历1946年5月16号，我一直都在咱们村，上过初中。家里有两个孩子，都在打工，没跟我学木匠。

问：您是从哪一年开始学木匠的？和谁学的？

答：1965或者1966年，二十来岁开始学的，因为那时喜欢这个。我盖房的师父是辛庄村的孙步金，一共跟着学了两年半。我主要是盖插飞房，大概做了几百家，新的人字房也盖过。20世纪90年代就不做了，到现在有二十多年了。

问：您收过徒弟吗？拜师的时候有没有仪式？

答：收过，大概八九个，现在徒弟都改行不做了。拜师没啥仪式，也不用交学费。徒弟第一年给师傅白做，第二三年就给钱了，就按正常工时来算，挣多少给多少。

问：您做工时的收入怎么样？

答：不高，（20世纪）五六十年代一天一块半，一月四十五块钱，一年做六个月。七八十年代是一天两块多，九十年代是十块、二十块、三十块。再往后一年比一年高，2000年以后就上一百多了，现在一天最少二百多。

问：村里的工匠人数多吗？最多的时候有几个？

答：（20世纪）70年代，木匠大概有二十多个，后来都改行了。泥瓦匠更多啦，连小工算上大概有一百多个。以前咱们这儿的工匠水平高。咱们村盖房基本都是本村的匠人，外面的还请咱们村的去。

问：您对明清、民国时的建筑了解吗？

答：明清的没涉及过。民国的房和后来的插飞房差不多，基本一样。新平堡镇的艺人数新平堡和辛庄这两村的匠人手艺好（图7-105、图7-106）。

图7-105 新平堡村传统民居

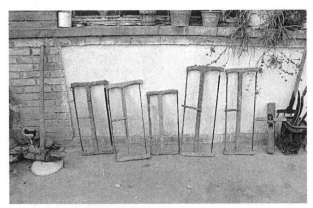

图7-106　贾师傅的木作工具

问：挂钩椽子整个是一个构件吗？

答：私人挂钩椽子很少，一般庙里才有。不管几檩的房，挂钩椽跟底下看就像是一根，不是错开的，因为檩子上有卯子接口。我拆过邮电所的顶子，檩子顶上扣着板子，板子都是燕尾卯连接，人家这种工艺根本不用铁钉。

问：卯子是怎么做的？

答：燕尾卯子，头大底小。檩条上有块板，板子上开母卯，椽子上开公卯，椽子就连在板子上，跟底下看就是一根。咱们普通房的椽子是错开的。

问：它们是怎么安装的？

答：卯子扣上去就行，我估计预先在地上就做好了。我和辛庄那老汉做工，挂椽前就把椽都铺着做好了，上去就是齐的。现在年轻的木匠一根一根地挂，挂完椽房顶有时候就不平。

问：（20世纪）80年代前后的房子有啥不一样？

答：（20世纪）80年代前是插飞房，我这房盖起第二三年后就都做人字房了。插飞房是椽头上又钉了块方木头，插了个飞子，挑起来了。咱们村插飞房基本都还住人，没有塌的，就是房子年代久了，有翻新的。现在的年轻人能盖人字房，盖不了插飞房。

问：盖房子整个工程一般由谁来管？

答：房主主管。木匠管木匠活，泥匠管泥匠活，我管木匠的。

问：择地、动工、上梁的时候有没有风水的讲究？或者专门的仪式？

答：有了，都找人看了。人家说行，那就选这个地块，到后来就是大队批地了。上中梁有仪式，很隆重，亲戚朋友都要来，拿点钱或礼品，都来帮忙上梁。按先生看好的日子和时辰，把中间的梁上上去，再把黄纸贴上，地下放个桌子，放贡品和香。

问：那个黄纸上写什么呢？

答：写"上梁大吉"，还画图案。梁上还要放清朝时候的铜钱，用两个筷子穿起来，还要和一块红布一起扎好，再用钉子钉在梁上。放好就固定在那了，什么时候拆房才会取下。

问：风水先生管哪些事呢？整个工程哪些部分是由他定的？

答：他就是给看个动工、上梁的日期，有时也看个地势。看风水有罗盘和书，罗盘实际上是指南针。

问：一般哪个季节开工？

答：春天，再就是夏天，到秋天就少了。开工前把木料、砖瓦啥的都备好，一般不用多买，需要多少都有数目了。

问：整个工期一般是多久？

答：不等。盖的房少二十来天或一个月，盖的多就两三个月。有时候中间还停工，再复工就没有仪式了。

问：木匠分不分工种？泥匠分不分？

答：木匠分做房的和做家具的；泥匠分大工、小工，大工放砖、铺瓦，小工和灰、打地基啥的。

问：盖一个房子的流程是怎样的？

答：新房先做根基，完了垒墙，再上檩子、椽子；老房先抬起根基，再立架子，再把檩子都上了，然后垒墙。接下来就铺栈板、压栈、上土、铺瓦、盖顶。最后做室内的活，门窗做好，再抹墙、弄炕，最后墁地。

问：建房子需不需要画图？

答：有时候画小样了，起房以后都就毁掉了。小样跟庄户的地图一样，看比例缩小。房多深，坡度多高，椽多长，檩多长，料多大，开间多大，都画样子了。就是拿尺子看一丈对应一寸还是一分。

问：以前尺寸的单位是什么？

答：以前按丈和尺说，现在说米了。这会的1米是3市尺，1市尺是10寸，1寸是10分。古尺比现在的市尺小5分，每1尺小5分，三尺就小15分，就是1.5寸，原来的3古尺相当于现在的2.85市尺。换算成厘米，古尺比市尺小大约1.6厘米，3尺加起来正好小5厘米，每一米的长度就小5厘米。

问：建造房子用到什么测量工具？

答：以前盖房用水平测平度，当然现在也用。我也有，后来别人盖房把锯子和水平借走了，没还回来。

除了水平还有线坠，吊线垂直用的。我们测开间和进深还用伍尺，伍尺合起来是三尺，打开就是五尺。

问：**房子的规模是怎么定的？**

答：一般民房就是3米宽、6米深，距离按墙中线算。主人经济条件好，那开间入深就都大些，条件差就小些。

问：**主家的经济实力会影响建房的哪些方面？**

答：有钱用松木，没钱用杨木。

问：**建房选哪种木料好？**

答：松木最好，得跟外头买。也得看是哪里的松，落叶松硬度高又耐腐蚀，有这么句话："上房一千年，下房原价钱"，落叶松下了房还值钱。杨木本地就有，木质结构软，匠人好雕刻，古时候雕刻一般都是杨木和柳木。柳木容易起虫，也不抗压，所以用得少。

问：**用不用槐木和榆木？**

答：槐木这里没有，榆木一般不上房，人家说榆木上房出愚人了。但这个话也看怎么讲了，他们说是出愚人，人家也能说榆木上房，年年有余了。

问：**院子和房屋的地形有没有什么要求？**

答：地形坐北朝南，地形必须得整平，实在没钱就不整了。房屋低院落高的院子很少，因为没法出水。

问：**有没有正房朝西或者朝东的情况？**

答：正房都朝南，其他的屋子朝别处。下罗盘都能坐北朝南，很正。大部分民房都盖不正，有的向阳，有的向阴。庙是下罗盘了，那是说一不二的正。

问：**院子大小是自己来定吗？盖房子顺序是怎样的？**

答：看这块地多大了。钱少就五间房的地盘盖三间，等以后有钱再盖。顺序是先正房，然后就随便了，没有固定的顺序，南房一般最后盖。

问：**住宅大门一般开在哪？**

答：开在哪的都有，东南角巽字门是最好的。如果东南角开不了就得在别处开，正南门也行。西南这个门不好，是乌龟头的门，这里一般做猪圈、厕所。

问：**大门做不做装饰？**

答：也有了，这里做门不讲究，南方民居的门可讲究了，北京的大门也挺讲究。咱们这里自民国以后就没有装饰了，我没做过。

问：**咱们村的房子有没有砖雕？有没有照壁？**

答：砖雕有，照壁没有。

问：**院落的房子是正房最高，接下来哪个高？**

答：按从前的讲究，东西厢房和大门都不能超过正房，正房是最主要的。接下来看大门朝哪面开了，如果大门朝东开，那就西房重要；大门朝西开，那么东房重要。最不重要的就是南房，从古时候就说南房阴凉，是储存用的。

问：**咱们村院子的形状是什么样的？院落的排水是怎么组织的？**

答：不一致，东西长、南北长的院子都有，看地势了。一般院子的排水跟着大门，大门在哪边水就往哪边流。

问：**木工都用到什么工具？**

答：古时说木工工具是二十八学，天上有二十八星宿，木工工具跟星宿对应着了。你知道鲁班爷吧？是木工的祖师，修赵州桥的时候，人们看到人家好像是赶羊了，实际那是在运石头了，是用石头做桥呢。鲁班爷那是有星象的人，也算半仙了。

问：**您用到的工具都有哪些？**

答：斧子、锯子、锛子、凿子、墨斗。

问：**锯子都有哪几种？**

答：锯子有三四种了，以前截大料用的是大锯，可长了。大锯、二连子锯、卯锯子、起楔锯子，好几种了。

问：**那刨子呢？**

答：刨子我们叫推刨，也有好几种，有镜面刨子，有两块木头对缝用的对缝刨子，还有推荒材用的刨子。

问：**立架会用到什么工具啊？**

答：立架子的时候就用椽子、绳子。先用一根绳子把两根椽子套个套绑在柱子上，再往绳套里插一根椽子，这三根椽子就把柱子支住啦。支好了可以上人，很结实的。柱子立起来以后再上檩。

问：**量面阔进深的时候用不用样杆？**

答：有了，把尺寸就卡死了。它有3米的，也有两米八九的。假如两边两间房檩子都上了，中梁为了卡尺寸，拿样杆量好后就固定在檩上。上梁的时候这根檩子就放在中柱的卯子里，然后样杆再取下来。

问：**除了量面阔，样杆怎么量进深呢？**

答：好比进深6米，3米长的样杆量两次就是6米。以前的尺子最长只有一两米的，6米就得量三四回，用样杆就省事多了。

问：**木构件的统计是您来负责吗？会不会多备点料，以防一些构件不合适？**

答：嗯，对，尺寸、质量，总把情况都得掌握好了。不需要多准备，好比每间房3根檩，买上3根檩子就行了，一坡椽子15根哇，四坡6根，那买60根就行了，不用多余。如果是飞子，三间房45根飞，可能办47、48根，多两三根备用，飞子偶尔有不能用的。

问：这些构件都是自己加工吗？加工需不需要预留一些尺寸？

答：檩椽飞、柱梁都自个加工。下料可能长个两三寸，做成以后就把尺寸卡死了。如果是加工3米的，那选荒料最多3.1米。

问：怎么验料呢？

答：木匠眼睛一看就知道行不行，木料有腐化的、陈旧的、起了蘑菇的，都不能用。跟咱们买东西一样，新的跟旧的有区别。一看年轮，二看树皮，一般盖房木料带树皮的少，从外表就能看出好坏。树皮如果是光滑的、嫩的，这个树就好，没有得病，挺健康的。

问：有没有什么看的诀窍？

答：有，土地的料比沙地的料好。土地的料木质坚固又白净，沙地的料有的管心发红，就不结实。沙地的料有时候它的年轮纹也不太好。

问：木构件是怎么编号？

答：比如檩子，从东边一直往过排，中檐东一、东二、东三。柱子也这样，从东开始，东中一、东中二、东中三。前二檐的柱子就是东二檐一、东二檐二，这样都排过来。前檐柱子就是前檐东一、前檐东二，还有中檐东一和后檐东一。

问：加工构件需要画线，这些线都有哪些？

答：中线最重要，檩子都是三行线，顶三行和底三行通着了，檩子跟檩子的卯子接的时候，不管几根檩子，线看起来都是一根。从前的檩都是卯子对口，不像现在人字房都是另一种做法了。

问：檩子和檩子是怎么接的？

答：檩子是根子大、梢子小，两头对接，卯子底下有柱子顶着。两根檩子的顶上和底下的三根线必须对正。一根檩子一共十根线。花面（侧面）每边的两根线都要对齐，不管几间房度数要平，不能一间高一间低。

问：从剖面上看，卯子是什么样子的？

答：檩子用燕尾卯，根子是凹进去的母卯，梢子是凸出来的公卯。正房根子朝西，梢子朝东，东房檩头朝南，南房檩头朝西，西房檩头朝北。檩子得按顺时针转了。

问：这个是风水上的讲究吗？

答：对，按以前说法是"点脊房、倒栽树，不接三年出寡妇"，点脊房就四个角没做平，倒栽树就是柱子的梢子朝下了。

问：檩子和柱子的线是怎么打的？

答：檩子十根线，先把中线打了，再靠住中线两边打两根线，这就打好上下三行线了，再打四根花面的线。柱子一般四根线，正面背面各一根，两个侧面也各一根。

问：柱子中线跟檩子上的哪根线对齐？

答：柱子的南北两根线是通的，柱子的中线必须对住檩口的中线，因为两根檩对接的地方就是柱子的中线。柱子上的四根线都得对准檩子圆面和截面的线。

问：柱子中线为什么要对着两根檩对接的部位？

答：柱子中线一定要对着这里。前根檩的梢子要放在后根檩的根子上，根子上的托盘叫下框子，檩头叫上框子。下框的作用就是支撑檩头，前根檩的上框要放在后根檩的下框上，不能往墙上放，否则就不结实了。

问：为啥不加工成一样粗的？根子比梢子粗多少？

答：加工成一样粗的话，檩子头对头就压着了，这样不结实。木料的根子本身就粗，梢子假如是20厘米，根子可能就是30厘米，根子上余10厘米做下框子，20厘米的梢子就能担在上面，这样比压在墙上结实多啦。要不你就得另做一块木头把檩口托上去。

问：卯子都有哪些类型？

答：檩子是燕尾卯子，柱子是四方卯。还有种人头卯，跟燕尾卯差不多，就是短点，接口也小点。其实做卯子跟做零件是一样的，做成以后要对了号，线跟线都正了。

问：现在檩画线还需要十根吗？

答：按以前的标准一根檩子十根线，现在都是一根檩六根线，减了。十根线繁琐但是精准，六根线省工。

问：老房子会用柁吗？

答：五檩起脊房会用柁，前后柱子开四方卯顶着，上头的三根瓜柱都串着，这就是插飞房。单间房一般就不用柁，像我的房檩子就直接搭在墙上；用柁的大都是掏空房，两间房当中没墙。

问：柁是什么形状？如何画线加工？

答：柁两头一样大。五檩起脊房的柁一般是圆的，人字房有时候是方柁，把木头都取方了。柁跟檩子的捏线方法一样，顶上三根线必须跟三根瓜柱的线对了号，位置就固定了，不然放不进去。

问：那梁的三根线怎么跟瓜柱对住呢？

答：瓜柱正面三根线，背面三根线，和梁的三根线都得对了口，再把柱子往进一打。瓜柱和柁的接口处得削平了，如果有取不平的情况就把瓜柱锯一个弧度，因为梁是圆的，一钉就严实了。

问：柁侧面的四根线起啥作用？

答：上三下三是保正它直，侧面这两根是保证它水平，不管盖十间还是盖一间，担子都得水平了。十间房檩子的线就连成一根了，柁也不管几根都得在一个水平面上。如果不平就一间高一间低，有落差了。

问：柱子和柱子之间有拉杆吗？

答：有了，我们叫扒杆（穿枋），把这些柱子都连着，不连肯定就不结实。五檩起脊房遇见七级地震也没事，就是震歪也塌不了，因为四面都有拉的。

问：扒杆是啥形状的？起啥作用？

答：一般是圆的，画两根线就行，扒杆管柱子之间的距离了。假如做四尺的柱距，除去柱子直径，扒杆就是三尺八或三尺七。椽子的长度和扒杆的长度都有数，坡度得算好了。如果扒杆做不准，椽子就一根长一根短，有误差了。

问：扒杆上的线有什么作用？怎么保证它是水平的？

答：扒杆插在两边的柱子里，画两根线就能对正。不画线容易锯歪，入不了卯了。从柱子的根底往上找尺寸，假如从根底往上算2米或1.5米画线做卯，另一根柱也从根底找这么高就行了。

问：扒杆是怎么穿在柱子上的？

答：假如是四个柱子，都放平了，扒杆一往进穿，然后把四根柱子一块拉起来。柱子根上有三根马腿，再绑上绳子就把柱子支住了。

问：五檩起脊房的柁是怎么立的？

答：辛庄那老汉有个方法可省事了，是多年积累的经验。先把绳子头套柱子上，柁跟柱子接好，绳子在担子上绕一圈，然后三两个人从两侧或一侧往起拉。立起后把马腿上好，再把绳子从担子上绕回来，那担子就落在卯子里了。

问：立柱子怎样保证准确呢？

答：立柱子之前，基础的中间都打上中线了，中线间距都定下了，柱子就是往中线上放，柱子的线跟中线都对准，后边上檩子的时候就都准了。

问：前檐柱之间有没有木构件连接？

答：我们叫替，是檩子底下的木构件。堡里的古房用替有两根的，也有一根的。它就在窗子上边，像一根小檩子，比椽子粗，替跟柱子也用卯子连接。老古房

是上檩下替，现在是用水泥过梁。

问：替和前檐檩是怎么连的？

答：替顶上放檩子，用木销子连。凿四五厘米长的俩销子，檩和替的两头都凿两三厘米的口，就用销子把前檐檩和替打住了。销子比口子稍微大点，两面一往住磕就紧实了。

问：木构件有没有选材标准？

答：没标准，檩子和柱子必须得直，如果条件差只有弯的，也能将就，但还是直的好。

问：柱子都是下大上小吗？柱子中线间距一般多大？

答：对，柱子和人一样，头要朝上，不能头朝下了。柱间距看房子进深，用进深确定。开间看人家要多少，2.8米、3米、3.2米都有，一般是3米左右。

问：柱子一般多粗？

答：前檐柱是露明的，得做得好看了，最粗有20来厘米的；中间的柱子在墙里，一般是16、17厘米粗；后头的柱子细点也行。

问：还有其他什么柱子吗？

答：五檩起脊房的柁上有瓜柱，叫梁上中柱和梁上前后柱。瓜柱和普通的柱子一样，檩上燕尾卯，柱头直卯。

问：柱子加工的工序是怎么样的？

答：买回来后下荒料，锯出长度后加工个粗糙的模型。然后上墨线，墙里头的柱子捏两根就行，四根更准确些。然后用锯子、锛子、凿子加工，做前面柱子就用刨子推，做墙里头柱子就不用。

问：除了柁以外还有其他什么梁吗？

答：还有过门担子，就是门两面一边一根柱子，上面放担子，墙上开门。

问：加工卯子的时候需要哪些工具？怎么加工呢？

答：凿子、锯子，捏线后用方尺和丁字尺找方，然后就做卯子。公卯子用锯子锯，母卯用凿子跟斧子，用凿子的时候要把握深度，一般凿四五厘米左右。

问：四个屋角会不会翘起来，有没有这种做法？

答：少，庙翘了，民用建筑不可能翘，我没做过。

问：立架分成哪几个步骤？

答：先把零部件都加工好，然后连接扒杆跟柱子，有问题都处理了，再往起立。先立山墙的两排柱子，再立中间的，立起后每个柱子都用马腿支住。接下来上檩子，钉椽子。

问：立起架子后检查柱子直不直，构件平不平？

答：把檩子上好以后才检查了。用线坠检查柱子直不直，不直就调整，直了就挣墙。扒扦不用检查，基本都是平的。

问：屋顶是怎么做的？

答：挂了椽以后铺栈板，然后用泥压住或者用钉子钉。接下来再铺影栈，影栈就是干草、柴火放一层。然后再铺泥压住，压好以后还要抹一层泥，上边就铺瓦。

问：檩条一般是多粗？椽子一般多粗？

答：那不一定，檩条一般是20来厘米，粗的有30厘米的、25厘米的。椽子一般是8厘米。

问：您做的房子一出水多还是两出水多？

答：两出水多，一出水少。

问：檩条会不会突到山墙外边？山墙有什么装饰吗？

答：一般不出，如果檩头出到山墙外头，按老古说法叫"穿心剑"，不好。我们这山墙比较简单，不做装饰，用砖做一做就完事啦。

问：和木构件之间的缝隙怎么处理？

答：木构件放那，拿泥抹就行了。

问：屋子做不做举折？举多高怎么定？

答：五檩起脊房就有弧度，用柱子高度定。比如柁上的前后瓜柱如果是40厘米，中柱就是90厘米或85厘米。

问：您做家具或门窗吗？工具有什么不一样吗？

答：家具少，门窗做了。门窗用的工具跟盖房的差不多。

问：做门窗对各种木材的选择有什么讲究吗？

答：木材要没有疙疗（凸起）的，平顺的。一般用杨木，特别有钱的人用松木。柳木和榆木不能做门窗，容易变形。

问：门窗的尺寸是固定的吗？

答：不固定，尺寸按房的大小定了，做几个是主人说了算。

问：加工门窗的流程是怎么样的？

答：第一道工序是选料，料的尺寸都稍微长一些，然后用锯子加工，再拿推刨推，推完就是成品了，接下来再往一块组合，最后刷漆。

问：外框和内框的宽度一般是多少？

答：外头的大窗框做十二三厘米，约四寸宽；现在新的口子料都是六厘米。里边的小窗框也叫窗心，边框宽四五厘米，中间的木条宽六厘米。

问：以前的窗子也是用玻璃吗？

答：以前社会不发达，（20世纪）80年代前上边的窗用麻纸糊，底下的窗用一块玻璃，80年代后就都是玻璃窗了。麻纸能防寒，糊在室内这一边。

问：以前的室内墙面和地面用什么材料来抹呢？

答：墙跟地面都是泥里加点麦糠子、苒子抹，后来有了白灰、水泥。像我的房墙的底子是泥，外头刷层白灰。现在都是水泥，外抹一层白灰。

问：您盖的房子顶棚怎么做？

答：做天花板的很少，做顶棚的多。顶棚就是买些杨木棍，打上横道和竖道，再用报纸或者麻纸糊。

问：门窗什么时候做？顶棚什么时候做？

答：房子盖好后，再做门窗或顶棚都行，最后抹墙墁地。

问：室内家具的布置有没有讲究？家庭信仰是否影响家具布置？

答：有人讲究，有人也不讲究，这看人家信仰哪一套，叫我就没讲究。咱们村堡子里头的人就讲究了，堡子外头的人就不咋讲究。因为堡里的大多数是商人，人家做买卖了。堡子外的大部分是庄户人，脸朝黄土背朝天。

问：瓦作的工具有哪些？

答：大铲子、抹子、线坠、砍刀，现在用刨锛了。

问：地基是怎么做的？

答：先挖槽子，槽子深度不等，看地基软硬了，有的挖大约1米深，有的挖40、50厘米深，像咱们村70、80厘米深。本地山上河沟里有石头，质地挺硬的，把大小不等的石头放在槽子里。以前砌地基用泥，现在是水泥。基础起来后就用泥或者水泥抹平了，再起墙。

问：基础的建造先做什么呢？

答：先把地平好了，再拿大方尺把地基方了。接下来用水平把线放好，放线有一根基线，一般是开间方向这根，有的人放在前檐，有的人放在后檐。放好后挖地基槽。

问：基础做好以后就砌砖吗？砖墙多厚？

答：以前没砖，都是土墙，也有用石头的。土墙是拿两块板放在两边，把纯黄土放里边，啥也不加，一截一截往上捣。以前抬土墙人家多，（20世纪）80年代以后才有了砖，砌砖有专门的大工，一般人砌不好。现在的腰墙厚度是24厘米，山墙是37厘米。

问：基础挖好后，中间的地怎么处理呢？

答：顶棚做了、墙抹了以后，找水平线，找好后再做地面。有的人家是砌砖，有的是拿灰或水泥打了。

问：室内地面的土需要分层夯实吗？

答：一般夯一层就行了，以前家里也是土地。现在山上的房也有很多室内做土地的，山上的黄土好，像咱们这地方土里都是沙子。

问：防潮是怎么做的？

答：以前没有防潮，现在防潮是底下铺油毡子。

问：砌墙的顺序是怎样的？哪些墙承重？

答：先起俩山墙和后墙，然后前墙，最后腰墙。一般山墙、腰墙都承重，后墙不太承重，前头就靠柱子。

问：砌墙的过程中怎么保证墙的水平？

答：将墙前基础就拿水平平了，都在一个水平面上。砌的过程中拿米尺量一米几层砖，好比东边一米是15层，西边的一米也得是15层。

问：窗台一般多高？室内的净高度是多少？

答：窗台一般高一米。室内净高就是个两米二三。新房的顶棚一般做在窗顶过梁再往上15至20厘米之间，老房的顶棚要做在前檩中线往上一点。

问：您盖过的房子带不带一个供神的壁龛？

答：就在正房西边墙上，炕外头。

问：从前盖房瓦用得多吗？

答：老古瓦质量好，用一百年啥事也没有。以前的人家用瓦的少，大部分是用纯泥抹土顶子，每隔一年就得用泥抹一回。屋顶漏雨了就得拿泥抹，现在是用白灰勾。

问：您这个房子是带举折的，它的坡度是怎样变化的？

答：屋顶那一坡椽子的角度是35°左右，屋檐那一坡在26°～28°的范围。

问：积雪会不会对屋顶有损害？

答：有损害了，下了雪当时就得清理。如果不清理，天气暖和后雪就渗到瓦里头了，到晚上又冻成冰，瓦就容易坏。

问：从前地面光是泥地吗？

答：室内泥地多，石头地少。因为土地暖和，石头地发凉，以前室外铺地用石头的多。

问：院子和街道高差是多少？室内外的高差是多少？

答：院子和街道高差不超过10厘米，院大门是最低的，得送水。室内外高差按老古做法不能超过20厘米，大概是14、15厘米。

问：假如墙砌高了，怎么搭脚手架上去？

答：我们使唤杵凳，它是外头两条腿、里头没腿的一种凳。不管砌哪面墙，用它往墙上一顶，上边搭板子，就稳当了，比搭架子省事多了。

问：村里石头和白土做的古墙您了解吗？

答：了解。那个墙是先放一层石头，砌平后放泥，泥和石头平了以后再放石头，这样一层层砌起来。墙砌起来后再拿黄土和上麦糠子、苘、稻草，往墙上抹。那种泥就是把本地的黍子秆挖成5～7厘米的秆子，和在黄泥里头，它和水泥里加钢筋是一个道理。古墙是用拳头大的石头垒起3米多高，都已经五六百年了。

问：房屋的抗震、防寒有没有专门的做法？

答：古房墙里头有柱子，立架的做法就能防震。以前防寒就是打个顶棚。

问：飞子怎么制作呢？椽和椽之间的空档怎么处理？

答：飞子出一压二，每出1寸，里头就藏2寸。它里头是个斜面，就钉在椽子上了。椽之间的空档，老古房有的用泥封，还有的做个圆弧形的木板封住了。

2. 天镇县谷前堡镇水磨口村石玉山访谈

工匠基本信息（图7-107）

年龄：78岁

工种：木匠

学艺时间：1953年

从业时长：约40年

采访时间：2016年9月21日上午

图7-107 水磨口村匠人石玉山

问：请介绍一下您的基本情况？您的家庭情况是怎样的？

答：我叫石玉山，1938年出生，今年78岁，上过一年私塾。家里有五个孩子，都是农业社和打工的。我们是家传木匠，我十五六岁开始跟父亲学，十九岁爹就死了。

问：您做过多少房子？

答：水磨口的房子大部分都是我盖的，庙也是我建的，最多的时候一年盖了40来间，一辈子盖的都算上500间也多（图7-108～图7-110）。

问：您收过徒弟吗？徒弟现在还做吗？

答：我的大孩子、二孩子学过，算上别人一共六七

图7-108　水磨口村传统民居正面

图7-109　水磨口村传统民居内院

图7-110　水磨口村传统民居全景

个，现在都不干了。徒弟一开始为学艺都白干，学够三年出手，就得给工钱。有一个学一年就出手的徒弟，三四十年前就死了。那时候拜师没仪式，就是过年给师父买点东西啥的。

问：那时候收入怎么样？

答：（20世纪）70年代集体的时候挣工分了，一个工分三毛钱，一天挣一块五，一间房能挣50多块，田地收成好就多挣点，赖就少挣点，那会不挣钱，挣米了。到后来百十来块，再后来一直就涨上来了。

问：泥瓦匠和木匠收入谁好些？

答：那会木匠收入高，现在泥匠高，木匠也可以。你看现在做棺材七百块，以前只有二百块。农村木匠啥也做，家具、盖房、棺材。以前耕地的犁我也做，现在变成铁犁啦。

问：以前村里的木匠和泥瓦匠有多少人？

答：（20世纪）60到80年代的时候，木匠够七八个。泥瓦匠少，这里都用石头和土坯起墙，石头是山上水冲下来的，土坯是泥和水和起来倒在模子里，用泥抹。大小是一尺二寸八，干了以后就能茬墙了。现在上了年纪的木匠有四五个，泥瓦匠多，因为现在打工的多。

问：村里盖房会从外地请工匠吗？您去不去外村盖房子？

答：咱们村盖房一般都是本村的匠人，我去过城里、天镇县、上吾旗村。

问：咱们村的老房子您了解吗？

答：了解，像我们的房就几百年了。老古房屋顶说举折了，前檐柱几米高，房做多深，顶盖多立，架子举多大都有规矩了，庄户人的房是二举半。

问：（20世纪）80年代前后的房子有啥不一样？

答：老古都是把架子立起，檩都做好，做平做直，再由泥匠起墙。现在是泥匠先起墙，木匠后搁檩子。新房比古房质量好，以前使唤圪遛的杨木檩，现在都是杆木檩。新房的举折更高了，是二举半、三举半。

问：盖房请不请风水先生看地？

答：以前是自己找地承包，想去哪盖都行，（20世纪）80年代后就是大队批地了。咱们村也有懂阴阳的人，讲迷信了。像我们这大门正对着就不好，开在东南就好。

问：上梁需要看日子吗？有没有仪式？

答：上梁就看个好日子，按迷信就是不撞鬼，过日子好。也有仪式了，仪式咱不懂。

问：什么季节盖房子？盖一个院子得多长时间？

答：夏天做，冬天不能做了。时间不等，有误工的有省工的，打日工一间房得十五六个工，像我这院六间房，就得三两个月。

问：建房子需要画图吗？

答：画了，画图才知道头架柱、二架柱、三架柱分别多高，怎么画就怎么做。图都是自个画，画完就不留了。

问：**您盖的房是几檩的？**

答：有五檩房，还有六檩房。入深大就盖六檩房，入深小就盖五檩房，一般庄户人的房五米入深，就是五檩的。六檩房的檩是前三道后三道，叫六檩卷棚，顶上使唤一坡卷的椽，卷成圆弧了，像咱们村戏台就是六檩。普通人家住的一般是四檩、五檩，现在人字房不做柱子，也算五檩房，前面有根水泥打的梁。

问：**您盖的房子中一出水多还是两出水多？**

答：两出水房大部分是五檩起脊房。我盖的房四檩一出水的多。也有四檩两出水的，叫"鹌鹑尾"，前面两坡椽，后面一坡椽。还有三檩房了，因为进深浅没地势，只能盖三檩的。

问：**盖房的时候用啥尺子？**

答：有丁尺、方尺、米尺就行了。方尺是方东西用的；丁尺是捏檩子用的，檩子都得做成扁圆形的；米尺是用木头做的两米长的尺子；量开间要用伍尺，合现在的1.7米多，两下是一丈。

问：**您盖房子的尺寸单位是多少？**

答：以尺为单位，33厘米一尺。

问：**您修的院子一般多少间房？**

答：那不等，有的只盖几间正房，有的还盖东西房或者南房。正房一般盖五间，按老古讲四六不坐正。南房按照正房的间数盖，一般人也没钱盖。厢房盖几间就看地势了，古时候村子周边有城墙，我们村里这点地可珍贵了。

问：**您盖的房子开间进深是怎么定的？**

答：开间看檩了。檩粗的话，3米、3.3米、4米都能盖，檩细抗不住就压弯了。入深由室主定了。人家要几米就盖几米，有5米的、6米的。

问：**木材用哪种比较多？**

答：老古就是那种大叶杨木，以前交通不便利，杆木运不过来。现在社会发展了，都用杆木，就是东北来的落叶松。

问：**盖房子有没有地形的要求？**

答：地基得平，下水平确定架子多大，驾多远，再稳柱顶石。立起架子就是一样平了。

问：**正房都是坐北朝南吗？住宅大门一般开在哪？**

答：正房都坐北朝南。政府开正阳门，庄户人开巽字门，乾、坎、艮、震、巽、离、坤、兑（后天八卦方位），西北是乾字门，东南是巽字门，我们这院是离

字门。有的人实在没地势，啥门也得开了。

问：**大门有木雕刻吗？**

答：啥大门也做过，有的大门比一间房还费工。我没做过雕刻，我们院的大门就有了，"文化大革命"那时"破四旧"取下来了。

问：**您盖的房子有照壁没？**

答：一般正阳门有照壁了，普通门没有。堂门和大门对住就得有照壁。

问：**立架前需要给木头编号吗？**

答：编了，从东往过排，檩子编东一、东二、东三。这还有个讲究，盖正房小头都迎东，盖东房小头迎南，盖南房小头迎西，盖西房小头迎北，这样转了，不能由你瞎放。有个年轻木匠盖房给放反了，结果房还没盖起主人家的老太太就死了。

问：**编号就是从东算吗，没有按其他方向算的？**

答：盖正房和南房都是东一、东二、东三，盖西房就是南一、南二、南三，盖东房就是北一、北二、北三。柱子编号也一样，就是前檐东一、东二、东三，立架前都写好了，使唤哪根立哪根。

问：**椽子是怎么加工的？**

答：椽用一个圆砣加工，前檐椽两头一样大。里头的椽不用加工，砍正就行。

问：**加工檩条得画几根线？**

答：一共得画七根线，先画上面三根和下面三根，用方尺方了，然后拿锛子砍，砍圆了再推，木料两头就一样大了。侧面还有一根线，盖起房后，不管檩子有几根，侧面线都是通直的一根。

问：**做卯子的时候得画几根线？卯子都有哪些类型？**

答：两根线，都是一公一母的人头卯。一般柱子上用钻天卯子；檩子上用人头卯子；还有种迎嘴销子，卯子里插了个销子，是在担子上用的。

问：**担子画几根线呢？**

答：和檩条的线一样，担子要算好二架、三架、四架多高，然后抬瓜柱。

问：**柱子画几根线？担子底下的柱子是不是容易被压坏？**

答：前檐柱子和檩条一样，也是七根线，里头的柱子四根就行。柱子画线得用方尺方，方尺顶在柱子中线上，沿中线在柱子上转圆，然后用丁尺捏四根线，这样柱顶面就是平的。柱子一般压不坏，立木顶千斤，担子底下的柱子得粗点。

问：担子怎么往上安呢，流程是什么样的？

答：我们用牛头架，就是用绳子绑上四根桩子，两边的桩子绑上两排架子。担子搁在中间，两头绳子绑好，人每往高托一下，就填进去一根木棍。这么一下一下就起来了。细担子不用这样，胖担子抬不动，得这么做。

问：中间的瓜柱粗吗？

答：中间的瓜柱不粗，前檐柱和后檐柱得粗，吃力了。

问：房子前后檐一样粗吗？

答：前檐柱子得粗，像这房前檐柱子得做17厘米大，后檐柱子不粗。五檩房有做前后两面都开门窗的房，那前后檐得一样粗。如果没担子柱子就不粗，墙里头的土柱子有个十几厘米就行了。

问：柱子和柱子用什么连？

答：开间方向檩连的了，前檐还用替。进深方向有扒扦了，头架、二架、三架一根比一根高，一直这样连起来。扒扦是根圆木头，起固定柱子的作用，有三两厘米粗就行。扒扦的长度看柱距，以中线为准。

问：扒扦做什么卯子？

答：半卯，沿中线锯一下，去一半剩一半，大概十几厘米长。柱子中线上凿通卯，扒扦在柱子外头伸出一截，做个三五厘米长的圆销子一插，把两头卡住，柱子就固定了。

问：凿眼的位置高低是怎么定的？扒扦是怎么上的呢？

答：后根柱子眼的高低跟着前根柱子，这样扒扦就平了。前檐柱子一定做人头卯子，扒扦在柱子上一卡，敲进去。上扒扦先把前檐柱立起来，然后把扒扦磕进柱子，再弄二架柱子。

问：柱子两边两根扒扦不在同一水平面么？

答：两根扒扦可以错开，也可以对住。对住的话就把柱子的眼凿大点，两边扒扦的半门卯子错开，插在柱子上，扒扦要出柱子10厘米左右。然后用销子或钉子逼着柱子打上，销子是水平方向的。

问：瓜柱怎么做？

答：瓜柱粗细看木材好不好了，有11到13厘米胖就行，4到5寸。瓜柱做双卯，插在担子上。还要做个檞模（角背），它就把瓜柱固定住了。

问：这个檞模怎么做呢？怎么安装？

答：瓜柱做两个长的公卯子，卯子之间有空隙插檞模，檞模锯好口卡在瓜柱中间，担子上有用五分凿子凿的俩眼，敲在担子上。担子上凿眼不能沿进深方向

凿，得沿开间方向凿，这样瓜柱才能正了。栽瓜柱时还得用方尺把担子方了才行。

问：怎么保证瓜柱稳固呢？

答：瓜柱也有扒扦连，瓜柱高就要做戗杆，两根戗子顶住瓜柱。

问：檩条和椽子怎么连呢？

答：用钉子钉了，把檩子托好就钉椽。老古那会用铁匠打的四棱钉，形状是大头小眼的四棱锥，现在是洋钉。

问：椽子上面铺栈板吗？

答：椽子上放用斧子劈的小栈子，栈子就搁在椽子上，一边放栈一边就用泥压住了。栈板上还做影栈，铺一层干草（谷子秸秆），再压泥、扣瓦，木板就腐不了。现在有现成的木板子，买回来往上一钉就行了。

问：您盖的房子做不做屋脊？

答：五檩起脊房就做脊了，盖好房，泥匠就做劈山、安兽头。有那起脊六兽房，"文化大革命"时兽头都被打了。

问：五檩起脊房的举折怎么做？您盖房子搭脚手架吗？

答：画下图以后，就知道二架柱、脊柱多高，两头檐柱多高好看，不这么做就不好看。脚手架就是四根木头架起来，上面放个木板，一层层地往高架。

问：檩子怎么上呢？

答：得用叉杆，就是很长的、胖胖的木头，起固定架子的作用。立架先用四根叉杆叉一根檩子，拿绳子绑住，檩子立起来固定好后，叉杆就没用了，再上另一根檩就不用叉杆了。这种做法叫大立架。

问：檩条的大头是否会做个托盘托住小头？

答：有托盘的叫垛檩，一根压一根，小头公卯，大头母卯。还有种平檩，两头一样粗，就得做圪塌替（替木），两面左右各插一个销子，圪塌替底下有一根柱子顶住。

问：您使用哪些锯子？

答：我的工具大都是梨木做的，手锯子、刀锯子、快马锯子，还有对缝锯子。人家说木匠的工具有二十八种，二十八星宿就是根据木匠工具来的。从前割窗做花线，要用一个叫出线子的工具，现在不用了。

3. 浑源县永安镇神溪村王恒山访谈

工匠基本信息（图7-111）

年龄：75岁

工种：泥瓦匠

学艺时间：1963年

从业时长：约40年

采访时间：2016年9月23日上午

图7-111　神溪村匠人王恒山

图7-112　神溪村传统民居

问：请介绍一下您的基本情况？

答：我叫王恒山，1941年11月11日生。我们家族最早在河北新塘玉泉，搬到浑源十几辈了，一开始在下韩村，后来搬到神溪，在这已经六辈啦。我七岁上的完小，到十六岁是六年级毕业，那时是一九五几年。

问：您有几个子女？他们从事什么工作？

答：一个小子一个女子，就是打工，没职业。我儿子也会一点泥匠活，我教过。他也出去做过楼房，受过这苦，不愿意做这了。

问：您是哪一年开始学的泥瓦匠？和谁学的？

答：我是1962年、1963年开始学的，为了出去挣钱。我没咋当过小工，一出来就是当大工。我是和我舅舅牛儒恩学的，他是一九二几年生的，以前的职业是在一个小山庄的学校里当小学老师，后来改成泥瓦匠了。那时他给人盖房，把我也带去了，我就跟着学了一年多。后来每年都做工，到1964年、1965就不咋做了。现在家里有六亩地，儿子打工，女儿已经出嫁了。

问：泥瓦活最擅长的是啥？收过徒弟吗？

答：我行行不精，哪行都会。铺瓦、起墙、抹墙、打地都能，但是不会贴瓷砖。贴瓷砖是随社会发展出现的新营生。我没有收过徒弟（图7-112）。

问：那时候收入怎么样？

答：20世纪60年代是记工分，给农业社修桥啥的，每天出勤是一个多工，一个基本工五毛或二毛，干一天才挣二毛钱；70年代土地下放后，碹窑一天两块半；80年代后小工一天一块多，大工一天四块多钱；90年代我出去打工的时候，一天提高到五十多块，到90年代末就一百多了，像现在的大工一天二百块钱。

问：一般给主人盖房子，主人会不会给点东西？

答：那时候生活水平可低了，东家给买上一盒烟，放着给众人吃。吃饭也没有现在这么好，一般吃玉米面窝头，好的人家吃顿莜面，再好的吃顿油炸糕，当时白面还很少。

问：您给东家做工的时候东家包不包饭？

答：包工的时候就不给吃，做日工就给吃了。包工就是多加工资，像打一条炕，日工一天两块钱，如果是包工就得五块钱，自己回家吃饭。

问：您村里盖房会不会请外边的工匠？

答：和谁也合伙了，这不是一两个人能做的。就是周围这一带村子的工匠，有相好的或者本家的，就一起做。

问：您村里的工匠最多的时候是多少人？

答：我们村也三十几个，木匠是十多个，挺多。我也到外村做，去过许村、城里，哪个村有咱亲戚，就过去做了。

问：那这些全都算上，您盖过的房子有多少？

答：城里边做过十几间，村里做过二十多间窑洞和二十多间瓦房。总计单间二十多间，全套院子七八个。还有一些小房、地窖、门楼、院墙，这就不好算了。

问：您了解明清老房子的泥瓦活吗？

答：了解一部分，明清盖房不像现在，那时候没有全砖墙的房，都是砖里夹一层土坯。可是人家那房盖得好，房子年久了，即使不牢固也不塌，有柱子支着了。现在的窑洞和砖房就不行，那一年地震坏了好多，下雨也容易漏进来。

问：（20世纪）50年代到80年代工艺有什么变化？

答：（20世纪）50年代土地没改革，盖房都是泥的；

随着社会发展，毛主席起来后有了砖了。那时的砖还是手工刻，笨重，现在是机器刻砖，后来又有水泥了。80年代以后随着社会发展开始讲科学了，工艺上越来越精了。

问：房子的材料、盖法变了吗？手艺也有变化吗？

答：材料变了，盖法差不多，这个地方的乡俗基本没变。手艺有高低，低就做得慢点，高就做得快点。像抹墙，手艺精抹得平点，手艺一般抹得差点。手艺基本没有太大变化，不过也随着社会的发展逐渐提高了。

问：现在年轻人还有会盖的吗？

答：会，30岁、40岁、50岁的都有了。人家有时候比咱还强，现在年轻的孩子出手快。

问：谁来主管盖房子？选地块是谁来选？

答：用谁、盖啥房、啥材料，都是东家管。选地是大队统一批地，早以前就是自己有钱了找块地方，向村长申请。以前我们村人也不多，闲地都能盖房。

问：选地块不是也有风水的讲究吗？

答：一般盖房是匠人做主，把方向定了。农村人一般不咋讲究风水，不懂得，也没有多大的家族。不像明朝的刘伯温懂风水，北京不正是刘伯温选址的么？

问：开工一般是什么时候呢？哪个季节多一些？

答：动土上梁都讲究黄道日，不是黄道日不行。农村一般3月开工，因为那时候雨少，人们没种地，闲着了。冬天也有做的，只能起砖，泥活、抹墙不能做了。反正泥匠活一年里只干半年，一下雨就不能做了，材料没准备好也不能做。

问：那有没有一个房子没盖完，隔年又复工的？

答：有，因为经济上不去，应该盖三间只有两间的钱，等下一年挣上钱，庄户地收下来再完成最后那间。复工就不看日子了，也不搞仪式了，因为开始就啥也做了，但如果是上梁还得再看。

问：开工的时候有没有仪式？

答：有，开工的时候要动土。按万年历规定，一年四季分为东西南北，得看太岁了。太岁是纣王的儿子，殷洪、殷郊，封神榜封了太岁，他要是今年在这个方向，这边今年就不能动土。动土就在房屋地基上铲一铁锹土，放在后边偏僻的地方，设点纸、香和干贡。那个土就放在那，不能乱扔。房盖起后，这点土又拿回来放回原处了。

问：上梁有仪式吗？

答：有仪式，上梁那天家庭必须庆祝，吃好的、响鞭炮、贴对子。对子贴在前檐柱、墙、马头、檩条上面，对子多就每间房贴一个，贴个三五副。结婚、死人、过百岁、寡妇嫁、大辈娶小生，各有各的对子，我家就有关于对联的书。

问：对子上写什么内容？

答：比如盖房子，就说"泥木匠人一条心，起房盖屋动土工"。咱们房上正梁贴着"太公在此，诸神退位"，这就归到讲迷信了。封神榜封了365位正神，就剩姜子牙没位置了，最后众神推举为太公，还数人家最大。

问：上梁流程是咋样的？

答：上梁必须得看日子，要黄道吉日才行。选好日子，东家都布置好，吃饭、响炮、摆贡，众人一起忙活，就把梁放上去了。梁上头还有一项最古老的习俗：放用红布画的太极八卦图，用钉子固定在上头。还有铜钱，拿红头绳穿好吊着。这个习俗在明清时最隆重。

问：一般盖房子都用到哪些工种？

答：泥瓦匠、木匠、石匠。剁石头是石头匠，现在石头就不用人工了，都是机械化了。

问：盖一处院子，整个工期是多长时间？

答：像我邻居的两处院子进行了4个月，4月15号开始，至8月15号才完工。从前盖老古房时间更久，短时间做不完，一处院得两年做完。那个作业、工具，跟现在的都不一样，像现在的匠人，一间房三天就做好了。我盖房的时候，啥料也准备好的情况下，盖三间房得十多天。五天茬墙，一天压栈子，一天上梁，抹泥两天，一共十天至半个月。

问：盖瓦房的流程大概是怎样的？

答：先垒好基础，把地做平，木匠立起架子，然后泥匠起墙。墙起后就上梁，上完梁就压顶、铺瓦，旧社会没有瓦就用泥抹。

问：墁地、盘炕、抹墙是啥时候做？

答：反正顶子做好才能抹墙，否则下雨淋了。抹墙后就盘炕、抹地、垛灶，生火把炕烤干，扫地出门，就完成了。手艺人很多，不是一个人做，这个抹墙，那个垛炕、垛灶。

问：泥瓦活用不用画图纸？

答：泥匠没有，木匠有了。木匠打下小样子，前柱、后头、脊子多高，盖啥样木匠就画下图了。泥匠随木匠了，人家立成啥样，你跟着抲墙就行。

问：泥匠用啥工具？

答：大铲、瓦刀、泥抹、水平、伍尺，还有吊线砣、角。

问：测量用的工具都有哪些？

答：以前盖房用伍尺，就是五尺的一把尺子，1.7米多；还有木匠定方用的方尺；（一九）五几年后才有的折叠形的米尺。还要用到水平。

问：院落的布局一般怎么安排？

答：我们这个地方盖房随太阳，先定北边。假如是三间房，房子多深多宽先从基础上定下来，基础做多大房子就多大，定完后就能找平、垒墙了。

问：正房定了，厢房和南房怎么定？

答：因地制宜，定了正房就定南房。像现在农业社批15米深的地，旧社会是30、40、50多米。像我这个院总共50米长，上房占10多米，下房占6、7米，还有30米，留下4米的虎口，剩下的20多米就盖东西房。

问：旧社会院落尺寸是随便定的吗？

答：人家那最讲究了，虎口（正房和厢房之间的空档）最少也得6到8尺，2米多远，才能盖西房和东房。虎口不能挡着阳光，还得考虑防雨。

问：院子里房屋的高低关系是怎样的？

答：院子里第一正房高，平地提高80厘米或1米；再下来东房高，南房就比东房低；西房不能高，风水上讲究左为青龙，右为白虎，宁叫青龙高三丈，不叫白虎抬一头，西面高对人的居住不利。

问：您盖的院子都这样讲究吗？

答：就这样讲究。我还出去给他们看风水呢。我有本风水的书，也能看点。拿起来知道，放下就忘，这么大的年纪了。

问：住宅的大门朝哪边？

答：一般农民百姓开东南巽字门。有官有品的，朝廷里干事的人，人家能开正门正厅，中间能照正，但是也有屏门护了，出去还有照壁，都讲究了。咱们这么大的村只有四处这种讲究的明清院子，新社会就没有盖这房了。

问：普通人家的大门一般朝东南？

答：嗯，按八卦人应该出入巽字门。西南是乌龟，一般当厕所。东南开不了就随着街势开，南面有街就开正南门，西面有街就开正西门。如果前头没街，就在正房右手边西北开门。

问：普通人家大门有没有开在正南面的？

答：没有，我盖房不让往正南开。正南不好，门和门不能相对，做正南门都有屏门，还带照壁、影壁、看壁了。新社会就没有人盖这房了。

问：有没有朝西南开的？

答：有，因为只有西南面有道路。这样住院子就不吉祥，咱们村就有两处。反正家庭里几辈人过日子，总是有坎坷。

问：院子有没有一头大一头小的情况？

答：有，那都不好。人家讲究院子四四方方的最好，棺材形的不好，前头大的也不好。

问：大门有没有斜着开的？有啥讲究？

答：不能开斜门，斜门歪道不好，那样开家庭受损失。院子大门很讲究，有做得好的，比正房都费钱。大门要高过西房南房，有句古语"门楼低受人欺"，它有时候比东房还要高，除了正房就数它高。

问：大门在院墙上开还是跟东房或南房结合起来？

答：大门占南房一间房的地方，像五间房的南房，东边留一间房做门道，西边留一间房做厕所，只能盖三间南房。也有另外做在院墙上的。

问：大门做不做砖雕？

答：门道就得往好做了，我没盖过好的，只做过一个出两层马头的。马头就是山墙突出的到前檐的部分。好的门道是五檩四椽，还铺天花板。门道外的裹石有讲究了，从裹石就能知道这家人家的情况，上头做莲花的，这家女儿多，做竹子的，就是男丁多。他们年轻人不懂得这些，像我就习古，历史好。

问：您做过照壁吗？

答：没有。做照壁都是有人给看了，照壁应该镇啥、配啥。村里律吕神庙就有照壁，还有看壁和影壁。影壁是八字的，看壁在家里边的墙上。咱们村有个看壁，上边画的是二十四贤孝，以前举孝廉，教育人了。照壁是这几年兴起的。

问：有没有做壁龛的？

答：咱们这里没有，条件好的人家有供财神的。倒是有墙柜子，把柜子装在墙里头。

问：您盖院子什么形状的多一些？

答：以前四间房16米，按这会国家分配的地段是12米乘12米的正方形。也有长方形的，有东西长的长方形，也有南北长的长方形。

问：您有没有做过院套院？

答：没做过，这会不做那种啦。这村以前有，都被拆了。那种院大门进去还有个二门，二门做得非常好，柱子啥都是露明的木结构。

问：地势如果不平整该怎么办？

答：如果是斜坡就跟这头取平另一头，没有不往平整的。

问：院子排水是怎么处理的？

答：排水一般都在东南，门朝哪开，水就朝哪走。讲究的院子水从上房跌下来，要循环成条龙，再走门道。假如大门开在东南角，水不过东房，过西房和南房。水跟正房流下来，西低东高，就朝西转一圈，这是最好的。

问：院子坡度是泥瓦匠来做？

答：对，随着地势做，打水泥院、墁砖院，都跟正房的底子，也就是滴檐台取平。用水平仪一照，高度多高，下放几厘米，就都有数了。以前没有水平仪，用线绳、米尺做了。

问：一般的院子怎么下放？下放多少？

答：随院的长度降低高度，我们村一般1米最大下放2厘米。院落地面东北最高，接下来是西北、西南、东南。假如东北是60厘米高的台阶，正房开间是12米，按院子的长度往下降，1米下2厘米，10米就是20厘米，这坡度就太大啦，东北得往低降一些，按1米1厘米做。

问：那院子西北到西南、西南到东南的坡度是多大？

答：西北到西南的距离假如是15米，按1米低1厘米算，15米就是15厘米。西南到东南的坡度就很小了，基本是平行的，这也合乎逻辑。

问：您盖的房子是几出水的？

答：两出水的多。正房单坡的少，西房、东房、南房就有单坡的。

问：房子有从后边出水的吗？

答：两进院就有，一进院正房后会留1米宽走水的地方，叫金道子，水从西往东流，金道子坡度不大，水慢慢就流到东边了。正房东边基础底下有个走水的暗道，是砖做的3厘米大的孔，水就走到前院，出来就到了第一进院子的虎口了。

问：第二进院子的水怎么走呢？

答：第一处院子是按咱们说的那样走，第二处院子的水走暗道，水势从西北至东北，东北至东南，然后就走暗道。不管几处院子，里头院子的水都在东边走，不走西边，东为上。

问：那西边的水怎么办？

答：西边的水流到金道子了。地是坡形的，前低后高，里进院比外进院高。

问：您盖的房子都有金道子吗？有没有金道子取决于什么？

答：我做过的一处院子基础留过金道子，留不留金道子看出水了，如果后头临街出水方便，就不用做金道子。如果房子后头还有人家，出不了水，不能让水流到别家院里，就得做。假如房应该盖8米，即使盖成7米也得做。

问：三进院最里边的院子，它留金道子吗？

答：三进院就有两个金道子，最里头那个正房临街，和街就是平的，能出水。它一般就做成一出水了，不做两出水，水就朝前流了。

问：有没有这样一种情况，前院正房的后墙挨着后院南房的前墙？

答：各是各的，没有紧贴住的，人家前院有墙，后头的人家一般就不建墙或南房了，后一家的院墙直接挨着前一家正房的后墙，假如要盖南房就自己起墙，墙和墙就紧挨着。

问：如果前院的正房是两出水，水不就流到后一处院子了吗？

答：水就流到后一处院南房的顶上了，哪边临街，水就往哪边出了。这种情况后院的南房只能盖一出水的，还得做低点，因为水流要流到他的房顶上。

问：您有没有加工过砖？

答：做脊子、马头的时候会用斧子加工。马头砖有凹棱的、圆棱的，咱们村方棱的多。做劈山的砖有立的、小的、梯形的，各种各样。

问：室内地面咋做的？需要夯实吗？

答：以前用石头做基础，里头填上土，人来回走动自然就实了。山坡上人们盖房用分层把土打实的做法，因为没有石头，只能用土做基础。做法是挖开壕，填一层灰土，用夯子打一层。随着壕往上打，1米深的壕就硬往上打到1米。我舅舅孩子的房子就这么做的，那是（一九）八几年的事。

问：这么做的话，地基下挖多深？

答：那个是按它垫高后的高度挖，假如地基要从平地上提高1米，先把土拉过去堆好，再挖四方形的壕，要1米的地基就挖1米，把土扔下去，用夯子打实。

问：咱们这做基础不需要挖吗？

答：我们这地硬，不用挖，挖下去也没用，直接在平地上垛石头就行了。垛1米或50厘米的石头，中间回填1米土，然后石头上放土平整好，就能搁砖了。

问：基础是不是梯形？基础的高度是多少？

答：基础宽度底下1米，上头可以收成60厘米；高度不等，有2.5米高的了。

问：基础的范围是怎么定的？打基础的流程是怎样的？

答：大队批三间房的地势就是三间的米数，四间的地势就是四间的米数，别出那个范围就行。你出了范围，别人家给你要补偿了，一寸也要了。先放线，在这块地的角上，放一根线，前后墙都放正，砖就沿着线放。黏结材料现在都是水泥，以前用石灰石、砂子，再以前就是用土和泥了。

问：基础做好后，里边的地面怎么处理？

答：基础做好以后看家庭情况，好一点的就用砖铺。房基础是平的，整好地平，把砖搬进来，打上一行行的线，随着线铺。

问：砖和地面怎么连接？用泥吗？

答：虚土、抹泥、水泥都行。用虚土就是把线一打，放好砖，砖缝倒砂子或土挤住；抹泥就是黄土和成泥抹地；用水泥的地面砖容易翘起来，不太好。砖缝一般是0.5厘米。

问：这个房子有没有做防潮？

答：基础用石头做就能防潮，水分上不来，切断了。

问：墙一般砌多高？您那时候砌墙都用什么砖？

答：不固定，随建筑物的前后檐高度做。以前都是蓝砖，那砖大，（一九）八几年的时候变成24厘米×12厘米×6厘米的砖了，现在各个大队都有烧砖的窑，能直接买。我盖房那会只有几家地主老财、当官的用砖，黎民百姓都是土坯。土坯做法是先把土堆起来，加水和成泥，再做个模子，倒进去以后抹平，干了下模子，这是古老的做法。这种墙怕水，像我的房上边就放着塑料。

问：砖和基础之间有没有什么东西连接？砖和砖之间用什么连接？

答：都有灰了，早以前就用黄土加水和泥，铁锹铲了

扔上去，摊开放砖，北坡的人现在放砖还是用泥，因为没有砂子和水泥，他们那里土也精到；（一九）八几年是砂子白灰；现在是砂子和水泥。

问：用白灰怎么砌砖？

答：把白灰做成糊糊，拿起砖，在砖左右点两点，再把一个长边和一个短边抹了，一搁，缝就平了。村里有个古院子的砖就是用白灰这么砌的。

问：砖缝中间是空的吗？这么砌室内能看到砖之间的缝吧？

答：左右点两点是为了找平，抹大小边是为了好看。室内就用泥抹面了，有缝的朝外。现在砌砖用水泥和砂灰，用大铲子摊满整个面了。

问：从前为什么这么砌，不用平摊的砌法？

答：以前就是这样的，我们村律吕神庙是元朝建的，就这么做。北京的古建筑修补也是用这个方法，不用水泥。那是建筑物规定的，有历史意义了，长城修砌也用白灰。

问：宫殿为什么也采用这个方法，不用平摊？

答：一是因为白灰摊平造价太大，以前匠人做一间房连两盆灰也用不了，你看现在盖一间房就用很多灰；二是因为白泥干得快，很快就硬了，刷的过程中里头的水就被砖吸干了，没法搁砖。农村盖房大都用吸水的蓝砖和红砖，还有种白砖就不吸水。白砖是耐火砖，能摊白灰，但是成本太大。它是做高温防火用的，咱们黎民百姓不用。我觉得砌白砖也不能平刷，因为这么留空比平摊要好，几千年的历史建筑都用这种砌法，砖缝里肯定是空的。

问：采用这种砌法有什么原因呢？

答：当时祖先这么做有人家的原因，砌的时候砖能调整，两层砖之间的活动余地大。你要是满面抹就没有空隙调整砖的高低，搁得假如比线高，压不下去，因为白灰已经干了，砖就搁不平。两点的砌法，那白灰泥还软着，瓦刀一磕就和线齐了。

问：您那时候砌墙用白泥吗？白泥是怎么制作的？

答：我在农业社做仓库用过，把石灰石用炭烧成白灰，拿水一淋，再过涝。过涝就是把灰烧好分开后，用水冲上，放在一个有铁砂网的池子里头，第二天滤下去的泥就是白泥，加点水浇开就能用了。

问：普通的泥怎么盖房？

答：普通泥盖房都是土坯，泥里要加莛。莛是大米和麦子的秆，切成一截截的和进去。

问：砌砖什么年代用白泥？什么年代用黄泥？

答：黄泥是最古老的，没钱的人用了，只能当作临时的结构。白泥是（20世纪）五六十年代用的，盖正经房必须用白灰，那个黏合紧，用土做的墙遇到大风会被刮倒。

问：您砌墙的厚度一般是多少？砖的尺寸是怎样的？

答：外墙，包括前后檐、两边山墙，都是三七，内墙可以二四。砖长24厘米，宽12厘米，厚6厘米。三七墙就是24厘米加12厘米，中间灰缝1厘米。

问：三七墙是怎么砌的呢？二四墙是怎么砌呢？

答：三七墙是一排丁砖加一排顺转，第二层反过来，丁的出来，顺的进去。二四墙是第一层一排丁砖，第二层两排顺砖。不管啥墙，总得错开缝，正面形成个工字就行。

问：有没有别的厚度的墙？

答：有五零墙，是两个二四再加两个缝，正好五十。第一层放两排丁，中间的缝稍微大点；第二层中间是丁，两边两排顺砖，和下面一层错缝咬住。还有六零墙，是三七又加了个十二，两丁一顺，刚好是六十。第一层两排丁砖加边上的一排顺砖，第二层的顺砖换一边，一层层交替咬住。

问：墙越厚砌法越复杂吗？

答：嗯，要复杂点。单层和单层一样的砌法，双层和双层一样的砌法。

问：墙抹面用什么材料？

答：现在是水泥，以前不抹面，砖缝就露着，叫清水墙。外头看是实的，看不到缝，因为墙是两层砖，抹了灰的边都朝外呢。从前一般都做清水墙，20世纪90年代、2000年的时候才开始抹面。你看古建筑物哪有抹面的，就室内抹点白灰。

问：室内用什么材料抹面？

答：以前就是抹泥，看墙的平整程度抹，一般抹一寸来厚。要抹两回，头回抹2厘米的粗泥，二回抹1厘米的细泥，就平了。细泥是加了莄的泥，加蒲绒、麻刀、莜麦籽也行。

问：泥抹好以后呢？

答：接下来刷1毫米的白土，它是稀水浆，刷完干了就白啦。山底下打20米深，取出白土用水搅成白浆就能刷，就是滑石粉。后来就能直接买涂料啦。

问：从前的瓦房都是这么做吗？

答：以前的瓦房是里生外熟，里头土做，外头砖做，盖起后都拿泥抹了。然后有钱的人家打灰；没钱的人家抹泥后刷点白土。

问：砖砌上去后，墙和椽之间的夹角怎么处理？

答：砖砍成三角形的，放进去，就平行了。这叫劈山，也叫附茬子（把砖加工成所需形状），需要拿瓦刀砍砖，坡度就成一致的了，边上的空隙就拿灰抹了。接下来再做劈山和披水，山墙要高出屋面，然后朝外出砖。

问：砖砌上去后就把椽子包住了吗？

答：砖和椽子做平了，椽在房里，讲究"椽不上墙"了，就像房子中间的内墙，椽是明的，不能埋在墙里，否则就腐坏了，墙都是用砖和泥结合了。

问：附茬子是怎么做的？

答：附茬要随着木构件做，需要啥样就把砖劈成啥样，在檩那里就随着檩的形状砍砖，做完后檩就包在砖里了。附茬之后再在上边做劈山、封山。

问：劈山和封山是什么意思？

答：劈山和封山是一个道理，墙总得做完整了。劈山就是把一块砖劈开，砖随着坡度取花样。这花样数可多了，出的、缩的、立的、压的，这是泥匠的手艺。要是有吻脊还得放兽，那古建筑物可好看了。封山就是连外头也做，出两层披水，头层出6厘米，二层压住。

问：山墙封檐的地方都有哪些做法？您都做过吗？

答：就这三种，附茬、劈山、封山，做过劈山和封山，没做过耍花。

问：椽子上铺什么呢？

答：椽子上放栈板，栈板上把泥抹平，泥上头再铺瓦。现在都是红瓦，瓦上有口子，一个公一个母，就归口了。以前是青瓦，先铺两行板瓦，再扣一行筒瓦。

问：从前的板瓦和筒瓦有什么不一样？

答：筒瓦小，弧度大，板瓦大，弧度小。板瓦中间留一道缝，筒瓦就扣上去。铺瓦都是从下往上做，筒瓦的水流到板瓦，水从板瓦的中间下去。

问：您从前盖房子有哪几种类型的瓦？

答：四种，板瓦、筒瓦、滴水、猫头。板瓦的最前边放滴水，让水按照一定的斜度滴，不能让它直接流出去。筒瓦的最前边放猫头，起好看的作用。传说猫头是龙王爷的两个侄儿，因为太厉害了，为把它们镇住，就封在房上了。

问：您盖过屋脊和脊兽吗？

答：做过起一道脊的房子，有钱的人家就起了。脊兽没做过，有功名的人才安装了，咱们村戏台就是五脊六兽房。

问：起脊怎么做呢？

答：假如起50厘米高的脊，先分格子，2米一格或1米一格，一般是两三格。然后用砖做二四或者三七的柱，有柱子才能防风刮倒。砖和砖之间留1厘米的缝，因为有的砖不周正。接下来就在柱子之间用瓦耍花样，花起到和柱子一样平，用砖盖顶，该出的出，该缩的缩，做个三层。最上头还要放小筒瓦，为了好看。咱们村老房的虎口上就有瓦做的花样。

问：您做的花样有几种呢？

答：有四五种，比如大贯圈是两块板瓦一组，上下左右组合起来，中间留一个钱眼。还有用筒瓦的，背靠背、面朝面都能做，那看情况放了。

问：砖和砖之间用什么连？砖和瓦之间呢？

答：砖和砖用白泥，瓦和瓦是干搁了，瓦和砖之间少用点白泥。筒瓦耍花一般不用泥，有时中间的空隙为了好看，就用白泥做个圆形。

问：这种耍花的脊做在哪里？

答：单坡的房就搁在后墙上，双坡在中檩上。山墙上也能起脊、耍花，顺着屋面的坡度做就行。山墙的瓦底下必须起两层砖，墙多厚砖就多厚。假如是三七墙，第一层丁砖出五六厘米，还有18厘米在里边，缝用泥或别的啥抹平；第二层顺砖缩回来，这么做是为了把雨水送远，不直接挂墙。接下来就把脊子放到墙的中线位置。

问：都是出两层砖吗？一般出几厘米？

答：出一层就是4、5厘米，两三层就是10多厘米，这是齐垛的做法。还有耍狗牙的，就是斜着出，砖与砖成直角，第一层平搁，第二层狗牙，第三层平搁，把水送出5寸多。

4. 广灵县蕉山乡西蕉山村姚正财访谈

工匠基本信息（图7-113）

年龄：80岁

工种：泥瓦匠

学艺时间：1956年

从业时长：约30年

采访时间：2016年9月24日上午

图7-113　西蕉山村匠人姚正财

问：请介绍一下您的基本情况？您的家庭情况是怎样的？

答：我叫姚正财，1936年4月26日出生。我一直在咱们村生活，上过六年小学，毕业时大概是十八九岁。我有四个女儿，都是种地和在咱们县打工的。

问：您学泥瓦匠的经历是怎样的？

答：1956年念出书来就考这个，是省建筑公司考的，那会是招徒工，算上周围县份一共有十来个人去学，然后分配泥匠、木匠跟着学。我师父是东北的，叫张二仪，我和他们不和，不想学。学了四五年，1961年就请假回来了，再也没去。

问：您为啥不想学？

答：他招工人，但是不敢说招泥匠，说学别的了。招考的时候，还脱光了检查身体，就像验兵，可隆重了，结果去了是学泥匠。他们把你的户口、粮食本拿走了，你不想干也回不来了。我还犯过错误，开会时领导说"国家多会需要你们，就给你们出徒"，我说"技术够了就应该出徒，国家如果不需要我们，那就当一辈子徒工吧"，这就犯错误了，说话不对。

问：回来以后您干什么呢？

答：就在大队上干农活，干了一年农活又在小队当会计，当了一阵又给大队当会计，当了几年不想当了，但是退不下去。后来书记说把他换下去吧，家里困难，当会计不行，后来我就又做泥匠去了，干了十来年。

问：您做了多少间房子？擅长做什么？

答：记不得，有盖小房、厂房的，有做水塔、烟囱的，不准。泥匠主要是茬砖、铺瓦、铺院子，啥也做了。

问：您收过徒弟吗？

答：有学过的，那也不算徒弟，就是做营生给他钱。

问：您以前收入怎么样？是怎么变化的？

答：1956年开始学泥匠，在大同盖楼，一直到（一九）六几年，一个月挣29块钱。回来以后种地记工分，工资最少，一天一毛三分钱，年年都是缺粮户。当了会计一年给补助六十个工，能挣个二百七八。后来当泥匠，给私人做一天四五块钱；在县里建筑队做，带工具费是一天一块九毛六分五；化肥厂用大架子茬大烟囱，敢上去做再给你补助三块钱。那会队里不让出去做工，出去做营生叫扒杆。我在队里当社员，和人们关系可以，我就能做两天，因为家人多，生活过不来。

问：您什么时候就不做了？

答：工资高了就不做了，六十四五岁时家里有了问题了，也因为血压高，做不了了。

问：村里工匠有多少？

答：以前泥瓦匠是四五个，木匠多一点。一般人喜欢木匠，木匠干净点，泥匠不干净。

问：您去外地做过活没？

答：没去过，我盖房都在本县。给私人做是到别的村盖民房，给公家做就是盖粮站、化肥厂和冷库。

问：您包工吗，挣多少钱？

答：包工是一间房多少钱固定了，咱做得快就多挣点，做慢了就少挣点。价格不准，二百的，四五百的，五六百的，一年一个样，趋势是越来越高。材料有东家准备，咱只管做工。包一间房需要大工三个左右，小工六七个，盖完一间房需要十多天。工钱分到我手上折合一天两块到四块，也不准，一年比一年挣得多。改革开放的时候我在化工厂，记得是一天挣三块半还是四块来着。后来慢慢一天上百块了，那时候我已经不做了。

问：（20世纪）80年代前后盖房的方法有没有不一样？

答：有时候不一样，有钱人就盖得好，没钱人就盖得差。私人的梁是木的，像我的房梁就是用赖木头做的。

问：村里盖房找不找风水先生？

答：生产队时期不找，后来人们有钱了，过得好些了，都看。村里好几个人说自个身上有神仙了，咱们生了病了，找那给你看看，烧点纸，上点贡，就好了，有这种的了。

问：地势是大队批的还是自己选的？有没有找风水先生的？

答：有的自个能选，有的是大队给批，抓阄了。也有找先生的，少。风水先生也是按早年留下来的书瞎说了，啥地也说行，说盖房要往高处盖，不能往低处盖，低处叫水冲了。不过找人看也有好处，就是把时间定下了，要不时间没准。

问：动土的时间怎么看？仪式是怎么搞的？

答：就看是那天的几点开工，在地上掘一铁锹土就行。还要摆桌，以前没别的东西就贡两块豆腐干，一碗水，烧三炷香，烧份黄纸。就是迷信，像砍树，非得贴个黄纸条，因为说树上有神仙了，叫神仙退位，咱再砍。

问：上梁有什么仪式？

答：仪式都是东家管，到12点或别的时间，在家里头给财神贡点馍馍，烧点纸，有条件的响几个炮，把梁一搁就行了。要是开工早，别的檩就都已经搁上了，时间一到就搁中檩。还有开工更早的，椽也钉上了，就剩一根中檩，到时间一打上去。

问：这些仪式有没有什么忌讳？

答：有了，盖这间房属牛和虎的不能过，瞎讲究了。有的还贴对子，贴在正梁或者前面墙上，以前不让讲迷信，在后墙上挂毛主席像。这就是有钱的多讲究点，没钱的少讲究点。

问：开工大概是什么时间？需要做啥准备？

答：早晨有个时间，卯时还是啥的。一般情况不准备，就挖渠，放石头。

问：风水先生除了看日子还干别的吗？

答：早年啥也看了，哪盖房地方好，哪里埋人好，能发财，都是瞎说了。盖房是到那个日期、时间再盖，不到那日期盖不好。早年本村的人都是免费看，外村的给钱了。

问：盖一处院子得多久？盖一间正房得多久？

答：记不得，盖一处院子的少，一般是按房间盖，有连续好几年的，因为经济条件不好，也因为买不到材料。开工后还有暂时停工的情况，钱不够就停，复工的时候就不办仪式了。

问：您盖一间房的流程大概是怎么样的？

答：现在的新房就是先下地基，把壕挖好后搁石头，然后就立门框、茬墙。以前老房是先做基础，再立柱子，再茬墙，最后盖顶。

问：房顶怎么做呢？

答：先把顶盖好，抹上泥，泥里活莛，干了再上一层泥，这样抹个两三层，然后就用瓦刀搁泥、铺瓦。

问：盘炕、刷墙、墁地这些什么时候做？

答：这些都最后做，先盘炕，后墁地刷墙，像我就抹点水泥。然后有条件的盖好正房后就圈院墙，没条件就不圈了。

问：您盖房子正房一般做多少间？

答：看有钱没，也看地势。五间的多，也有三间、二间、一间的。最多有做七间的，很少。四六间的以前没有，老古有说法"四六不成材"，但是后来有了。像南蕉山一批地就是五间的地，咱们西蕉山一批就是三间半的地。有钱就做个小房或者边上那间做大点，没钱的就不做了。

问：那个时候的石头和砖从哪里来？

答：石头是跟山上采石的人买的，砖在县城西面的砖厂买。砖是红砖，盖房用红砖已经很多年了，四块砖加上四个缝是1米长，我以前在大同还用过蓝砖。

问：泥瓦匠需要画图吗？

答：盖公家那厂房都有图了，图是县里画好交到省里批下来的，检查你合不合格。盖咱们民房没图，说多宽、多长、多高就行了。

问：开间和进深一般是多少？

答：开间不准，3.3米的、3米的，看材料了，檩粗就盖宽点，檩细就窄点。也看地方，地方小也盖不宽。进深一般6米，看椽好不好了，一坡椽是8尺。

问：地形一般都要平整好才能挖地基吗？

答：用不着平整好，房多高、地基多高有固定的数，房子起了才会平整院。

问：您盖房子正房都朝南吗？大门朝哪边？

答：正房都朝南，咱们这地方的正房稍偏东一点。大门朝南，在东南角。如果东南不行就在西边开，也要考虑厕所在哪。以前大门没有装饰，现在有了，就是雕鹿、蝙蝠、花。

问：大门直接开在墙上呢还是跟南房结合在一起？

答：大门和南房是齐的，结合着了，也有开在墙上的。

问：您做过照壁吗？

答：有钱人讲究了，我没盖过影壁。那个年代拆影壁，把老影壁都拆了。

问：院子的形状是长方形还是正方形？

答：不准，正方形的多。院子大就长点，院子小就短点。

问：院落的排水怎么做的？

答：院子的水都从大门底下流，水要绕个大弯，为了聚财，小弯就不聚财，瞎讲究了。走水的孔有拿砖茬的，也有用水泥做的。

问：各个房子哪个开间最大，哪个最小？

答：这也不准，像我家中间这间大，一般情况是东边那间最大，西边最小。厢房的开间和正房一样，只是没正房高。

问：南房和其他房有什么不一样？

答：南房是入深浅，开间和正房差不多，也有的稍小点。一般人家盖全院的少，一般先盖正房，再有钱就盖南房，盖厢房的少。

问：院子里房子哪个最高？大门高不高？

答：正房最高，两边厢房一样高，南房低。大门比厢房高，和正房差不多。

问：您的泥瓦工具都有什么？

答：铲子、小斧、抹子。

问：地基土用不用打实？

答：打了，用夯子，它就是块木头，两头钉圆的木棍，手拿着一下下蹾，这个工具谁也做。公家的地基要打好几层，私人的地基根据地形和地基高低打，一般一两层就行了。

问：基础的槽大概挖多宽、多深？

答：深度不准，一尺的、0.5米的、60多厘米的都有。宽度大概是40、50厘米，槽里头塞满石头就行，槽比墙宽一些。石头用泥加草砌，现在是用灰和砂。

问：基础砌到多高？

答：看院子出水，院低了就砌高点。基础比槽高，一般高一尺，像我的房是高半尺多。

问：基础和砖之间怎么连接？

答：有钱的用灰，没钱的用泥。灰是白灰和砂子和起来，现在是水泥和砂。材料没有固定的比例，看着和了。

问：基础有收分吗？是多宽？

答：是直的，没收分。墙宽37厘米，地基多个8厘米或10厘米。

问：您加工石头吗？

答：石头是随机摆的，看哪不合适就用大锤打打。露出地面的石头得垒齐，地面以下的就不用。

问：放线是放哪几条线呢？

答：先放后墙，再放前墙或者山墙。在墙外皮的两头放两个木棍拉线，放线的高度比地基高一层砖，线放好了再搁墙。茬墙的时候需要放两根线，一堵墙两根，三间房就得放十二根线。放地基也是一样的道理，三间房十二根线，跟着墙。

问：砍砖用什么工具？需要打三角形砖吗？

答：拿小斧子打就行，打坏了就扔了。三角形砖少，一般朝外的砖需要打，朝里的茬平就行了。主要还是把砖打短。

问：您有没有盖过墙上直接担檩的房子？

答：后来都是这种的，有柱子的少。有的土坯房也没柱子，因为没钱做不起。

问：一间房砌墙的顺序是怎样的？墙厚是多少？

答：先砌后墙，然后再砌别的墙。外墙是三七，里墙二四。

问：窗台一般多高？

答：早年是1米或1.1米。早年一个院里住很多人，为了家里不让外头的人看到，所以窗台高。现在一家人一个院，窗台都低了，有80厘米高就行。

问：墙算上抹面多厚？

答：那也不准，有的匠人抹得平就薄，有的匠人抹得不平就厚。抹的泥和灰大概只有一两厘米，以前只抹里面，现在里外都抹。

问：室内净高度是多少？

答：东家定，3米左右。材料好、开间大，就盖高点；开间小就盖低点，这样也好看。

问：门窗有没有过梁？

答：有了。以前是木头，后来就是水泥了。过梁两头还有柱子，如果是砖墙的就不用柱子了；土坯墙就用木头或者砖做个柱子，要不容易压坏。

问：做土墙的流程是怎么样的？

答：先加工土坯，院子里的土加水放到模子里，拿锤子跺实，等干了就能茬墙，长度大概是30厘米。土墙也有砖或者木柱子，否则搁不住檩。在担檩的地方为了防雨还要搁四五层砖，但这个砖不外挑，怕压坏墙了。

问：这种土墙还刷面吗？

答：面就拿泥抹了，房里面也是抹泥。最外层还刷白土。白土就是我们这里山底下的一种矿物。把它挖洞刨出来，拿水闷一下，就能刷墙了。后来就是直接买涂料使用了。

问：山墙和屋顶之间的缝隙怎么处理？

答：土坯竖着放，砌到顶就平着放，和檩找平，要挨得紧紧的，不能漏风，缝要用灰或泥填。山墙砌上去以后得把檩包住，再把缝隙填好。

问：屋子前后檐口有什么做法？

答：早以前房后头的檐口有三层砖的，有两层砖的，还有两层砖立着搁的。需要搭个架子，人上去沿椽的方向斜着茬就行。

问：劈山和封山是什么意思？

答：封山和劈山是一回事，山墙先劈才能封。劈山是因为山墙顶部不是直线，跟着屋顶坡度的样子砍砖走活就叫劈山。在上头继续茬砖就叫封山，封山意思是把它做好封住了。

问：走活是什么意思？

答：新房的屋面坡度是直的，老的五檩房是弯的。按屋顶坡度的需要砍砖，劈成弧形或三角形，沿着坡度线做过去，这就叫走活。

问：您做过屋脊吗？是怎么做的？

答：在县水利局做过一回。位置是房子正中间，最高的檩上放点白灰和泥，接着把砖茬高、茬平，再看样子做山。还要用砖耍花，我们不会，那时是另外一个泥匠做的。耍花有各式各样的，在马头和屋檐上做了。

问：起脊的时候假如不平，怎么办？

答：用泥补，要是泥太厚怕压坏，就在里头填木头，木头轻。

问：抹泥是怎么抹呢？用啥工具？

答：早年就用抹子。现在先用线尺在墙的上沿找平，抹第一遍灰是平的，再抹第二遍灰就不平了，用板子刮一下又平了，这个做法叫冲金。冲金用的板有1米宽和2米宽的。

问：抹面抹几层呢？

答：墙不平，有的地方厚，有的地方薄。一共抹三层，茬起墙了抹一层，后头再抹一层，每层大概1厘米，最后刷白土。

问：铺瓦是怎么铺的？

答：铺瓦是屋顶做平了，再把瓦拿上房顶，每抹一遍泥，就搁一遍瓦。现在有板瓦，它是扁的，比筒瓦大多了。板瓦是横着走的，筒瓦是竖着走的，板瓦和筒瓦都从屋檐铺到屋脊。

问：滴水是怎么做的？

答：跟普通瓦一样，就是瓦前面加了片石头。

问：东家会不会多买些瓦？

答：多买几十块就行了，早年人们实在没钱就只抹层泥。

问：冬天怎么防止积雪损坏屋顶？

答：公家就得画图纸计算。咱们这地方下雪最高半尺，两天就消了，压不塌房，不用防范。如果是东北就下得厚，可能得预防了。

问：您有没有做过台基？

答：以前石头台阶有石匠做，我没做过，后来也没人做了。

问：室内外的高差一般是多少？院地面和街道高度差多少？

答：室内外高差早年的好院子有准了，大概是15厘米，现在的土院没准，一般就是7寸、8寸、1尺。院内外高差有的多有的少，咱们村有个三进院，里院一米多、中院半米、外院半尺。

问：室内地面是怎么做的？

答：把土打实，有的还加点灰，然后找平、墁地。以前用泥和砖，现在用砂子和水泥。水泥地面不渗水，如果水泥用量太少，地面还容易开裂。

问：墁砖是怎么墁的？

答：先铺边上的两溜，再从边上放线找平，然后墁一溜砖就挪一次线。地面尺寸提前就算好了，不是一边铺一边看情况打砖。边上的砖得打，墙根上的砖也得打，一般是一块整的加上一块半的，砖和砖得错缝。

问：室外地面是怎么铺的？

答：早年有铺的，后来没了，我没铺过。和室内应该一样，院有坡度出水了，南面低。

问：脚手架是怎样搭的？

答：墙上留孔插木头，一米高的地方绑竖桩和横的木头，然后就铺板。看需要往高搭，像我的房搭两层就够了，人家好点的房得搭四层。孔的距离看板是多长，板短就留得短，板长就留得长。板太长了的话中间软，就得再支一下。最后拆了架子再把那个孔堵住。

问：木板需要固定在脚手架上吗？

答：不用，放那就稳了，要是不稳就用绳子绕着绑就行了。

问：三七墙、二四墙、五零墙分别是怎么砌的？

答：三七墙是一层里有一溜丁和一溜顺，上下错开缝，三十七厘米宽。二四墙是一层丁一层顺，边上的砖要打一截，要不就错不了缝。五零墙是一层里有两溜顺和一溜丁，也叫四九墙。墙多宽就叫啥墙，泥匠没有正经师父，也没书，名称都是瞎叫了。

问：墙的一层里可以有对缝吗？

答：单一层里的砖可以有对住缝的，但层和层得错缝咬住了，不叫它上下对了缝。早年还有三层跑一层丁的，这个砌法不如现在的好，后来就改了。

问：房子有专门的抗震设计吗？

答：现在有了，早以前没有。

问：您盖的房子一出水多还是两出水多？

答：两出水多，一出水是下房。

问：房屋烟囱是怎么做的？

答：做在墙里头，墙里留一个四四方方的口，外头看不出来。

5. 新荣区郭家窑乡助马堡村周吉玉访谈

工匠基本信息（图7-114）

年龄：71岁
工种：木匠
学艺时间：1963年
从业时长：约30年
采访时间：2016年9月19日晚上

图7-114 助马堡村匠人周吉玉

问：请介绍一下您的基本情况？您的家庭情况是怎样的？

答：我叫周吉玉，1945年生，一直在这生活，家里有三个孩子，都在外边打工。我18岁开始学木匠，今年72岁了。我们是祖传木匠，到我是第六代。木匠收入比种地强一些，村里的木匠没多少收入。

问：您做过哪些瓦房？收过徒弟吗，他们现在还做不做了？

答：现在红瓦房多，以前是老古瓦房，结构一样，就是瓦有区别。我做过大概几百间房子，收过两个徒弟，他们现在改做装潢或别的了（图7-115）。

问：盖房子是谁来负责组织呢？

答：没人组织，主家就是用零工。立架子、割门窗的时候才用木匠，按天算工钱，做一天算一天，不像公家单位是承包的。

图7-115 助马堡村传统民居

问：盖房子需要请风水先生吗？

答：请了，但是不多。我们村里面就有一个看的，他也是瞎看，人们找个礼拜日请他吃一顿，他随便拿黄表写个"太公在此　诸神退位"，再贡点馍馍，就完了。

问：盖房子大都在什么季节盖呢？需要多久？

答：每年开春盖房，到雨水一般就不盖了，盖一间大概要七八个工。一般私人盖房当年能搭起屋顶，里头的内装修工程会遗留点，来年再复工就没有仪式了。

问：盖瓦房需要哪些工种？盖房有哪些步骤？

答：村里盖房就是木工和泥瓦工，以前是大队给批地。先做基础，然后起墙、搭顶子，最后门窗。开工前要圆木、配料，过去的立架子房得画草图，按十比一的比例打个小样子。

问：您修的房子是多大规模的？盖房用什么木材？

答：一般情况是三五间。四六间的少，古时候四间就盖成了五间，把边上的一间做成两小间了。有钱的人家用杆木，没钱的人买杨木，杨木不结实。杆木就是松木，一般是红松或者黄花松。

问：房子朝向一般是哪边？您盖的正房多还是其他房多？

答：正房朝南，南房就朝北。我盖的还是正房多，院子大、有条件的人家正房盖起后就盖厢房和南房，没条件的就苫个圜圙（土围墙）。

问：基础怎么做呢？是先放线吗？

答：先放线找平，房的深浅和宽窄、地基的高度都用水平线定下来，然后下挖。这地方地下有石头顶着，挖十寸八寸就行了。有的地方地面很硬，可以不挖，直接提跟脚（基础），然后再垫些土做地面。

问：院落的形状、大小是怎么样的？大门朝向哪边？

答：院子一般是长方形，大队批的地东西19米，南北20米，大门一般在东南角。也根据巷子的条件定了，有的巷子开南门或西门。院门都和南房结合着，直接开在院墙的少。

问：正房的用材和其他房一样吗？盖房子的顺序是怎样的？

答：先盖正房，再东西厢房。也有没钱的人先盖南房的，因为南房小，省材料。用料上南房和正房有差别，正房用好的，南房的椽檩就用细一点的。

问：您干活会用到哪些工具？

答：锛子、斧子、锯子、凿子、墨斗子、尺子，基本上这五六样就行啦。现在的木工，有个电刨就能代替大部分工具。

问：尺子有哪几种？尺寸单位用什么？

答：原来用方尺看角度正不正，做面板也得用。量长短大部分人用米尺，米尺的单位是厘米。一般就这两种。

问：锯子有哪几种？

答：现在锯子全是电工锯，凿子、锯子都能代替了。过去是大锯子、二连锯子、小锯子，还有小丫锯子，就是割床、做细活用的小锯子。

问：刨子有多少种？凿子有多少种？

答：刨子有对缝刨、大推刨、小推刨，三种就行了。做窗的时候，加工线道子的刨子种类那就太多啦。凿子有一分的，二分的，八分的，一共八种了。做啥就用啥凿子，绕圆弧还有圆凿子。木匠和铁匠不一样，做营生工具多。

问：墨斗画墨线是怎么画的？

答：墨斗里头有绳，倒上墨汁，拉出去就蘸湿了，弹一下就行了。画墨线起初用画石，后来用铅笔。画石就是牛角，尖端劈开细缝，蘸上锅底的黑煤粉或者墨汁来画。用牛角画的线要比铅笔准。

问：老古房需要立架吗？怎么立？

答：过去立了，现在是墙上担檩。垛起基础后，把架子立起，柱子用三根椽绑住、饻稳，然后上檩，然后再苫墙。

问：柱子如何用三根椽来立？

答：柱子和两根椽子用绳子绑住，再把第三根椽子填进去，之前那两根椽子往开一掰，就固定紧了。我盖房都是两出水，一间房有前檐、后檐、中坡、脊子，最少4根柱。现在简单了，不管盖楼房还是平房，起了墙就担檩。咱们说的是老一套做法。

问：房屋开间和进深一般是多少？

答：老房子檩长是3.2米，两边藏在山墙里头。如果是城墙砖垒的石头墙，檩就得再长点。现在的新房都是砖的，檩长4米，开间一般是一丈。房子入深是由室主定了，问室主前檐、后檐、中坡分别用几米的椽，木匠就给算好每坡椽做多长。一般三坡椽的房前檐最长，后坡次之，中坡最短。

问：木料是户主提供吗？一般会多准备一些吗？

答：户主备料，要盖几间就买够几间房的东西。有的也跟木工、泥工商量，用多少砖、多少木，你得给人家计算个差不多。

问：**木料是您加工吧？买回来需不需要验一下？**

答：我给加工，那必须得验。把皮刮了，砍开，看哪根做中檩，哪根做脊檩，中檩要比脊檩粗。刮皮后就捏墨线砍制，像前檐檩得砍成两端一样粗的，先砍成方的，方的再做成圆的，这是过去的老办法。

问：**遇到弯的木料怎么办呢？**

答：房大小不一样，檩的粗细也不一样，檩粗了柱子就得低一些。碰见圪溜（弯曲）檩就得放趴木，上皮也要做平。圪溜檩底下用高度低点的柱子，如果全是直檩，柱子高度就全一样。

问：**加工时工具的使用次序是什么呢？**

答：先是锛子砍，檩头得用锯子锯，长短就一致了。然后锯卯口，卯子口都做好就能上房了。里头的檩做个毛坯就行，前檐檩得用推刨推平。

问：**构件加工需要画线吗？画些什么线？**

答：画。捏上线后粗细长短就定下来了。基础石头上要画十字线，十字线交点对准柱子中线交点。确定前檩至中檩、中檩到脊檩的距离都离不开中线。

问：**柱子一般用什么木头？**

答：看东家有啥，有杆的用杆木，有杨的用杨木，也有用柳木的。一般不用榆的，榆木料倒是能用，但有说法是榆木上房出愚人。

问：**柱子的圆心怎么保证上下对齐一致？**

答：柱子大都不圆，把它砍顺溜就行。即使圪溜也得顺着墙圪溜了，两边有墙限制着，不能往旁边圪溜，否则墙就包不住了。要注意正房的圪溜柱子得朝南弯。

问：**一般柱子直径是多粗？屋顶重量和柱子直径有没有比例关系？**

答：好柱子是十四五厘米的。过去的墙是土坯的，能包二十来厘米的柱子。这也看家庭条件了，椽檩好柱子也好，椽檩赖柱子也赖。一般没有比例关系，话说立木顶千斤，我做过最大的柱子有二十来厘米的，最小的是五六厘米的。细柱子吃力就得靠墙，柱子吃力，墙也吃力。

问：**两个柱子相邻多大距离？这个距离您怎么考虑？**

答：那个没标准，看椽间距了。前檐假如用一丈的椽，柱间距就是一丈减去二尺。打下小样以后，中柱、前柱、檐柱之间的距离是多少就确定了。

问：**柱子有几根？**

答：看几坡椽几道檩。如果三道檩子就是三根柱。像

我的房是四根柱，前檐、中柱、金柱子、后檐柱。条件好的还得再做三道架檩，就是七根柱子了。公家的工程绘好图后，用多少水泥和砖是固定的。私人的活看条件了，有的人材料不够，你就得按他的条件做，要求高了达不到。架檩就是椽太长，中间加了一道檩子，架檩底下也有柱。人们说"椽粗不如檩密"，檩密就更结实。

问：**柱子位置不同，它的大小也不一样？**

答：看经济条件，椽檩好柱子也好，椽檩赖柱子也赖。一般柱比椽粗。中柱和前檐柱粗，后檐不粗。柱子之间还有扒杆连着，扒杆实际起拉杆的作用。它做直卯，柱子上要凿个通孔，打进去后用再木钉子穿住。

问：**柱子有柱础吗？**

答：有柱顶石。石头垛基础，找一块大石头做柱顶石，按2米或1米的标准距离搁柱顶石，然后柱子就直接稳在上面，老古房的柱顶石都是方方整整的。

问：**还有其他什么柱子吗？**

答：梁上有瓜柱，打下小样就知道瓜柱的高低了，1米、2米都有，按小样的比例来，需要多少做多少。瓜柱和檩不一样，瓜柱见方后要做成八边形，檩见方后要做成圆的。

问：**什么情况下会用瓜柱？**

答：用担子的情况下才用瓜柱，担子就是就柁（指梁）。两间或三间的掏空房没有墙，中间担一根柁，柁是平的，上边栽瓜柱、顶檩。

问：**瓜柱的位置怎么确定？**

答：比如前檐檩中线到中檩中线距离2米，柁上2米深的地方就用瓜柱，瓜柱得凿双卯。木匠有句话叫不离中线，不管多粗的柱子都以中线为标准，几根檩就栽几根瓜柱，中间的高，前头的低，后头的更低。其实瓜柱和墙里头的柱子是一样的，墙的柱子通到基础了，它是立在柁上。

问：**柱子是怎么加工的？**

答：先捏线截长短，然后刮皮，把皮刮完就刮照，刮照的意思是把柱子往直了刮。前檐柱子得刮照，墙里头茬的柱子不用。接下来捏线做卯子，也得先找到中线。

问：**梁有哪些类型啊？有没有抬梁做法？**

答：最前头是前檐檩，中间叫中檩，最高处叫脊檩。一般的民房不抬梁，戏台就得做大柁和二架柁，因为

它上边高，用瓜柱不如用柁坚固。

问：您盖过带柁的房子吗？它是怎么搭接的？

答：盖过，沿进深方向的叫梁，沿开间方向的叫檩。一般情况是两根柱子搭起来上头安檩，柱子和墙承重。掏空房中间没墙和柱子，空间太大，就得用柁。

问：普通民居的柁用什么木材？

答：材料看条件，有杆木的、杨的、柳的，不用榆的，和椽檩一样。这些木材数杆木结实，杆木里红松最结实，白松、油松就差一点。杆木有百十来种呢，最常见的就是黄花松，红松用的也挺多，咱们这儿的松木都是外地买来的。

问：松木以外哪种木材结实？

答：一般不是杆木就是杨木，本地有杨木，现在交通方便了，过去买杆木得用骡子驼或者板车拉，有钱人买也很麻烦。柳木也有，就像老古房柳木做柁的挺多。比较起来杨木好点，柳木不成大材，它阳光照的不是很充足，一般东西南房可以用，正房用得少。

问：不同的构件会不会根据木材性能选择不同的木料？

答：没讲究，一般情况不用榆木，剩下啥木头都能行。有讲究的是檩子的朝向，正房檩子小头总的朝东，大头朝西。另外，柱子不能倒栽葱，树根不朝上。

问：梁的加工步骤是怎么样的？

答：民房的梁一般都是圆的，不用加工，刨光再凿开榫就行了。公家盖房就用方的了，大梁、趴梁都是方的。

问：梁是怎么上的？

答：梁两边要绑柱子，柱顶拿两根椽子夹住梁，再用绳子把梁头绑在椽子之间，两根椽起固定的作用。然后人从一面拉，另一面还有人扶。这是简陋的办法。有条件的话就绑个简架子，起一截架子就把柁提高一段。

问：柱子间的拉杆是怎么做的？

答：柱、扒杆、椽做成后是一个整体，拉杆和柱顶石的距离是一致的。拉杆和柱子也用卯子连，现在有用钉子钉的，不用卯子了。

问：大木立架前需不需要把构件检查一下，比如直不直？

答：把柱子的十字线稳在柱顶石的十字线上，立起后上檩。接下来就检查柱子直不直，过去用墨斗，现在公家用线坠吊，直了就标准啦。

问：您能详细说说立架的流程吗？

答：把基础做好，再把柱子做好，用拉杆穿好立起来，完了上檩。如果有梁得先把梁和柱子一起拉起来，再把山墙柱子立好，再上檩。上檩时人登上架子，在上头拿绳子揪，底下还有人托，檩上去后把卯子打进去，就不晃悠了。私人立架就用笨办法，绳子、木棍子、椽子看着情况用。

问：立架后做什么呢？

答：檩上好后就茬墙，墙起了人就能登上去，然后操作就容易了。接下来上椽，再上栈子。栈子横在椽的纥喇（空隙）上，一块块挨紧，不能漏。最后就是抹泥上瓦。

问：屋子主体建好后做什么呢？

答：一般把屋顶处理好了再内装修，割门窗、做炕、做地、做天花。天花是屋顶上打木条，先在开间方向打粗的，再在进深方向打细的，完了裱纸。

问：屋面有没有弧度呢？怎么做？

答：弧度和公家的正起脊房差不多，一共三坡椽，后一坡椽平一些，中坡椽往下走，前檐的椽再平一些，就做成弧度了。前边两坡椽中间的那根檩放低些。

问：有没有一定的比例？

答：公家的正起脊房假如是6米深，脊檩就要比前檐柱高1.5米，入深的四分之一。民房还不一样，前檐柱到中柱的距离每有一尺，中柱就得高2.5寸。假如前檐柱是7尺高，前檐檩到中檩距离6尺，中柱就得加6个2.5寸，1.5尺，中柱就是8.5尺高。

问：最前面的一排椽靠什么承重呢？

答：前檐这排椽跨度太长，为防压弯就在前檩和中檩间添根架檩。一般情况架檩用细的木头驾在墙上，和后檐檩一样。

问：檩条和椽子之间怎么连接呢？苫板和椽子怎么连接？

答：最后都用铁钉子贯住了，苫板也用铁钉。

问：墙的厚度是多少？檩和山墙是怎么搭接的？

答：二四墙或三七墙，像我们这地方有石头墙，石头墙最少茬四零厚。柱子两面用小石头茬起来封住，现在是用砖和水泥。

问：基础是怎么做的？

答：公家盖楼房整个都打混凝土，民房就在地上挖个方圈圈。茬二四墙就挖三十多厘米宽的渠。从山沟里把石头拉过来垛基础，以前是干垛，现在是用水泥，垛一茬石头抹一茬水泥。

问：**室内地面怎么处理呢？**

答：拿普通黄土垫平一层打实，完了墁砖。

问：**门窗用什么木料？尺寸和样式是固定的吗？**

答：都是硬材，黄檀和粗榆，松木和杨木也能做。尺寸不固定，看情况。样式是看室主要啥样式了。

问：**窗子都由什么构件组成？构件是怎么加工的？**

答：窗档子我们叫弦框，竖的叫立弦，横的叫卧弦或上下弦。做好弦框后就割窗，先把木料用小锯子锯成方档子，用推刨推平，然后再画线，该凿孔的凿孔，该锯卯锯卯，最后往一块组合。

问：**前檐柱前边有一个凸出构件叫什么？**

答：有担子的房是担头，没有担子是扒扦头。是为了好看才做的，都和拉杆连着了。老古房有这类构件，后来的房子有做假扒扦头的，到现在已经都不做了。

第八章 平顺县东部石板房营造技艺

第一节　传统民居

平顺县境内的民居类型十分丰富，包括砖瓦房、石板房、土平房、窑洞等，其中尤以县境东部地区广泛存在的石板房最为独特，是山西乡土建筑中比较重要的类型之一。

一、背景概况

1. 自然地理

平顺县，位于长治市东部（图8-1）。由于地处黄土高原东部边缘，县域平均海拔高于1000米的地区占总面积的70%以上。境内山脉以太行为主干，由黎城入境，以南至漳滨横断成峡，又南至玉峡关靖林山，又名风则岭，耸起高峰，为全县主峰（图8-2）。东部地区包括石城镇、阳高乡、虹梯关乡、东寺头乡四个乡镇。其地貌特征为剥蚀构造中山，地面起伏剧烈，山谷一般呈"V"字形，山坡角度一般在50°～70°，山顶主要呈圆锥状和"龙脊状"，地层出露部分包含了白云岩、石灰岩、钙质页岩、泥灰岩、白云质灰岩等多种类型。山谷之中的浊漳河通行境内百余里，两岸分布有少量平地。[1]其他河流如东部的虹霓河、南部窑底河，系集东南部山地雨水形成，流域面积均较小（图8-3）。[2]全县地势南高北低、自东南向西北倾斜。

2. 人文历史

（1）沿河本土文化

沿河地区地形相对平缓，土地肥沃，交通便利，人口密集，聚落历史悠久，规模较大且相互联系紧密，形成了较稳定的小流域文化圈。以石城镇为例，沿浊漳河两岸分布的村落就多达二十余个，这些村庄成村均较早，村中街道和岸坝多用石材垒砌，不同形式的民居建筑在村落内相互组合，高低错落，形成了变化丰富、错落有致的聚落景观，如阳高乡的奥治村、榔树园村（图8-4、图8-5）。

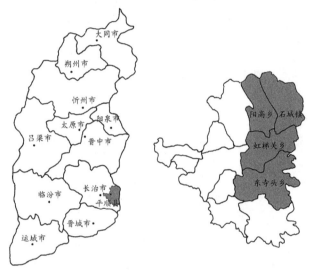

（1）平顺县在山西省的位置　（2）东部四个乡镇在平顺县的位置
图8-1　平顺县东部区位图

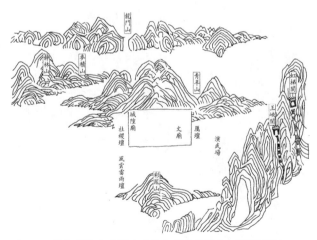

图8-2　平顺县境内山脉（改绘自《潞安府志·图考篇》）

① 星球地图出版社. 山西省地图册. 北京：星球地图出版社，2007. 第51页.
② 平顺县志编纂委员会. 平顺县志. 北京：海潮出版社，1997. 第31、32、33、34页.

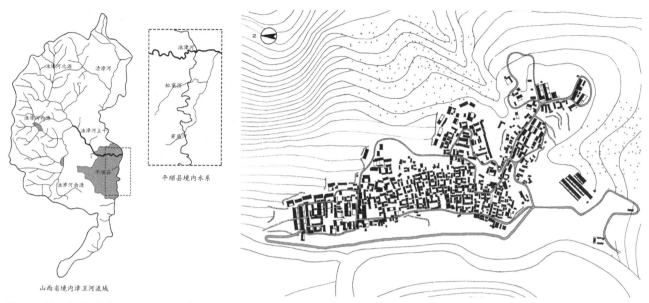

图8-3　漳卫河流域水系图（改绘自《山西省　　图8-4　阳高乡奥治村平面图
河流水系图册》"山西省水系流域图"）

图8-5　阳高乡奥治村建筑群

（2）山区移民文化

元末明初，受战争、天灾、瘟疫等因素的影响，北方很多地区的难民大量迁往晋地。平顺县由于地处晋、冀、豫三省交界处，众多河南、河北等地的饥民多举家迁往太行腹地，深入山区，开垦荒地，并就此落地生根。1997年版县志中就记载了自晚晴至民国两次大规模、长时间的从河南林县向平顺县移民的事件。第一次移民在清末，咸丰十一年（1861年）至同治十三年（1874年），河南林县人大量迁居平顺东南部，持续时间长达13年之久。第二次移民在民国18年（1929年），持续时间仅两三年，县境内的人口出现了成倍的增长。[1]《民国平顺县志》载：

"平顺人民在清嘉道以上，原不开垦东山一带，多襄垣人，自咸同以还，因东临林县，人稠地乏，一般贫民无生业者窥县东荒山甚多无人垦辟，呼朋引类乘隙而入，典买顶托大加种植，数十年间，来者越重。南起跑马赳窟窿梯，北迄豆口里之南山，西抵杜公岭之南北一带，周围二三百里间，到处均有其足迹。其人性勤苦善居积，或二三十家全操林语，或五六十家，半仅土人。"[2]

流民激增，地狭人稠，原住民和移民因土地问题矛盾纠纷不断："此中因语言不通，性情不同，生活不同，习惯不同，互相歧视屡起争端，衅起恃土欺客者固多而反客欺土亦有，或因租地而起抗不纳课，或因加租而至酿债争，或原买赖之为租，或顶托而误认死契。其最甚者，金刚争界兴讼十年，断水加租，省控两次十六年……"[3]

据统计，平顺县东部地区"东南山一带的玉峡关、杨老岩、茅兰岩、虹梯关等乡镇的山民，祖籍大多河南林县；杏城、东寺头、龙镇、西沟、城关、中五井、实会、北耽车、阳高、石城、王家庄等乡镇河南林县移民也占有相当大的比重。"[4]由于山区地形陡峻，聚落以宗族血亲为基础，规模普遍较小，且彼此相距较远。再加上建筑材料极度匮乏，房子多用石材修建，有些地方山高路险、土地贫瘠，甚至形成了完整的石头聚落，如石城镇的岳家寨村（图8-6~图8-9）。

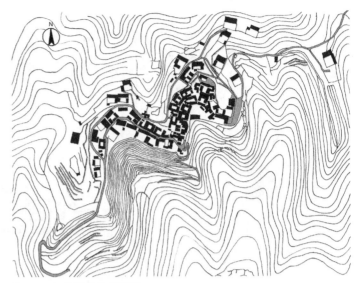

图8-6　石城镇上马村鸟瞰

图8-7　石城镇上马村民居

图8-8　虹梯关乡西井山村民居

① 平顺县志编纂委员会. 平顺县志. 北京：海潮出版社，1997.
② 中国地方志集成·山西府县志辑42·民国平顺县志.
③ 中国地方志集成·山西府县志辑42·民国平顺县志.
④ 平顺县志编纂委员会. 平顺县志. 北京：海潮出版社，1997. 62页.

图8-9　石城镇岳家寨村民居

二、院落形制

平顺县东部传统民居绝大多数为一进合院，受地形的影响，其平面形制除常见的四合院、三合院外，还有凹字院、L形院、带形院等多种类型。规模较大的院落多分布在沿河两岸，气派的能达到三进院，且有跨院；山区地狭人稠，民居院落规模较小，布局紧凑，建筑多依山就势建在不同标高的岸坝、台地上（图8-10）。

以四合院的功能布局为例：

正房主要用来居住，厢房可用来居住也可储藏杂物，倒座房一般承担储藏、饲养、炊事等附属功能，但如果正房、厢房不能满足居住需求，倒座房也会作为居室。畜所、厨房可利用厢房的一开间，也可利用角落空间，如正房与厢房之间的空隙或檐廊下方。厕所不布置在院内，多建于院外。如果是楼房，则二层不做居室，一般用来储放粮食。三层民居也有，但十分少见，顶层多用作瞭望、防御等功能。需要注意的是，同住院内的一家人，不同代际也有较明确的分界线。如正房五间，则"长辈一般住东边三间，中间会有一个小厅，放沙发之类的家具，晚辈住西边两间（图8-11）。正房三间的话就是东边两间西边一间，长辈住东边，晚辈住西边。"①

图8-10　阳高乡车当村民居大院

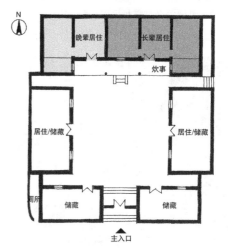

图8-11　石城镇上马村明代老院

① 引自虹梯关乡红泥村木匠侯丑旦的口述。

1. 基本类型

1997年版《平顺县志》中载："清代富裕人家仍袭明制，建四梁八柱的木构架房屋，以土坯、青砖砌墙，后造瓦房顶，富裕程度不同，房屋呈不同规模的一进至三进院落组群。贫民百姓则打土窑洞、建土平房、筑石板房或草房居住。……东南山区平瓦房、石窑、石板房、土棚较多；浊漳河沿岸砖瓦平房、楼房、石头墙平房、石窑、土窑兼有。民国时期，富者先安石根基，青砖土坯垒墙，后造瓦顶，为土石砖木结构的齐面楼房或平房；一般人家多造石头墙、土坯墙的瓦顶平房；穷苦人家仍造石头墙石板房或石头墙、土坯墙的土顶平棚房、草顶房等。山坡石多建石窑，土坡土崖则挖土窑。"[1]

平顺县东部地区民居类型按照结构形式可基本归纳为四种：①以"四梁八柱"为主要承重体系，墙体配合承重的抬梁式结构，如砖瓦平房、楼房，墙体多用青砖、土坯、石头，内包木柱，屋顶铺设青瓦（图8-12、图8-13）；②以墙体承重的抬梁式结构，如石板房，墙体多用土坯、石头，屋顶铺设石板（图8-14、图8-15）；③以墙体承重的非抬梁式平屋顶结构，如土平房，墙体多用荒石垒砌（表面涂黄土和石灰抹面），墙上架梁设檩，屋顶覆白矸土和石板（图8-16、图8-17）；④拱券结构，如石窑和土窑，墙体、屋顶材料仅有石头、土，窑脸为开间不大的尖券，门窗洞口多使用半圆券（图8-18、图8-19）。除此之外，还有拱券与其他结构的组合形式，常用于对山地地形的处理中（图8-20）。

图8-12　虹梯关乡虹霓村民居（类型①）

图8-13　石城镇黄花村民居（类型①）

图8-14　石城镇岳家寨村石板房（类型②）

图8-15　石城镇上马村石木结构民居（类型②）

① 平顺县志编纂委员会. 平顺县志. 北京：海潮出版社，1997. 第356页.

图8-16　虹梯关乡福堂村土平房（类型③）

图8-17　虹梯关乡福堂村土平顶民居（类型③）

图8-18　石城镇窑上村石窑洞（类型④）

图8-19　石城镇岳家寨村石窑洞（类型④）

　　具体采用何种结构形式和建筑材料，取决于户主的经济状况及基地的地形条件。总的来说，沿河地区较为富裕，多采用第①种结构形式；山区建筑材料匮乏，多采用第②种结构形式。第③④种结构形式多用作辅助用房，数量较少且非典型。故下面以最常见的①②抬梁式结构为例进行分析。

　　2. 平面形式

　　①②抬梁式结构的平面特征为多开间、小进深，有两间、三间、三间一甩袖、三间两甩袖、五间、五间一甩袖、五间两甩袖，七间、七间两甩袖等多种形式，有的还带有檐廊（图8-21）。其中三开间或五开

图8-20　石城镇豆峪村组合院落（类型②+类型④）

间较多，七开间较少，有条件的家庭可用木隔扇进行室内分隔，普通家庭则用土坯墙或石墙。以三开间为例，明间一般摆放橱柜、桌椅等家具，作为起居会客的场所，梢间作为卧室，靠窗设炕，有的两端带甩袖的卧室则前后墙均砌筑小土炕，两炕之间用土灶或火炉联系。

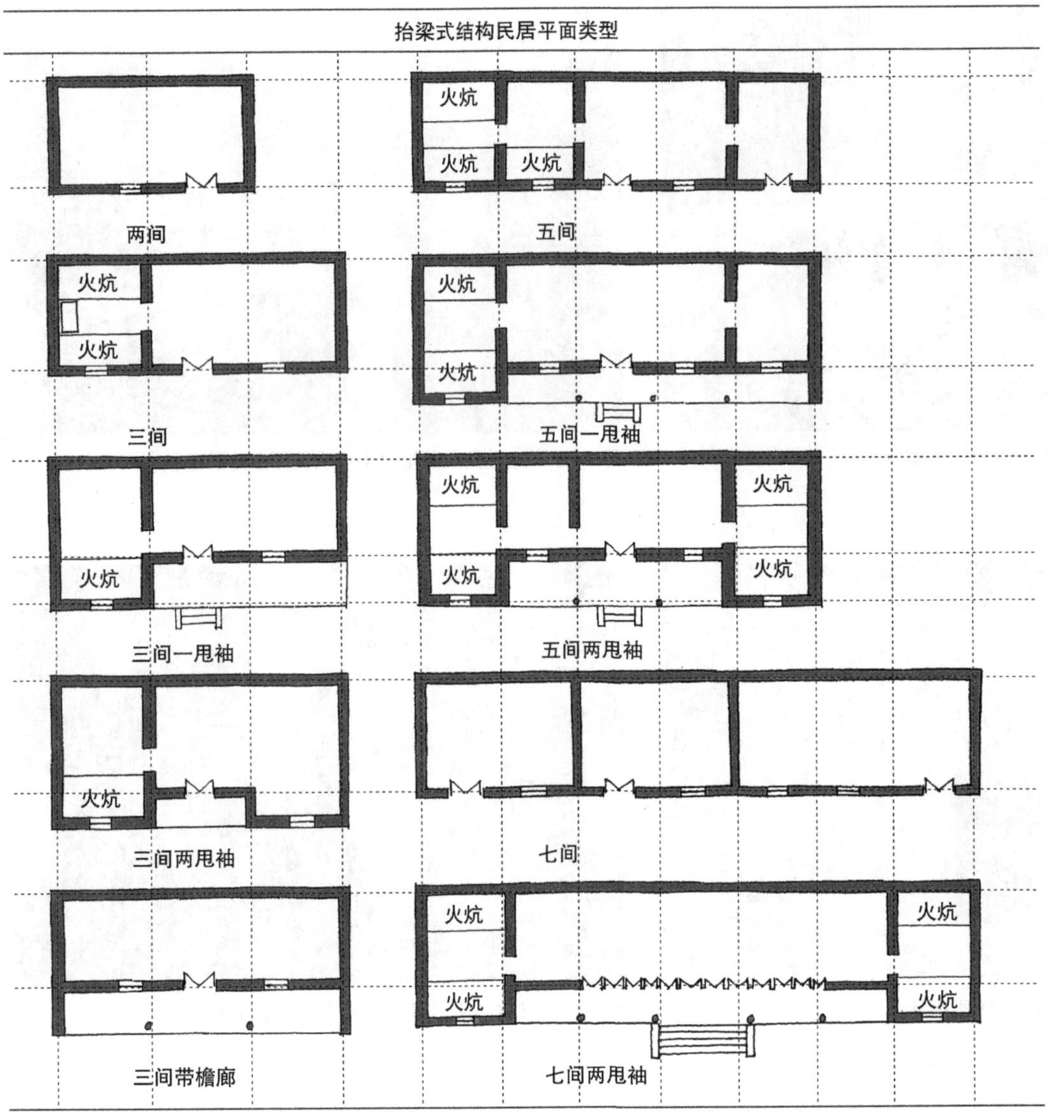

图8-21 民居平面类型

3. 结构构造

①②抬梁式结构的屋架包括两种形式，一是标准式，二层大梁上栽瓜柱抬平梁，平梁上栽脊瓜柱承脊檩（图8-22）；二是高瓜柱式，首层大梁上直接栽高瓜柱，高瓜柱与墙之间用牵椽拉结稳固，其上再抬平梁，平梁上栽脊瓜柱承脊檩，多运用于楼房（图8-23）。高瓜柱式常见于木材匮乏的口操林语地区，如东南部的虹梯关乡，主要是为了节省木料同时营建两层建筑储藏粮食，由深入太行腹地的山区移民将迁出地的建造工艺与当地传统相结合而成的石板房营造技艺。无论哪种结构形式，屋架多用三檩、五檩，也有在五檩基础上添加檐檩做檐廊的（图8-24、图8-25）。

4. 立面材料

①②抬梁式结构的民居有楼房与单层建筑之分。"楼层高度有着'七上八下'的说法，也就是下层高八尺，上层高七尺，即层高一般在2100～2500毫米之间。"①楼层较高的可做居室，有的会做成低矮闷顶，仅供储

---

① 引自石城镇黄花村木匠、石匠张发明的口述。

图8-22 虹梯关乡虹霓村标准式屋架

图8-23 虹梯关乡虹霓村高瓜柱式屋架

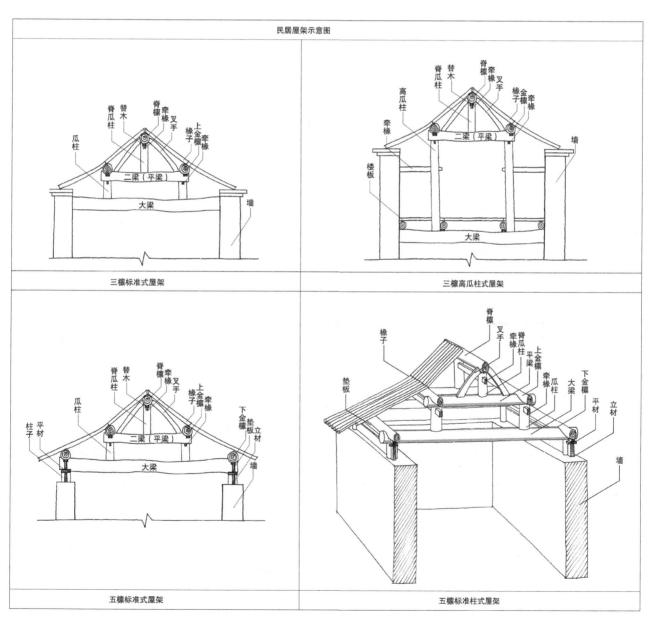

图8-24 标准式屋架与高瓜柱式屋架剖面图

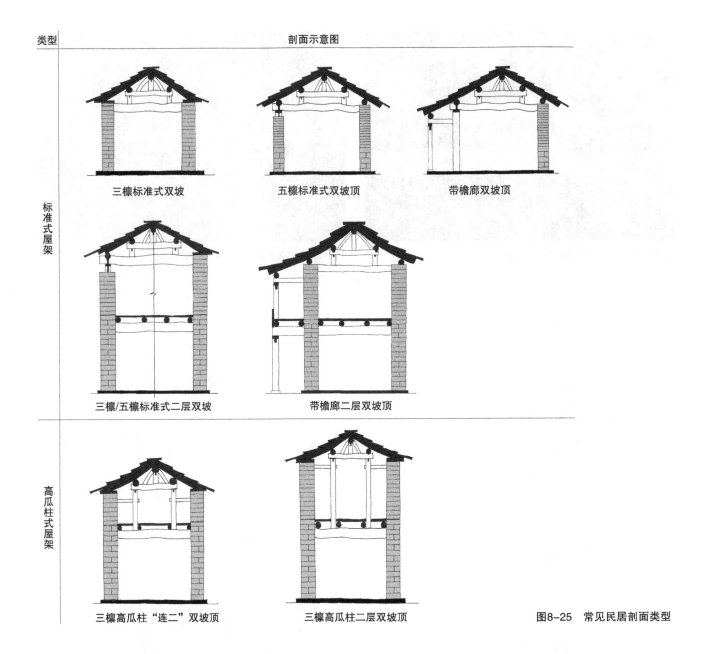

类型	剖面示意图

标准式屋架

三檩标准式双坡　　　　五檩标准式双坡顶　　　　带檐廊双坡顶

三檩/五檩标准式二层双坡　　　　带檐廊二层双坡顶

高瓜柱式屋架

三檩高瓜柱"连二"双坡顶　　　　三檩高瓜柱二层双坡顶

图8-25　常见民居剖面类型

物，当地人称"一层半"或"顶心楼"，也叫"连二"（图8-26～图8-28）。立面材料以土、石、砖、木为主，区别在于：一是取材方面，经济富足的家庭除土、石外，大量采用砖、木等材料，经济条件不足的家庭则混合使用土、石等材料，木材使用量较少，用砖量几乎没有；二是用料方面，经济富足的家庭处理材料更加讲究规整。

　　正立面——第①种抬梁式民居，窗台以下多选用加工整齐的条石，经济条件较好的，其余墙面部分或全部用青砖，门窗洞口采用石质或木质过梁并雕刻精美；经济条件一般的则用土坯，抹泥找平（图8-29、图8-30）。第②种抬梁式民居墙体做法相对随意一些，如果层数为一层，有的整面墙都用荒石，下大上小，有的以窗台为界，窗台以下多选用锻得比较工整的大块条石，上面用较小的碎石；如果层数为一层半，以层楼板为界，下半层用锻得比较工整的大块条石，上半层用夯土或土坯，抹泥找平。由于山区温度较低，门窗洞口都比较小，式样简洁无装饰。

图8-26 石城镇岳家寨村一层石板房

图8-27 东寺头乡张家凹村一层半石板房

图8-28 石城镇岳家寨村二层石板房

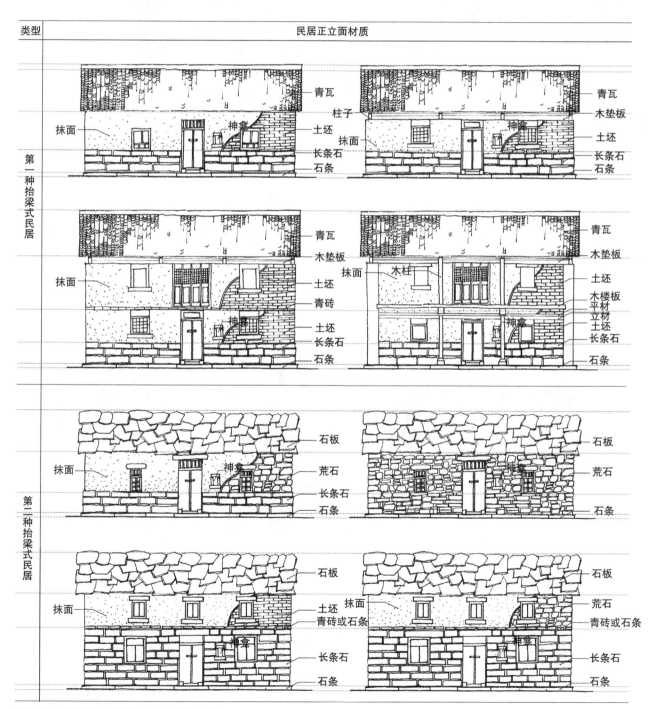

图8-29 民居正立面类型（以三开间为例）

| 石城镇遮峪村墙基石 | 石城镇苇水村墙基石 | 石城镇岳家寨村墙基石 | 图8-30　民居建筑细部装饰 |

　　山墙面及背立面——第①种抬梁式民居，以窗台为界（有的一层房屋以大梁下平面为界），下半部分用条石或大块的荒石，上半部分用夯土或土坯，表面抹麦壳泥，屋顶山墙部分外露或不露屋架；第②种抬梁式民居，主要采用干垒荒石的方式整面砌筑，也有的下半部分用条石或大块的荒石，上半部分用夯土或土坯，通常一层房屋以窗台为界，二层房屋以层楼板为界（图8-31~图8-33）。

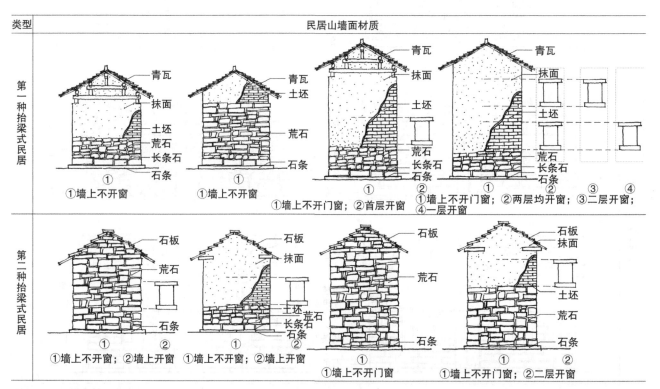

图8-31　民居山墙立面类型

屋顶——双坡屋顶多采用悬山顶，少数经济条件较好的采用砖砌山墙叠涩封檐的硬山顶（图8-34~图8-36）。屋面材料因地而异，其中浊漳河两岸民居屋顶敷小青瓦，有的混合铺砌石板和青瓦（图8-37、图8-38）；虹霓河、窑底河由于海拔较高，交通不便，材料短缺，部分民居屋顶铺砌石板；山区民居屋顶多铺石板，为达到防水效果，山墙处略作悬挑，屋脊处叠放多层较小的石片，做出类似青瓦屋面屋脊的效果，有的屋脊两端甚至会叠出戗脊的效果。

图8-32 石城镇豆峪村条石+荒石+土坯山墙　　图8-33 石城镇蟒岩村干垒荒石山墙

图8-34 阳高乡榔树园村瓦房悬山顶　　图8-35 虹梯关乡龙柏庵村石板房悬山顶　　图8-36 阳高乡车当村瓦房硬山顶

图8-37 石城镇恭水村石板屋顶、青瓦屋顶及混合屋顶　　图8-38 虹梯关乡虹霓村石板青瓦混合屋顶

三、典型案例

1. 石城镇苇水村岳建民宅

苇水村属于浊漳河流域浅山区村落。岳建民院位于村子中部,为一进四合院,门楼位于东南角。院内建筑均为二层,正房、倒座、西厢房修建时间较早,东厢房相对较晚。正房位于台基之上,面阔三间,进深3.60米,前面有檐廊,为主要的起居空间;倒座房面阔三间,进深3.22米,西厢房面阔两间,进深1.98米,现都用来储藏杂物。正房立面窗下部分砌整齐的青石条,上面砌土坯并用石灰抹面;倒座房与西厢房正立面窗下部分垒砌荒石,上面砌土坯抹麦壳泥。院内建筑均采用标准式屋架,悬山顶,上敷青瓦,正房屋顶后坡上半部分用青瓦,下半部分用石板(图8-39~图8-42)。

2. 石城镇岳家寨村岳忙枝院

岳家寨村属于海拔较高的太行腹地村落。岳忙枝院位于后碣(村中地名)西侧,靠崖修建。院落坐西向东,为一进窄院,院内建筑均为一层石板房,标准式三檩屋架。正房面阔三间,现主要用来储藏杂物;北房面阔三间,进深3.30米,为主要的起居空间;南侧为简易的单坡建筑,主要满足炊事和储藏功能。各建筑朝向院子的立面窗下部分均砌整齐的青石条,上面干垒荒石并用红泥抹面,其余墙体用荒石干垒,前后墙及山墙出檐均采用石板叠涩的形式(图8-43~图8-47)。

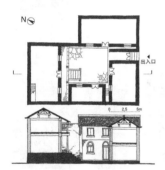
图8-39 苇水村岳建民院平面、剖面

图8-40 苇水村岳建民院鸟瞰图

图8-41 石城镇苇水村岳建民院鸟瞰

图8-42 石城镇苇水村岳建民院正房

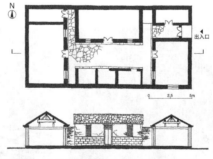
图8-43 石城镇岳家寨村岳忙枝院平面、剖面

图8-44 石城镇岳家寨村岳忙枝院鸟瞰速写

图8-45 石城镇岳家寨村岳忙枝院鸟瞰

图8-46 石城镇岳家寨村岳忙枝院西房

图8-47 石城镇岳家寨村岳忙枝院倒座

3. 石城镇岳家寨村岳安昌院

岳安昌院位于岳家寨村前碣（村中地名）西部，坐西向东，建筑均为一层石板房。正房面阔四间，进深3.30米，现为主要的起居空间；南房面阔两间，进深2.45米，北侧为简易棚，单坡屋顶，主要用来储藏杂物；厕所位于院外东南角。正房立面窗下部分砌整齐的青石条，上面干垒荒石，外面用红泥抹面；其余建筑墙体均使用荒石干垒，外面用红泥抹面。正房和倒座采用标准式三檩屋架，利用石板叠涩出檐（图8-48~图8-51）。

4. 石城镇岳家寨村岳爱民院

岳爱民院位于岳家寨村后碣（村中地名）北部较高的台地上，是典型的四合院，门楼位于东南角，院内建筑均为石板房。正房高一层半，顶层开窗，其余建筑均为一层。正房面阔五间，进深3.22米，为主要的起居空间；东、西厢房面阔三间，进深3.57米，经后期改造，主要用来满足居住和储藏功能；倒座房主要承担炊事和储藏功能。正房和厢房朝向院子的首层部分全部砌整齐的青石条，正房上层干垒荒石，外面用红泥抹面。院内建筑全部采用双坡屋顶，屋架为三檩标准式，出檐采用石板叠涩的形式。该院门楼上有精美木雕，正房门墩上有石刻，属山区中规模较大、形制规整的院落，这充分反映了主家较强的经济实力（图8-52~图8-56）。

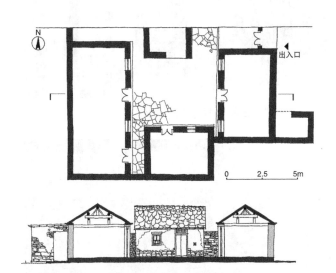

图8-48　石城镇岳家寨村岳安昌院平面、剖面

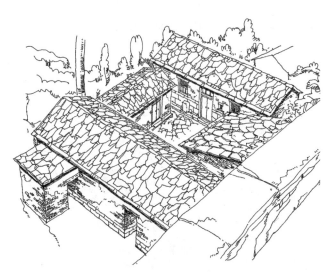

图8-49　石城镇岳家寨村岳安昌院鸟瞰速写

图8-50　石城镇岳家寨村岳安昌院鸟瞰

图8-51　石城镇岳家寨村岳安昌院西房

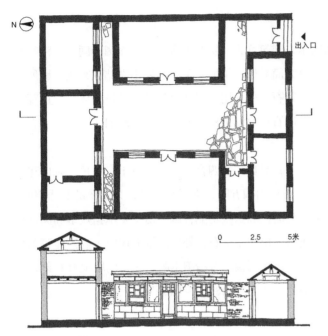

图8-52　石城镇岳家寨村岳爱民院平面、剖面

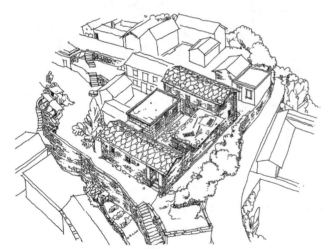

图8-53　石城镇岳家寨村岳爱民院鸟瞰速写

图8-54　石城镇岳家寨村岳爱民院鸟瞰房

图8-55　石城镇岳家寨村岳爱民院正房

图8-56　岳爱民院门墩

5. 石城镇岳家寨村岳爱英院

　　岳爱英院位于岳家寨村前碣（村中地名）中部，由东西两跨院组成，入口居中，西跨院比东跨院高0.76米。除东跨院的东厢房为近年翻修外，院内建筑均为一层石板房。两院正房相连，面阔六间，进深3.00米，为主要的起居空间；西跨院目前无人居住，东西厢房均用来储藏杂物；两院倒座均为厨房。院内所有建筑立面均用荒石干垒，外面用红泥抹面，石板叠涩出檐，其中倒座房和西跨院西厢房为单坡屋顶，其余建筑为标准式三檩屋架双坡屋顶（图8-57~图8-60）。

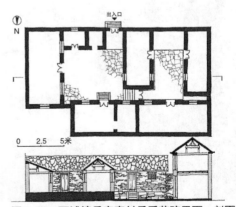

图8-57　石城镇岳家寨村岳爱英院平面、剖面

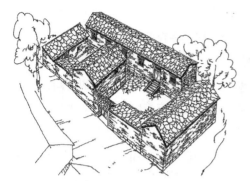

图8-58　石城镇岳家寨村岳爱英院鸟瞰速写　　图8-59　石城镇岳家寨村岳爱英院东跨院正房　　图8-60　石城镇岳家寨村岳爱英院西跨院正房

6. 阳高乡榔树园村三进院落

榔树园村是浊漳河流域村落，聚落形成年代较早。由于交通方便，村内建筑多为砖瓦房、楼房。该院坐北朝南，为三进院落，入口位于东南角，门头有精美木雕。院内建筑为典型的"四梁八柱"式，两层高，墙内包柱，第三进院落内的建筑朝向院落一侧立面均包砖，其余建筑首层包砖，上层砌土坯，表面用红泥找平后刷涂石灰。建筑门窗都用木质隔扇，窗台石上均刻有图案。屋顶为双坡悬山顶，采用标准式五檩屋架，前后墙上有檐檩，椽子搭在檩条上向前出挑形成出檐。山墙屋架外露，檩条出挑上仰铺青瓦，屋脊端部做蝎子尾起翘。该院民居建筑复杂精致的施工工艺及完整的平面形制充分反映了沿河村落富庶的农耕生活及发达的建筑文化（图8-61~图8-65）。

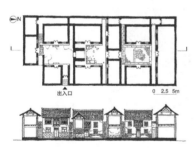

图8-61　阳高乡榔树园村三进合院平面、剖面

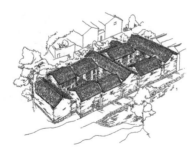

图8-62　阳高乡榔树园村三进合院鸟瞰速写

图8-64　阳高乡榔树园村三进院正房

图8-63　阳高乡榔树园村三进院鸟瞰

图8-65　阳高乡榔树园村三进院倒座

7. 虹梯关乡虹霓村202号院

虹霓村位于虹霓河北岸。由于村落紧邻河南林州，清末及民国期间的大量移民多在此落脚，因此形成了本地文化与移民特色相结合的营造技艺，即民居屋架多采用高瓜柱式。该院位于虹霓村中部，是一进四合院，院门开在东南角。正房面阔三间，进深3.30米，屋架采用高瓜柱形式，前后有檐檩，椽子外挑；倒座房面阔三间，进深3.97米，采用标准式屋架，前檐有檐檩，后檐利用石板叠涩出檐。朝向院子的建筑立面一层砌整齐的青石条，上面砌土坯，外面用石灰抹面。西厢房为单坡顶，其余为双坡顶，正房和东厢房仰铺青瓦，西厢房和倒座房铺石板。除东厢房外，院内建筑均为二层，现已无人居住。该院的营造并不拘泥于特定的形制和准则，反映了乡土建筑营造的灵活性和创造性（图8-66～图8-69）。

8. 关乡龙柏庵村耿起元、耿修元院

该院位于龙柏庵村西南部，为坐南朝北的两进院落，后院较前院高1.07米，入口位于东南角。院内建筑均为二层双坡石板房，其中南北向的房子面阔五开间，进深4.00米，是主要的起居空间，东西向的房子多用来储藏杂物。过厅建筑的屋架为标准五檩式，北侧悬挑出檐，南侧石板叠涩出墙，其余建筑为标准式三檩屋架，石板叠涩出檐。所有建筑朝向院内的立面窗下部分皆砌石条，上砌土坯，麦秸泥基本找平后表面刷涂石灰，山墙和背立面则多砌荒石（图8-70～图8-73）。

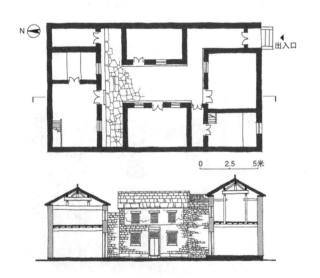

图8-66　虹梯关乡虹霓村202号院平面、剖面

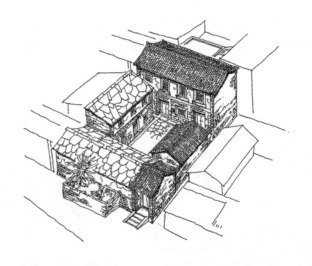

图8-67　虹梯关乡虹霓村202号院鸟瞰速写

图8-68　虹梯关乡虹霓村202号鸟瞰

图8-69　虹梯关乡虹霓村202号院正房

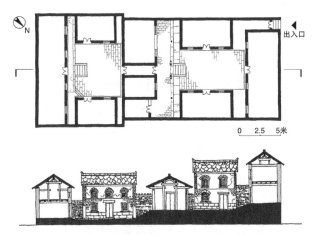

图8-70　虹梯关乡龙柏庵村耿起元、耿修元院平面、剖面

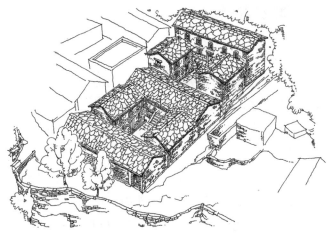

图8-71　虹梯关乡龙柏庵村耿起元、耿修元院鸟瞰速写

图8-72　虹梯关乡龙柏庵村耿起元、耿修元院鸟瞰

图8-73　虹梯关乡龙柏庵村二进院

第二节　营造技艺

石板房是平顺县东部地区最富有地域特色的建筑类型。这种建筑的防水和耐久性是十分高的，甚至远远高过现代的防水卷材屋面。"有些一百年、二百年也不坏，有些是五六十年就风化了，漏了就在漏的地方换一块石板。这种石板有个好处就是雨下再大，荷载也不会加重。瓦房不一样，瓦房一下雨就会变重，瓦会吸收雨水，石头不吸水。"[1]

改革开放后，由于太行腹地交通不便，经济发展缓慢，当地大量石板房得以完好保存。本文以建于20世纪80年代之前的石板房为研究对象[2]，通过实地调研、现场测绘，访谈众多技艺精湛的老匠人，重点对其传统的营造技艺做记录与研究。

---

① 引自虹梯关乡龙柏沟村石匠刘记锁的口述。
② 由采访匠人的口述可知，20世纪80年代之前营建民居的材料及结构没有太大的变化。

一、策划筹备

1. 准备材料

石板房用量最多的建筑材料就是青石，据阳高乡龙柏庵村主任耿伟林所述，"一间房子要用一万斤石头"，可见用石量之大，因此，主家多会邀请石匠来帮忙采石。平顺县东部地区过去主要运用火爆法取石①，直至火药出现后采石才变得容易一些。其中开采难度最大的是屋顶铺的石板。青石板层是一个整体，厚约一米二三，中间有缝隙。

火药采石的过程为：首先，把自制的土炸药②放到打好的眼儿内，用导火索引爆。炸药的量非常关键，放得太多石头就崩碎了，放得太少石头裂不开。然后，按照裂开的纹理一排放三四个錾子，用大锤砸，"如果石头有六寸厚，錾窝就要打进三寸深；石头如果有一尺厚，錾窝就得打半尺，这样才能确保石头能打开"③；最后，将撬棍插入裂缝中往外撬，"一般开采的石板多为4~6厘米厚，太薄了撬的时候容易碎，太厚了匠人撬不动。"④过去由于开采环境所限，骡马之类的牲畜很难行走，采完的石料只能靠人力以抬、背、扛的方式运输，其过程是十分艰辛的。较贫困的家庭单是准备石材这一项就要花费一两年甚至三年的时间。

木材一般由主家购买或临时砍伐，砍伐时由木匠现场指导。槐木、杨木通常是比较理想的做大梁的材料。槐木虽然生长速度较慢，但树干较为粗大，承载能力强，且耐潮、抗压。除此之外，榆木、椿木、核桃木等都可以使用，但是忌用桑木、桃木，因为与"丧""逃"谐音。树木本身的质量很关键，是否有虫蛀、腐烂等，硬度能不能达到要求，都在考虑范围内。出料的时间也有所讲究，如上马村匠人王天成所述，春天砍伐的杨木最壮，夏天是槐树，冬天是桐木，如果不按时间采伐，木料就容易腐烂生虫，不利于发挥各自的性能。

除了这几种主要的材料外，还有以下几种常用材料：①红土，制作土坯及墙体抹面的主要材料，虹霓河沿岸部分村落由于土壤稀缺，有限的土地都用于耕种，因此多用白土替代红土⑤；②麦子和其他农作物的秸秆，混合在泥土中，可以起到加强黏合力的作用；③灌木类如连翘，较细枝条可做笆子，较粗的枝干可以加工为栅板，作为屋顶挂石板的垫层，有的沿河村落使用芦苇秆编制笆子；④石灰，"分干、湿两种：干的叫堂灰，可以用来配灰土；湿的多用来抹面"⑥，它还可以用作胶凝材料填充灌缝。石灰通常由主家在开工前自己烧制而成。

2. 匠人组织

施工团队通常由2~3名石匠、1~2名木匠及若干亲戚邻居组成，其中匠人都请自于本村或附近村落。为了便于召集施工人员，建房一般选在农闲时间，且避开雨季和极寒天气，这样不会因为特殊的天气而延误工期。整个施工过程大部分由木匠主导，有的由石匠主导，也有些比较熟悉流程的主家自己主持。

---

① 我国古老的采矿业详细地记述了开采矿石的过程，其中就提到采矿时破石碎石的方法，主要有工具破碎法和火爆法。工具破碎法主要针对硬度较低、疏松的岩石，火爆法主要针对硬度较大的岩石，具体方法是先点燃木柴加热岩石，后泼水或醋致使岩石热胀冷缩，内部应力增大开裂，最后再人工开凿。（参见夏湘蓉著：中国古代采矿、选矿技术. 中国大百科全书·矿冶卷. 北京：中国大百科全书出版社，1984. 832-833）

② 其成分主要有硝铵、木炭、麦糠或者锯末，配比大概是一斤硝铵配上二两糠、锯末，牛粪也行，部分地区会在土炸药中添加一味昆虫——斑蝥干研的粉末，这样可以大大增加炸药的威力。

③ 引自石城镇上马村石匠、木匠王天成的口述。

④ 引自虹梯关乡虹霓村石匠程怀珠的口述。

⑤ 据《民国平顺县志·卷二·地质篇》记载："县境土质红白相间，红色黏土内多含铁质，而白色壤土多由石灰岩风化而成，沿漳又多砂质壤土，溪流所经淤泥沉积，亦有色黑而为垆土者，山地劳崩。因雨水之冲洗，山石之崩碎，石灰质砾土居多。"

⑥ 引自虹梯关乡虹霓村木匠侯丑旦的口述。

　　石匠常用的工具有大锤、小锤、錾子、钢制拐尺、撬棍、钢钎、石杵、铅锤等（图8-74）。大锤配合钢钎、錾子开采石材，小锤与錾子组合使用，以锻造不同尺度的装饰图案和石刻浮雕；拐尺确保锻石过程中石块各平面的水平、垂直；石杵用来打夯土层、制作土坯。

　　木匠常用的工具有锛、锯、钻孔器、凿子、刨子、墨斗、角尺、门尺、间尺等。锛用来给树木去皮、去疙瘩；凿子有二、三、四、五、六、七、八分等不同尺寸的凿头，用来开榫眼或制作雕刻；刨子有大、中、小三种，最大的刨子为对缝刨，用来刮平木料，处理面积比较大，最小的刨子为精光刨，也叫螃蟹刨子，处理面积较小，可以用来加工曲线；门尺两面均带有刻度和文字，不同的刻度代表着吉凶；间尺一般长五尺，两尺就是一间房的面宽；角尺也称拐尺，多用来取方，画线开榫都用它；墨斗用来弹线，在木作加工过程中使用频繁（图8-75）。

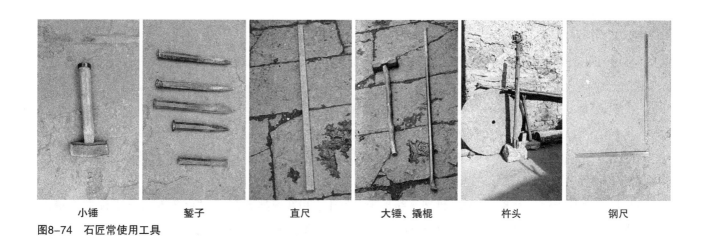

| 小锤 | 錾子 | 直尺 | 大锤、撬棍 | 杵头 | 钢尺 |

图8-74　石匠常使用工具

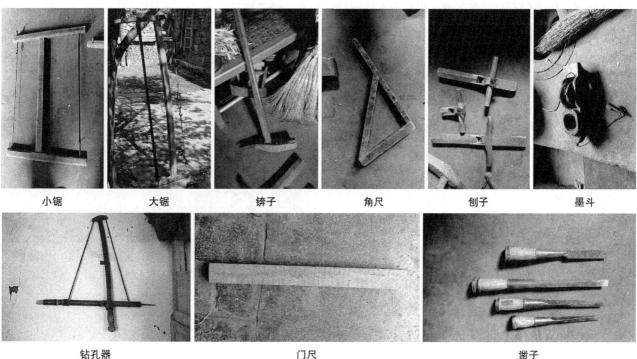

| 小锯 | 大锯 | 锛子 | 角尺 | 刨子 | 墨斗 |
| 钻孔器 | 门尺 | 凿子 |

图8-75　木匠常使用工具

3. 选址布局

房屋选址定向是一件非常重要的事情，主家都会相当谨慎。有些人家会请风水先生帮忙，有些则自行确定。本着居住舒适、安全的要求，当地形成了一套约定俗成的准则：选址宜随山形，选在平缓的坡地上，不宜选在陡坡、断崖上和河道附近。如果拟建房屋正对胡同，该胡同在风水上被称作"小箭"，有束缚压制房主的寓意，这时主家多会在正对胡同的墙上立泰山石敢当，减少戾气。

院内布局多由主家决定。正房多坐北朝南，但会稍微偏移一定角度。依据传统文化中左为上、右为下的观念，"厨房和厕所都在右下手，就是右前方"[①]，"厨房不能坐南，只能坐西、东、北，因为'南锅'发音和'难过'接近。"[②]院门最好不对着尖头山、断崖及沟谷等，宜对着形状较圆滑的山头，如果万不得已开在不适宜的位置，大多会设置照壁进行遮挡。

二、营造流程

石板房的营造流程可分为七个步骤：地基处理、砌筑墙体、大木作加工及组装、封檐与上瓦、安装楼板、安装门窗、装饰与装修。

1. 地基处理

选址布局确定后，石匠一般会根据地基的形状确定建筑的大概尺寸。一般而言，房屋面阔多为三开间或五开间，每间面宽一丈；"二梁起架（标准式屋架）的房子进深一般都是五米以上，带上外头的出檐就是六米，但是不到丈二"。[③]

石板房的地基较浅，大多一米深。地势平缓地带用红土、白灰搅拌后夯实，"红土和白土也没有准确比例，一般是1:3~1:4。"其余地方大多垒砌石头，层层收进，下宽上窄，可砌筑两立两卧总共四层。

在深山区，有时会利用陡坡沿崖边砌筑50~100厘米厚石墙，然后将崖面填平作为地基（图8-76）。具体操作方法如下：较大的石材放在下面，用长条石联系拉结碎石，错缝搭接。为了保证石墙的稳定性，每砌一层前需放线找平并向内收分1~3厘米，墙体与崖面间填碎石和红土。当石墙砌筑至地平时，垫红土夯实，并在预建房屋四周沿地基外扩一寸左右铺地平石，石头朝外一侧锻平整，内侧尺寸、形状随意，顶面保持平整（图8-77）。这种砌筑方式，不需要任何胶凝材料，仅通过石块间的相互咬合就可以使砌筑形成整体，施工简单、快捷，为山区石板房的建造创造了基本条件。

图8-76　石城镇遮峪村石头垒砌的地基

2. 墙体砌筑

地基处理完成后，就可以在基址上放线砌筑墙体了。一般而言，不同墙体立面的材料加工方式及砌筑方法有较大差别：

---

① 引自阳高乡南庄村瓦匠李金山的口述。
② 引自阳高乡奥治村石匠赵永善的口述。
③ 引自石城镇上马村木匠、石匠王天成的口述。

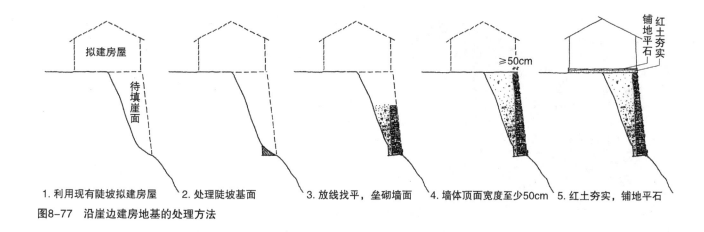

1. 利用现有陡坡拟建房屋　　2. 处理陡坡基面　　3. 放线找平，垒砌墙面　　4. 墙体顶面宽度至少50cm　　5. 红土夯实，铺地平石

图8-77　沿崖边建房地基的处理方法

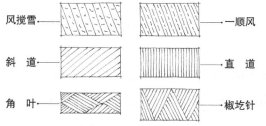

图8-78　石材表面的装饰纹理

图8-80　石材锻造的方法

图8-79　石材表面纹理——椒圪针与直道

（1）石砌墙体

石砌墙体一般采用条石与荒石砌筑。条石的前、左、右、上、下五面需要锻造，正面錾刻花纹，常见纹样有乱点荒、风搅雪、一顺风、直道、斜道、角叶、椒圪针、棋盘纹等几种类型（图8-78、图8-79），每种类型有寸三道、寸五道、寸七道的区别，道数越多加工难度越大，耗时越多。加工时，先用墨斗或带有细绳的红粉土小布袋弹线，然后借助拐尺和细绳，用锤子和錾子按照红线錾刻花纹（图8-80）。

石砌墙体厚约尺半（49～50厘米），砌筑方法与崖面垒砌石墙类似，只是施工更加严格：首先要保证立卧结合，其次必须保证上面、下面、看面三平。以朝向院内的窗下墙砌筑为例，按照石城镇豆峪村石匠刘庚辰师傅的说法："两立两卧到窗口"（图8-81、图8-82）。立石比较薄，一般不到墙厚的一半，卧石比较厚，与墙体同宽，立石卧石之间用不规则的石块填塞。这是比较精准严格的做法，但由于相对费工，只有规模较大的院落按此操作，大部分普通人家通常只砌三层条石或荒石。

经济条件较好的人家还会重视窗台石、墙基石等部位的装饰，在石材表面雕刻精美图案，内容多为寓意吉祥的花鸟或器物。简单的图案可直接画在石材表面，复杂的图案需先将其画在纸上，然后把石头锻平以后拓到上面，用锤子和錾子慢慢雕刻出起伏即可。

（2）土坯墙体

由于石材的开采和加工难度较大，一层石板房窗台以上部分及一层半和

图8-81　石城镇岳家寨村石墙

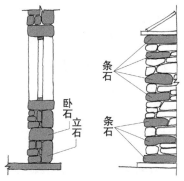

图8-82　石墙的砌法

图8-83　虹梯关乡虹霓村民居土坯墙体的转角处理

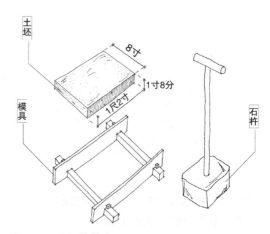

图8-84　土坯的做法

两层石板房的上层墙体多采用土坯砌筑，并在墙体转角处做特殊处理，每隔一到三层铺砌加长卧石，以便向两个方向进行拉结（图8-83）。

土坯的制作过程为：红土稍加水浸湿搅拌均匀，既不能太湿成为泥巴，也不能太干无法夯实，然后将其放入模子中用平底石杵反复捶打，晾干后即可使用（图8-84）。为方便土坯顺利取出，可在模子内提前撒些柴灰。土坯的尺寸并不是只有一种，"一般长是尺二，宽是八寸，厚是两寸"[1]，到（20世纪）六七十年代，常用的土坯宽就变为六寸了[2]。"模子是木工现场做的，一般是用柿子木，这种木头比较耐用，捣实的时候不容易破。要用几个模子一般要看有几个匠人，一般一个匠人用一个模子。想做得快一点，那就三四个匠人，三四个模子。"[3]

无论哪种类型的墙体，砌筑时均需预留门窗洞口，即在洞口上下槛留出面积不到一寸见方，深度为二三厘米的眼儿，砌筑时直接把框槛埋进去。门窗洞口的大小由木匠确定："过去的窗子都小，一般都是用木匠尺子测量，二尺四宽，二尺六高。""过去的门都有锻的门墩，不包括门墩，门的净空有四尺七八、四尺八九，不上五尺……一般来说门墩大部分是六寸左右。""以前做门的时候要用门尺，门尺带有迷信色彩，上面会有文字告诉你哪些刻度能用，哪些不能用。"

3. 屋架加工与组装

一层石板房窗台以上部分继续砌筑至上梁高度就可以在墙上搁梁了，梁头外侧要保证与墙体外表面平齐（图8-85）。一层半和两层石板房在首层大梁放稳后，由工匠继续砌筑墙体直至最终上梁高度。梁上即为屋架，常见的有三檩标准式和高瓜柱式。

图8-85　东寺头乡张家凹村首层上梁施工现场

① 引自阳高乡奥治村木匠赵计先的口述。
② 引自虹梯关乡龙柏沟村石匠刘记锁和阳高乡榔树园村木匠陈建长的口述。
③ 引自阳高乡奥治村木匠赵计先的口述。

（1）三檩标准式屋架加工

首先，木匠根据木料的实际尺寸确定其用途。较长且粗壮的做梁（直径30~40厘米），较为平直的做檩（直径多为15~20厘米），较细的木料做椽，去皮刨平即可。

然后，将每榀梁架木料按照设计尺寸分开加工。一般梁长4米，根据其长度及屋面排水坡度可确定瓜柱的设计高度。当地常见排水坡度有六四、七五、八五几种，坡度逐次变陡。以六四排水坡为例，用"大梁长度的1/4长乘以0.4得出瓜柱的高度，二梁上脊瓜柱的高度就用这个长度再乘以0.6"[1]（图8-86）。当地匠人流传一句谚语："弯曲檩，弯曲梁，盖开三间好楼房。"[2]由于梁通常都不是直的，故需结合现有梁的形状，保证每榀梁架瓜柱和脊瓜柱柱顶的标高相同，即设计尺寸一致（图8-87）。

尺寸确定后，以梁的加工过程为例：第一步，利用墨斗配合角尺弹线找平，即在大梁的断面及梁身上打出十字线及上下平线（图8-88），第二步，将大梁梁头的下端处理为平面，便于其平稳地搁在墙上，将二梁梁头的上下两端处理为平面，便于其下接瓜柱、上承檩条（图8-89）。

无论哪种形式的屋架，各构件之间都通过开榫卯的方法进行连接，并最终形成结构稳定的整体。从构件受力的特性来看，承压构件间通常开直榫或用梢榫，受拉构件间通常开燕尾榫。如瓜柱与梁之间，瓜柱柱头开方榫，"宽一寸半，长一般是寸二三"[3]，柱尾开直榫，一寸半长，一寸宽，相应地，大梁四分之一处和二梁正中间开

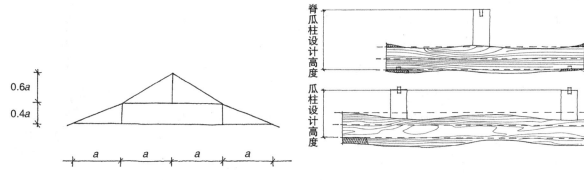

图8-86 屋架各构件的计算方法（图中的线为构件的轴线） 图8-87 瓜柱的设计尺寸

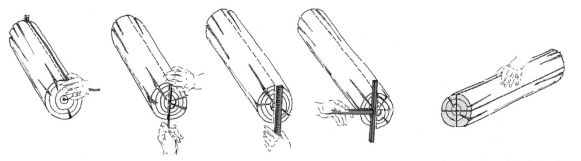

1. 用墨斗在原木上弹线 2. 用铅垂在原木截面上弹线 3. 用尺子测量以找到圆心 4. 用角尺在截面上画十字线 5. 用同样的方法在另一截面上画十字线，并在原木身上弹十字线

图8-88 打十字线过程示意

---

① 引自阳高乡奥治村木匠赵计先的口述。
② 引自石城镇上马村石匠、木匠王天成的口述。
③ 引自阳高乡奥治村木匠赵计先的口述。

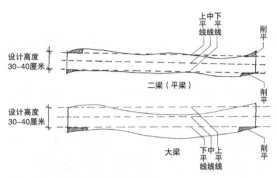

图8-89　打上下平线过程示意

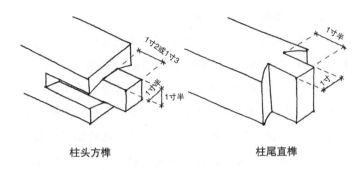

图8-90　瓜柱柱头、柱尾的榫卯

图8-91　瓜柱柱头方榫与柱尾直榫

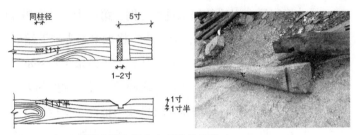

图8-92　梁头的替木槽和梁上立瓜柱的榫卯

相应尺寸的卯眼儿用来栽瓜柱（图8-90~图8-92）。梁檩之间，少部分会做成类似官式建筑梁头桁椀的弧形样式，大部分"在梁上需要放檩的地方用锛一个槽，檩子中线距梁头五寸左右，直接搭在梁头上。"[1]檩条之间"开燕尾榫（也称猴头榫、大头榫），大头是一寸半，小头是一寸，两边各收一厘米，高度是二寸半。"[2]檩条下有替木，"替木两头钻两个眼儿（长一寸、厚半寸），檩下边锛平后也钻两个眼儿，用木销把檩条和替木连接起来"，[3]梁头会做三瓣卷杀以便搁置替木和檩条（图8-93、图8-94）。很多经济条件不足的人家，为了节省材料并简化施工，檩条下面一般不放替木而直接搁在梁上。

脊瓜柱上的榫卯复杂一些，除了要在柱顶做放脊檩的卷杀，檩条下有替木的还要开替木槽，左右两侧还要开放叉手的三角直榫，前后两侧还要开燕尾榫放置牵椽（图8-95、图8-96）。牵椽是水平拉结瓜柱的构件，直径七八厘米，头尾开燕尾榫，大头一般宽一寸二，根部一寸。

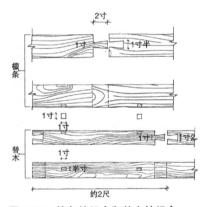

图8-93　檩条的组合和替木的组合

图8-94　檩条端部开的燕尾榫

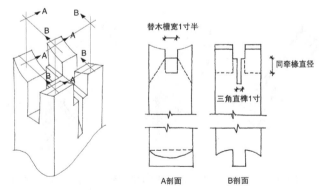

图8-95　脊瓜柱柱头、柱尾开的榫卯

---

① 引自石城镇上马村木匠、石匠王天成的口述。
② 引自石城镇岳家寨村木匠岳安令的口述。
③ 引自石城镇上马村木匠、石匠王天成的口述。

图8-96 脊瓜柱柱头开的榫卯（无替木槽）

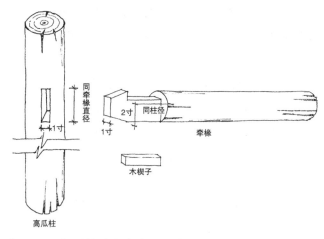

图8-97 高瓜柱柱身与牵椽连接的榫卯

榫卯的加工过程为：在木料上打十字线，以其为中线用铅笔或墨线画出榫卯的形状，然后用凿子和锯进行加工。榫头和卯眼的尺寸需要对应，不能有偏差。

（2）高瓜柱式屋架加工

高瓜柱式柱高5~7尺，梁柱之间开榫类型及方法与标准式类似。不同的是，柱间用牵椽进行拉结，与前后墙之间也用牵椽进行拉结，故柱身一般开透榫，牵椽头部开箍头榫，榫穿透柱身，用木楔将其顶起，屋架整体性得以加强（图8-97）。

（3）屋架组装

屋架各构件加工完，就可以进行现场组装了，其中最重要、最隆重的一个环节就是上梁。标准式屋架上梁的顺序为先明间后次间、梢间。具体步骤：首先，按照木匠的要求将梁头放到前后墙指定位置，继续砌筑梁头周围墙体将大梁固定，上栽瓜柱；然后，安装牵椽拉结瓜柱；最后，上平梁，立脊瓜柱。高瓜柱式屋架与标准式屋架有所不同，先在首层大梁上立瓜柱，安装牵椽，然后在柱子上吊装平梁，最后在平梁上栽脊瓜柱。

全部大梁、瓜柱、牵椽安装完毕形成整体梁架，并与前后墙妥善搭接，就可以考虑上檩条了。檩条安装可分两种情况：如果边墙有屋架，只需逐步安装金檩、脊檩，每榀梁架间的檩条、替木用猴头榫拉结在一起；如果边墙无屋架，需将墙砌筑到檩条的设计高度，将檩条一头水平搭在墙体上，用砌块固定防止其晃动。其中金檩的安装是直接放到平梁梁头的卷杀内，若下有替木，则将替木放到替木槽内通过梢榫与金檩连接；脊檩的安装稍微复杂一些，需要脊瓜柱、替木、叉手、牵椽利用榫卯组合起来一并安装（图8-98）。

上完檩条之后开始钉椽。椽子的长度根据檩间距来确定，形状有方和圆之分，直径一般在两寸至两寸半之间。上下两排椽要错开摆放，铺椽的时候"中线至中线的距离基本上保持在二十厘米左右。……有的地方屋顶上钉的椽子数是单数，平顺地区一般

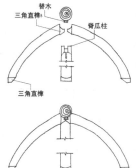

图8-98 石城镇白杨坡村石板房屋架上的叉手

是双数"①，所有的椽子都需要用椽钉固定在檩条上。"过去是用铁匠打的钉，那种钉子是大头，方头带棱的，顶是平的。后来都用洋钉，洋钉的长度按英寸算，一般有四英寸，也就是三寸二长。"②

4. 安装楼板

屋顶上的椽子钉好，保证上层不会坠物，就可以安装二层楼板了。首先在大梁上放置檩条并找平，边檩紧靠内墙，中间等距放三四根，将檩条上表面刨平，普通人家在梁檩之间垫小木块以找平；然后在檩条上开垂直方向的榫口（深度不宜超过2厘米），隔风板与大梁中线对齐卡入两根檩条之间的榫口，保证施工过程中檩条稳定不摆动；最后安装楼板，用长钉把板的两头固定在檩条上，用企口、直板、折线板缝三种方式拼接相邻板块，其中采用直板拼接时需要在楼板下垫一块木板，托住板缝（图8-99）。根据奥治匠人赵计先的讲述，楼板厚3厘米，长度依据檩条间距确定。

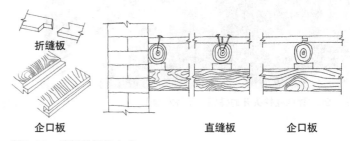

图8-99　楼板的拼接方式

5. 封檐上瓦

石板房基本都用叠涩石板的方式封住檐口，当地称为迎风。具体做法为：当墙体砌筑到封檐高度后在上面砌两层石板，前方加工整齐，每一层向前方出挑5厘米，檐椽直接压在上层石板靠近内墙皮三分之一处。为了固定椽子，一般在第二层石板上还会再放一块石板抵住椽头（图8-100）。

图8-100　虹梯关乡虹霓村石板房背面出檐做法

封完檐后，在椽子上摆放栅板或铺笆子，其中栅板长度同椽子间距，厚度1~2厘米，铺满椽架，有些地方还会在每步椽架间固定腰栅，以便上下栅板拼接牢固。铺完栅板或笆子后上覆约5厘米厚的红泥，用抹刀抹平晾至半干，准备铺石板（图8-101、图8-102）。

石板一般是从下往上铺，下大上小，上层石板压在下层石板约三分之一处。为保证上一层薄厚不均的石板能够平整，下层石板与屋面之间需要用小块石板或红泥垫平。铺至屋脊处，平铺几层石板，以防止屋脊漏水（图8-103）。石板在山墙面通过叠涩出挑，下面

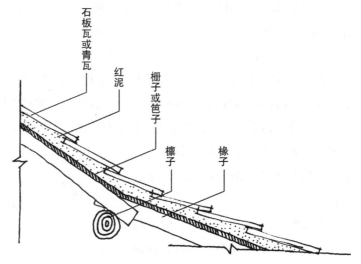

图8-101　石板屋顶构造层次

① 引自阳高乡奥治村木匠赵计先的口述。
② 引自虹梯关乡户宿村木匠耿成本的口述。

a. 石城镇青草凹村栅板屋顶

图8-102　石板房栅板屋顶与笆子屋顶

b. 虹梯关乡龙柏庵村笆子屋顶

图8-103　虹梯关乡老碾圪道村石板屋顶

图8-104　虹梯关乡西井山村石板房山墙面出檐

两层石板较整齐，每层悬挑5厘米左右，第三层石板可出挑20~30厘米，形成"悬山"效果（图8-104）。每块石板平均重200~300斤，施工时下面的人用手将石板勾住，上面的人拖拽绳索提升石板。石板铺完后，建筑主体完工。

6. 装饰装修

（1）安装门窗

窗扇的样式比较简单，"老百姓都是弄成小方块，贴上麻纸，能挡风就行，……小方格都是上下开半个槽，用直榫，长条之间交叉扣住，不用钉钉。"①一般格栅的样式都是由主家定，主家走南闯北看上什么样式，回来画给匠人，匠人就会照着图做（图8-105、图8-106）。

（2）刷涂面层

一般墙体表面会刷涂面层，既起到装饰作用，又保护墙体免受雨水冲刷。刷涂的材料多为红泥，其中加入一寸长的麦糠、秸秆，刷涂三遍（图8-107）。经济条件较好的人家会在红泥上再涂一层石灰，石灰中可混入麻刀做成麻刀灰，防水效果更好（图8-108）。

红泥一般五年左右再刷涂一次，而石灰层只要不脱落，耐久度甚至能达到几十年。

（3）室内装修

大部分民居室内墙面依旧用红泥和石灰，做法与外墙相同。室内地面的处理则同主家的经济实力息息相关。经济条件较好的人家铺设石板或青砖，具体的施工顺序为：先用碎石垫层并用夯土找平，然后拉线铺石板或青

① 引自虹梯关乡虹霓村木匠侯丑旦的口述。

图8-105　阳高乡奥治村门窗　　图8-106　石城镇岳家寨村民居门窗

图8-107　石城镇白杨坡村红泥抹面的民居

图8-108　虹梯关乡龙柏庵村白灰抹面的民居

砖，最后在铺好的地面上撒一层砂土，随着人在上面走动，砂子会自动填充缝隙，也有的是用白灰黏合石板或青砖（图8-109）。普通人家主要使用夯土地面，"这样的地面年年得除一回，就是弄点石灰，再去山上抬点土来，混合之后用小锤锤。因为地上都是土坑，就得又扫又除，年年都得弄。"①

另外，家家户户室内还有火炕。火炕一般"长是六尺来长，也就是两米多长，宽是一米八、一米五，高二尺（七十多厘米）"②，"用泥垒起来，然后盖上土坯，再抹上泥，底下烘着火，把砌筑的泥烤干。过去的时候，把柿片放在上面晒干，颜色变了以后，挂到檐子上，腌制成小柿子块，配上糠之类的东西，就可以充饥解饿。"③

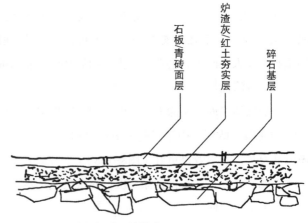

图8-109　室内石板地面的做法

① 引自虹梯关乡虹霓村木匠侯丑旦的口述。
② 引自虹梯关乡龙柏沟村石匠刘记锁的口述。
③ 引自阳高乡奥治村木匠赵计先的口述。

三、营造仪式

开工后重要的仪式有三场。第一场在动土之日，由石匠主持；第二场在上梁之日，由木匠主持；第三场在铺石板之日，由石匠主持。动土、上梁一般选在农历带三、六、九的日子。破土之前，主家要摆好贡品并焚香，然后放炮、撒五谷，其用意是通知各方神圣此处要施工，注意避让。上梁的仪式类似破土，贡品一般是馒头，五个一盘共摆三盘，同时还要焚香、放炮。除此之外，要在大梁上贴红纸，上书"姜太公在此，大吉大利"或"姜太公在此，别我不计""姜太公在此，众神退位"等（图8-110）。到了20世纪50~80年代，书写内容发生了变化，多写"民族团结，夺取胜利"。覆石板当日的仪式相似，均需要贡献、放炮，不同之处在于屋脊之上要挂红，即将红色小旗插于高处（图8-111）。

除此之外，还有一些建造习俗，如木材在使用时宜"晒头不晒尾，晒顶不晒根"，也就是柱子必须按着自然生长的方向矗立，梁必须根前梢后。每间房椽子的数量则宜偶不宜单。这些营造习俗至今仍被工匠熟记并贯彻执行。

图8-110　石城镇黄花村梁上贴的红纸

图8-111　石城镇黄花村屋脊挂红

第三节　工匠口述

1. 平顺县石城镇奥治村赵计先访谈

工匠基本信息（图8-112）

年龄：71岁

工种：木匠

学艺时间：1960年

从业时长：56年

采访时间：2016年4月17日

图8-112　奥治村匠人赵计先

问：您好，请您介绍一下您的基本情况？

答：我叫赵计先，今年71岁了。我干木匠活已经五十六七年嘞。

问：您都做过什么工程呢？

答：我去年还在做嘞，只要是木匠活我都做，像长治县羊头岭炎帝宫我就参与修建过。我建的（普通）瓦房比较多，石板瓦房没有亲手建造过，只是看到过，和盖（普通）瓦房是一个道理。石板瓦的梁架结构起架需要平一点，不能太陡。岩石比较重，太陡的话容易滑落，屋面做得平稳一点石板瓦就比较稳当。我五十多岁以前就是做家具、陈设，屏风、格栅这类东西，后来就流行盖庙了，我就以修庙为主。

问：您拜过师父吗？

答：我父亲就是师傅，我跟他学了五六年，一起做活，自然就会了。我父亲叫赵保生，他做了一辈子木匠。他是跟河南的老师学的，他的老师叫富天顺。

问：附近哪个村的工匠比较多？

答：就数奥治村多，尤其是木工，其他村都没这个村工匠多。

问：您知道院落一般怎样选址吗？房子怎样布局呢？

答：这个要看地形，然后决定哪放正房，哪放厢房。如果是南方的房子，南房是主房，北方就是北房是主房。其实也没有什么讲究，顺其自然，方便就行，一般就是从大门进去以后面对的就是主房。有时候会设计照壁遮挡一下，比如房子面对的某个方向，前面能看到大河沟，或是山尖啊之类的，就要安一个影壁在前面挡一下。

问：盖房子会不会请风水先生？

答：现在这个地方一般不请，过去老百姓也会请人看，比如奥治村的刘家大院，都是请人看过风水以后建造的。但现在没那一回事了，现在这个地界懂那个东西的人不多，所以现在风水就成了无所谓的事。其实那些风水先生也看不了什么，尤其是民居。有的房子出了问题，主要是因为这个地方潮湿得厉害，大地的潮气不能发散，而人的身体经受不住潮湿，就容易得病。并不是说这个房子真的风水不好，而是有一定的科学原理。

有一次在一个村盖庙的时候，村里的支部书记瞧了风水，要求推迟上梁日期。有人就告诉他我也懂风水，我就说不需要推迟，结果就按原计划时间上梁了。我对风水不在乎，我自己盖房的时候什么都没有看过，都是顺其自然的，连房子调向都没做。烧香、放炮这些活动也没有做，就干开了。

问：盖房子一般选在什么时间？一般需要建多久？

答：大部分都是在春天或者秋收以后，尤其是在农村，不种地了，就可以修盖，随便选个日子就行。建房时长要看工程量大小，工程大时间就长一点，工程小时间就短。这和用的什么样的匠人、匠人的技术、施工速度和时间安排都有关系。如果用的都是能工巧匠，速度就很快。

在施工过程中一般会有个掌握一定技术的领头人，来安排什么活谁来做。有的工程中，木工就是工头，石匠的活也能做，瓦工的活也能做。有的就不行了，只能是木工管木工的活，石工有石工掌旗的，瓦工有瓦工的头儿，各自控制施工的质量。

问：咱们奥治村村民的祖籍都是哪里的？

答：村里基本上都是本地人，外地迁过来的人不多。

移民过来的大部分都是在土地改革时期，再一个就是灾荒年没收成过来这里的，然后就留在这开垦土地生活了。山上的土地基本上都是村里人自己的，谁家穷过不下去了，跟书记说一说就可以开垦一点。如果是别人家的地，你就得买了。如果是没人种过的荒坡，你就可以开垦它。

民国的时候，迁过来的移民应该也有不少。具体谁是哪个年代迁过来的，我不太记得，也没有和他们聊过。

问：民国的时候是不是有地主？比如像刘家大院的主人。

答：民国的时候刘家已经落败了，不算地主了。民国之前的地主也就是刘家了，但其实也就是几十亩土地，一百亩都没到，比不上城市里的大地主。

这个村真正有钱的人不多，等到改革开放土地下放后生活才改善，一般人就是靠种花椒获得收入。民国至新中国成立初期，吃都吃不饱，没什么富人，那时候经济条件稍微好点的家庭是挣国家钱的人家。

问：村里什么时间段修建的房子最多？

答：也就是最近这些年。五八年到改革开放之间盖得房子也很多，那时候盖的房子变化了，已经不纯粹是过去的旧建筑了，椽子出檐少了。

问：新中国成立前后到20世纪80年代民居建筑有什么变化吗？

答：变化肯定是有的，尤其是从土地改革以后。初期基本上还是仿照过去的做法做的，再以后，出现了互助组、合作社等，社会向前进化，为了省料，民居建筑的建设就变得粗糙和简单了。土改以前，以框架结构为主，都是四梁八柱的房子，土改以后就不是了。过去的房子都是椽子出檐，后来就是做迎风，用砖、石板这类的东西。既要根据时代的变化，也要根据材料来看，如果椽只放在里面不出檐，就不需要用长的；出檐的椽就得用质量好的，长度也要够。

问：采石头会用炸药吗？一般怎么开采呢？

答：一般盖房子用青石，青石最好，又硬又脆，好加工。采石过去用炸药，把石头炸成大块，然后用錾子凿錾窝，再把錾子放进去，用锤打錾子，把石头分开。一般要用多厚的石头，錾窝就要打多深，提前测量好尺寸。有了尺寸就在石头上打几个孔，在石头的大面上排几个錾，用锤子把石头破开就行了。

炸药在唐代就开始了，具体配置我也说不上来，大概是一硝、二磺（硫磺）、三木炭，还要有斑蝥。斑蝥是一种虫子，会飞，身上是花的，能喷毒液，把它烧干，配到里面，就能增加爆炸的威力。这种炸药就是古代的黑炸药，和现在用硝铵做的炸药不一样。

问：盖房的木材一般都选择什么树种？

答：一般来说就是椿树、槐木、榆木、柴木、椰木、杨木、柳木、核桃木。一般不用桃木、桑木，主要是因为避讳字眼"丧""逃"，但并没有什么关系。另外，木材使用的时候有这个说法，就是"晒头不晒尾，晒顶不晒根"。

屋顶上的栅板过去用的是栅砖，就是削成小木条的砖。后来就用栅子，用什么木头都行，做成板状就可以，但是还是不能用桃木、桑木这两种。笆子是用树条编起来，柳条、桃条都行。木料一般由主家自己准备，木匠直接用就行了。

问：村里用的石灰是自己烧吗？怎么烧呢？

答：是的，自己烧。原来都是用木柴烧，后来交通发达了就用煤烧，底火必须用木头，木头点着以后，把煤烧着。然后把石头烧白，用水一冲，石头就酥了，就变成粉末了。

问：房屋的平面一般有几种形式？

答：一般有三间、五间房，还有带甩袖房，有单甩袖，也有双甩袖。房子一般会分为明间、次间、梢间，中间的最大，因为中间没有墙，两边有墙，每堵墙起码要占每个间的半个墙厚，比如是二四墙，起码要被占上十二，就是这点差距。

问：室内各功能用房是怎么分布的？

答：中间有客厅，客厅两边就是卧室，左为上右为下，长辈在上手位，晚辈在下手位。客厅（堂屋）就在北方，老大就在东屋，老二就在西屋。如果家庭很困难，那就是另外一种情况，家里人都挤在一起，有的会砌一间长的火炕。

这些东西，不能不追究，也不能死讲究，不能看成是绝对的，那就没意义了。无论是什么事情，都是顺其自然。匠人本身是为了把工程做完，建设的过程中一旦出了小岔子，而现有的条件又不能弥补，匠人就要想方设法把工程完成，比如加个支撑，接上个构件，把结构支撑起来，这样工程也能成功完成。

可是反过来，你要是非要按着一些条条框框就无法完成。比如，有些地方应该用大料来组装东西，可是

如果没大料，就可以用几个小料组合起来当做大料来用，这就弥补了这种缺陷。当匠人的都要这样做，都是根据实际情况分析，不合适了再想别的办法操作。一般三间的庙宇是四条梁，可是如果没有四条梁，只有两条梁怎么办？就要想办法，比如，明间大一点，次间尺度小一点。这样的话，因为山花没有梁，就要在中间穿上两条梁，再立瓜柱来顶住檩条，屋顶才能造成四坡的。因为没有梁，只能把小梁直接通到大梁上头，通过穿小梁来代替大梁。在插梁上头栽起瓜柱，实际上就起到了大梁的作用。但如果非要按着那些标准做，就做不了。营造规范的标准都是要什么就有什么，直接照着操作就好了，可是如果没有条件，而你又需要，你就只有想别的办法把它完成。

问：卧室内部怎么划分？

答：一般卧室一进去，靠窗的地方会用土坯砌个炕。炕是用泥垒起来，然后盖上土坯，再抹上泥，底下烘着火，把砌筑的泥烤干。过去的时候，把柿片放在上面晒干，颜色变了以后，挂到檐子上，腌制成小柿子块，配上糠之类的东西，可以充饥解饿。

经济好点的家庭，卧室内部就用隔扇，隔扇也要手工制作。经济条件不好的家庭，就用土坯砌个墙进行分隔，墙上留个门洞，安个门，安不起门的就用门帘一挡。

问：地基怎么做呢？

答：地基就是在墙厚的基础上，适当地放宽。根据地形地势，地下要是虚、软，就打得深一点、宽一点，地下要是实、硬，就打得浅一点、窄一点。

地基一般是用红土、白灰搅拌起来以后夯实，也没有准确比例，一般是1∶3～1∶4，也就是说一铁锹灰大约要配三四铁锹红土。

问：墨线是怎么弹的？为什么要打线？

答：线是用墨斗打上的。弹线是最关键的，房屋建筑都是以中线为准，所有构件都得有中线，没有中线就不清晰。无论木料怎么弯曲，都是以中线为准。如果梁是弯曲的，打过线以后，就能以中线开榫卯；栽一对瓜柱，两边得对齐，这就得靠中线来控制；立柱子的时候，要看这个柱子直不直，就看中线，只要中线直，柱子就直了。无论木材怎么弯曲，线永远是直的。需要垂直的就垂直，需要水平的就水平。如果不平的话，盖的房子就不坚固了，也不好看了。

问：常用的屋架是什么样的？

答：一般我们这边盖房都是五檩比较多，都带檐檩，

不带檐檩的就是三檩。檩子下面放的垫块叫替木，它是为了找平。这栋民居用的是短替木，在两个檩头交接的地方，上一块短的替木把它俩连接起来。过去嘞（可能是指明代或清早期），用的是通长木条进行连接，房子有几间它就有几间长，过去的寺庙上面大部分都是那样。现在一般人盖房用的是短替木，但庙上还是通长的。替木不开槽，是用钉子钉的。一般瓜柱上面会有个小方口，这个方口就是安装替木的口，替木就卡在柱子上了。

一般来说，椽子要出檐就必须有檐檩，椽子搭在墙厚一半多一点的地方。不出檐就用迎风，迎风用砖出，或者用片石（石板）迭出。

问：单坡顶的房子的屋顶结构是什么样的？

答：单坡顶的房子一般也有檩，靠外墙的一侧要用砖或石做迎风，靠内墙的一侧也要有根檩条，檩条上钉上椽子。如果没有这根檩子，就不太结实。檩子下面就是墙，不用放柱子，整个坡屋面只有两架椽，中间的大梁上面也需要放置瓜柱。这些构造都是灵活的，取决于主家的经济状况。

问：做长瓜柱的房子多吗？

答：不多，以前有，现在基本上没有了。过去有的家庭困难，这种做法很节省木材。瓜柱的高度一般是根据你第二层的高度来确定的。

实际上盖什么类型的房子主要是根据主家的经济条件来定，过去常做的叫"四梁八柱"，有条件的用大梁，困难的家庭只要能支撑起房屋就行了。村里刘家大院的房子都是四梁八柱，墙里面都有柱子。

无论是哪一种建筑，哪一种做法，都可以顺着你的思想改变。在北京的时候，有一次，我和老板一起探讨挑尖应该出挑多少的问题，他对图纸很熟悉，就用图纸计算，我凭感觉计算。我很快就算出来了，和他的结果只相差2厘米。那是个大建筑，整整一座庙，相差2厘米，实际上就是没有误差。尽信书不如无书，这个事都是凭感觉。

问：楼板伸到墙里吗？

答：为了土坯墙的美观，棚楼有时候要设置边檩，就是在土坯墙的附头（内表面），开一个约一寸的小壕，把楼板塞进去。楼板都是用木板，没有用笆子的。

问：一层梁上面搁置的檩条下面有没有替木？

答：没有替木，棚楼的檩条基本上不用替木。如果檩条薄，厚度不够，就在下面垫一块木头。比如檩条都

要三寸的，但是有的两寸有的两寸半，厚度不够，就要加一个小板补齐高度。

檩子和檩子之间要搁块板，这块板起到的作用是保证檩条和檩条之间的距离相等，搁上板以后就卡住了，卡住以后距离就确定了。在檩条上面开一个小口，尺寸根据板厚做，最多两厘米。制作棚楼的过程中，震动很大，把隔风板塞下去，就把檩条卡住了，这样檩条就不会随便动了。

问：屋架各部分的榫卯是怎么开的呢？

答：所有的木料在开榫之前必须要划线，而且要以中线为准。瓜柱头开槽放替木，叉手叉在瓜柱头的两侧，叉手上既顶着瓜柱也卡着檩条的下边，叉手上面是一个圆弧形，因为上面要放檩条。瓜柱的底部需要开卯榫，因为要顶着平梁。

平梁和脊瓜柱之间也要开卯榫，因为上面还有压力，开一个条形榫，深度没有限制，三厘米行，五厘米也行。

平梁和下层瓜柱之间也要开榫卯，平梁底面开口，瓜柱上面开方榫，两边是一样的。方榫的尺寸是一寸半，按五厘米计算，深度不需要太深，一般是一寸二三。过去木匠用三角尺的两个面来画，没有具体的尺寸。先有中线，把尺子放在中线上，中线的前后左右都画上线，开口的时候也是以中线为基准画线。

再下面就是大梁，大梁上面也是开和脊瓜柱底部一样的榫。大梁如果有檐檩就先挖替木壕，替木壕不用挖透，挖一两寸就可以了，开大了影响梁的受力。这个槽是从梁的上平线往下开，梁的上平线上边放檩条，根据檩条的实际情况确定是否开檩槽，如果上平上面没有多余，就不用挖檩槽，如果上平线上面还有多余的部分就开檩槽。

开榫有很多方法，窍门就太多了，因为这些东西不是死规矩，都是活的，有的弯度大了，就需要补或者截，还可以利用瓜柱或者其他东西的高度来调整。

问：怎么能保证所有的屋架在同一高度上呢？

答：找平是起架过程中比较重要的步骤，梁要先打中线，在中线的基础上再打下平线、上平线。如果木料有弯度，选择一个最合适的地方打下平线，然后再定要起多高，打上平线，梁的厚度就定了。

栽了瓜柱以后，再确定做四六还是七五、八六的架子。比如说这个瓜柱是一尺二寸高，梁高出了三寸，瓜柱有九寸高就够了。如果瓜柱不够高，低多少你把瓜柱再加

长，最终找平就行了，其他的地方也是一个道理。

问：瓜柱一般是在什么位置？

答：瓜柱的位置以梁的总长为准，将梁分成四份，找到每一份的中线。比如梁如果是十二尺，四分之一是三尺，就是以梁中为准左右各找三尺，然后把瓜柱栽起来。二梁以大梁的中线为准，直接栽脊瓜柱。

问：椽子间距是多少？

答：中线至中线的距离基本上保持在二十厘米左右。这个距离足够承受上面传下来的荷载，能掌握住平衡，不会断掉。如果间距太大，椽子很可能会折。有的地方屋顶上钉的椽子的数量是单数，平顺地区一般是放双数，每个地方不一样。

问：小青瓦的房子屋面能做多陡？

答：过去寺庙的起架，要按统一的营造方法，不是按老百姓的这种方法。一般的工匠不懂那个规律，建造寺庙的工匠也会按四六、七五、八六起架。形容寺庙屋顶坡度陡峭，可以说脊檩左右的斜坡上都"扒不定猴"，意思是猴子上去都会摔，用来形容它陡；形容屋面前檐平缓一般就说能"卧下牛"。这个要按屋子的进深计算，屋子深起架就要高，屋子要是浅，相应的起架就会低一些。屋子浅的话，也能陡起来，但计算的方式就不一样了。一般房子小了就是四六起架，进深大了就选择七五、六八起架。

问：墙的厚度一般是多少？

答：过去的房子基本上都是尺二厚的土坯墙。过去的楼房，下面一层是尺四，上面是尺二要薄二寸。后来就不做尺四的墙了，上下楼层都是尺二的墙。

问：土坯怎么做呢？

答：做个土坯模子，把红土或者白土填到模子里，填高一点，撒上烧柴的灰，目的是为了脱模子的时候容易些。拿上个长杆捣实。长杆下面是个平底石头，上边是丁字形木头把儿，和锤子有点像。捣实以后再脱模，不需要加其他东西。做土坯的泥不能太稀，应该是调到用手挖很用力才能挖出来的那种稠度。不能太软，也不能太硬。捣土坯的匠人调整湿度的时候，软了就往里加干土，硬了加点水。

土坯的尺寸一般长是尺二，宽是八寸，厚是两寸。模子是木工现场做的，一般是用柿子木，这种木头比较耐用，捣实的时候不容易破。要用几个模子一般要看有几个匠人了，一般一个匠人用一个模子。想做得快一点，那就用三四个匠人，三四个模子。现在都用

砖、水泥，就没有人做这个了。

另外，砌土坯的时候是要上泥的，不上泥没办法粘牢。

问：石头墙怎么砌？

答：一般要分立石和卧石，立石和卧石大小不等，厚度不等，卧石看面要薄，主要就是起拉的作用。立石就是一个小立面，看面也挺薄，厚度小于墙厚，所以后面还得补够。比如墙厚如果是尺二的，就要补够尺二；墙厚是尺三，就必须补够尺三。而卧石基本上和墙一样厚，卧石要压住碎石。不管墙体多高，都是这样垒砌的。立石和卧石的尺寸不固定，要根据料的实际情况，将厚的、薄的进行排列。

立石和卧石一般锻三个面，即上面、下面和看面，上、下面必须平，才能放平稳，看面必须平，否则就不好看了。

墙角下有一圈地平石，地平石要超出墙面一两寸，内部没有准确的数。目的是增大受压面积，防止房子因压力大下沉。

问：石头上装饰的花纹有几种？

答：很多种，也是根据主家的实际情况来做。常见的有"乱錾子"；直道叫"火柱行"，意思是直的，火柱行里头还分寸三道、寸六道、寸八道；斜的就叫"斜道"，间距由匠人自己随便确定；还有"椒圪针"，椒圪针还有很多种。基本上就是这几种，一般都是放在房子的根基上，窗台用得不多。窗台多做花草纹样，种类和样式也很多。

问：过去的门窗是不是用门尺？

答：实际上这也是一种迷信，什么占字、生门、死门……那些东西也说不好。过去的窗子都小，一般都是用木匠尺子测量，二尺四宽，二尺六高，基本上看到的民房大部分都是这个数。过去的门都有锻的门墩，门的净空不包括门墩，有四尺七八、四尺八九，不上五尺。上五尺的门不用整五尺这个数，至于到底为什么不用整五尺，我也不清楚。门墩是另外算的，一般来说门墩大部分是六寸左右。

现在的房屋都是大门、大窗，有的窗子比门还大，用门尺就计算不了。我倒是曾经见过一个钢卷尺，也有这个门尺的刻度。这些东西都是根据社会的发展自然变化的，和社会相适应，不是绝对的，如果把它看绝对的就不行。

问：格扇门窗怎么做呢？

答：这座庙两边的窗子样式都是我设计的，我绘出图

来，别人照我的图纸做出来的。后边那座庙上的龙头，也是我做的，我测量出来以后画下来，别人照着我画的样子做。

门窗格扇的榫卯都是双榫，上面的榫都是用锯子锯出来的。现在的门窗图案没有什么寓意。过去的门窗是用门尺测量的，像故宫里头的门窗就用门尺，现在基本上没有人用了，因为门尺的尺寸和现在的尺寸不符合，古建筑的尺寸和现代的建筑不配套。

问：悬崖边的房子是怎么建造的？

答：过去是前面垒大石块，后面的空隙用石头填起来。填石头的时候，必须放稳定，后面的石头要压住前面的石头，这是干垒的办法。现在是前面垒起来以后，后面用水泥浇灌。

秦始皇时代修筑长城，有一句话叫"好汉垒岸，赖汉填馅儿"，意思是垒墙的时候，有力气的好汉垒大岸，赖汉的体力不如好汉，就在好汉垒砌起大岸后填空隙。

问：施工的时候要搭脚手架吗？

答：要搭，垒到一定高度以后就要搭木架。以前搭架的情况不多，匠人都是坐在墙上。过去盖房没有起重设备，都是靠人力提升。

问：您觉得在没有红砖瓦之前，村里的环境怎么样？

答：也不次于现在，这个水泥墙并不好。你可以到村上转一转，那些水泥房子，没有几个不崩皮掉角的。长治县的黎都公园的几个门，都是我设计制作的，东华门、西华门……都是水泥结构，其实我对那个东西很反感。土坯墙不像水泥墙那样冷冰冰，土坯墙是结合自然的，跟大地、气候都是吻合的，而水泥是与自然相隔的东西。

2. 平顺县石城镇上马村王天成访谈

工匠基本信息（图8-113）

年龄：73岁

工种：木匠、石匠

学艺时间：1960年

从业时长：不详

访谈时间：2015年11月09日

图8-113　上马村匠人王天成

问：您好，请您介绍一下您的基本情况？

答：我叫王天成，今年73岁了。我是初中毕业生，1960年从学校毕业后学的石匠，我还会木匠，像这些小桌都是我自己做的。石城和王家庄分公社的时候，我回到大队当副队长。

问：您拜过师傅吗？带过徒弟吗？

答：石匠没拜过师傅，我是自学的。早先在大队的时候，我是会计，大队没匠人，我就自己学习锻石头。我去林县任村买了锤，带上家具，自己学习。石匠不是什么巧匠人，好学、好干就行，谁都能学会。就像写字一样，细心就行。木匠拜过本村的一个师傅，叫岳清杰，他带了我有半年时间。他是做日用家具的，如箱子、桌子、床、柜子等，房子也能做。盖房的工作，比如开榫卯、做梁架在木匠活中属粗活，对于匠人很简单。手艺最精巧的就是箍水桶，木头刨开以后上个铁箍。

问：您都在哪建过房子？

答：就是方圆几十里吧，主要就是在豆口、白杨坡、马塔、和峪、牛岭，还有涉县的西峧、后峧，干得比较多的活就是锻石头、盖房子、刻碑（图8-114）。

图8-114　上马村鸟瞰

问：匠人用的工具主要有哪几种？

答：石匠主要就是錾子、大锤、铅锤……铅锤主要是垒墙的时候用来吊线找垂直的。木匠用的工具主要有凿子、刨子：凿子有三分凿、五分凿、八分凿……十几种嘞；最小的刨子有螃蟹刨子，最大的是对缝刨子，尺寸分八分、一寸、三寸等。石匠、木匠都用拐尺和墨斗，像现在用的是米尺、市尺，市尺比过去的铁拐尺大五分。

问：您知道盖房子怎么选址吗？

答：也没有什么讲究，要是讲得迷信一些，那就是乾、坎、艮、震、巽、离、坤、兑这八字了，我是一知半解，也不太清楚。我这有罗盘，正房一般乾字多，居西北角。根据地形往下推，确定院落的朝向，比如："乾字开坤门"就是正房居西北开西南门，居东北就开东南门。

问：施工的顺序是怎样的？以哪类匠人为首？

答：和现在一样，过去也有图纸，各个工种都是根据图纸施工。首先需要石匠完成地基，石匠可是鲁班的大徒弟。哪种匠人先上工，就得随那匠人。一般以石匠为基准，石匠上了工，其他匠人随着石匠进行工作。如果木匠先上工，装的是五米长的梁，石匠做根基的时候就要随着木匠，安五米的地基。

问：院落的形式有几种？

答：以前是五抱三比较多一些，五抱三就是正房五间，配房三间，七抱五比较少。以前盖房子都很小，就像我那个小院一样。

以前的房子都是木框架，最初明朝盖的房子和清朝后半段盖的房子都是四梁八柱，先立柱子再上梁，最后再垒墙，后来盖的那些房子都没有四梁八柱。这个村有三个比较好的房，这里是一处，前墙都是用木料打的格栅，上面剜花，做得很好。

问：怎么准备石料、木料？

答：一般常用的树有黄连树、杨树、柳树。杨木有劲，最适合盖房子。砍树的时候有时间的要求。杨木是春天的最壮，夏天是槐树，冬天是桐木。如果不按时间采伐，木料就容易糜，比如说黄连树如果砍的时间不对，会全都糜掉。

石材一般是自己到荒山上采，现在有好多是用炮崩开的，但是如果盖房子用，不能用炮崩，这样会破坏石头的结构，需要用錾开个口，把錾栽下去，用大锤打。錾大的话锤也得大，破开以后由大做小。从地里头破出石头后，把大的疙瘩、不需要的都锻掉，否则用车往回拉不方便。基本上运回来的石头都是半成品了，拉回来锻细，加工成块。另外，用錾子开石头的时候，如果石头有六寸厚，錾窝就要打进三寸深；石头如果有一尺厚，錾窝就得打半尺，这样才能确保石头能打开。

问：房屋的进深一般是多少？墙一般是多厚？

答：二梁起架（标准式屋架）的房子进深一般都是5米以上，带上外头的出檐就是6米，但是不到丈二。

过去垒的石头墙有50厘米厚的。

问：石头墙要怎么砌？

答：盖一栋房子立石、卧石一共需要五层，底下一层卧石，上边一层立石，再一层卧石，又是立石一层，再卧石。第一层是两米长，也有四五米长的，其他层的石头大小都没有限制，但是得一层压一层，压住缝。错缝的多少要根据石头的长短来调整，不压缝墙就不坚固，和垒砖是一个道理。角落的地方都是丁字形，留出一头。

砌完这五层就需要上窗子，窗子上面要有过梁。窗子做完是上梁，老房子梁高一般是两米多点，现在的房子梁高都得三米以上。梁高根据房子的大小确定，房子大了高度也就高了。现在有些房子是套间，门里头后边还有房间，就需要加高。房子进深决定房子高低，再决定门窗的大小。

问：屋架各部分的榫卯是怎么开的？

答：檩和檩之间是一个公的一个母的，檩头开猴头榫，长度是二寸半，檩子中线距梁头五寸左右，檩子直接搭在梁头上，在梁上需要放檩的地方用锛开一个槽。有些房子檩条下面还有替木，替木两头钻两个木眼，檩下边锛平后也钻个木眼，用木销把檩条和替木连成一体。

瓜柱和梁交接的地方开方榫，长宽大约就是寸半左右，深度在二寸左右。瓜柱虽然很短，但需要好的木料，一般的木料容易变形，脊瓜柱最好用枣木。

问：梁需要怎么处理？

答："弯曲檩，弯曲梁，盖开三间好楼房"。梁一般都是往上弯来增加承载力，利用自然的形状，而不是加工出来的。在两边梁头钉上稳梁板，把大梁往上一放就稳了。

梁上面要栽瓜柱，根据梁的形状确定瓜柱的位置。如果梁一边高一边低，瓜柱的高低也应该相应变化，这样才能放平。

问：檩子的位置是怎么确定的？梁和檩的尺寸怎么确定？

答：檩条的位置由椽的长度决定，同时也和屋顶载重有关。如果椽子长，就可以把檩子做细一点，檩细了梁就得粗一点；如果椽子短了，檩就得跨度小点。载重量和房子的大小对应，要是进深大，檩就得加粗。梁和檩的尺寸，都是由房子进深大小决定的。

问：屋顶排水的坡度怎么确定？

答：以前一般有四六架子、七五架子这两种。扣仰瓦时，由于四六架子的坡平，必须用大瓦，就是现在这种瓦。七五架子用的是以前烧的那种小瓦。瓦的一面大，一面小，便于排水。扣的时候大头在前边，小头在后面，大头低，小头高。在架子高、瓦小、流水多的情况下，必须保证上下瓦叠合紧，才能完整地疏导流水。架子的高度根据梁的长度来定，梁长是七尺，架子高是五尺，这是比较陡的架子。如果是四六的架子，就是梁长六尺，架子高四尺。如果高和长相等了，排水坡度就是45°。现在房子屋架的比例都是二比八。我在王家庄的厂里边当过打铁的铁匠，现在装的梁都是钢筋的人字架梁，上边两根木料，下边装几根钢筋。

问：石头上的装饰花纹怎么做？都叫什么名字？

答：需要用錾子锻，花纹总类挺多的，有乱点荒、一寸斜道、三寸斜道、五寸斜道，还有蕉叶方、迎方等。

问：营造的过程中有什么仪式吗？

答：找个好日子营办，响鞭炮，打红旗。"打红旗"就是敬神，我们这敬的是金华老爷。木匠上梁的时候会拜鲁班，不过这些都是旧社会的习俗，现在人们都不相信这个了，什么时间上梁都行。上梁的时候会写"姜太公在此，大吉大利"这样的标语，或者是写"安全施工，质量第一"，这是一种新旧结合的说法。

还有就是建造过程主家都会犒劳匠人，如石匠锻完石头，准备动土之前，吃个好饭；木匠上梁的时候，主家安排酒席吃顿好饭。过去生活条件都比较差，主家犒劳匠人也就是做顿面条，蒸个馍。

3. 平顺县虹梯关乡虹霓村侯丑旦访谈

工匠基本信息（图8-115）

年龄：63岁

工种：木匠

学艺时间：1969或1970年

从业时长：三四十年

访谈时间：2016年4月15日

图8-115 虹霓村匠人侯丑旦

问：您好，请您介绍一下您的基本情况？

答：我叫侯丑旦，今年63岁，我从十六七岁就开始学干木匠活嘞。

问：您都做过什么工程呢？

答：我只做房子和家具，不做工艺品。大部分时间是在建筑公司做，算起来在外边做了三四十年嘞。

问：您拜过师傅吗？

答：没有像过去那样拜师傅。我十六七岁的时候就在建筑公司跟着别人一起干，比我年龄大的、工龄长的都是我的师傅。我最开始干小工，后来慢慢就都学会了，学手艺不只是学一种，要垒砖、支模型、安门窗，虽然手艺不是很精，但什么活都能干，差不多干了十多年的时间，后来那些老师傅退休了，我就给年轻人当师傅。

问：您能讲一下虹霓村的历史吗？

答：村里面有个古寺，所以这里很早就有人了。那个寺原来叫藏梅寺，正殿叫做海会院。寺院是唐代的，距今有一千多年的历史了。到了明朝朱元璋时，这个地方基本上没有人了，后来又从洪洞县迁来了移民，村里姓宋的就是那个时候来的，到现在也有七八百年了：明朝三百年，清朝三百年，民国至今又是一百年。寺院可能在明朝被毁了，后来清朝时，现在刘村长的爷爷、老爷爷捐了款才又盖起了大殿。那边有块碑，记载的就是清代重修时候的事情。

问：您祖上大概是什么时候移民过来的？是来做生意还是逃荒过来的？

答：清代过来的，可能是逃荒吧。过去河南那边的人大部分都是以种麦为生，遇到灾荒生活不下去了，就都逃到了山西，虹梯关这条东西大路走的人就很多，有的家庭逃荒路过这里，就留下来了。虽然这里并不富裕，但是山上到处都是野菜，人饿不死，灾荒年就能熬过去。

问：民国期间还有新中国成立前后，村里边的地主多吗？

答：那个时候，这个村地主富农的生活还不如现在村中最困难的人家。能养两个牲口，骡马、牛羊什么的，这就算比较富裕的了。当时有个地主，算是比较富裕了，一家人就老掌柜一个人能吃上玉米面疙瘩。家里老婆孩子都吃不上东西，只能挨饿。再看看现在的人，窝窝头吃着也不香了（图8-116～图8-118）。

图8-116　虹霓村鸟瞰

图8-117　虹霓村窑洞

图8-118　虹霓村民居院落

问：以前咱们这个村经商的人多吗？

答：不多，还是老百姓、农民多。过去有商贩倒卖个砂锅，或者种个党参之类的。从河南买商品倒卖到山西，有的一下抓住了机遇，就赚到钱了，一下就富了；有的积攒多了卖不出去，一下就赔了。

这里的人不搞什么大买卖，主要就是种地。家里富裕的，种个几十亩地，用几个长工；有的只有在很忙的时候雇上一个短工帮忙；有的是常年在家里种地。

问：这附近哪儿的工匠比较多？咱们这从车当村、奥治村那边过来做工程或者盖房子的工匠多吗？

答：要说古建上的木工，梯后村多一些。一般没有其他

村子的工匠过来这里做工程，大多是虹霓这边的人自己做。像过去，石匠有从河南过来的。我的老祖先就是在河南做石匠活的，后来从河南林州迁到这里。学校左边的海会院，那是我的第二代祖先做石匠活的地方。

问：新中国成立以后到现在，村里哪个时间段盖的房子最多？

答：（20世纪）60年代还比较困难，盖不起。1981年土地下放，温饱问题解决了，吃饭不再困难了，盖的房子慢慢就多一些了。

问：那从新中国成立后到20世纪80年代，房子的体量、建造方法或结构有什么变化吗？

答：新中国成立后到20世纪80年代，房屋的结构没有多大变化，倒是80年代到现在变化大，盖房子用钢筋、水泥、红瓦的比较多，屋顶坡度也变小了。房子体量上，现在房子进深比较大，室内有厨房、卫生间这些设施。不过房子内部的梁架变化不大，新中国成立后直至70年代基本都沿用过去的老样式。不过从八几年起，做高瓜柱的房子少了，都上大梁。还有就是以前盖房子用石头的多，现在都用砖、瓦和混凝土。

问：您知道土平房吗？为什么有些人家会盖这种房子呢？

答：主要原因是交通不便，瓦、砖运输成本高，只能就地取材。这山头上有一种白矸土，捶一捶，下雨就不渗水了，正好做屋顶用，不用覆瓦。而且做法也很简单，一般就是平梁或装梁架，屋架不起尖，上边搭上檩条、椽子。挖出这种土来，弄湿一点，在上面锤实就行。最好有个缓坡，比如中间高出一些，这样方便排水。

问：过去老房子的正房、厢房是怎么布置的？大门一般选在什么方位？

答：一般东屋、西屋两个门要正对。有一种说法就是东西厢的两个门如果错开半个门的距离，就像人咬牙生气了一样。如果对门是同一家还没太大关系，如果是两家，就会不和。院门一般会选在东南方向上，不会正对着堂屋的门，如果正对，中间就会修照壁。

问：咱们村房子的平面有几种类型？各种功能房间是怎么安排的呢？

答：我们村的房子全部都是三间或者五间，有中间凹进去两边凸出来的，那叫两甩；有一间凸出来的，那是单甩；也有两间都不甩的。比如那栋老房子就是单甩的，三间房只有西头一边甩，那做了个里间，是个

卧室。卧室比较宽敞，两边是两个土炕，中间生了个炉子，到冬天了可以烧煤火，炕上就会暖和点。

以南北向五开间的正房为例，大门开在正中间。长辈一般住东边三间，中间会有一个小厅，放沙发之类的家具，晚辈住西边两间。正房三间的话就是东边两间西边一间，长辈住东边，晚辈住西边。一家子分一个院子的时候，厕所一般位于西南角的位置，方位上会讲究一些。过去集体化的时候村里人多，每个院里都住好几家人，那时候就不讲究这个。像以前的老房子二层一般不住人，但由于我们这人特别多，倒座房也住人。过去的厨房和睡觉的地方就挨着，灶台就在炕边，现在讲究卫生了，灶台和炕就离得远了。夏天在院子里会单独垒灶台，可以在外面烧柴火做饭。

实际上，各个房间怎么安排都是由主家决定的。

问：为什么咱们这儿的房子屋顶有的用石板，有的用瓦？

答：石板瓦房只有我们这里有，就是就地取材。六几年、七几年的时候建的这种房子比较多。比较富裕些的家庭就用砖、瓦，他们把材料用牲口从河南运过来。那个时候没有公路，都是顺着河滩走，往东经过槐树坪、茉兰岩、龙柏庵、河坪汕就到河南了。

灰瓦实际上一直都在用，过去村里也自己烧砖瓦，四面垒住，一般直径有3米左右。跟现在的砖窑一样，下边留个坑，上边用泥抹住顶，留个小孔冒烟。以前没有炭和煤，就用木材点火，一般还会在外面请个师傅掌握火候。但是从我记事起村里就不烧砖瓦了，原来村里还有残留的窑，后来因为修高速路，窑就慢慢都塌掉了。

问：盖房子一般都选什么时间？从计划建房到竣工一般需要多久？

答：大多都是过完年也就是农闲的时候开始盖，一般到夏天下雨之前基本就结束了。五间房的话，现在一般两三个月就可以完工。但过去可不行，过去建石板房准备石料、木料差不多就得用一年的时间。因为石头都是平时积攒的，谁家想盖房了就去河道里面捡石头，捡完了就一兜一兜地背回来。由于没有推车，稍微大点的石头就得靠人抬，像我这栋房子上用的石头就是八几年左右从山上背下来的。

问：像建这种一正两厢的院子，大概需要多少工匠？

答：一般有五六个匠人就够了，石工两三个，木工有一二个就行。

问：房子一般怎么选址，怎么定向？

答：正房一般坐北向南，或者靠着主山，古法都是随着山形。至于朝向，村里到处都是老房子，翻新建设的房子都是在老房原来的地基上建的，原来的旧房朝什么方向，新房还是一样。20世纪70年代的时候，如果要在新的宅基地上盖房子，会找风水先生瞧瞧风水，风水先生就会摆上罗盘，看看面前的山势好看不好看，主山怎么样，最后定个朝向。

问：盖房子的时候会不会有一些辟邪的做法？

答：如果你的房前边有个胡同，风水上叫"小箭"，这个胡同罩着你（束缚、捆绑的意思），一般就会立上石敢当，正对着胡同，能减少戾气。如果房子前边有个裂纹的岩（悬崖）或者是河沿罩着你了，或者觉得不好看，可以在门前设一道影壁遮挡一下，一方面是为了美观，另一方面就算大门敞开，外人也看不到宅内。

问：建石头房子一般用什么石头？

答：你看这山上的石头，上边是青石，中间是红石板，再往下就是火石。这三种石头形成的年代不一样，常用来盖房子的是青石，火石也能用来盖房，但是它太硬了，不好采。山上还有一种层次比较浅的、颜色发青的含铝石头，叫页岩，但是它不太结实。屋顶上的石板瓦和砌墙用的石头还不一样，采石的时候把上边的石头炸平，露出来的一层一层的石头才能用来做石板瓦。

问：采石头会用炸药吗？一般怎么开采呢？

答：小时候我记得采石头都用黑火药，但是那个自己做不了。老百姓一般用土炸药，就是把棉花、糠、盐、木炭这些原料加硝铵炒一炒，威力很大，比黑火药还有劲。以前修公路还用这个，后来国家就不让用了。

采石头的时候就是先打眼，眼儿的大小要看选用石头的大小，然后把药放进去。放炸药也是门技术，放的炸药多了，石头都崩碎了，就做不成料了。少放一点，石头裂个纹但没有毁，就能成个大料。按着石头的纹理用錾子打上眼，然后用撬起。一般錾子打多深，石块就有多厚。

问：盖房子一般都用什么木料？

答：咱们这木料一般就是用槐木、椿木，因为槐树、椿树比较耐腐蚀，最好的木料是槐木和桐木。像屋顶上铺的栅子，过去都是用黄花条（即连翘）。因为我们这河边芦苇很多，所以还有用苇子（即芦苇）的。以前集体化时期，盖房子的木料都跟大队买，现在除了用本地自己栽的桐树，都是去外边买。

木料做大梁的时候还有讲究，一般是树梢朝后，树根朝前。柱子就是树梢朝上，树根朝下。

问：石灰是自己烧的吗？怎么储存？

答：对，石灰都是自己烧。石头烧白了泼上水它就变成粉了，挖个深坑，用水一冲，石灰粉就流下去了。在坑里沉淀，水干了以后就可以筛出来。石灰分干、湿两种：干的叫堂灰，可以用来配灰土；湿的就用来抹面。我们这一般都是把石灰放在窖里边，什么时候用就去剜出来，软和一点的就可以使用。一般石灰能在窖里放二三年吧，里面一直都得有水。过去我们都在河道边的柳树林里刨个坑，这样就不容易干。

问：盖房子时木匠和石匠常使用的工具都有哪些？

答：木匠和石匠比较常用的工具有拐尺，画线都得靠它。因为它是90°，做门窗、打眼、开榫都用得到，并且用来取方。还有就是墨线、墨斗，工匠用得都比较多。木匠常用的工具还有刨子，比如对缝刨，一般有个疙瘩能挖下去，也能刨过去；还有长刨，只能平推，刨过的面积比较大，如果有疙瘩不容易刨光。木匠常用的还有小手锯和大锯，我那还有好几种锯子。还有门尺，过去有一段时间就不用这个。我们这门尺也叫鲁班尺，或者叫木匠尺。除此之外，还有间尺，一般长是五尺，两个五尺就是一间（图8-119）。

问：如果在崖边上盖房子，地基怎么处理？

答：在崖边上盖房子，就要砌墙、打柱。利用三角形的稳定性，找个吃力点。在崖下用石头和水泥垒，直到崖顶。干垒石头也行，一层一层垒，石头要咬住茬，压住缝。以前砌石头，用灰泥比较多，石头粘接会比较牢。灰泥就是石灰和红土，三七比例配置。垫起来的时候，地面以上外露的部分用那种锻得比较好看的石头，里面用乱石一填，用灰泥在里面拌一下，时间长了就粘牢了，一般做的时候就是铺一层石头加一层灰泥。

我家曾经计划去买某家在崖边上建的房子，因为这家人曾经出过事，我父亲就找了个人去房子那里看了看风水，风水师说是梁压着山了。房子的梁没有垒在墙上，在山上挖了个小洞，直接在山上放着。像背靠着山崖建的房子，一下雨，水就容易渗进房子里，所以一般都不直接靠山。房子后边必须有个走水的地方。一般民居的话，如果在平地上，地基都是打三七灰土。我们这里都是山，一般都是直接填石头，用石头做基础。有的挖得特别深，在这基础上盖五六十层的楼都没事。

问：常用的屋架一般是几檩的？

答：常用的梁架有三檩、五檩、七檩的，老百姓用三檩和五檩的多，三檩的屋架一般采用高瓜柱。以前的老房子檐上都有檩，椽头搭在檐檩上，上边都有三角

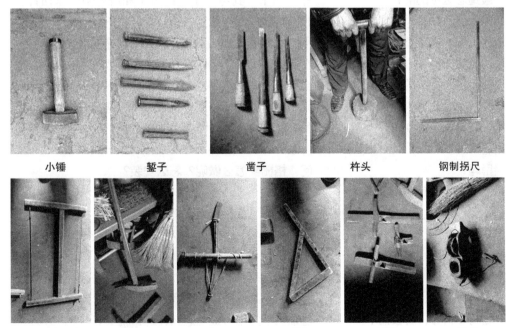

小锤　　鏊子　　凿子　　杵头　　钢制拐尺

小锯（手锯）　　锛子　　钻子　　拐尺　　刨子　　墨斗　　图8-119　匠人常用的工具

形的飞椽，出到外边，离墙较远。过去那种做法容易失火，现在为防火，这样做的不多了。

问：确定开榫位置时需要画图吗？一般柱子、檩条和梁之间是怎样开榫的呢？

答：开榫是需要画图的。树扒了皮，弹线以后，取直取平，然后再弹墨线开榫。柱子有高柱、低柱，还有大梁上面的瓜柱，脊瓜柱一般高两尺，所有的柱子都要标号。瓜柱和梁交接的部位开方头榫，一般五厘米见方，长四到五厘米，梁上会在相应位置开一样大小的榫眼；檩条与檩条之间开的是燕尾榫（也称猴头榫、大头榫），檩条放到梁上时，梁上需要挖个小槽，檩条如果不平，下面要垫木板取平；两个瓜柱中间有牵儿（当地也称牵椽），一般开燕尾榫，瓜柱上要开个榫眼，从上面把牵打进去，这样可以拉住瓜柱，防止它向前后倒。

问：脊瓜柱两边的叉手和梁之间怎样开榫？

答：小二梁上做个眼，叉手的榫头削薄一点，直接卡在眼儿里面，瓜柱上边开个槽，把叉手卡到槽里头，这样瓜柱就不会向左右两侧倒。

问：椽子都是什么形状的？椽子和檩条之间是怎么连接的呢？

答：椽子有方形的，有圆形的，一般都是一头粗一头细。铺的时候大头和小头要交叉着，大头可以砍一点，这样上面放栅板才能平，椽子直接钉在檩条上就行。

问：石头墙一般都多厚？一般是怎么砌的呢？

答：墙有一二墙、二四墙、三七墙，还有尺半墙，石头墙一般是尺半墙。这个墙外边看起来是整齐的，其实里边就是填的小石头，砌的石块无论大小都要交错着，前后咬着，隔一段高度就得用大一点的石头拉一下，这块石头要和墙一样厚。石头有立着放的，有卧着放的。以前没有起重设施，石头都是人扛的。太高的地方需要搭木头架子，用绳子绑。

问：二层楼的楼板要伸到墙里吗？

答：不往墙里头伸，楼板用刨子刨了放到檩条上，之后顶到墙上，在墙上抹灰遮住就可以了。

问：石头房的石板屋顶是怎么铺的？

答：檩条上面是笆子或者栅板，上面覆一层泥。泥不需要太厚，只要保证石板不往下滑就行。石板从下往上铺，两块并排的石板瓦中间是有缝的，上面的一块石板必须压住这个缝，上下之间要错开，石板瓦下面

要垫一些碎石头，保证上面的这块石板铺平。

问：屋顶的坡度是怎么确定的？

答：小瓦顶和现在的红瓦顶不一样，过去的房子都是二八、二七顶，最小也是二零的。现在都是一八、一七顶，到二零坡度就算陡的了。这个起尖高度就是根据房子进深计算，用宽度乘以百分比。比如坡度是百分之二十，如果房屋的进深是9米，9米的百分之二十是1.8米，山脊连檩条在内起1.8米就够了，我们就是这样算的。房子做多大的坡一般都是由瓦工给主家提意见，像现在铺的红瓦屋顶，我们都是按照经验做百分之十八的坡。

问：室内的地面是怎么做的？

答：过去一般就是夯土地面，这样的地面每年得整治一回，就是弄点石灰，再去山上抬点土来，混合之后用小锤锤打。因为地上都是土坑，就得又扫又除，年年都得弄。也有少数家里有钱的，地面会铺砖。

问：室内的火炕一般是多大的？

答：过去的炕都不大，也就是个三尺、四尺来宽，八十厘米高，如果太高，脚可能够不到地，长也就是两米多长。

我们这里的火炕和平顺、林州那边的不一样，我们的火炕底下能烧火，可以做我们吃的甜炒面。那个甜炒面现在是用玉米做，以前用的是柿子。柿子秋天摘下来是软的，和小米谷糠搅到一起，做出窝窝，然后晒干。到冬天了，把被子和所有铺的东西都去掉，把做的窝窝放到这个炕上，在下边烧火，慢火烤干它。然后放到碾子上推，再用箩筛推出细面，存放在厨房，只要干燥不发潮，这个甜炒面能放几年。它会像石头一样结到一起，非常硬，不会变质，什么时候想吃，就用錾子从缸里敲一块。这个甜炒面挺好吃的，我们念书的时候带到平顺去，一开干粮袋都抢着吃。

问：格栅窗怎么做呢？怎么安装？

答：过去的窗户，老百姓都是弄成小方块，贴上麻纸，能挡风就行，现在都改成玻璃了。小方格都是横竖的木条开个一般深的槽，长条之间交叉扣住，不用钉钉，格栅一般施工时就直接安上了。一般格栅的样式都是主家定，比如主家走南闯北看上什么样子的，回来画好图给我，我们匠人就照着图做。只靠口述谁也不知道形式是怎么样的，就不好做。

问：石头墙的抹面怎么做？

答：过去这里种小麦，用麦糠和泥，把墙抹平以后再上石灰，一般至少要抹两层，头一遍把有疙瘩的地方补一补，第二遍找平。实际上，抹几层泥主要是看墙垒得好不好，要是垒得不平的话，就得抹三四遍。过去没有严格的要求，现在会用杆来检验抹面是否平齐。

问：开工之前、上梁或者竣工之后主家会给匠人报酬吗？

答：（20世纪）五六十年代的时候，上梁前主家要在供销社买点红布，买点贡品给匠人。砌墙之前，主家会给匠人发个烟，放几块钱。过去像我们这样的匠人出去一天的工资才一块钱，两三个匠人一起干活，主家最多发五块钱，每人平均一两块钱。现在还有这个习惯，一般会给匠人十块、二十块钱。

问：开工、上梁以及竣工仪式中都用什么贡品呢？

答：过去也就是蒸个馍馍，像现在有买饼干的，那会也买不起。馍馍一般蒸十五个，有的地方这十五个馍会让工匠带走，算是工钱。还有的地方，地基挖好以后就向里面撒五谷，之后烧个香，放个鞭炮，挂个红旗，有的地方有小树，红旗就挂在上面，没有树就立个杆，实际上都是为了图个吉利。

问：挂的红纸上面要写什么吗？

答：以前木工上梁以后，会在梁上贴写着"姜太公在此，上梁大吉大利"这样的红纸，也有的写"姜太公在此，诸神退位"，意思是其他各路神仙都退位了，只有姜太公在这。整个施工过程中，石匠、木工、瓦工都要上贡和烧香。石匠砌筑基础要烧香，木工上梁要烧香，瓦工瓦完房子了也要烧香，现在就没这么多讲究了。

4. 平顺县东寺头乡张家凹村申岗欠访谈

工匠基本信息

年龄：72岁

工种：石匠

学艺时间：1966年

从业时长：50年

访谈时间：2016年4月14日

问：您好，请您介绍一下您的基本情况？

答：我叫申岗欠，今年72岁了。我从二十来岁就做石匠，有五十年了。

问：您都做过哪些工程？

答：没有做过很多工程，就是给附近的老百姓盖房子，也修过河坝、做过铁匠，木工也会一点。一般石匠就会做铁匠的活，因为许多工具都需要自己做。在黑龙江、唐山、齐齐哈尔、北京做过三年，也做过一些工程。不过现在岁数大了就不干了，偶尔用熔炉修一修自己用的工具，在外面做做小工。

问：您拜过师傅吗？收过徒弟吗？

答：盖石头房子有师傅教过我。师傅是河南石板岩东岗的，小名叫米贵子，已经去世了。我跟他学了两个多月，一起在桑家河的沟里券了三孔窑。一开始他教我，后来我就自己做了。我没有收过徒弟。

问：您能讲一下咱们村的历史吗？

答：村子应该是清朝的时候建的吧，有二百多年的历史了。像这边的土地还是我爷爷在民国几年的时候开垦的，村里最早的房子应该有三百来年了。

民国26年的时候，河南因为连续几年都不下雨、闹饥荒，很多人背着铺、赤着脚，带上家当，逃荒到这里来。山下面有很多从河南过来的十二三岁的小姑娘，来这里要饭吃，现在活着的都八九十岁了。有的女孩被卖到这里，没有闺女的把孩子当闺女了，有闺女的就当童养媳，还有很多饿死的。大队这儿有一棵大榆树，没粮食的时候就吃这个树，这叫救命树，后来景区做了景点，叫"千年榆树"（图8-120、图8-121）。

问：听说桑家河那边的房子多数是河南的工匠盖的，咱们村里的房子一般是哪里工匠做得多？

答：大约20世纪70年代前后河南来盖房的工匠比较多，80年代以后就少了。那时候干活工资很低，最开始三毛钱一个工，后来我去学的时候是三块钱。现在的人干活不出那么大的力了，以前锻开石头以后要用肩膀扛着它，没有力气不行。一间房子大约一丈宽，五间房子就是五丈宽。一块石板就有一丈长，有几间房子就用几块石头。抬的时候用铁匠做的铁链，上面有个钩子。3米长的石板很重，前中后都得用绳子、链子绑住，用木栏杆抬。山路不好走，一般八个人抬的比较多，一头四个人扛着，否则就站不起来。

像现在村里也就还有四五个工匠吧，都做不下去了。赵春生、赵买旦、杨凤梁这几个是还活着的，赵春生

图8-120　张家凹村石板房

图8-121　张家凹村窑洞

在张家凹村，赵买旦去长治看病了，他腿不好。还有的工匠移民走了。

问：新中国成立以后到现在，村里哪个时间段盖的房子最多？

答：1968年、1969年盖的房子最多，八几年、九几年盖的房子也比较多，到零几年的时候就不盖了。

问：盖房子的时候会不会有一些辟邪的做法？

答：没有，我们这个地界不多。从河南移民来的人，大部分都不设院墙，因为在外头放东西都不会丢，用不着防人，山西本地人就习惯设院墙。

问：基地里可用来盖房的面积比较小的话怎么办？

答：居住的地方如果不够，就需要铺垫一块地基出来。石头有长有短，垒的时候要一长一短，错开缝，和垒梯田的做法是一样的。垒出足够的地方，再在上面建房子。

问：房子的平面有几种类型？

答：要看经济条件，一般都是合院。这地方有一种叫五间两甩袖的房子，就是两头凸出来，中间三间凹进去。也有三间两甩袖的，一般的三间房单甩或者不甩的多，因为房子太小。

房子的开间多为三间、五间、七间，不盖六间的。人

们说"四六没财气"，一般老百姓盖三间、五间的房子。这些房子都是村民相互帮忙盖的，两三年的时间才能盖出来，头一年主要就是准备材料。

问：各种功能房间是怎么安排的呢？

答：五间大的房子都得有隔扇，根据人的需求划分房间，有隔一间、两间的，也有隔三间的，小一点的比较暖和。出于老幼尊卑的思想，一般长辈们住东边，晚辈住西边，中间不住人。做饭的厨房也在里边，如果没有厨房，就直接在火炉旁边做饭，既住人又做饭。二层楼房一般不住人，都是储藏杂物。

问：石材都是怎么准备的呢？

答：盖房子用的石材都是青石，石板都是附近山上采的，离这有两公里。做石板瓦的石头是分层的，每层还都比较薄，但这样的石头不好找。起石板的时候不能一层一层起，需要一次起个四五层，再分成小板。因为你要是一层一层起，就容易断裂，它就分不开。起的时候在一面撑住它，它就"透了气"了，慢慢地拿铁匠小锤在两边敲一敲、动一动，操作的时候一定要慢慢地，使劲儿砸就把石头弄坏了。砌墙体的石头你要多厚就可以采多厚，想采得长一点，就多放几个栽子；想采得厚一点，就把栽子打得深一点。

问：采石头会用炸药吗？一般怎么开采呢？

答：不用炸药，修路的时候用炸药。炸药崩开的石头就碎了，不能锻了。我们这里都是手工采的石头，用錾子在岩石上掏上窟窿，把它放到里面，用锤子打就能采了。过去修路的炸药都是自己做的，用硝酸铵配上糠、锯末、粮食。大概是一斤硝铵配上二两糠、锯末，牛粪也行。在石头上钻一米多深的窟窿，把炸药填到里头，用雷管引爆，就把岩石炸开了。如果没有硝酸铵，就用火枪药。两三个人用钢钎在岩石上打个圆眼，把导火索放到里头，底下放上火药，用小木棍把它捣实（捣的过程不能使钎子），表面弄上土。点燃之后，要赶紧跑，过去就是这样采石的。

问：盖房子一般都用什么木料？怎么准备？

答：木料以前是从大队买，不能随便砍伐，因为山上的林木不属于个人财产，是集体所有。如果和大队关系好的话，可以不花钱。像这栋房子，上面是五根檩，五十块钱一根，加上运费一根就要两百了，买价便宜运费贵。过去砍树、运输一个人都做不了，这一根檩需要十来个人抬。

咱们这一般用杨木、榆木多，现在还有松木。早些年

这山坡上成材的树不多，后来在1967年到1974年期间西沟乡的全国劳动模范李顺达，在平顺县的五个乡的落后山区种了很多松子，所以后来盖房子就多用松木了。另外，木材一般不用做防腐处理，只要房子不漏雨，木材一般至少能坚持150年，房子如果漏了雨，木头就很容易腐烂。

屋顶上用的栅子一般用连翘条子，就是漫山遍野开黄花的那种树。头一年把它割下来晒干，第二年用晒干的条子编起笆子。我们这用笆子多，用栅板少。

问：木料使用分方向吗？

答：也看地界。做门的木料都需要树梢在上面，树根在下面，你要是用了头朝下的木料，那就不吉利了。我们这个地界上梁是根朝外的，你到别的地方，有的是根朝里。我们这有一种说法：盖房子如果能用几十年的苹果树，这房子就好，我们村里就有很多这种房。

问：石灰是自己烧的吗？

答：我们这不能烧石灰，因为这里没有煤，烧不起煤窑。要是想用石灰，得从长治运过来。以前是拉到半路，再挑回家。

问：盖房子一般什么时间开始？一般建房需要多久？

答：附近都是石板房子，这种房子盖得快也要两年时间。头一年准备石头，到冬天没什么事了，就蒸上点馍馍，叫上几个人抬些石头。农忙的时候一般找不到人，秋收后雇上人就可以盖房子。

工期的话一般人多了工期就短，人少了工期就长，主要是根据主家的需求。如果有三四个石匠，不到一个月这个房子就能盖起来。一个石匠一天也只能锻一米石头。前墙的石头，一块石头锻六个面，一天能锻七八块石头。后面的墙都是荒石，几乎不需要锻，两个人抬着，一天能砌一层，除了石匠再叫上一两个木匠，再叫几个小工就可以很快完成。比如这栋房子，把石头做好后，还得需要八九十个工，总共得一百五六十个工。垒墙、上笆子、抹泥、钉椽子，盖房子是非常不容易的。

问：盖房子的时候有没有工头儿？

答：都得有工头儿。包出去的话就得有工头，不包出去的话，主家自己当工头。早些年还有的大队会派工头，负责指挥领导施工。

问：地基要打多深？

答：咱们这挖得很浅，1米深吧，浅的不到1米。地基是用石头垒的，比如上面垒的是1.5米的墙，这个地基就得1.6米、1.7米，两边要留个圪道。挖到老土后，就全部用石头筑起来，一般不做灰土地基。

地基一般是两立两卧的，主要是根据地形来，为了防止雨水进入，有的时候就需要抬高它。垒的时候要斜着往上垒，底下宽，层层都要收进，和垒湖泊的大坝是一个道理。

问：台基一般垫多高？

答：一般是一立一卧，也有的是两立两卧。垫起来的主要目的是防止室内地面潮湿。

问：墙有多厚？怎么砌呢？

答：最厚的尺八，还有尺半和尺二的，用现代的尺寸说就是40厘米、50厘米、60厘米三种厚度。一般后墙是五十，前墙是四十厚。一般墙体都是用石材干垒，每起一层都要保证相同的厚度，这样才能保证窗台平整。砌石墙和砌砖墙的道理是相通的，砌砖墙的时候有种砌法叫"梅花丁"，石墙的砌筑也是用"梅花丁"。摆的过程中，必须有和墙厚相等的石头。

问：砌墙的时候用土坯吗？

答：要用的。土坯是有模具的，一般宽是六寸，长是尺二，厚两寸，我们这里就这一种尺寸的土坯。

问：内外墙都要糊泥装饰吗？

答：一般来说，都要糊泥的。封顶以后，垒好的墙全部用红泥覆盖。为了防止泥流下来，里面要放些草秸秆。因为石墙面非常不平整，至少要糊三遍泥，上一层自然晾干后才能糊下一层。

问：屋架各部分的榫卯怎么开？

答：开榫要用凿子，根据木头的粗细确定榫卯的宽度。檩与檩之间用的是猴头榫，没有固定的尺寸，只要檩与檩之间能够顺利拼接就好。瓜柱的高度根据房子的高度确定，瓜柱下面开的榫是长条直榫，上头是方榫。瓜柱下方的长条榫的大小为寸半深，一寸宽，方头榫大小不等，寸八、寸二都有。

梁檩之间不用开榫，檩条直接放到梁上就行。因为檩子的粗细不一样，为了使所有檩子上平在同一平面上，梁檩之间需要垫一块木块以便铺设地板或椽子。圆椽不需要削平，直接钉在檩子上，钉椽子的时候也是厚了就削去，细了就垫板，以便铺瓦。

问：坡屋顶的坡度如何控制？

答：瓦房的坡度大，石板房的坡度平。坡度利用瓜柱调整，上二梁的时候调整它，这是木匠的任务。平屋顶的房子也是檩上面放椽子、笆子，上面是泥，最后放白矸土。过去是用白矸土，现在用的是水泥，上水泥之前至少要上两厘米的白土，否则木料就会受潮。

问：屋顶一般怎么铺？

答：铺完笆子之后，上面覆本地的红泥，泥里不放石灰，过去放点杂草秸秆。现在都用松针和土搅拌。泥大概就是一寸厚，铺一层笆子，保证泥漏不下来就行。

我们这的房子一般没有檐檩，檐椽直接放在墙的二檐上面。二檐就是檐口处有层长、一层短的两层石板，檐椽就放在上层石板的上面。椽子上面用编好的笆子盖住，再覆上泥，泥后上边就是石板瓦。

问：白矸土和一般的泥土有什么不一样的吗？

答：白矸土是防止漏雨的，需要在山上采。不同的地方产的白矸土也不同，有一种是黄色，有一种是灰色。灰土比较硬，很难采，下完雨之后它就变软了，越是干旱越硬。白矸土遇水不会流走，上得越多越不漏雨。开始的时候屋顶上铺的白矸土都薄，老百姓每年都会维护它，每年往上加一层，它就越来越厚了。

问：为什么我们这里不用灰瓦？

答：因为交通不方便，没有路，所以运输不过来。1958年的时候到东寺头公社交粮食，走很窄的山路去，一个人带上要交的几斤粮食，在路上还得吃掉五斤。石板瓦也是没有办法的办法。另外，灰瓦的房子，刮风就都把它刮下去了。

问：室内地面是怎么铺的？

答：盖成房子以后，用土和石头，把地面铺平。土不需要夯打，也不用加水搅拌，盖房子的时候用脚踩踩它，踩实之后，再上三厘米水泥。过去没有水泥，就用石板铺面层，板和板之间用土填充，地板石头四个角要垫平，否则就会产生晃动。

问：石材饰面的图案都有哪些？

答：我家的前墙用的是风搅雪，还有乱点荒、镜面。风搅雪也有好几种，创开道以后再在里面锻。都是用普通的石匠錾子锻的，锻花纹用的是细头。

问：瓦房施工的时候需要搭脚手架吗？

答：要搭架，是用木头搭起来，节点用铁丝拧住，没有铁丝的话就用绳子。窗台往上的石头小，几乎都是一个人抬；窗台往下都是两个人往上抬，这里的石头一尺长、一尺宽、一尺厚，大约一百斤重。过去没有起重设施，都是人工扛。

问：窑腿和窑孔需要多宽呢？

答：中间的窑腿有二尺来宽，两边的窑腿一米宽。窑洞的宽窄要根据地基的宽度，能券几孔就券几孔，10米就可以券窑三孔，15米可以券五孔。木料固定了之后，在正中间钉上钉子，上面绑好绳子，用这根绳子确定窑洞的大小和起券的弧度。里边跟着外边砌筑，里外是一样宽的。

问：窑洞的窑腿一般多高？

答：取决于窑的大小。如果是八九尺高的窑洞，窑腿就得四尺，上面一层层往回收；如果是八尺来高的窑，窑腿就是三尺；如果是一丈宽的窑洞，就必须得八尺来高的窑腿。

问：木架如何搭？

答：先在窑腿上留孔，孔洞留得比较深，用两根栏杆分别从左右穿上去，一层放一个栏杆，再在栏杆上搭一根木料，就靠这根木料往上砌石头。砌筑的时候两边一起砌，木料一侧砌墙，另一侧还需要用石头卡住或是挡住木料，使木料稳定。一层一层地砌到顶部，把里面填上，再上个木栏杆顶着，并用大锤在后边撑着，直到它形成一个整体。然后慢慢地用小锤把小石片钉到缝隙里头，现在一般是用水泥灌。

问：开心一般多宽？

答：开心一般是一米多宽。

问：八字壕填土填多高？

答：由窑洞的高度决定。八字壕里面填上碎石头就可以了。如果是几孔窑，窑洞的顶上也能券窑，在壕里面填上石头压住，它就撑不开了。两边都填上土，填土之后盖房或者券窑都行。

问：合龙的石头是弧形的吗？

答：是的，最后的两三层才要弧形。用方块石头券窑会形成缝隙，需要用石头片填补，再用大锤砸实，不然一撒架子窑就塌了，没有力气的人是盖不了这种石头房子的。这个地方的石头比较硬，所以窑洞相对好做。如果是在平顺县那边，没这个硬度的石头，窑洞就不好做了。

5. 平顺县虹梯关乡户宿村耿成本访谈

工匠基本信息

年龄：72岁

工种：木匠

学艺时间：1970年

从业时长：10年

访谈时间：2016年4月16日

图8-122 户宿村鸟瞰

图8-123 户宿村石板房

图8-124 户宿村石板房

问：您好，请您介绍一下您的基本情况？

答：我叫耿成本，今年72岁了。我从1970年开始做木匠活，1970年到1980年都在公社里面做。在小工厂里修理过农机，也做家具、农具，做了整整十年。我下乡干过活，也在城里面做过。

问：您都做过什么工程呢？

答：挺多的，这个村里老房子的木工活都是我干的。

问：您拜过师傅吗？收过徒弟吗？

答：在厂里干活的时候拜过师傅，比我来得早的都是师傅，他们是老木匠，我就跟着他们做。从厂里回来以后我带过两三个徒弟，那大概是1980年以后了，他们跟我学了一两年，一个叫刘怀松，还有一个叫王立山，他们现在都四十多岁了。

问：您知道周围哪儿的木匠或者工匠比较多吗？

答：这个地方不多，龙柏庵也不多。那边沟里有个木匠，但是现在不在家，在姚村。这个村里还有一个比我小好多的，他去世了，现在只有我还在。

问：房子一般怎么选址，怎么定向？

答：选址以及定向都是风水先生定的，木匠不管这个，木匠只管做木料。

问：咱们村房子的平面有几种类型？

答：我们这里一般是三间或五间的房子，院子四面都有房子，北边、南边是五间，东西是三间，这叫五过三。我们这里两边甩袖的房子不多，高瓜柱的房子也不多，还是做大梁二梁的比较多（图8-122~图8-124）。

问：高瓜柱的房子里面瓜柱下面的构件叫什么呢？

答：那个叫插缝梁，我们这有些房子没有大梁，上面用高瓜柱。压力都传到这个小梁上边，它相当于大梁。小梁上面的瓜柱托着二梁，二梁上边再立脊瓜柱。

问：您觉得有大梁、二梁的房子和高瓜柱的房子哪一个好一些？

答：这种有大梁、二梁的房子好一些，这种房子使用起来比较方便。高瓜柱的房子，柱子比较碍事，空间不宽敞。

问：做梁的木料要怎么处理？

答：上面一般不用编号，该上哪个构件的时候，抬上去就行了。如果觉得乱，对不上号的话，就编个号。梁要担到墙上，这就看墙的薄厚了，墙多厚它就伸多长。留上二寸多，垒个石头或者砖，挡住梁头就行了。可以在梁头搭在墙上的地方钉一个木板，这样梁就不会移动了，或者用锛把梁头削平，就不用钉板了。

问：屋架各部分的榫卯是怎么做的？

答：梁上要开榫，直接用那种最宽的凿子在梁上钻个眼，瓜柱上是方五厘米的头，刚好把瓜柱卡进去；檩条和檩条之间开的是前宽后窄、里大外小的猴头榫，大头宽一寸半，厚一寸，长二寸；牵和牵之间开的也是猴头榫，大头一寸八，小头一寸。瓜柱上再钻个眼，把牵打进去，就拔不出来了；叉手开的是方榫，也叫直榫，把叉手放进去就行。目的是顶住脊瓜柱，让它不向两边倒。那个榫有寸半或者一寸就行，深点浅点都可以。

问：屋顶一般怎么做？

答：檩条上面是椽子，椽子头需要削平，椽子的长度要根据房子的进深和檩的间距确定，房子宽，用的椽就长；房子窄，用的椽就短。椽子一般是寸八厚，大概就是五厘米厚，也有厚一寸和二寸的。椽子过去都是用手工锛，现在都是用机器加工。椽子直接钉在檩条上，过去是用铁匠打的钉，那种钉子是大头，方头带棱的，顶是平的。后来都用洋钉，洋钉的长度是按英寸算的，一般是四英寸，也就是三寸二长。椽子上面放笆子，笆子上边抹泥，然后铺小青瓦或者石板。泥不能太厚，厚了石板就会往下滑，只要能糊住笆子不透气就行。

除了用笆子以外，椽子上面也有用木头板的，不过我们这里没有用的。临县那面大部分房子都直接钉木板，不用笆子和椽。像现在的话，都是用水泥板。

问：屋顶的坡度是怎么控制的？

答：多半是按四六算的，也有按七五算的。这个是根据房子的进深算，把大梁等分成四份，用其中的一份乘以零点四，就是大梁上瓜柱的高度；乘以零点六，就是二梁上面瓜柱的高度。比如一般我们住的房进深的四分之一大概就是三尺，相当于一米。如果按四六算，三四十二，大梁上面的瓜柱高就是尺二，脊瓜柱就是一尺八。

问：一层的笆子或者楼板需要伸到墙里吗？

答：是的，是要伸到墙里面。一层的墙是三七墙，二层的墙是二四墙，笆子就放在错开的台子上。一般一层靠着墙还有一根檩，大梁伸到墙里头，梁头有根檩，檩上有椽子，椽子上面有笆子，和二层平齐。

问：靠着悬崖的房子怎么做呢？

答：靠坡的一边还要垒个墙，如果不垒墙的话，水就会流进屋子里。如果坡度是垂直的，水就可能把屋子冲垮了，一般来说盖房子是尽量不靠着崖的。

问：门窗的格栅您做过吗？

答：我最开始是在生产队做的，那时候就基本不做格栅窗。

问：咱们这石灰是自己烧吗？

答：石灰就是刷墙的时候用，铺石板瓦一般不用石灰。石灰都是买的，这个地方没有烧过石灰。

6. 平顺县阳高乡南庄村李金山访谈

工匠基本信息（图8-125）

年龄：68岁

工种：瓦匠

学艺时间：1968年以后

从业时长：三十多年

访谈时间：2016年4月19日

图8-125 南庄村匠人李金山

问：您好，请您介绍一下您的基本情况？

答：我叫李金山，虚岁六十九了。我做瓦匠活有三十多年了，从二十多岁就开始就干泥水行业。从小还学过木匠活，什么都做过。

问：您都做过什么工程呢？

答：我建的民居多，古建也干过，古建主要就是修庙。我在太原的文庙干了四十多天，是新式水泥混凝土结构，瓦用的是南方的琉璃瓦。

问：您拜过师傅吗？收过徒弟吗？

答：师傅是奥治的好瓦工，他叫任愁海，已经不在了，要是还活着今年得有八十多了。我有兄弟两个，都是跟他一起学手艺，他就是边干活边教我们，学了有四五年。我也带过徒弟，主要就是带着他们干木匠活，他们不爱干泥水工的活。

问：来咱们村盖房子的外地工匠多吗？

答：（20世纪）六七十年代的时候从林州来的匠人多，我们这里匠人少，现在周围的侯壁、奥治村像我这样六七十岁的匠人比较多，现在盖房子都是本地人自己做（图8-126~图8-128）。

问：咱们村里人的祖籍都是哪里？

答：都是本地的，咱们这从河南迁过来的人不多。这个村子姓关的多，他们祖祖辈辈都是山西的。我家祖上也是这个村的，但是这个村姓李的人不多。这个村里的人主要是姓关、姓张、姓任，姓关的占全村的三分之二。

问：村上的老房子屋架一般怎么做？

答：村上五檩的老房子多，过去的房子都有柱子，一

图8-126　南庄村鸟瞰

图8-127　南庄村民居建筑

图8-128　南庄村民居院落

般是八九尺高，也可能是一丈、丈二。民居的宽度都是老百姓随意定的，都不是固定的。整体看来，房子可以瘦高一些，也可以胖一点，房子宽了柱子就得稍微高点，最后也会影响开窗户的比例。民居一般硬山顶的多，檩木不出檐。出檐的房子大部分都是光绪年间的房子，以前财主、有钱人盖的，距今有一百多年了，后来建的房子就都改成硬山的了。

问：咱们这高瓜柱的房子多吗？

答：长瓜柱的房子叫顶心楼。有大梁、二梁那个叫普通房子，没长瓜柱，就是搭了平梁棚楼板。要是木料不够，就用一条梁的顶心楼，一般没钱人会盖这种房子。我们这周围盖顶心楼的不多，两条梁的多，顶心楼不太扛压，承受不住太重的负荷。

问：厨房和厕所一般放在哪？

答：一般有个说法，如果房子是西屋为主房，东边就是厨房。要是北边是主房，南边就是厨房。厨房和厕所都在右下手，就是右前方。

问：盖房子常用的木材有哪几种？

答：盖房子用杨树、桐树、榆树、槐树都行，以前都是用本地的树，现在都用桐树，一般槐树比较好。木料在使用时，做大梁的都是大头朝前，也就是树根朝前。一个地方一个风俗习惯，我在长治修过房子，那边就是大头朝后小头朝前，跟这边不一样。柱子是分上下的，大头朝下，小头朝上。以前咱这旧房子屋顶用栅板的多，栅板就直接搭在椽子上。现在都是用水泥钢材打个坡顶，梁是水泥梁，不用木料了。

问：屋架各部分的榫卯是怎么做的？

答：木料都得找平，先找下平，找完以后再往上量，找上平，中线是找完上、下平之后打。木料需要开榫卯的地方要用铅笔画出来，画出来之后用凿子锯子把榫卯做出来。

一般梁上面放替木，替木上面是檩。替木的长度一般二尺多长（六十厘米左右），宽度是四至五厘米，厚四厘米。替木两端一边凿一个三厘米长、一厘米半厚的眼，檩子下也一头凿一个眼，用一个小木销把它们两个连起来。梁上边有个槽，把替木卡里面就可以了；梁和瓜柱也要通过开榫卯连接，梁上面钻个洞，瓜柱上面开个方榫，梁和瓜柱就连起来了。叉手是顶在瓜柱上，防止瓜柱两边倒。二梁上头钻两三厘米厚的眼，把叉手卡在里面就行了。连接瓜柱的牵椽上面

也开猴头榫，瓜柱上面有眼，直接把牵椽卡进去，这样叉手和牵椽固定了瓜柱，避免瓜柱前后左右摆动。

问：屋顶的排水坡怎么控制？

答：我们这里普通的房子，以前都有弧度，都是大陡坡。这弧度主要看檩的高低，前面的檩落几厘米，就有弧度了。庙里落的深，都是落二尺深。

民居主要就是通过调节瓜柱的高度来控制排水坡的坡度，瓜柱低弧度就小。原来的屋架比例是七五，脊瓜柱是七，下面的瓜柱是五，后来民居多用六四屋架，坡度就变缓了。

问：民房的屋脊是怎么做的？

答：民房屋脊有好几种做法，由使用的材料决定。屋顶铺完瓦，两侧的瓦碰到一起后，上这种尖尖的带花纹的装饰瓦，装饰的瓦上边压一层或两层砖，然后再上一层瓦溜子，最后扣一个筒瓦，这是普通民房的做法。这样做下来，屋脊高度至少要三十厘米。庙的做法有很多种，为了好看就再加一个龙头，它的屋脊都是有弧度的。

问：木匠做门窗的时候会不会用门尺？

答：房子的面宽一般不用门尺，这要随地形，要看地界的大小。量门的尺寸才会用到门尺，庙大了口就开大点，庙小了口就不能太大。门尺上有些刻度不能用，有些刻度可以用。庙的门尺与民房的门尺有所不同，庙必须是整数。